临床神经生理
理论与实践

Clinical Neurophysiology
Theory and Practice

主　编◎王玉平

副主编◎黄朝阳

人民卫生出版社
·北京·

图书在版编目（CIP）数据

临床神经生理理论与实践 / 王玉平主编. -- 北京：
人民卫生出版社，2024. 11. -- ISBN 978-7-117-36601
-4

Ⅰ. Q42

中国国家版本馆 CIP 数据核字第 2024BZ0280 号

人卫智网	www.ipmph.com	医学教育、学术、考试、健康，购书智慧智能综合服务平台
人卫官网	www.pmph.com	人卫官方资讯发布平台

临床神经生理理论与实践

Linchuang Shenjing Shengli Lilun yu Shijian

主　　编：王玉平
出版发行：人民卫生出版社（中继线 010-59780011）
地　　址：北京市朝阳区潘家园南里 19 号
邮　　编：100021
E - mail：pmph @ pmph.com
购书热线：010-59787592　010-59787584　010-65264830
印　　刷：廊坊一二〇六印刷厂
经　　销：新华书店
开　　本：889×1194　1/16　印张：28
字　　数：659 千字
版　　次：2024 年 11 月第 1 版
印　　次：2024 年 11 月第 1 次印刷
标准书号：ISBN 978-7-117-36601-4
定　　价：198.00 元

打击盗版举报电话：010-59787491　E-mail：WQ @ pmph.com
质量问题联系电话：010-59787234　E-mail：zhiliang @ pmph.com
数字融合服务电话：4001118166　E-mail：zengzhi @ pmph.com

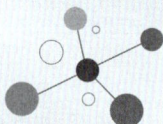

王玉平　医学博士、主任医师、教授，博士研究生导师；首都医科大学宣武医院神经内科首席专家，首都医科大学宣武医院河北医院院长。

1983 年河北医学院医学系毕业，获医学学士学位；1986 年河北医学院研究生毕业，获医学硕士学位；1996 年日本鸟取大学研究生院毕业，获医学博士学位；1998 年中国医学科学院北京协和医院博士后出站；1998 年至今在首都医科大学宣武医院神经内科工作，历任神经科副主任、主任；2021 年任首都医科大学宣武医院河北医院院长。

从事癫痫、认知、睡眠、心身障碍等疾病的临床和研究工作；在宣武医院先后建立了不自主运动门诊、癫痫中心、睡眠中心等医疗专科；创建了北京市综合癫痫诊疗中心并兼任中心主任，创建了脑功能疾病调控治疗北京市重点实验室并兼任实验室主任，任北京脑重大疾病研究院睡眠和意识障碍研究所所长。致力于规范我国癫痫术前评估流程，推动癫痫中心协作体系的建立。发现了认知电位 N270 并刻画了脑认知加工动力模型，创建了多套认知、睡眠障碍神经调控治疗方案，以及指导开发了多部诊断治疗装置；建立了心身疾病心理生理整合治疗范式。

承担国家自然科学基金 7 项、"863 计划"和国家重点研究专项等课题 3 项；先后发表学术论文 800 余篇，获发明专利授权 3 项；曾获中华医学科技奖、北京市科学技术进步奖、吴阶平医学研究奖 - 保罗·杨森药学研究奖等。

中华医学会心身医学分会候任主任委员；中华医学会神经病学分会常委；中国医药教育协会神经内科专业委员会主任委员；中国医师协会毕业后医学教育专家委员会神经内科副主任委员；中国医疗保健国际交流促进会神经病学分会第一、二届委员会主任委员；中国抗癫痫协会第三、四届理事会副会长、癫痫中心规范化建设工作委员会主任委员；中国睡眠研究会第三、四届理事会副理事长；担任国际、国内多部杂志的主编、副主编、编委等。

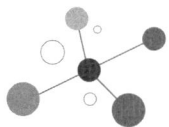

前　言

科学技术进步带动临床神经病学实践发生实质性变化。一方面，疾病诊断方面，医师在掌握临床基本功基础上，还依赖多种检查提供更全面的疾病信息，临床神经生理检查技术可以提供疾病生理功能信息，比如脑电图之于癫痫、多导睡眠图之于多种睡眠障碍、肌电图之于周围神经和肌肉疾病等，生理检查可以帮助精准诊断、预防误诊。另一方面，临床神经生理的发展没有止步于诊断技术，基于神经生理的治疗技术更是层出不穷，脑深部电刺激技术、经颅磁刺激技术、经颅电刺激技术等在神经精神疾病治疗中发挥着越来越重要的作用，对癫痫、运动障碍、认知障碍、睡眠障碍、焦虑障碍、抑郁障碍等疾病有良好的治疗效果。现今积累起来的诸多临床神经生理理论、技术和应用体系已经形成了一个独立的临床学科——临床神经生理学，在脑科学快速发展的时代，临床神经生理学在临床实践中发挥出越来越重要的作用。反观临床现状，很多临床医师对神经生理知识理解很不充分、对电生理技术掌握也不到位，该领域亟需一部内容全面、易懂的专业书指导医师学习和实践；此外，临床电生理技术的进步，离不开医学和工程学的紧密结合，一部可以同时供医师和工程师使用的工具书是非常重要的，它可以架起医学和工程学之间的桥梁，帮助科研工作者在神经工程领域创新。

基于以上实际情况，我和首都医科大学宣武医院同事进行了多次讨论，最后决定撰写一本《临床神经生理理论与实践》，其立意就是全面介绍临床神经电生理各种检查和治疗技术的原理、技术要点和临床应用方法，该书可指导神经病学、精神病学、神经外科学、康复医学、儿科学等专业人士的临床实践，还可以供临床医学、基础医学、生物医学工程等专业的研究生参考。

在本书的准备过程中，得到了多位同事的大力支持，他们为本书的定稿做出了巨大的努力。本书的插图来自临床实践，资料收集跨度超过三十年，所以制图困难很大，在成书过程中，宣武医院的黄朝阳副主任医师、河北医科大学博士研究生杨晓桐等人做了大量的整理工作。尽管我从事临床神经生理工作已经有四十年的时间，但在撰写和审稿过程中，依然感觉到该书涉及的技术种类多、知识跨度大、对某些内容把握不精准，为此请教了多位不同领域的专家，他们给了我很好的指导，也让我从编写的过程中获益。另外，为了保证此书内容的严谨，我们还特别邀请了兄弟单位同道予以指导，颜至远、王静、陈葵、王梦阳、曹春燕、潘华、乔慧、王赞、顾平等专家参与了书稿的审阅，专家的无私奉献保证了本书的质量。在此，感谢所有作者和为本书做出贡献的专家、同事和同学。

如果本书能够为我国临床医学的进步发挥出一点作用、为培养相关专业人才做出一点贡献，这将是作者的莫大荣幸。科技飞速发展、技术不断迭代，作者对各种新技术的理解也是有限的，书中有各种错误在所难免，请读者批评指正。

首都医科大学宣武医院神经内科首席专家
首都医科大学宣武医院河北医院院长

2023 年 5 月 4 日于北京

目　录

第三十章　神经电刺激治疗技术

第三十一章　经颅磁刺激治疗技术

第三十二章　生物反馈训练

第一章 临床神经电生理设备及其安全使用

潘 娜

临床神经电生理技术利用电子仪器检测神经系统及其感受器和效应器的生物电信号，评估中枢和外周神经系统功能。技术人员使用敏感的电子设备，如脑电图仪（electroencephalograph，EEG）和肌电图仪（electromyograph，EMG）来记录和评估患者神经系统的电活动，以帮助医生诊断疾病、损伤和异常。这些专门的诊断设备将大脑和肌肉内部微弱的生物电信号通过硬件和软件实现放大、记录和预处理，从而反映出大脑和神经的电活动，以及由刺激感觉通路引起的神经电活动。现阶段随着电子技术的飞速发展，临床电生理诊断和治疗也进入了新的发展时期，相关的神经电生理设备也更加智能化。而一名称职的电生理技术人员或者神经学医生，除了了解神经系统解剖生理，知道如何操作复杂的仪器，注意到检测的生物变量的意义，更有必要理解现代电生理设备的基本原理及使用限制。本章节将帮助从业者了解临床神经电生理设备的电路原理、信号处理及设备的安全使用。

第一节　电信号采集设备

生物信号主要有两种，一种包括脑电、心电、肌电和其他细胞电活动等电信号；另一种包括血压、体温、呼吸、肌肉收缩、氧/二氧化碳分压、pH等非电信号。以脑电记录系统为例，一套临床电生理记录设备包括以下组成部分（图1-1）。

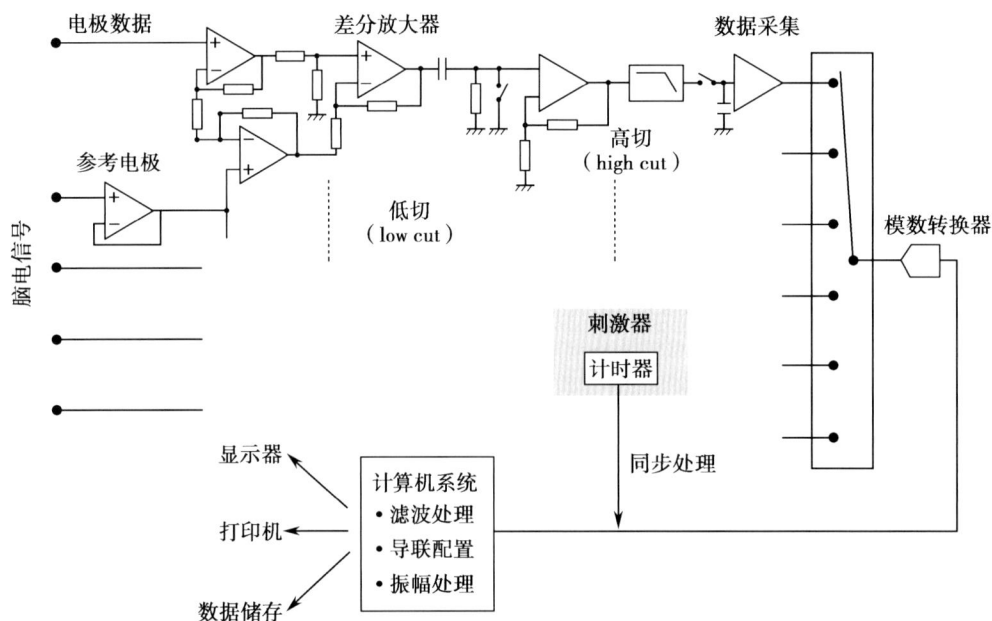

图1-1　数字电生理设备的主要组成

电极采集电信号后，经放大器的差分放大将记录电极和参考电极记录的公共噪声去除后使正常信号通过。绝缘接地作为差分放大器的参考用以提高绝缘模式抑制比（IMRR，详见本章第四节）。同步开关防止刺激所产生的干扰伪迹进入。放大器的增益作用将信号放大，滤波去除伪迹，模数转换器将连续的模拟信号按照波幅比例转换为数字信号以扫描方式输出并储存。刺激器中计时器产生扫描开始、刺激开始及放大器开关控制信号，其中刺激器将产生适当的声、光、电刺激（详见本章第二节）。

一、生物电放大器

图 1-2 表示生物电放大器的主要结构，它由前置放大电路（一级放大电路）、信号处理电路（包括补偿电路、滤波电路）和输出放大电路（二级放大电路）组成。

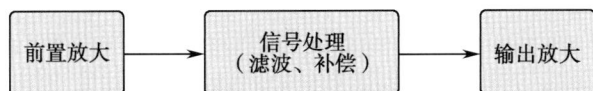

```
┌────────┐      ┌──────────────┐      ┌────────┐
│ 前置放大 │ ───→ │   信号处理    │ ───→ │ 输出放大 │
│        │      │ （滤波、补偿） │      │        │
└────────┘      └──────────────┘      └────────┘
```

图 1-2　生物电放大器主通道的组成

由于生理电信号幅值低，因此需要放大器具有较大的放大增益和较高的共模抑制比。作为微弱的电流信号的放大，消除噪声至关重要。在多级放大电路中，前置放大电路的分析与低噪声设计是关键问题。目前前置放大电路在仪器设计与工程实践中主要包含差分放大电路、高通阻容耦合电路和右腿驱动电路。在信号处理电路中，简单的高通滤波电路主要用于隔断直流通路和消除基线漂移，设计并合理安置多个低通滤波器和 50Hz 陷波器能有效消除信号中的高频和工频干扰，目前 50Hz 陷波都通过软件实现了，同时在前置放大电路的反馈端与信号源地端建立共模负反馈，引入补偿电路也可以有效抵消人体信号源中的干扰。输出放大电路主要以提高增益为目的。

二、模 / 数转换和数 / 模转换

良好的生物电信号的基础在于对生物电信号的特征提取。生物电是一种模拟信号，但由于数字电路往往具有更高的处理速度、集成度、稳定性，同时具有功耗少的优点，所以生物医学工程都会采用数字电路来对信号进行处理。典型的数字信号处理系统如图 1-3 所示，其中实现模拟信号到数字信号的转换所用的就是模数转换器（analog-to-digital converter，ADC），在处理完之后仍然需要将其重新转化为模拟信号，因此需要数模转换器（digital-to-analog converter，DAC）来实现这一功能。脑电测量需要多通道的电极记录，而且信号都比较微弱，因此用于生物医学的模数转换器的精度都很高，16 ~ 24bit 是比较适用的转换率范围。目前也有大量国内外的模数转化器芯片产品应运而生，例如 Sigma-Delta 型和 SAR（successive approximation register）型 ADC，以及我国西北工业大学设计的多通道斜坡 ADC。

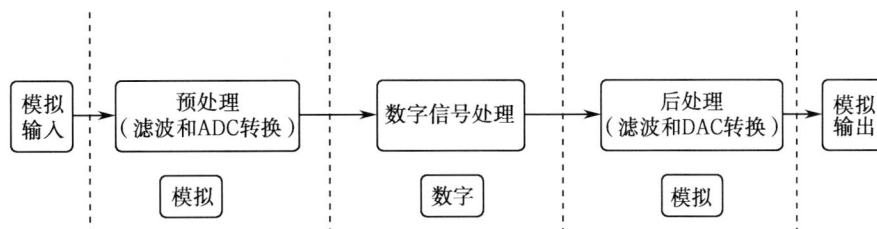

```
┌────┐   ┌──────────┐   ┌────────┐   ┌──────────┐   ┌────┐
│模拟 │→ │   预处理   │→ │ 数字信号 │→ │   后处理   │→ │模拟 │
│输入 │   │（滤波和ADC │   │  处理   │   │（滤波和DAC │   │输出 │
│    │   │  转换）   │   │        │   │  转换）   │   │    │
└────┘   └──────────┘   └────────┘   └──────────┘   └────┘
          ┌────┐          ┌────┐          ┌────┐
          │模拟 │          │数字 │          │模拟 │
          └────┘          └────┘          └────┘
```

图 1-3　信号处理系统

三、模拟滤波器

临床中提取出来的脑电信号中往往含有心电、肌电、眼动伪迹以及其他干扰源所产生的信号，这些信号的幅值比脑电信号更大，在频率上还有重叠的部分，这给脑电的分析带来很大的困难，因此需要对原始信号进行噪声的滤除，例如在 ADC 或 DAC 的前置或后置使用滤波器。按

照采用的电子元件的不同可以分为有源滤波器、无源滤波器和开关电容滤波器。目前较多使用的是有源滤波器，根据采用的转换函数的不同可以有巴特沃斯滤波器（Butterworth filter）、切比雪夫滤波器（Chebyshev filter）、贝塞尔滤波器（Bessel filter）和椭圆滤波器（Elliptic filter），他们都可以执行低通、高通、带阻和带通滤波功能，这些转换函数还可以用于数字滤波。以下我们对比这些常用的模拟滤波器的特点。

1. 巴特沃斯滤波器（Butterworth filter） 通常被设计在通频带内的频率响应曲线最大限度平坦。它在通频带内外都有平稳的幅频特性，但有较长的过渡带，容易造成失真，对瞬变信号出现明显超射，4极和8极分别带来10.8%和16.3%的超射，可用于分析噪声频谱（图1-4）。

2. 切比雪夫滤波器（Chebyshev filter） 与巴特沃斯滤波器相比，切比雪夫滤波器具有更陡

的衰减，但频率响应的幅频特性不如巴特沃斯滤波器平坦（图1-5）。根据频率响应曲线波动位置的不同，切比雪夫滤波器可以分为I型切比雪夫滤波器和II型切比雪夫滤波器。

3. 贝塞尔滤波器（Bessel filter） 是一种具有最大平坦的群延迟的线性滤波器，保证了信号处理的准确性及信号的无畸变传输，对瞬变信号几乎没有超射（<1%）。贝塞尔滤波器的阻带下降响应速度比相同阶数的巴特沃斯、切比雪夫滤波器更慢，因此高阶数的滤波器可达到相应的阻带衰减水平（图1-6）。贝塞尔滤波器最适合在时域分析中使用。

4. 椭圆滤波器（Elliptic filter） 椭圆滤波器的通带、阻带逼近特性良好。在阶数相同的条件下，椭圆滤波器比其他类型的滤波器有着最小的通带和阻带波动（图1-7）。

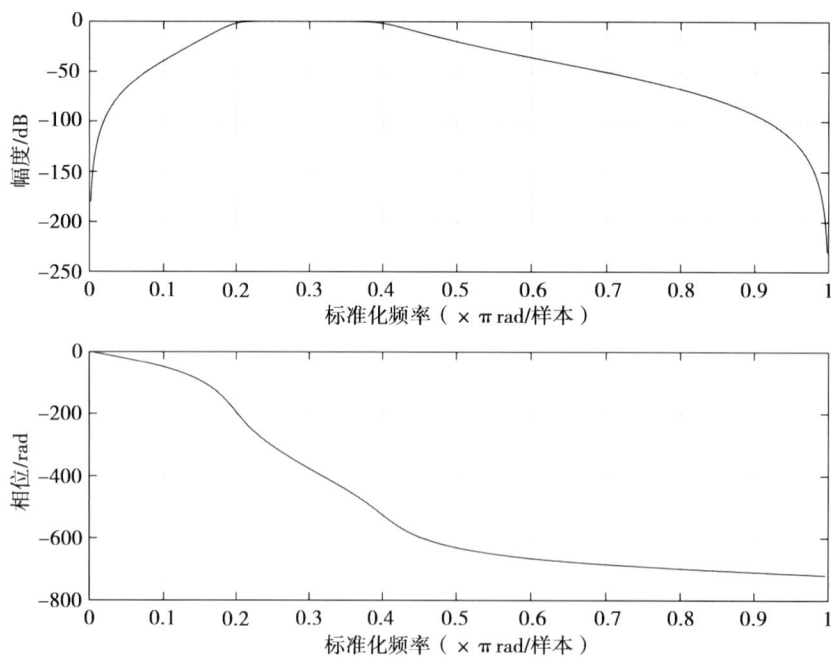

A

原信号

原信号频谱幅度特性

原信号频谱相位特性

带通滤波后时域图形

带通滤波后频域幅度特性

带通滤波后频域相位特性

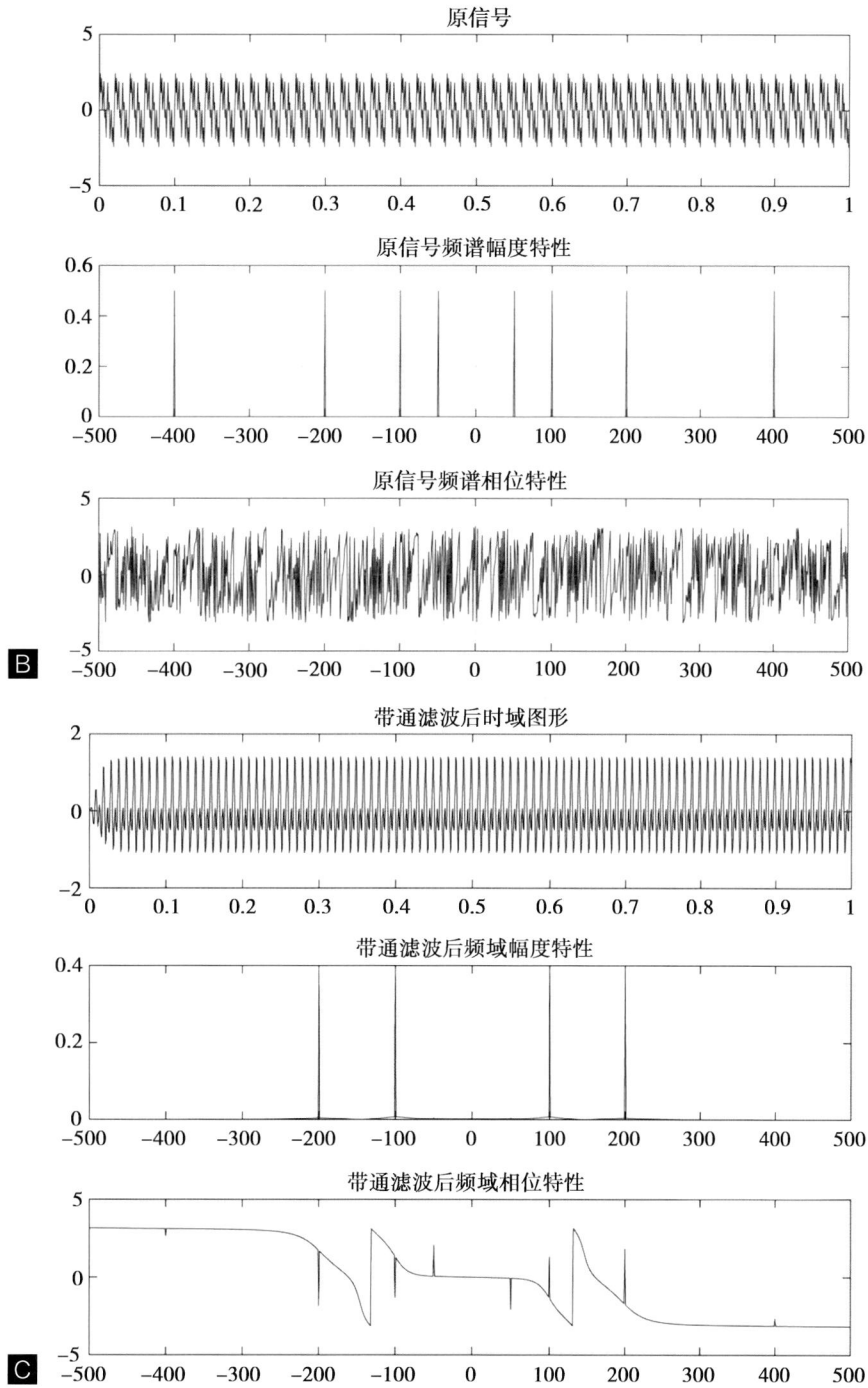

图 1-4　巴特沃斯滤波

A. 巴特沃斯带通滤波器；B. 原始信号的时域和频域信号（傅里叶变换）；C. 滤波后的时域和频域信号。

1

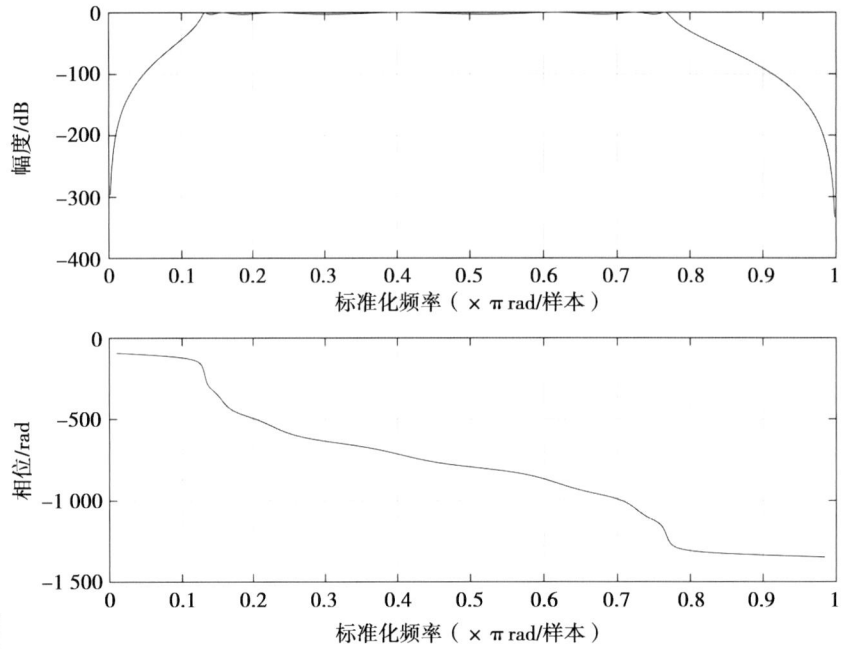

A

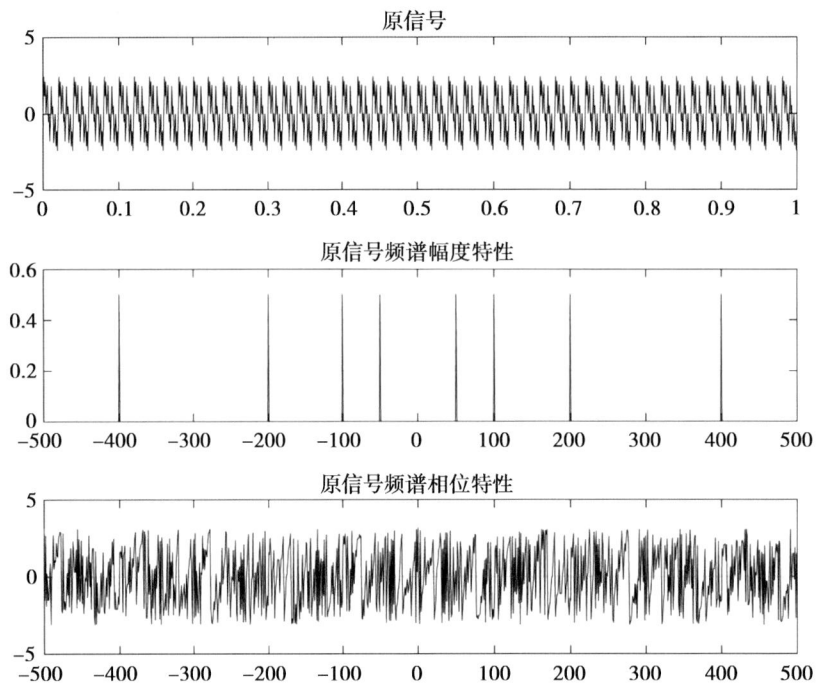

B

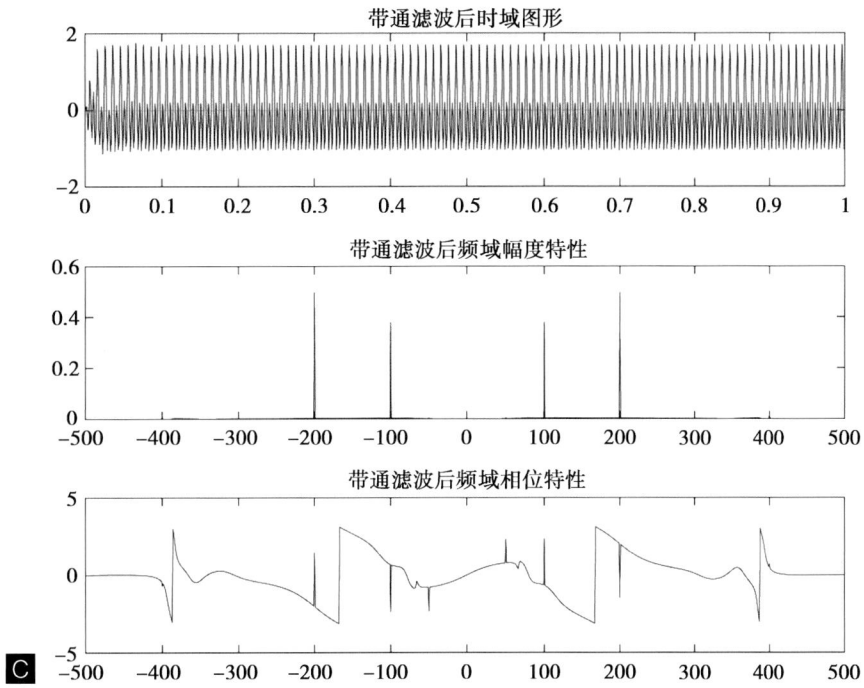

带通滤波后时域图形

带通滤波后频域幅度特性

带通滤波后频域相位特性

C

图 1-5 切比雪夫滤波

A. 切比雪夫带通滤波器；B. 原始信号的时域和频域信号（傅里叶变换）；C. 滤波后的时域和频域信号。

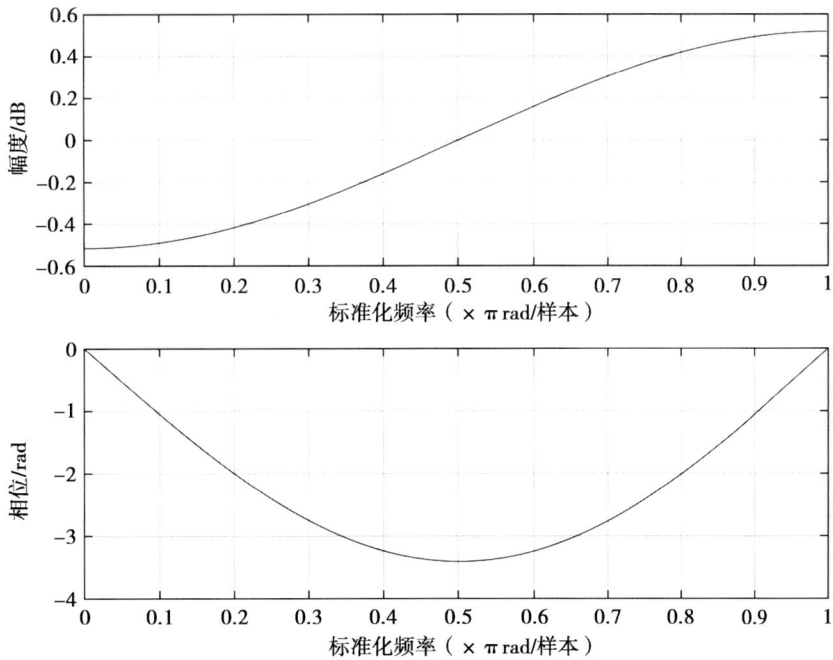

标准化频率（× π rad/样本）

标准化频率（× π rad/样本）

A

1

原信号

原信号频谱幅度特性

原信号频谱相位特性

B

带通滤波后时域图形

带通滤波后频域幅度特性

带通滤波后频域相位特性

C

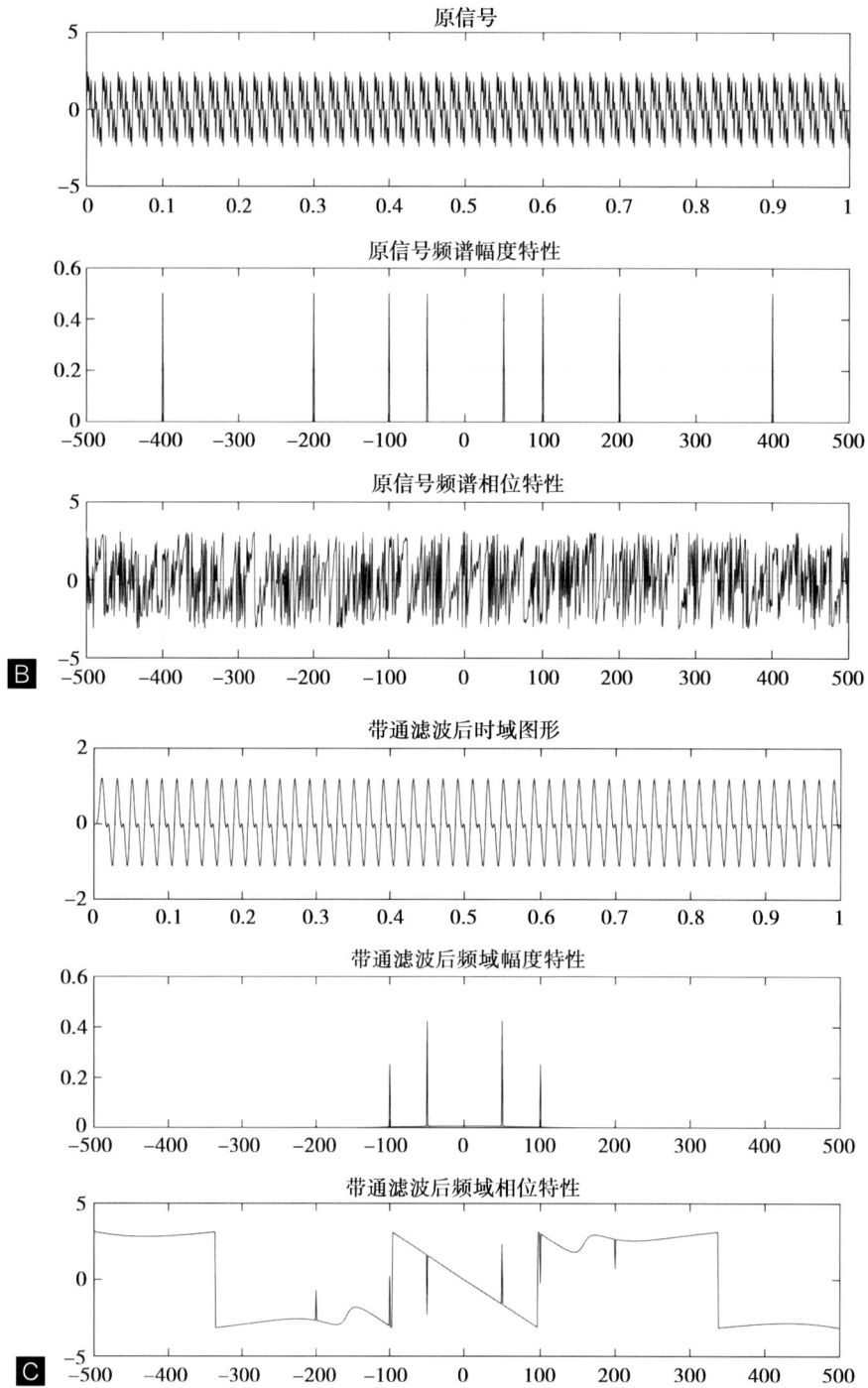

图 1-6 贝塞尔滤波

A. 贝塞尔低通滤波器；B. 原始信号的时域和频域信号（傅里叶变换）；C. 滤波后的时域和频域信号。

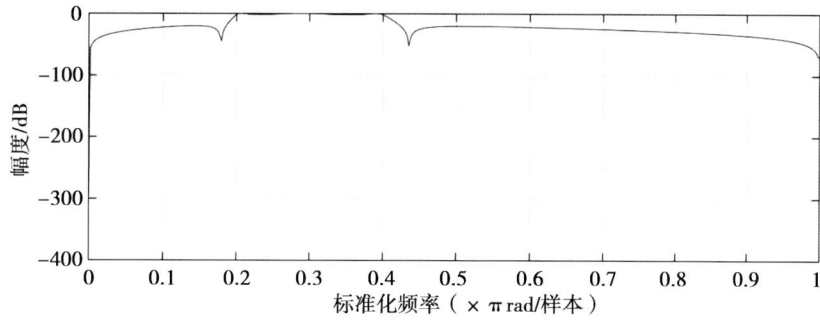

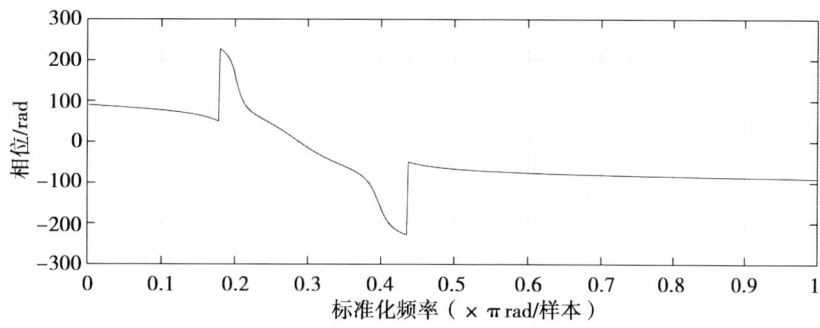

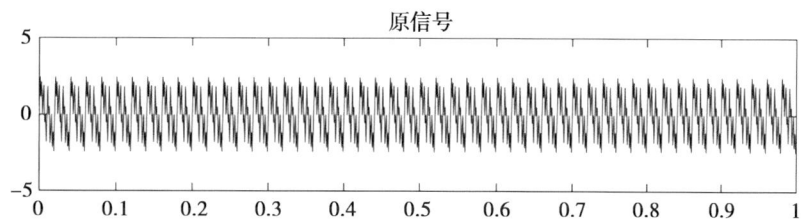

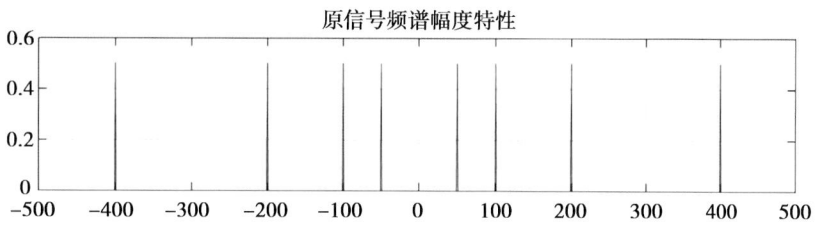

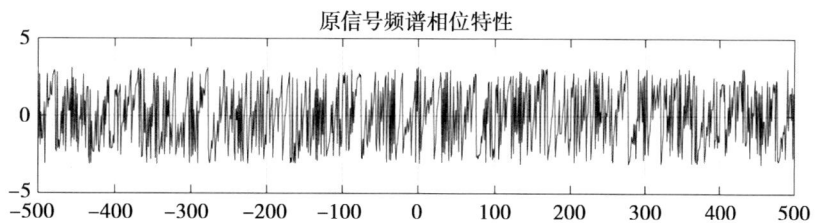

带通滤波后时域图形

带通滤波后频域幅度特性

带通滤波后频域相位特性

C

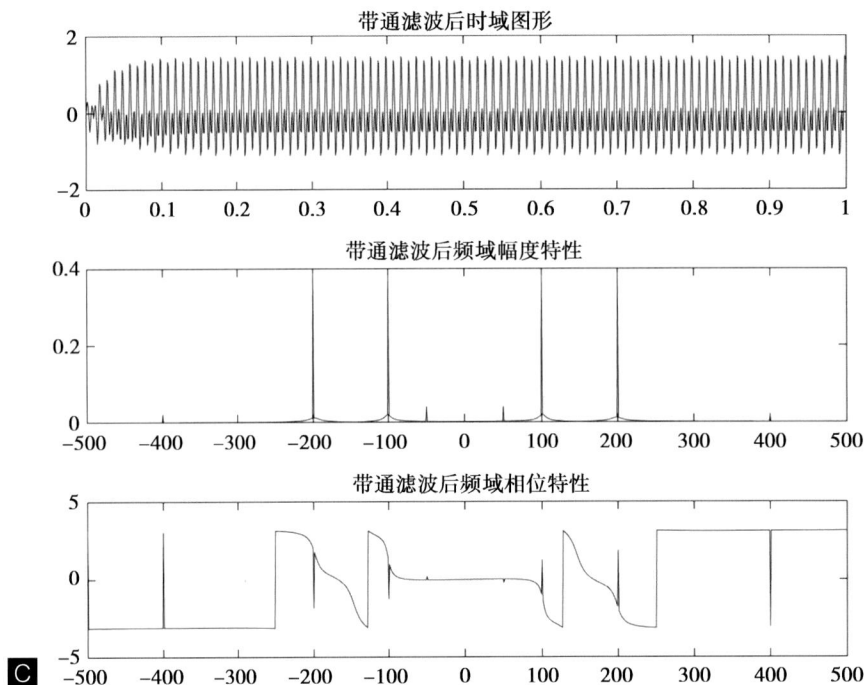

图 1-7 椭圆滤波

A. 椭圆带通滤波器；B. 原始信号的时域和频域信号（傅里叶变换）；C. 滤波后的时域和频域信号。

四、数字滤波器

在用采样软件进行信号采样时，还可以使用软件提供的数字滤波器进一步进行滤波。此外，获得信号数据后，根据信号的频率和分辨率等情况，还可以进一步使用软件进行数字滤波。数字滤波使用时更方便灵活，可靠性更高，并且不存在阻抗匹配、特性波动、非一致性等问题。多级数字滤波器具有多级模拟滤波器同样的功能，而多级模拟滤波器还要考虑温度影响和老化问题所产生的滤波器误调。

传统的数字滤波器分为两种：无限脉冲响应型（infinite impulse response，IIR）和有限脉冲响应型（finite impulse response，FIR）。IIR 型滤波器将输出信号的一部分作为反馈加到输入信号上。IIR 型滤波器的功能与模拟滤波器相似，无限脉冲的形式就像网络中的循环校验功能，输出信号是以渐进的方式达到它的最后值（图 1-8）。

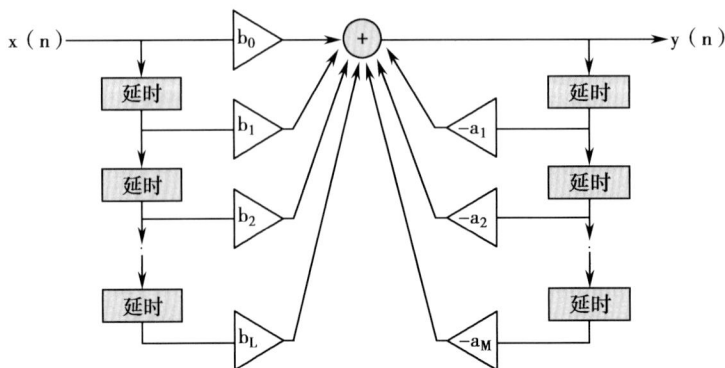

图 1-8 IIR 滤波器工作原理示意

属于此类的滤波器有高斯滤波器。

高斯滤波器（Gaussian filter）是一种适用于消除高斯噪声的线性平滑滤波器。高斯滤波器的延时特性曲线在通带内开始缓慢变化，并且趋近于零值的速度较慢。

FIR 型滤波器将按照输入信号分点进行分量计算，每一个分点叫作一个滤波分支，所以 FIR 型滤波器的计算量要比 IIR 型滤波器大，而且 FIR 型滤波器不进行反馈调整。如果 FIR 型滤波器有着很好的均衡性（即对每一个信号分点的前后使用同样的匹配系数）就不会有相位移，因此在诱发电位系统中就可以使曲线更加平滑而不改变潜伏期的值。当然在现实情况下就算是未来几毫秒内的变化都是很难预知的，为了对此改进，FIR 滤波器将输出信号分量的一半都进行了延时，同时也将相应分量的时间参考做了移动。在实时系统中，所有的频率都进行延时而不产生相位移。属于此类的滤波器有前面提到的 Butterworth 滤波器、Chebyshev 滤波器和 Bessel 滤波器。FIR 型滤波器原理见图 1-9。

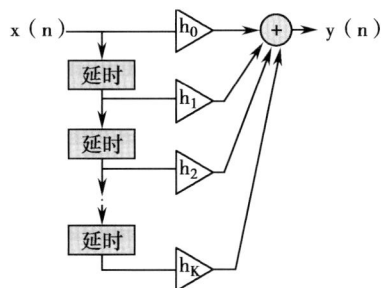

图 1-9　FIR 滤波器工作原理示意

另外，还有一类数字滤波器为电干扰滤波器，用于去除所获信号中的交流噪声，与带阻滤波器不同的是，它可同时去除 50Hz 及其谐波的交流噪声，其原理是：滤波器先检测出信号中所有频率的正弦波成分，然后据此产生一系列参考正弦波，通过反馈调节其幅度与相位使之与所检测的正弦波完美匹配，最后从信号中将其剪除（图 1-10）。

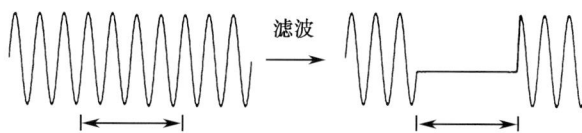

图 1-10　干扰滤波器效果示意

五、电极和阻抗

1. 电极的种类　电极的正确使用对于采集良好的信号至关重要，电极的特性也会对信号产生重要的影响。临床神经电生理监测使用的电极主要有表面电极和针电极。脑电监测中常用到头皮电极、颅内电极和其他电极。其中头皮电极包括盘状电极、柱状电极和针电极。短时间常规监测脑电可使用电极帽及导电膏固定头皮电极，长时间监测则推荐使用火棉胶固定头皮电极。颅内电极包括颅内皮质电极和颅内立体深部电极。这类电极通常利用配套螺钉铆定在颅骨上。其他电极包括蝶骨电极和鼻咽电极，主要用于记录特殊脑区（例如颞叶底部或者颞叶内侧）的异常电活动，通常也会和头皮电极配合使用。肌电监测中常用的电极有表面电极（又叫皮肤电极）、针电极和其他电极（例如丝状电极、玻璃微电极等）。

2. 电极的材料　电极的组成材料均可由各种不同的金属及合金制成，包括不锈钢、白金、锡、银 - 氯化银、镍铬合金、碳等材料，其中较为常用的银 - 氯化银电极具有良好的均匀性，很适合作为表面记录电极，而且银 - 氯化银比纯银有更好的抗噪和阻抗特性，这类电极应定期进行氯化处理。植入电极，通常采用白金、不锈钢等材料制作，可以一段时间或长期植入体内而不影响组织微环境。记录肌电的单极针除了尖端外都有一层薄特氟龙（teflon）涂层来绝缘。如果特氟龙涂层遭到破坏就会在记录中产生干扰使单极针失效。电极使用的材料一定要一致，否则会产生电池效应且无法抵消，产生较大偏移，影响放大器的工作，引起干扰。

3. 电极的阻抗 广义上讲，电极的阻抗就是电流从经过头皮（或其他皮肤、脑组织）到达监测电极之间受到的阻力，通常单位为欧姆（Ω）。电极与其接触的生物体之间稳定的电连接是记录到干净的生物电信号的关键。然而，死皮细胞、油性皮肤分泌物（皮脂）和汗液在头皮上积聚并形成一堵电阻墙，从而阻碍电活动的传播。脑电图系统通常提供基于软件或硬件的质量指标，其中每个电极的阻抗是可视化的。绿色和低阻抗值通常意味着高记录质量，而红色和高阻抗值意味着低记录质量。换句话说：只有当阻抗很低的时候，你才能绝对确定所记录的信号反映的是大脑内部的电活动过程，而不是来自周围环境的人为过程。因此，无论何时采集脑电图数据，都要确保阻抗尽可能低。头皮电极一般要求阻抗 100 ~ 5 000Ω，颅内电极阻抗 200 ~ 300Ω，记录动作电位的微丝电极阻抗一般在 200 ~ 500kΩ。

六、显示与存储

电生理信号可以通过视、听效果来呈现。可视信号分为数字信号和模拟信号两种。它们的区别在于分辨率、阴极显像管余辉和显像管尺寸。数字信号（例如液晶显示器）可以克服模拟信号显像管的许多不足。声响信号不仅可以表现信号的特点，而且可以表现噪声的特点。由电源线、日光灯、显像管、肌电伪迹、电极伪迹以及其他设备引起的噪声都有不同的声响特点。

传统的脑电数据采用硬盘存储，目前我国已出现基于区块链的脑电数据存储方法及系统，这种存储的方法获取采集的用户脑电数据，对脑电数据进行特征值编码，将脑电数据进行拆分存储，为拆分储存的脑电数据生成检索地址，根据脑电数据的检索地址生成数据区块，以及将数据区块添加到区块链中。

第二节　刺激装置

电生理信号根据对特定刺激的反应可以分为自发电位和诱发电位。自发电位是在静息状态下记录到的稳定变化的脑电活动。当出现特定的刺激时，大脑会产生和刺激相应的电反应，这个与刺激相应的诱发电位混合在自发电位中。本节将介绍临床常用于配合记录脑诱发电位的刺激装置。

一、电刺激器

电刺激在作用于神经细胞膜时有一个去极化过程，而神经元的去极化主要依赖钠离子内流，导致膜电位高于静息电位，超射产生动作电位，因此刺激电位一定要大于该静息电位且保持恒定。

电刺激器系统主要由主机、时钟电路、控制键盘、液晶显示屏（LCD）、信号发生器、低通滤波器、放大电路和输出模块组成（图 1-11）。

电刺激器按照刺激输出特性分为恒电流刺激器、恒电压刺激器和其他刺激器。恒电流刺激器有一个高的输出阻抗并使输出电压保持在一定的

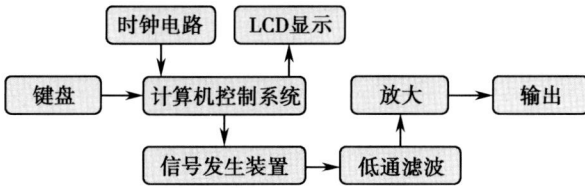

图 1-11　刺激器的总体结构

水平上，它的特点在于能保持好的刺激电流和持续时间而不受电极导电膏干燥的影响，它适用于不便检查电极状态的场合。恒电压刺激器需要有一个低的输出阻抗使输出的电流能维持一定的电压水平，这类刺激器在有少量的导电膏及体表导电效果不好时仍能将刺激送达神经，并且可以很快地改变体表电容并达到满电流，所以它是更有力的刺激器。其他形式的刺激器根据一定的输出阻抗保持输出的电流和电压在一定水平上。

电刺激器产生的刺激电流种可分为直流电流、交流电流和间歇电流。临床电刺激器常用的刺激电流特性如表 1-1 所示。

表 1-1　临床电刺激器常用的刺激电流特性

电流名称	仪器种类	定性特性	定量特性	波形图例
连续直流电（Galvanization）	低频（低压）电刺激仪	连续性直流电	周期 ≥ 1s	
法拉第（Faraday）电流	低频（低压）电刺激仪	不平衡不对称间歇电流	周期：0.1 ~ 10ms	
经皮神经电刺激（TENS）	低频（低压）电刺激仪	棘形不平衡不对称双相间歇电流	周期：20 ~ 50μs 至 250 ~ 600μs	
银锥点刺激（silver spike point, SSP）	低频（低压）电刺激仪	矩形对称性双相间歇电流	周期：约 50μs	
高伏特间歇直流电（HVPG）	低频（高压）电刺激仪	双尖锋单相间歇电流	周期：5 ~ 200μs 波幅：0 ~ 500V	

电流名称		仪器种类	定性特性	定量特性	波形图例
微电流（microcurrents）		低频（低压）电刺激仪	矩形单相间歇电流 有时会规则交换相位的正负极性	周期：可根据频率调整 频率：0.1～1 000Hz 波幅：<1mA （0～600μA）	
苏联波（Russian currents）		中频电刺激仪或神经肌肉电刺激仪（NMES）	含有2 500Hz交流电的脉冲簇	脉冲簇周期：10ms 波间间隔：10ms 刺激频率：50Hz	
双动态波	疏波（monophase fixe，MF）	低频（低压）电刺激仪	利用100Hz交流电整流而成的正弦单相间歇电流	周期：10ms 频率：50Hz	
	密波（diphase fixe，DF）	低频（低压）电刺激仪	利用100Hz交流电整流而成的正弦单相连续电流	周期：10ms 频率：100Hz	
	短周期波（courtes periodes，CP）	低频（低压）电刺激仪	结合MF和DF快速交替作用	周期：10ms 频率：50Hz和100Hz 交替时间：1s	
	长周期波（longues periodes，LP）	低频（低压）电刺激仪	结合MF和DF慢速交替作用	周期：10ms 频率：50Hz和100Hz 交替时间：6s	

二、声刺激器

声刺激器要求高保真地生成特定声强、频率和时程的声音刺激，并且能精确触发脑电采集系统。脑干听觉诱发电位是由4～8kHz的声响信号引起的。一个100μs的方波滴答声在这个频段就有很好的能量特性，这个滴答声的大小在0～130dB的范围内。在这个动态范围内应注意噪声的影响。耳机可以精确地还原这类刺激声响。耳机可使用磁力传感和压电传感两种类型。磁力型耳机在刺激开始时会在两侧产生一对小的刺激伪迹。压电型传感器是将一对小的海绵状圆管放入耳道来屏蔽环境噪声。由于刺激声响通过圆管需要约1ms的时间，所以可以以1ms为界限来区分信号反应和伪迹。

三、视觉刺激器

视觉刺激器通过光强度变化刺激产生视觉诱发电位（visual evoked potential，VEP），视觉刺激的强度、形状和时间的变化都会产生不同的反应电位。视觉刺激一般分为闪光刺激和图形刺激，闪光刺激一般采用无结构闪光（频闪光）或调制正弦波光，临床检测用的VEP刺激器大多采用全视野或者半侧视野模式的图形刺激。

四、磁刺激器

神经磁刺激技术是利用时变磁场作用于大脑皮质产生感应电流，进而影响神经电活动的生物刺激。磁刺激器在50~100μs内产生1~2T（Tesla）强度的磁场，它能在外周神经和大脑皮质产生足够的电位来完成去极化。与电刺激相比，磁刺激使人体产生的不适感更小，更容易实现脑颅深部刺激，属于非侵入式、无痛的刺激技术。

磁刺激系统主要由储能电容器、放电线圈、电能泄放回路以及充放电控制回路组成（图1-12）。

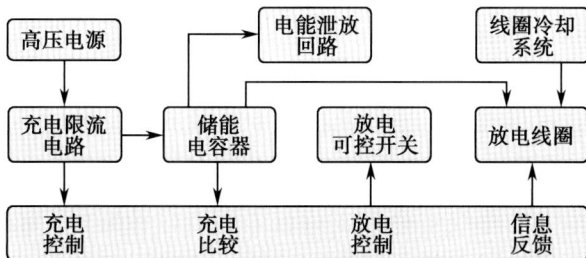

图1-12　磁刺激系统的组成

五、其他刺激装置

近年来随着技术发展，研究者们不断研究并推出其他模式的刺激器，例如近红外光刺激器、冷热痛刺激器、激光刺激器、超声刺激器等。

1．近红外光刺激器　近红外光刺激通过近红外光照射使组织产生光热效应，诱发相应的神经电活动。和电刺激比较而言，在刺激时近红外光光纤和神经组织不需要直接接触，同时由于近红外光的光学特性和高选择性，脉冲近红外光（780~3 000nm）具有独特的优势。

2．激光刺激器　激光刺激器主要是在利用激光刺激组织时，通过调整激光的波长、脉宽和强度，产生范围精确的热效应，从而触发电活动。临床上使用的激光刺激器的光源采用固体激光，可激发脉冲激光或连续式激光。

3．热痛刺激器　热痛刺激器主要用于配合脑电检查产生痛觉诱发电位（pain-related somatosensory evoked potentials，pain SEP）。其原理是通过短暂激光热脉冲选择性兴奋δ和C纤维，由于不接触皮肤，因此诱发电位中无体感成分。

4．超声刺激器　超声刺激器产生频率高于人类听觉范围（＞20kHz）的机械波，将电波形放大并传送到容纳与压电元件活动面耦合的压电元件的超声换能器，利用超声跨颅电子控制系统对不同阵元给予一定相位延时的信号，可在深部脑区实现无创、精准、多点、动态的经颅超声刺激。

第三节 生理信号保真

在实际电生理信号采集情况下，设备系统电路并非理想的，存在噪声和失调。失调是由于电子元器件工艺存在误差所导致的不匹配，噪声来源于系统内和环境中。如果要尽可能保持放大信号的真实性，系统设备失调要低，线性度要高，要减少非线性和谐波，并且需要噪声达到最低，通常以信噪比（signal-to-noise ratio，SNR）来表示系统设备中信号与噪声的比例。本节将主要介绍影响电生理信号保真度的关键因素。

一、噪声

噪声是指干扰记录信号的任何不需要的信号成分，包括采集系统内部的噪声、外界的干扰信号以及信号在传输过程中进行数字化时的失真。噪声的出现多为随机的，因此测量噪声的指标是均方根（root mean square，RMS），它实际上为一段频率范围内噪声电压或者电流幅度的标准差。电生理记录系统中常见的噪声主要有以下四类。

1．白噪声 白噪声或随机噪声的声音像刺耳的"沙沙沙"的声音，它们产生于周围环境并作用于所有频段。其中，热噪声是由于电子扰动引起的并对放大器产生影响，消除它的干扰只能在环境温度达到绝对零度且输入电阻为零时实现。由于达到绝对零度是不现实的（对患者而言），所以在检查时保持好的皮肤状态并使用导电膏来降低阻抗，以及使用高阻抗放大器都可用来减少噪声。脑电图（EEG）检查的随机噪声（在诱发电位检查中）、EMG背景噪声等都属于白噪声。

2．脉冲噪声 脉冲噪声的音响信号类似于"砰砰"声、"噼啪"声和"滴答"声。晶体管的噪声、静电放电、EMG伪迹、电极移动等引起

的噪声也属于此列。脉冲噪声只在一个时期内短暂存在，它不同于随机噪声，随机噪声均匀地存在于任何时期。

3．电源噪声 以50Hz为例，50Hz的电源噪声在谐波存在时的声响类似于持续的"嗡嗡"声，而在谐波不存在时则没有伴随音响信号。它是由于电力系统中存在的磁场和电感现象或近处的荧光灯等设备引起的。

4．同步噪声 同步噪声是在刺激和平均时由时间锁定的。它主要有以下来源：① 仪器的处理器执行同一频率刺激时产生的能量特性噪声；② 计时器产生刺激率时所发出的电子噪声；③ 电刺激器恢复期在数毫秒后突变产生的噪声；④ 刺激时电源能量按照要求缓慢增长时产生的噪声；⑤ 耳机中数毫秒的低频共振引起的噪声；⑥ 视觉诱发电位检查中患者眨眼引起的噪声。

二、滤波器

信号保真度是指对信号的还原程度，它需要系统有好的带宽，放大器有优良的线性，部件之间维持正弦波的相位关系。滤波器的使用会降低保真度但在大多数情况下高信噪比可以减少保真度的降低，而且只有优良的信噪比才能保证很好的信号还原性。因此，了解信号和其失真特性就很重要。平滑的曲线中高频成分少所以不易失真（如诱发电位信号）；方波或上升下降斜率大的曲线中高频成分较多所以容易失真（如肌电信号）。提高高通滤波值可以稳定基线但是会去掉部分低频信号并且在信号边缘产生相位移（图1-13）。双极滤波器和提高高通滤波值会产生相位移。数字高通滤波会在信号的起始处产

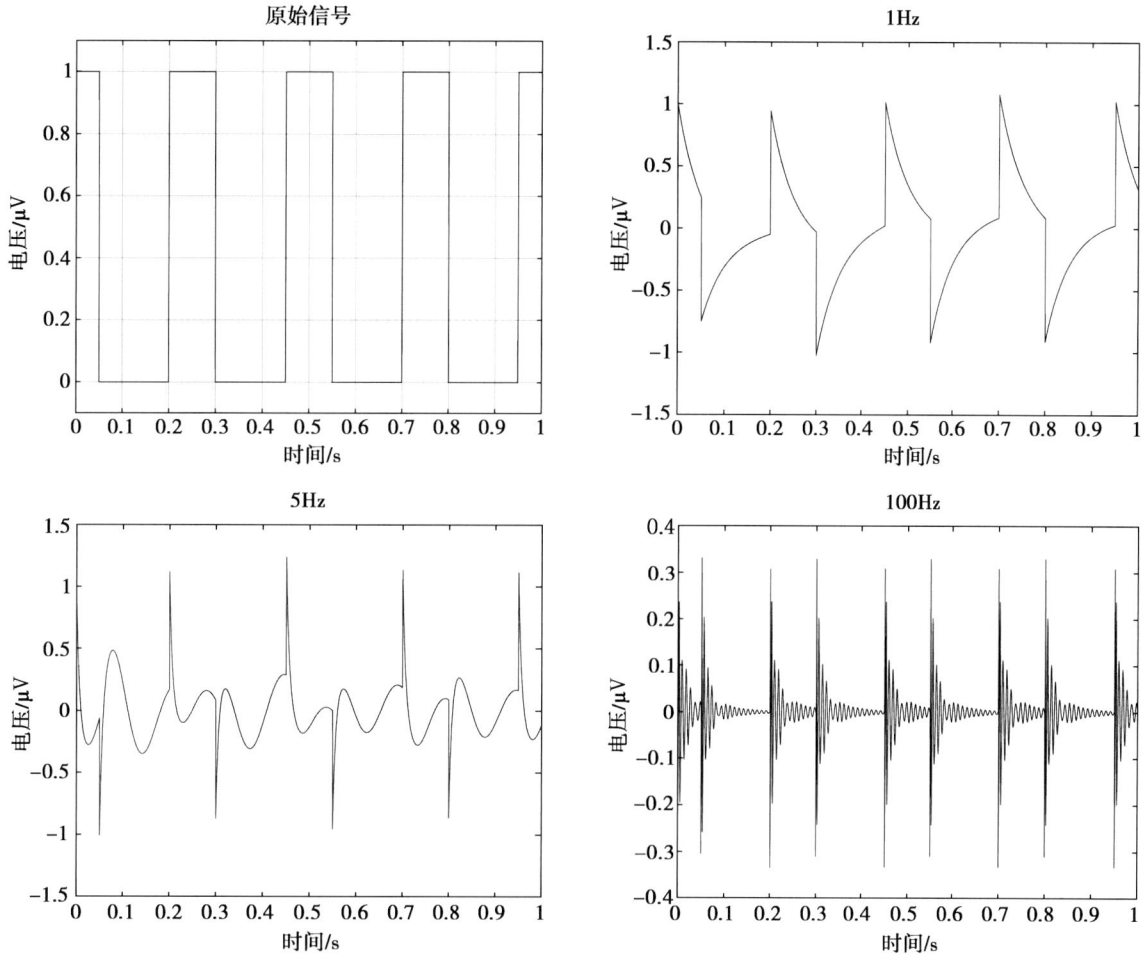

图 1-13　方波脉冲信号通过 3 种不同频率的高通滤波器后的情况

生相位移。提高低通滤波值会使曲线平滑并可去除白噪声。提高单极低通滤波值会使快波信号边缘平滑但不会增加正向波。双极或多极滤波会产生相位移并产生正相和负相波（图 1-14）。数字低通滤波可在信号的两端边缘加上轻微的阻尼波。

滤波器同时又是一种同步噪声的来源，去边缘型滤波器和电源滤波器的共振电流同时对信号的波幅及噪声的相位产生影响。如果这两种波形在信号的通频带内就会产生环形伪差（图 1-15）。大的冲击伪差，运动神经传导响应，诱发电位响应都会产生这种伪差。视觉诱发电位和混合肌肉动作电位的中间峰值能量在 60Hz 左右，因此 50Hz 或 60Hz 的电源滤波器会产生很大的失真。所有的滤波器都会带出尖波脉冲并使信号变化。

原始信号

100Hz

200Hz

1 000Hz

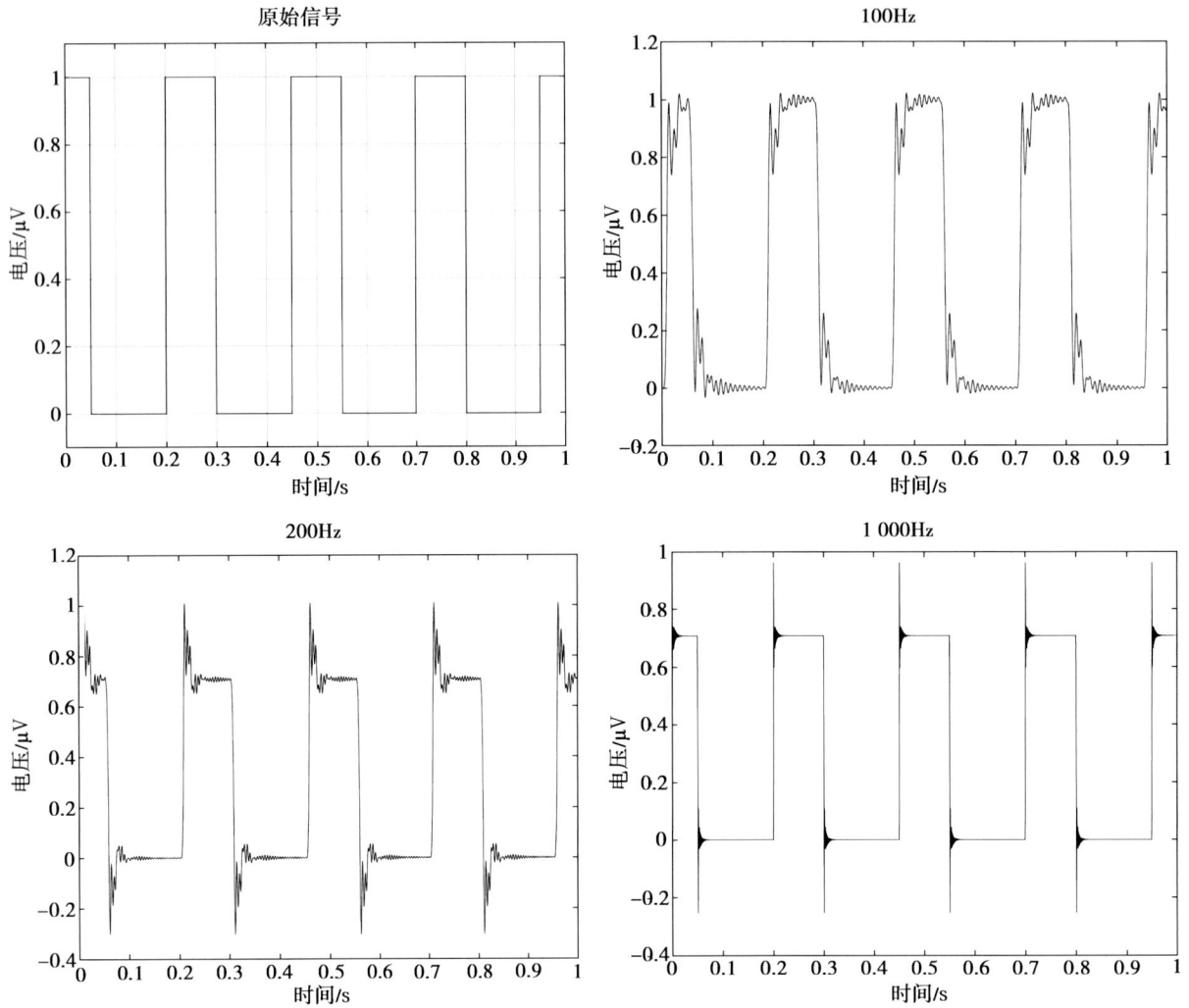

图 1-14   方波脉冲信号通过 3 种不同频率的低通滤波器后的情况

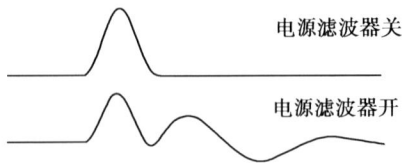

图 1-15   波形失真

一个脉冲波在 25～60Hz 存在峰值能量，在电源滤波器开始工作后出现波形失真。

三、饱和度

饱和度是所有系统在输出信号接近供电电压时的一种现象，此时增益增加接近于零，使得信号的输入不能引起输出的变化。当增加放大器增益时，大的噪声尖波被部分略去，并且减少了噪声的分布。有时放大器或滤波器的阻塞能在电压溢出后产生大指数的伪差衰减。大供电电流和电压变化能带来其他的耦合电流。产生饱和现象时，设计电压钳制来替代大波幅的伪差，即可在尖波发生时就立即被除去。

四、采样频率与滤波频率的关系

根据奈奎斯特定理（Nyquist theorem），采样频率至少大于信号最高频率的 2 倍才能实现信号保真。在使用滤波功能后，这里所提到的信号最高频率显然就是滤波器所设定的滤波频率。在具体采样过程中，通常我们会将采样频率设定为滤波频率的 3～10 倍，即过频采样。过频采样在时域分析中最常用到，可使信号失真最小。过频采样后，虽然模拟滤波器的滤波频率所受到的上述限制不会带来什么问题，但对于数字滤波，情况有些不同。理论上，滤波器的滤波频率的范围在 0 至采样频率之间，但是实际上数字滤波频率比这要窄得多，这会使数字滤波器的运算变得烦琐而不准确。另外，对于频域分析来说，一般我们使用衰减斜率陡直的 4 极巴特沃斯或者切比雪夫滤波器，其滤波频率 / 采样频率的比值可达到 0.4，可有效防止产生混叠噪声，对噪声信号频率抑制更高。

五、伪信号

根据上述采样频率和滤波频率的关系，如果采样频率过低将会使节律性的事件被复合数据覆盖，从而产生很大的失真，并且在回显时频率发生变化，以上现象就称为伪信号。限制信号的频率范围就会限制记录信号的复杂度。将采样频率设为在频率限制信号的最大频率的 2 倍可以刚好记录下曲线而不记录伪信号，该频率称为 Nyquist 采样率。

白噪声和其他噪声通常含有高频部分，通过采样后，在半 Nyquist 采样率以上频率的噪声分量将会以低于半 Nyquist 采样率的频率回显，并且在低频处加上一个噪声增量。如果使用平均技术可将该噪声增量去除但是噪声本身仍然存在。在脑电图、肌电图和神经传导检查中不使用平均技术。高频的噪声将会引起信号噪声的增加。主要的冲突在于伪信号的正弦分量会作为一个新的正弦分量加到低频信号中，如脑电信号中的 δ、θ、α 和 β 波，它会引起信号的混淆。为了防止伪信号，可采用滤波器过滤高频信号或提高采样频率的方法。实际的系统中应用的采样频率都高于 Nyquist 采样率，一般采用高于 Nyquist 采样率 3～10 倍（即高于信号最高频率 6～20 倍）的采样频率。

六、量化

每个模拟量的电信号都由 ADC 转换为一个数值，精确度的大小决定着模拟信号还原的效果。无论什么样的精确度都会产生量化错误。选择一个可接受的量化错误就可以决定一个字的比特位数。一个十进制位空间相当于 3.3 比特，百分之一的精确度需要 2 个十进制位和 7 个二进制位（比特），以此类推千分之一的精确度就需要 10 比特。非线性化、非单调性和其他 ADC 错误都会降低数字化精确度。

第四节　信号质量、放大和处理技术

在电生理记录过程中，除了利用电路元件和数字软件实现较高的信噪比，检测环境也直接影响电生理信号的质量。本节将主要介绍除系统噪声以外，影响电信号质量的关键因素，以及提高信号质量的预处理方法。

一、共模抑制比

共模抑制比（common mode rejection ratio，CMRR）是指差模信号的电压增益与共模信号的电压增益之比的绝对值。当差分信号必须在可能存在较大共模输入的情况下放大时，需要高CMRR，它通常在（10 000 ~ 100 000）：1之间，即80 ~ 100dB。

例如在检查中生物信号大约0.1μV，而周围的环境噪声在50Hz时却达到全电压（-120dB SNR）或更高，所以需要其他方法来帮助获取有用的生物信号。放大器响应受噪声的影响，50Hz的噪声同时作用在信号的记录端和参考端，该噪声被称为共模电压（common mode voltage，CMV），从记录电压中减去参考电压就可使CMV消失，而且加载在记录和参考电极上的共模"信号"也将消失（图1-16）。

图1-16 CMRR为10：1的差分放大器示意图

CMRR为10：1的差分放大器，按照相同的比率削减50Hz的输出信号，记录点和参考点之间的差值信号被放大。

高CMRR的放大器可用来削减十分相似的两个信号。降低CMRR会使记录点和参考点之间的失调信号产生差分错误。记录点和参考点之间的失调信号是由不相等的电极阻抗引起的。由于放大器的输入阻抗有限，因此任何电极阻抗的失调都会在每个输入信号上产生不同的电压。CMRR主要应用于50Hz或60Hz的频率。

二、接地

临床检查设备主要考虑以下两类接地：

1. 患者接地 将患者接地会减少10 ~ 100倍的50Hz或60Hz的干扰。地电位不是每一个差分放大器的参考点。人体的电压感应由以下原因引起：身体的裸露部分，受检者周围存在电缆、电灯或其他大电压噪声的区域。接地的低阻抗（1 ~ 100kΩ）可使这些信号走旁路。另外，患者接地主要是为了患者的安全而不是为了减少共模干扰。现代的设备都将患者和绝缘地线接在一起而非直接接地。

2. 仪器接地 电生理设备在其底盘通过一根地线和大地连接来实现设备的接地（图1-17）。如果电源插座未接地、建筑物接地不良或设备地

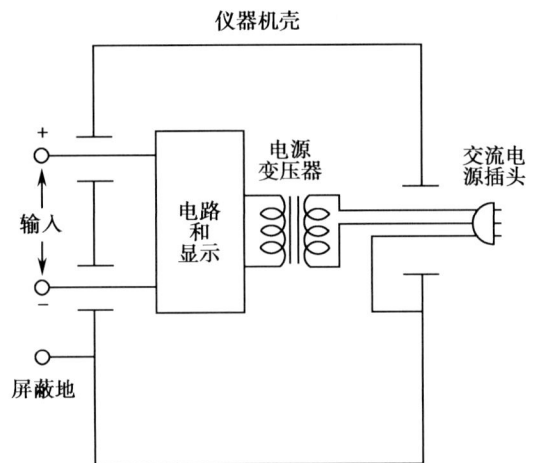

图1-17 仪器设备的接地系统

线损坏都会产生高阻抗，这会引起过多的设备噪声并且使其他设备的噪声进入系统而耦合到电极记录信号中。通过良好的三相电源插座来实现接地是最优的选择。

三、绝缘

在临床检查中，放大器接地后安全、单独地与患者连接，但是放大器电流还是会在人体上产生共模电压。绝缘需要为电源、信号和控制电缆提供一个极低容抗的屏蔽。良好的绝缘

可以使得故障电流不能通过放大器和患者身体，从而增加患者的安全系数。医疗安全规定患者接触220V（50Hz）的线路电压时最大漏电流为50μA，绝缘电容＜800pF，记录设备的隔离电容低于300pF将不会影响患者。

衡量摒弃共模噪声的参数称为绝缘模式摒弃比率（isolation mode rejection ratio，IMRR），IMRR通常＞100dB。图1-18所示为生物医学放大器隔离系统电路图。减少隔离共模电压对输出信号的干扰主要有两种方法：通过附加其他电路降低隔离电容的实际电压，或者提高放大器

IMRR，从而降低隔离共模电压。当患者位于设备附近时电源电容（C_{pow}）较大，如果患者附近没有大的接地物体时，身体电容（C_{body}）较小，同时隔离电容（C_{iso}）很小。例如C_{pow}=30pF，C_{body}=C_{iso}=100pF，则隔离共模电压为100V，那么产生的干扰信号就低于放大器的噪声水平。通常生物医学放大器在0.1～500Hz带宽内的等效输入噪声为（$3 \times 10^{-6} \times$ 共模电压），因此就需要放大器IMRR达到150dB（50Hz）。只要特别注意放大器输入端的屏蔽，就可以得到IMRR很好的信号放大效果。

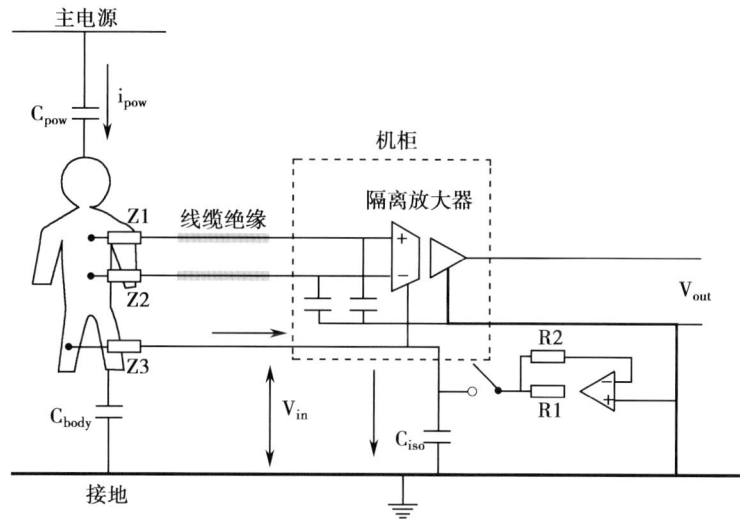

图1-18 生物医学放大器绝缘线路示意图

C_{pow}，电源电容；C_{body}，身体电容；C_{iso}，隔离电容；i_{pow}，电源电流；V_{in}，输入电压；V_{out}，输出电压；Z1、Z2、Z3代表不同阻抗。

四、干扰和伪差排除

外部噪声引起的干扰通过磁场效应和电感效应作用在患者和电极的电缆上。最好的去噪办法是去掉噪声源或将仪器远离噪声源。如果噪声源不可去除则应用其他方法减少伪迹的影响。将电缆双绞或给其加上屏蔽（该屏蔽应和放大器的地线相连）可有效屏蔽外界干扰。

在信号记录过程中，刺激引起的脉冲噪声因

其出现的时间特征，比随机噪声更容易被清除。而且由于脉冲噪声的幅值明显大于信号幅值，因此删除幅值过大伪迹的单次记录即是较好的解决办法。电压触发器可用来探测某次记录是否存在过大的脉冲波幅，如果存在就摒弃此次记录，不加入到平均计算中。刺激引发的伪迹也会引起摒弃电流，因此选择摒弃标准就可以控制脉冲噪声的出现。

五、滤波

脑电信号作为一种时变、非平稳信号，不同时刻有不同的频率成分，我们主要分析去除噪声之后的脑电信号波形，主要分析时域波形更加直观形象，因此采用数字滤波器（详见第一章第一节）实现脑电信号平滑滤波去噪处理。这里介绍两种其他基于数字滤波的脑电信号去噪方法。

1. 基于小波分析的脑电信号去噪 小波变换是 20 世纪 80 年代后期基于傅里叶分析迅速发展起来的。小波变换利用联合的时间 - 尺度函数来分析非平稳信号，窗口大小固定不变，在低频段有较高的频率分辨率，在高频段有较高的时间分辨率。

2. 基于卡尔曼滤波的脑电信号去噪 卡尔曼滤波是用状态空间的方法来描述数学模型，通过递归计算它的估计值。卡尔曼滤波常常用于消除脑电信号中的工频干扰和已知频率的噪声干扰，但在实际应用中也存在建立模型困难、计算量大的问题。

六、叠加与平均

平均技术是改善脑电记录信噪比的非常有效的技术。在应用平均技术时，噪声淹没的信号通常假设为在每次描记时都有相同的大小和形状。这种假设对单相或少相波有用而对于多相波则效果不大，因为多相波的波形大小和形状是多变的。由于假定每次信号都是同相的，所以平均后的信号就恢复为正确值。但实际上，噪声的相位和波幅是多变的，每次采样的结果也不同，使得噪声信号在平均处理后相互抵消。平均是将信号叠加后再除以采样数（n），从而得到优化输出信号的方法。总数以采样数的平方根来增加，当以 n 来标准化时则以 $\frac{1}{\sqrt{n}}$ 的速率趋向于零。

如果噪声不是伴随信号产生，SNR 则按照采样数的平方根（$\sqrt{n}$）的比例而得到改进（示例如表 1-2）。

表 1-2　信号中存在 10μV 噪声时平均的效果

平均试次数	平均后噪声 /μV	3Hz 下平均的时间
1	10	无
10	3	3s
1 000	0.3	5min
10 000	0.1	1h

需要注意的是，刺激率的选择会影响平均的过程。例如使用一个随机刺激率可造成 50Hz 的随机噪声产生。在诱发电位检查中一个随机刺激率是 50Hz 的约数时，50Hz 的频率就会和主要噪声同步并且加入平均计算中。采用一个精确的约数可使得 50Hz 频率在基线处变为静态。在 EMG 描记中就采用了这种方法，EMG 通常使用 100ms/cm 或 200ms/cm 的描记速度以使得 50Hz 噪声达到精确同步来消除其干扰。

零噪声在理论上存在，但实际中由于刺激率的微小变化，每次描记噪声的变化使得零噪声在实际中并不存在。如果随机刺激约数可限制在 2.5 到 3.5 之间，主要噪声就会降低到 $\frac{1}{\sqrt{n}}$。如果噪声是由多个不关联噪声源引起的，随机刺激率就会对降低平均时的噪声非常有用。在检查中同步噪声是不能通过平均的办法来去除的。检查前将记录电极和地电极放入盐水中可以显示出非生理干扰源。消除这些噪声的办法有：清除噪声源或使其不同步，或从信号中分离噪声。

七、基线校正

基线校正是以特定时刻前的数据为基线，用该时刻后的数据减去之前的数据平均值，从而使得脑电信号从偏向时间轴的某一侧变成围绕时间轴上下波动。

八、其他常用信号预处理技术

近年来计算机技术和信息科学的发展也使得脑电信号处理产生了新的理论、技术和算法，其中主成分分析（principle components analysis，PCA）和独立成分分析（independent component analysis，ICA）技术在脑电信号处理中受到越来越广泛的应用。尤其是 ICA 常常被用来提取脑电中癫痫相关尖波、棘波等特征波信号，或者用来去除脑电信号中的眨眼等伪迹。目前已有成熟的软件和算法完成脑电信号的 PCA 和 ICA 分析（详见第五章第一节）。

主成分分析认为脑电信号包含在噪声环境中，先设置一个方向 1（成分 P1），使得信号在该方向上的投影方差最大化，接着在 P1 正交的空间里找到方向 2（成分 P2）使得信号在这个方向的投影方差最大，以此类推找到所有 n 个方向（P1，P2，……，Pn）以及一列不相关的随机变量，而这些成分变量是否具有意义需要根据情况具体分析，从而将符合主要脑电信号特征的成分提取出来。

ICA 可以很好地从随机混合的信号中提取事件相关电位，以及分离未知信号源，还可以用于脑电信号的特征提取和睡眠分期。

第五节　设备安全性和可靠性

总体而言，脑电图（EEG）对技术人员和患者都是非常安全的，但在应用的过程中也存在已知风险。其中，电流暴露是最重要的伤害风险因素，可导致从皮肤烧伤到癫痫发作或心室颤动等不同程度的一系列伤害。多种潜在的电流情况可导致有害电流流经连接 EEG 设备的患者，包括不适当接地、漏电和双接地等引起的电流。当电流异常通过脑电图设备时，接地对防止电流通过患者是非常重要的。正确的接地取决于 EEG 机器内部的合理引线和使用合适的电源插座实现房间内的机器接地。漏电电流可能来自杂散电容或杂散电感，当与不适当的接地相结合时，漏电电流是最危险的。双接地对脑电图检查患者具有电气风险，因为不同接地之间可能会存在电势的差异，这些电势的差异造成了电流流过患者，从而对患者构成电气风险。因此，应采取适当措施，最大限度地减少 EEG 过程中的电气安全风险，确保患者和操作人员的安全。

针对医疗器械，每个国家都有专门的机构来制定相关的安全标准以保证患者和操作者的安全。在美国，由食品药物监督管理局（FDA）和职业安全与健康管理局（OSHA）制定设备和药物的相关安全标准，在这些标准中 UL544 是电工安全的一致标准。在其他国家大多采用国际电工委员会（IEC）制定的标准。我国医疗器械按照通用安全标准 GB 9706.1—2020，这些标准也需要不断地修改以求更加完善。

一、电力和机械安全

维持电气安全及避免患者接触电流的建议如下：① 定期进行脑电图设备维护，包括使用适当的保险丝进行保护；② 一定要使用接地电极，除非在其他电气设备与患者相连的情况下（如重症监护病房、手术室）（必须避免双重接地）；③ 始终将接地电极连接到输入插座盒的适当插孔上（不要连接到设备机箱或其他接地上）；④ 一定要使用三脚插头，尽可能使用医用级电源插座，不要使用三脚到两脚的转换器，因为转换器不能提供与实际接地插头相同的保护；⑤ 不要使用 EEG 机器的延长线。

安全标准也考虑了以下可能产生危险的情况：仪器的易燃性、最大温度要求、机械牢靠度和强度、易燃标记等。在仪器启动和关闭时可能产生的危害也在考虑之列。

二、可靠性

提高医用电气设备产品的可靠性是一个系统工程，涉及很多工作。由于电诊断设备越来越多的作为监视设备应用在手术室中，因此它们在复杂环境中连续正确工作的能力就变得越来越重要。放大器和刺激器的抗静电能力应达到 8 000 ~ 12 000V，仪器任何部分的静电都可能造成仪器的故障。由无线耳机、通信设备和其他外科电设备所发出的无线电频率也不能在仪器内部引起感应电流而造成中断。瞬时的大输入能量也不能对仪器使用造成影响。

三、仪器故障现象

电生理信号记录设备有各种不同的类型，针对故障现象的维修方法也不相同。但是，根据记录设备的电路原理及组成部分，依次排除信号输入端、信号处理中心、信号输出端和相关刺激部分的故障原因，也能有效解决记录过程中出现的仪器故障现象。这里举例说明最常出现的故障现象：① 电极损坏通常是信号失常的一个主要原因。电极在使用中会受到扭曲、拉拽、弯折，而且也会受导电膏的化学影响。电极损坏会无法记录数据并且产生伪差，所以电极应该小心使用并定期检查。② 刺激设备的传感器损坏也会导致信号失常。声刺激器需要 4 ~ 8kHz 的刺激信号，耳机经常使用高强度的刺激信号会产生功能退化从而影响脑干听觉诱发电位检查的正确性。③ 信号处理系统的校正对排除信号失常很重要。多数电生理系统都有内建的信号发生器来进行校正，通过软件控制信号发生器并可设置和修改增益、滤波值、蒙太奇等参数。系统的校正应该遵循同一个原则，要求系统的增益、滤波等设置都应该正确无误。

四、仪器的误用

尽管仪器有各种安全标准和使用说明，但仍会因为使用中的失误造成问题。例如在电刺激过程中，刺激器必须产生强刺激以完成对神经的去极化过程，正常情况下电流在电极处应该限制在一个较小的值，但如果由于操作失误等原因，接触电极之间则可能会产生通过心脏的穿胸电流（图 1-19）。电刺激器在刺激时的相宽、电流、刺激频率过大或持续时间过长也可能产生灼伤。

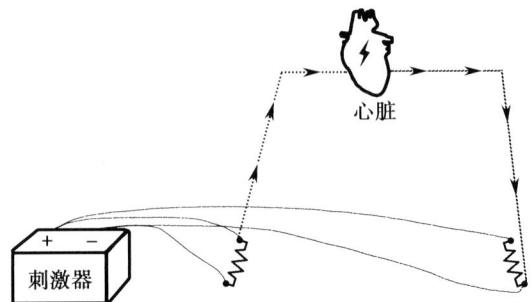

图 1-19　同一个刺激器刺激双侧引起的电流

对仪器操作失误导致的其他损害包括：① 在电刺激过程中，当材料离子的运动形式类似于电离子渗透疗法时会产生化学伤害；② 在安放电极过程中，过度摩擦皮肤产生的伤害；

③ 过大的声刺激会产生听力损害；④ 两个刺激器连接时产生的突发伪迹，电极间的短路使得刺激电流为零。

总之，了解设备的特性可以避免错误的产生。同时，技术人员和医生对仪器的工作原理、技术原理以及可能存在的缺陷等相关知识的熟练掌握和了解，也有利于在检查和诊断中获得准确和可靠的电生理诊断结果。

参考文献

BRITTON J W, FREY L C, HOPP J L, et al. Electroencephalography (EEG): An introductory text and atlas of normal and abnormal findings in adults, children, and infants [Internet][M]. Chicago: American Epilepsy Society, 2016.

2

第二章

神经生理基础

张亭亭

第一节 膜电位

一、静息膜电位

神经元膜是具有高度分化的分子构造和多种独特的生理功能的脂质双分子层膜，神经冲动的发生和扩布、神经元对胞外物质的识别与结合以及神经元跨膜信号传递、物质的跨膜转运和能量转换、代谢调控等生物活动均与神经元膜密切相关。由于神经元膜的脂质双分子层对各种带电离子的通透性不同，同时所有的神经元膜内、外表面分别覆盖着一层电荷云，这种电荷的分布产生膜内、外两侧的电位差，即膜电位（图2-1）。神经元处于静息状态时的膜电位称为静息膜电位（resting membrane potential，RMP），静息状态下膜的外侧有较多的正电荷，内侧有过多的负电荷，通常细胞外的电位被定义为零。当大神经纤维不传递神经信号时，其静息膜电位约为 –90mV。

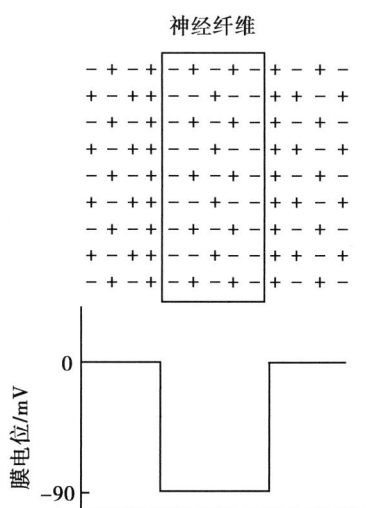

图 2-1　神经纤维膜外正、内负的离子分布形成的膜电位

二、离子平衡电位

神经元的膜电位由离子在膜内外的浓度梯度和膜对离子的不同通透性两个因素所决定。在神经细胞中，膜内 K^+ 浓度约为膜外的 30 倍，膜外 Na^+ 浓度约为膜内的 12 倍，这种离子浓度差的形成和维持需依赖耗能的主动转运，这一主动转运过程是通过 Na^+-K^+-ATP 酶（又称为 Na^+-K^+ 泵）来完成。Na^+-K^+ 泵是一种活性离子泵，在所有动物细胞的质膜上广泛表达，它可以分解 ATP 释放能量，并利用此能量将 Na^+ 输送到细胞外，K^+ 输送到细胞内，每分解一个 ATP 分子，可将两个 K^+ 离子泵送到胞内，三个 Na^+ 泵送到胞外（图 2-2）。Na^+-K^+ 泵的活动将细胞由物质代谢所获得的化学能（ATP 的高能磷酸键）转换为高电 - 化学势能，即泵出膜外的 Na^+ 由于其高浓度而有再进入膜内的驱动力，膜内高浓度的 K^+ 则有移出膜的驱动力。

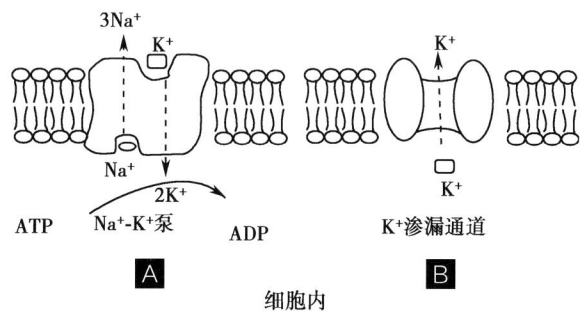

图 2-2　Na^+-K^+ 泵和 K^+ 渗漏通道的功能特性

A. Na^+-K^+ 泵每将两个 K^+ 泵送到膜内，就有 3 个 Na^+ 泵送到胞外，使膜内部正电荷损失，从而在膜内产生额外的负性电势；B. K^+ 渗漏通道使 K^+ 顺浓度差流出细胞。

离子流入和流出细胞是由镶嵌在细胞膜上的离子通道控制的。膜上的离子通道可分为门控和非门控两类。非门控通道（non-gated channel）常常处于开放状态而不易受到外在因素（如跨膜电位）的影响，这类通道对维持静息膜电位

（静息条件下的跨膜电位）至关重要。门控通道（gated channel）则受各种刺激的影响可出现开放或关闭状态的转换，大多数门控通道在膜静息时是关闭的，可分别受到膜电位变化、配体结合和膜的伸展等因素的调节而开放。由于细胞膜上的离子通道仅允许特定的离子通过，不同状态下的质膜上各种离子通道的开放与封闭状态不同，因此各种离子具有不同程度的透过性。

已知 Na$^+$-K$^+$ 泵活动使细胞内 K$^+$ 浓度超过胞外，神经元膜上还存在 K$^+$ 渗漏通道，由于浓度梯度的存在，K$^+$ 有通过渗漏通道向膜外扩散的趋势，而膜内带负电荷的蛋白质大分子（P$^-$）不能随之移出，移到膜外的 K$^+$ 增加了外正内负的电场力，这种电场力阻碍 K$^+$ 的继续外移，K$^+$ 移出得愈多，这种阻碍也会愈大。一旦当促使 K$^+$ 外移的膜两侧 K$^+$ 浓度势能差与阻碍 K$^+$ 外移的电势能差相等，即膜两侧的电化学势代数和为零时，将不会再有 K$^+$ 跨膜净移动，这时的电位称为 K$^+$ 的平衡电位（E_K）（图 2-3）。

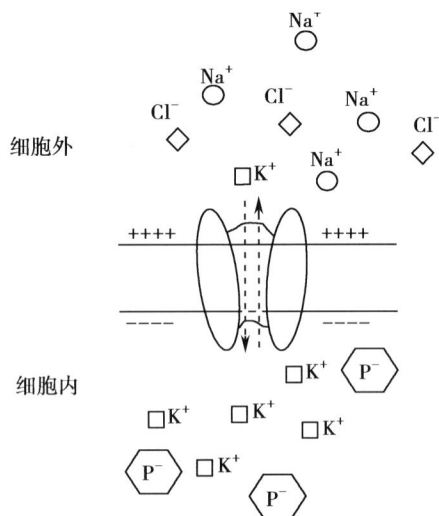

图 2-3　静息时 K$^+$ 的平衡电位
电势差驱动 K$^+$ 进入细胞，浓度差使 K$^+$ 移出细胞，电驱动力和化学驱动力最终达到平衡。

E_K 的数值可根据物理化学上著名的 Nernst 公式算出：

$$E_K = \frac{RT}{ZF} \cdot \ln \frac{\left[K^+ \right]_{out}}{\left[K^+ \right]_{in}}$$

式中 R 是通用气体常数 [8.314J/（mol·K）]，F 是法拉第常数（Faraday's constant，96 500C/mol），T 是绝对温度（37℃=310K）。Z 为离子的电荷数，如 K$^+$ 的 Z 为 1。当使用这个公式时，通常假定细胞外液中的电位保持在零电位，而能斯特电位是膜内电位。因此，如果从内向外扩散的离子是正离子，则电位为负，如果离子是负离子，则电位为正。将有关数值带入，并通过乘以 2.303 将自然对数转换为公共对数（以 10 为底），则公式可近似简化为：

$$E_K \approx -61 \log 10 \frac{\left[K^+ \right]_{out}}{\left[K^+ \right]_{in}}$$

同样的，由于 Na$^+$ 浓度膜外高于膜内，假设膜对 Na$^+$ 通透性很强，而所有其他离子都不能通过，带正电的 Na$^+$ 向内部扩散产生与 K$^+$ 扩散相反的膜电位，即膜电位外为负，内为正，当膜电位升高到足以阻止 Na$^+$ 进一步向细胞内部净扩散时即为 Na$^+$ 的平衡电位。

当一个膜对几种不同的离子具有渗透性时，膜电位取决于三个因素：① 每个离子的电荷极性；② 膜对每个离子的通透性；③ 膜内外各离子的浓度。Goldman-Hodgkin-Katz 电压方程可以计算当两个单价正离子 Na$^+$、K$^+$ 和一个单价负离子 Cl$^-$ 参与时膜电位：

$$E = -61 \times \log 10 \frac{P_{Na} \left[Na^+ \right]_{out} + P_K \left[K^+ \right]_{out} + P_{Cl} \left[Cl^- \right]_{in}}{P_{Na} \left[Na^+ \right]_{in} + P_K \left[K^+ \right]_{in} + P_{Cl} \left[Cl^- \right]_{out}}$$

其中 P_{Na}、P_K、P_{Cl} 分别指示离子的膜通透性（单位为 cm/s）。

20 世纪 40—50 年代，Hodgkin 和 Huxley 等利用枪乌贼巨大神经轴突和电生理技术，进行了一系列的实验，直接测量了静息膜电位，并证实了经典膜学说关于静息膜电位产生机制的假设，他们应用 Goldman-Hodgkin-Katz 电压计算出静

2

息状态下枪乌贼巨大神经元轴突和骨骼肌细胞的静息膜电位值分别为 –87mV 和 –90mV，与实际测得的静息膜电位 –77mV 和 –95mV 基本接近。从 Goldman 方程中可以看出几个关键点：首先，Na^+、K^+ 和 Cl^- 是神经元细胞膜电位形成过程中最重要的离子。这些离子在膜两侧的浓度梯度有助于确定膜电位的电压。其次，每个离子对膜

电位的定量重要性与该离子的膜通透性成正比。例如，在静息态时，膜仅对 K^+ 通透性强，而对 Na^+ 和 Cl^- 的通透性为零，则膜电位完全由 K^+ 的浓度梯度控制，由此产生的电位将等于 K^+ 的能斯特电位。而实际测得的静息电位数值略小于理论上的 E_K 值，这是由于膜在静息时对 Na^+ 和 Cl^- 也有极小的通透性以及 $Na^+\text{-}K^+$ 泵的额外贡献。

第二节　动作电位

可兴奋细胞受到有效刺激时，发生的可传播的电位变化称为动作电位（action potential，AP），神经信号通过动作电位传递。动作电位是膜受刺激后在原有静息电位基础上发生的一次膜两侧电位的快速而可逆的倒转和复原，它一般在 0.5~2.0ms 的时间内完成。动作电位由峰电位（迅速去极化上升支和迅速复极化下降支的总称）和后电位（缓慢的电位变化，包括负后电位和正后电位）组成。峰电位是动作电位的主要组成成分，因此通常意义的动作电位主要指峰电位。其连续阶段如下：

静息期：是动作电位开始前的静息膜电位。由于存在负膜电位，膜在这一阶段被称为极化（polarization）。

去极化期：动作电位的上升支，膜电位由静息期"极化"状态下的 –90mV 向正方向迅速上升，这一过程称为去极化（depolarization）。去极化过程中，膜电位由负电位变为正电位，这一过程称为超射（overshoot），动作电位上升支中电位零位线以上的部分，称为超射值。

复极期：由刺激引起的膜电位倒转只是暂时

的，很快即可出现膜电位的下降，重新建立正常的负静息膜电位，称为复极化（repolarization），这构成了动作电位曲线的下降支。在电位恢复至静息电位水平以前，膜两侧电位经历微小而较缓慢的波动，称为后电位，包含后去极化电位和后超极化电位（图 2-4）。

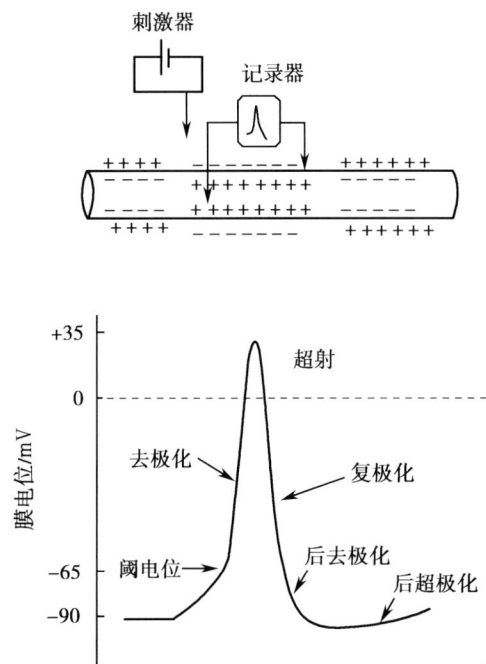

图 2-4　测量单一神经纤维动作电位模式图

一、动作电位产生原理

1. 电压门控钠通道的激活与失活　电压门控钠通道有激活和失活两种状态，当膜电位为静息电位时，通道处于失活状态，阻止 Na^+ 进入膜内。当膜受到刺激产生兴奋时，少量兴奋性较高的钠通道开放，由于细胞外 Na^+ 浓度远高于细胞内，于是少量 Na^+ 迅速顺浓度差内流，其结果是造成膜电位的迅速升高，上升的电压将导致大量电压门控钠通道开放，这导致膜电位进一步升高，从而打开更多的电压门控钠通道，并允许更多的 Na^+ 流向细胞内。这个过程是一个正反馈循环，一旦反馈足够强，就会一直持续到所有电压门控钠通道都被激活（打开），在这种激活状态下，膜对 Na^+ 的渗透性最高可增加 5 000 倍，使膜快速去极化，产生动作电位的上升支，直到膜内的 Na^+ 形成的正电位足以阻止 Na^+ 净移入时为止，即膜电位上升到近于 Na^+ 的平衡电位水平。随着膜去极化，钠通道逐渐失活而更多的钾通道开放。

2. 电压门控钾通道及其激活　在静息状态下，电压门控钾通道处于关闭状态，阻止 K^+ 通过该通道到达外部。当膜电位从静息电位上升到零时，该通道发生构象变化而打开，允许 K^+ 通过通道向外扩散。由于钾通道的开启稍有延迟，在很大程度上，它们是在 Na^+ 通道因失活而开始关闭的同时开启的，因此，Na^+ 内流速度下降和 K^+ 外流增多共同加速了复极过程，导致静息膜电位恢复。

图 2-5 总结了动作电位期间和之后膜电导的变化。图的上半部分显示了动作电位过程中每一瞬间钠钾电导的比率。在动作电位开始之前，K^+ 的电导是 Na^+ 电导的 50～100 倍。这种差异是由 K^+ 比 Na^+ 通透性大得多造成的。在动作电位的早期，钠钾电导比增加了 1 000 倍以上，这是因为在动作电位开始时，钠通道瞬间被激活使钠电导增加 5 000 倍。因此，流向细胞内部的 Na^+ 比

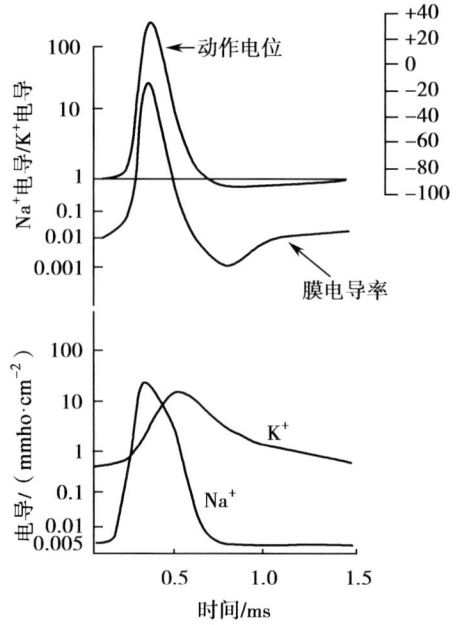

图 2-5　离子电导变化与电位变化关系示意

流向外部的 K^+ 多得多，这是导致动作电位开始时膜电位迅速变为正的原因。随后钠通道在 1 毫秒内关闭，钾通道开始打开，这种变化允许 K^+ 非常迅速地流到胞外，Na^+ 向胞内的流动停止，动作电位很快恢复到基线水平。

3. 引起动作电位的条件　动作电位的发生必须有一个去极化刺激，因为膜上的钠通道开放是由膜电位负值减小所引起的。当膜去极化到某一临界值时才能诱发可兴奋细胞的动作电位，这个临界膜电位称为阈电位（threshold potential）。能引起动作电位的最小刺激强度则称为阈强度或阈值（threshold）。动作电位一旦发生，其幅度便达到最大值，不因刺激强度的大小而改变，仅取决于静息膜电位大小和膜内外 Na^+ 的浓度差，即呈现"全或无"现象。

阈下刺激（subthreshold stimulus）作用于可兴奋细胞，也能引起该细胞膜上所含 Na^+ 通道的少量开放，少量内流的 Na^+ 在受刺激的膜局部出现一个较小的去极化反应，称为局部反应或局部兴奋（local response）。局部兴奋有如下区别于

动作电位的特点：① 随阈下刺激的增大而增大，而非"全或无"；② 不能在膜上远距离传播，而是以电紧张性扩布，随距离加大而减小以至消失；③ 可以相互叠加，在连续接受数个阈下刺激的膜位点可以发生时间性总和，在某一细胞的不同位点同时接受阈下刺激可以发生空间总和。

4. 动作电位时相与兴奋性的关系 在动作电位的过程中，神经元的兴奋性发生规律性的变化，依次出现下述各时相（图 2-6）。

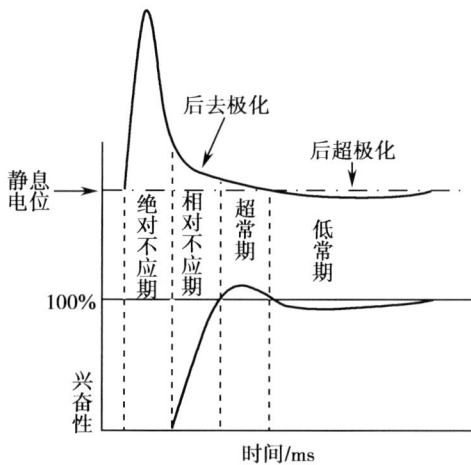

图 2-6 动作电位与兴奋性周期的对应关系

（1）绝对不应期：在发生兴奋时及兴奋后很短暂的一段时间内，兴奋部位对继之而来的刺激，不论其刺激强度如何，都不能再引起动作电位的发放。这一极短的时间为绝对不应期（absolute refractory period）。根据离子学说，这一时间内钠通道全部处于（激活后的）暂时失活状态，不能再被激活介导 Na^+ 内流。

（2）相对不应期：钠通道部分开放，兴奋性逐渐恢复，但原来的阈刺激仍不能诱发动作电位，必须用较原来更强的刺激才能诱发动作电位，称为相对不应期（relative refractory period）。这一阶段的离子机制是钠通道的部分失活。

（3）超常期：在膜电位恢复到静息电位前，有一段时间膜电位的绝对值低于正常静息电位的

绝对值，此时膜电位距离阈值相对比静息电位离阈值要近，因此阈下刺激就可诱发动作电位，产生兴奋。

（4）低常期：组织的兴奋性低于正常，需要用高于阈强度的刺激才能诱发动作电位。

二、动作电位传导特征

当可兴奋细胞的某一膜区发生兴奋产生动作电位时，该处出现膜两侧电位的暂时性倒转，由静息时的内负、外正变为内正、外负，而邻近的未兴奋膜区仍为内负、外正。这样兴奋部位和未兴奋部位之间便发生局部电流流动。这一局部电流的方向是膜外有正电荷由未兴奋区移向兴奋区，膜内有正电荷由已兴奋区移向未兴奋区。它可引起未兴奋区的膜去极化。当去极化达到阈电位的水平时，即可大量激活该处的钠通道而导致动作电位的出现。因此，动作电位的传导，实际上是已兴奋的膜区通过局部电流刺激了未兴奋的膜区，使之出现动作电位。这样的过程在膜表面持续进行，即表现为兴奋在整个细胞的传导（图 2-7）。

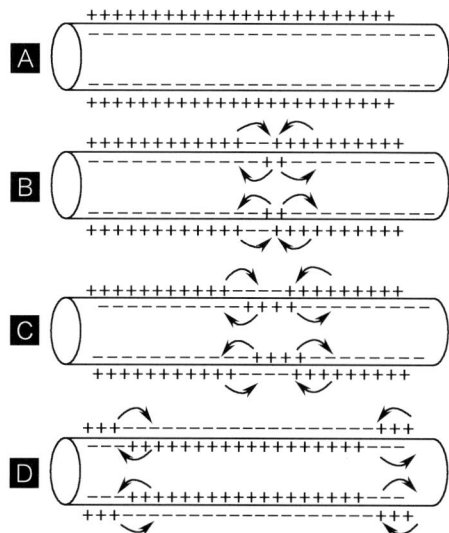

图 2-7 动作电位在神经纤维上的传导示意
A. 静息态神经纤维；B. 神经纤维中段激活，即神经纤维中段对钠离子通透性瞬间升高，箭头显示电流从去极化区域向静息区域流动的局部回路；C、D. 动作电位逐渐向两侧远端传导。

有髓神经纤维的传导速度明显大于无髓神经纤维。髓鞘的主要成分——脂质不导电或不允许带电离子通过，而郎飞结（Ranvier 结）处电流易通过，易于发生兴奋。因而有髓神经纤维的兴奋是"局部电流"由一个郎飞结跳跃到下一个郎飞结，称为跳跃式传导（saltatory conduction）。

这种跳跃式传导的传导速度，较无髓神经纤维或一般细胞的传导速度快得多，而且由于跳跃式传导的单位长度内每传导一次兴奋所涉及的跨膜离子运动的总数要少得多，因此是更"节能"的传导方式。

第三节　突触传导

突触是在神经元之间、神经元与效应细胞之间相互连接的特殊分化结构，其功能是进行神经冲动的传递和信息的整合。人类中枢神经系统中用于信号传递的突触大多数通过释放神经递质传递信息，即信息由电脉冲传导转化为化学传递，再由化学传递转换为电脉冲传导。

一、神经突触前递质释放

1. 突触的一般结构　突触是神经元之间彼此广泛联系的基本结构，最多见的突触由一个神经元的轴突末端与另一个神经元的树突（或树突棘）或胞体连接而成，即突触前成分为略膨大的神经终末，突触后成分为与之接触的树突或胞体的膜。此连接部位分别为突触前膜（pre-synaptic membrane）和突触后膜（post-synaptic membrane），突触前膜和突触后膜之间的间隙称为突触间隙。也有少数突触是轴突与轴突、树突与树突、细胞体与细胞体之间形成。

突触前膜是突触前轴突膜的特化部分，是突触囊泡与膜融合形成胞吐的部位。突触囊泡（synaptic vesicle），直径在 20~70nm，集聚在靠近突触前膜处，囊泡贮存并释放神经递质，这些神经递质可能是乙酰胆碱（ACh）、去甲肾上腺素、肾上腺素、γ- 氨基丁酸（GABA）、甘氨酸、5- 羟色胺和谷氨酸等。

突触后膜是邻近间隙的突触后神经元上的膜，其胞浆面有一层均匀的电子密度高的致密物质层，厚 5~60nm，称为突触后致密质，呈盘状，中央有孔，不同类型突触的突触后致密质厚度不同。突触后膜上表达神经递质的受体，与突触前神经元兴奋而释放的递质结合，完成信息传递。

突触间隙为突触前、后膜之间的间隙，宽 20~30nm，内含黏多糖、糖蛋白和唾液酸。不同类型突触的突触间隙宽度不同，一般兴奋性突触间隙较抑制性突触间隙宽。

2. 突触的递质释放　突触中神经递质释放和信息传递可包含以下 12 个过程（图 2-8）：① 动作电位到达突触部位时，突触前膜发生去极化；② Ca^{2+} 通道开放，细胞外 Ca^{2+} 流入突触前膜；③ Ca^{2+} 与钙调蛋白（CaM）结合；④ 激活依赖于 Ca^{2+}/CaM 的蛋白激酶；⑤ 突触囊泡壁上的突触蛋白磷酸化，解除肌动蛋白、血影蛋白等细胞骨架的限制，突触囊泡到达突触前膜活性区并与之融合；⑥ 形成胞吐；⑦ 释放递质于突触间隙；⑧ 部分递质被位于突触间隙的酶降解，部

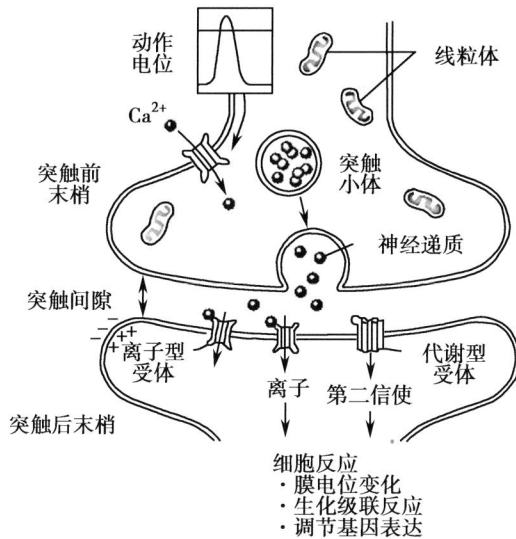

图 2-8　化学性突触结构和神经传递示意

分被再摄取，胞吐后的突触囊泡膜进行再循环；⑨ 释放的递质在突触间隙扩散，作用于突触后膜上的受体并与其结合；⑩ 有的递质激活离子通道型受体，开启离子通道，允许特定的离子跨膜流动，有的递质激活 G 蛋白偶联受体，进一步激活突触后细胞内的第二信使，或经间接途径激活蛋白酶等；⑪ 突触后膜电位发生改变，引发突触后电位；⑫ 引起相应的细胞内效应。

二、神经突触后电位

突触后电位分为兴奋性突触后电位（excitatory postsynaptic potential，EPSP）和抑制性突触后电位（inhibitory postsynaptic potential，IPSP）。EPSP 是由于兴奋性递质与突触后膜相结合，突触后膜神经元部分去极化，提高了膜对 Na^+ 和 K^+ 的通透性而产生的。在活动的兴奋性突触数目较少的情况下，EPSP 仅表现为局部电位，不引起突触后神经元的动作电位发放；在同时有多个 EPSP 的情况下，则局部电位发生总和，如果总和引起的膜电位去极化达到突触后神经元的阈电位，则引起突触后神经元动作电位发放。在神经元的不同部位同时有几个 EPSP 的作用总和起来导致神经元放电的过程称为空间总和；同一空间但时间上有先后的 EPSP 总和起来导致的神经元放电过程称为时间总和。IPSP 的电变化是突触后膜的超极化，它的发生是由于抑制性递质与突触后膜受体相结合，提高了膜对 K^+ 和 / 或 Cl^- 的通透性。由于突触后膜的超极化，使它更不容易被去极化至阈电位，即不易被兴奋，因此具有抑制效应。同样的，IPSP 也具有时间总和和空间总和效应。

三、神经可塑性

神经可塑性是指神经系统在形态结构与功能活动上的修饰，为神经系统对机体内、外环境适应或应变而发生的结构与功能变动，表现为对特殊环境的适应，生理活动的训练与调制，乃至阻止损伤后的代偿、修复与重建。神经可塑性是神经系统的一个基本特征，其中最为熟知的可塑性发生在突触，表现为突触的形态、大小、数目或递质受体构成等改变，这些变化导致突触传递的功效改变，称之为突触可塑性（synaptic plasticity）。突触可塑性主要包括短时程突触可塑性与长时程突触可塑性。持续 10 秒以内的突触可塑性变化被认为是短时程突触可塑性，主要包括易化（facilitation）、抑制（depression）、增强（potentiation），能够加强突触传递的准确性，调节大脑皮质兴奋与抑制之间的平衡。长时程突触可塑性主要表现形式为长时程增强（long term potentiation，LTP）和长时程抑制（long term depression，LTD），这两者已被公认是学习记忆活动的基础。

突触易化：当轴突末端受到一短串刺激时，虽然每个刺激都可引起递质的释放，但后面的刺激较前面的刺激引起更多的递质释放，这一效应称为突触易化（synaptic facilitation），可维持数十到数百个毫秒。突触易化的产生机制可能是前

33

面的刺激在突触前终末造成的 Ca^{2+} 内流尚未恢复到原来的平衡状态，即该处的 Ca^{2+} 浓度仍高于静息状态时的浓度时，新的刺激再一次引发了 Ca^{2+} 内流，因而使轴浆中的 Ca^{2+} 浓度将上升到较前一刺激时更高的水平，从而引发较多的囊泡释放。突触易化仅在部分突触出现。

短时程突触增强：突触增强可见于所有突触，出现于接受强直刺激之后，也称为强直后增强（post-tetanic potentiation）。同突触易化的区别在于突触增强出现在较长时间的连续刺激之后，且可以延续数秒或更长时间。在此期间对突触末梢的刺激将引起较大的突触后反应。目前认为突触增强的机制首先是突触前末梢中的 Na^+ 蓄积，而 Na^+ 浓度的升高又以某种机制导致其中 Ca^{2+} 浓度的升高，后者导致囊泡释放的增加。

短时程突触抑制：在突触前持续活动时，突触后电位的幅度逐渐减小，称为短时程突触抑制。视觉和听觉通路上的突触抑制作用可以介导感觉适应，在皮质中的短时程突触抑制作用能调节皮质兴奋和抑制之间的平衡，从而调控皮质的兴奋程度。

长时程增强：在很多突触处存在一种由于突触连续活动而产生的可以延续数小时乃至数日的突触活动的增强，称为长时程增强（LTP）。LTP 的形成和维持，既有突触前机制也有突触后机制。研究显示，新技能的获得程度与 LTP 的形成正相关，影响学习记忆的药物也影响 LTP 的形成。反之，影响 LTP 的因素也影响学习和记忆的过程，提示 LTP 在学习记忆过程中扮演重要角色。

长时程抑制：长时程抑制（LTD）是在长时间的模式刺激后，持续数小时或更长时间的神经元突触后电位降低，通常持续的低频刺激可以诱发 LTD。LTD 不仅能被同源性突触诱导（条件性输入诱导），也能被异源性突触诱导（非条件性输入诱导）；同时 LTD 还可被重新诱发或在 LTP 诱发后继续被诱发（亦称去增益）。研究表明，海马 LTD 的形成与 N- 甲基 -D- 天冬氨酸受体（NMDARs）或代谢型谷氨酸受体（mGluRs）激活有关，LTD 也可以通过其他类型的谷氨酸受体或其他神经递质的激活而诱导。在哺乳类动物的大脑中存在大量可诱发 LTD 的突触环路，LTD 参与各种神经生理过程，包括学习和记忆以及视觉系统的发育。此外，在病理状态下，LTD 参与药物成瘾、急性应激、发育及神经退行性病变等过程。

第四节　容积传导和场电位

细胞内电位经过细胞外体液和周围组织传导，可以被记录电极所记录到，这种传导方式称为容积传导（volume conduction），人体组织为容积导体。在容积导体中，电场从一个偶极子或一对正电荷和负电荷的源传播，在这里，电流沿着偶极子正负两端之间的无限多条路径移动，单位时间内沿着直线路径通过单位区域的电荷数最多。在无限均匀体积导体中，传递的电流在给定点产生的电势可计算，其与距离的平方成反比，与偶极子所对角的余弦成正比。相比之下，人体是不均匀和有限形状的导体，身体中的各种组织有不同的阻抗，因此，电流的分析变得极其复

2

杂，难以预测。

体内的各种组织都有自己的电阻率，电流随着与电源的距离渐远而减小，与距离的平方成比例。电极记录正电位或负电位完全取决于它相对于偶极子相反电荷的空间方向，这会产生记录电极和参考电极之间的电压差。例如，位于正电荷和负电荷等距点的有源电极记录不到电势。偶极子的表面积、单位面积的净电荷（电荷密度），以及最重要的它与记录电极的距离，共同决定给定电极上记录电位振幅。

立体角近似适用于分析通过容积导体记录的动作电位。在这个理论中，物体所对的立体角等于其表面积除以从一个特定点到表面的距离平方。静息电位由一系列偶极子组成，偶极子外表面带正电荷，内表面带负电荷，它与电极所记录到的极化膜的尺寸成比例，并随电极与膜之间的距离减小而减小。立体角近似预测了由偶极子层导出的电势。本质上，一个被视为带正电荷的波前的领先偶极子，代表着动作电位的开始，或跨膜电位逆转时神经横截面的去极化。尾随偶极子，可视为带负电荷的波前，表示动作电位的结束或激活区的复极化。

容积导体内的电流和电位分布决定了不同位置记录到的电位幅度、相位不同，根据电位发生源和记录电极之间的距离，可将记录电位分为近场电位（near-field potential，NFP）和远场电位（far-field potential，FFP）。NFP 是指在电极附近产生的电位变化，通常反映离电极较近的神经元活动，与脉冲通过记录电极时记录的传播信号有关，通常在脑电图上表现为高频率波动，例如β波和γ波。而 FFP 则是指在电极远距离位置产生的电位变化，反映更远处神经元活动的总体效果，在脑电图上表现为低频波动，例如α波、θ波和δ波。根据定义，用于周围神经传导研究的肌肉和神经动作电位属于近场电位。在躯体感觉诱发电位（somatosensory evoked potential，SEP）研究中，刺激手腕或踝关节引起的冲动大约在 20～37ms 内到达感觉皮质，因此正中神经 SEP 在 20ms 的负峰（N20）和胫神经 SEP 在 37ms 的负峰（N37）代表头皮上记录到的第一个近场电位。在此前记录的峰值（即 FFP）意味着信号到达记录电极之前的电位，代表感觉信息的传递和初步处理。远场记录技术在检测远距离产生的电压源的诱发电位研究中已获得广泛应用。

参考文献

[1]　李继硕. 神经科学基础［M］. 北京：高等教育出版社，2002：284-294.

[2]　ARTHUR C G, JOHN E H. Membrane Potentials and Action Potential [M]. //John E H, Michael E H. Guyton and hall textbook of medical physiology. 14th ed, Philadelphia: Elsevier, 2021, 167-200.

[3]　WRIGHT S H. Generation of resting membrane potential [J]. Adv Physiol Educ, 2004, 28(1-4): 139-142.

[4]　KIMURA J. Volume conduction, waveform analysis, and near- and far-field potentials [J]. Handb Clin Neurol, 2019, 160: 23-37.

3

王　黎　李莉萍　王玉平

脑电采集技术

第三章

第一节　脑电图发展的历史和现状

1875 年，Richard Caton 在兔子和猴子的脑表面放置电极，在电流计上记录到了很微弱的电流，同时发现给予闪光刺激可以从视觉皮质记录到电位变化。1912 年俄罗斯学者 Neminsky 用电流计在狗的大脑皮质记录到了电活动。1929 年德国精神科医生 Hans Berger 发表了在人头皮上记录到的脑电图，记录电极分别放置在前额和枕部，并对脑电波形进行了区分，命名了 α 波和 β 波。1932 年，他对人的皮质脑电图进行了记录，至 1938 年发表了大量的论文，为脑电图理论的发展做出了重要的贡献，确立了脑电图的概念。随后，英国学者 Adrian 和 Matthews 等人制作了脑电放大器，并在此后不断改进。20 世纪 30 年代中后期，脑电图技术飞速发展。美国学者 Gibbs、Davis 以及 Lennox 首先记录到了 3Hz 的棘慢波，英国学者记录到了脑肿瘤患者局灶性的慢波以及昏睡状态的广泛性慢波，Loomis 等记录到了正常人的睡眠脑电，并根据脑电图的变化对睡眠的深度进行了分类。这些发现进一步丰富了脑电图的理论基础。随着脑电图的应用，脑电图的采集技术和方法也不断改进。1938 年 Grinker 和 Hill 最先使用了鼻咽电极用于记录颅底面的放电；1939 年 Gibbs 和 Grass 开发了频率分析装置。在癫痫发作诱发方法的研究中，学者们也做了许多探索。1938 年 Walter 使用贝美格（美解眠）进行诱发实验；此后学者们又提出了过度换气诱发实验、闪光刺激诱发实验和睡眠诱发的方法。因此，从 Hans Berger 最初在人类大脑记录到脑电以来十余年的时间，脑电图得到了迅速的发展，至此脑电图学基本上趋于成熟。

目前脑电图的信号传递方式可分为有线传递和无线传递，描记方式包括有笔描记和无笔描记。临床常用的脑电图包括以下四类。

常规脑电图：在去脂清洁后的头皮上，按国际 10-20 脑电极安置系统放置 19 个记录电极（双侧前额、额后、中央、顶、枕、前颞、中颞、后颞以及额中线，中央中线及顶中线）和两个耳电极。组成两种基本导联：单极导联和双极导联。常规描记包括睁闭眼试验、过度换气、闪光刺激的诱发以及清醒期脑电图，睡眠诱发和蝶骨电极检查可以提高脑电图检查的阳性率。

定量脑电图：使用计算机将脑电信号通过快速傅里叶转换（FFT），把脑电位的时间函数转变为频率函数。以功率谱的形式表现出来，即各频段的能量值。定时连续做 FFT，可绘成压缩谱阵。在 FFT 的基础上经过内插值计算及成像技术可以绘出头形等电位功率分布图，称为脑电位分布图（BEAM）或脑电地形图。经过统计学 Z 检验或 T 检验可绘出显著性概率图（SPM）。定量脑电图通常用于特定的研究，不作为临床常规应用。

动态脑电图：将脑电信号记录于随身携带的移动存储设备，可在活动、睡眠等日常生活状态下记录受试者 24h 或更长时间的脑电图，对于发作性异常的记录有重要意义，随后可以重新回放进行分析。但是，这种脑电图设备没有视频监测，在脑电图有异常变化时看不到当时患者的行为或病情变化，另外一个明显的缺点是活动伪差较多。

视频脑电监测：在一个显示屏上同时显示脑电图变化和患者的视频图像。优点是可以进行长时间监测并可随时观察到患者的临床情况和脑电图变化，对于发作性疾病特别是癫痫的正确诊断具有重要价值，对危重患者的病情监护也有重要意义。

第二节 脑电图的原理

通常头皮上所记录到的脑电是由大脑皮质神经细胞所产生的生物电，而皮质下核团则参与了脑电活动节律的发生。大脑皮质是脑电的电流发生源，在大脑皮质的各种细胞当中，主要是神经细胞的活动参与了脑电的产生。神经电活动包括动作电位和突触后电位，这两种电位的特性不同（表3-1）。动作电位扩散范围十分有限，一般不超过60μm，所以几乎不参与脑电图的生成，脑电图仪所记录到的电活动主要是突触后电活动的总合。

在皮质表面记录到的电位与细胞水平神经电活动的关系可以用容积导体理论和电场理论加以说明。大脑内有众多的神经细胞，其中最多的两种神经细胞是锥体细胞和星形细胞，锥体细胞分布在大脑皮质，它们排列规则，胞体位于皮质底面，从胞体伸出的树状突起伸向皮质表面。由丘脑等部位投射到皮质的神经纤维与锥体细胞的树状突起发生突触联系，其中一部分投射到皮质的浅表部分（Ⅰ～Ⅱ层）形成浅层投射，而另一部分则投射到皮质的深层（Ⅲ～Ⅴ层）形成深层投射（图3-1）。

表 3-1　动作电位与突触后电位的比较

比较内容	动作电位	突触后电位
电活动的反应性	全或无	叠加、总合效应
持续时间	<1ms	80～100ms
反应不应期	有	无
电场的扩散范围	小	大

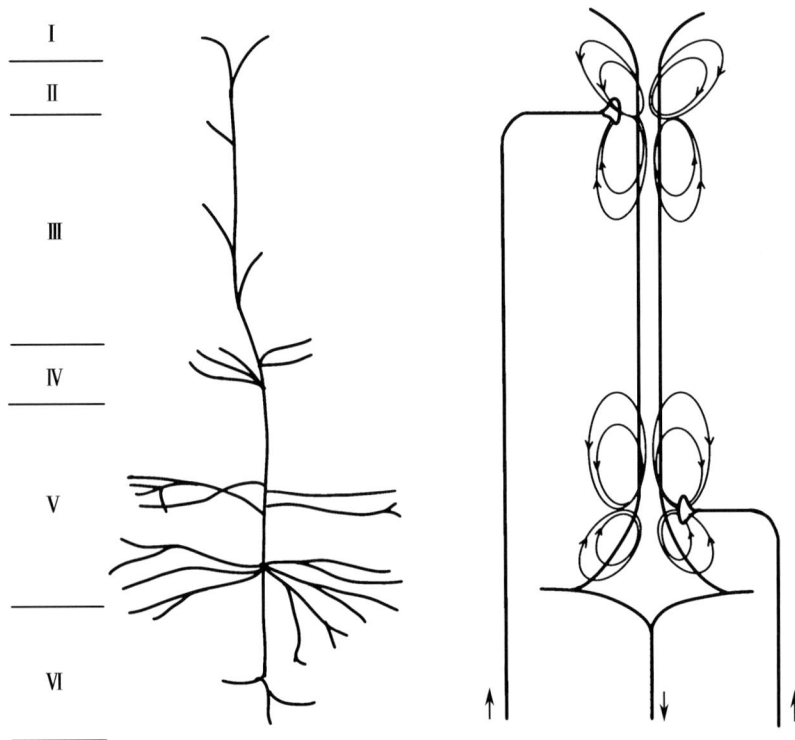

图 3-1　大脑皮质神经细胞的排列和纤维投射示意
Ⅰ～Ⅵ表示皮质不同的分层。每一层的功能都有所区别。

如图 3-1 所示，在大脑皮质锥体细胞的树突向皮质表面生长，树突近端靠近细胞体的部位如果出现去极化现象，那么神经细胞外的正离子大量内流，出现细胞外负内正的电位，细胞体近端外侧电压低形成电穴（sink），相应地在细胞树突的尖端靠近皮质表面的部位电压相对高，也就形成了电源（source），皮质表面就带正电荷。相反如果皮质表面树突尖端部位去极化则在皮质表面形成电穴，在细胞体近端形成电源。相互靠近的一个电源和一个电穴组成了一对偶极子，容积导体内在偶极子之间会形成容积传导电流，在偶极子的周围出现电场。由于脑组织和人体是容积导体，所以电流就会从电源向电穴方向流动，这种容积传导电流是产生脑电活动的基础。

由于锥体细胞的树突排列方向非常规则一致，在很局限的皮质区域内聚集着多数的锥体细胞，如果它们同步兴奋形成兴奋性突触后电位（EPSP），微弱的电流就会相互叠加总合形成一个比较明显的可以检测到的电流活动。细胞外电流可在细胞外较宽广的区域内流动，这种电场活动被称为开场电位。

相反如果神经细胞排列杂乱无章，每个神经细胞虽然都可以产生微弱的电流，但由于它们的电流方向相反而相互抵消，所以实际上在远隔部位是记录不到电活动的，这种电场活动被称为闭场电位。

脑电图记录到的各种电活动其实都是在细胞外记录到的神经细胞去极化的突触后电位活动，尖波和棘波也是神经细胞同步去极化活动的结果。棘慢复合波中的棘波成分主要是神经细胞同步去极化，慢波成分是神经细胞超极化所产生的。

脑电活动节律的形成机制比较复杂，通常认为是由皮质的自身节律性活动与丘脑节律性活动相互作用而产生的。

第三节 脑电图的设备和记录方法

目前记录生物电流使用的是差分放大器，差分放大器有两个输入端，仅放大两个输入端之间的电位差。通常把两个电极放在头顶部，或其中一个放在头顶，另一个放在非头部，将两个电极之间的电压差经放大器放大后显示出来即为脑电图。

一、脑电图仪

脑电图仪通常由脑电电极、放大器、闪光刺激器、摄像头以及电脑主机、显示器和打印机等部分组成。用于脑电信号的采集、放大、滤波、记录、分析、回放等。近年脑电图仪的发展十分迅速，描纸式脑电图仪已经逐渐退出了市场，取而代之的是无纸脑电图仪或称数字式脑电图仪，这种脑电图仪把脑电模拟信号转换为数字信号存储在计算机内，并可显示在屏幕上或打印出来供临床诊断。脑电图仪最主要的部分是放大器和电极。

1. 放大器 脑电图仪的放大器比较复杂，需要经过数级放大，简单来讲就是头皮上两点之间共同的信号，包括一些干扰信号可以被差分放大器所抑制，而不同的电信号成分则可以被放大，前者称为共模抑制，后者称为差分放大。衡量放大器性能的一个指标就是共模抑制比（CMRR），共模抑制比越大，检测微弱信号和抗干扰的能力就越强。

放大器的输入阻抗是决定放大器性能的另一个指标，电极、放大器和人体组成了一个闭合的电路，放大器输入阻抗越大，则放大器两端的电压就越大，而前一级系统所吸收的电流就越小，越容易记录到生物信号。

调节频率范围的两个指标包括高频滤波和低频滤波。高频滤波又称高切滤波或低通滤波，是指在某个频率之上的成分不被放大；低频滤波又称低切滤波或高通滤波，是指比设定频率更低的生物电活动不被充分放大。低频滤波也可用时间常数表示，时间常数与低频滤波频率互为倒数关系。放大器的带通滤波均以最大放大幅度下降到70%的点作为标准。常规描记脑电图时低频滤波设定在 0.5Hz（时间常数为 0.3s），高频滤波设定在 70Hz 或 100Hz。

生物放大器通常有两个输入端 G1 和 G2，一般习惯当 G1 的输入电压减 G2 的输入电压为负值时，脑电图的描记线向上偏转，称为负相电位；反之，当 G1 的输入电压减 G2 的输入电压为正值时，脑电图的描记线向下偏转，称为正相电位。

2. 电极　安置在头皮上或身体上用以导出脑电活动的导体称为电极。用于脑电记录的电极应该是良好的导体，易于安装、固定，佩戴舒适，反复使用不易磨损。脑电电极的种类较多，包括杯状电极、盘状电极、针电极以及桥式电极等，一般使用表面为氯化银的银质材料制作，称为银-氯化银电极，也可以使用金、铂、锡等材料制作。盘状电极目前临床使用最为广泛，通过电极膏粘贴于头皮表面。可以进行长时间及睡眠描记，也适用于意识障碍患者脑电图的记录。

（1）特殊电极：因为某一些脑区的电活动头皮电极不能记录到，故而设计了各种特殊的电极。包括蝶骨电极、鼻咽电极及颅内电极。鼻咽电极是一条小的银电极（外包软绝缘导线），插入鼻腔远端甚至可达鼻咽后部的黏膜，一般不用局麻，可记录到额叶底部、颞叶前内侧部的电活动，然而并不是所有的患者都能耐受鼻咽电极的插入。鼻咽电极易受脉搏、肌肉收缩、呼吸运动伪差的干扰。蝶骨电极可记录到颞叶内侧的电活动，它比鼻咽电极的伪差少，电极由针极部和外部绝缘的导线构成，经皮穿入至卵圆孔周围，可提高异常放电阳性率。

（2）深部电极：深部电极的种类较多，它们可以是柔软的或坚硬的，有不同数量的触点，由不同的金属材质构成，有不同的插入途径，可短期放置于颅内。电极的尖端是圆钝的以避免在插入放置过程中损伤神经组织。大多数的外科医生更愿意使用柔软的电极，因为它们比坚硬的电极更安全。软性电极需要和一个半刚性的探针一起放置，或放置于中空的套管型电极的插管器中一起插入颅内。放置电极时要避开所穿过的某些神经组织结构，如脑内动脉等，虽然这样会导致放置不够精确，但减少了出血的可能。电极放好后探针或插管器将被移走，只留下柔软的电极。使用柔软的电极不会引起因电极移动而导致的脑组织损伤。硬性的电极在放置时要更精确些，但必须小心谨慎，保证颅内部分的电极不移位，避免损伤脑组织。

颅内电极通常有多个间距为 5mm 或 10mm 的触点，触点的面积通常是几个平方毫米，规则地沿着电极的线路排列以便能收集电极沿途的所有信号，而且可以根据需求定制不同规格的电极满足临床的需要。电极的材质为镍-铬合金或铂-铱合金。银和铜不能用来制作电极，因为这些物质会对大脑产生有害的反应。

（3）硬膜外和硬膜下电极：硬膜外和硬膜下电极通常由排成矩阵的触点组成，触点镶嵌在薄的硅胶片中，其间距通常是 5~10mm。和深部电极一样，独立的绝缘线从每一个触点连接到电极末端的放大器接头。触点由不锈钢或铂金制成，后者在MRI检查中较少产生伪迹，其暴露在外面的金属触点直径通常是2~3mm。电极触点的排列是多样的，条状电极的触点排列方式有1×6、1×8两种，栅状电极的触点排列方式有2×8、4×6或4×8等多种。

硬膜外电极的另一种类型是钉状电极，通过钻孔把这种单个触点的电极固定在颅骨上。钉状电极能够在颅骨上分散开来从不同的脑叶采集信号，更多地被用于收集阴性信息，证明癫痫灶不包含电极下面的皮质。

（4）卵圆孔电极：卵圆孔电极通常是包含4~6个触点的软性电极。卵圆孔电极需要在X线设备引导下植入或者在手术室中局麻下插入，但取出时可以在床旁完成。

二、脑电图的记录

电极在头皮表面的排放和它们与放大器连接的方式称为电极的导联，电极安放采用国际10-20脑电极安置系统（international 10-20 system of electrode placement）。如图3-2所示，

首先在鼻根和枕外隆突之间连一条线，与双侧的外耳屏连线的交点定为Cz，从该点沿中线向前和向后划分为20%、20%、10%，由前向后的5个电极点依次为Fpz、Fz、Cz、Pz、Oz。通过Cz点沿左右连线向两侧分别划分为20%、20%、10%，由左向右的5个点被分别命名为T3、C3、Cz、C4、T4。然后通过Fpz、T3、Oz画半弧为100%，沿着该连线由前向后分为10%、20%、20%、20%、20%、10%，依次确定电极点Fp1、F7、T3、T5、O1，右侧同样确定电极点Fp2、F8、T4、T6、O2。还有电极点F3、F4、P3、P4分别位于相邻电极之间的中点。单极导联的记录要使用耳垂作为参考电极，左侧耳垂为A1，右侧耳垂为A2。

根据习惯将放在头皮上进行记录的电极称为记录电极，它与放大器的第一个输入端G1相连接，相对应的与放大器另一个输入端G2相连接用于比较的电极称为参考电极。

常用的导联方法包括单极导联和双极导联（图3-3、图3-4），有时也使用平均参考导联和公共参考导联的方法。单极导联（monopolar montage），常用耳电极作参考，是把头皮上的记

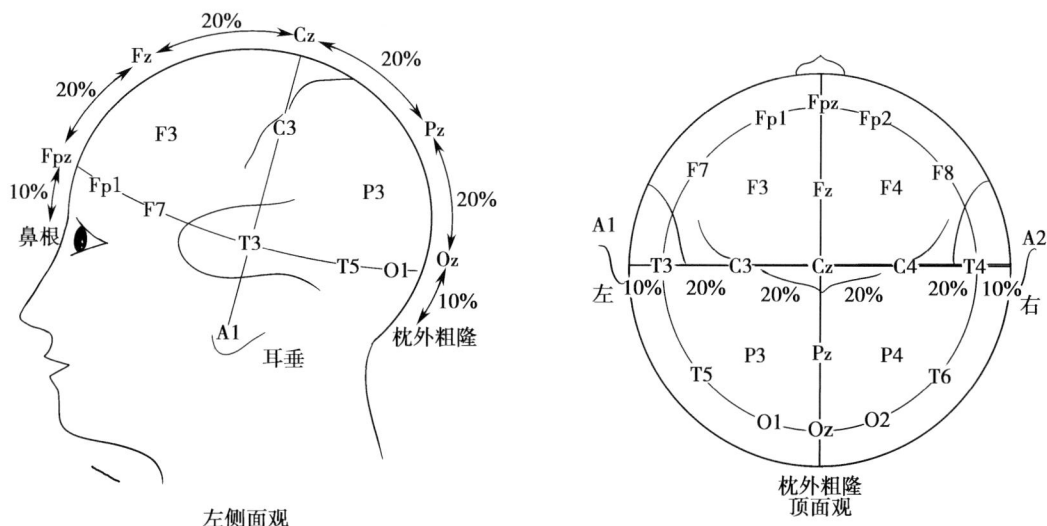

图3-2　国际10-20脑电极安置系统的电极位置

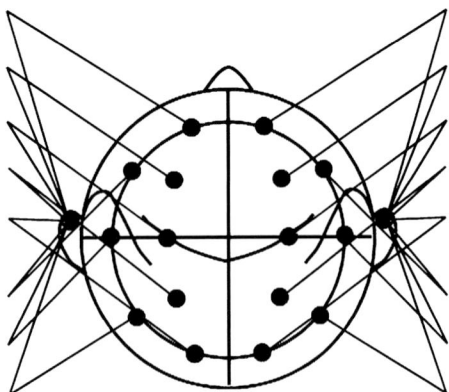

图 3-3　单极导联示意图

如图所示，左侧半球所有电极均与左侧耳电极相连，右侧半球所有电极均与右侧耳电极相连。

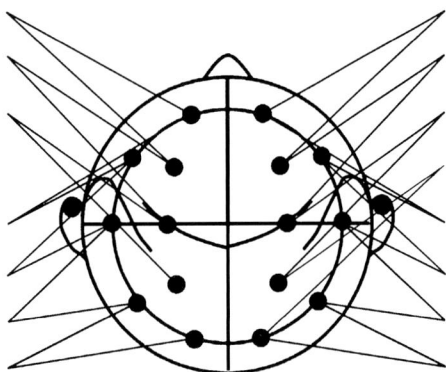

图 3-4　双极纵联示意

如图所示，将头皮上的相邻电极按照一定顺序依次两两相连。

录电极与耳垂部位的电极相连。利用耳垂作为无关电极，是假定耳垂部位没有脑电活动为前提的，事实上耳垂部位也经常能够记录到一定的脑电活动，所以严格地讲这种导联也不能称其为单极导联。双极导联（bipolar montage）是把头皮上的两个相邻电极相连进行记录。平均参考导联（average montage）是把每一个记录电极分别串联一个 1～2MΩ 的电阻，然后再并联在一起。用这些电极电压的平均值作为参考电极进行脑电记录。

三、记录时间和诱发实验

脑电图室应设在安静的区域内，防止噪声，尽可能远离变压室、理疗室和放射科，以避免电磁干扰。工作房间可分为记录室、读图室和机房。室温应适中，避免室温过低产生肌电伪差，或者过热出汗导致基线不稳。检查室的光线应略暗，避免光线对视觉的刺激。患者在检测前应清洗头皮，不搽发蜡或护发素，并正常进食以避免低血糖对脑电的影响。向患者说明检测方法，取得患者的配合，要求患者安静少动，对某些特殊试验更应说明注意事项，避免由于精神紧张影响脑电描记。

描记程序：描记前应登记好患者的信息，包括患者的姓名、性别、年龄、描记日期和时间、住院号和 / 或门诊号以及技术员姓名，如果有癫痫病史，要记录最后一次发作的日期和时间、患者的精神状态、服用的药物以及其他相关病史。描记过程中对患者意识状态的改变应予以注明，描记过程中发生的一切动作应予以记录。描记前需要做好定标，同时将所用条件如增益、滤波、时间常数等予以注明。每次改换导联时应做好导联标记，因为每种仪器的固有导联各不相同。基本描记应包括技术操作非常满意的安静清醒期脑电图至少 30min 的时长，过度换气、闪光刺激不应包含在这 30min 内。另外，根据检查目的可以延长描记时间，特别是采集癫痫发作期脑电图可以延长描记时间至数日。

为了提高脑电图的阳性率，在进行记录时可以通过一些生理或非生理的方式诱发异常波的出现。常规的诱发试验包括：睁闭眼试验、过度换气和间断闪光刺激。

睁闭眼试验：主要了解大脑在视觉刺激时的反应情况。操作方法是在单极或双极记录中受试者清醒闭眼状态时脑电图描记到 α 节律出现较好且波幅较高时，令受试者睁眼并持续 5～10s 再闭眼，间隔 5～10s 再重复，一般连续做 3～4 次，患者欠合作的话可以多做几次，检查时室内光线不宜过亮或过暗，否则可能导致脑电图的改变不明显。

过度换气：在闭眼情况下让受试者以20～25次/min的速度做有规则的深呼吸3min，或者不限定时间做100～200次深呼吸。在儿童不会主动做深呼吸时，可将纸片、风车或气球放在被试者面前，令其连续吹气。在过度呼吸时，血液中二氧化碳较多地经肺排出，血液中二氧化碳浓度降低成为碱中毒状态，可引起脑血管收缩，脑血流量减少，造成脑细胞环境的变化，这样可以使常规脑电图中可疑的波形得到增强，有时可诱发出伴有临床发作的癫痫性爆发性电活动。脑电图应记录过度换气时和结束后3min的脑电波形，检查中要仔细观察患者的状态、主诉、身体活动等，如有变化则应立即记录。儿童过度换气时比成人更易引起脑电的显著变化。由于存在个体差异，正常范围的界定比较困难，另外过度换气可以引起或增加生物电伪差，应注意鉴别。过度换气试验结束后对过度呼吸次数和深度要作评价，如果做得不满意，不能达到诱发目的则需要5min后再次进行过度换气试验。

睡眠及剥夺睡眠诱发：记录睡眠时间或剥夺睡眠24h后的脑电图可以诱发出一些易被忽略的异常，多用于疑诊癫痫患者的进一步检查。有三种实施方法即常规白天睡眠记录（用或不用安眠药）；剥夺睡眠后进行记录；全夜睡眠记录。

间断闪光刺激：用强烈光线刺激视网膜引起脑电图功能的变化，它可诱发出发作性的异常波，特别是光源性癫痫患者有时可诱发出光敏性的临床发作。在给予不同频率闪光刺激的同时记录脑电图。具体操作为将闪光刺激器置于受试者眼前20～30cm处，闪光灯发出的光线一般为青白色，发光强度为10万坎德拉左右。1次闪光持续时间0.1ms，闪光频率在1～50Hz内连续可调，一般由低频逐渐提高至高频。室内灯光应减弱，但要避免黑暗，尽量避免受试者直接睁眼暴露于闪光之中。对于部分光敏感的患者，间断闪光刺激有可能会诱发癫痫发作，这时应立即停止闪光刺激。

各种自然刺激：声音刺激也可以引起患者脑电图的改变，声音刺激可应用于昏迷患者的检查，以及反射性癫痫患者的检查，其他的刺激如触觉和阅读刺激也可以引起EEG出现阵发性的改变。

药物诱发：一些具有中枢活性的药物可以用来诱发脑电图异常甚至惊厥发作，但是药物诱发试验可以使癫痫放电扩散，导致患者的脑电波形和发作形式不同于平时的表现，另外也可能给患者带来一些危险，所以目前国内外学者已不再使用。

四、视频脑电图

视频脑电图或称录像脑电图，是将脑电图仪和视频录像装置结合起来的产品，该设备不仅可以记录脑电图，还可以同步对患者进行录像，在进行脑电图分析时可以观察任意时间点的脑电图和录像，可以对脑电图的变化和患者的临床表现进行反复的比较和分析，特别是对于癫痫发作患者的诊断和癫痫灶的定位具有重要意义。另外，随着数据传输技术的发展，无线数据传输技术应用于脑电记录，在信号采集器和储存数据的主机之间设有无线传输模块。无线脑电图可以使受检者在一定范围内自由活动，并且能很大程度地克服电极线晃动和损坏造成的伪差，提高了仪器的抗干扰能力。

五、脑电图描记的定标和设备保养

以往的走纸式脑电图仪每天使用前应该进行校正，包括电压定标、检查基线，描记笔对齐，还应检查放大器的增益，时间常数和高频滤波的设定，同时注意走纸的速度。随着技术的进步，数字式脑电图仪已经替代传统的走纸脑电图仪而在临床广泛普及。数字式脑电图仪在最初使用时设置好参数后（包括采样率、数字化滤波、灵敏度、导联模式和走纸速度等），只要不对机器进行调整，定标没有必要每天检查。只需要检查打印机和计算机正常工作即可。

参考文献

[1] 刘晓燕. 小儿脑电图图谱［M］. 北京：人民卫生出版社，2010.

[2] 刘晓燕. 临床脑电图学［M］. 2 版. 北京：人民卫生出版社，2017.

[3] 中国抗癫痫协会，脑电图和神经电生理分会，临床脑电图培训教程编写组. 临床脑电图培训教程［M］. 北京：人民卫生出版社，2011.

王　黎　王玉平

第四章

脑电图分析

4

第一节 脑电图的基本成分及其意义

一、脑电图分析要素

在脑电图（EEG）分析、诊断时应使用国际统一的脑电图术语，这些术语包括对单个波形和整体图形的描述。脑电图的波形由频率、波幅、波形、位相、出现方式和出现部位等基本要素共同构成，图形则是由各种波形所构成的特定EEG模式。脑电图检查就是对这些要素及其相互关系进行定性或半定量分析，研究其在时间和空间分布的特征。

1. 频率 是指1s内脑波重复出现的次数（图4-1）。单位为赫兹（Hz）。频率的测量是从一个脑波的波谷至下一个脑波的波谷或从波峰至下一个脑波的波峰。数字化脑电图可以使用软件中的测量工具进行测量。在临床中脑波分析的频率范围在0.1～100Hz。国际上统一将脑波分为α、β、δ、θ、γ五个主要频带（表4-1）。

表 4-1 各频带脑波的频率范围

名称	频率范围 /Hz
δ 频带	0.1 ~ <4
θ 频带	4 ~ <8
α 频带	8 ~ 13
β 频带	14 ~ 30
γ 频带	>30 ~ 80

升支和下降支的最低点不在同一水平线，则可在两个波谷之间做一连线，从波峰起始的水平垂线到波谷连线的距离为波幅（图4-2）。从头皮电极记录的脑波经过脑膜、颅骨、皮下组织和头皮的衰减，波幅通常在数十到数百微伏，而从皮质表面记录的脑波约为500～1 500μV。成人头皮脑电图波幅分级：低波幅<25μV，中波幅25～75μV，高波幅75～150μV，极高波幅>150μV。

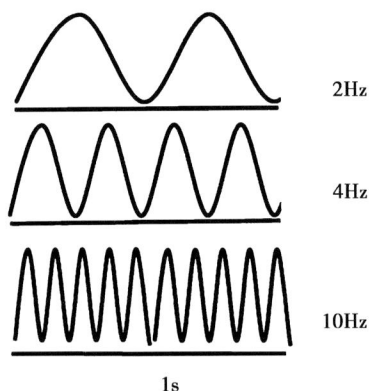

图 4-1 脑波的频率示意

2Hz

4Hz

10Hz

1s

2. 波幅 又称振幅或电压，表示两个电极之间的电位差，单位是微伏（μV）。测量方法是从脑波的波峰至波谷的垂直高度。如果脑波的上

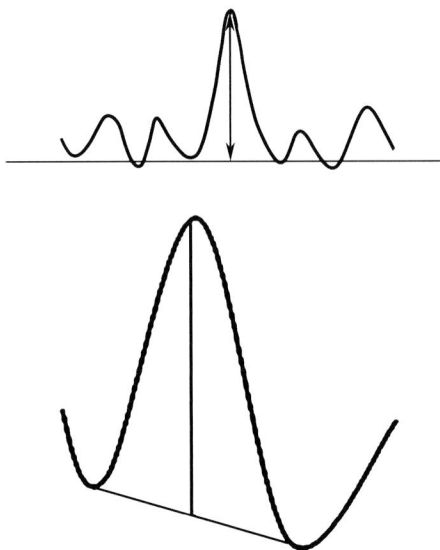

图 4-2 脑波波幅的测量示意

3. 波形 是对脑波形态的描述，包括单形

波和复合波。单形波是指单个独立出现的波形，包括正弦样波、棘波、尖波、三相波、λ波等。复合波是由两个或两个以上单形波组成，如棘慢复合波、尖慢复合波或多棘慢复合波等（图4-3）。① 正弦样波：脑波的基本形态类似正弦波，波峰和波谷清晰圆钝。② 棘波：棘波波峰尖锐而波底宽，上升支陡峭，下降支稍缓，下降至基线以下再返回至基线，时限<70ms。根据主波的方向可以分为负相棘波、正相棘波以及双相棘波（图4-4）。③ 尖波：波形与棘波相似，时限在70~200ms，因而波形显得比棘波钝。通常为异常波形，但在睡眠期顶部出现的尖波、儿童枕部尖波和新生儿额部尖波不应视为异常（图4-5）。④ 三相波：频率为1.5~2.5Hz的中高幅慢波，其第一相为波幅较低的负相波，第二相为突出的正相波，第三相为上行且时限稍长的负相波（图4-6）。⑤ λ波：清醒期注视复杂图形或眼球扫视时出现于枕区的正相慢波，频率在3~5Hz，散发或连续出现。

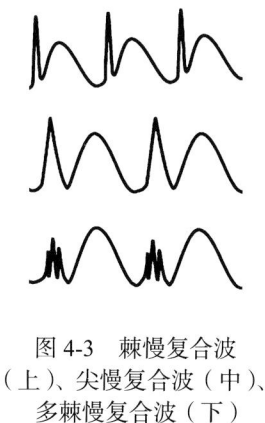

图4-3　棘慢复合波（上）、尖慢复合波（中）、多棘慢复合波（下）

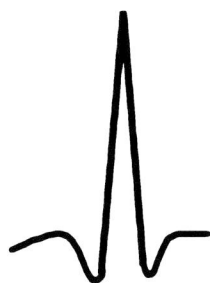

图4-4　棘波

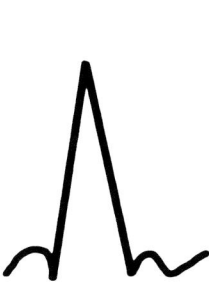

图4-5　尖波

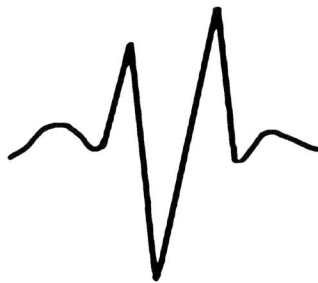

图4-6　三相波

4. 位相　又称时相，是指脑波与时间的关系。波峰向上时称为负相波，波峰向下时则为正相波。同步或同时相是指不同部位的脑波于同一时间出现。位相倒置（针锋相对）是指在同一时间两波的波形完全相反相位差为180°（图4-7）。双极导联描记时，在有共同电极的两条导联上同步出现的波形呈位相倒置，波形为棘波或尖波时则称为针锋相对。

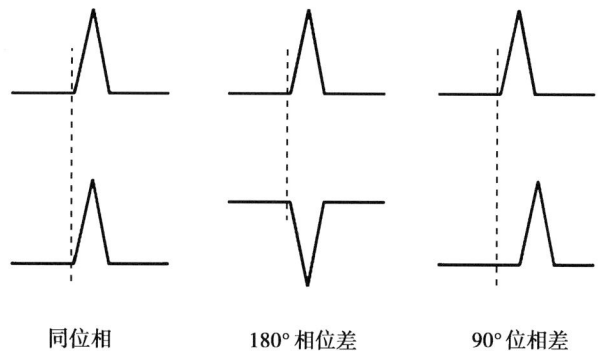

同位相　　　　　180°相位差　　　　　90°位相差

图4-7　脑波的位相

5. 出现方式　脑波的出现方式是相对于背景活动而言的，在背景活动的基础上，可出现一些明显波形不同的脑波。① 波：单个形式出现的波。如单发尖波、单发棘波等。② 活动：指连续出现的脑波，如快波活动、阵发性θ活动等。③ 节律：是指三个以上相同的脑波连续出现。如快波节律、α节律等。节律性脑波按出现的时限可分为：短程（<1s）；中程（1~3s）；长程（>3s）；④ 散发：指单个脑波不规律地出现在相同或不同的导联。⑤ 偶发：指脑波在一次脑电图记录中仅出现1~2次。⑥ 周期性：指某种脑波或复合波以相似的间隔有规律地反复出现。⑦ 同步性：两个或多个导联甚至双侧半球同时出现的脑波，反之称为非同步。⑧ 阵发：突出于背景并持续一段时间的脑波，出现和停止不太突然。⑨ 爆发：与阵发类似，突然出现和终止并持续一段时间的脑波；波形相对于背景活动有明显差别。⑩ 高度（峰）失律：指异常脑波在时间和部位上杂乱地毫无规律地出现。

6. 出现部位 脑波在皮质的空间分布形式是分析脑电图的一个重要指标。包括以下几种形式：① 广泛性：脑波出现在双侧半球的各个脑区，且双侧半球相对应区域的脑波基本对称；② 弥漫性：与广泛性相似，脑波在双侧半球的各个脑区出现，但波形、波幅和频率不对称；③ 对称性：两侧大脑半球相对应部位脑电活动的波形、波幅和频率基本相同，反之为非对称性；④ 一侧性：异常脑电活动仅出现于一侧大脑半球；⑤ 局灶性：异常脑电活动局限于某一脑区或相邻的几个脑区；⑥ 多灶性：异常脑电活动非同步地出现在两个或两个以上不相邻的脑区。

二、脑电图基本成分的临床意义

1. 后头部 α 节律 α 节律是脑电图分析的重要指标，是具有标志性的节律。成年人的 α 节律通常为 8~13 Hz，主要在安静清醒闭目状态下出现，在后头部明显，中央颞区也可存在（图 4-8）。α 节律最突出的特点是外界刺激可使波幅减弱或消失，测试 α 节律反应性最常用的方法是睁闭眼试验（图 4-9）。随着年龄增长、抗癫痫药物的应用、患者意识状态、代谢紊乱或任何类型的脑病理变化，α 节律的频率逐渐减慢。α 节律的频率在儿童期随年龄增长而增加，在老年人则随年龄增长而变慢。α 节律的频率变化在两侧半球的对应区内不应超过 1Hz。

2. β 活动 β 活动是正常成人清醒脑电图的主要成分之一。β 活动对睁闭眼无反应，在对侧肢体运动或有运动想象时减弱。β 活动的振幅一般 <30μV，频率在 14~30Hz，在思睡、浅睡、快速眼动（REM）睡眠时明显。β 活动可由许多药物尤其是巴比妥类和安定类等镇静催眠剂引

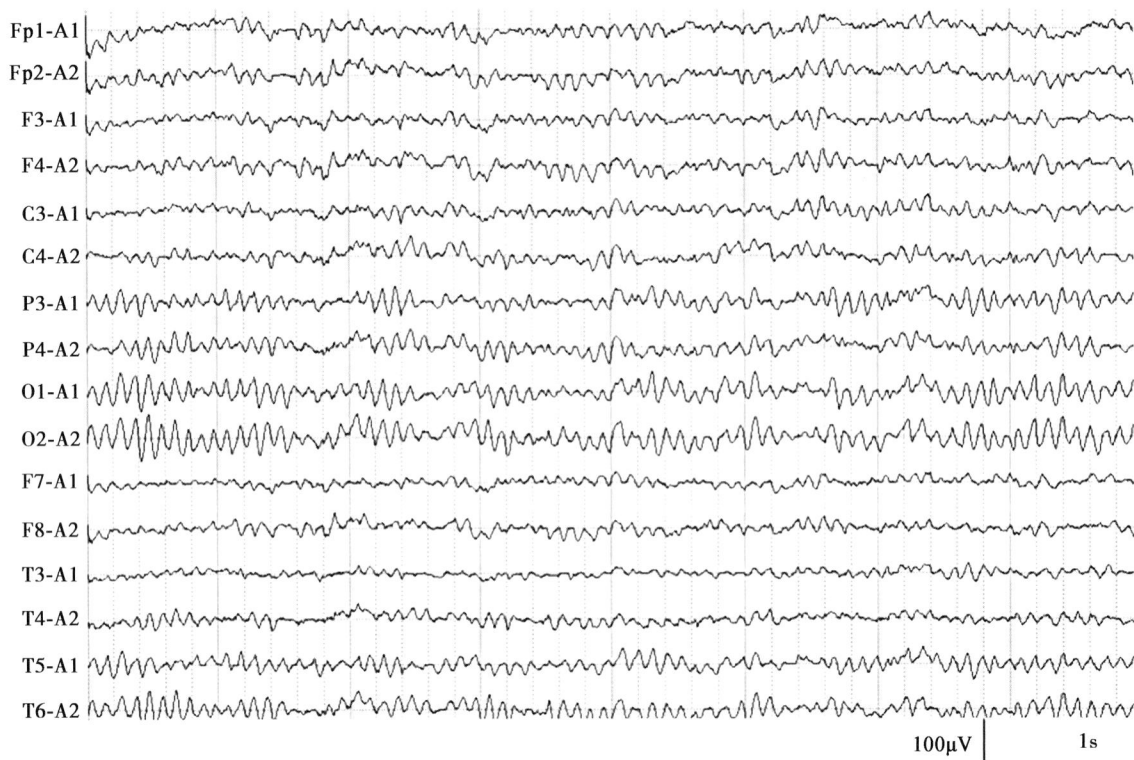

100μV   1s

图 4-8　枕区 α 节律
图中双枕、顶、后颞可见明显 α 节律，右侧波幅略高于左侧，调幅良好。

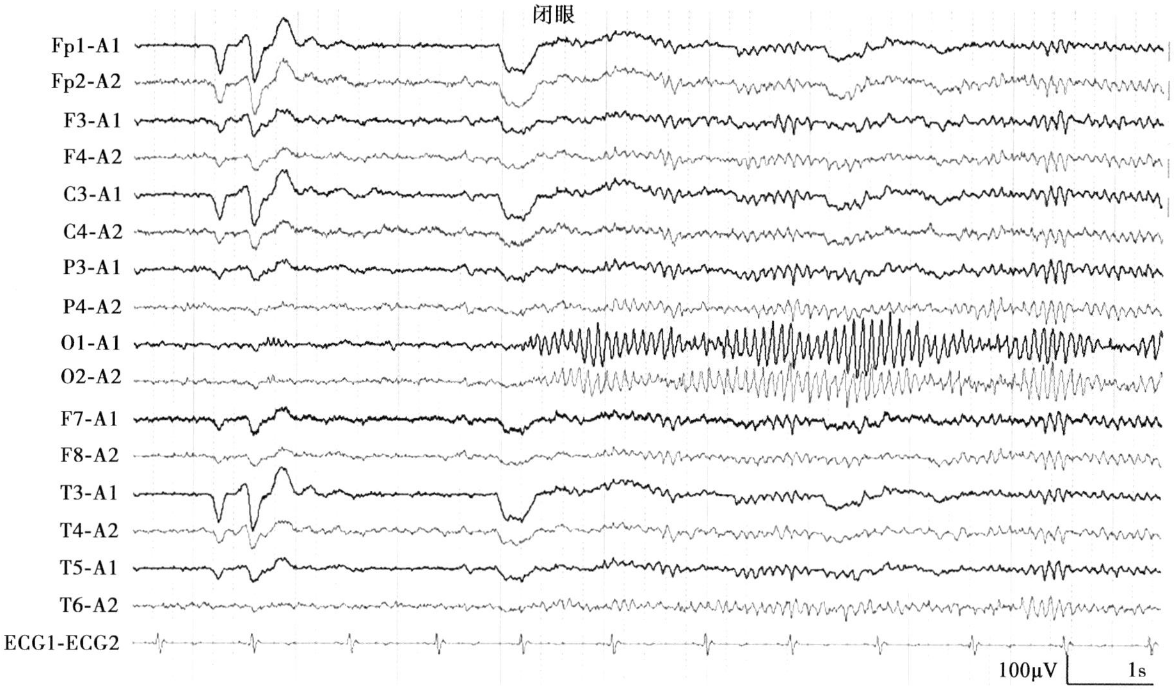

闭眼

```
Fp1-A1
Fp2-A2
F3-A1
F4-A2
C3-A1
C4-A2
P3-A1
P4-A2
O1-A1
O2-A2
F7-A1
F8-A2
T3-A1
T4-A2
T5-A1
T6-A2
ECG1-ECG2
```

100μV 1s

图 4-9 α 波的反应性（睁 - 闭眼试验）
图中可见，睁眼时 α 节律波幅明显减弱，闭眼后 α 节律恢复。

出。β 活动随年龄增长逐渐增多，到老年后又有所减少。局部或一侧的自发性 β 活动，可能提示局部颅内病变。

3．θ 活动 θ 活动指频率在 4～<8Hz 的脑电活动，婴幼儿和儿童可有较多的 θ 活动，随年龄增长而逐渐减少，正常成年人清醒状态时仅有少量散在 θ 波，主要分布在额、中央区，在过度换气和思睡时也可出现 θ 活动（图 4-10）。局部或一侧的 θ 活动可以是脑的局部病理表现，弥散的 θ 活动则常见于广泛变化的神经功能紊乱。

4．δ 活动 δ 活动的频率在 0.1～<4Hz，这种脑波在老年人或睡眠时多见，在清醒时出现 δ 波为不正常（图 4-11）。① 多形性 δ 活动，是连续、无规律的慢波活动，其振幅和持续时间随时间而变化。常见于癫痫发作后或代谢紊乱的患者，还见于累及皮质下白质的局部破坏性脑损害。丘脑肿瘤的患者，可在一侧或两侧见到弥散规律的慢活动。② 周期性 δ 活动，是爆发的、

有固定频率的慢波活动，常在两侧半球同步出现，儿童多在枕区、成人多在前头部明显，可由过度换气和睡眠诱发。

5．μ 节律 μ 节律是一种频率在 α 频率范围内的脑电活动，在清醒安静状态下出现于一侧或双侧中央区。频率在 9～11Hz，负相波部分形态尖锐，正相波部分则较圆钝（图 4-12）。μ 节律是一种正常生理性节律，与 α 节律相似，但不受睁闭眼影响，可被一侧或两侧躯体运动所抑制，表明其与感觉运动皮质的功能密切相关。

6．λ 波 λ 波是清醒期在枕区出现的正相尖波，在注视活动的物体、眼球扫视运动时容易出现，有时在非快速眼动（NREM）睡眠时也可看到（图 4-13）。波幅一般不超过 50μV，波底较宽，时限为 200～300ms，呈倒三角或锯齿状。

7．低电压 一些正常人表现为低电压脑电图，由频率 2～30Hz，波幅<20μV 的不规则混合波组成，α 活动较少，在平静或过度换气时可

49

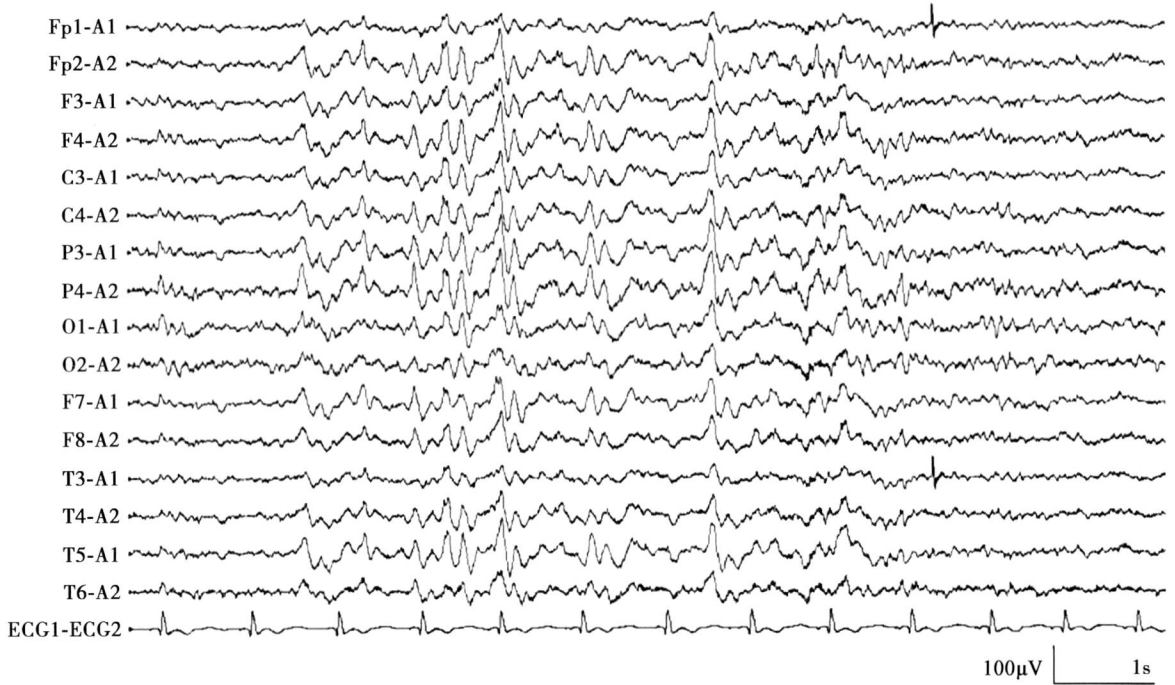

图 4-10　思睡期 θ 活动
图中全部导联可见阵发 θ 活动。

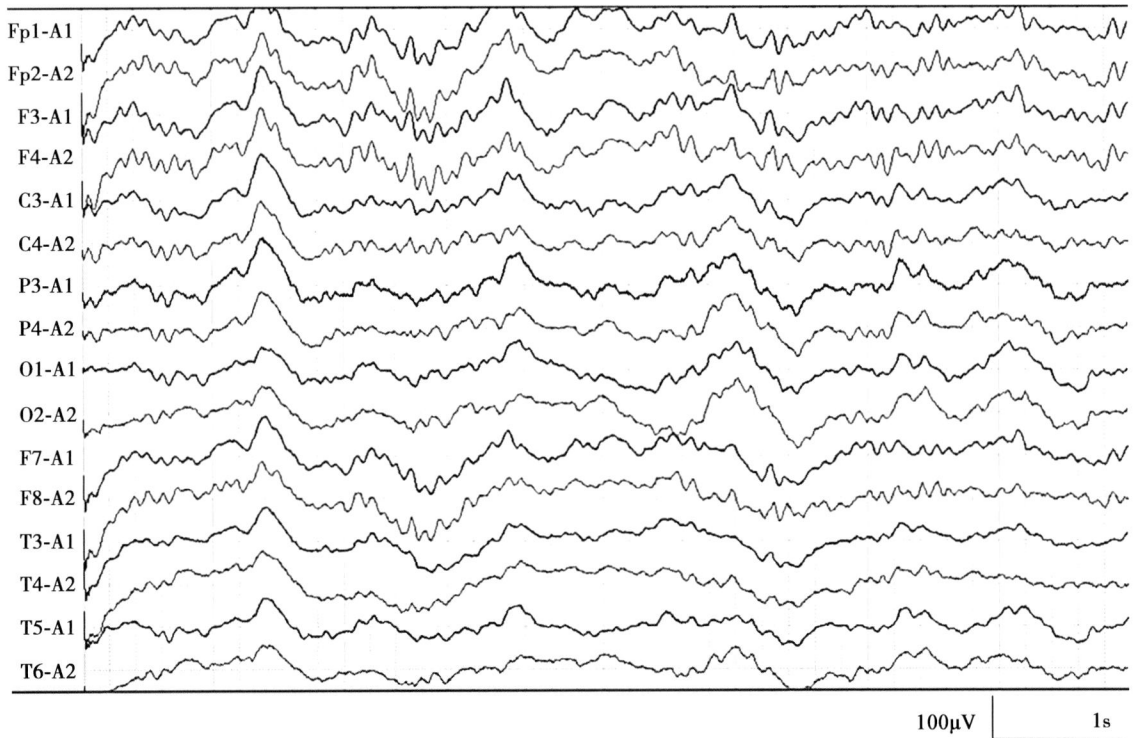

图 4-11　睡眠期 δ 活动
图中全部导联可见广泛性高波幅 δ 活动。

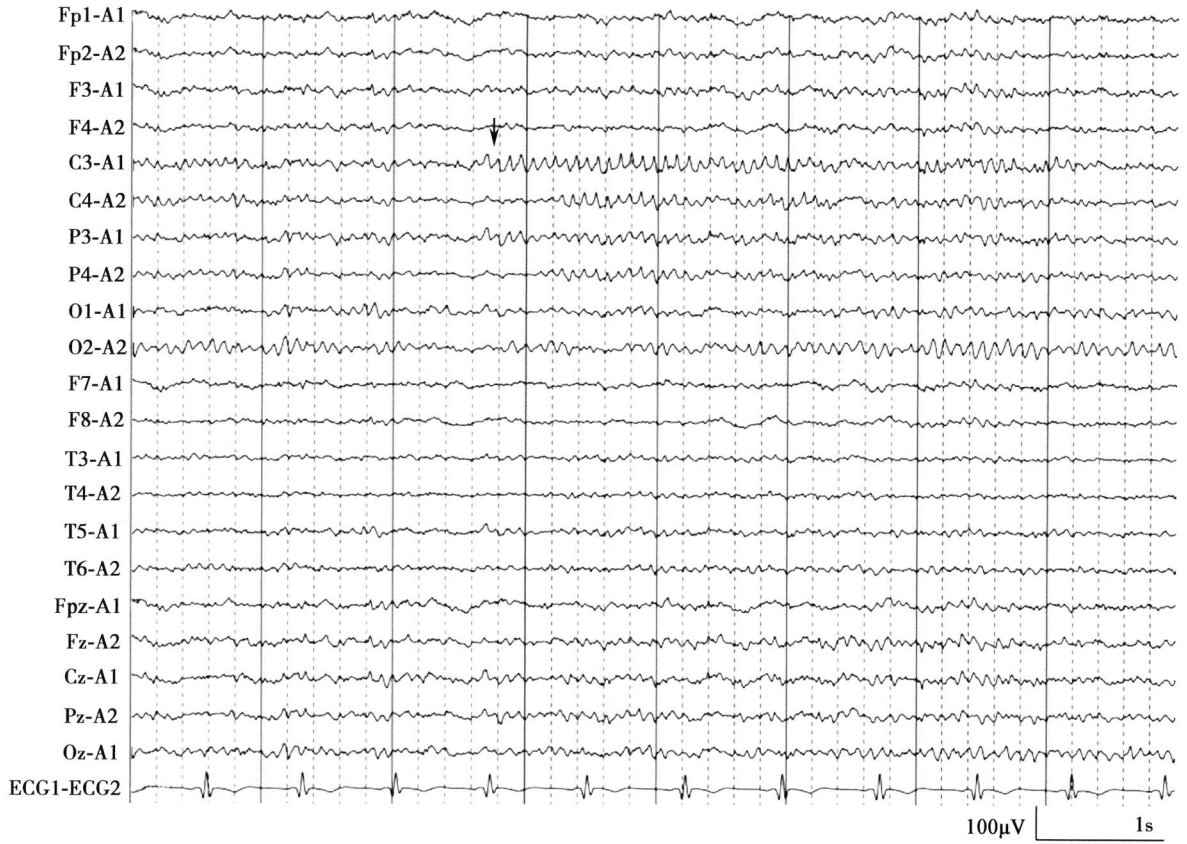

图 4-12 中央区 μ 节律

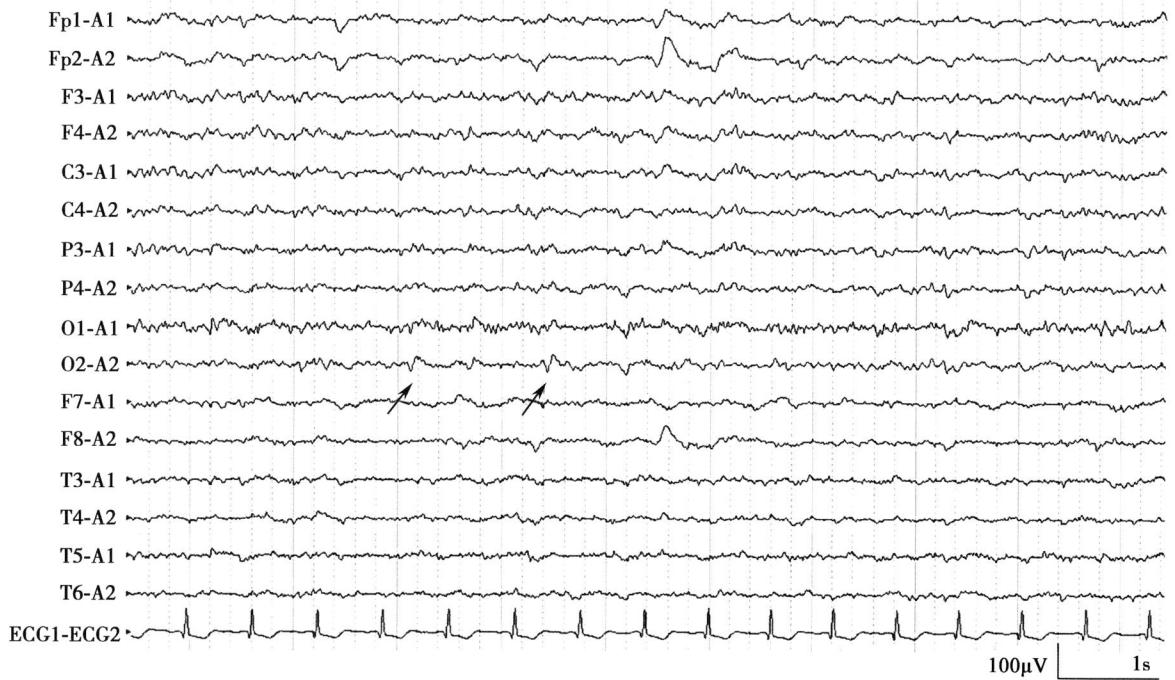

图 4-13 λ 波（右枕导联）

以出现α活动。低电压图形也可见于亨廷顿病（Huntington disease）或黏液水肿的患者，但无诊断价值。低电压脑电图应与低电压δ活动的脑电图相鉴别，后者常常提示大脑皮质广泛严重损伤，脑电活动被明显抑制。

8. 良性变异型和其他类型脑电图 人们在分析脑电图时，发现一些变异型脑电图与癫痫样电活动具有某些相似性，但与癫痫发作没有明确的联系，有些变化是没有病理意义的，称为良性变异型脑电图。这些脑电图在正常人群中的出现率并不清楚。

（1）14Hz和6Hz正相棘波：多见于儿童和青少年困倦或浅睡时，深睡期少见。波形为尖峰是正相的弓形波爆发，频率在14Hz和/或6Hz，最常见于参考电极记录时一侧或两侧的后颞区，可波及枕区及中颞区（图4-14）。这种波形目前已公认为是正常变异现象，即使在癫痫或代谢性脑病患者的脑电图记录中出现，也与疾病无明确的联系。

（2）小尖、棘波（SSS）：也称为良性散发性睡眠期棘波，波形具有棘波、尖波的特征，一般为单相或双相棘波其后不跟随慢波成分，约25%的正常成人在睡眠或困倦时可出现小尖、棘波（图4-15）。SSS分布广泛，常在双侧半球散在出现，前颞区最多见，后头部一般不明显。

（3）6Hz良性棘慢复合波爆发：又称为幻影棘慢波。常以全导爆发形式出现，时间持续1~2s，与慢波相比棘波成分波幅较低且难识别（图4-16）。主要出现在思睡期和浅睡期，深睡期少见。此种脑波无肯定的临床意义。

（4）门状棘波（wicket spikes）：门状棘波类似于μ节律，为周期性尖波或散在单个负向棘波，频率为6~12Hz，常见于一侧或两侧颞叶，左侧多见（图4-17）。常出现在成人思睡或浅睡时，也见于清醒时。门状棘波无诊断意义，与癫痫发作无关，当它们单独出现时应与发作间期颞叶棘波相鉴别。

（5）思睡期节律性颞区θ波爆发：在中青年思睡或浅睡期，可见一侧或两侧中颞区节律性的θ波爆发出现，频率在4~<8Hz，波幅在30~80μV，常持续10s以上，波形逐渐增高和降低，可从一侧扩散到另一侧。此种脑波无病理意义。

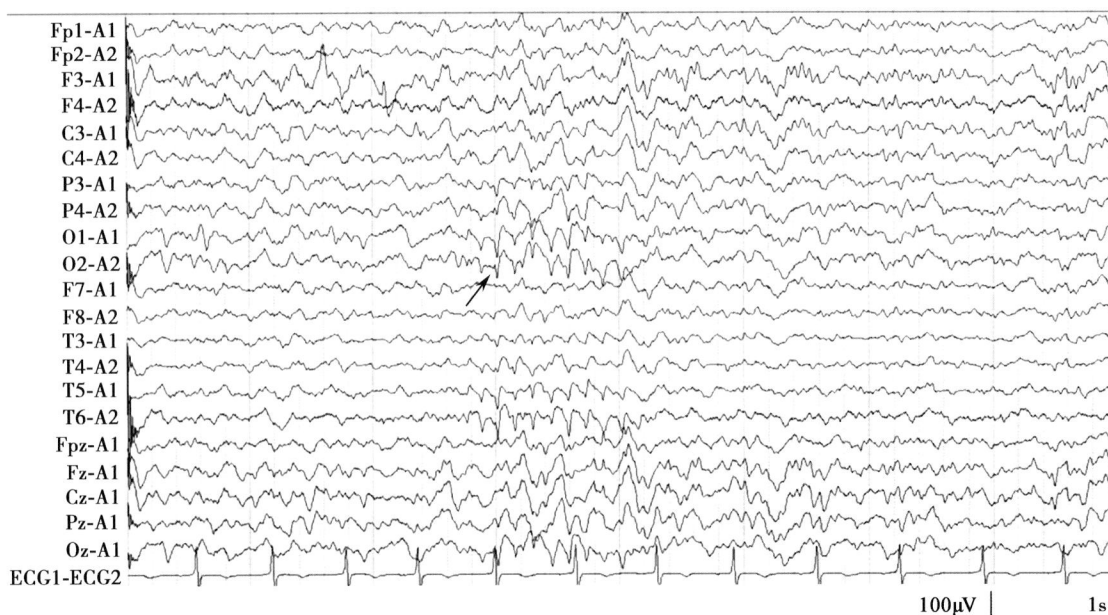

图4-14　6Hz正相棘波

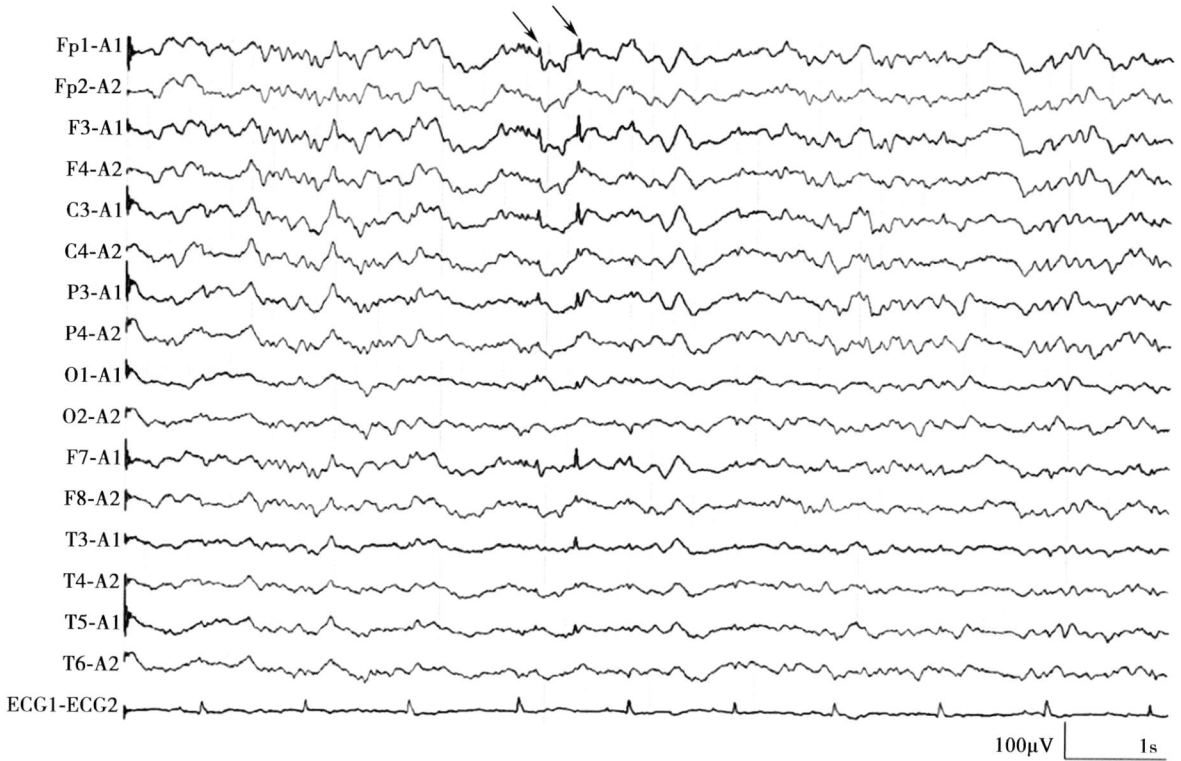

图 4-15　小棘波

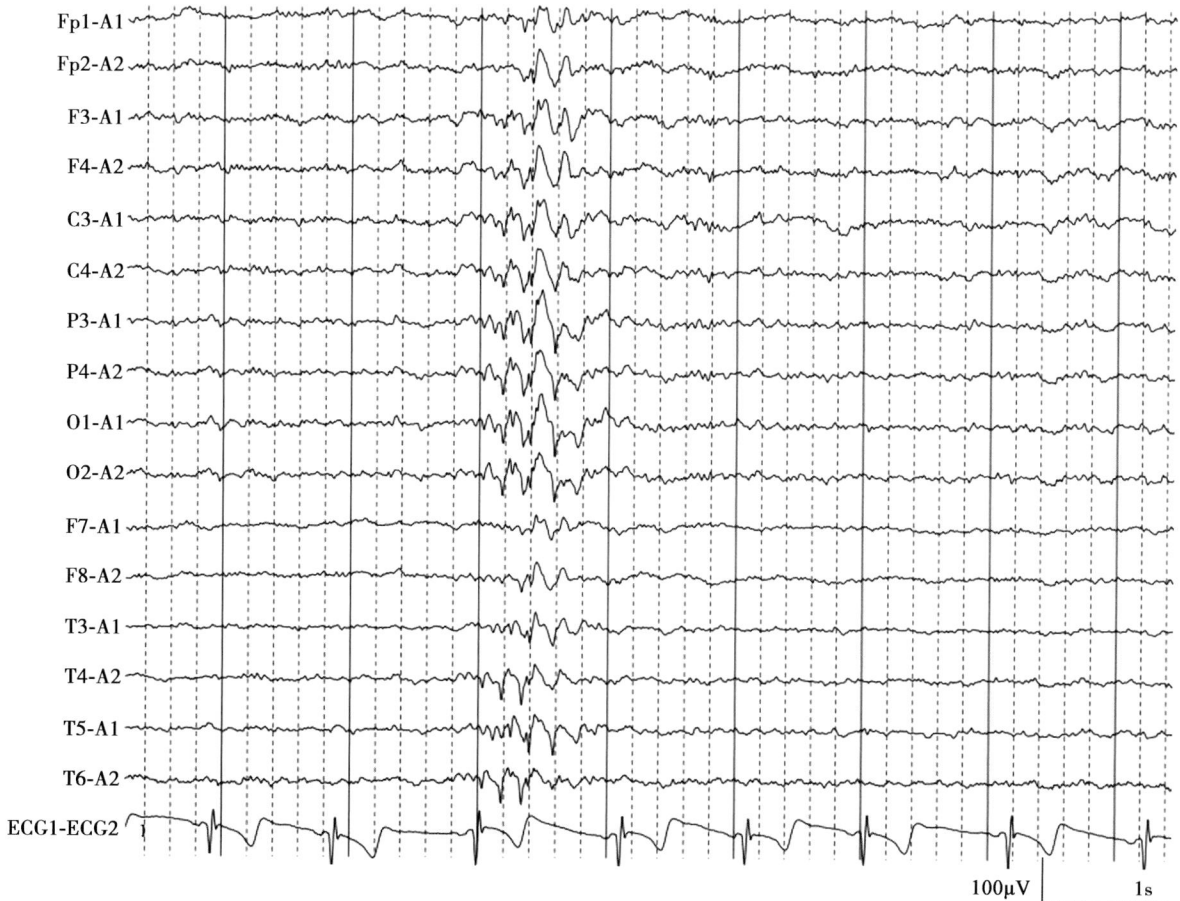

图 4-16　6Hz 棘慢复合波（幻影棘慢波）

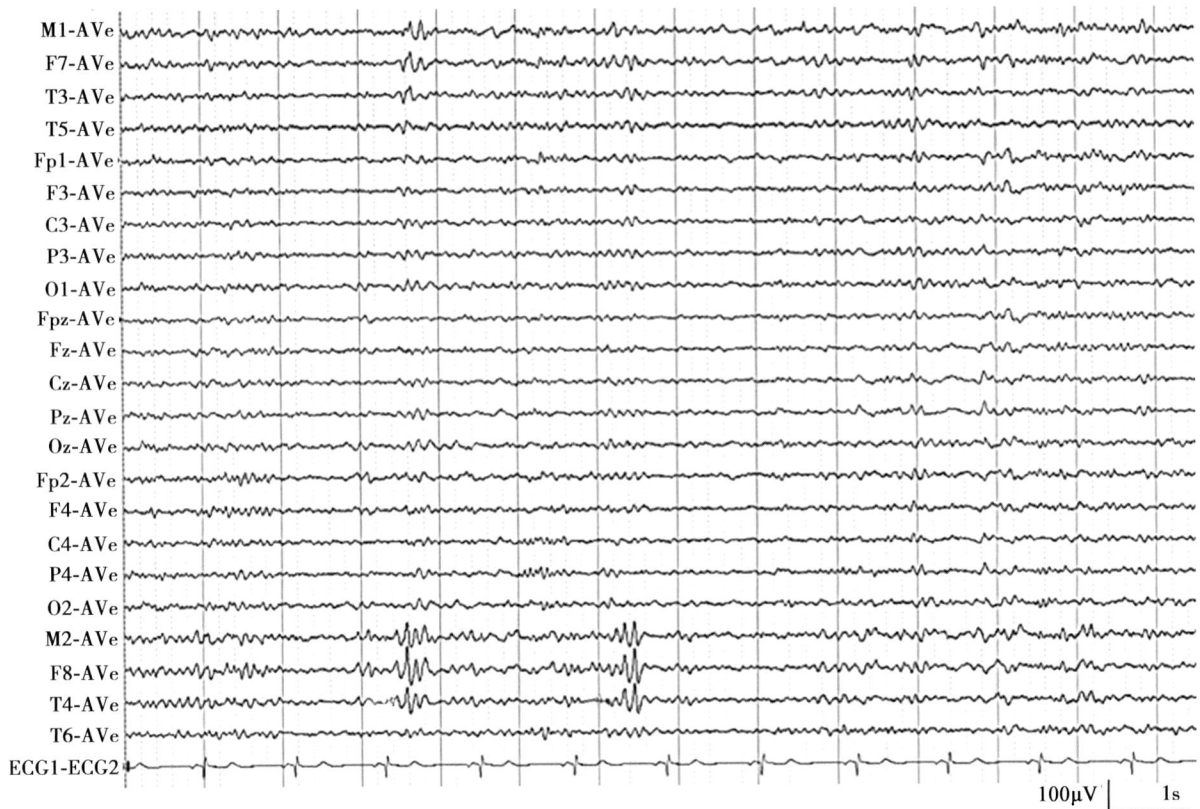

图 4-17　门状棘波

（6）中线节律性θ波：中线节律性θ波出现在清醒和思睡期，入睡后消失，以中线区为主的4~<8Hz的θ节律，颅顶区（Cz）最明显，常扩散到双侧中线区。这种波形为非特异性现象，但可见于额叶内侧癫痫患者。

（7）成年人临床下节律性放电：常出现在年龄>40岁的患者，以δ和θ频段混合慢波开始，或开始为节律性尖形θ波，而后演变为5~7Hz节律性正弦样波。这种成人临床下的脑电发放，常双侧弥散分布，偶见局部或一侧，在顶部、后颞区明显，常见于清醒和思睡期，持续1~2s或更长，但这种发放并无诊断意义，与癫痫及其任何特殊临床表现无关。

三、脑电的异常波形

脑电图异常分为背景活动异常和阵发性异常。背景活动异常：属于非特异性异常，与弥漫性脑

功能障碍有关。包括正常脑波减少或消失、脑波频率改变（慢波或快波增多）、节律的改变、波幅的改变、波形明显改变，通常应分析清醒闭目状态下的脑电背景活动，但对于意识障碍的患者，昏迷状态或睡眠状态也可作为背景来分析。阵发性异常指突出于背景活动的短暂的异常波发放，常与癫痫类发作性疾病有密切关系，包括棘波、尖波、棘慢复合波、尖慢复合波、多棘波、多棘慢复合波和棘波节律等，也称为癫痫样放电。

（一）背景活动异常

1. 正常节律改变　局部和广泛性脑损伤可引起正常α节律的改变。包括α节律反应性消失、调节性消失、波幅减低、一侧α节律消失和双侧α节律改变的广泛性异常等。

2. 慢波性异常　在病理基础上，慢波是最常见的非特异性异常脑波。异常慢波的波形包括基本节律慢化、持续弥漫性慢波活动、广泛间断

性慢波活动、局灶性或一侧性持续慢波、广泛性非同步性慢波。弥漫性慢波活动提示弥漫性脑损伤，常同时累及皮质及皮质下白质，可见于各种病因，慢波的程度和数量反映了脑损伤的严重程度。广泛间断性慢波活动的脑电特点为间断节律性δ活动（IRDA），频率在2.5～3Hz，反复间断出现。颞区IRDA与颞叶癫痫或颞区病变有密切关系。

3．快波性异常 包括非药物性快波异常和药物性快波反应异常减少或消失。未使用药物并在清醒放松状态下出现大量明显的β节律，应属于异常表现（图4-18）。在精神疾病、脑结构异常、颅骨缺损和全身性疾病存在的情况下，可以出现非药物性快波异常。另外，中枢神经系统镇静剂可引起快波活动增加，如果脑电图缺乏这

种药物性快波反应，则为异常现象。

4．局部电压减低 由于较大范围的结构性脑损伤，局部脑区没有正常的神经元活动，因而出现局部脑电活动波幅降低，常伴有局部多形性慢波。常见病因有脑软化灶、脑萎缩、局部占位性病变等。

5．爆发 - 抑制 指高波幅的爆发性脑电活动与低电压或电抑制状态交替出现（图4-19）。爆发 - 抑制是大脑皮质和皮质下广泛损伤的表现，是一种严重的异常脑电图表现。可见于严重缺血缺氧性脑病、婴儿癫痫性脑病、麻醉状态、镇静状态和临终状态。

6．低电压和电静息 指脑电活动的电压持续明显的降低，且不受状态变化的影响，对外界刺激少有反应。电压持续低于5μV为低电压，

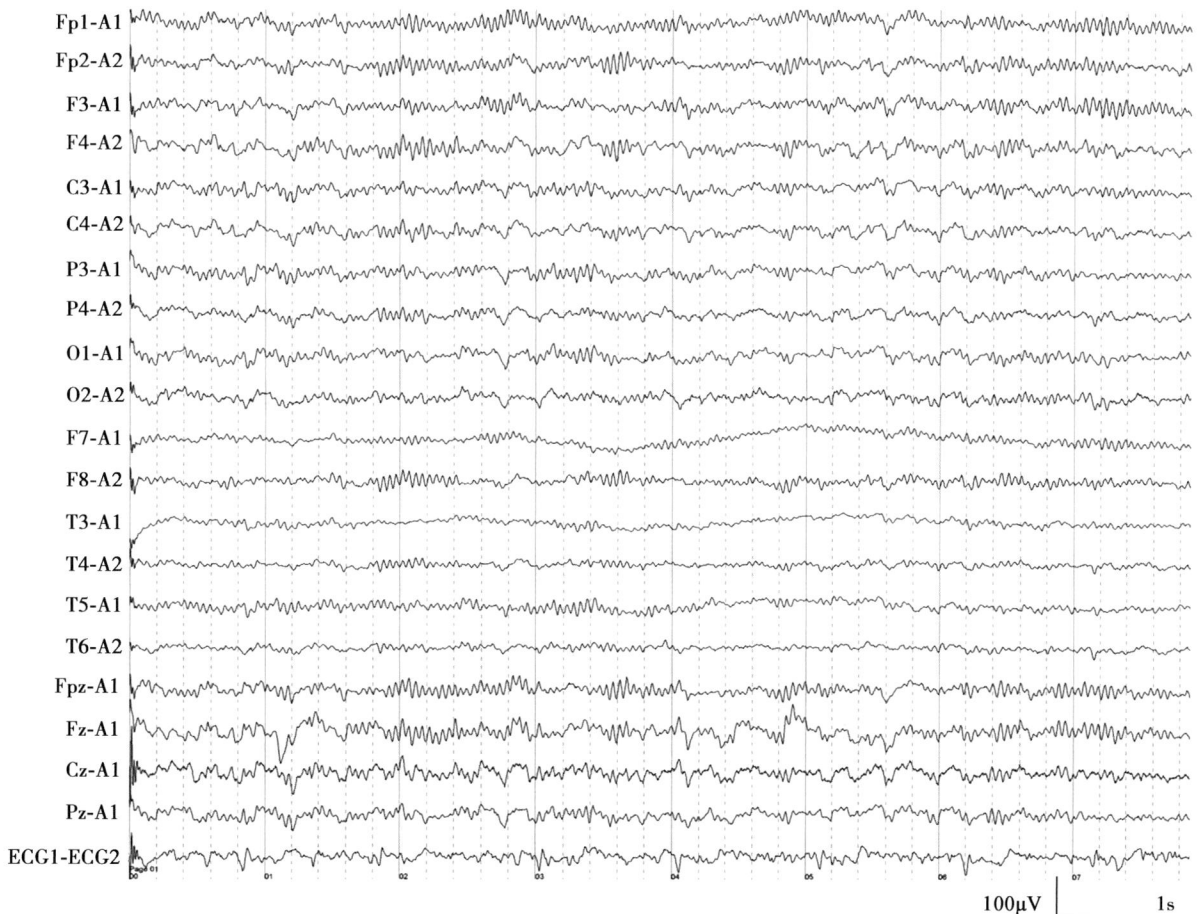

图 4-18　快波性异常

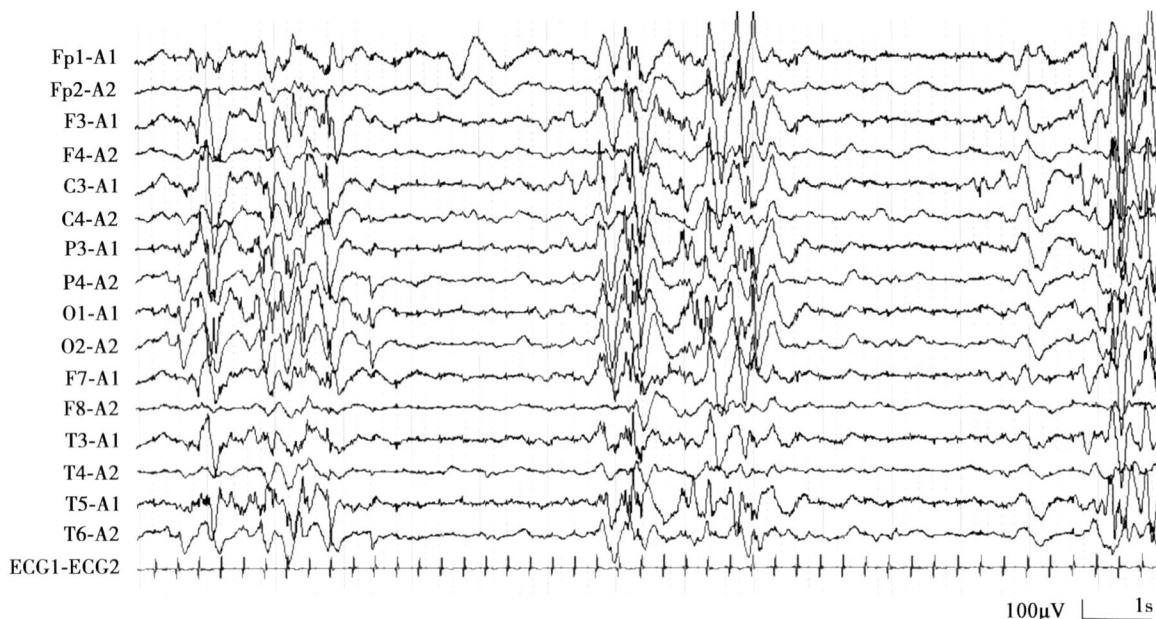

图 4-19 爆发 - 抑制

电压持续低于 2μV 或呈等电位线为电静息。这两种脑电图是严重异常的脑电图，提示严重的脑功能抑制，常见于严重脑损伤、麻醉状态、深昏迷及脑死亡的患者。

（二）阵发性异常

阵发性异常指突出于背景活动的短暂的异常波发放，常与癫痫类发作性疾病有密切关系，也称为癫痫样放电，是癫痫发作的病理生理学基础。癫痫样放电由兴奋性突触后电位形成，是一组神经元快速超同步化去极化引起，包括棘波、尖波、棘慢复合波、尖慢复合波、多棘波、多棘慢复合波和棘波节律等。

1. 棘波和尖波 棘波时程为 20 ～ 70ms，多为负相，也可为正 - 负或负 - 正双相，波形尖锐，突出于背景活动，负相棘波的上升支陡峭，下降支稍缓（图 4-4）。尖波的形成机制与棘波相同，波形相似，时程为 70 ～ 200ms（图 4-5）。在分析时，应注意年龄、出现的时间、部位，还应与伪差和生理性尖波鉴别（图 4-20）。

2. 棘慢复合波和尖慢复合波 简称为棘慢波和尖慢波，为一个棘波或尖波之后紧跟着一个慢波，棘波或尖波成分由兴奋性突触后电位构成，慢波成分由抑制性突触后电位构成。不同频率的广泛性棘慢波节律见于不同的发作类型，如失神发作脑电图出现 3Hz 棘慢波节律（图 4-21），不典型失神患者和伦诺克斯 - 加斯托综合征（Lennox-Gastaut syndrome）脑电图可见 1.5 ～ 2.5Hz 的慢棘慢复合波。

3. 多棘波、多棘慢复合波和棘波节律 多棘波为连续出现 2 个或 2 个以上的双相或多相棘波。多棘慢复合波为连续一个以上棘波之后跟随一个慢波，慢波之前可连续出现 2 ～ 10 个棘波（图 4-22）。多棘波和多棘慢复合波常见于肌阵挛发作。棘波节律又称快节律，是指广泛性 10 ～ 25Hz 棘波节律性爆发，持续 1s 以上。持续 5s 以上的棘波节律临床常伴有强直发作（图 4-23），是 Lennox-Gastaut 综合征的典型脑电图表现，较少见于其他类型的癫痫。

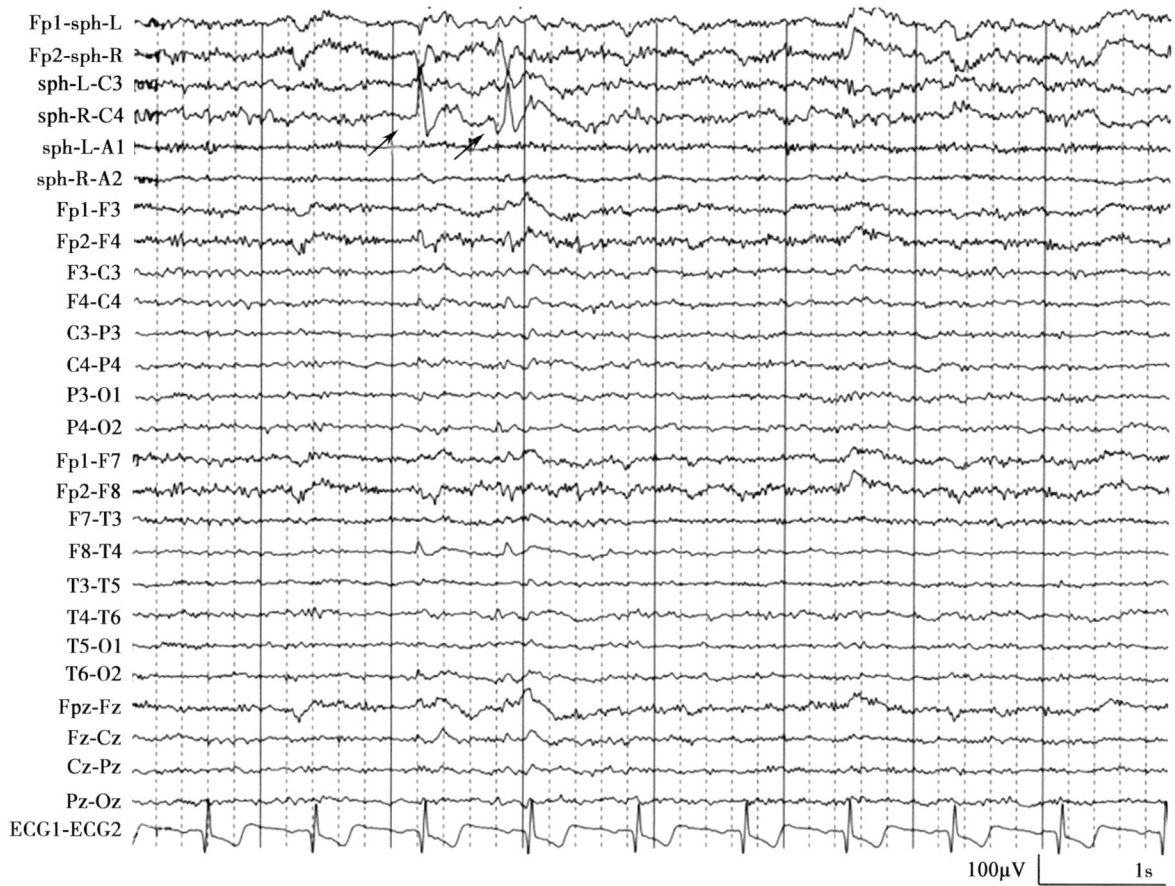

图 4-20　局部尖波发放

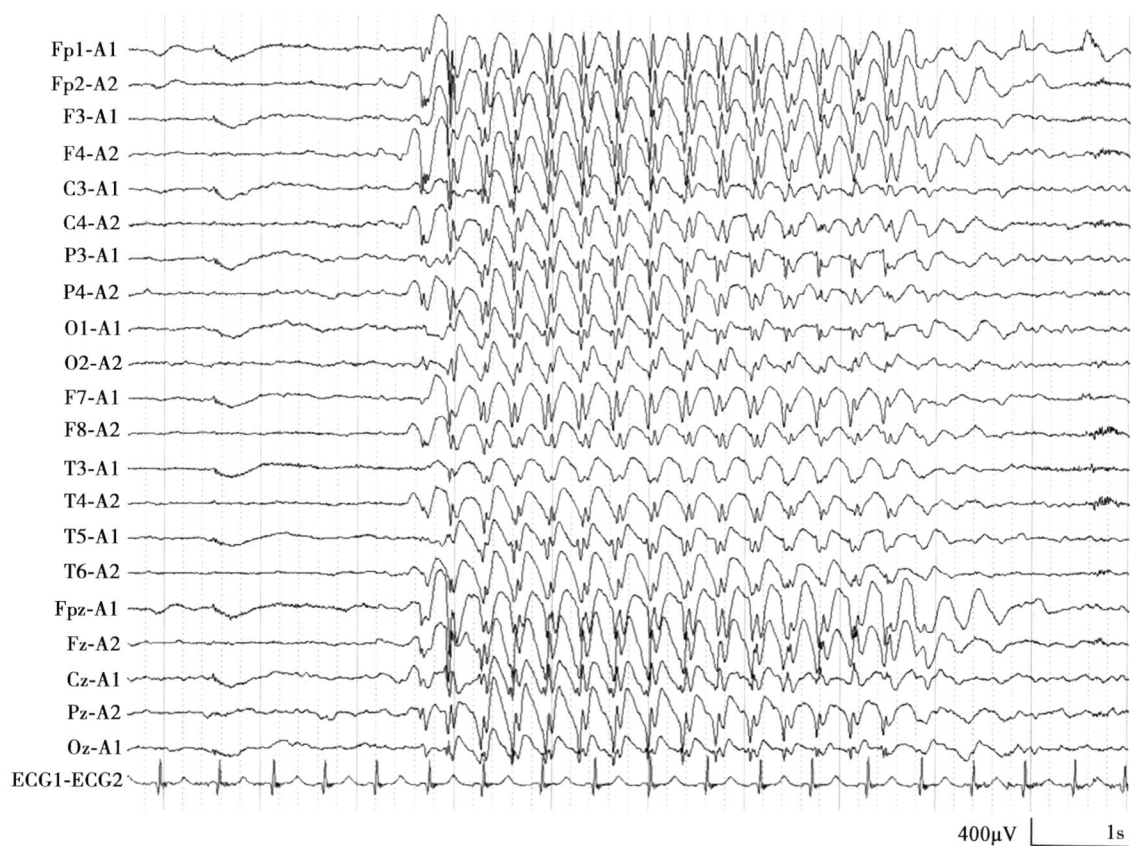

图 4-21　广泛性棘慢波阵发

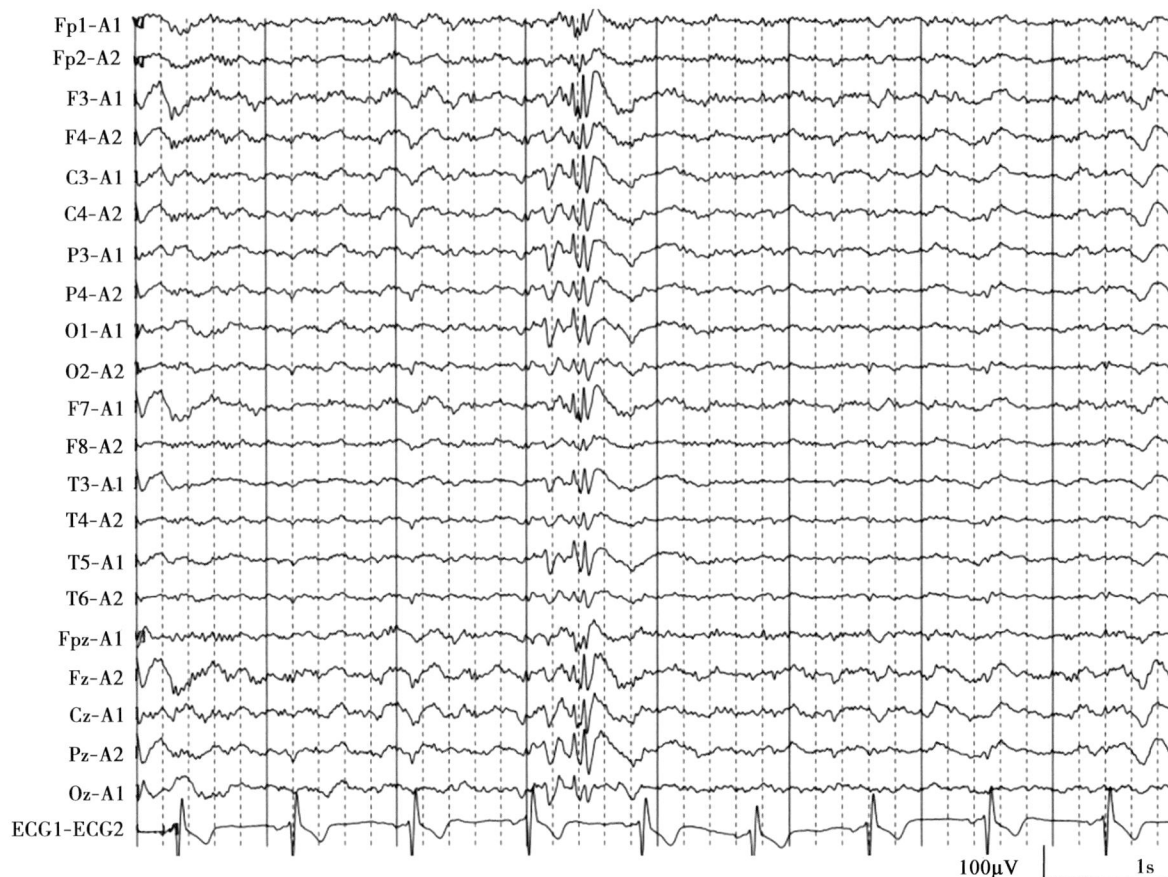

图 4-22　广泛性多棘慢复合波

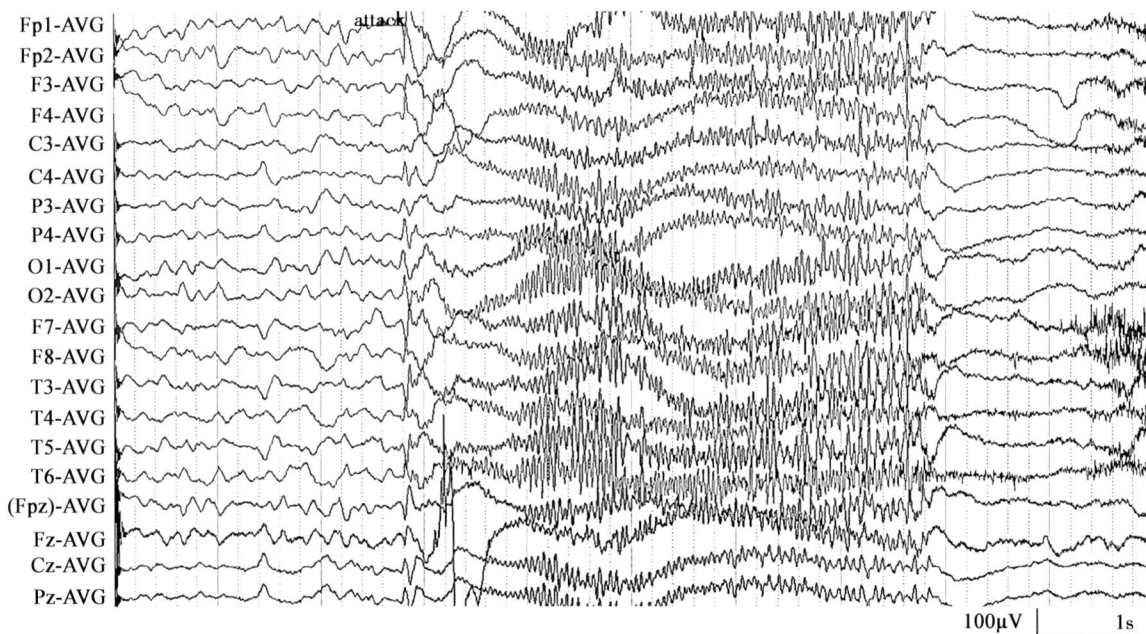

图 4-23　广泛性棘波节律（强直发作）

第二节 年龄、睡眠、药物以及生理刺激对脑电图的影响

一、年龄对脑电图的影响

在各种生理因素当中，年龄是影响脑电图的重要因素之一，正常人不同年龄的脑电图特征有着很大差别，所以不同年龄阶段应该有不同的判定标准，特别是在分析小儿脑电图时，要随时考虑到脑发育因素的影响。

1．早产儿 胎龄不足 32 周的早产儿的脑电图显示间歇性或非持续图形，各种频率的电活动爆发与较长的静息期交替出现。脑电图对刺激几乎没有反应，也没有自发性变化，同时从脑电图上不能区分清醒和睡眠状态。胎龄达到 32 周的早产儿的脑电图开始出现清醒和睡眠之间的不同，存在两类睡眠状态：活动睡眠（active sleep）和安静睡眠（quiet sleep）。活动睡眠期相当于成人的快速眼球运动期，安静睡眠期与成人的非快速眼球运动期相似。同样在胎龄超过 32 周后，脑电图表现为两种模式：非连续图形和连续性图形。清醒状态和活动睡眠状态表现为连续性图形，在安静睡眠时表现为非连续图形，非连续图形由尖波和慢波间断爆发构成的混合波以及电静息期或平坦背景组成。婴儿脑发育逐渐成熟后，活动期缩短，静息期延长。

在 32～38 周胎龄，脑电图出现早产儿的特征性表现：δ 刷、枕部慢波，前头部慢波和一过性尖波。典型的 δ 刷在 40 或 41 周胎龄的婴儿消失。一过性尖波在脑发育进一步成熟后逐渐消退，足月时就已经在清醒时消失，出生后 4～6 周在睡眠中也消失。

2．足月儿 足月儿的特征性脑电图在胎龄 38 周时即可出现。有四种脑电图模式：低电压不规则图形、混合图形、高电压慢波图形和交替图形。前三种模式由 θ 和 δ 频带的持续但不规则、没有固定形态的慢波活动构成，这些慢波活动存在由低到高的波幅变化。在清醒和活动睡眠时出现持续性低电压图形，在思睡和活动睡眠时出现混合图形，在安静睡眠时出现高电压慢波图形。交替图形由时程可达数秒的混合频率的慢波和尖波构成，后者与时程<10s 的低电压不规则图形交替出现，这与早产儿的非持续性模式相似，在大约 45～46 周胎龄消失，代之以持续性慢波模式，并且成为安静睡眠时的主要图形模式。

3．婴儿和儿童 出生后随着年龄增长，清醒脑电图的频率出现一系列变化（表 4-2）。在出生后 3～4 个月，可见节律性 4～6Hz 的电活动，以中央区为主。在 3 个月时，睁眼诱发的 3～4Hz 电活动开始在枕部变得明显。在 5～6 个月时，在中央区可见波形构成相对良好的 5～8Hz 节律，在枕部可见对睁闭眼有反应的 5～6Hz 活动。6 个月以后，在后头部可见波形构成良好的节律性电活动。

在 2～5 岁时，中央区和枕区的节律得到进一步发展，中央区的脑电活动频率为 7～10Hz，枕区 θ 活动的频率为 6～8Hz。频率较低的慢波活动数量进一步减少。

6～16 岁时，枕区 α 活动的频率逐渐增加，在 8 或 9 岁时出现成人常见的 9～10Hz 的 α 节律。在年龄比较大的儿童和青春期儿童，可见头后部 2～3Hz 慢波夹杂在 α 节律之间。在年龄比较小的儿童，过度换气常可诱发频率为 2～3Hz 的节律性高电压慢波，在头后部最显著。不足 10 岁的儿童，用频率<10Hz 的闪光刺激较容易

表4-2 成熟过程中正常脑电活动的演变

年龄	EEG	记录时患者的状态		
		清醒	思睡	睡眠
不足1个月	波幅	低波幅	没有改变	轻度增高，波形交替现象
	频率/类型	δ活动和θ活动	没有改变	没有改变
1个月~1岁	波幅	逐渐增高，高波幅	相同	相同
	频率/类型	δ活动和θ活动	持续不变，有节律性	睡眠纺锤不同步，时程长
1~5岁	波幅	高波幅	相同	相同
	频率/类型	θ和α活动增加，δ活动减少	节律性，爆发或持续性	巨大顶尖波、睡眠纺锤同步，不对称
6~10岁	波幅	减低，中波幅	减弱或爆发	高波幅
	频率/类型	α活动增多，θ活动减少，δ活动减少或消失	节律性慢波的频率增加	巨大顶尖波和睡眠纺锤同步，对称
11~20岁	波幅	中波幅	减低	高波幅，逐渐减低
	频率/类型	α活动为主和少量θ活动	阵发性慢波节律	典型颅顶区明显的顶尖波和纺锤波

引起光驱动反应。10岁以后的儿童，闪光频率达到15~20Hz时仍可诱发光驱动反应。

4. 老年人 随着人体的逐渐衰老，脑电图出现不同程度的变化。最常见的是老年人脑电活动基本节律变慢，波幅减低，α节律以8.5~9.5Hz为主，波幅在30μV左右。老年人α波范围扩大，在年龄>50岁者可见一侧或两侧颞叶有类α波，有时比枕部波明显，常出现于困倦时。β波随年龄的变化不明显。广泛的θ和δ频带的慢波在老年人明显增加，并与智能衰退和预后有明确的关系。在老年人局限于左前颞区的多形慢波或局部节律性慢活动常在困倦时增加或爆发出现，这种变化与神经系统病变和智能改变无明显关系，没有病理意义。

二、睡眠对脑电图的影响

（一）正常睡眠期脑电图特征

1. 思睡期慢波活动 在思睡期向浅睡眠期过渡时，在中央、顶区可反复出现阵发性或散发的同步化慢波活动，可扩散到全头部，成人频率为5~7Hz，儿童频率为4~5Hz。当背景快活动出现在慢波活动前时，易被误认为是棘慢波，不同的是此种慢波活动仅出现在思睡期，类棘波成分波幅很低（图4-24）。

2. 顶尖波（vertex sharp wave） 是非快速眼动（NREM）睡眠1期的标志，可延续到NREM睡眠2期的早期。最大波幅出现在双侧中央、顶区，可扩散至额、颞区。顶尖波可单个出现，也可成对出现或假节律性出现。典型的顶尖波双侧同步对称（图4-25）。

3. 睡眠纺锤（sleep spindle） 是NREM睡眠2期的标志，频率为12~14Hz的梭形节律，可延续到NREM睡眠3期。常出现在额、中央、顶区，其中颅顶区波幅最大（图4-26）。通常双侧对称出现，也可左右不同步，如一侧半球明显消失，此时应视为异常。巴比妥类及安定类镇静

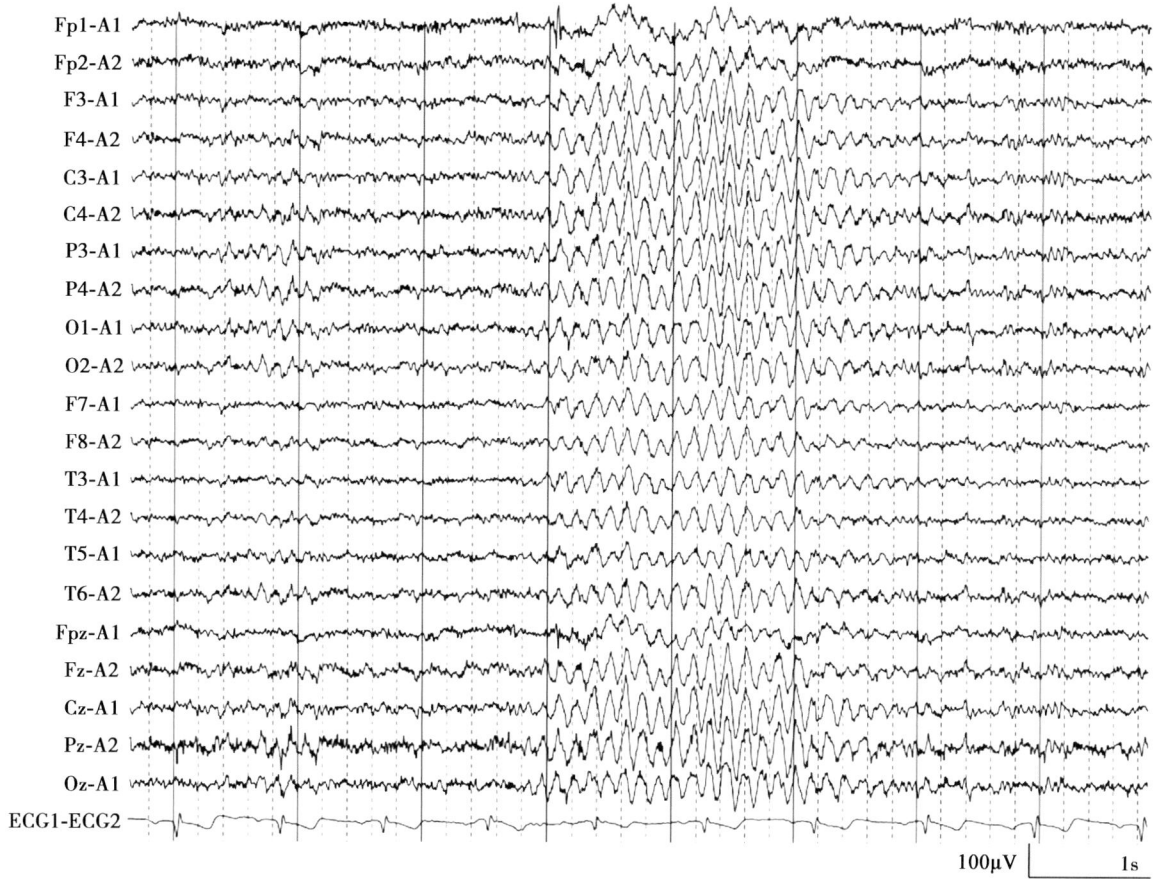

图 4-24 思睡期慢波活动

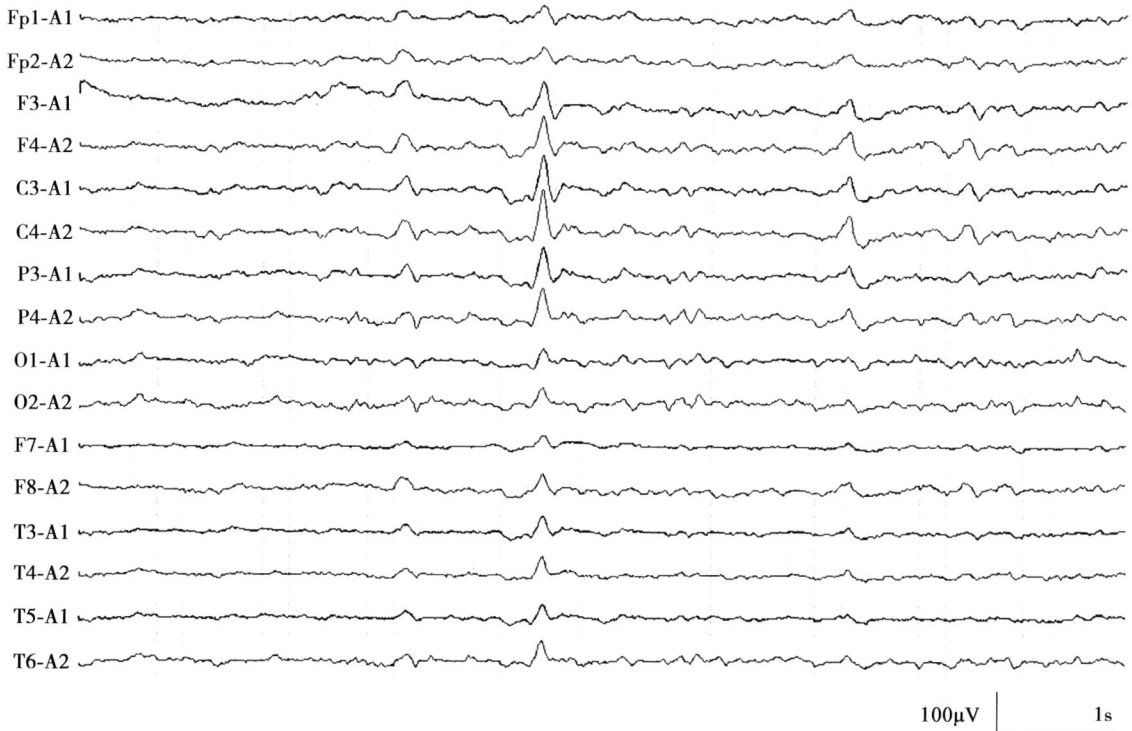

图 4-25 顶尖波

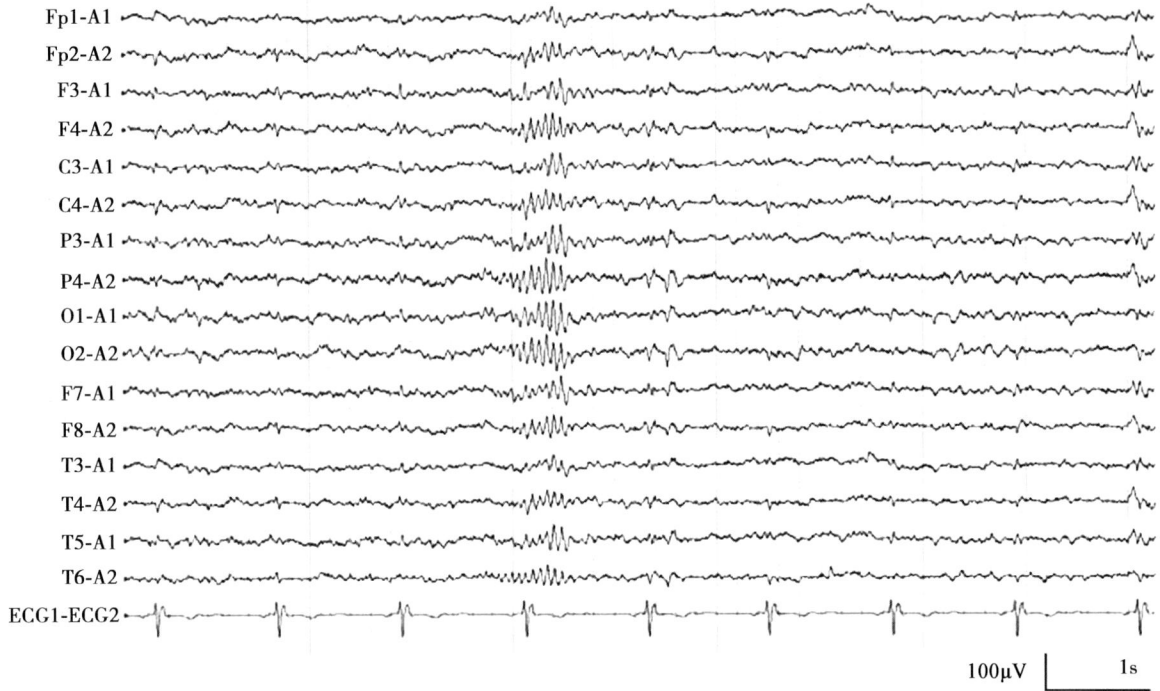

图 4-26　睡眠纺锤波

剂可使睡眠纺锤的数量增多，波幅增高。

4．K-综合波（K-complex） 由两个部分组成，首先是一个高波幅双相或多相慢波，慢波之后有一个正相偏转，其后是一串 12～14Hz 的纺锤波。K-综合波出现于 NREM 睡眠 2 期，可延续到 NREM 睡眠 3 期，主要出现在额、顶区，可单个出现，也可连续重复出现（图 4-27）。K-综合波常由外界刺激诱发，它实际上是一种轻微的脑电觉醒反应。

5．睡眠期枕区一过性正相尖波（positive occipital sharp transients of sleep，POSTS） 为出现于睡眠各期的单个或连续的 4～5Hz 正相尖波，主要出现在枕区，双侧同步或不同步出现，多见于青少年和成年人（图 4-28）。

（二）睡眠分期

正常睡眠脑电图可分为两个时相和几个阶段。非快速眼动（NREM）睡眠期和快速眼动（REM）睡眠期。

1．NREM 睡眠期 根据睡眠深度进一步可

分为 1～3 期：1 期（入睡期）：此期标志是 α 波解体，背景波幅减低，低波幅慢波有所增加，出现顶尖波。2 期（浅睡期）表现为对称性慢波节律，出现标志性的睡眠纺锤，并可出现较多 K-综合波。3 期（深睡期或慢波睡眠），此期没有标志性波形，高波幅 δ 波逐渐增多，一般将 δ 波占 20% 以上作为 NREM 3 期。

2．REM 睡眠期 此期的突出标志是不规则的眼球快速运动，可从 2 期或 3 期睡眠突然转变而来。脑电图无明显特征，表现为低波幅快波和慢波。在此期心跳和呼吸节律变得不规则，梦境常常出现在此期。

（三）睡眠诱发实验

脑电图检查有时需要记录睡眠期的脑电图，在睡眠的浅睡阶段癫痫样异常放电发放率会增加，可以提高脑电图检查的阳性率。对疑有癫痫的患者，应记录清醒和睡眠两种状态下的脑电图。不典型的慢棘慢波发放通常在睡眠时较明显，对于怀疑复杂部分性发作的患者，在清醒时

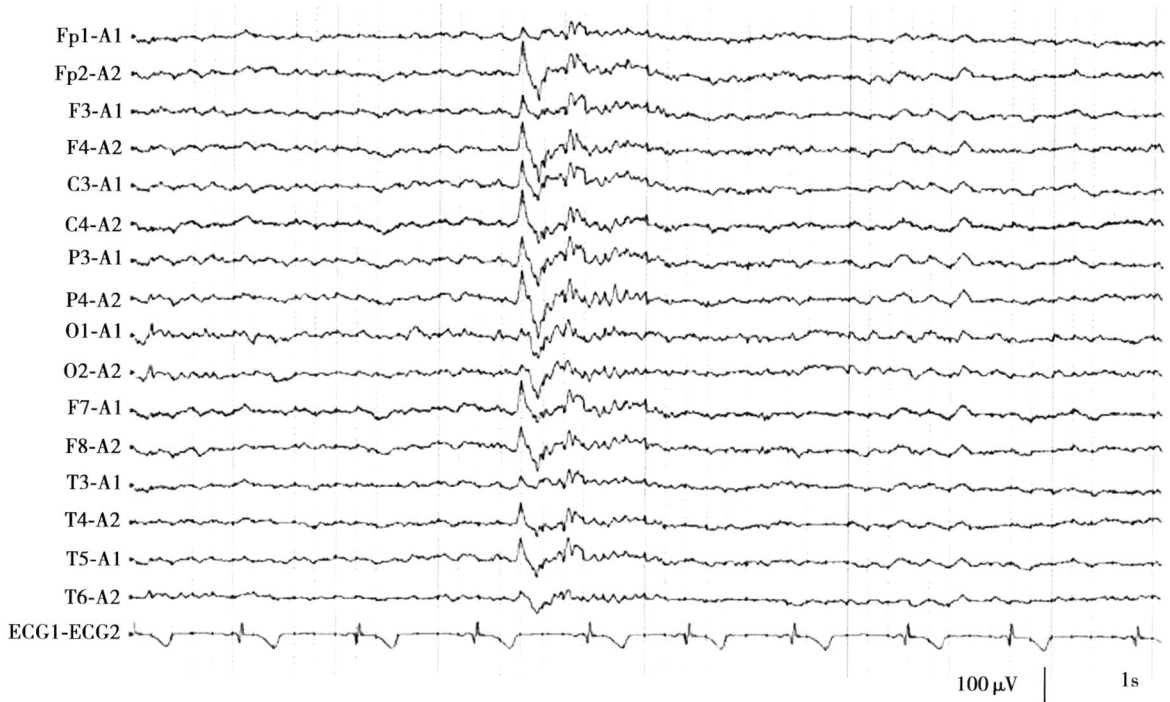

图 4-27　K-综合波

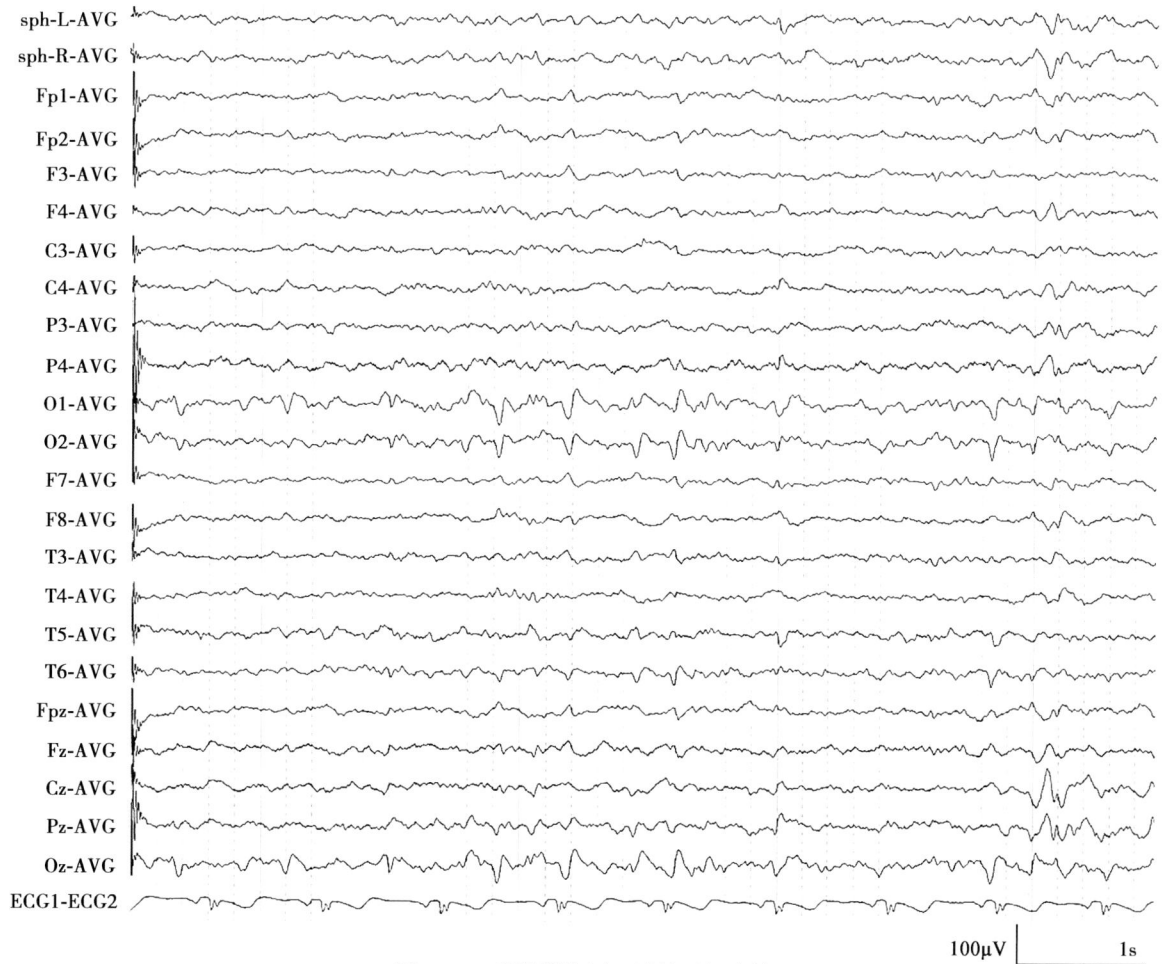

Fp1-A1

Fp2-A2

F3-A1

F4-A2

C3-A1

C4-A2

P3-A1

P4-A2

O1-A1

O2-A2

F7-A1

F8-A2

T3-A1

T4-A2

T5-A1

T6-A2

ECG1-ECG2

100μV　1s

图 4-27　K-综合波

sph-L-AVG

sph-R-AVG

Fp1-AVG

Fp2-AVG

F3-AVG

F4-AVG

C3-AVG

C4-AVG

P3-AVG

P4-AVG

O1-AVG

O2-AVG

F7-AVG

F8-AVG

T3-AVG

T4-AVG

T5-AVG

T6-AVG

Fpz-AVG

Fz-AVG

Cz-AVG

Pz-AVG

Oz-AVG

ECG1-ECG2

100μV　1s

图 4-28　睡眠期枕区一过性正相尖波

未见到异常波发放，在睡眠时却可以记录到癫痫样发电。睡眠诱发可分为自然睡眠、药物诱导睡眠和剥夺睡眠。临床常用水合氯醛或巴比妥类药物诱导睡眠，患者可能入睡过快而记录不到浅睡期，镇静药物有可能抑制癫痫样放电并且药物引起的快波会影响脑电图的分析。剥夺睡眠的方法有些患者不能耐受，有一定的风险。因此推荐自然睡眠脑电图检查。

三、药物对脑电图的影响

中枢兴奋剂、抑制剂和抗精神病药物等都对脑电活动有影响，包括影响背景脑波频率和波幅；影响患者意识水平、睡眠周期和睡眠结构；引起阵发性脑电活动；抑制阵发性脑电活动。在脑电图记录前应详细了解患者的用药情况，脑电图分析时应考虑药物的影响。

1. 中枢兴奋剂 如咖啡因、苯丙胺、胞磷胆碱、贝美格和戊四氮等大量使用时，脑电图背景频率变快、波幅增高，空间分布广泛化，甚至诱发癫痫样放电和癫痫发作。

2. 麻醉剂 麻醉剂对脑电图的影响是随着麻醉深度的变化而逐渐演变的。早期额区出现快波活动，α节律解体，出现阵发性慢波活动。随着麻醉的深度加深，慢波成分增多，电压增高；在呼吸麻痹期，出现爆发 - 抑制图形，如果麻醉程度进一步加深则脑电活动可消失。脑电改变与麻醉深度呈平行关系，EEG 可作为麻醉深度的客观标志之一。

3. 抗精神病和抗抑郁药物 对脑电图有不同程度的影响。氯氮平、奋乃静、碳酸锂等第一代抗精神病和三环类抗抑郁药可引起背景α频率减慢、波幅增高，α反应性降低，出现散在慢波活动，大剂量时可出现慢波爆发，甚至出现癫痫样放电。

4. 抗癫痫药物 苯妥英钠对脑电图可无明显影响，达到中毒水平时脑电图可出现明显的弥漫性和阵发性慢波活动。苯巴比妥对脑电图的影响主要为快波明显增加，额区明显。苯二氮䓬类药物可引起广泛性快波活动增加，波幅呈纺锤样波动，以前头部为著。苯二氮䓬类药物对睡眠周期也有影响，可缩短睡眠潜伏期，延长 NREM 1 ~ 2 期，减少慢波睡眠期。卡马西平对脑电图的影响主要为 α 活动减少，慢波活动和快波活动轻度增多。卡马西平中毒时出现弥漫性慢波异常。

5. 其他药物 一些抗生素药物如青霉素类、喹诺酮类和异烟肼等药物可诱发癫痫患者异常脑电发放增多甚至临床发作。应交代癫痫患者避免使用这些药物。

四、生理刺激的脑电反应

1. 睁闭眼 正常人安静清醒闭眼时枕区为恒定的 α 节律，在睁眼后就出现 α 节律的抑制（图 4-29、图 4-30）。睁闭眼诱发试验的异常反应一种为出现病理波，如出现棘波、棘慢复合波等；另一种异常为反应延迟，即在睁眼 1s 以上或闭眼 1.5s 以后才出现 α 节律的抑制和恢复。在一些患者可能出现 α 节律的抑制不完全或完全不抑制。

2. 过度换气 过度换气时出现的正常反应包括双侧脑波波幅增高、节律性增强、慢波化，同时 α 波的波幅增高、频率减慢，在深呼吸停止后 30s 慢波完全消失。不同人对过度换气的反应不同，此反应在不同的年龄变化很大，儿童或中青年变化明显，呈持续或阵发节律性高电压的 δ 活动占优势，相反，许多老年人几乎没什么反应。

过度换气诱发的异常反应一种是脑电图出现爆发性异常波，在癫痫患者尤其是失神发作的患者，可诱发棘慢波发放。另一种异常反应包括早期出现 δ 反应、δ 反应延长、再次 δ 反应、δ 反

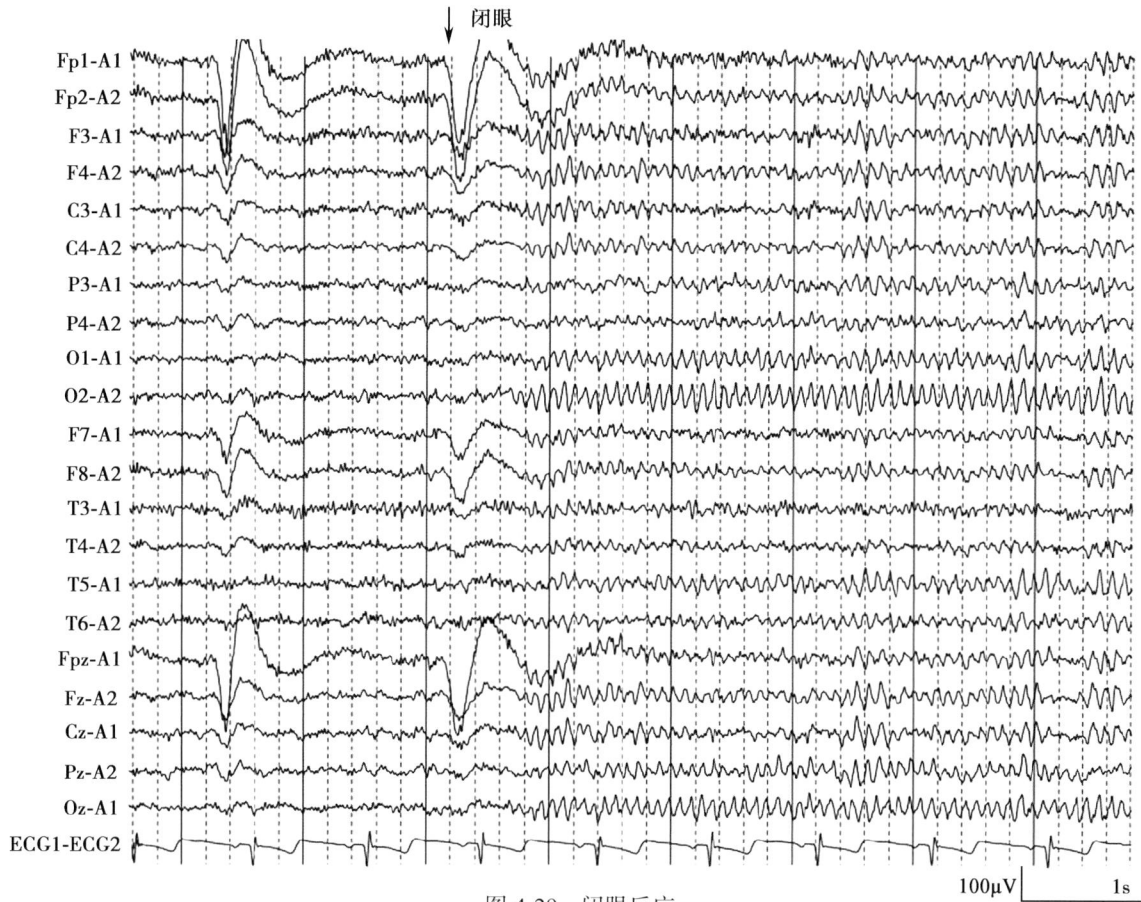

图 4-29 闭眼反应

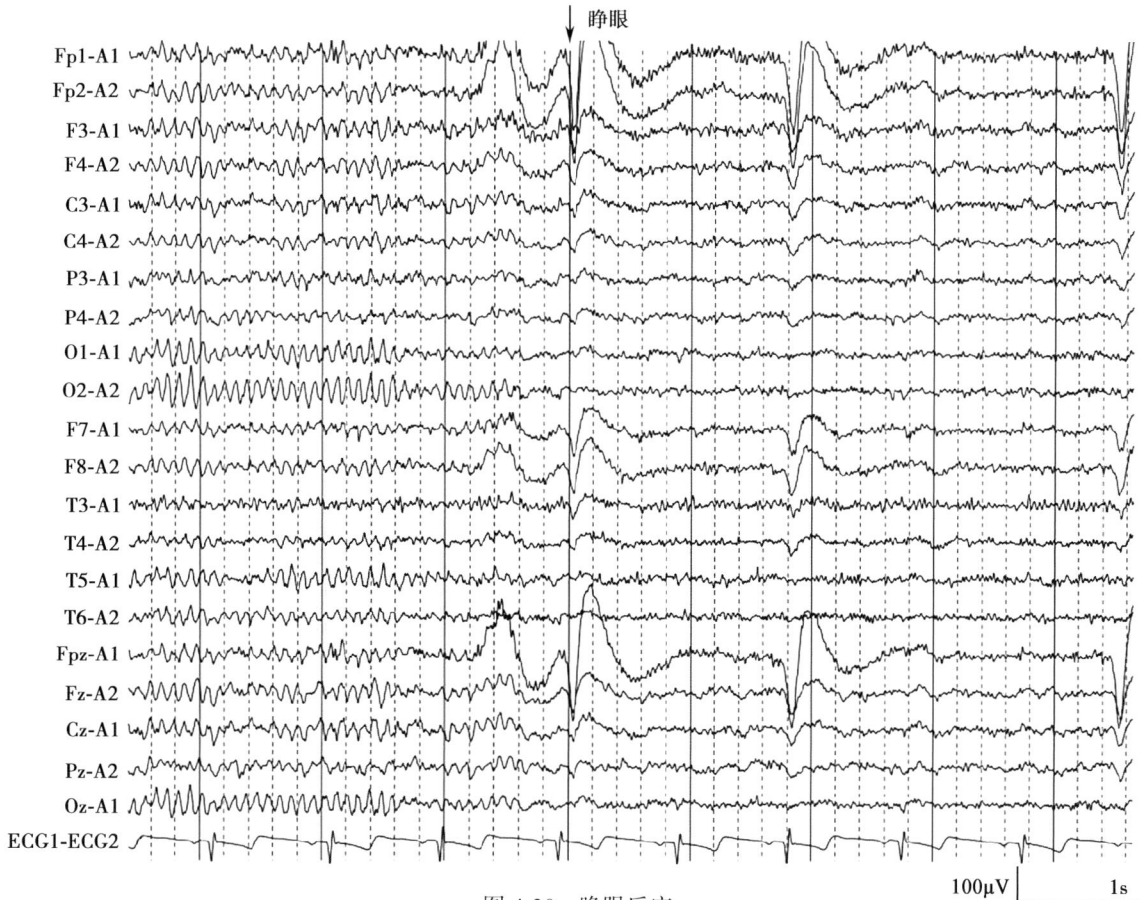

图 4-30 睁眼反应

不对称。局限性慢波是过度换气时诱发的一种异常，一般额叶的局限性慢波容易被诱发。在过度换气停止 1min 后仍有持续的反应，即使是对称的也可以认为是不正常。脑血管病患者受累部位较其他部位较早出现明显的不规则 θ 波和 δ 波，在一些病例可见反复的阵发性活动，脑肿瘤患者过度换气也可诱发异常。部分性癫痫患者可出现局部不正常，偶见非特异性棘波和慢波发放。

3．闪光刺激 闪光刺激可以引起节律同步化反应，即被试者枕、顶部出现与刺激频率相同或成谐振关系的脑波，称为光驱动反应（图4-31）。也可引起头面部或肢体出现与刺激呈锁时关系的肌阵挛性抽动，称为光肌源性反应。这两种变化均为正常反应。

闪光刺激的异常反应包括对称性异常与不对称性异常，对称性异常时呈现极高波幅的对称的节律同步化反应播散于全脑；不对称性异常指两侧脑波波幅的差异经常超过 50% 或者是一侧呈现节律同步化反应，一侧减弱或阙如。异常反应还包括出现异常波，主要有棘波或棘慢波节律，呈广泛性或局限性发放。此种异常波多以爆发的形式出现，有的则可出现光阵发性反应和光惊厥反应。

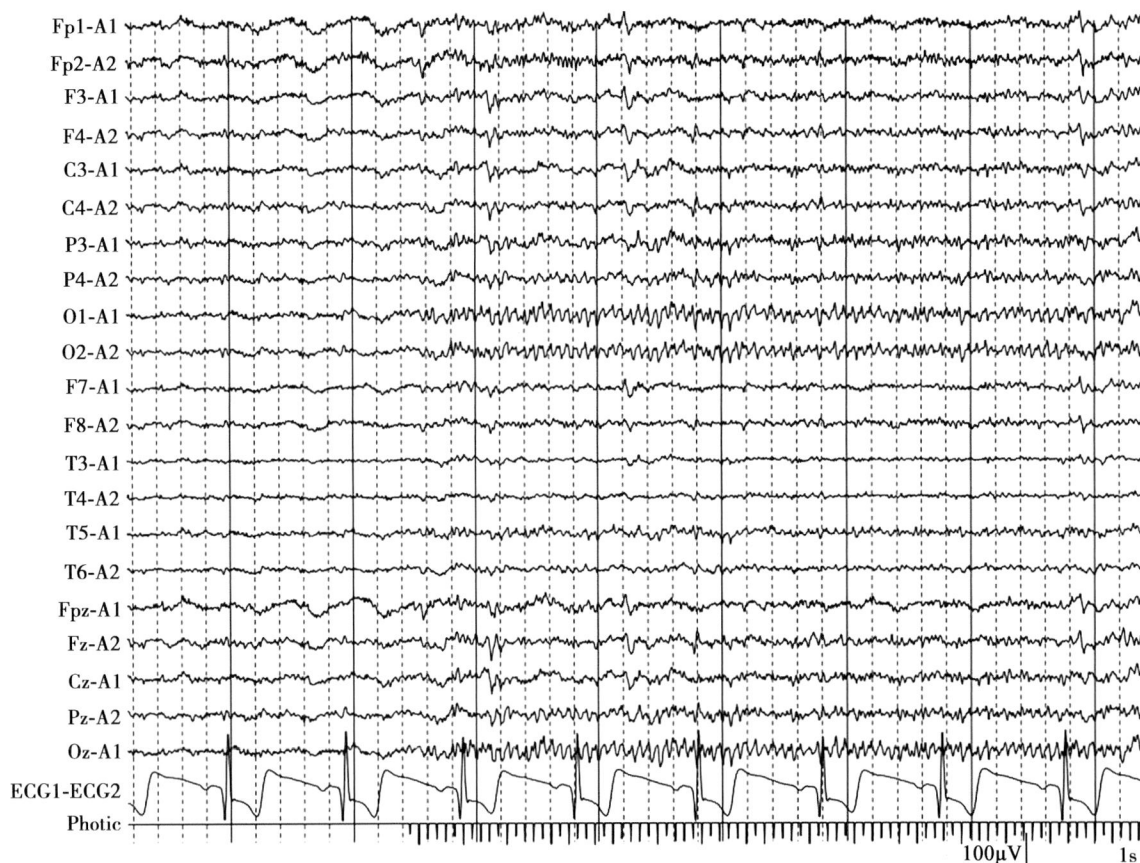

图 4-31 闪光刺激引起枕区光驱动反应

第三节　脑电图的伪差

伪差即脑电信号中混入的各种非脑源性电信号。伪差可严重干扰 EEG 的记录和分析，使之难以辨认并无法使用。伪差可来自电极、记录设备、记录环境和患者自身，例如伪差来自阻抗的突然变化，表现为脑电图特别是特殊电极记录的突然的垂直变化；多余的"噪声"伪差来自放大器；环境伪差多来自电源和环境的静电；人体生物电伪差来自闭目、心跳、吞咽运动等。很多伪差需要在当时观察患者情况的基础上实时判断，而在回顾性阅图时，可参考同步采集的视频，否则很难确定可疑波形的性质和来源。

一、环境因素

最常见的来自外部的伪差是各种电源和电器的 50Hz 交流电干扰，还有来自衣物摩擦和周围活动产生的静电。静电作用产生的电压可引起各种类型和形态的伪差。许多其他原因，例如静脉滴注产生的"棘波"样节律，电扇微风引起的电极线摆动，附近通信设备基站和其他无线传呼干扰均会引起脑电图的改变。所以，脑电图室应使用专用电源、良好接地，尽量远离其他电器设备、检查时穿着纯棉衣物，避免其他人在周围走动。

二、仪器因素

记录设备的任何部分：电极、电极线、开关、放大器、示波器均可引起伪差，其中电极和电极线的伪差较为常见。电极与皮肤间的电阻过大引起基线间断或不规则漂移；电极与头皮摩擦产生瞬时放电的"爆破"现象；电极线折断可出现间断或持续的干扰伪差（图 4-32）。有些伪差容易识别，但有些伪差的形态与脑电活动极为相似，需要鉴别。

三、生理因素

人体有多种生物电活动，如生理性活动的瞬目、血管搏动、心脏搏动等产生的生物电可干扰脑电信号。生理性伪差可能不引人注意，也可能部分或全部掩盖脑电活动，还可能被误认为异常脑电活动，从而引起误诊。

1. 皮肤伪差　皮肤引起伪差有两种方式：① 肌肉运动伪差，如额肌、颞肌活动使电极在皮肤上移动从而引起电位改变。② 出汗伪差。汗液内含有高浓度氯化钠和乳酸，能与电极的金属表面发生反应，产生明显的基线摆动，甚至引起节律性活动。

2. 肌性伪差　肌肉组织的放电活动是脑电图记录中最常见的伪差。在闪光刺激时，肌肉阵挛性抽动可产生类似阵发性皮质放电样的图形。眨眼时前额肌肉的活动、咀嚼、吞咽时颞部和咽喉部肌肉的活动均可引起局部临近导联出现肌电伪差（图 4-33、图 4-34）。

3. 眼性伪差　眼性伪差有三个来源，即眼睑运动、眼球运动和视网膜生物电。其中，视网膜生物电对常规脑电图的影响很小。眼睑运动会产生额区的伪差（图 4-35）。眼球运动产生的伪差最为常见，发生于正常瞬目时，通常认为这是由于眼球旋转时角膜和视网膜之间电场的极性发生改变所致。眼球就像一个小电池，角膜为阳极，视网膜为阴极。当发生旋转时，周围组织中的移动性电场就产生了瞬目电位（图 4-36）。眼球震颤会产生节律性伪差。

4

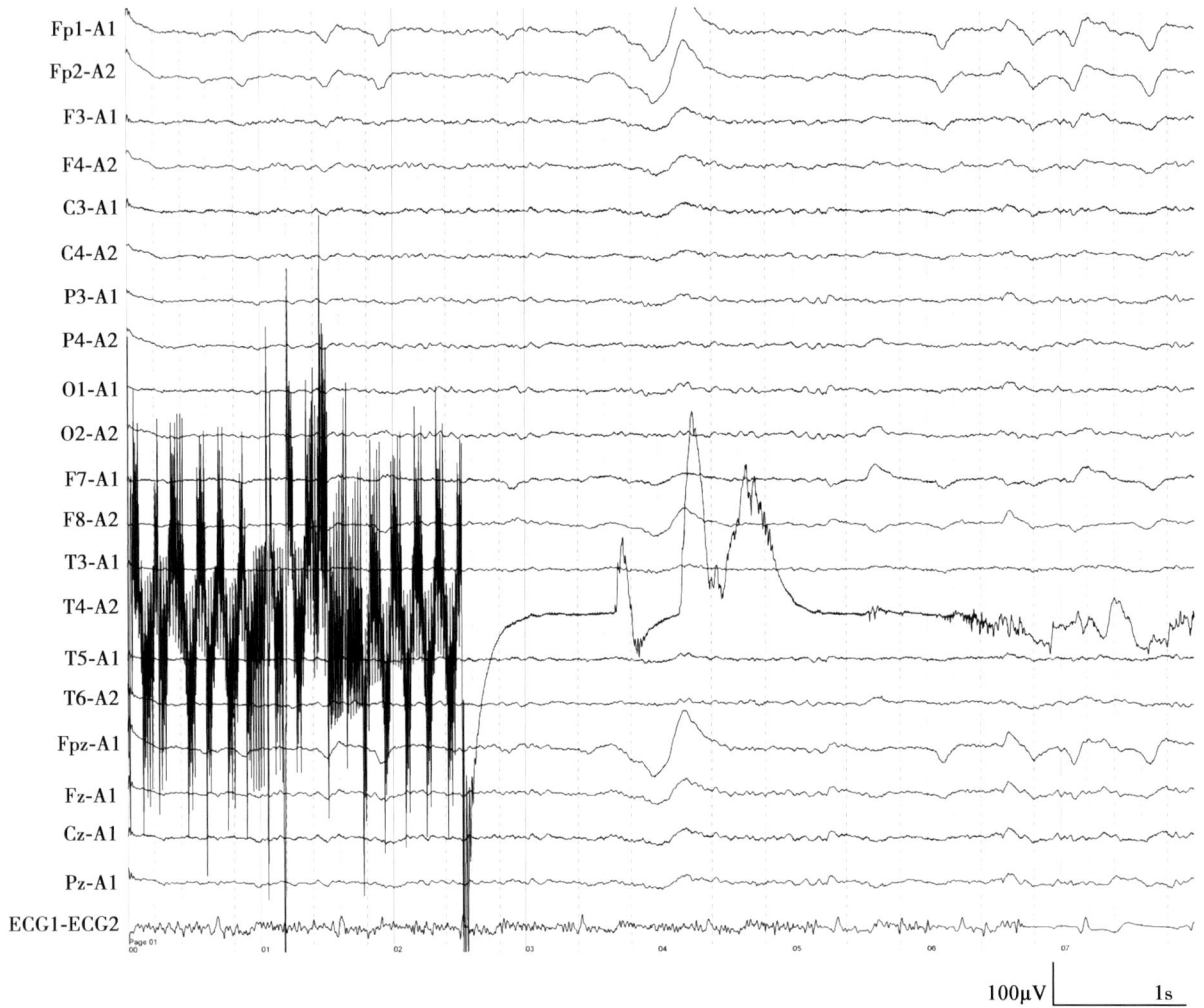

图 4-32　电极线损坏导致的干扰伪差

Fp1-sph-L
Fp2-sph-R
sph-L-C3
sph-R-C4
sph-L-A1
sph-R-A2
Fp1-F3
Fp2-F4
F3-C3
F4-C4
C3-P3
C4-P4
P3-O1
P4-O2
Fp1-F7
Fp2-F8
F7-T3
F8-T4
T3-T5
T4-T6
T5-O1
T6-O2
Fpz-Fz
Fz-Cz
Cz-Pz
Pz-Oz
ECG1-ECG2

100μV 1s

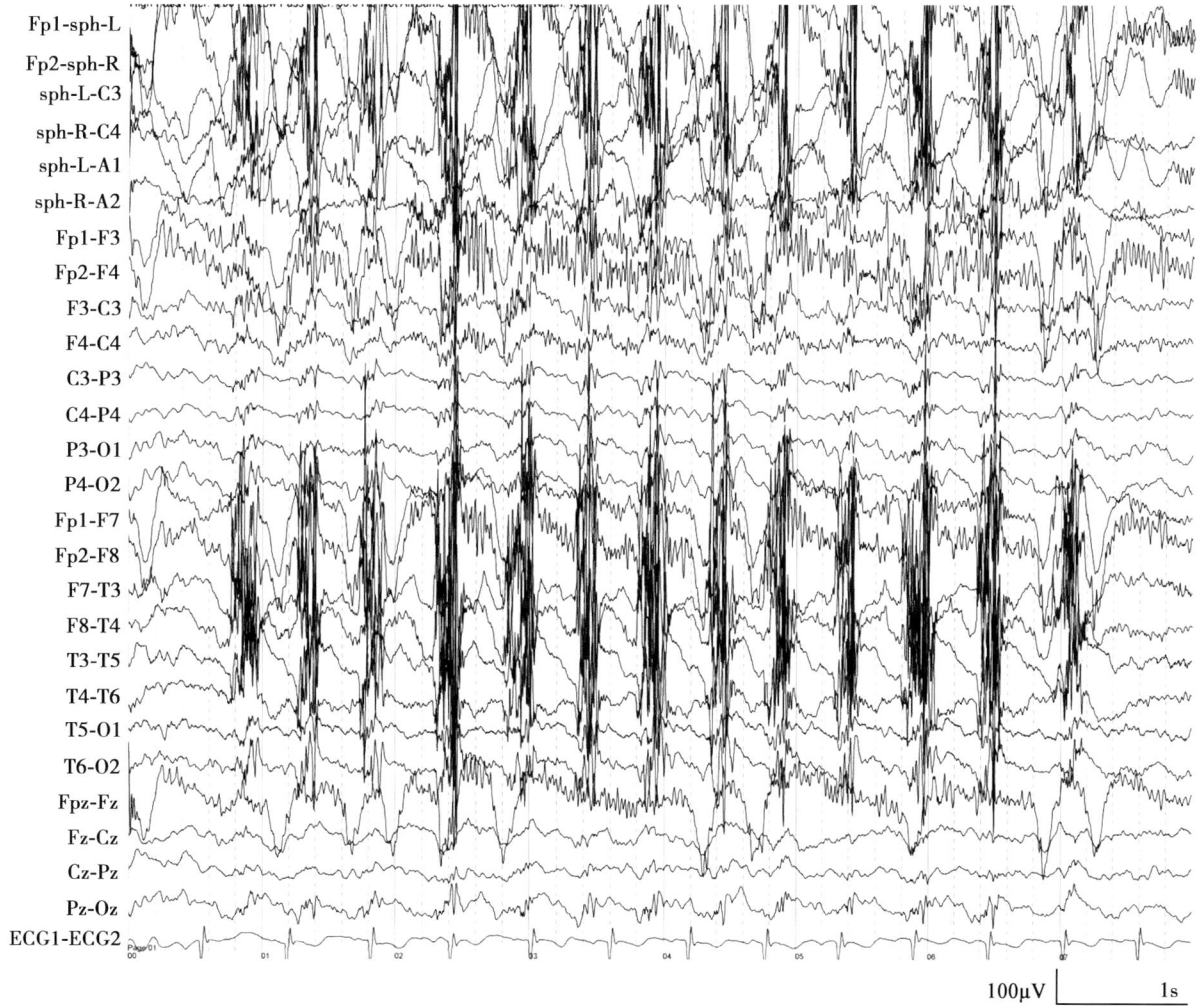

图 4-33 咀嚼引起的肌电伪差

4

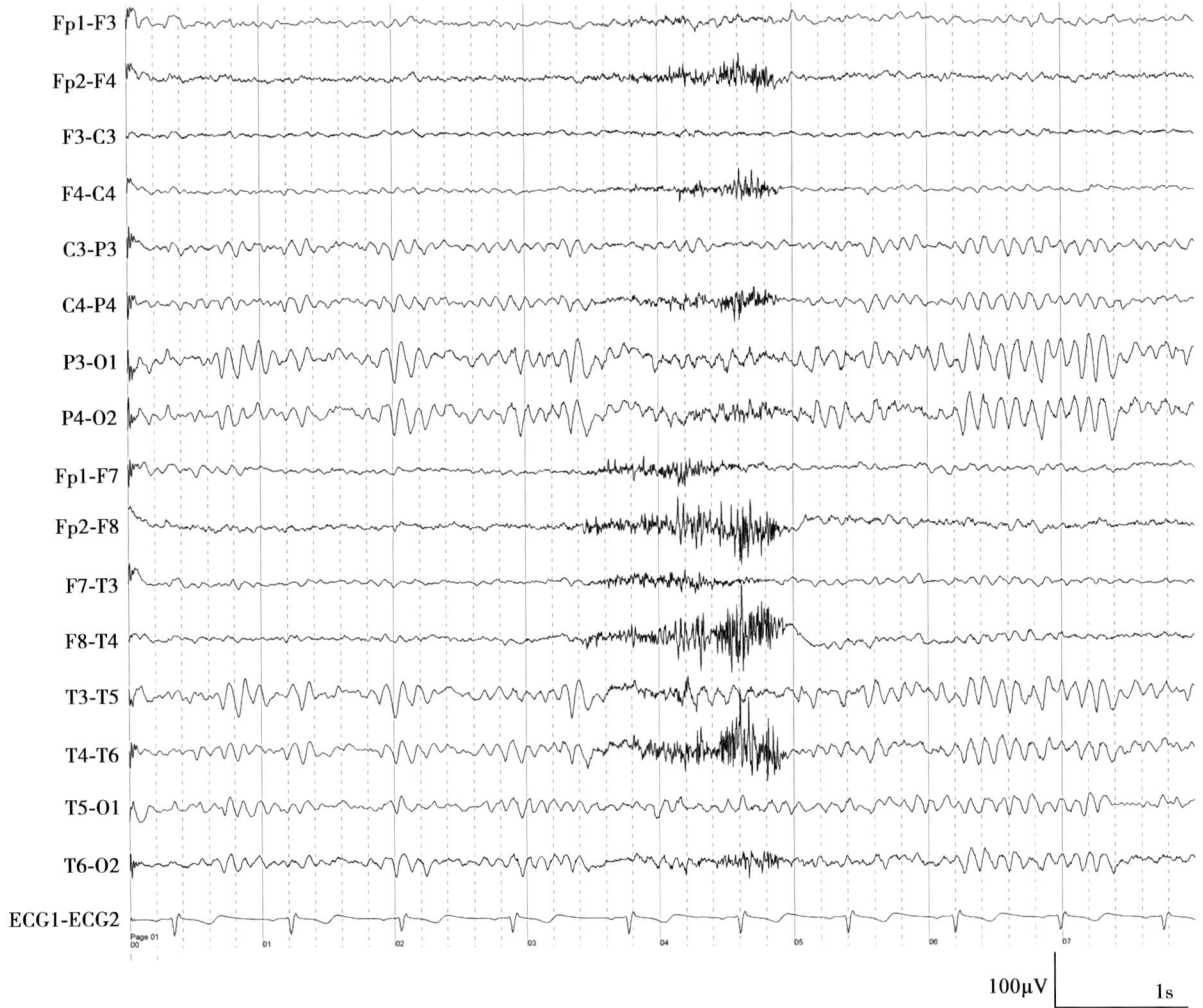

图 4-34　吞咽引起的肌电伪差

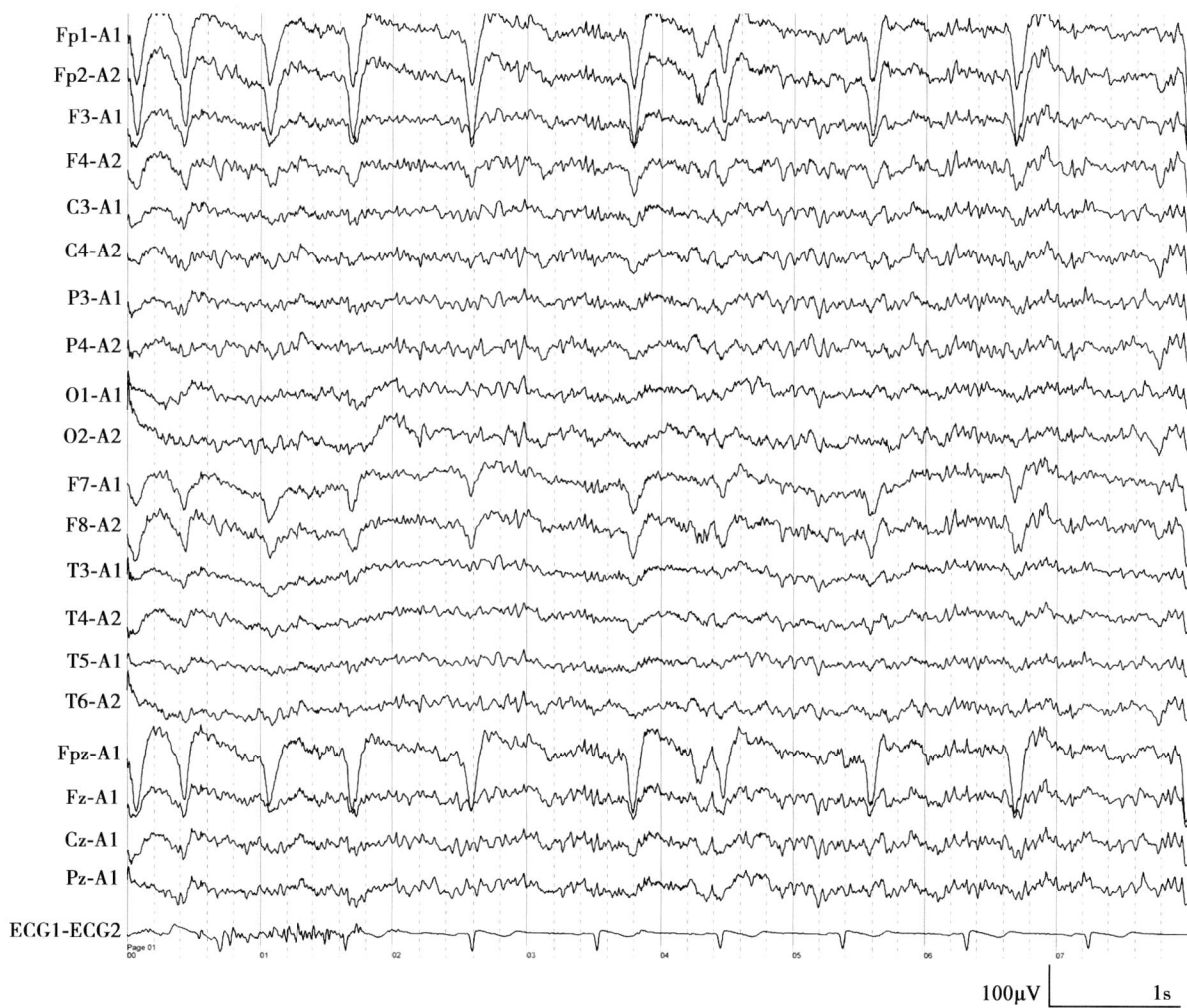

图 4-35 眨眼伪差

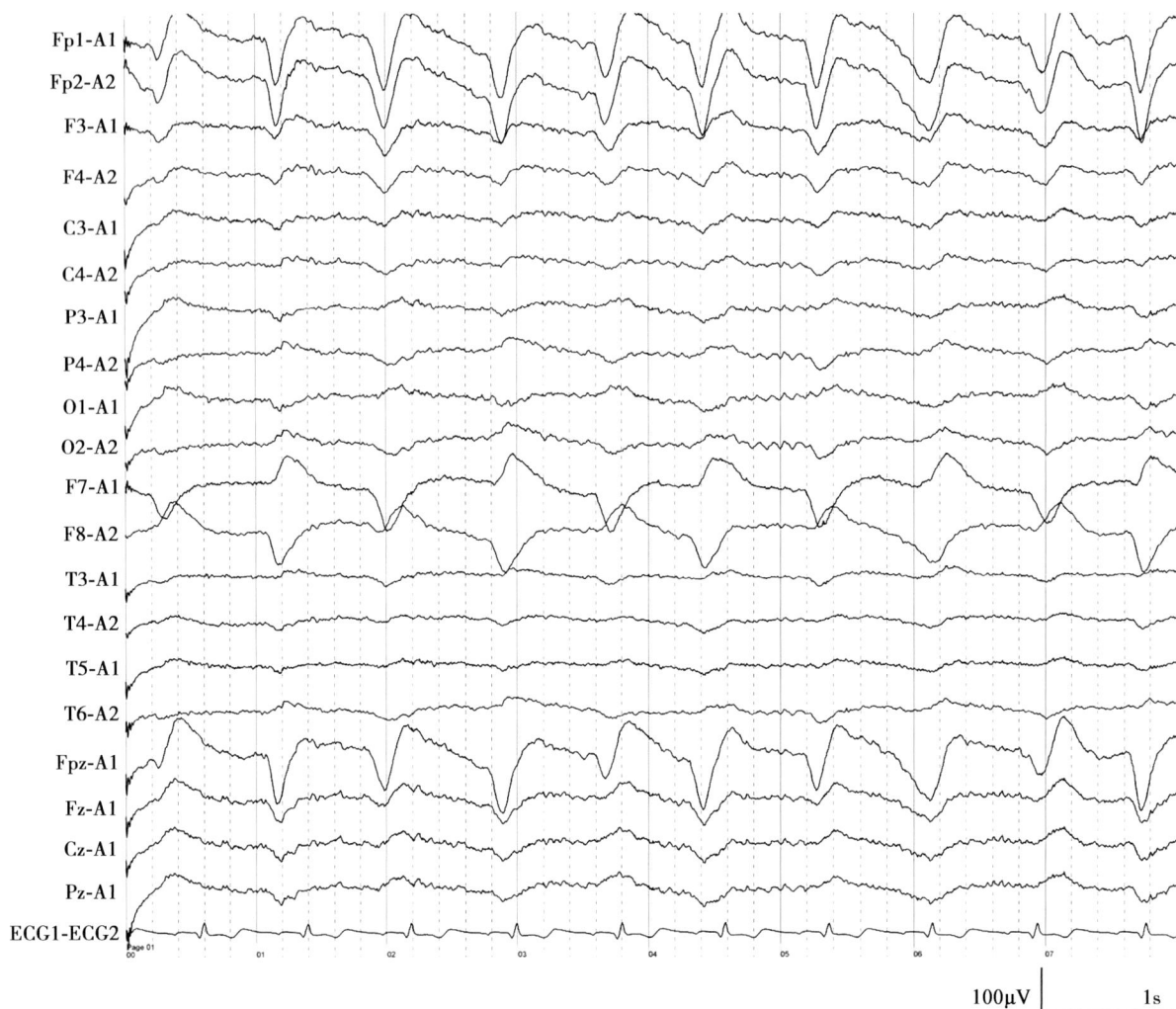

图 4-36　眼球运动伪差

4. 口舌伪差　小儿最常见的伪差来自吸吮动作，这可能涉及唇、颊运动和肌肉的收缩，也可能伴有口腔内大电场的改变，后者来自唾液的产生、流动和分布。舌在口腔内的活动、舔嘴唇，甚至假牙活动等均会使分布于整个头部的电位发生改变，但主要对耳极产生影响。舌运动产生的波形特点是频率很低，且常伴有肌电伪差。

5. 心电伪差　心电信号比脑电信号强一个数量级，所以心电信号可通过容积导体效应，很容易传导到脑电的任何一个电极部位，肥胖和短颈者更容易出现心电干扰。在脑电记录上可出现QRS综合波中的R波，为明显的正相或负相尖样波，频率与心率一致（图 4-37）。因此，在记录脑电图时应同时描记心电图，以帮助识别心电伪差。

6. 脉搏伪差　电极如果放在搏动的动脉或组织上，会产生微弱的运动，就会在相应的导联上记录到一个电活动。表现为与脉搏同步的规律的基线搏动，通常其上支较陡，下降支较缓慢且不发生逆转，形成对称波形（图 4-38）。根据其频率和形态很容易识别这种伪差。但是，如果心搏不规则或心排血量不一致会导致动脉搏动波不规则，此脉搏伪差极似脑源性局灶性活动，同时描记心电图有助于确定这种电活动的性质。

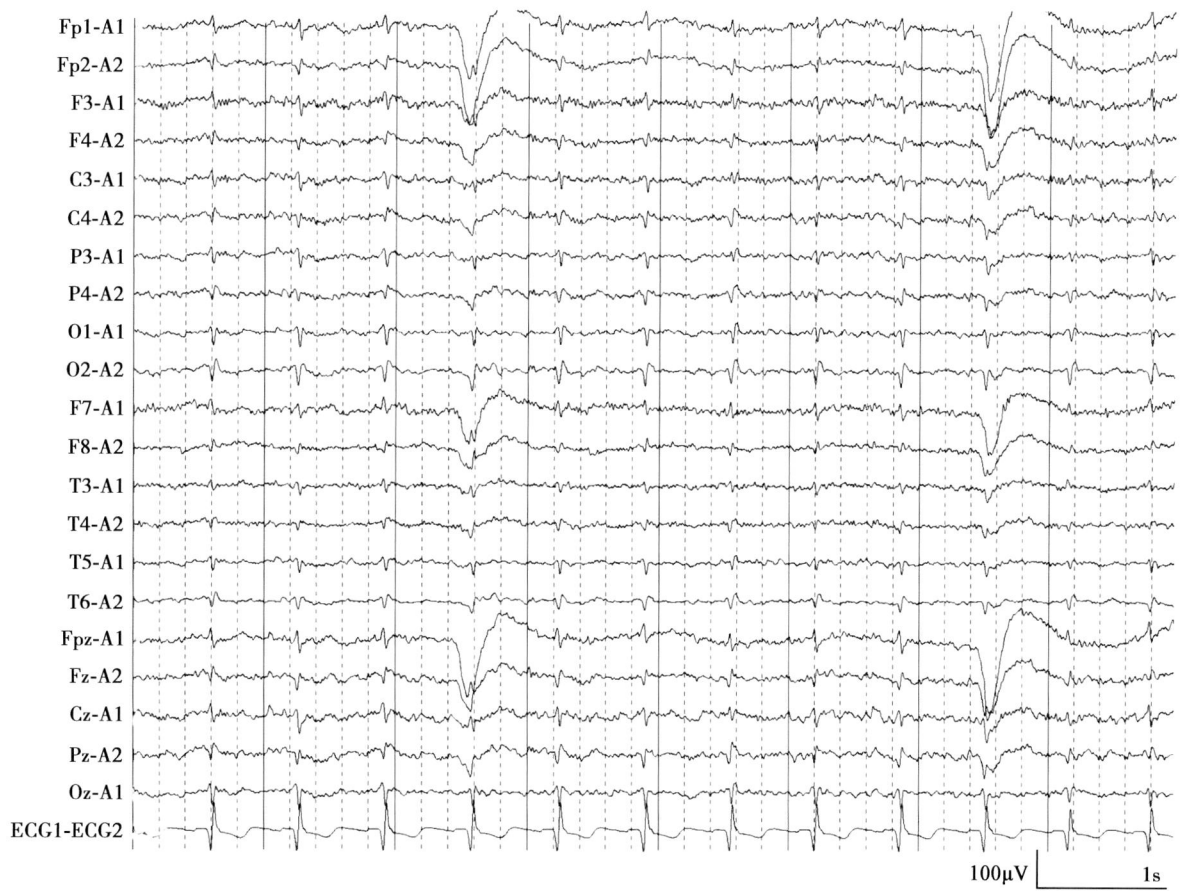

图 4-37　心电伪差

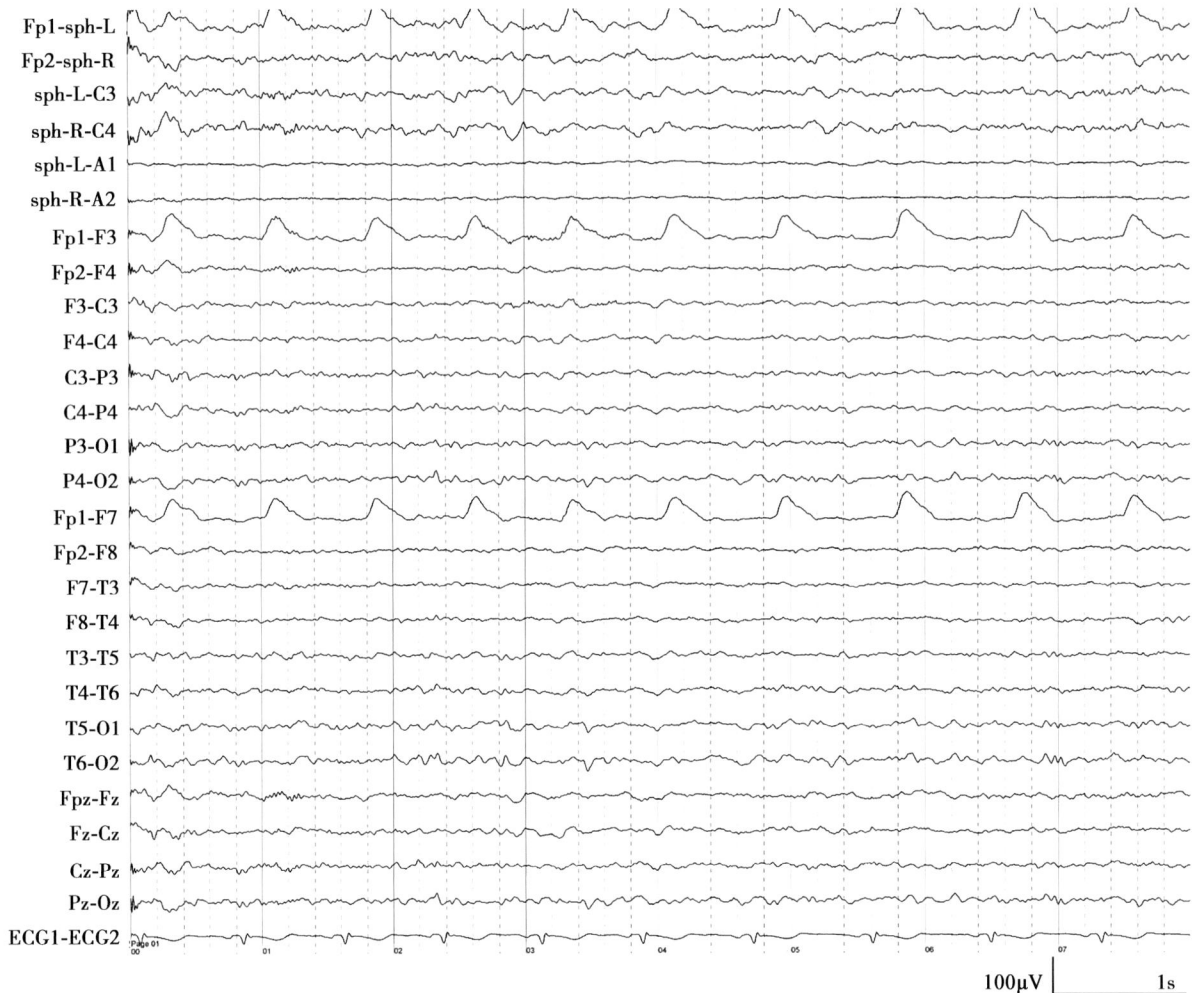

图 4-38 动脉搏动伪差

第四节 脑电图的判定

脑电图正常与否需要综合患者的各种信息进行判定，有一定的主观性，丰富的临床经验非常重要。

一、正常脑电图的判定

1. 成人正常脑电图 正常成人觉醒时的脑电图是以 α 波为基本波，间有少量散在快波和慢波组成。

（1）基本波：以 α 波为主，分布正常，两侧对称；对称部位的 α 波频率差不应超过 0.5~1Hz。α 波平均波幅<100μV，波幅差在枕部不超过 30%，其他部位不超过 20%。在睁闭眼、精神活动及感受到刺激时，α 波应有正常的反应。

（2）慢波：为散在低波幅慢波，主要见于颞部，多为 θ 波，在任何部位均不应有连续性高波

幅 θ 波或 δ 波。

（3）睡眠时脑波应左右对称，可出现睡眠期相应脑波。

（4）无异常电活动：不论在觉醒和睡眠，均不应有棘波、尖波、棘慢波等。

2．儿童正常脑电图 相对于成人，儿童脑电图背景活动较慢，并且不同的年龄阶段背景活动也不同。

（1）基本波：一般来说，8 岁以上儿童的 α 波若低于 8Hz 应视为异常。觉醒时脑波的基本频率与同年龄组正常儿童的平均值相比，其频率差不超过 2Hz。

（2）慢波：慢波为非局灶性，无广泛性高波幅波群。

（3）睡眠波：一般应两侧对称。

（4）无异常电活动：不论在觉醒和睡眠，均不应有棘波、棘慢波等。

二、异常脑电图的判定

1．成人异常脑电图

（1）基本节律的平均波幅异常增高或低平并有低波幅的慢波混入。

（2）一侧或双侧半球的基本节律对于各种生理刺激缺乏反应。

（3）基本节律波幅明显不对称，波幅差 >30%。

（4）超过正常数量的慢波活动，特别是局灶性出现时。

（5）觉醒和睡眠描记中有肯定的棘波、尖波、棘慢或尖慢复合波。

（6）高波幅的慢波、快波爆发出现。过度换气时出现两次以上的爆发性活动。

（7）睡眠时出现的顶尖波、睡眠纺锤、K-综合波明显双侧不对称。

2．婴儿异常脑电图 由于神经系统发育成熟需要一个过程，所以不同阶段的脑电图不同，因此分析婴儿脑电图必须谨慎。婴儿因为缺乏波形构成良好的节律性电活动，因此与成人相比只有在器质性病变的可能性更大时才能表现出脑电图的异常。婴儿脑电图中可以见到的比较肯定的异常包括：

（1）背景平坦或没有电活动。

（2）出生 1 周后仍然为持续性低电压。

（3）真正的爆发 - 抑制模式，需要与早产儿的非持续图形以及安静睡眠时的波形交替图形鉴别。

（4）电活动的局限性抑制或电活动持续性不对称。

（5）睡眠和清醒以及刺激对脑电活动均没有影响的无变化模式。

（6）持续性或连续性的弥漫性或局限性 θ 和 δ 活动，少有变化。

（7）在清醒和睡眠的整个记录过程中出现阵发性癫痫样异常放电。需要与新生婴儿睡眠时出现的良性多灶性瞬时尖波鉴别。婴儿出现的发作期癫痫样放电为突然发生的与背景活动形态不同的重复性异常波形序列。癫痫样放电具有多变性，由棘波、尖波、慢波或节律性 α、β、θ 和 δ 波构成。通常为局限性或在一侧半球，但是可从脑内一个部位扩散到另一个部位。癫痫样放电的部位和发作的临床表现可以并不相符，脑电图上出现癫痫样放电时可以没有明显的临床表现，也有临床上有明显发作而脑电图无癫痫样放电的情况。

3．儿童异常脑电图 儿童的脑电图异常与成人的相似。主要有两类：慢波异常和癫痫样放电。儿童的脑电图通常比成人表现出更明显的慢波性异常，慢波在后头部最显著。儿童脑电图异常的程度与发病年龄有关，在儿童几乎可以见到所有类型的癫痫样放电。高幅失律、3Hz 的棘慢复合波、慢棘慢复合波和中央颞区棘波是比较常见的类型。

（1）高幅失律：一种杂乱无章的混合性电活动，由持续性多灶性棘波和尖波以及广泛失律的高电压慢波活动构成。这种脑电图模式主要见于婴儿期癫痫性脑病，如婴儿痉挛症，以及智能发育迟滞的儿童。这种异常并不与某些特定的疾病相关，而是反映出严重的脑功能异常，通常发生于 1 岁以前。大约半数患者的病因不明，另一半患者的高幅失律可能是围产期和出生后不良刺激、脑炎、先天性发育异常或年龄较小儿童的代谢异常所致。婴儿痉挛症是常见的病因，临床表现为颈部、躯体和肢体的强直性屈曲或伸展，伴有手臂向外挥动，发作时程较长，可持续 3～10s。

（2）3Hz 棘慢复合波：由刻板的双侧同步对称性的 3Hz 棘慢波节律构成，通常伴有失神发作，在 3～15 岁的儿童最常见，可被过度换气和低血糖诱发。

（3）慢棘慢复合波：由棘波和慢波构成的复合波以 1～2.5Hz 的频率连续出现，呈广泛性和对称性发放。慢棘慢复合波可见于 1～6 岁的儿童，常以一些器质性疾病为基础，大多数患者智能发育迟滞，癫痫发作常较难控制。慢棘慢复合波是 Lennox-Gastaut 综合征（LGS）的典型脑电图表现之一。LGS 临床表现为多种形式的难以控制的癫痫发作和智能进行性倒退，起病年龄多在 3～5 岁，常见发作形式包括不典型失神、强直发作、失张力发作等，其中强直发作是最具特征性的发作形式。脑电图表现为基本节律变慢，慢波活动增多，可见弥漫性慢棘慢复合波和广泛性棘波节律爆发。

（4）中央中颞区棘波：出现在中央区和颞叶中部的宽大且高波幅的双相性圆钝棘波，后面跟随一慢波。60%～70% 具有这种异常波的儿童出现局灶性癫痫发作，表现为一侧面部或手的阵挛样运动或者口角、舌、面颊和手部的麻刺感，伴有言语中断和过度流涎。这样的发作称作"儿童期良性中央区癫痫（benign rolandic epilepsy of childhood）""儿童期外侧裂发作（sylvian seizures of childhood）"和"儿童期中央区癫痫（rolandic epilepsy of childhood）"。发作通常发生在夜间，可扩散为全身性发作。这种类型癫痫的药物治疗效果较好，临床发作通常比较容易控制，并且在 12～14 岁后消失。

（5）另外，一些儿童期特有的疾病，脑电图可显示特征性的异常波形。

1）亚急性硬化性全脑炎（SSPE）：麻疹病毒感染引起的亚急性或慢性脑炎，主要见于 5～15 岁的儿童，临床表现为智能进行性倒退和全面性癫痫发作。脑电图可见广泛性、周期性复合波，每 4～15s 重复出现一次，通常伴有肌阵挛或痉挛发作。

2）偏侧惊厥 - 偏瘫 - 癫痫综合征（HHE 综合征）：婴儿或儿童在急性发热性疾病时出现一系列癫痫发作或偏身抽搐状态，此后反复出现一侧惊厥性发作，可遗留一侧肢体瘫痪。急性期的脑电图可见在受累一侧频繁或持续出现棘波或棘慢复合波，发作后常有该侧半球的脑电活动减弱。以后的脑电图检查可在双侧半球的任何一侧出现局限性、多灶性或双侧性癫痫样放电，受累一侧的波幅常常减低。

参考文献

[1]　刘晓燕. 小儿脑电图图谱［M］. 北京：人民卫生出版社，2010.

[2]　刘晓燕. 临床脑电图学［M］. 2 版. 北京：人民卫生出版社，2017.

[3]　中国抗癫痫协会，脑电图和神经电生理分会，临床脑电图培训教程编写组. 临床脑电图培训教程［M］. 北京：人民卫生出版社，2011.

4

第五章

脑电信号分析

潘　娜

5

脑电图反映了大脑皮质神经元电生理活动，脑电信号的分析和处理是临床诊断的关键技术。本章将介绍脑电信号常用的几种分析方法的原理和应用。

第一节　脑电信号量化分析

作为一种特殊的电生理信号，脑电活动有如下几个特点：① 脑电信号是一种随机性很强的非平稳信号；② 脑电信号幅值低，频率范围0.5～50Hz；③ 脑电信号是非线性信号。本节将介绍脑电定量分析的方法。

一、脑电量化分析预处理

对于常规脑电图，采样率通常在200Hz以上，采样精度一般在16～24位（bit）。应该注意，取样得到的信号依然是经过模拟性脑电图机放大和滤波的，而并非从头皮电极直接记录到的微弱电信号。这些数字化的电压变化在计算机中用各种方式储存，通过计算机程序的处理再转换成模拟信号后，可在荧光屏上重新还原成连续的曲线。

计算机对脑电图处理的方式包括导联重构和数字化滤波（digital filtering）。导联重构是将采用同一参考电极的两个导联的信号相减后得到一条新的记录。这样，如果导联1代表A电极和参考电极之间的电压差，而导联2代表B电极和参考电极之间的电压差，那么导联1脑电图减去导联2脑电图后就得到了A电极和B电极之间的电压差，和实际上利用两个电极在A电极和B电极之间记录的脑电图应该相同。这类重构可使脑电图检查者得到很多重要的脑电图信息。

数字化滤波是一种将脑电图信号的不同频率进行分解的方法，可在保持需要观察的电活动不变的情况下去除不关注的频段的电活动。比如，

可以用来消除电极的一些伪迹。定量脑电图的电极安置是另一个问题，一般情况下10-20电极导联设置可以满足需要，然而对于非常局限的脑电活动来讲可能有时需要更多的电极来提高空间分辨率。国际10-20脑电极安置系统电极之间的距离一般约4.5cm，64导联系统可以把电极之间的距离缩短为3.2cm，而128导联系统可以把电极之间的距离缩短到2.25cm，超多导联的脑电图被认为是高分辨率脑电图。另外还应该根据所要分析电位成分的不同对脑电背景活动进行适当的滤波，数字滤波部分详见第一章。

二、脑电量化分析

定量脑电分析在神经精神疾病的辅助诊断、神经功能和生理评估、认知神经科学应用和脑机接口系统中得到很好的应用。

（一）脑电量化分析方法

常用的脑电量化分析方法包括传统时域分析方法、传统频域分析方法、小波分析、互相关分析、相干分析、希尔伯特变换、因果性分析，具体见表5-1。

（二）分析数据表示形式

随着计算机技术越来越多的应用，在临床应用中，系统能即时提供简单的脑电数据分析结果，例如脑电功率地形图和电压地形图。

脑电地形图用以显示头部表面脑电活动空间分布特点。一种方法是在某一时刻将等电位线重

表 5-1　脑电量化分析方法

分析方法	具体内容
传统时域分析方法	脑电信号的时域信息包括幅度和波长（周期），常见的时域分析主要有周期幅度分析法、柱状图分析法和模型法。 **1. 周期幅度分析法** 周期幅度分析法主要计算两个相邻零点之间信号（半波信号）的指标：① 半波宽，即半波之间的时间间隔；② 积分幅度，为半波与基线之间的幅度积分和；③ 半波曲线长度，为半波的波峰与波谷的幅度差之和。还可以统计每个频段内半波数目、时间、积分幅度、曲线长度等。 **2. 柱状图分析法** 首先确定周期和幅度。Fujimori 确定 8Hz 及以下的波阈值是 30μV，8Hz 以上的波阈值是 10μV。根据检测出的波的周期，划分到不同的频段，然后对波的数目和幅度用柱状图来统计。 **3. 自回归模型法** 脑电分析中自回归（autoregressive，AR）模型是基于实验数据建模的典型模型，包括自适应模型和非自适应模型。自适应模型中参数随着数据更新而更新，非自适应模型较多应用于平稳的数据序列。分析非平稳的脑电信号，需要将脑电信号分成足够短的数据段，以满足数据平稳性的需求。
传统频域分析方法	频域分析方法是把幅度随时间变化的时域信号变换为脑电功率随频率变化的信号。功率谱非参数估计法以傅里叶变换为基础，参数估计法主要基于 AR 模型。 **1. 傅里叶变换和功率谱密度** ·连续时间信号 x(t) 的傅里叶变换是： $$F(\omega) = \int x(t)e^{-j\omega t}\mathrm{d}t \quad (5.1)$$ 式中，$\int$ 范围从 $-\infty$ 到 $+\infty$；ω 表示角频率 ·离散时间序列 $x(1), x(2), \dots, x(N)$ 的傅里叶变换是： $$F(\omega) = \sum_{n=1}^{N} x(n)e^{-j\omega n} \quad (5.2)$$ ·若已知一个随机信号的自相关函数 $x(n)$，那么功率谱密度函数 $r(k)$ 就定义为： $$P(\omega) = \sum_{k=-\infty}^{+\infty} r(k)e^{-j\omega k}，或 P(\omega) = \lim_{N \to \infty} E\left[\left|\frac{1}{N}\left|\sum_{n=1}^{N} x(n)e^{-j\omega n}\right|^2\right|\right] \quad (5.3)$$ 式中，$r(k) = E[x(n)x^*(n+k)]$；E 表示数学期望；* 表示复共轭。 **2. 非参数谱估计法** 非参数谱估计法依据功率谱密度函数 ·当信号序列是有限长度时，忽略（5.3）求期望和取基线运算，就得到周期图谱估计： $$\hat{P}(\omega) = \frac{1}{N}\left|\sum_{n=1}^{N} x(n)e^{-j\omega n}\right|^2 \quad (5.4)$$ ·当数据长度有限时，根据（5.3）得到的相关图谱估计： $$\hat{P}(\omega) = \sum_{k=-(N-1)}^{N-1} \hat{r}(k)e^{-j\omega k} \quad (5.5)$$ 式中，$\hat{r}(k)$ 表示自相关函数的估计。 **3. 基于 AR 模型的功率谱估计** AR 模型的功率谱估计的频率分辨率高，但要求信号具有较高的线性和平稳性，因此采用 AR 模型估计脑电信号功率谱时，要分段处理。而且功率谱估计体现的是平均谱特征，因此不适用于检测瞬时脑电信号，例如癫痫脑电中的棘波和尖波。
小波分析	信号分析领域常用的处理方法有傅里叶分析，这种分析方法会丢失时域信息。而小波分析弥补快速傅里叶分析的不足，是时频分析中常用的一种信号分析方法。经典的脑电分析认为脑电信号是由许多振荡频率成分组成，小波变换可以将信号按照不同频率分解，能更精确地提取特定的脑电节律。 具体地说，如果 $\Psi \in L^2(\Re)$ 满足附加的"可允许条件"： $$C_\psi = \int_{-\infty}^{\infty} \frac{\left|\hat{\Psi}(\omega)\right|^2}{|\omega|}\mathrm{d}\omega < \infty \quad (5.6)$$

分析方法	具体内容
小波分析	式中，$\hat{\Psi}(\omega)$ 是 $\Psi(\omega)$ 的傅里叶变换。那么 Ψ 被称为一个基小波，在 $L^2(\mathcal{R})$ 上的连续小波变换定义为：$$(W_\Psi f)(\tau,a) = \frac{1}{|a|^{1/2}} \int_{-\infty}^{\infty} f(t) \Psi^*\left(\frac{t-\tau}{a}\right) \mathrm{d}t = \langle f, \Psi_{\tau,a} \rangle \quad (5.7)$$ 式中，$f \in L^2(\mathcal{R})$；$\Psi_{\tau,a}(t) = \frac{1}{|a|^{1/2}} \Psi\left(\frac{t-\tau}{a}\right)$ 是基小波的位移与尺度。尺度因子 a 的基本作用是将基小波 $\Psi(t)$ 做伸缩。 　　小波变换在频域上满足：$$(W_\Psi f)(\tau,a) = \frac{|a|^{1/2}}{2\pi} \int_{-\infty}^{\infty} F(\omega) \Psi^*(a\omega) e^{j\omega t} \mathrm{d}\omega \quad (5.8)$$ 式中，$F(\omega)$ 是 $f(t)$ 的傅里叶变换。将位移和尺度离散化，$a = \frac{1}{2^j}$，$\tau = \frac{k}{2^j}$，其中 j=0, 1, 2, ..., $k \in Z$。$\Psi_{\tau,a}(t)$ 变为 $\Psi_{j,k}(t) = 2^{j/2} \Psi(2^j t - k)$，相应的离散小波变换为：$$(W_\Psi f)\left(\frac{k}{2^j}, \frac{1}{2^j}\right) = 2^{j/2} \int_{-\infty}^{\infty} f(t) \Psi^*(2^j t - k) \mathrm{d}t = \langle f, \Psi_{j,k} \rangle \quad (5.9)$$ 式中，$\langle x,y \rangle$ 表示内积；小波序列 $\Psi_{j,k}$ 是由母小波通过平移和伸缩得到的。 　　小波分析的上述特点相当于分别对信号进行低通滤波和带通滤波，而且小波变换中的尺度因子更适合分析非平稳信号。
互相关分析	脑电信号研究中存在同步现象，这是不同脑区信息交流的关键特征。除了单通道的特性分析外，通道间彼此的相关性也是需要关注的问题。多变量的线性相关程度采用互相关和相干分析。 　　假设有同时测得的两通道的脑电信号 $\{x(i)\},\{y(i)\},i$=1, 2, ..., N，其互相关函数（cross-correlation）定义为：$$c_{xy} = \frac{1}{N-\tau} \sum_{i=1}^{N-\tau} \left(\frac{x(i)-\bar{x}}{\sigma_x}\right)\left(\frac{y(i+\tau)-\bar{y}}{\sigma_y}\right) \quad (5.10)$$ 式中，$\bar{x}$，$\bar{y}$ 分别表示 $\{x(i)\}$，$\{y(i)\}$ 序列的均值；σ_x，σ_y 表示方差。互相关表示的是 x，y 之间的线性同步性，$c_{xy} \in [0,1]$，0 表示不同步，1 表示有最大的同步性。
相干分析	相干（coherence）则是检测频域变量间的相关程度。相干函数可以如下估算：$$k_{xy}(f) = \frac{\left|\langle C_{xy}(f) \rangle\right|}{\sqrt{\left|\langle C_{xx}(f) \rangle\right|}\sqrt{\left|\langle C_{yy}(f) \rangle\right|}} \quad (5.11)$$ 式中，$\langle \rangle$ 表示时间段的平均结果；$C_{xx}(f)$ 表示（5.10）式中的傅里叶变换；$C_{xx}(f)$，$C_{yy}(f)$ 分别表示 x，y 信号的自相关谱。
希尔伯特变换	对于两个耦合的非线性振荡，可以通过希尔伯特变换提供脑电信号的幅值和相位信息。 　　对连续时间信号 $x(t)$，首先定义一个分析信号：$$Z_x(t) = x(t) + i\hat{x}(t) = A_x^H e^{i\theta_x^H(t)} \quad (5.12)$$ 式中，$\hat{x}(t)$ 是 $x(t)$ 的希尔伯特变换：$$\hat{x}(t) = H(x(t)) = (h*x)(t) = \int_{-\infty}^{+\infty} x(\tau) h(t-\tau) \mathrm{d}\tau = \frac{1}{\pi} \int_{-\infty}^{+\infty} \frac{x(\tau)}{t-\tau} \mathrm{d}\tau \quad (5.13)$$ 式中，* 表示卷积；$h(t) = \frac{1}{\pi t}$；积分项是柯西主值（Cauchy principal value），以避免在 $\tau = t$ 时的奇异值。 　　同理，$Z_y(t) = A_y^H(t) e^{i\theta_y^H(t)}$，如果 x，y 分析信号的相位差 θ_{xy}^H 满足：$$\theta_{xy}^H(t) = n\theta_x^H(t) - m\theta_y^H(t) < \mathrm{const} \quad (5.14)$$ n，m 是整数而且是有界的，那么就称 x，y 是 $n:m$ 同步的。定义相位同步指标 S_H：$$S_H = \left|\langle e^{i\theta_{xy}^H(t)} \rangle_t\right| = \sqrt{\langle \cos\theta_{xy}^H(t) \rangle_t^2 + \langle \sin\theta_{xy}^H(t) \rangle_t^2} \quad (5.15)$$

分析方法	具体内容
希尔伯特变换	式中，$\langle\ \rangle_t$ 表示时间上的均值。 相位锁定值（phase locking value，PLV）表示相位差在单位圆（复平面）上的分布情况。如果相位差是均匀分布的，那 $S_H=0$；如果是同步的，相位差就占据单位圆上的一小部分；如果相位差是常数，$S_H=1$，即完全同步。该指标仅对相位敏感，而对幅度不敏感。然而，如果分析的信号是宽带或者多峰，上述指标就不适用。因此希尔伯特变换也有一定的缺陷：① 只能近似应用于窄带信号；② 只能处理任何时刻某一频段频率信号；③ 不适用于非平稳的数据序列。
因果性分析	两个信号不仅可以具有同步性，也可以有其他联系。例如两个脑区的活动存在因果关系，这就需要进行因果性分析。这里我们介绍格兰杰因果性（Granger causality）分析。格兰杰因果性的线性测度都是以多变量自回归模型为基础。如果时间序列 $X=\{x(1),x(2),...,x(N)\}$，$Y=\{y(1),y(2),...,y(N)\}$ 能用阶的 AR 模型拟合： $$x(n)=\sum_{i=1}^{p}c_{1i}x(n-i)+e_1(n)$$ $$y(n)=\sum_{i=1}^{p}c_{2i}y(n-i)+e_2(n)\qquad(5.16)$$ 那么预测误差依赖于相应的过去值。格兰杰因果性模型是用双变量 p 阶 AR 模型来拟合 X 和 Y： $$x(n)=\sum_{i=1}^{p}c_{11i}x(n-i)+\sum_{i=1}^{p}c_{12i}y(n-i)+w_1(n)$$ $$y(n)=\sum_{i=1}^{p}c_{22i}y(n-i)+\sum_{i=1}^{p}c_{21i}x(n-i)+w_2(n)\qquad(5.17)$$ 式中，w 表示残差项。此时它们的预测误差取决于两者过去的值。系数 c_{12i} 表示 $y(n-i)$ 对 $x(n)$ 的线性作用，c_{21i} 表示 $x(n-i)$ 对 $y(n)$ 的线性作用。根据式（5.16），用预测误差的无偏方差来表示 AR 模型拟合 Y 的质量： $$\sum_{y\vert y^-}=\frac{1}{N-p}\sum_{n=1}^{N}(e_2(n))^2\qquad(5.18)$$ 式中，y^- 表示 y 的过去值。考虑 x 引起 y 的情况，根据式（5.17）， $$\sum_{y\vert y^-x^-}=\frac{1}{N-2p}\sum_{n=1}^{N}(w_2(n))^2\qquad(5.19)$$ 如果在格兰杰意义上 x 引起 y，那么 $\sum_{y\vert y^-x^-}<\sum_{y\vert y^-}$。则线性格兰杰因果性定义为： $$LGC_{x\to y}=\ln\frac{\sum_{y\vert y^-}}{\sum_{y\vert y^-x^-}}\qquad(5.20)$$ 同样可以计算 y → x 的线性格兰杰因果性 $LGC_{y\to x}$。如果 $LGC_{x\to y}$ 和 $LGC_{y\to x}$ 的值都比较大的话，就说明两者间有双向耦合，或者两者间有反馈

叠到头部图形上，观察其分布。其他方法包括功率频谱和空间分析以及将每个特定频段的功率转换成彩色或灰度的脑电地形图。这一图形与低分辨率 CT 相似，可有助于观察产生慢波的异常病灶的位置。但是，这一方法不能区分伪差和真正的脑电活动，使用该方法应该注意去除脑电图的伪差，否则会导致错误的结论。

电压地形图是把不同电极部位记录到的棘波电压的高低用电压等高线的方式表示在二维或三维的头颅图像上。在癫痫发作间期脑电图可以记录到棘波、尖波以及棘慢波或尖慢波等，这些棘波和尖波突出于脑电背景活动，适合于进行电压地形图分析以及偶极子电流源定位。

第二节 脑电源定位

大脑神经活动时，伴随着电荷（电流）的运动，我们可以通过脑电图或者脑磁图记录到这些离子在细胞膜内、外跨膜移动时产生的电位，脑电图记录了大脑中大量锥体神经元的集合所产生的电活动。但是脑电信号的空间分辨率较差，主要因为可用的空间测量点有限和底层的电磁逆问题本质上的不确定性。事实上，从头皮脑电图中精确定位大脑中的电位源是一个不确定的逆问题。脑电图源分析的两个重要概念是正问题和逆问题。正问题是指在已知源（即大脑中神经元活动的位置和特性）的情况下，预测头皮电极上会产生什么样的电位地形图。逆问题是在已知头皮电极记录的电位地形图的情况下，试图推断大脑内部的神经活动源。在进行 EEG 源分析时，影响计算精度的主要因素是头模型和源模型。

一、源模型

源模型建立包括如何对源建模和确定源空间。目前主要有三种模型来模拟源电位：电荷模型、偶极模型和多极模型。电流偶极子是静电学中已知的双电荷偶极子模型的直接延伸。相比之下，等效电荷模型对一对偶极子成像具有相似的有效性，而对于特殊结构的成像源，后者优于等效电流偶极子。请注意，大脑活动实际上并不由离散的偶极子组成，而是大量锥体神经元同步激活的近似表示。当太多的偶极子被用来表示一个大的同步激活区域时，可能会出现可识别性问题，而这些源可以简化为一个多极模型。另一个重要的主题是源的分布。如果假设只有少数区域是同步激活的，并且每个区域都随着其特定的时间过程而演化，那么脑电图电位就可以由一小组孤立源来建模。然而，孤立源模型的缺点是显而易见的。例如，偶极子的位置可以很好地近似于小块皮质的中心，但很难表示源的扩展。

二、头模型

给定位置定位源后，对头皮的测量即可确定头模型。头模型考虑了大脑整体的电磁特性（如渗透率和导电性）和几何特征（如形状和大小）。最简单和仍然广泛使用的头部模型是球形模型。由于均匀的导电性，球面模型允许对正问题进行解析。然而，由于球形模型其简化的几何和电导率假设，因此该模型中源定位的精度受到限制。多壳球头模型是一种先进的模型，它考虑了电导率参数的差异性和局部各向异性，在一定程度上提高了模型的精度。而有限元模型则考虑了各单元的各向异性电导率，对整体进行了网格化处理。

进行偶极子计算一般采用的头模型可以是三层球模型，即假定神经电流发生于由不同介质组成的三层同心球体内，最里面的球体代表脑组织，第二层代表颅骨，最外面的一层代表头皮，事实上不同部位头皮和颅骨的厚薄是不同的，而且头颅的形状也是非常不规则的，所以为了精确定位现在已经逐渐采取实际头颅模型来进行计算，这样偶极子定位的精度有了明显的提高。一种简单的方法是用同一民族的标准头颅模型来计算偶极子的位置，更为合理的方法是利用个体实际头颅模型，利用磁共振的方法首先把患者本人的头颅成像，计算出患者的三维头颅影像，采用包络线把脑表面，颅骨表面以及头皮表面的外形描记出来，指定三层组织的导电率，制作出个体头颅模型，在此基础上进行偶极子计算分析，确定偶极子的位置。为了更加直观地观察偶极子在脑内的位置，可以把脑电棘波偶极子的坐标与头颅磁共振成像的相同坐标重叠在一起进行对照观察，这样偶极子在头颅内的位置也就一目了然了。

三、等效电流偶极子

大脑皮质锥体细胞相互平行，神经细胞体以及树突部位的突触在活动时产生的突触后电位相互叠加，形成一个偶极子层。偶极子是假定神经电活动例如棘波是在均匀一致的导体内由一个特定的局限部位的电源和电穴产生，在某个部位产生的偶极子电流向周围扩散至头皮电极可以被记录下来，不同的电极呈现不同的电压分布。在假设有几个孤立的点源的情况下，可以用数学方法唯一地识别源，并且可以用各种非线性优化算法估计参数。目标函数通常包括最小化模拟模型与记录信号之间的残差（剩余方差）。一旦估计了偶极子的位置、方向和大小，就可以确定每个电极的权重，获得所有电极上活度的加权和偶极子活度的估计值。例如，在电压地形图上，如果棘波电压呈单一负性分布，负性电压最大的部位通常就是棘波发生源所在的区域，此种情况的偶极子分析可以表现出偶极子位于皮质的脑回与头皮呈垂直分布。如果呈现出正性和负性两极分布，则棘波发生源应该在正、负两极连线中点的下面，偶极子位于皮质的脑沟与头皮切线分布。因为头皮上记录到的棘波等癫痫样放电，是较大面积的皮质神经细胞同步放电的结果，在脑沟的两侧壁神经细胞如果同步活动，它们产生的电流互相抵消，在头皮上就不易记录到异常放电。所以临床上大多数时候我们观察到的是具有垂线特征的棘波，而较少见到具有切线特征的棘波。

如果进行一个连续时间段的偶极子分析，需要确定偶极子的极性是否可以改变，如果指定偶极子方向固定，也就是说在一个时间段内偶极子的电流强度可以改变，而其极性不发生变动，这种假设可能不符合事实。更加合理的方法是指定偶极子的电流强度以及其方向均是可以变动的。事实上，一段时间内皮质的活动总是在变化的，兴奋的区域也在相互转换，所以在计算偶极子时应该认为偶极子是可以移动的，应该指定计算出位置可以移动，方向可以转动，大小随时变化的偶极子，这样可能比较符合实际情况。对于棘波而言，一般情况下棘波启始点的偶极子只有一个起源，而在棘波波峰的时间段则可能是复合棘波，有多个发生源，所以棘波的波峰点的偶极子对癫痫样放电的定位意义较小，而棘波启始段的偶极子定位才更有意义。

在临床上任何一个棘、尖波都可以被用来进行电流源定位。偶极子分析表明在中央区癫痫棘波放电的儿童存在两类棘、尖波。一类在偶极子电流源分析中可以发现此类棘波偶极子呈切线分布，偶极子的负性指向中央区，正性指向双侧的额区，有人称其为典型的中央区棘波。此类患者一般没有神经系统的明确损害，无智力缺陷，发作较容易控制。另一类是垂直于皮质的垂线棘波，称为非典型中央区棘波，临床上此类患者表现为较难控制的临床发作，伴有智力缺陷和神经系统的损害。对于颞叶癫痫的复杂性部分发作来讲，可以有两种棘波地形图分布，第一类地形图表明，棘波的负性朝向颞下，而正性朝向中央顶区，偶极子起源于颞叶底面皮质。第二类棘波的地形图分布表明，棘波的负极朝向同侧的颞区，而正性电压分布在对侧的颞区，此类棘波的偶极子垂直于头皮表面、位于颞叶的外侧面皮质。

偶极子应用还存在着很多的问题，相对来讲对于单个发生源的偶极子分析是比较准确的。然而头皮脑电图记录到的单个棘波可以是多个很小的起源于不同区域的脑电的集合，对于多起源的偶极子分析是很困难的，此时一般应该首先准确确定电流发生源的数量，然后根据具体情况限定调整电流源的位置，反复调整到理论电流源位置与实际描记的脑电图有较高的相符性，从而确定棘波电流源。进行电流源分析首先要确定偶极子的数量，是进行单个偶极子，还是多偶极子分析。在偶极子分析中，最大的难题也就是如何准确确定多个偶极子的数目和位置。研究表明上述颞叶癫痫的第一类棘波，往往是由两个或两个以上的偶极子在时间上相互重叠所致，一个偶极子位于颞叶的深部，沿外侧头皮切线方向分布，另一个偶极子位于颞叶外侧皮质与头皮垂直。内侧的偶极子在时间上可以领先、同步或滞后于外侧的偶极子。而第二类棘波在绝大多数患者则可以很好地由一个偶极子来解释。

所以如果能够把单个的复合棘波进行分解，还原成独立的脑电成分，定位结果就会更加准确，棘波解析的工作就是从理论上把复合棘波分解成为数个单一起源的小棘波，便于进一步定位分析。尽管如此，有一点应该注意，就是发作期与发作间期脑电图结果的关系，棘、尖波都是发作间期的记录，发作间期的棘波灶并不等同于发作期的异常放电起始区，发作期脑电活动的颅内电极记录是检测发作异常起源的最佳手段，两者之间虽然存在着一定的不同，但还是在一定范围内相互重叠的。所以发作间期的癫痫样放电的部位在一定程度上可以指导定位，但应用时需要注意，不要将二者混为一谈。发作期的棘波或节律性电活动也可以利用偶极子方法进行电流源定位，但发作期的脑电活动有很大的伪差，应该利用适当的滤波技术去除伪差后再进行偶极子分析，一般节律性活动可以是几个偶极子交替出现的结果，目前尚缺少此方面的经验。

总之，在过去二十多年里，脑电信号的源分析算法逐步发展和完善：从等效电流偶极子分析到分布式源建模，从优先考虑任务激活状态到优先考虑静息连接状态，从单源模型重建到多模态融合。有一些免费和开源的脑电图源分析工具箱：主要包括基于 MATLAB 软件的连接性分析工具和专门用于脑电成分分析与时域分析的工具箱，比如 EEGLAB。还有一些分析头皮拓扑结构和聚类的工具，如 CARTOOL。另外，OpenMEEG 可以用来建立个体化的 BEM 模型，SPM 支持动态因果模型，该模型可以识别源空间中的有效连接，eConnectom 提供了一些因果关系分析方法，Brainstorm 和 FieldTrip 在脑电图源分析中也具有强大的功能，因此被广泛应用。

随着技术的发展，脑电图源分析越来越多地用于临床和基础研究。鉴于脑电图记录在临床中广泛应用，计算机的可用性和可获得的开源源分析工具，将使脑电图源成像得到快速发展和应用。此外，全脑动态脑活动的成像能力使脑电图源分析成为研究人类大型脑网络的理想手段。虽然脑电图源分析可以提供关于大脑网络和动态的非常有价值的信息，但它也有与其他形式相结合的优势，如将脑电图的高时间分辨率与功能磁共振成像的高空间分辨率相结合。可以预见，今后设计更好的源重建算法，将脑电图及其他神经成像或调制技术（如脑磁图和功能磁共振成像）相结合，将极大地推动脑功能研究和临床诊断的进步。

参考文献

[1] 李颖洁，邱意弘，朱贻盛. 脑电信号分析方法及其应用［M］. 北京：科学出版社，2009.

[2] LI H, ZHANG Z. Source analysis in: EEG signal processing and feature extraction [M]. [S.l.] Springer, 2019.

5

第六章 癫痫发作间期脑电图

徐翠萍　王玉平

6

脑电图是从颅外头皮记录到的大脑皮质局部神经元的自发性、节律性电活动。在临床检查过程中最常用的为视频脑电图检查，有助于癫痫的诊断、鉴别诊断、明确癫痫发作的具体类型及判断抗癫痫药物的治疗效果，并且在药物难治性癫痫术前评估过程中起着非常重要的作用。脑电图具有较高的时间分辨率，可以对长达数分钟或数小时的发作性事件进行长时间监测，帮助确定发作性事件是否为癫痫发作，以便选择正确合理的治疗方案。

第一节　发作间期脑电图表现

随着多模态影像技术的发展以及脑电图的量化分析，使得癫痫的诊断有了明显的进步。尽管如此，常规脑电图发作间期的变化依然对癫痫的诊断发挥着重要的作用。因为，癫痫是大脑皮质过度异常兴奋放电而引起的一种疾病，而脑电图可以检测到这种异常放电。但是，脑电图在诊断癫痫的特异度和灵敏性方面仍然存在一些争议。脑电图检测到异常放电不等于就是癫痫，而癫痫患者也可以没有脑电图的异常放电，并且脑电图异常放电活动的类型与癫痫发作类型之间缺少绝对的一一对应关系。

一、癫痫发作间期脑电图特征

针对疑似癫痫发作的患者，脑电图检查可以出现如下一些异常。发作间期癫痫样发放或称发作间期癫痫样放电（interictal epileptiform discharges，IEDs）、周期性一侧性癫痫样放电（periodic lateralized epileptiform discharges，PLEDs）、局灶性慢波、弥漫性慢波以及其他一些非特异性放电形式。只有发作间期癫痫样放电和周期性一侧性癫痫样放电对癫痫的诊断具有重要意义，而其他形式的脑电图异常均不具有支持癫痫诊断的明确价值。

（一）发作间期癫痫样放电类型及其临床价值

发作间期癫痫样放电是癫痫发作的病理生理学基础。脑电图出现什么样的改变才能称之为发作间期癫痫样放电，目前尚无精确的定义，但应该符合下列的标准：与脑电图背景活动有明显的区别；具有较快的时相性改变，特别是在最初的几毫秒内电压变化很快，给人一种电位呈尖样改变的印象，即尖波或棘波；电位活动的持续时间应该短于 200ms；这些电位有一定的空间分布，局灶性、多灶性、一侧性或广泛性；这些电活动通常都是负性的，而且之后常常跟随着一个慢波，虽然这一点不是必需的，但是慢波的存在有助于区分其他性质的电活动。癫痫样放电与癫痫发作有着较高的相关性，而正常人脑电图罕见这种癫痫样放电。

1. 尖波和棘波　尖波（sharp）和棘波（spike）是脑电图最常见的癫痫样放电形式，反映了神经元快速超同步化放电。尖波的时程为 70～200ms；棘波的时程为 20～70ms。尖波和棘波常呈局灶性发放，当在多个导联同时出现时，可以分辨出最早出现尖波或棘波的导联以及尖波或棘波的波幅最高的导联，对癫痫灶定位具有指导作用（图 6-1，图 6-2）。颞叶癫痫患者在

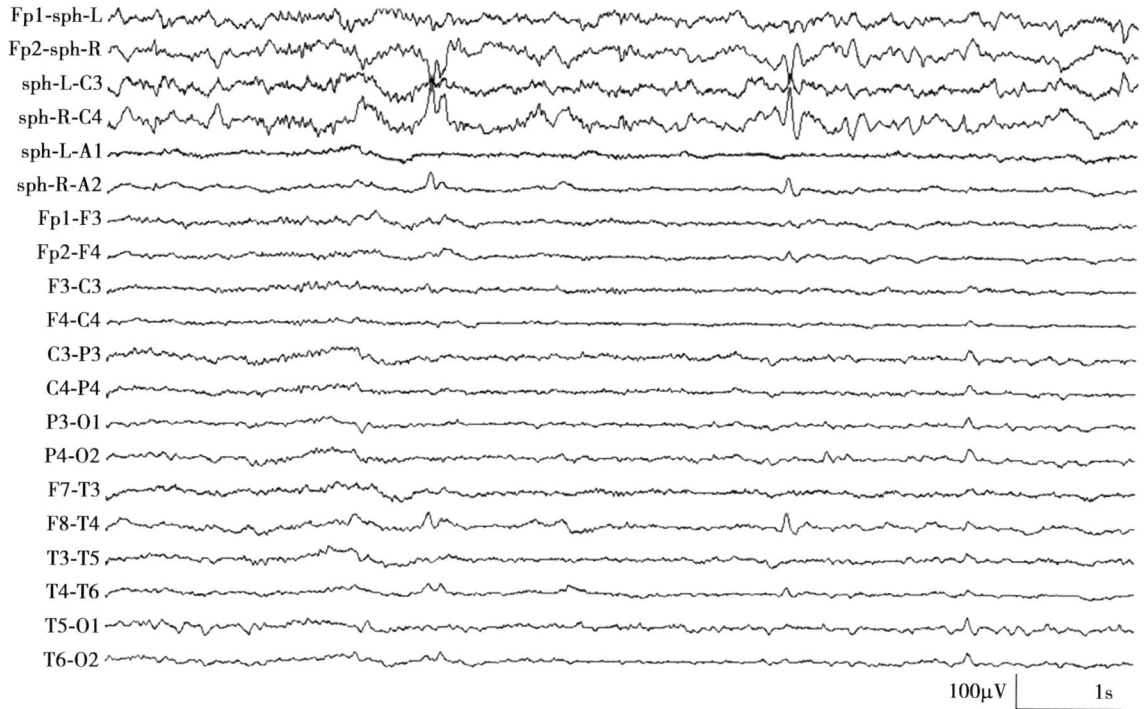

图 6-1　右侧蝶骨电极（sph-R）、右颞（F8）尖波

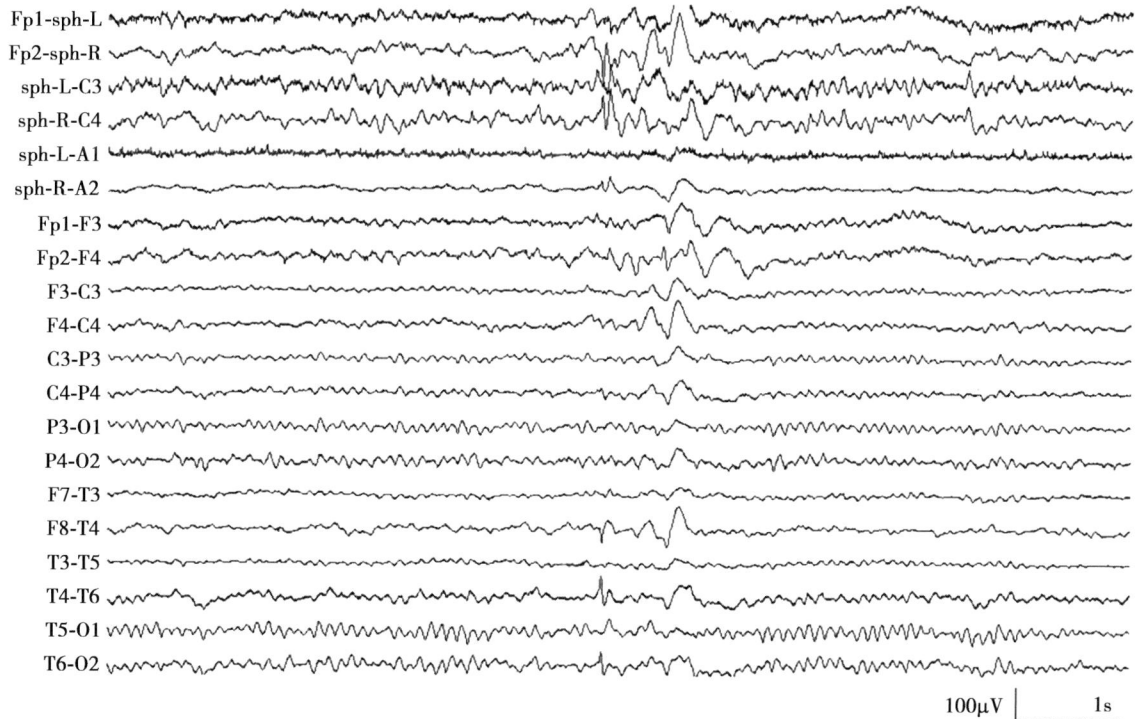

图 6-2　右侧蝶骨电极（sph-R）、右颞（T4）棘波

单极导联中可以表现为正性尖波或棘波，此为耳电极活化所致，因此阅读脑电图时要注意脑电图导联的排列方式（图 6-3）。

2．尖慢波、棘慢波或多棘慢波　一个尖 / 棘波后跟随一个慢波，称之为尖 / 棘慢波（sharp/spike and slow wave）（图 6-4，图 6-5），两个或两个以上棘波后跟随一个慢波，称之为多棘慢波（polyspike and slow wave）（图 6-6）。这

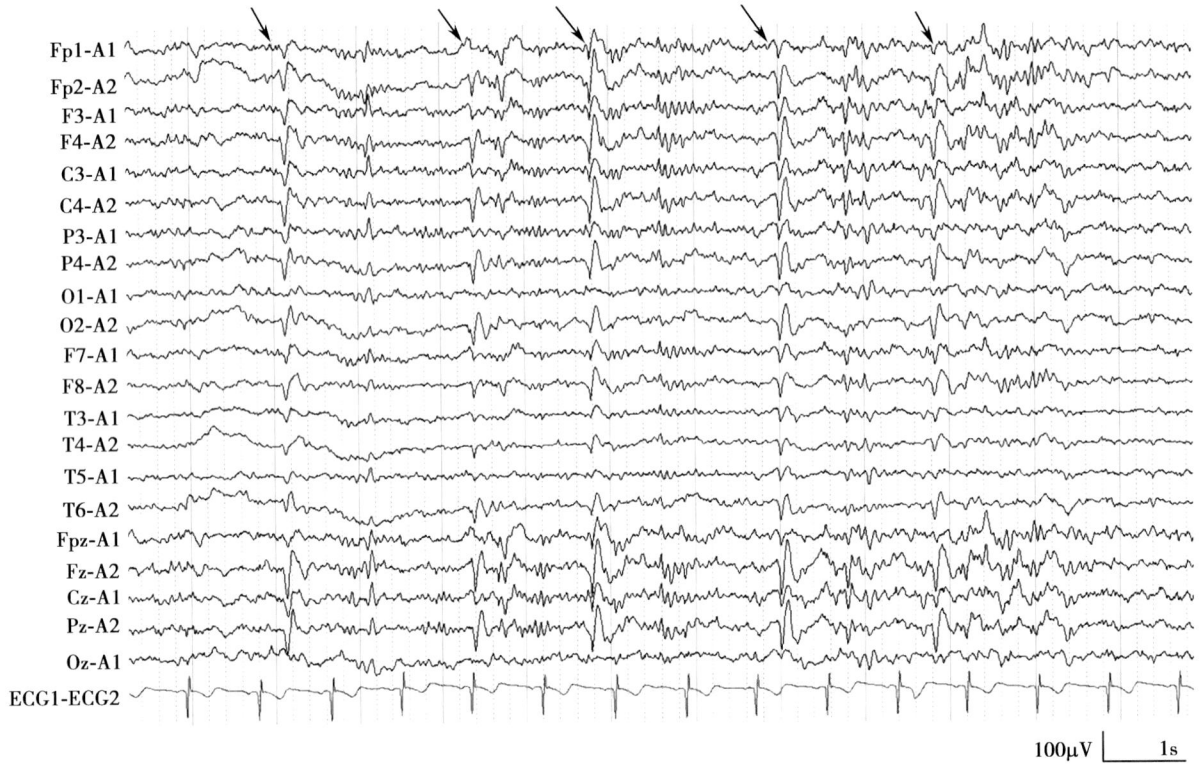

图 6-3　参考电极活化

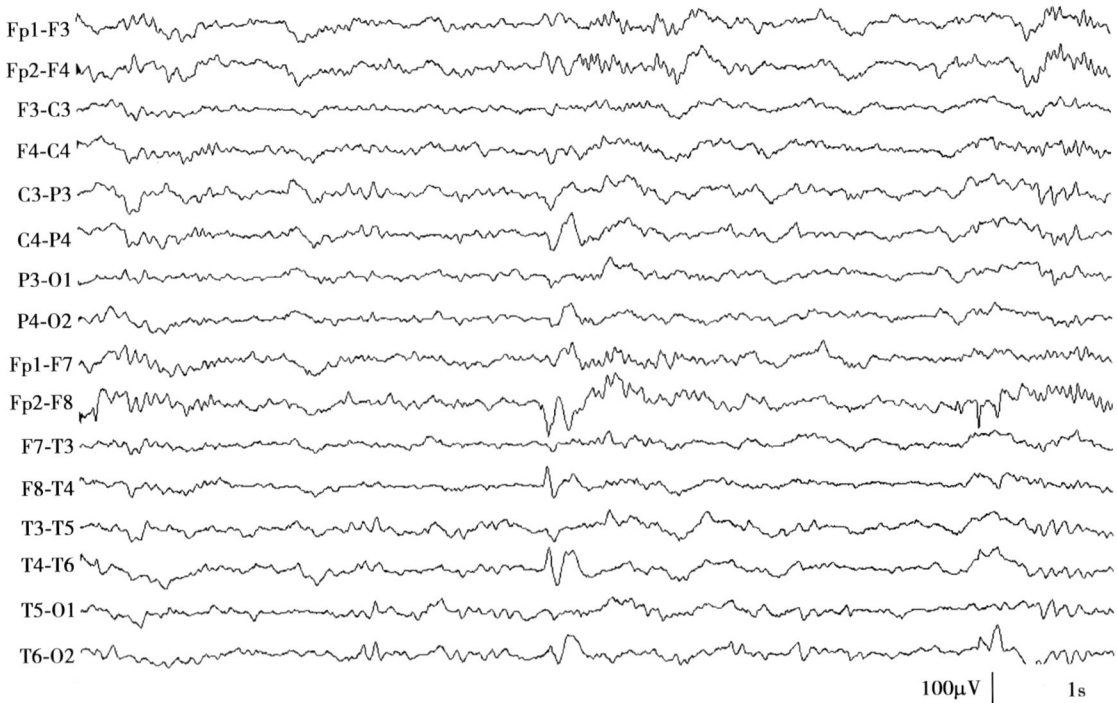

图 6-4　右颞（T4）尖慢波

Fp1-A1
Fp2-A2
F3-A1
F4-A2
C3-A1
C4-A2
P3-A1
P4-A2
O1-A1
O2-A2
F7-A1
F8-A2
T3-A1
T4-A2
T5-A1
T6-A2

100μV | 1s

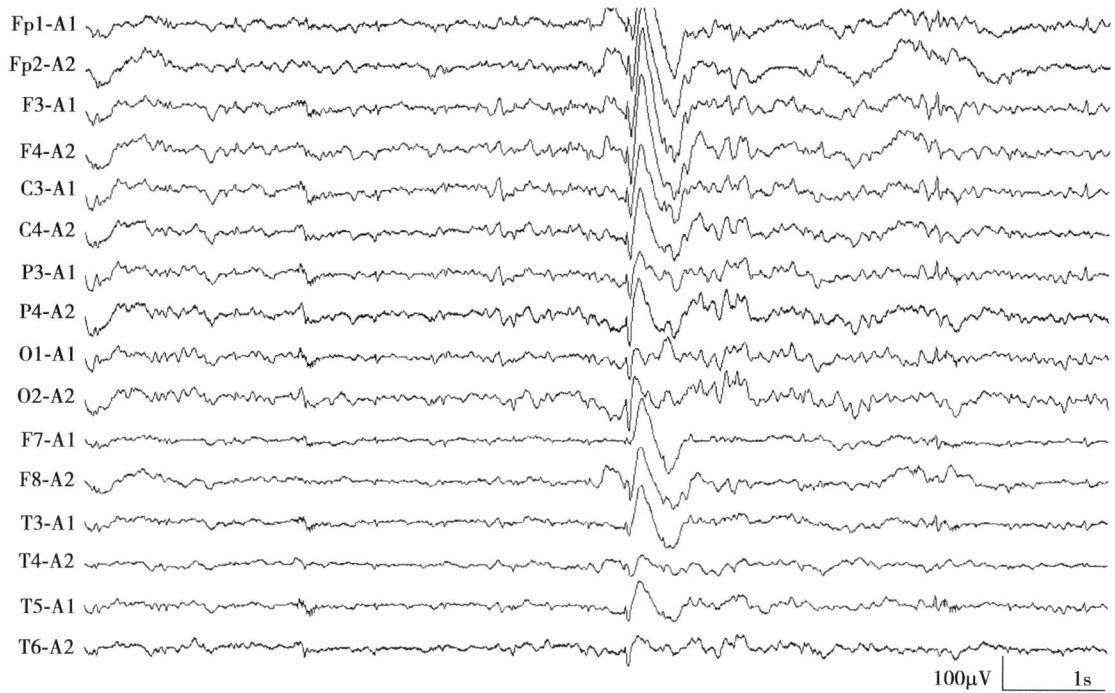

图 6-5　广泛性棘慢波

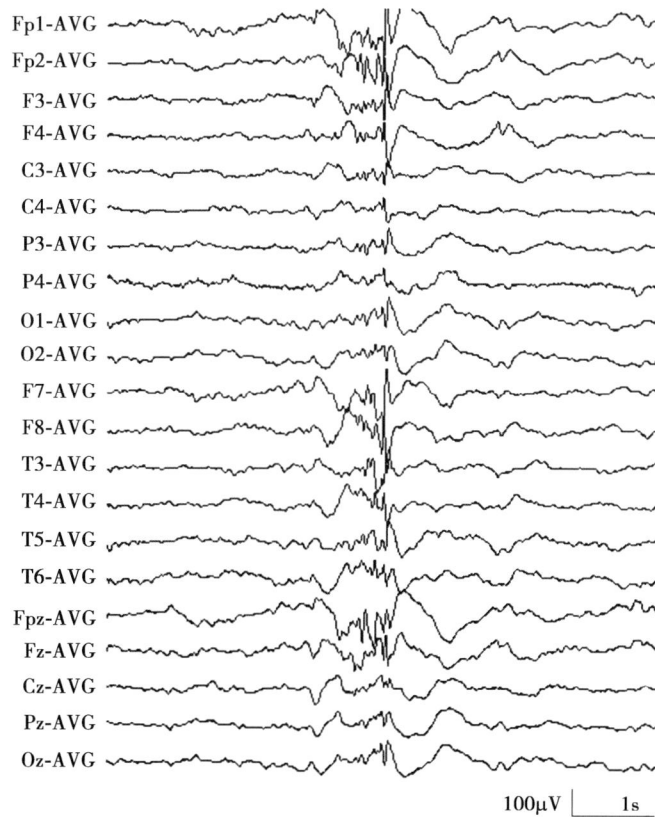

Fp1-AVG
Fp2-AVG
F3-AVG
F4-AVG
C3-AVG
C4-AVG
P3-AVG
P4-AVG
O1-AVG
O2-AVG
F7-AVG
F8-AVG
T3-AVG
T4-AVG
T5-AVG
T6-AVG
Fpz-AVG
Fz-AVG
Cz-AVG
Pz-AVG
Oz-AVG

100μV | 1s

图 6-6　双额（Fp1、Fp2）、颞前（F7、F8）、中线（Fpz、Fz）导联多棘慢波

三种类型的癫痫样放电可以局灶性散发出现，或呈短程节律性发放。棘慢波或多棘慢波常见于青少年肌阵挛性癫痫，双侧半球广泛性发放时前头部导联波幅最高，左右同步或不同步，散发或节律性发放。闭目 1～2s 后容易出现，入睡前至浅睡期及觉醒后放电明显增多。过度换气和闪光刺激可诱发出棘慢波或多棘慢波。

3. 慢-棘慢波 棘慢波节律性发放，频率为 1.5～2.5Hz，称为慢-棘慢波（图 6-7）。这种模式的癫痫样放电常见于 Lennox-Gastaut 综合征，背景脑电图通常为中度到重度慢波放电活动，慢-棘慢波弥漫性发放，额区和颞区波幅较高，左右可不对称，睡眠期频率可减慢至 1～2Hz，通常不受过度换气和闪光刺激的影响。

4. 3Hz 棘慢波节律 3Hz 棘慢波节律常双侧同步对称，突然出现，突然终止，终止后背景活动可立即恢复到基线水平（图 6-8）。这种类型

的癫痫样放电常见于失神癫痫。棘慢复合波的频率在放电过程中有时会出现轻度的变化，例如开始出现的几个复合波的频率为 3.5～4Hz，而最后出现的几个复合波可降至 2.5Hz，额、中央区波幅最高，在思睡期发放增多。过度换气常可诱发出棘慢波节律，少数患者闪光刺激也可诱发。

5. 准周期性节律性尖波、棘波 尖波或棘波以类周期性的方式出现，频率约 4～5Hz，波幅或高或低，持续时间约几秒至十几秒，可以在多个导联同时出现，但各导联之间有波幅差（图 6-9）。这种模式的癫痫样放电多见于局灶性皮质发育不良癫痫患者，对癫痫灶的定位价值较高。如患者头颅磁共振未发现明确病变，可以依据这种模式放电的部位，再次评估头颅磁共振结果，有助于发现微小病变。

6. 低幅快波节律 低幅快波节律（low-voltage fast activity，LVFA）波幅较低，通常 <30μV，频率为 14～25Hz，持续时间约 200ms，

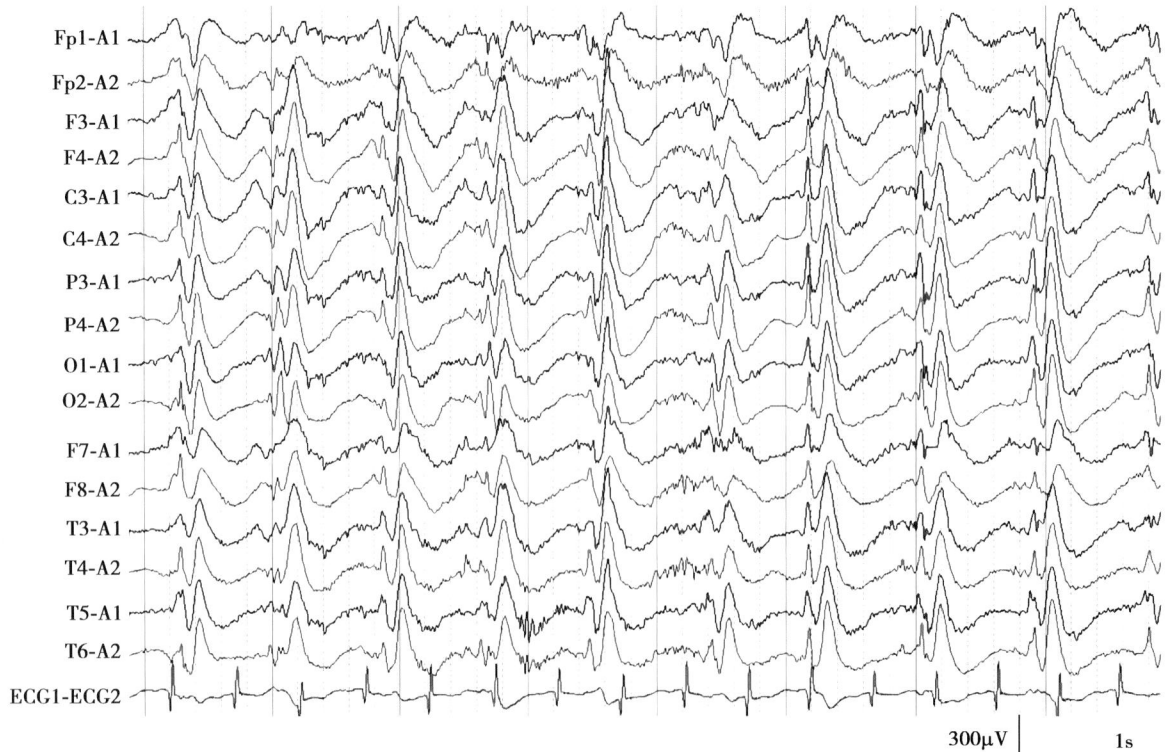

图 6-7 慢-棘慢波节律

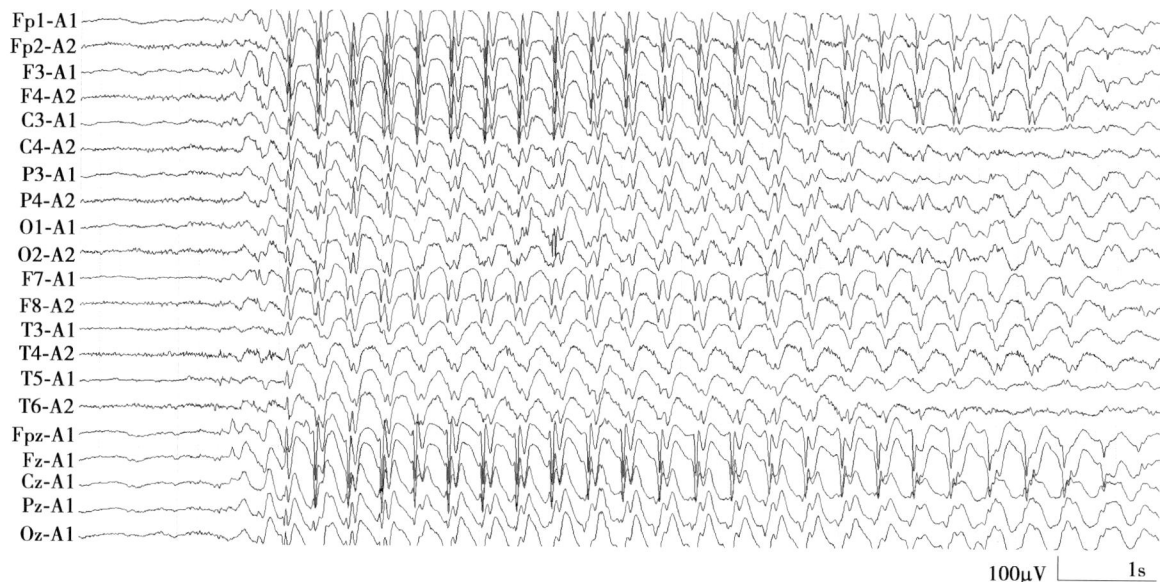

图 6-8　3Hz 棘慢波节律

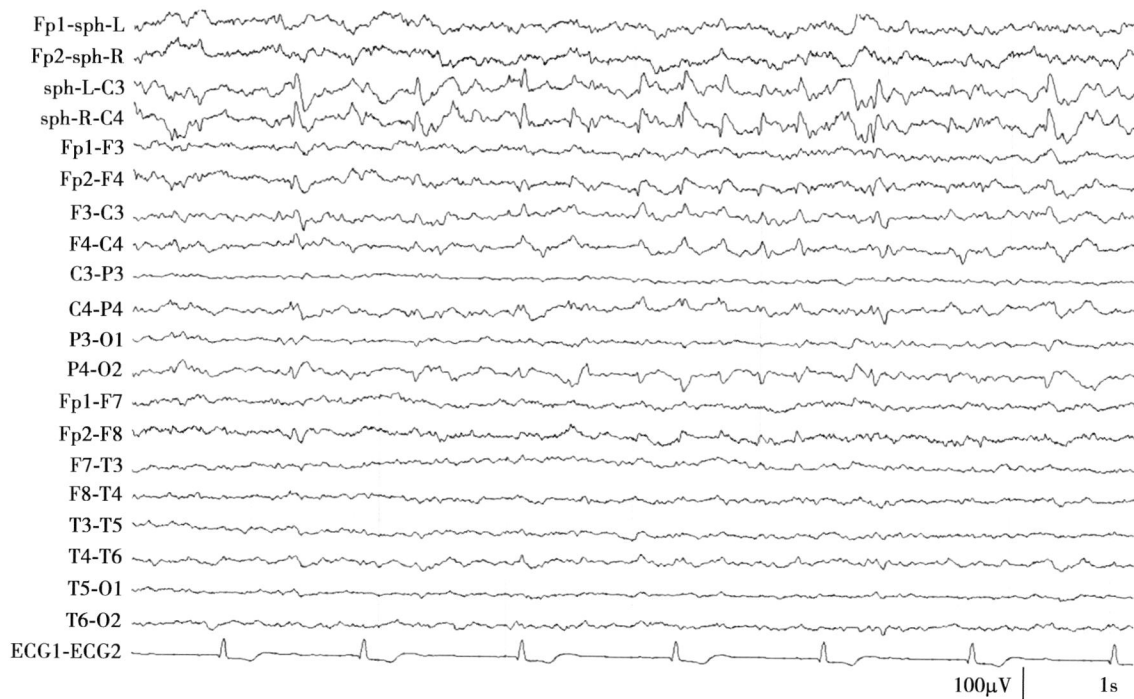

图 6-9　右额后（F4）、中央区（C4）准周期性节律性尖波、棘波

没有明显的调节调幅现象（图 6-10）。这种模式的癫痫样放电可见于 Lennox-Gastaut 综合征患者。然而，正常人清醒状态下额区、中央区或枕区可见 β 活动，巴比妥类、安定类、水合氯醛等药物也可引起大量 β 活动，需与此相鉴别。

7. 棘波节律　棘波节律也称为快波节律，但波幅比低幅快波节律的波幅高，约 70~100μV，频率为 14~25Hz（图 6-11）。可以是局灶性发放，也可以是全导联广泛性爆发，当在全部导联广泛出现时，额、中央和颞前区导联波幅较高。棘波节律在清醒期脑电图出现的频率较低，在 NREM 睡眠期可频繁出现。如棘波节律持续时

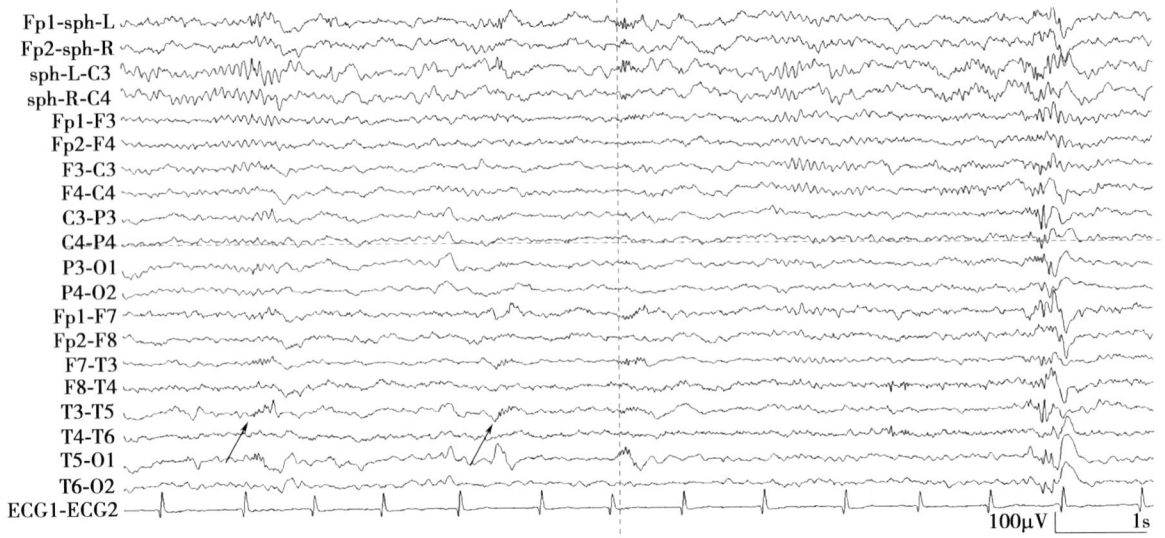

图 6-10　低幅快波节律

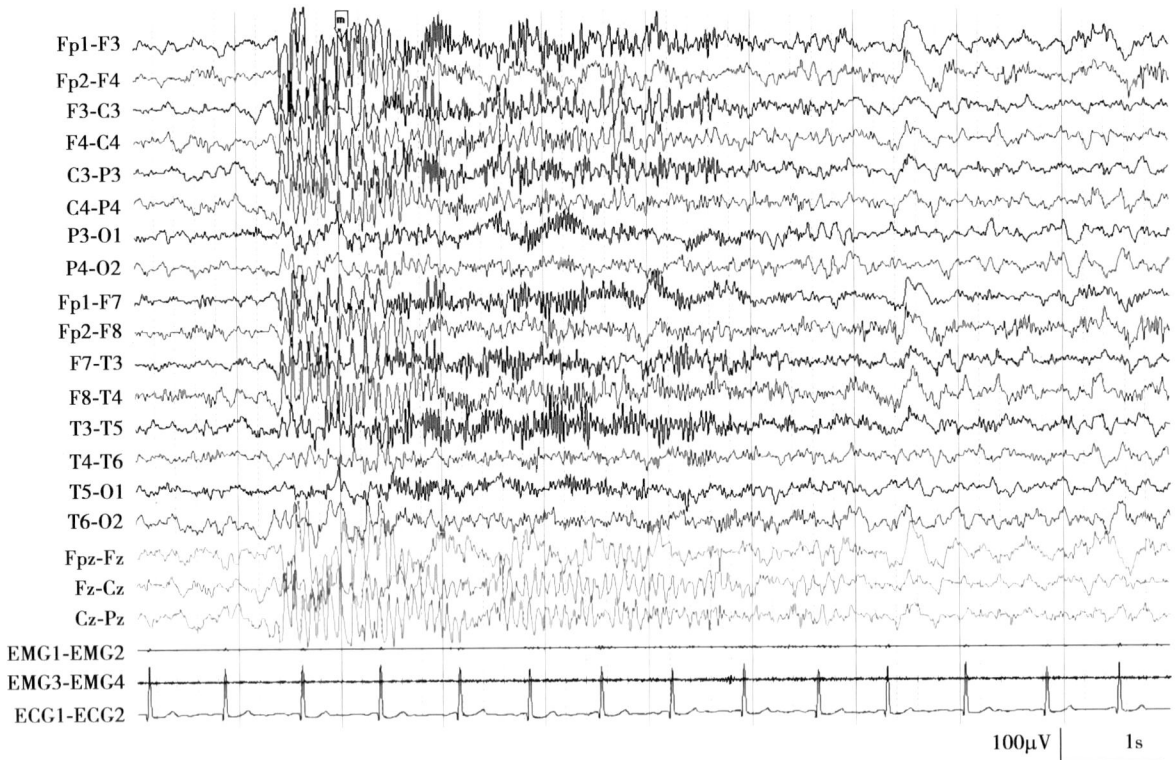

图 6-11　广泛性棘波节律

间 5 ～ 10s，可能患者出现了强直发作，不易被察觉，临床中需要仔细观察。这种模式的癫痫样放电常见于 Lennox-Gastaut 综合征。

8. 爆发 - 抑制　爆发 - 抑制（burst-suppression，BS）表现为高波幅慢波复合节律性棘波、尖

波或快波与低电压或电静息状态交替出现，呈周期性发放，表明大脑出现严重功能障碍（图 6-12）。爆发持续 1 ～ 3s，爆发之间为 1 ～ 10s 的低电压或电静息，波幅低于 10μV。这种模式的放电在癫痫患者较少见，早期婴儿型癫痫性脑病

（包括大田原综合征）和癫痫持续状态患者可以出现，其他情况如脑缺氧、药物中毒和麻醉等会出现爆发 - 抑制模式放电。

9．高峰节律紊乱　高峰节律紊乱又称为高幅失律（hypsarrhythmia），表现为在广泛性高波

幅不规则非同步慢波中混有大量多灶性低中幅棘波、尖波或多棘波，左右不对称、不同步，棘波、尖波和慢波不形成真正的棘慢波或尖慢波；有时出现广泛性棘波、尖波，但棘波、尖波不呈节律性，通常后头部波幅最高（图 6-13）。高幅

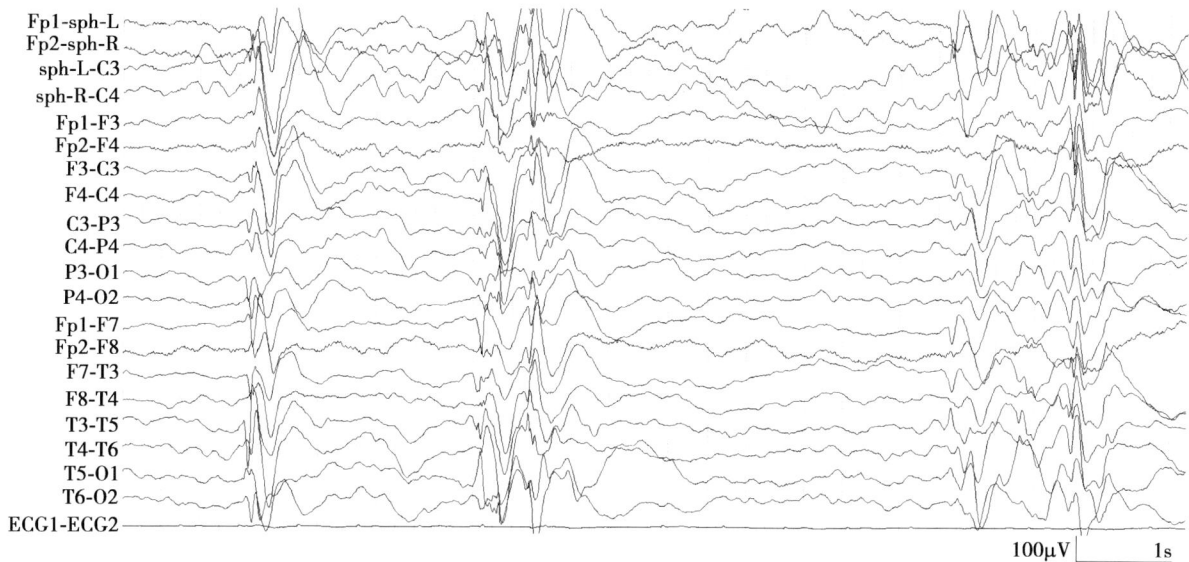

图 6-12　爆发 - 抑制

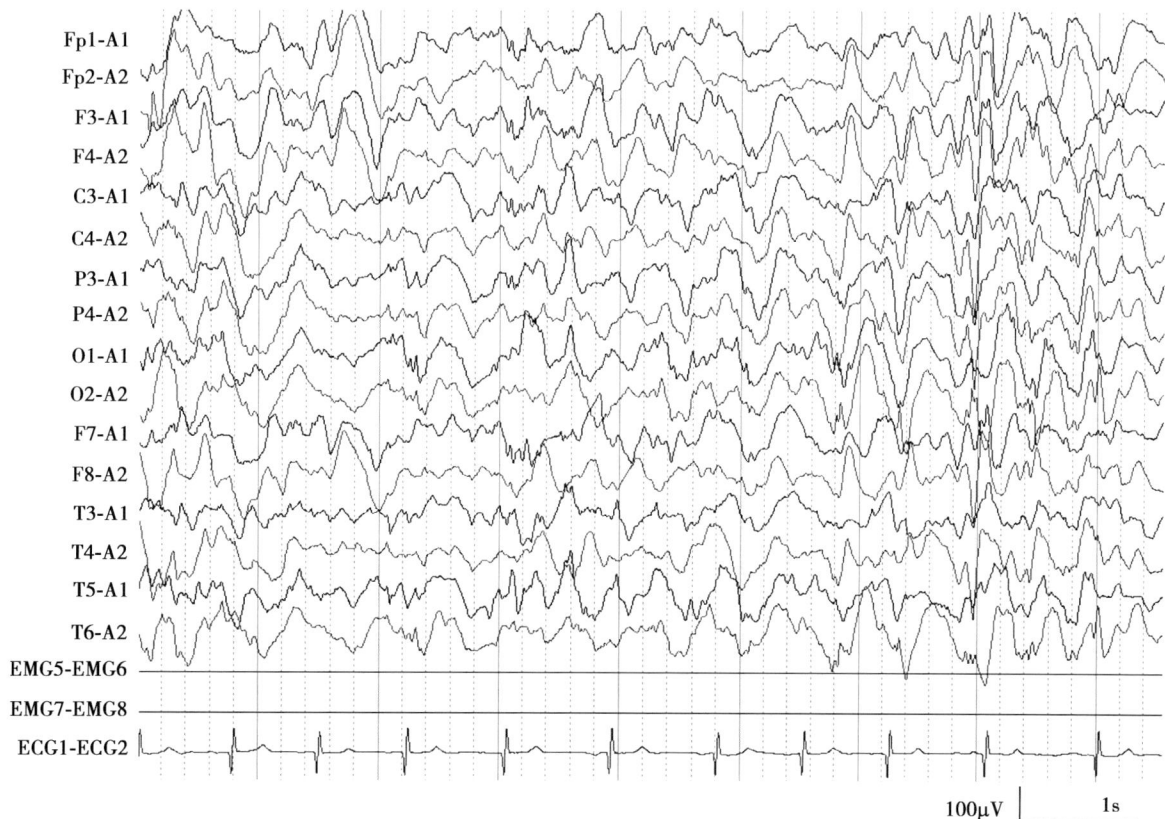

图 6-13　高峰节律紊乱

失律在清醒期和睡眠期均可出现，但睡眠期更明显、更持续。从睡眠中转醒，高幅失律的电活动会显著地减少或消失，而后又重新出现。这种模式的放电常见于婴儿痉挛、早期肌阵挛性脑病等。

（二）周期性一侧性癫痫样放电

周期性一侧性癫痫样放电（PLEDs）是指各种模式的癫痫样放电如棘波、尖波、棘慢波、尖慢波、多棘波、低幅快波节律等以每 1 ~ 2s 的间隔周期性出现在一侧半球或一侧半球的局部，提示存在脑损伤（图 6-14）。半球病变的癫痫患者常常在病变半球出现 PLEDs，然而 PLEDs 也可能会出现在健侧半球，或病变半球和健侧半球的额区、中央区同时出现，但表现为双侧独立的 PLEDs。

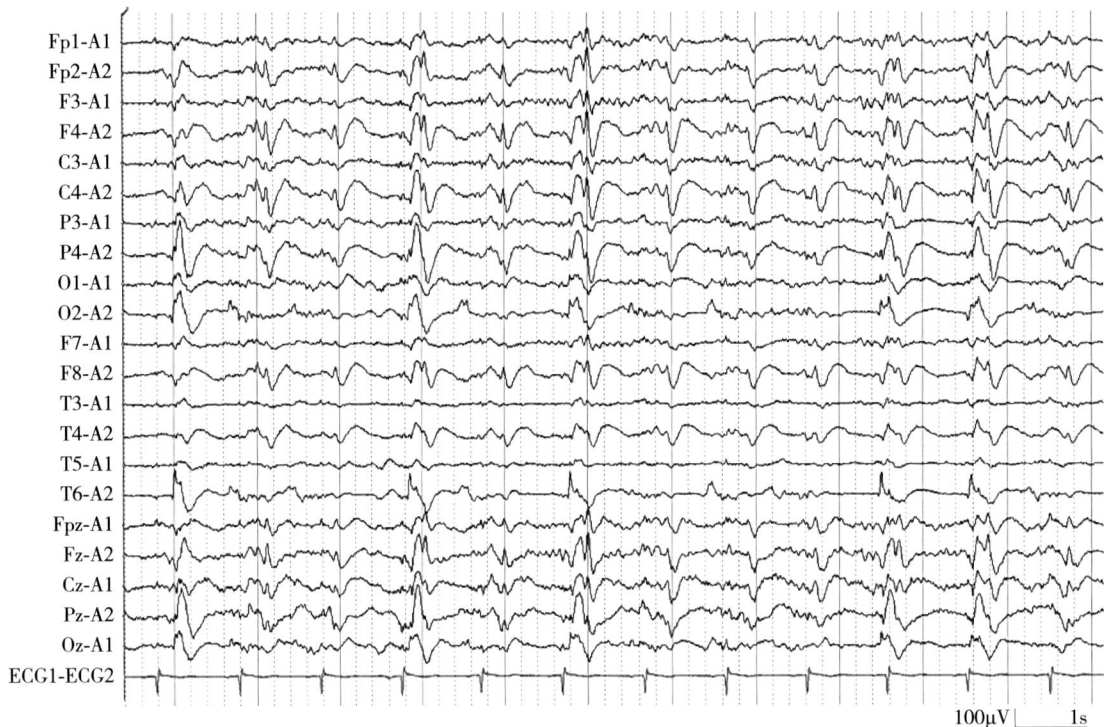

图 6-14　周期性一侧性癫痫样放电

（三）局灶性慢波

局灶性慢波为一侧半球的局部脑区出现的慢波、不规则慢波或重叠有快波成分的复合性慢波，提示有结构性脑损伤，如脑肿瘤、脑脓肿、脑外伤、脑卒中、病毒性脑炎恢复期等（图 6-15）。通常慢波活动在脑损伤部位波幅最高，然而少数患者脑损伤部位慢波活动不明显或无慢波活动，而脑损伤周边的区域慢波活动最明显。

（四）弥漫性慢波

弥漫性慢波（diffused slow waves）表现为广泛性中高波幅慢波、不规则慢波或复合性慢波，左右不对称、不同步，常呈弥漫性、持续性发放（图 6-16）。这种脑电图表现常提示有弥漫性脑损伤，如化脓性或病毒性脑炎的急性期、脑损伤后昏迷的患者或进行性脑病患者。

二、癫痫发作间期脑电图异常检出率

发作间期脑电图出现癫痫样放电对明确癫痫诊断是有帮助的，然而在首次发作的患者中，仅 20% 的患者脑电图检查可以发现癫痫样放电，约 50% 的患者脑电图可以是正常的，其余患者脑电图可能会出现一些非特异性异常。反复多次

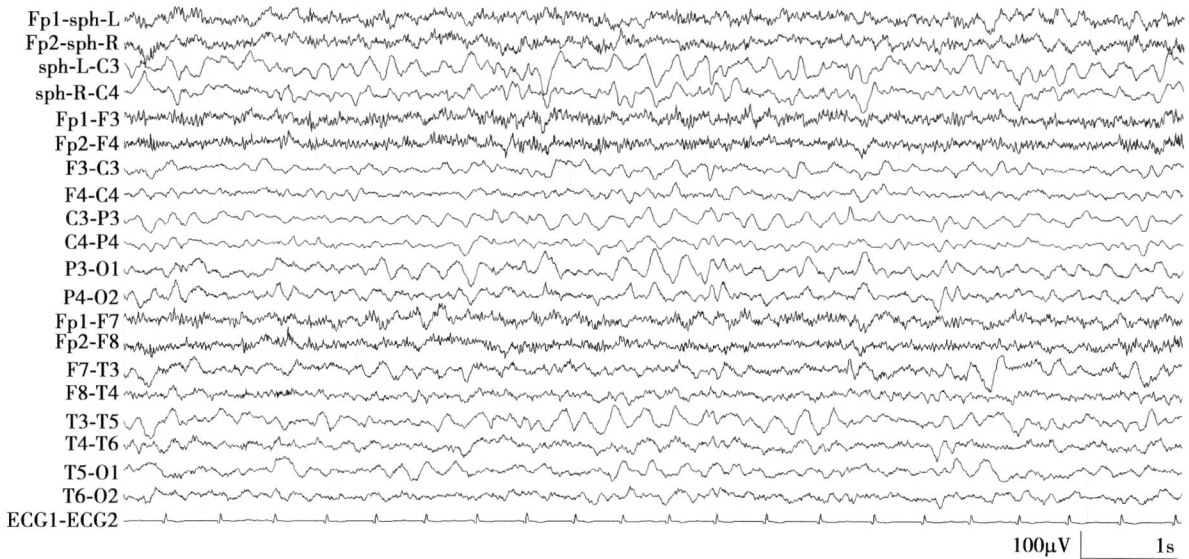

图 6-15 左颞（T3）局灶性慢波

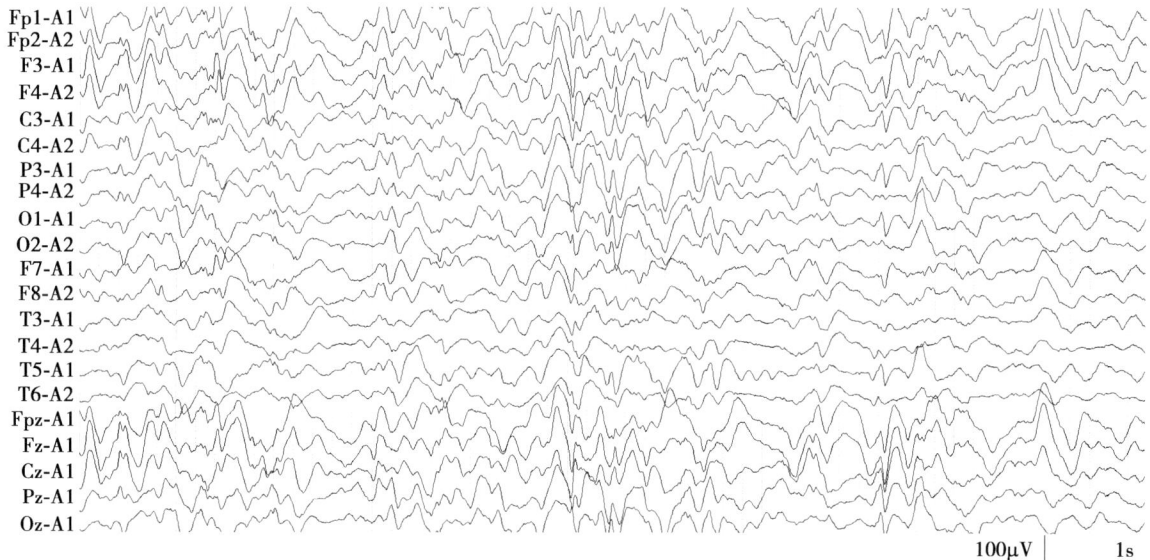

图 6-16 弥漫性慢波

行脑电图检查可以明显提高癫痫样放电的检出率，第一次脑电图检查时出现非特异性异常的患者在随后的脑电图检查中很容易发现癫痫样放电。然而尽管长时间反复多次检查，但仍有将近20%的患者常规脑电图始终记录不到癫痫样异常放电。

（一）影响脑电图癫痫样放电检出率的因素

由于方法学的限制，脑电图癫痫样放电检出率受到很多因素的影响。第一，患者的年龄不同，癫痫样放电的检出率不同，儿童患者由于脑发育不成熟，癫痫样放电检出率普遍比成人患者高。第二，脑电图记录时间不同，癫痫样放电检出率有很大的差别，睡眠脑电图和长程脑电图监测可以明显提高癫痫样放电检出率，而清醒脑电图癫痫样放电检出率较低。第三，癫痫患者的病因不同、发作类型不同，癫痫样放电检出率不同，大多数癫痫综合征患者脑电图可以出现大量癫痫样放电。第四，患者人群分布不同，癫痫样放电检出率也明显不同，癫痫中心难治性癫痫的患者比例较大，癫痫样放电检出率较高。第五，放电部位不同，癫痫样放电检出率不同，位于大脑深部结构如额叶底面、岛叶及扣带回的放电在头皮表面不容易被记录到。第六，脑电图记录导联数目的多少也会影响癫痫样放电的检出率，若导联数目较少，则一些局灶性癫痫样放电不能被记录到，因此需要在行脑电图检查时尽量满足国际 10-20 脑电极安置系统中的全部 19 个记录电极（补充 Fpz 和 Oz 位点电极）和 2 个耳电极作为参考电极的要求，并增加蝶骨电极记录等。

（二）提高脑电图癫痫样放电的检出率

癫痫样放电与癫痫发作有密切关系，临床中要通过延长脑电图记录时间、增加检查次数、检查过程中增加记录电极或采用特殊电极及进行诱发试验等方法不断提高脑电图癫痫样放电检出率。根据国际脑电图学会的要求，常规脑电图检查应至少记录 20min 清醒状态下的无干扰图形，然而由于增加记录时间无疑会提高脑电图癫痫样放电的检出率，所以目前通常进行一次常规脑电图检查时间为 2h，并且大部分患者可以记录到睡眠脑电图，某些患者在思睡期、觉醒时更容易出现癫痫样放电，显著提高了癫痫样放电的检出率。随着检查次数的增多异常检出率会逐渐增加，因此对于有临床发作而脑电图无癫痫样放电的患者可以通过增加检查次数，提高癫痫样放电检出率。

常规导联脑电图之外，可以利用特殊电极提高对某些癫痫样放电检出的灵敏度。目前比较常用的是蝶骨电极，对颞叶内侧癫痫样放电的检出率可以提高到 75% ~ 100%。蝶骨电极有两种，一种是一次性无菌针灸针，另一种是软性蝶骨电极。进行长程视频脑电图监测时优先考虑后者，因为放置软性蝶骨电极后患者无强烈不适，且不

影响进食。此外，考虑为颞叶癫痫的患者，可以在 T1 和 T2 位点添加电极，因为 T1 和 T2 与前颞区最接近，可以提高癫痫样放电检出率。

诱发试验包括睁 - 闭眼、过度换气、间断闪光刺激、睡眠诱发、剥夺睡眠诱发及药物诱发等。枕叶癫痫、肌阵挛癫痫患者在闭眼时容易出现尖波、棘波、尖慢波或棘慢波，睁眼时则明显减少或消失。少数患者睁眼后即刻出现癫痫样放电，闭眼后则明显减少或消失，属于光敏性反应。过度换气容易诱发双侧对称同步的 3Hz 棘慢波节律，常伴有典型失神发作，在未经治疗的患者经常可以诱发出放电和发作；而对于局灶性癫痫样放电的患者，约 10% 可以诱发出异常放电；伴有中央颞区棘波的儿童良性癫痫，过度换气时异常放电不增多，可能是由于警觉性增加而使放电减少。需要注意的是有下列情况的患者不应进行过度换气试验，以免发生意外，包括急性脑卒中、近期颅内出血、大血管严重狭窄和伴有短暂性脑缺血发作、确诊的烟雾病（moyamoya）、颅内压增高、严重心肺疾病、镰状细胞贫血及临床情况危重的患者。间断闪光刺激可以诱发出棘慢波或多棘慢波，放电可以是广泛性的，前头部明显，见于肌阵挛癫痫；也可以是局限性的，位于双侧枕区，和光敏性枕叶癫痫有关。有时闪光刺激结束后癫痫样放电仍持续发放。睡眠可以明显提高癫痫样放电的检出率，一次脑电图检查应该尽可能记录清醒 - 自然睡眠 - 觉醒过程的脑电图。检查过程中自然睡眠有困难的患者根据情况可以使用镇静药物诱导睡眠，其中水合氯醛是最常用的睡眠诱导剂，方便使用且患者入睡较快，对脑电图的影响较小，但儿童患者入睡较快可能记录不到思睡期和浅睡眠期的脑电图。剥夺睡眠可以使癫痫样放电的检出率增加，在睡眠剥夺的基础上行过度换气和闪光刺激可以进一步增加癫痫样放电。临床上要根据患者的年龄情况、耐受性等

决定剥夺睡眠的时间。药物诱发包括减量抗癫痫药物或使用中枢神经系统兴奋药。减量抗癫痫药物可以增加发作间期癫痫样放电，但要根据患者的发作频率和药物反应考虑是否需要减量药物及如何减量药物，检查过程中不应该完全停用抗癫痫药物，因为完全停药后患者容易出现严重的发作，使之前的有效治疗前功尽弃。

三、非癫痫患者脑电图癫痫样放电

虽然癫痫样放电与癫痫发作有密切关系，但极少数正常人群或非癫痫患者人群脑电图检查中也可记录到癫痫样放电。正常人群癫痫样放电随着年龄的增长而逐渐降低，儿童出现的多灶性尖波、棘波与癫痫发作高度相关；有癫痫家族史者癫痫样放电阳性率增加。此外，脑电图检查中睡眠脑电图的记录同样可以增加正常人群癫痫样放

电的检出率。

中枢神经系统病变或全身性疾病累及中枢神经系统的患者脑电图可以出现癫痫样放电。如儿童孤独症、脑瘫、注意缺陷多动障碍、头痛、腹痛等患者接受脑电图检查时可以发现少量或较多的癫痫样放电，可能与大脑发育不成熟有关。一些精神疾病患者癫痫样放电阳性率较高，可能与应用抗精神病药物（如氯丙嗪、氯氮平等）有关，或与突然撤停巴比妥类药物有关。各种代谢性疾病如肝昏迷、尿毒症等患者脑电图可见三相波，也可以出现广泛性癫痫样放电；低钙血症患者脑电图可见广泛性或局灶性癫痫样放电。总之，正常人群或非癫痫患者脑电图可以记录到癫痫样放电，正常人群随着年龄的增长癫痫样放电与癫痫的相关性逐渐增加，非癫痫患者较多的癫痫样放电提示癫痫发作的风险增加。

第二节　发作间期脑电图临床意义

发作间期脑电图在癫痫的诊断和治疗方面可以发挥如下几个作用：可以帮助确定某一临床发作性事件是癫痫发作还是非癫痫发作；确定癫痫患者的发作类型；明确患者属于哪一种癫痫综合征；有助于判断单次无诱因发作的患者再次发作的可能性；在难治性癫痫术前评估中辅助定位癫痫灶；有助于判定癫痫患者是否可以停止服用抗癫痫药物及停用抗癫痫药物后出现复发的可能性；有助于了解癫痫患者的认知功能突然出现恶化的原因。

一、辅助鉴别癫痫发作类型

1. 失神发作与复杂部分性发作　临床上经

常遇到一些情况，如家长描述孩子的眼睛突然发直，对周围没有反应，停止正在从事的活动，这种情况可以见于典型失神发作、Lennox-Gastaut综合征的不典型失神发作以及复杂部分性发作。脑电图检查可以帮助鉴别诊断，广泛性 3Hz 棘慢波节律提示典型失神发作，广泛性 1.5 ～ 2.5Hz 慢 - 棘慢波节律提示 Lennox-Gastaut 综合征的不典型失神发作，而颞区的慢波节律则提示复杂部分性发作，癫痫灶可能位于颞叶。

2. 局灶性起源与全面性起源强直 - 阵挛发作　表现为强直 - 阵挛发作的患者是比较常见的，而发作的起始症状往往不容易观察到，当鉴别有困难时可以进行脑电图检查，可以提供有价

值的信息。双侧半球广泛同步化癫痫样放电提示可能存在全面性发作；而放电起源于一侧半球，通过扩散出现继发双侧半球同步化放电，两侧的放电有时间差（>50ms），如额叶癫痫样放电，则是继发双侧同步化放电，属于与部位相关的局灶性起源发作。当局灶性和全面性癫痫样放电同时存在时，癫痫样放电恒定地出现在一个局部区域或在广泛性癫痫样放电之前出现局灶性放电，均提示是继发双侧同步化放电。两种情况的治疗以及预后明显不同，要根据脑电图结果制定合适的诊疗方案。

3. 儿童夜间发作 儿童夜间出现发作，伴流口水，面部肌肉抽动，对外界刺激无反应，这种情况可以见于伴有中央颞区棘波的儿童自限性

癫痫以及起源于额叶的发作。脑电图表现为中央区、顶区、颞区节律性棘波或尖波，中颞区或中央区波幅最高，非常恒定，提示为儿童自限性 Rolandic 癫痫；而额区散在的非节律性的棘波、尖波或棘慢波、尖慢波，则提示可能为额叶癫痫。

二、辅助诊断癫痫综合征

癫痫综合征的正确诊断依靠详细的临床病史的采集和脑电图检查以及良好的治疗效果观察，在这个过程中脑电图是最为重要的检查手段。局灶性癫痫样放电提示与部位相关的癫痫发作，局灶性放电的部位与癫痫发作的起始有一定的相关性，而全面性癫痫样放电则提示可能存在全面性癫痫发作。表6-1 总结了每种癫痫综合征的脑电图特征。

表6-1　癫痫综合征发作间期脑电图特征

综合征	癫痫样放电的类型	背景活动	其他
婴儿早期发育性和癫痫性脑病（EIDEE）	爆发-抑制	爆发-抑制	睡眠期明显
Dravet 综合征（婴儿严重肌阵挛癫痫）	棘慢波、多棘慢波	慢波活动	闪光刺激容易诱发癫痫样放电
Lennox-Gastaut 综合征（LGS）	慢-棘慢波节律，睡眠中棘波节律	弥漫性慢波	局灶性或一侧性棘波、棘慢波或慢波
癫痫性脑病伴睡眠期棘慢波激活（EE-SWAS）	广泛性棘慢波，少见局灶性癫痫样放电	轻度非特异性异常	睡眠中癫痫性电持续状态
伴有中央颞区棘波的自限性癫痫（SeLECTS）	中央区、顶区和/或颞区棘波、尖波、棘慢波	正常	睁-闭眼、过度换气、闪光刺激对癫痫样放电没有明显影响
儿童失神癫痫（CAE）	3Hz 棘慢波节律，双侧对称同步	正常	过度换气容易诱发
青少年失神癫痫（JAE）	3Hz 棘慢波节律，双侧对称同步	正常	过度换气容易诱发
青少年肌阵挛癫痫（JME）	棘慢波、多棘慢波	正常	过度换气和闪光刺激可诱发出癫痫样放电
进行性肌阵挛性癫痫（PME）	广泛性棘慢波、多棘慢波	背景活动进行性变慢	闪光刺激容易诱发
发育性和癫痫性脑病伴睡眠期棘慢波激活（DEE-SWAS）	睡眠期棘慢波激活，多呈全面性；清醒时有时呈现局灶性癫痫样放电	轻度弥漫性慢波	通常无棘波节律
Rasmussen 综合征	多灶性放电或一侧半球性放电	弥漫性慢波活动，常不对称	对侧半球可出现独立性放电

综合征	癫痫样放电的类型	背景活动	其他
偏侧惊厥 - 偏瘫 - 癫痫综合征（HHE）	一侧或双侧半球棘波、棘慢波	非特异性异常	病变一侧电压减低
内侧颞叶癫痫伴海马硬化（MTLE-HS）	一侧或双侧颞区癫痫样放电，可波及额区或顶区	正常或颞区局灶性慢波	睡眠期异常放电增多

三、癫痫样放电辅助定位癫痫灶

癫痫外科手术成功的关键之一是精确定位癫痫灶，保证在无功能损伤的前提下完全切除癫痫灶。脑电图发作间期的癫痫样放电以及局灶性异常可以帮助确定引起癫痫发作的易激惹区，通常记录时间越长各种模式的癫痫样放电的检出率就越高。

颞叶癫痫是症状性癫痫里最常见的一种类型，前颞叶切除术可以有效治疗颞叶癫痫。70%的患者单侧颞区癫痫样放电，提示癫痫灶位于一侧，双侧颞区同步性放电需要确定双侧放电的关系，一般患者病程越长，双侧颞区同步出现癫痫样放电的可能性越大。对于双侧频繁独立放电的患者，综合临床发作症状、头颅磁共振、脑磁图等检查不能准确定侧时，可以应用颅内深部电极记录颅内电极脑电图，判断癫痫发作的起始侧别，虽然脑电图可以表现为双侧颞区独立放电。但大部分该类患者的发作依然是起源于一侧颞叶。另外，少数眶额区癫痫、岛叶癫痫患者脑电图也可以在蝶骨电极导联、前颞区导联出现尖波或棘波，此时需要结合患者的临床发作症状、其他无创检查结果来确定患者属于哪一种癫痫类型。

大多数额叶癫痫患者发作间期脑电图会出现一侧或双侧额区癫痫样放电，或在额区、颞区、顶区出现癫痫样放电，额区波幅最高。少数患者额后导联可见到持续性节律性尖波或棘慢波，这种癫痫样放电活动提示患者发作可能起源于额叶背外侧。部分患者发作间期脑电图出现中线导联节律性 θ 活动，提示患者发作可能起源于额叶内侧或扣带回，需要埋置颅内电极进一步证实。

一侧枕区出现持续性棘波、棘慢波或尖波、尖慢波，或双侧枕区同步出现，但有明显的波幅差，具有较高的定侧和定位意义，提示患者的发作可能起源于枕叶。

四、判断预后和指导抗癫痫药物使用或停药

发作间期脑电图可以帮助医生判断患者的预后。对于首次出现痫性发作的患者，需要医生来判断患者再次发作的风险，此时脑电图可以提供非常有价值的信息。患者首次发作后，脑电图存在异常与再次发作的风险有明确的相关性，癫痫样放电比非特异性脑电图异常更能提示再次发作的可能性，特别是广泛性癫痫样放电更有预测价值。与脑电图正常的儿童相比，有癫痫样放电的儿童发作再发的风险可以增加一倍。

发作间期脑电图可以指导医生对于抗癫痫药物的使用。脑电图表现为爆发性棘慢波或多棘慢波，医生要仔细询问患者有无肌阵挛发作，如存在肌阵挛发作，应避免使用加重肌阵挛发作的抗癫痫药物，如卡马西平、奥卡西平、苯妥英钠等。如发作间期脑电图提示为全面性癫痫，且经临床发作类型和发作期脑电图证实为全面性癫痫，则应优先选用左乙拉西坦、丙戊酸钠等抗癫痫药物。如发作间期脑电图提示为局灶性癫痫，且经临床发作类型和发作期脑电图证实为局灶性

癫痫，则应优先选用卡马西平、奥卡西平或拉莫三嗪等抗癫痫药物。

发作间期脑电图可以指导医生规范停用抗癫痫药物。服用抗癫痫药物治疗后长期无发作的患者（通常＞3年），可以考虑逐渐减停抗癫痫药物。停药过程要缓慢进行，减药周期因人而异，每次减量前要进行脑电图检查，脑电图出现恶化时，应再放缓减量的速度或者停止减量药物。通常减药过程中脑电图表现为癫痫样放电的患者比非特异性异常的患者发作复发的可能性高，要慎重考虑减药或停药。

五、评估癫痫患者认知功能

引起癫痫患者认知功能下降的可能原因包括抗癫痫药物中毒、伴随发作引起的继发性脑组织变性、颅内肿瘤的进展以及临床下癫痫持续状态的出现。如果与最初脑电图相比出现脑电图的慢波化则提示可能存在抗癫痫药物中毒或引起了继发脑组织变性。出现局灶性多形性δ波，则提示存在新生物的可能，需要结合头颅磁共振等检查进行综合判断。临床下癫痫持续状态是认知功能明显降低的一个常见原因，脑电图检查可以帮助诊断。

参考文献

[1] FEYISSA A M, TATUM W O. Adult EEG [J]. Handb Clin Neurol, 2019, 160: 103-124.

[2] HASAN T F, TATUM W O. When should we obtain a routine EEG while managing people with epilepsy? [J]. Epilepsy Behav Rep, 2021, 16: 100454.

[3] TATUM W O, RUBBOLI G, KAPLAN P W, et al. Clinical utility of EEG in diagnosing and monitoring epilepsy in adults [J]. Clin Neurophysiol, 2018, 129(5): 1056-1082.

[4] BROPHY G M, BELL R, CLAASSEN J, et al. Guidelines for the evaluation and management of status epilepticus [J]. Neurocrit Care, 2012, 17(1): 3-23.

[5] KRUMHOLZ A, WIEBE S, GRONSETH G S, et al. Evidence-based guideline: management of an unprovoked first seizure in adults: report of the guideline development subcommittee of the american academy of neurology and the american epilepsy society [J]. Neurology, 2015, 21, 84(16): 1705-1713.

[6] ACHARYA J N, ACHARYA V J. Overview of EEG montages and principles of localization [J]. J Clin Neurophysiol, 2019, 36(5): 325-329.

第七章

癫痫发作期脑电图

徐翠萍　王玉平

7

第一节　发作期脑电图的意义

首先，发作期脑电图有助于癫痫诊断和鉴别诊断。在临床上有很多具有发作性特征的疾病，可能是非癫痫发作，例如假性发作、晕厥、发作性运动障碍、短暂性脑缺血发作、夜惊、睡行症、发作性睡病以及短暂性全面性遗忘等。临床病史可以帮助诊断，然而有些情况下临床病史区分癫痫发作与非癫痫发作有一定的困难，此时可以依据视频脑电图观察患者发作的录像及同期记录的脑电图改变，从而获得精确诊断。癫痫发作通常情况下会出现脑电图的发作性异常放电，但是应该注意有些情况下头皮脑电图可能记录不到异常电活动，这其中一方面是由于头皮脑电图在记录的过程中通常会受到发作时肌电活动和伪差的影响，从而掩盖了微细的脑电变化，另一方面也可能是由于发作起源于岛叶、额底、额内侧及扣带回等大脑深部结构，头皮脑电图不能记录到这些部位的异常放电。

其次，发作期脑电图可以明确癫痫发作类型。

对于出现的各种临床发作，一旦诊断为癫痫发作，就应该确定其发作的类型。局灶性起源发作的发作期脑电图可以局限于大脑的某一个部位，或起源于一个部位而后扩布到其他脑区，随着发作的进展扩布至全部导联。而全面性起源发作的异常放电几乎同时起源于双侧大脑半球，表现为广泛性节律性放电，无明显的侧别优势。根据发作期脑电图区分上述两种发作类型是十分重要的，因为临床上需要依据发作类型制定治疗方案。

此外，发作期脑电图是进行癫痫灶定位最有价值的手段。约 30% 的癫痫患者呈现药物难治性，需要考虑进行外科手术治疗。在手术治疗之前要进行综合术前评估定位癫痫灶，其中发作期脑电图是术前评估最重要的检查。患者需进行长程视频脑电图监测，至少记录到 3 次临床惯常发作，并结合临床发作症状学、头颅磁共振、脑磁图及 PET 等无创检查结果综合判断癫痫灶的具体部位。

第二节　局灶性起源癫痫发作期脑电图特征

癫痫发作时脑电图没有固定的异常波形，最主要的特点是脑电图出现明显不同于背景的电活动，可以是脑电频率的变快或变慢，常见不规则局灶性慢波活动，也可以是波幅的明显改变（波幅增高或波幅明显减低），甚至表现出局灶性或区域性去同步化低电压快波活动，或有时还可以表现为间期异常放电波形由不规则变得规则，出现节律性尖波活动，或发作间期的癫痫样放电数量明显减少，甚至出现间期癫痫样放电的消失。发作后期多出现弥漫性慢波活动或电压减低。

局灶性起源发作期脑电图主要表现为在发作的初期异常放电从某个脑区开始，逐渐向邻近的脑区扩布，即有明确的发作起始部位、扩布部位和结束过程。发作起始的脑电图模式不具有绝对特异性。下面介绍发作起源于大脑不同区域的发作期脑电图表现。

一、内侧颞叶癫痫发作

三分之二的颞叶癫痫患者为内侧颞叶癫痫，因此疑似颞叶癫痫患者行视频脑电图监测发作时要使用蝶骨电极和在 T1、T2 位点放置电极，蝶骨电极更容易检测到颞叶内侧放电，可提高癫痫样放电检出率。发作期脑电图可以表现为节律性 α 活动、θ 活动、δ 活动或 β 活动，其中颞区节

律性 θ 或 α 活动较多见，尤其在具有海马硬化的患者发作中更常见。节律性放电可持续数十秒，之后出现临床发作症状。部分患者发作期脑电图为不规则混合频率波形的非节律性电活动，或发作时电活动明显抑制，波幅≤10μV。约10%的患者发作时由于肌电干扰难以辨别发作起始脑电图的变化。图 7-1 为一例内侧颞叶癫痫发作。

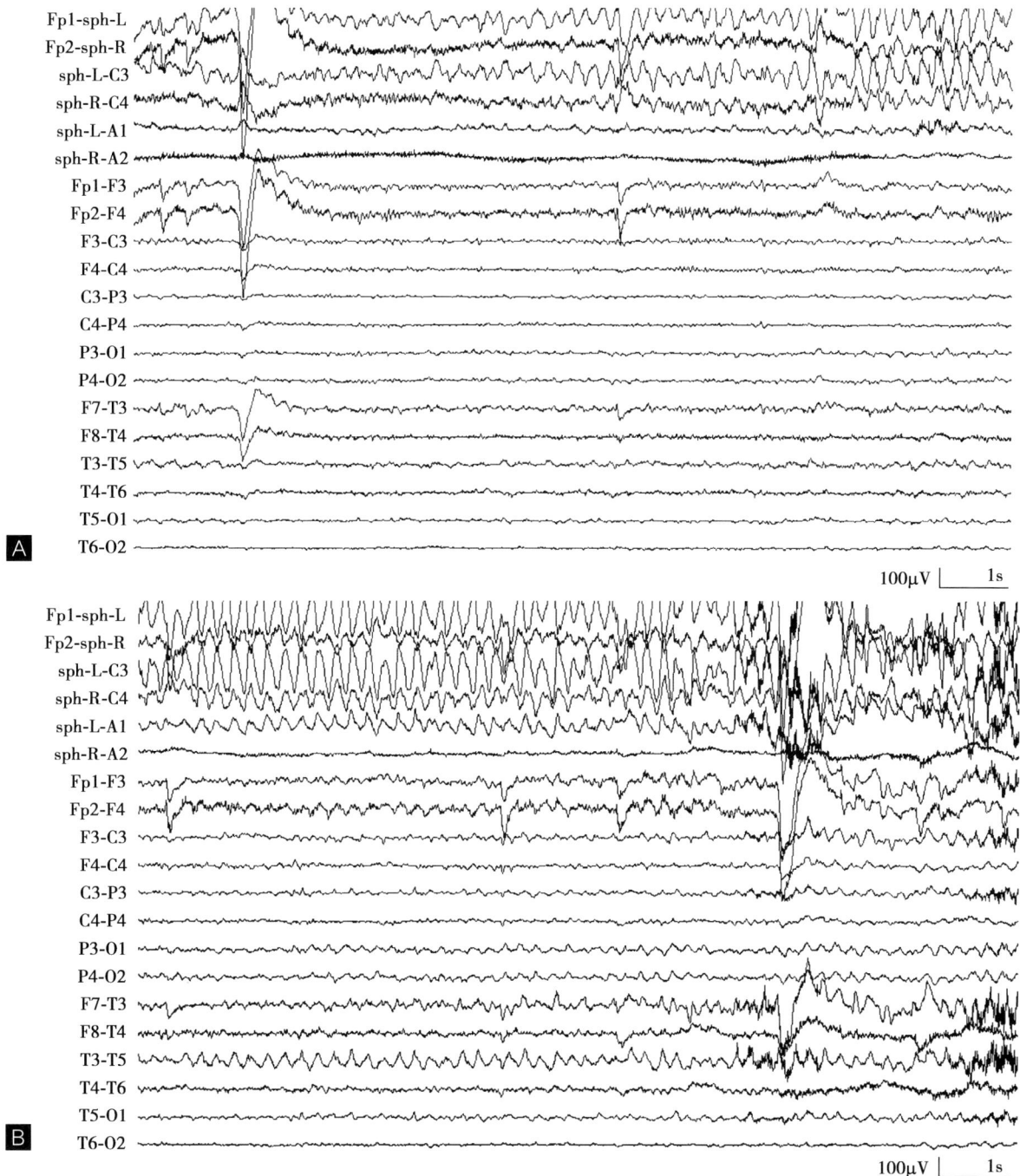

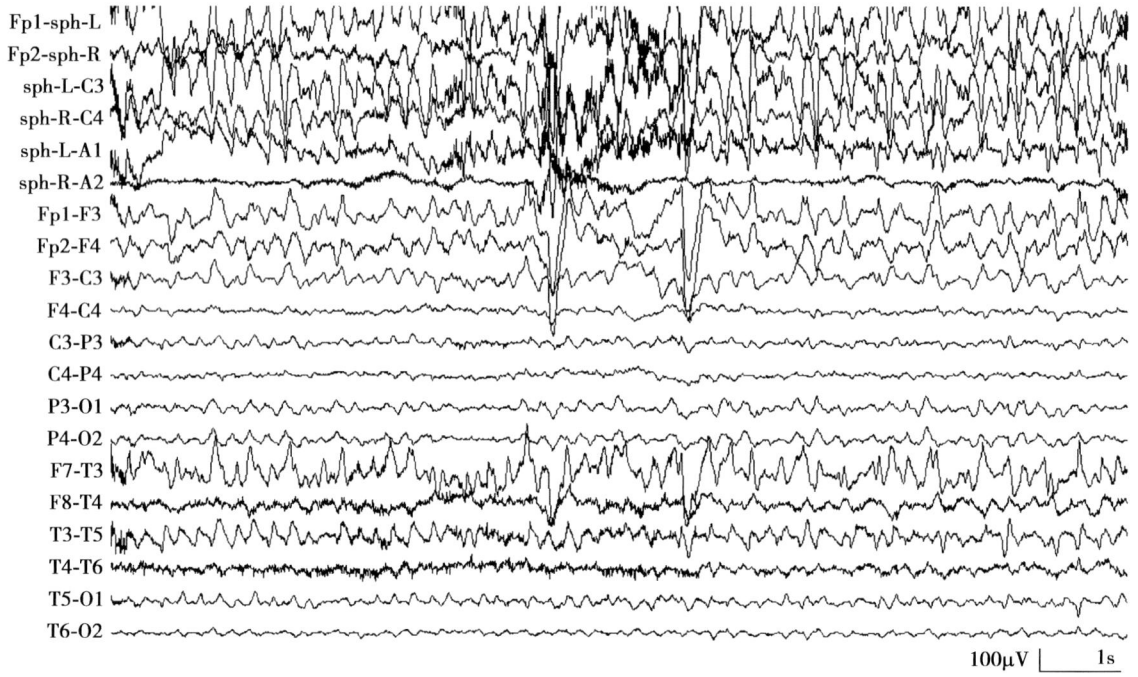

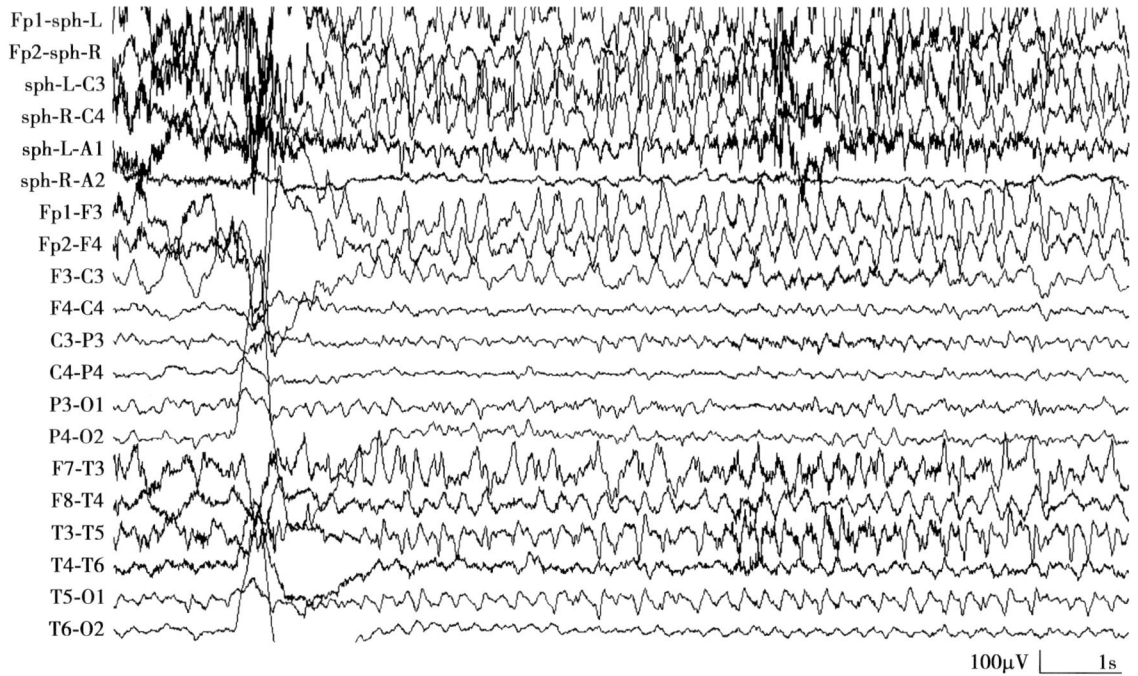

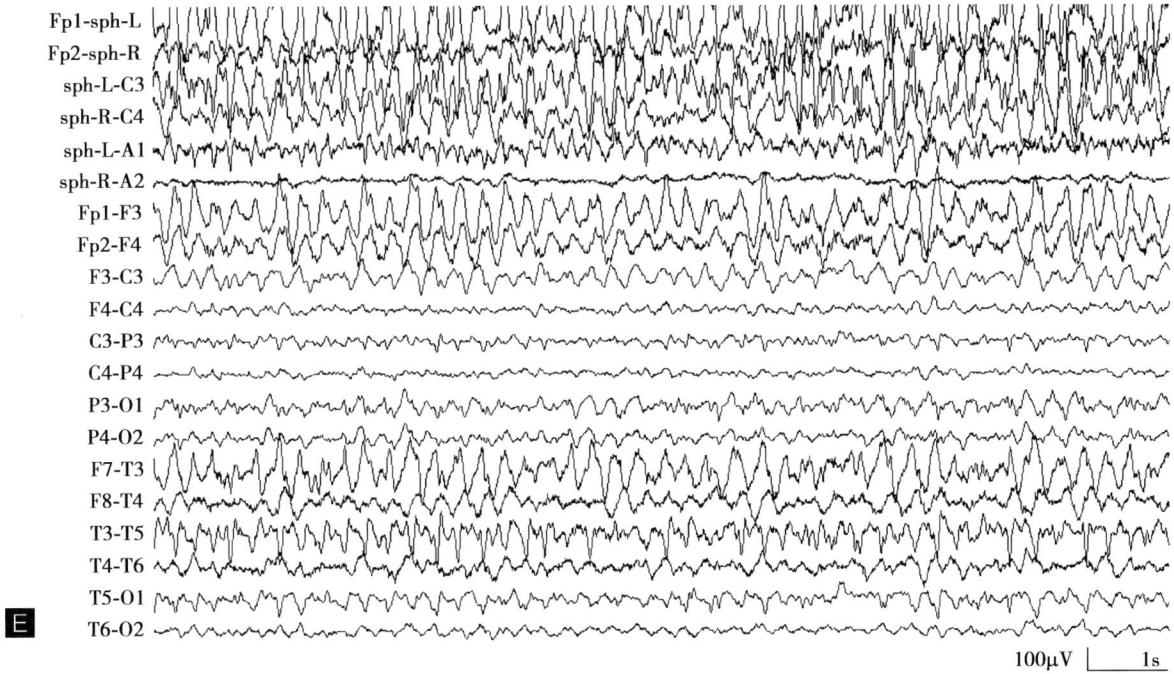

E

100μV　1s

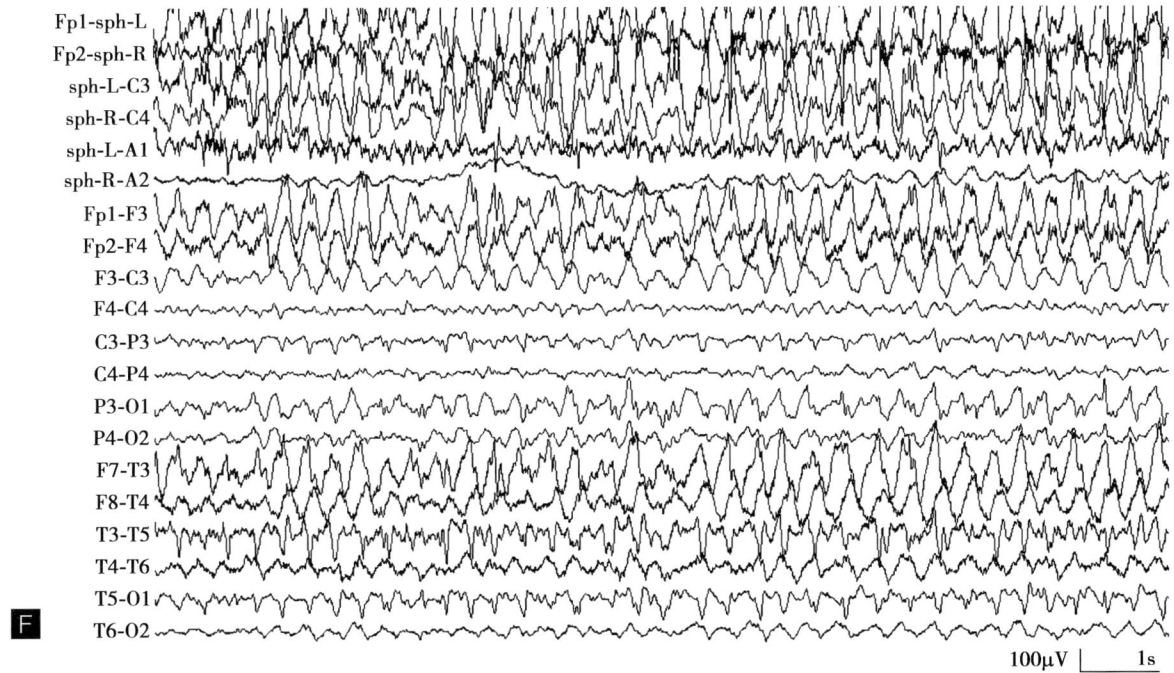

F

100μV　1s

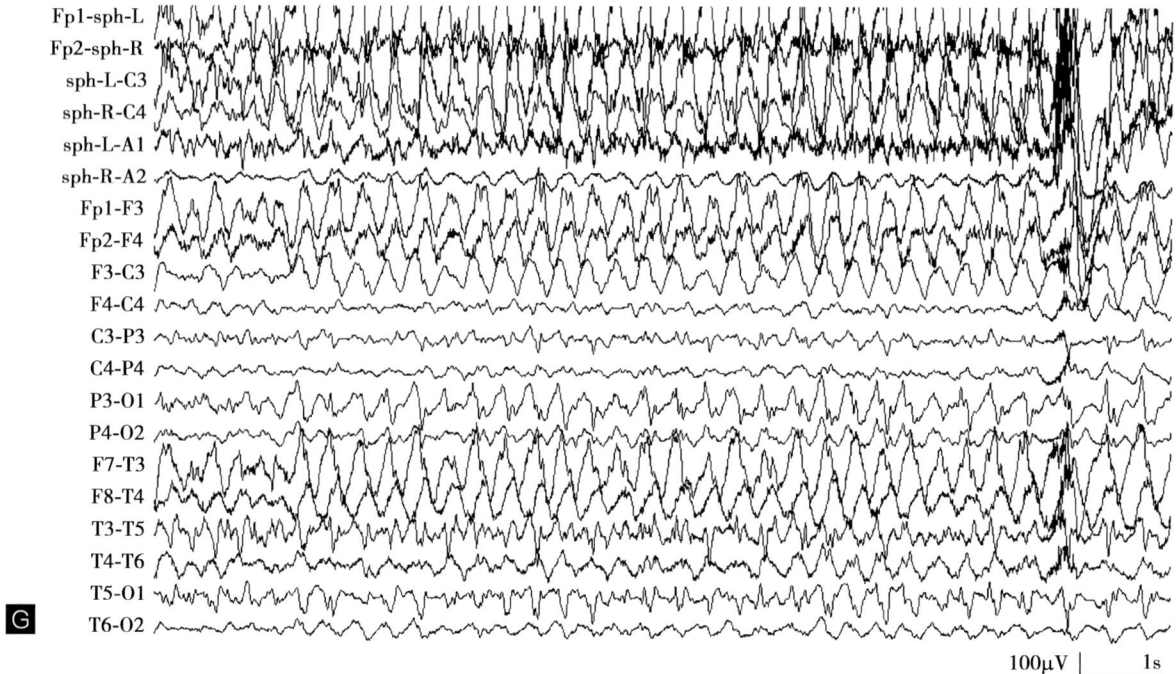

图 7-1　内侧颞叶癫痫发作

　　男，21 岁，癫痫发作 4 年，表现为愣神→发笑→左侧面部抽搐→头眼向左侧偏转→继发全身强直 - 阵挛发作。有时一天发作数次，有时数月发作一次，发作与紧张、劳累、天气变化有关，多种抗癫痫药物不能控制。MRI 提示左侧海马体积小。图为记录到的一次自然发作。发作初期可见放电从左侧蝶骨电极起源，θ 节律波幅逐渐增高，约 10s 后左颞区出现 θ 节律，并逐渐扩布至双侧额区（A～G 为连续记录）。

二、新皮质颞叶癫痫发作

　　三分之一的颞叶癫痫患者为新皮质颞叶癫痫，发作期脑电图同样会出现节律性 α 活动、θ 活动、δ 活动或 β 活动，然而与内侧颞叶发作相比节律性放电部位更广泛，额区、中央区、颞区同步出现节律性活动，或颞区、顶区、枕区同步出现节律性放电。需要注意的是，单纯依据头皮发作期脑电图、临床症状、头颅磁共振等并不能完全判定患者是内侧颞叶发作还是新皮质颞叶发作，因为即使患者头颅磁共振显示有明确的海马硬化，发作起源部位也可能是颞叶新皮质，或内侧颞叶和新皮质同步起源，因此区分二者的可靠方法是应用颅内电极脑电图，可以清晰地观测到发作性放电起源于内侧颞叶还是颞叶新皮质。图 7-2 为一例新皮质颞叶癫痫发作。

三、额叶癫痫发作

　　额叶癫痫患者发作类型复杂多样，发作期脑电图可以有多种表现，如一侧或双侧额区棘慢波节律、棘波节律、低波幅快波节律或慢波节律，或一侧额区、中央区、颞区节律性放电。额叶呆滞性发作患者可以出现广泛性 2～3Hz 棘慢波节律，额区波幅最高，持续数秒，类似失神发作患者的脑电图表现。姿势性强直发作患者可以出现一侧或双侧额区低波幅快波节律，额中线导联波幅最高。癫痫灶位于额叶背外侧的患者发作期脑电图可显示额后、中央区导联节律性放电。额叶癫痫患者发作期脑电图定位较困难的原因包括以下几点：① 额叶的异常放电活动可以通过广泛的纤维联系引起双侧额叶同步性放电并广泛扩布；② 额叶起源的节律性放电可以快速扩布至

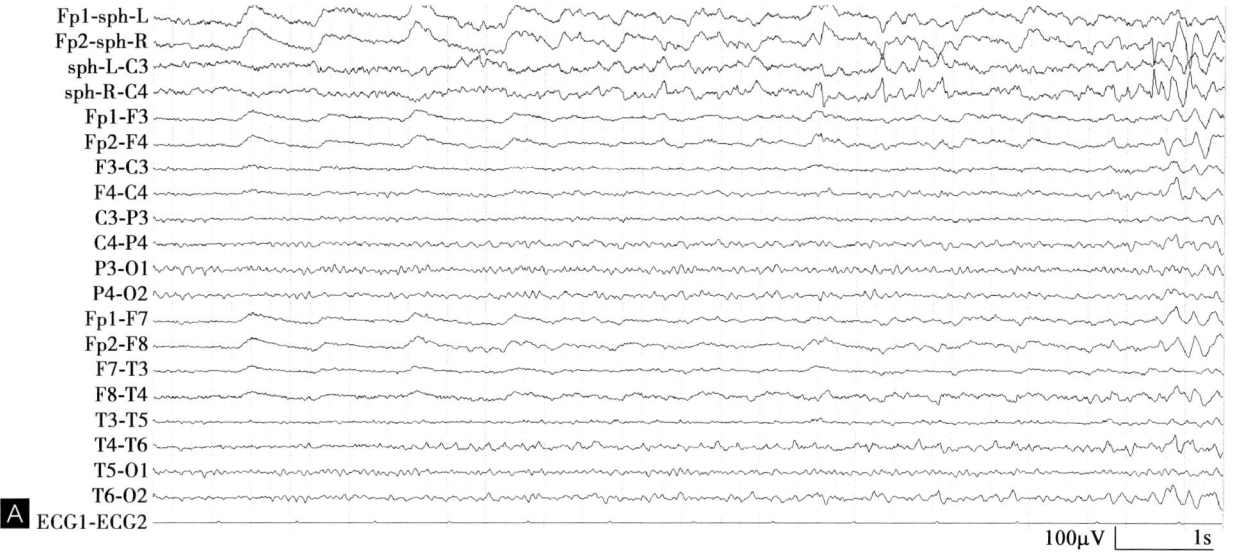

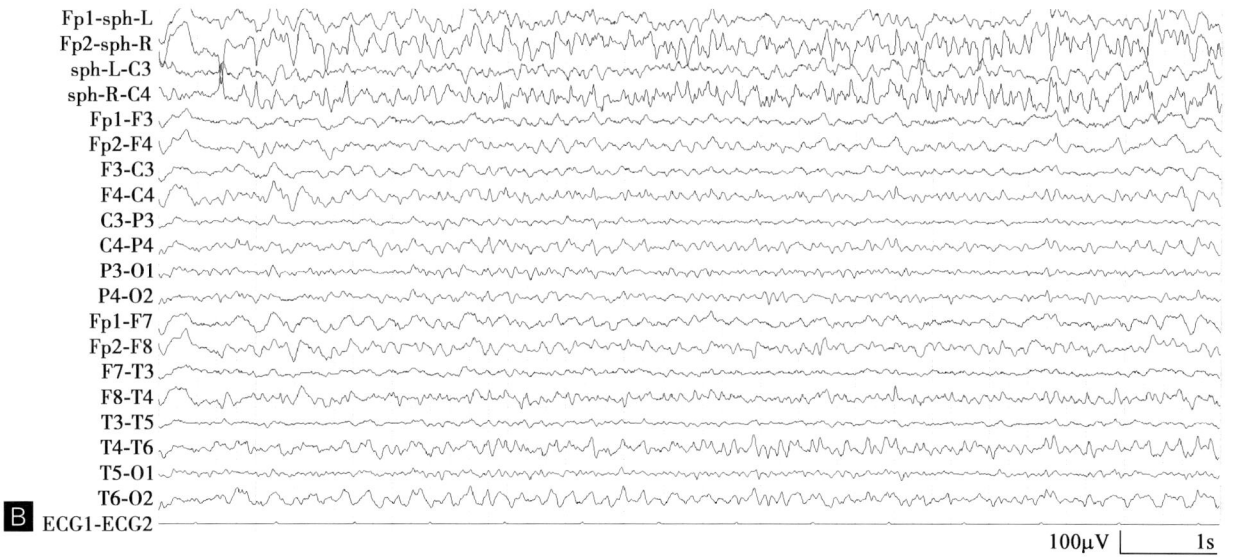

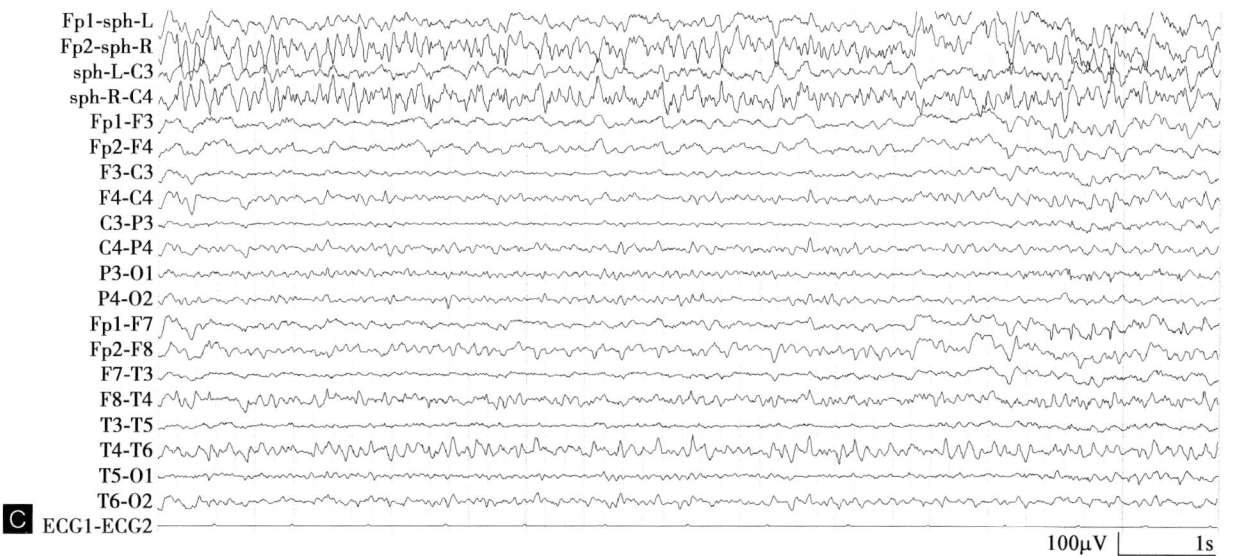

Fp1-sph-L
Fp2-sph-R
sph-L-C3
sph-R-C4
Fp1-F3
Fp2-F4
F3-C3
F4-C4
C3-P3
C4-P4
P3-O1
P4-O2
Fp1-F7
Fp2-F8
F7-T3
F8-T4
T3-T5
T4-T6
T5-O1
T6-O2

A ECG1-ECG2

100μV | 1s

Fp1-sph-L
Fp2-sph-R
sph-L-C3
sph-R-C4
Fp1-F3
Fp2-F4
F3-C3
F4-C4
C3-P3
C4-P4
P3-O1
P4-O2
Fp1-F7
Fp2-F8
F7-T3
F8-T4
T3-T5
T4-T6
T5-O1
T6-O2

B ECG1-ECG2

100μV | 1s

Fp1-sph-L
Fp2-sph-R
sph-L-C3
sph-R-C4
Fp1-F3
Fp2-F4
F3-C3
F4-C4
C3-P3
C4-P4
P3-O1
P4-O2
Fp1-F7
Fp2-F8
F7-T3
F8-T4
T3-T5
T4-T6
T5-O1
T6-O2

C ECG1-ECG2

100μV | 1s

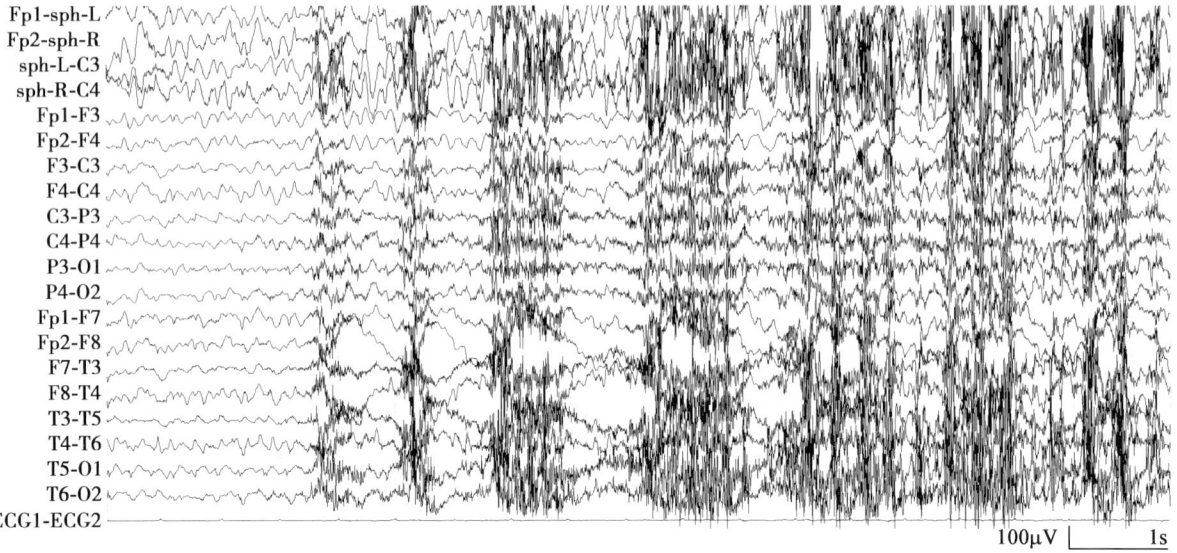

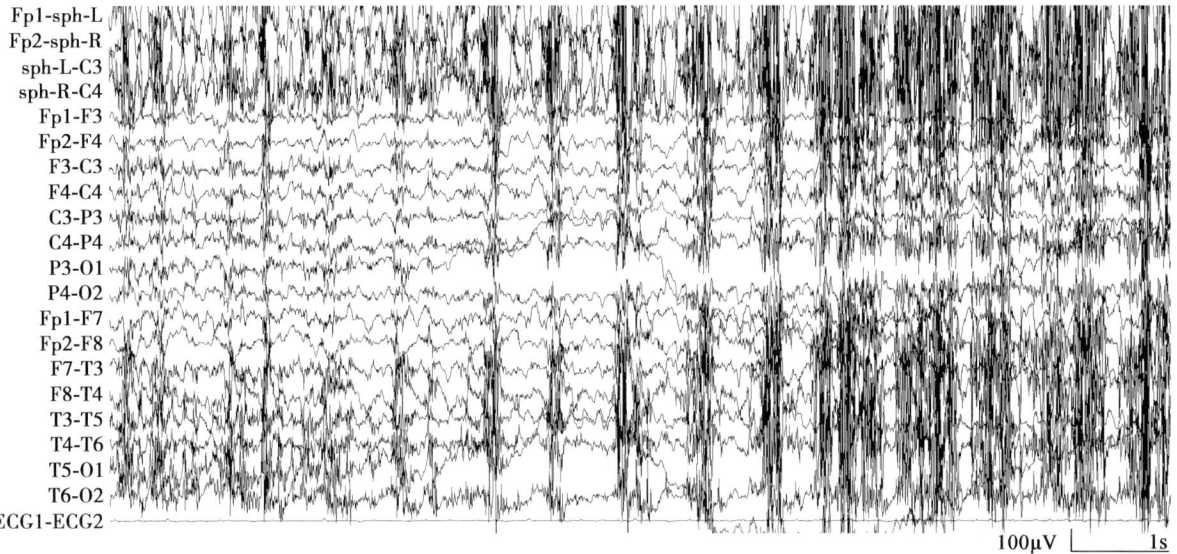

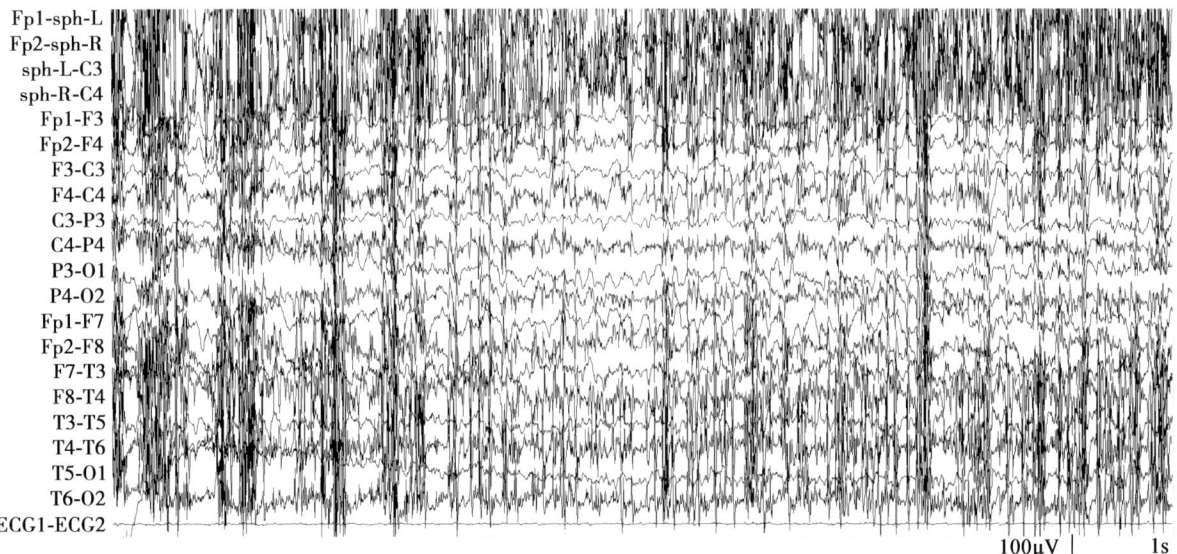

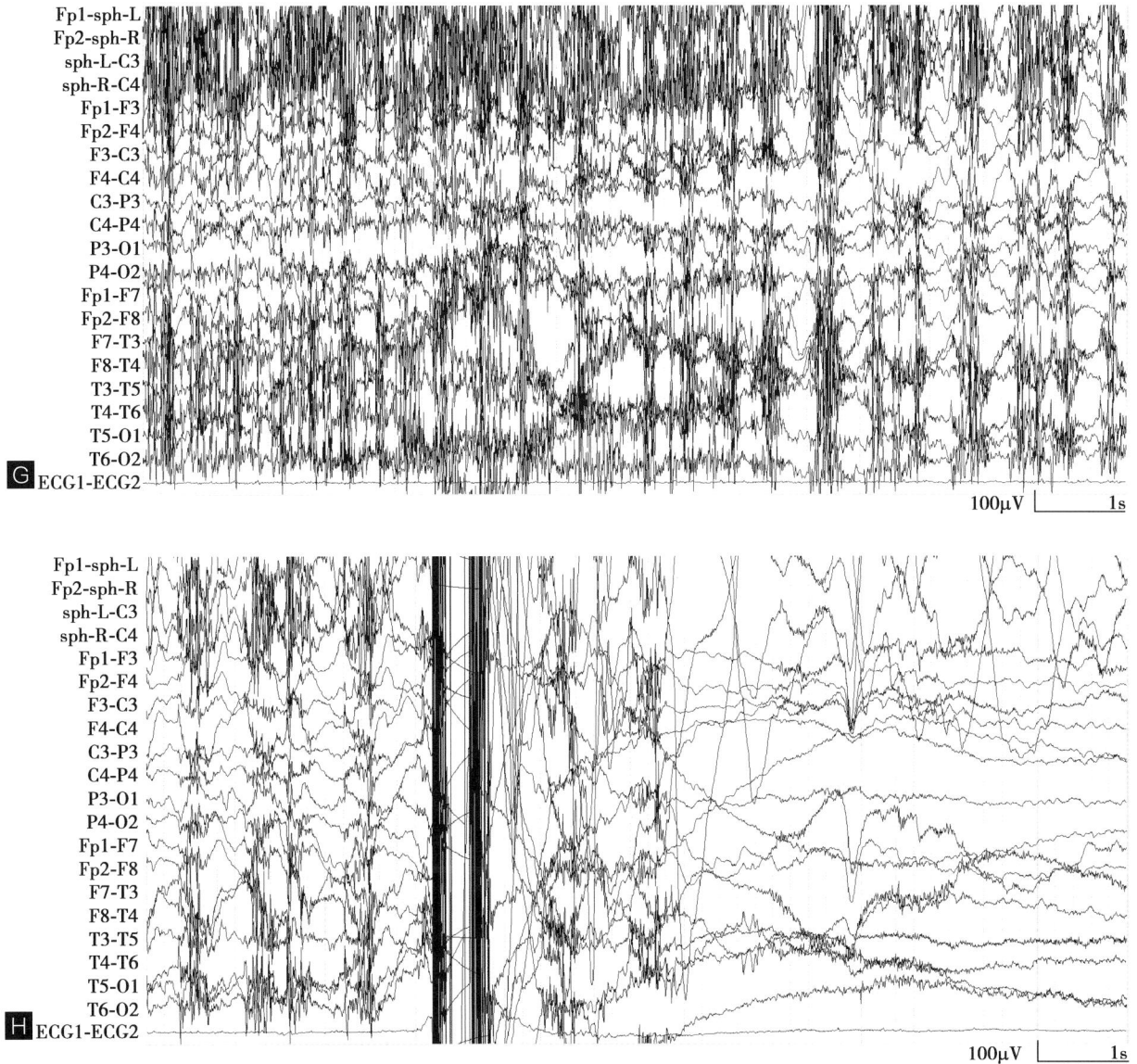

图 7-2　新皮质颞叶癫痫发作

　　女，40 岁，癫痫发作 22 年。发作表现为无明显诱因出现口咽自动症→头向左侧旋转→左侧肢体强直 - 阵挛→全身强直 - 阵挛。每月发作 2～3 次。MRI 未见明显异常。图为记录到的一次自然发作。发作初期可见放电从右颞（T4）起源，继而右侧蝶骨电极出现棘波、棘波节律，持续约 20s 后出现临床症状（A～H 为连续记录）。

颞区，出现颞叶的发作症状；③ 如果癫痫灶位于额叶内侧面、眶额皮层、岛盖等深部结构时，头皮脑电图记录不到发作期的明确脑电变化；

④ 额叶癫痫患者发作时肢体运动幅度较大，脑电图完全被运动伪差所掩盖而难以分析。图 7-3 为一例额叶癫痫发作。

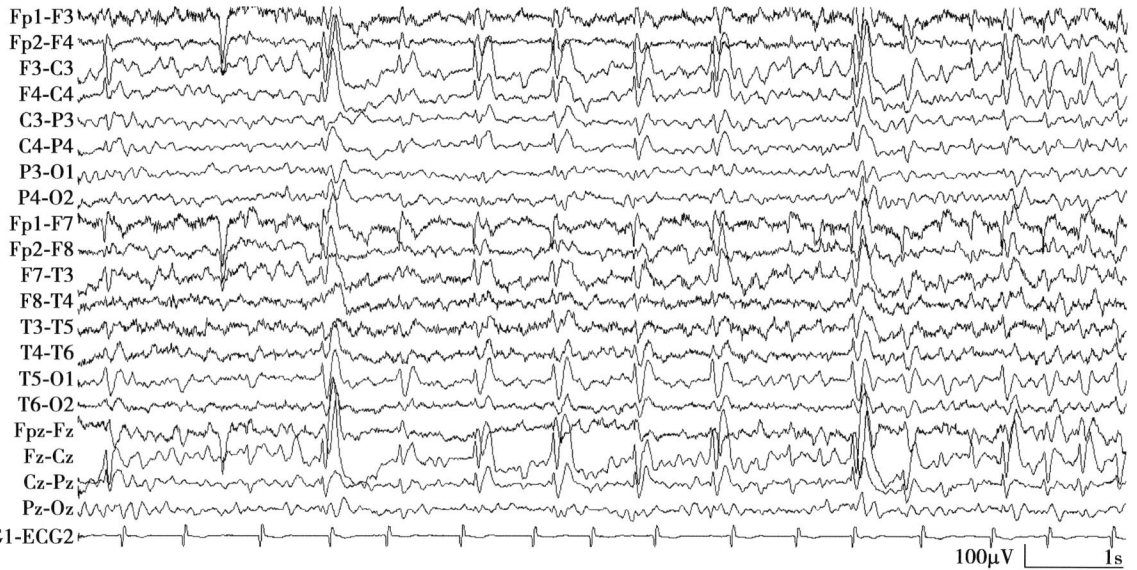

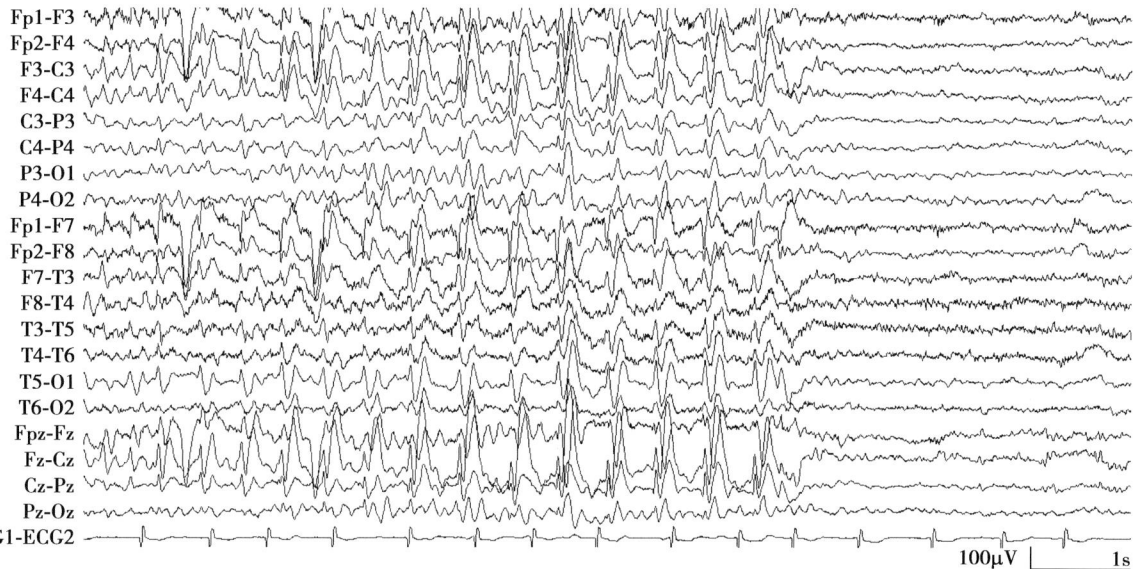

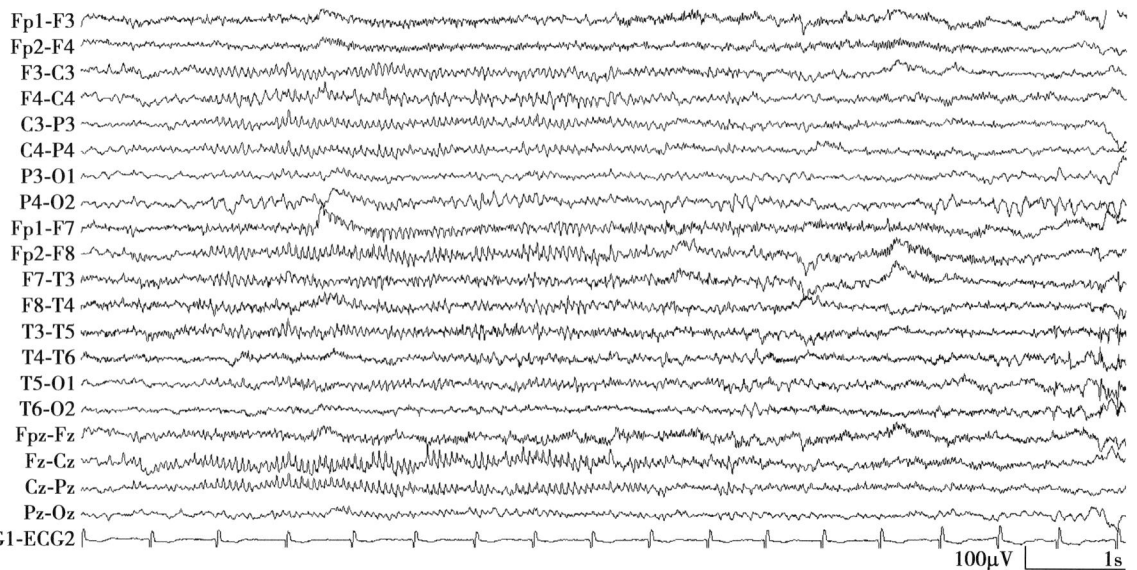

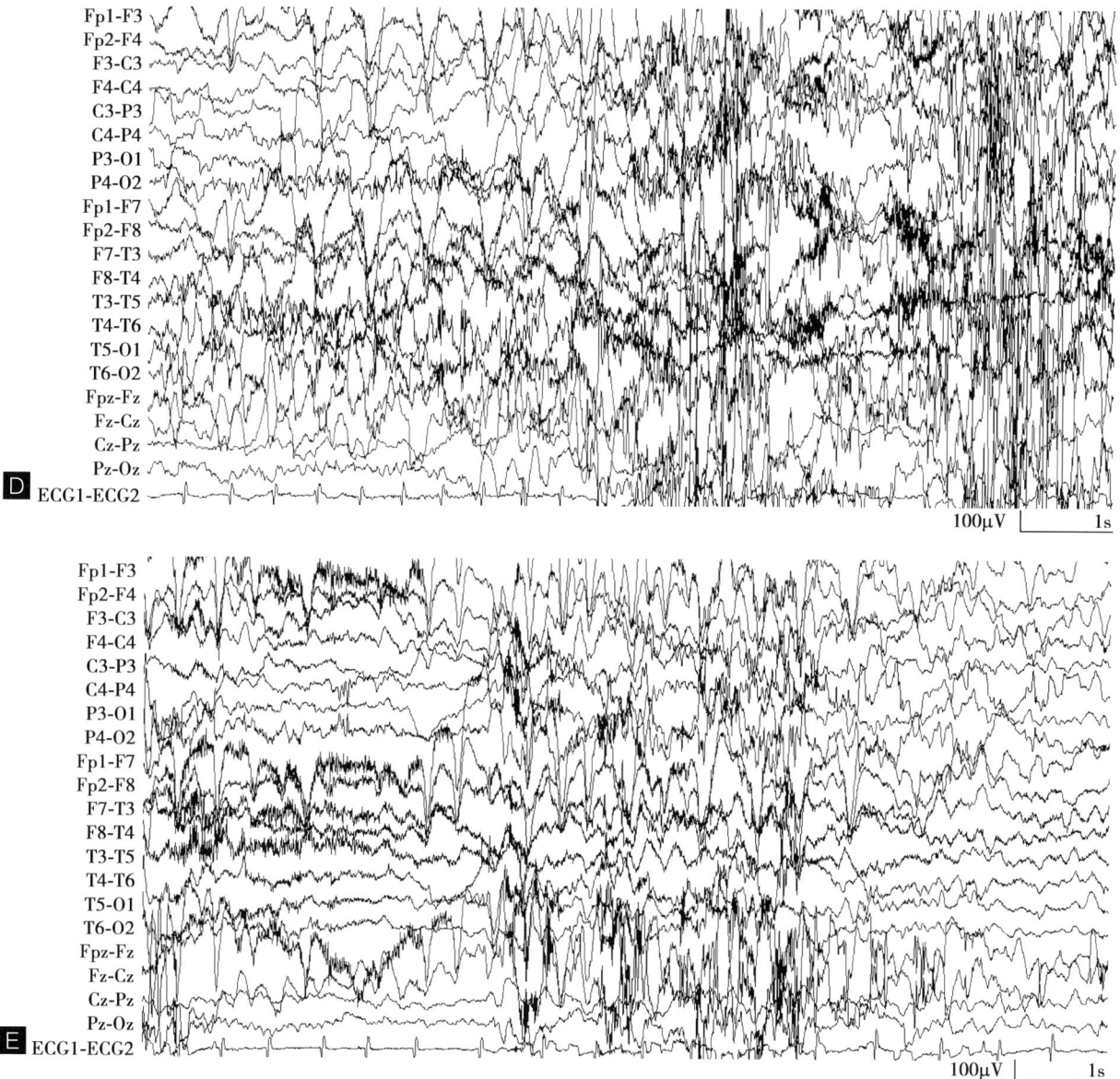

图 7-3 额叶癫痫发作

男，17岁，癫痫发作6年。表现为睡眠中突发喊叫→意识丧失→四肢强直 - 阵挛。多种抗癫痫药物不能控制。MRI 未见明显异常。图为记录到的一次自然发作。发作初期可见双侧额后（F3、F4）、中线导联（Fz、Cz）、左颞（F7、T5）节律性棘慢波，左侧为著，随后放电频率增加、波幅增高，继而节律性棘慢波消失，全部导联电压减低，逐渐形成弥漫性低幅快波节律（A～E 为连续记录）。

四、顶叶癫痫发作

顶叶癫痫患者发作期脑电图可表现为一侧中央区、顶区慢波活动起始，之后出现中央区、顶区、颞后区阵发低幅快波活动，并向一侧半球其他导联逐渐扩布，出现一侧半球节律性放电；部分患者发作期脑电图表现为背景电活动显著减弱或全部导联出现阵发低幅快波活动，有侧别优势抑或完全没有侧别优势。一项研究表明，约30%的顶叶癫痫患者出现双侧同步放电，依靠发作期脑电图仅可对10%的顶叶癫痫患者进行精确定位，但有时也会错误地认为癫痫灶位于同侧颞叶。图 7-4 为一例顶叶癫痫发作。

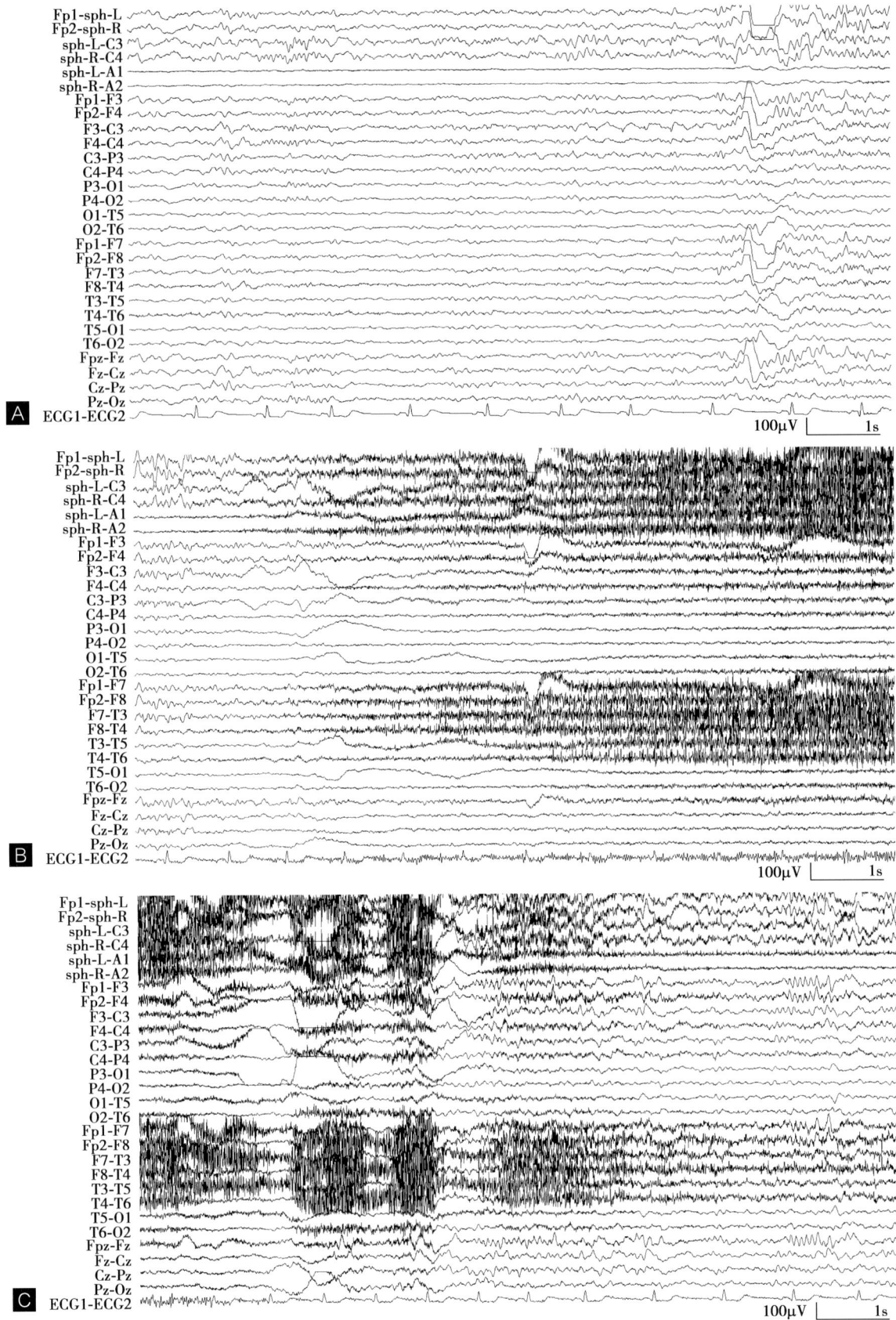

图 7-4　顶叶癫痫发作

男，17 岁，癫痫发作 9 年。表现为自觉右手麻木→右前臂麻木→右上肢僵硬→右侧口角抽动，发作时意识不丧失。每天发作 3～5 次，多种抗癫痫药物不能控制。MRI 未见明显异常。图为记录到的一次自然发作。发作初期可见左中央区（C3）节律性低幅尖波，随后双侧前头部出现肌电伪差（A～C 为连续记录）。

五、枕叶癫痫发作

40%～60% 的枕叶癫痫患者发作期脑电图显示枕叶起源的节律性放电活动，枕叶外侧皮质起源的发作较枕叶内侧面起源的发作节律性放电活动相对明显，表现为一侧枕区、顶区慢波或尖波，逐渐形成低幅快波活动，并迅速向邻近脑区扩布。如一侧枕叶内侧面出现结构性病损时，发作期脑电图可为对侧枕区、顶区出现节律性放电活动，此时依靠发作期脑电图会认为癫痫灶位于对侧，因此要综合分析发作症状学和头颅磁共振等以获得精确定位。图 7-5 为一例枕叶癫痫发作。

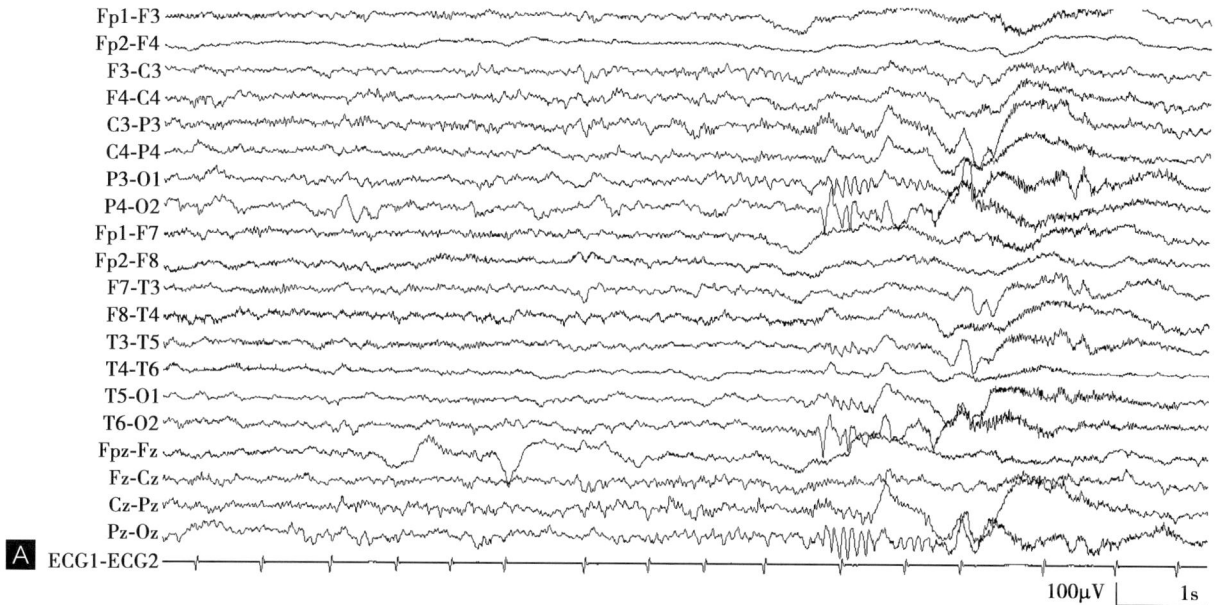

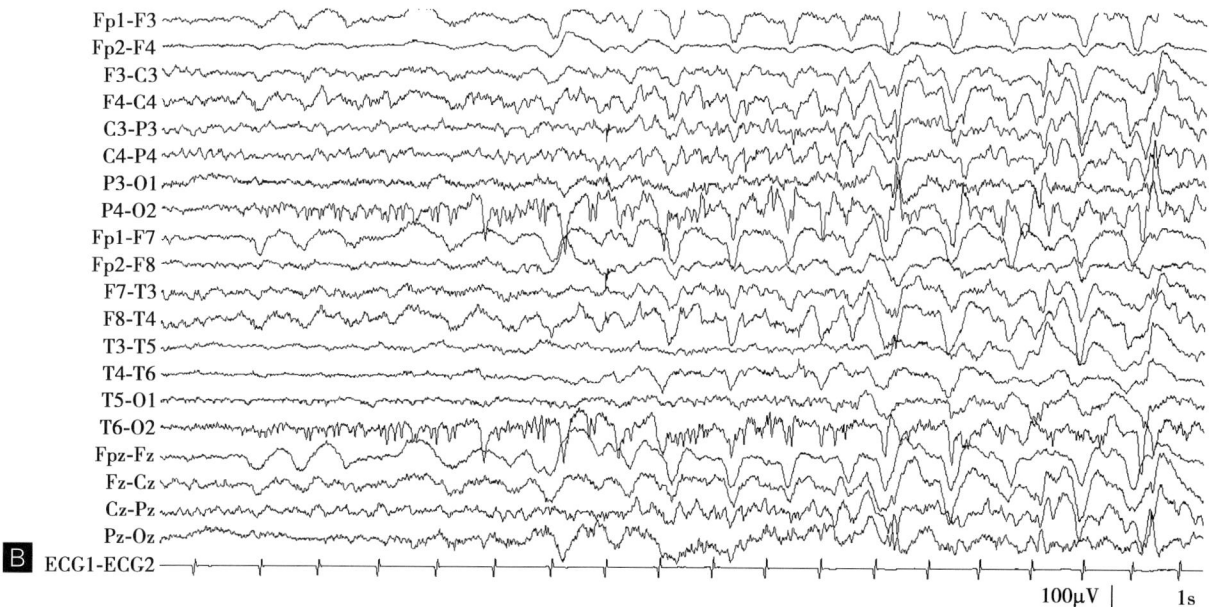

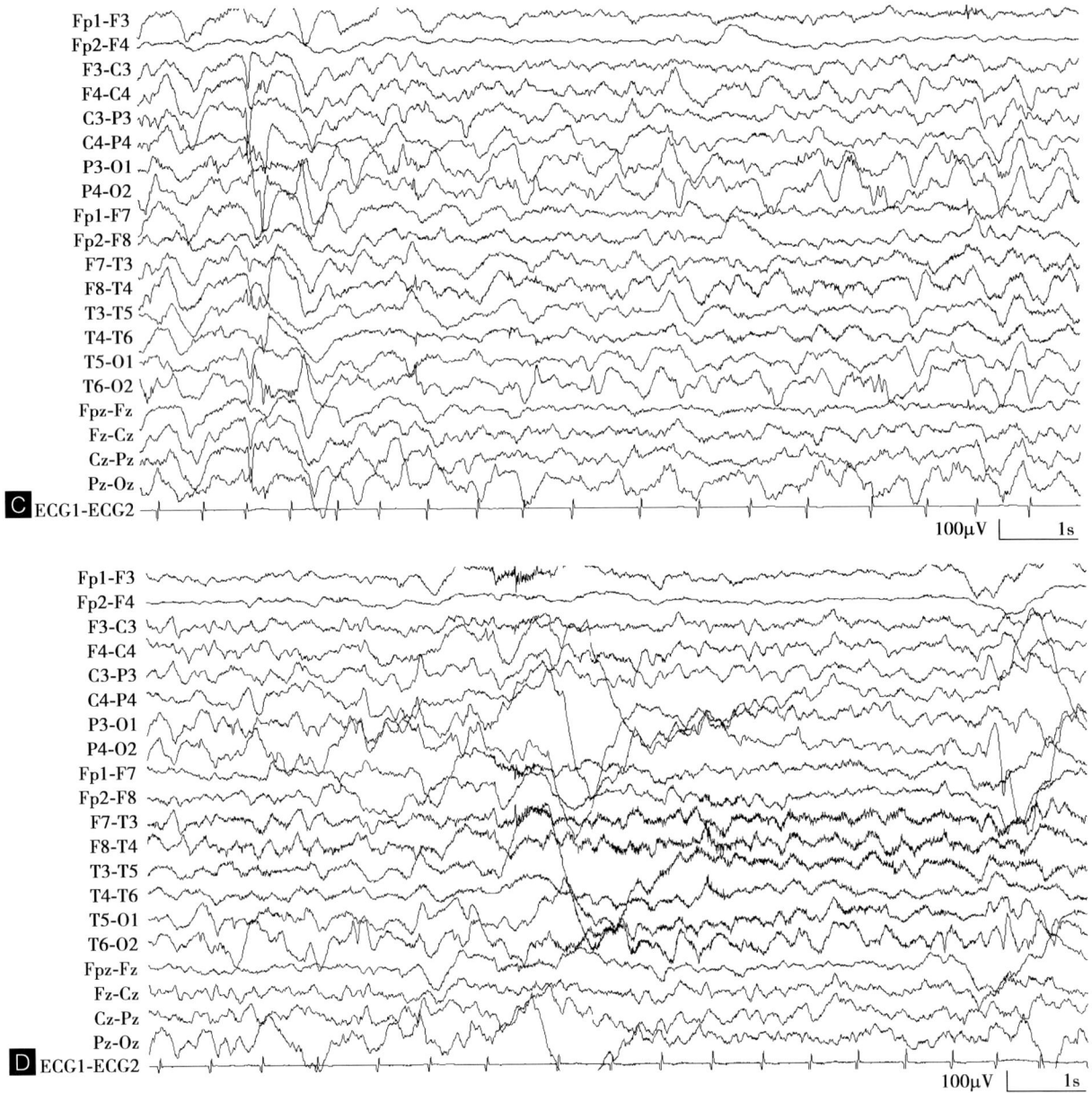

图 7-5　枕叶癫痫发作

　　男，10岁，癫痫发作3年。表现为双眼眨动→头左转，双眼向左上方斜视→左侧肢体轻微运动，伴吞咽动作。发作前有复视、黑朦先兆。一般间隔2~3天出现发作，一天可发作多次。多种抗癫痫药物不能控制。MRI未见明显异常。图为记录到的一次自然发作。发作初期可见右枕（O2）、中线导联（Oz）棘波节律，随后呈连续性放电，继而广泛性慢波混杂棘波（A~D为连续记录）。

六、岛叶癫痫发作

　　岛叶位于脑组织的深部，被其他脑叶覆盖，因此头皮脑电图无法直接记录到岛叶皮质的电活动。岛叶与颞叶、眶额区、前扣带回、顶叶等有广泛的纤维联系，发作症状有时很难与额叶癫痫、颞叶癫痫或顶叶癫痫相鉴别。部分患者根据临床发作症状可以考虑是岛叶癫痫，然而为获得确切诊断，需依靠颅内电极脑电图进一步证实。发作期头皮脑电图可以表现为一侧颞区节律性放电，或一侧额、颞区同步性节律性放电，然而这些异常放电均不能有效提示发作起源于岛叶。此外，部分岛叶癫痫患者发作期脑电图可以无任何异常放电，这可能也是提示岛叶癫痫的一个重要信息，要结合临床发作症状学和其他无创检查结果进一步综合分析。图 7-6 为一例岛叶癫痫发作。

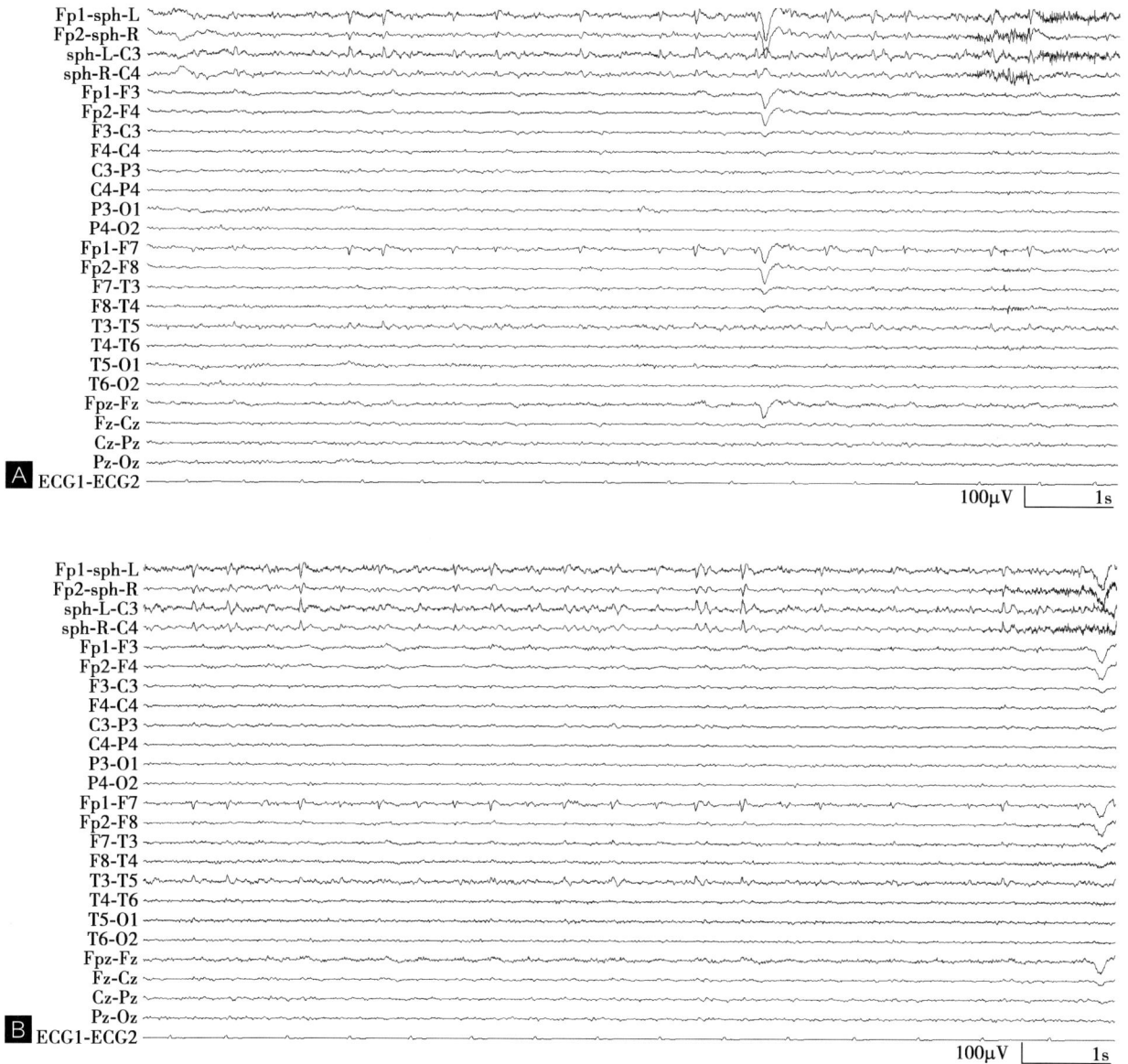

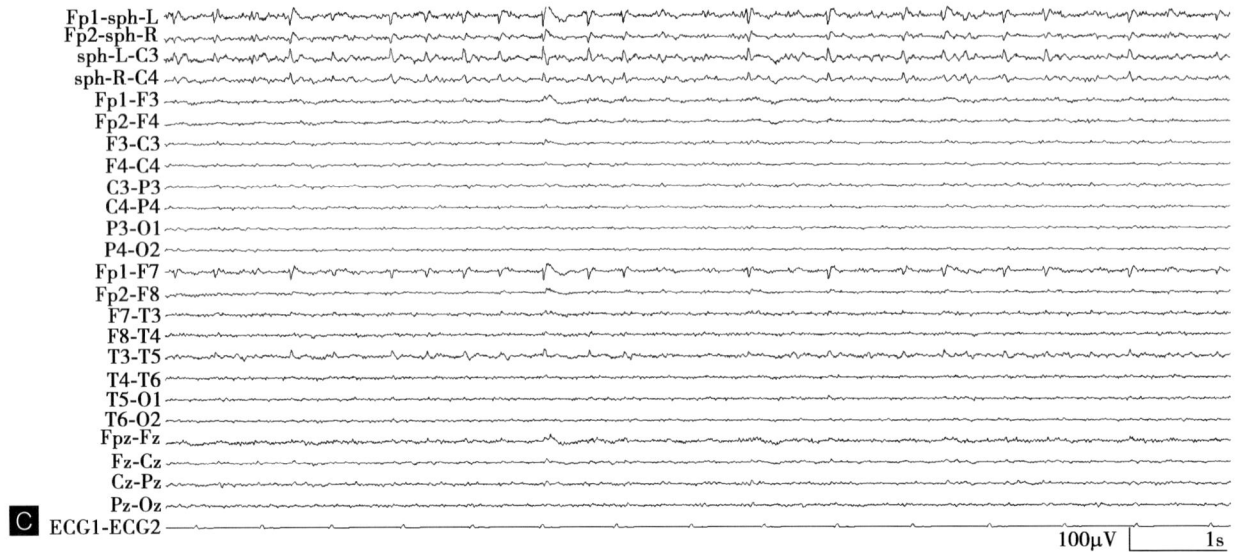

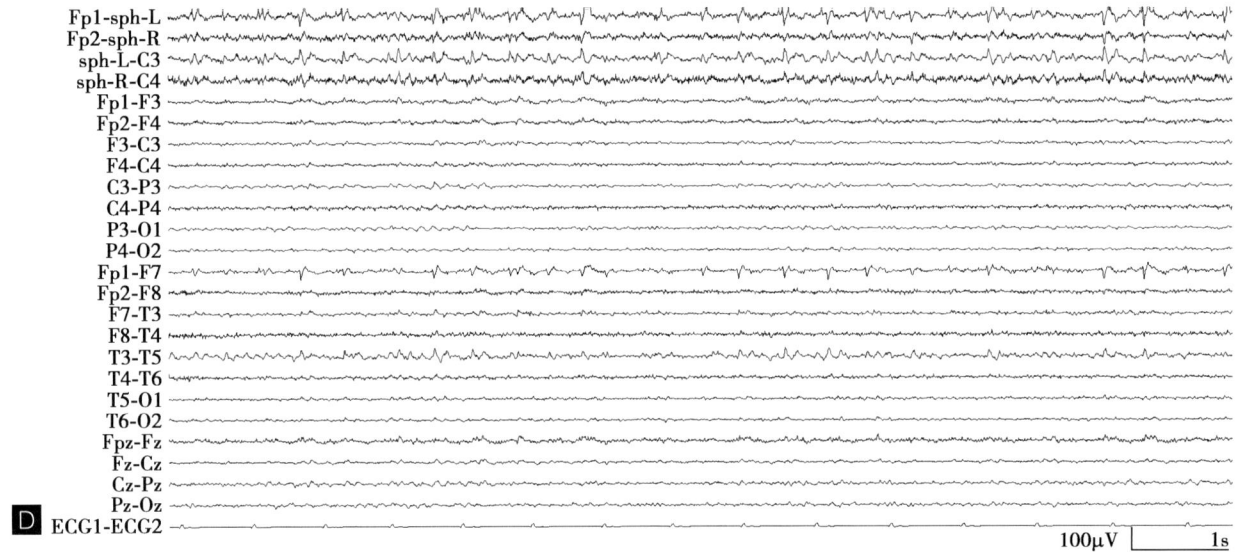

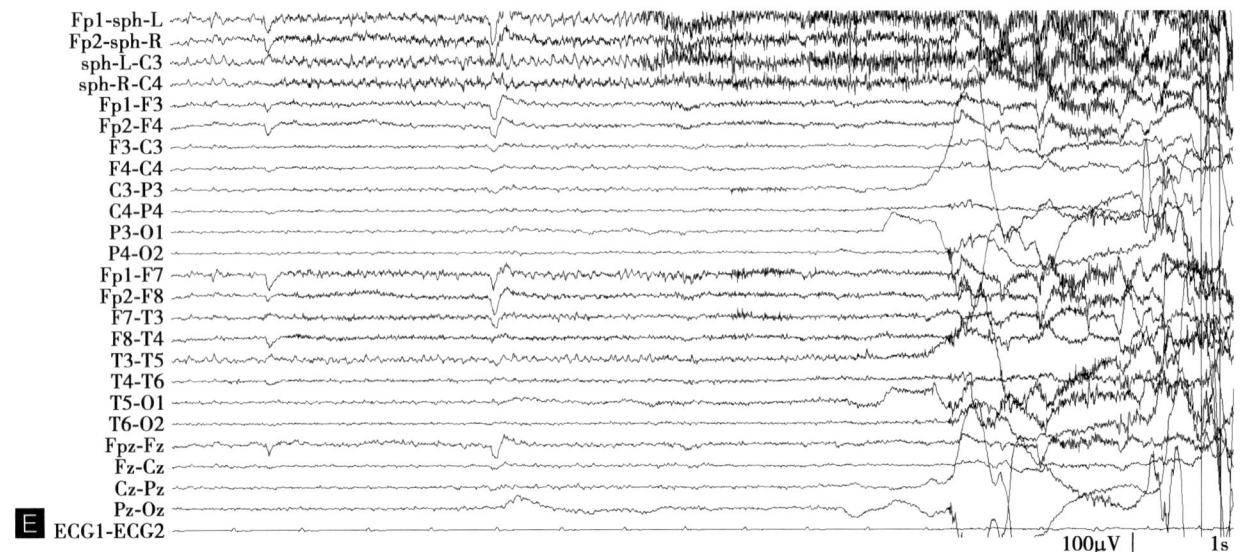

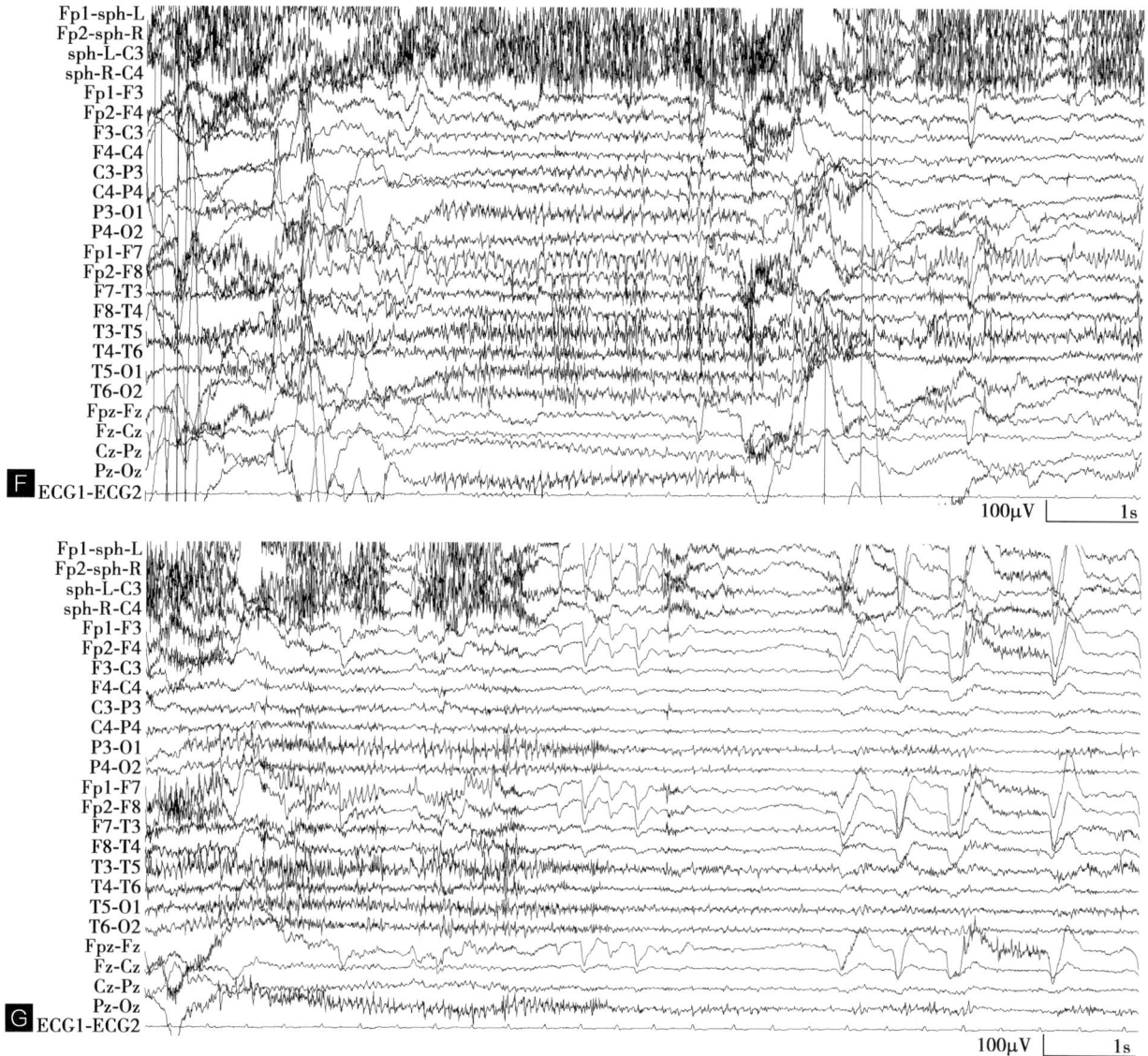

图 7-6 岛叶癫痫发作

女，12 岁，癫痫发作 6 年。表现为突发面部肌肉发紧→双侧嘴角呈"军帽征"→双上肢皮肤起"鸡皮疙瘩"，伴有恐惧、心跳加快，持续十余秒后缓解。发作过程中意识不丧失。每天发作十余次，白天或转醒时容易发作。多种抗癫痫药物不能控制。MRI 未见明显异常。图为记录到的一次自然发作。发作初期可见左侧蝶骨电极、左颞低幅尖波连续性发放（A~G 为连续记录）。

七、其他酷似全面性起源癫痫发作

其他酷似全面性起源癫痫发作的类型包括局灶起源的失张力发作、阵挛发作、痉挛性癫痫发作、肌阵挛发作、强直发作和局灶性进展为双侧强直 - 阵挛发作。这些类型的癫痫发作其发作症状常常表现为双侧肢体不对称，发作期脑电图的节律性放电具有脑区优势或侧别优势，这些信息对癫痫灶定位价值非常大。如痉挛性癫痫发作，发作期脑电图可以出现前导棘波，或脑电图表现为全部导联高幅慢波，但某个导联出现的较早或波幅较高；局灶性进展为双侧强直 - 阵挛发作，发作期脑电图有明确的局灶性起源，患者发作时有明显不对称偏转或发作前有先兆，这些关键的信息阅图时一定不能忽视。图 7-7 为一例痉挛性癫痫发作。

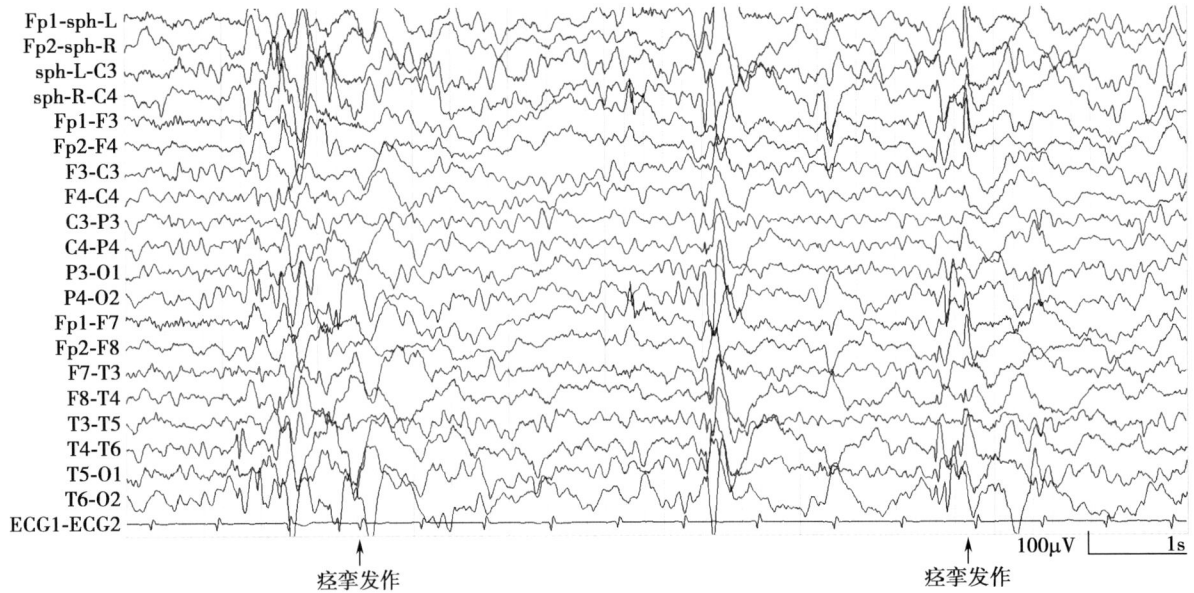

图 7-7 痉挛性癫痫发作

男，11岁，癫痫发作6年。表现为发作性点头，成串出现。多种抗癫痫药物治疗控制不佳。MRI示右颞异常信号。图为连续两次痉挛发作。发作初期可见右颞（T4、T6）前导棘波，继而出现广泛性慢波混杂棘波。

第三节　全面性起源癫痫发作期脑电图特征

全面性起源癫痫发作期脑电图主要表现为在发作的初期双侧大脑半球同步性异常放电，无法分辨出哪一个导联或哪一个脑区最先出现异常放电，是大脑皮质弥漫性损害的结果，或先天遗传原因所致。发作起始的脑电图可以表现为全面性棘慢波、多棘慢波、低幅快波节律、慢波节律或全面性的脑电活动衰减。

一、强直-阵挛发作

强直-阵挛发作分为强直期、阵挛期和发作后期，表现为躯干、四肢肌肉持续强烈地收缩，四肢强直性伸展，数秒后出现头及肢体的阵挛，阵挛的频率逐渐减慢；发作后患者进入睡眠状态，醒后常常感到头痛及全身肌肉酸痛，对发作过程

不能回忆。在强直期脑电图出现广泛的 14～25Hz 低幅快波活动，继而波幅逐渐增高，频率逐渐减慢，但脑电活动中夹杂大量肌电伪差，或脑电完全被肌电掩盖，这是患者全身肌肉强烈收缩所致。部分患者在强直期之前有肌阵挛发作，脑电图可见全部导联多棘慢波或棘慢波发放。在阵挛期棘波的频率逐渐减慢，并形成棘波或多棘波与慢波交替出现呈周期性的模式。随着发作的进展，周期性放电频率逐渐减慢至 0.5～1Hz，直至更慢，最后一次棘波或多棘波爆发后，阵挛结束。在发作后期脑电图呈现低电压或等电位，并伴有少量肌电活动。随后出现广泛性不规则慢波，频率和波幅不断增加。经过一段时间之后，脑电基本节律才逐渐恢复。图 7-8 为一例强直-阵挛发作。

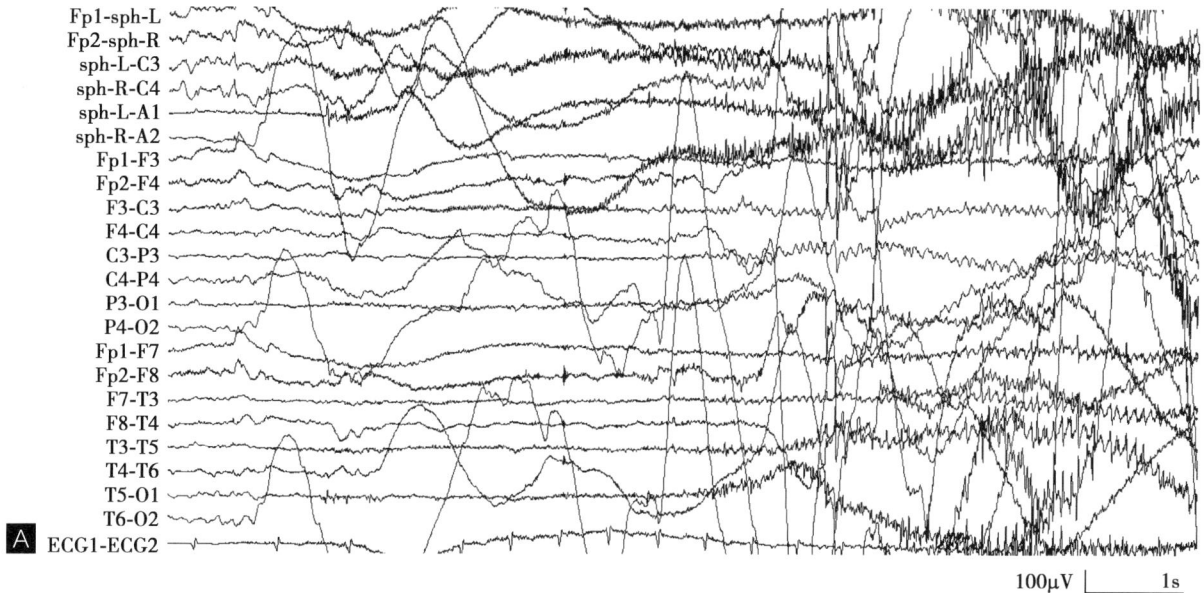

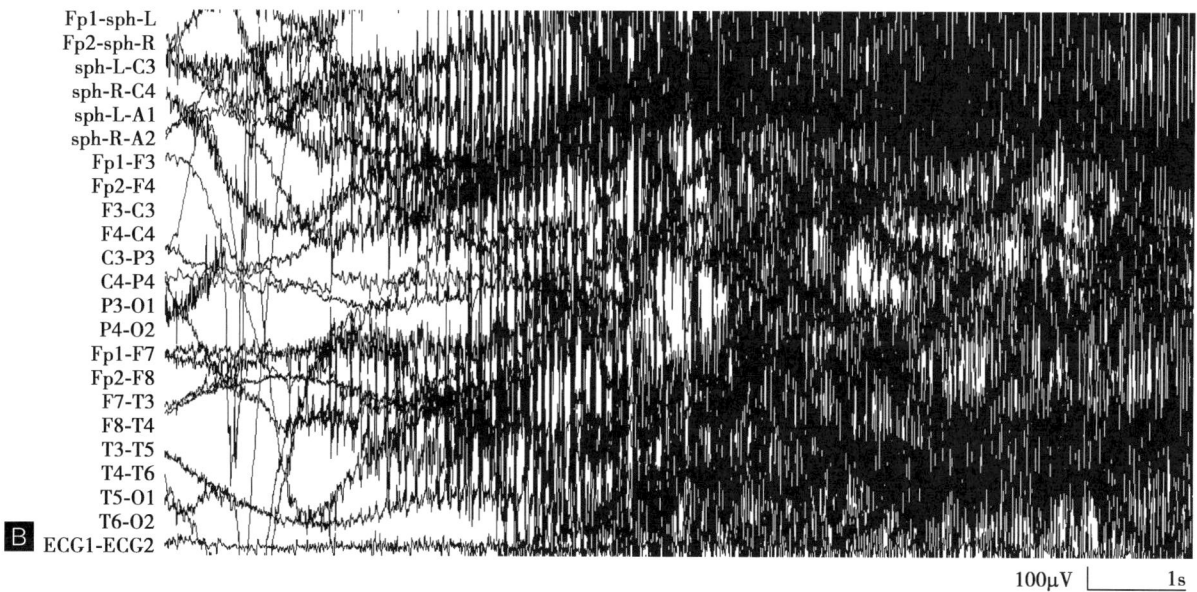

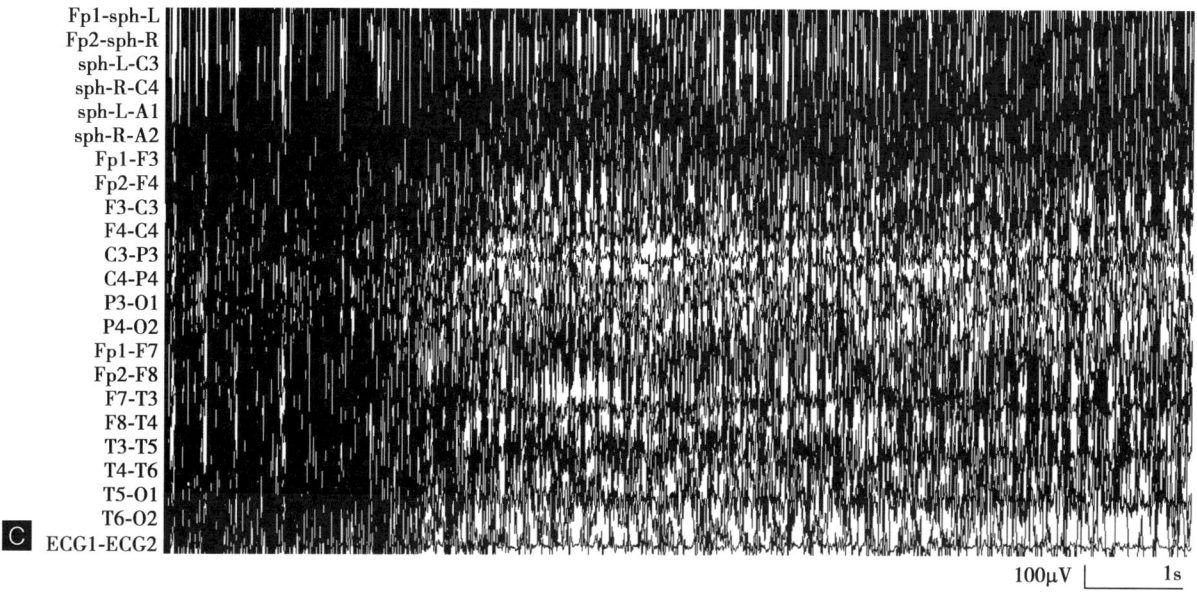

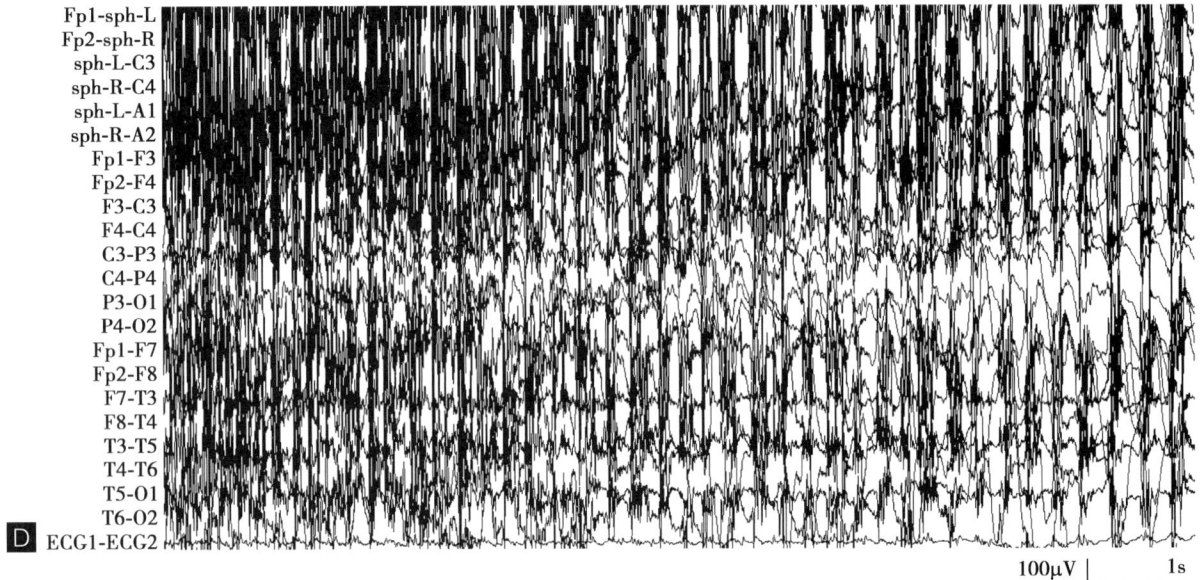

100μV 1s

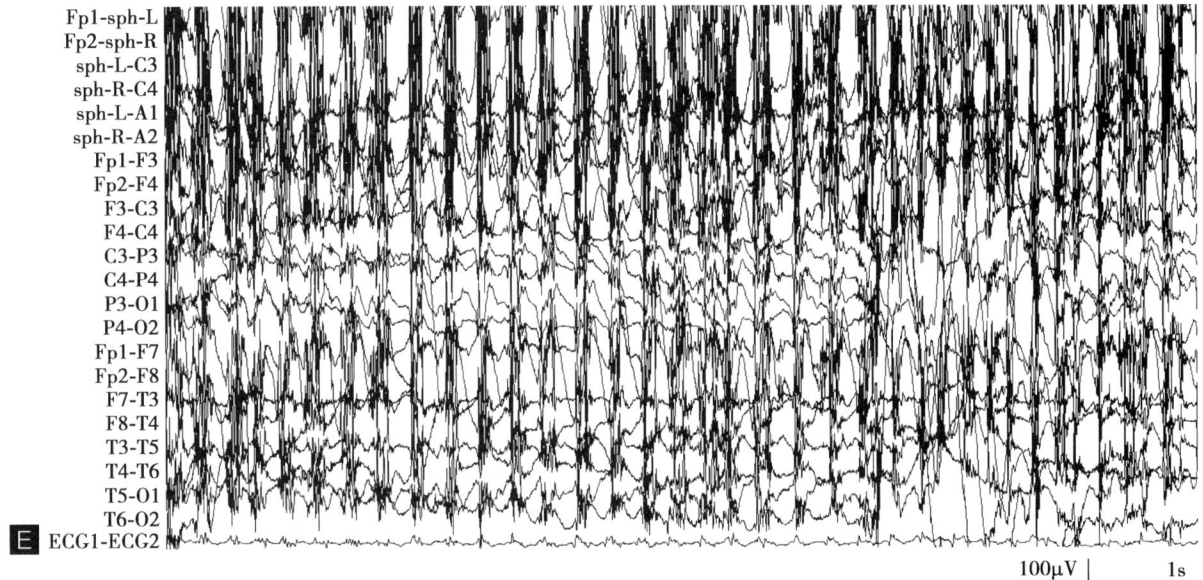

100μV 1s

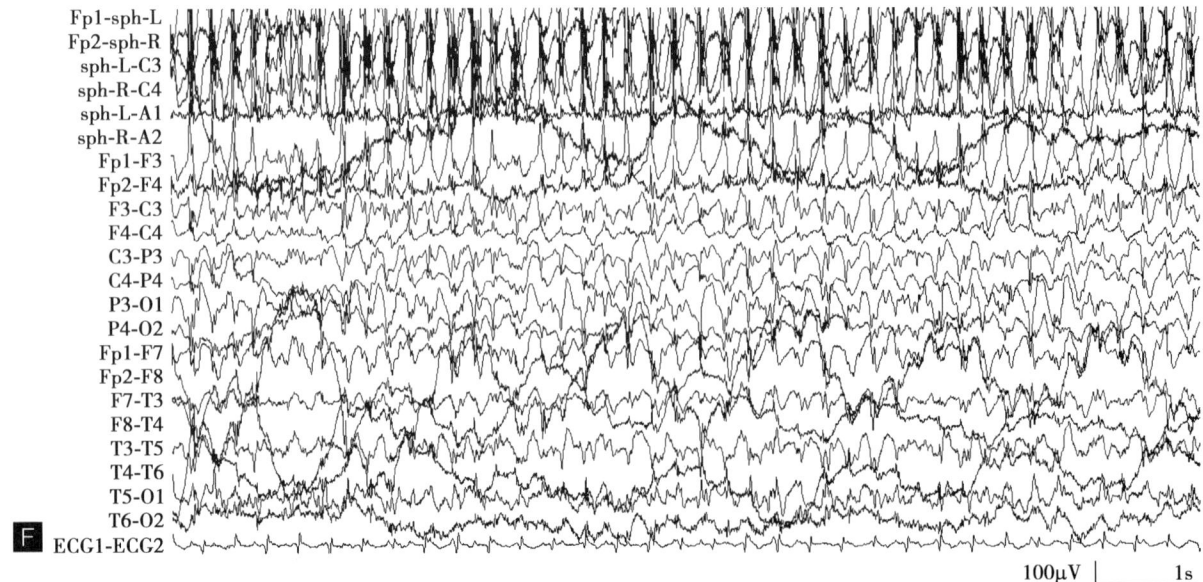

100μV 1s

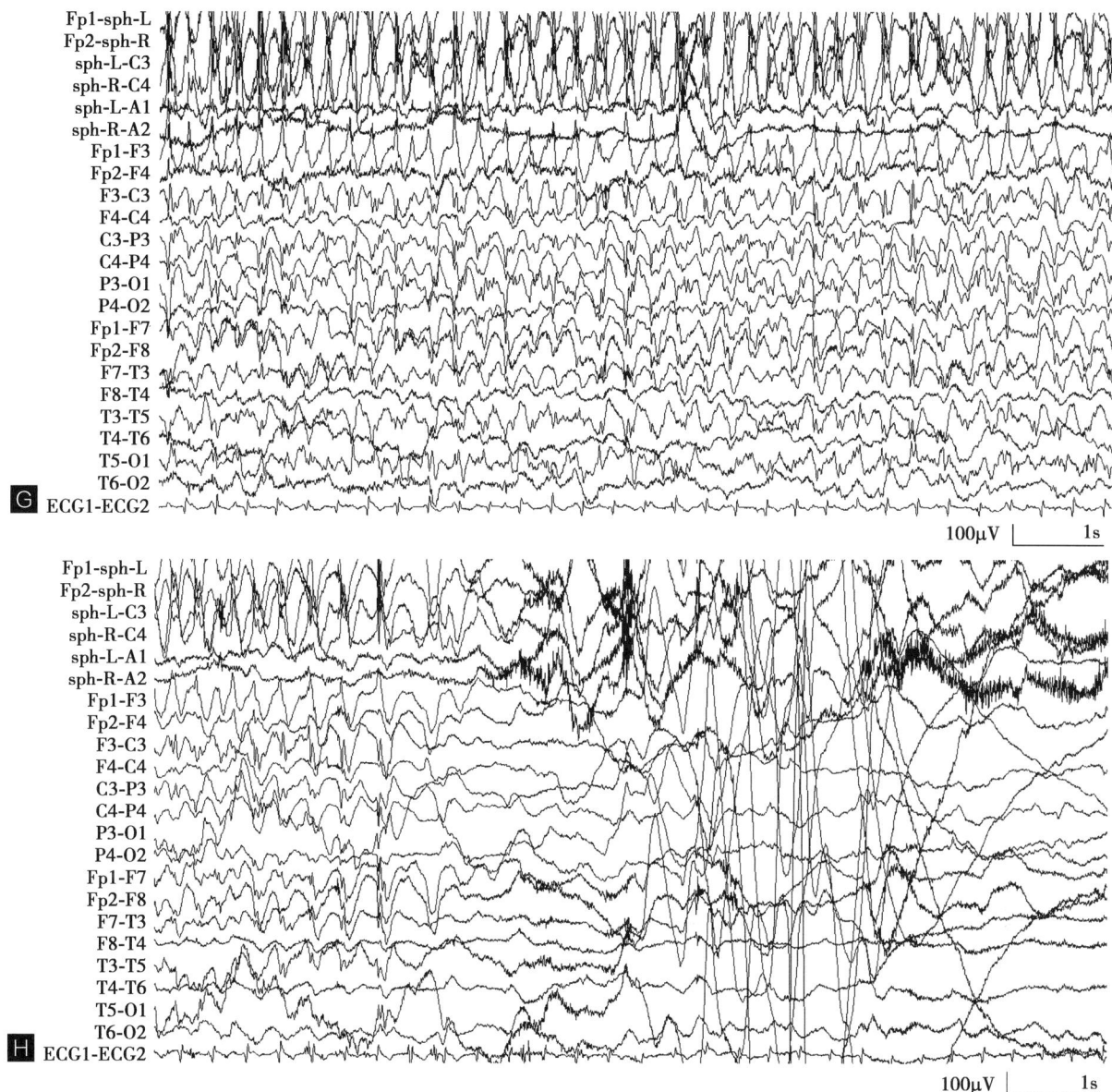

图 7-8　强直 - 阵挛发作

　　女，25 岁，癫痫发作 24 年。表现为头、眼和身体向右侧旋转→全身强直 - 阵挛。多种抗癫痫药物不能控制。MRI 示左侧大脑半球弥漫萎缩。图为记录到的一次自然发作。发作初期可见左侧中央（C3）、颞（F7）低幅快波活动，继而脑电完全被肌电伪差掩盖，在阵挛期可见广泛性、连续性棘波、棘慢波，发作后脑电图呈现低电压（A～H 为不连续记录）。

二、阵挛发作

　　阵挛发作通常指的是双侧肢体节律性阵挛性收缩，或伴有眼睑、下颌的抽动，而单纯全身性阵挛发作临床上并不多见。发作期脑电图表现为全导联广泛性爆发性棘慢波或多棘慢波以周期性节律反复出现，爆发性放电与肢体阵挛同步或不完全同步；发作后很快恢复脑电基本节律，通常不出现明显的电活动抑制。图 7-9 为一例阵挛发作。

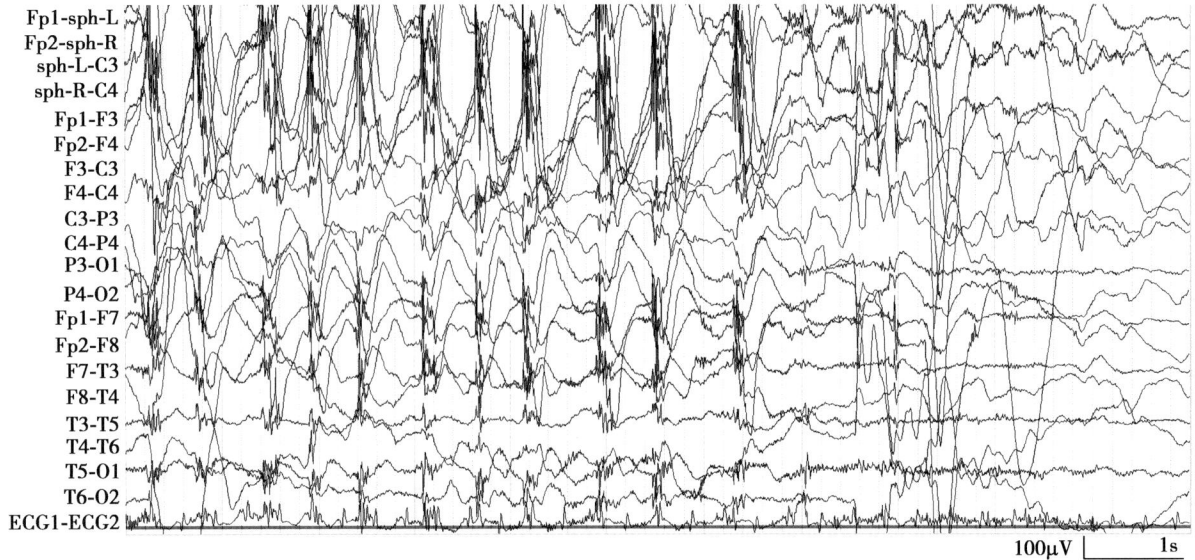

图 7-9　阵挛发作

女，6 岁，癫痫发作 5 年。表现为四肢屈曲阵挛。多种抗癫痫药物控制不佳。MRI 示右额结节性硬化。图为记录到的一次自然发作。发作初期可见较多的肌电伪差，发作过程中前头部可见棘慢波节律。

三、强直发作

强直发作表现为因肌肉持续强烈地收缩使躯干或肢体维持某一种固定姿势，发作的程度可明显不同。严重时颈部、肢体或躯干明显强直；轻微时可仅有肩部抬高、双眼强直性上视，通常出现在睡眠中，临床上很容易被忽视。发作期脑电图为广泛性低幅快波节律，波幅逐渐增高形成棘波节律，持续时间约 3～10s。因肌肉持续性强烈收缩，脑电活动上可见肌电伪差。强直发作和睡眠中广泛性棘波节律，是 Lennox-Gastaut 综合征特征性的表现。图 7-10 为一例强直发作。

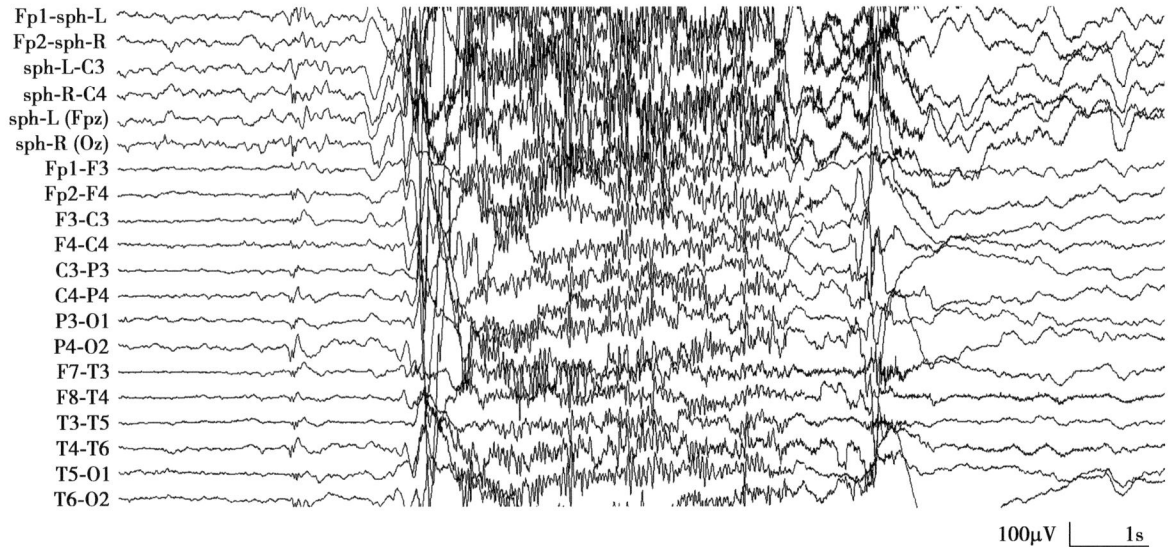

图 7-10　强直发作

男，17 岁，癫痫发作 10 年。表现为突然出现双上肢上举，同时双眼向上方凝视，意识丧失，有时继发全身强直-阵挛发作。每日发作 7～8 次。多种抗癫痫药物不能控制。图为记录到的一次自然发作。发作初期可见双额、右颞、顶区尖波，继而出现广泛性棘波节律。

四、肌阵挛发作

肌阵挛发作可以是局灶性起源，也可以是全面性起源，表现为颈部、肩部、躯干或四肢快速抽动，声音、光、躯体感觉刺激常可诱发。发作期脑电图因发作类型、癫痫综合征类型不同而不同。青少年肌阵挛癫痫患者发作期脑电图为广泛性棘慢波或多棘慢波；Lennox-Gastaut综合征患者发作期脑电图为广泛多棘慢波，继而出现电位正相偏转，之后电压广泛性降低。闪光刺激可诱发出棘慢波或多棘慢波。图7-11为一例肌阵挛发作。

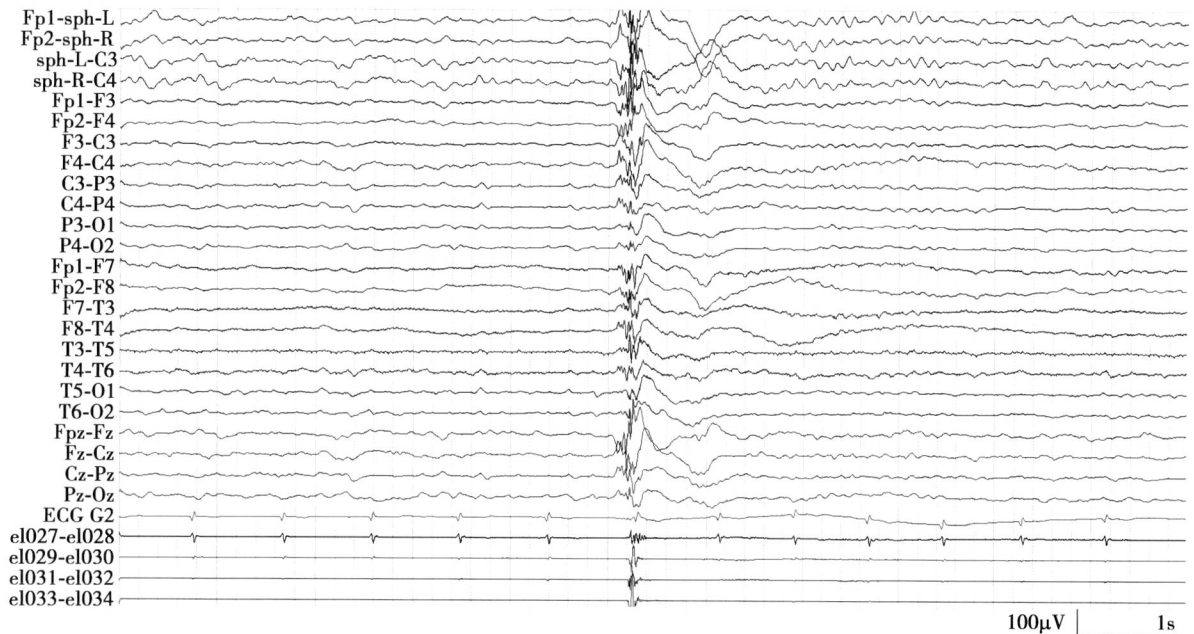

图 7-11　肌阵挛发作

五、失张力发作

失张力发作最多见的是短暂失张力发作，也称为跌倒发作，表现为头下垂或突然跌倒，继而迅速恢复，不伴有意识丧失。发作期脑电图多为广泛性棘慢波爆发，或广泛性慢波，或广泛性慢波活动之上重叠低波幅快波活动，同步肌电图记录可见肌电活动明显减弱或肌电活动短暂电静息（图7-12）。

六、肌阵挛－失张力发作

肌阵挛-失张力发作表现为点头或身体前倾（肌阵挛发作），继而快速跌倒（失张力发作）。发作期脑电图为广泛性棘慢波或多棘慢波爆发，同步肌电图记录可见肌电活动快速增强，继而出现肌电活动明显减弱或肌电活动短暂电静息（图7-13）。

七、痉挛性癫痫发作

痉挛发作表现为点头伴四肢屈曲样收缩，或上肢屈曲而下肢伸展，或上肢伸展而下肢屈曲，典型表现为"抱球样"或"鞠躬样"发作，常成串出现，少数患者痉挛发作单次出现。发作期脑电图典型表现为广泛性1.5~2Hz高波幅慢波，慢波上复合低波幅快波节律，继而慢波出现正相偏转，之后弥漫性电压衰减，出现低波幅去同步化快波。部分患者发作症状非常轻微或者肉眼很

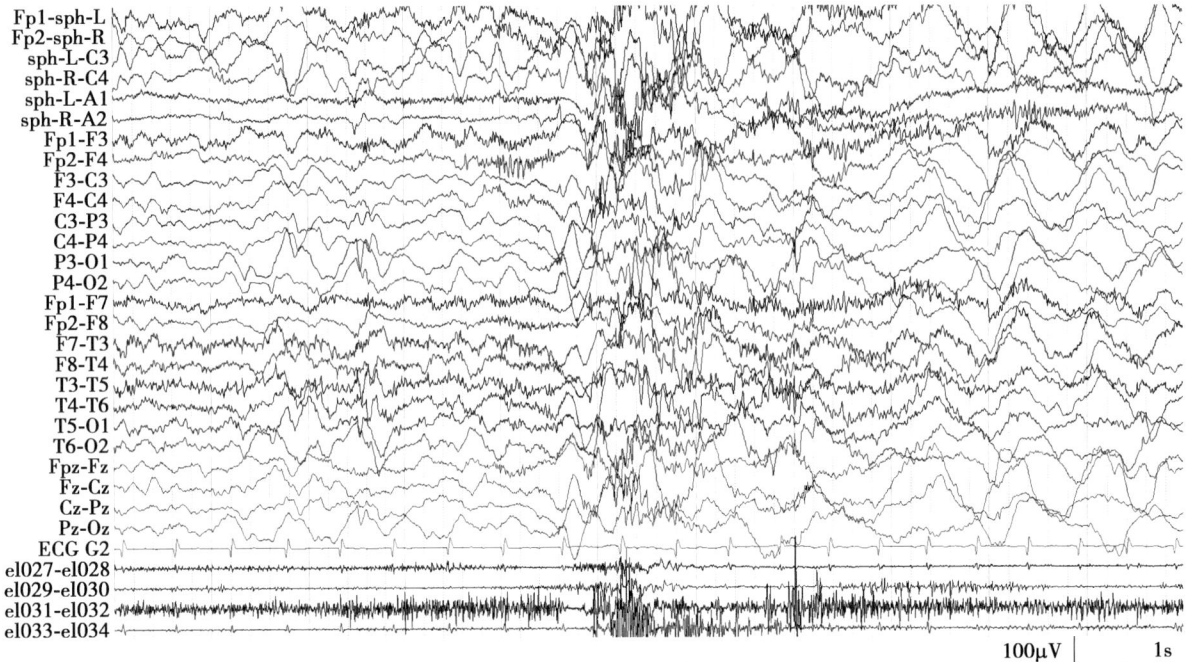

图 7-12　失张力发作

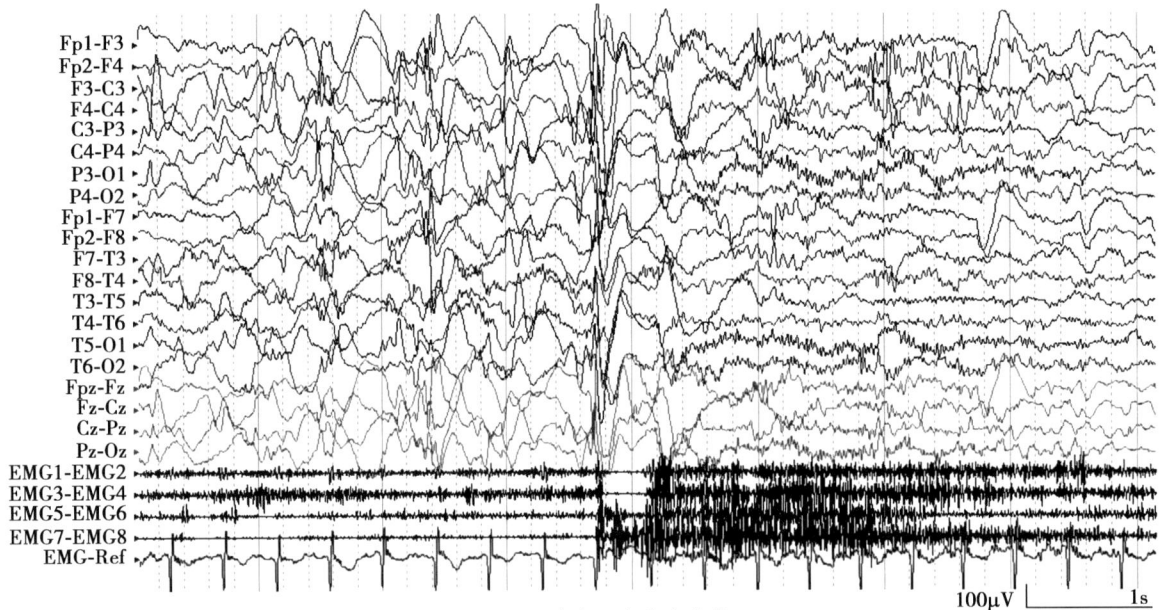

图 7-13　肌阵挛 - 失张力发作

难确定是否出现了发作，发作期脑电图表现为低波幅快波活动。图 7-14 为一例痉挛性癫痫发作。

八、典型失神发作

典型失神发作表现为正在进行的动作突然停止，双眼凝视，对外界刺激无反应，持续数秒或数十秒后突然恢复，继续进行发作前的动作。过度换气常常可以诱发出典型失神发作。发作期脑电图为双侧对称同步的 3Hz 棘慢波节律性爆发，突然出现突然终止，终止后脑电图迅速恢复到基本节律。一般在爆发开始时棘慢波节律为 3.5 ~ 4.5Hz，终止前棘慢波节律为 2.5 ~ 3Hz，额区、中央区、颞区导联棘慢波的波幅最高。图 7-15 为一例典型失神发作。

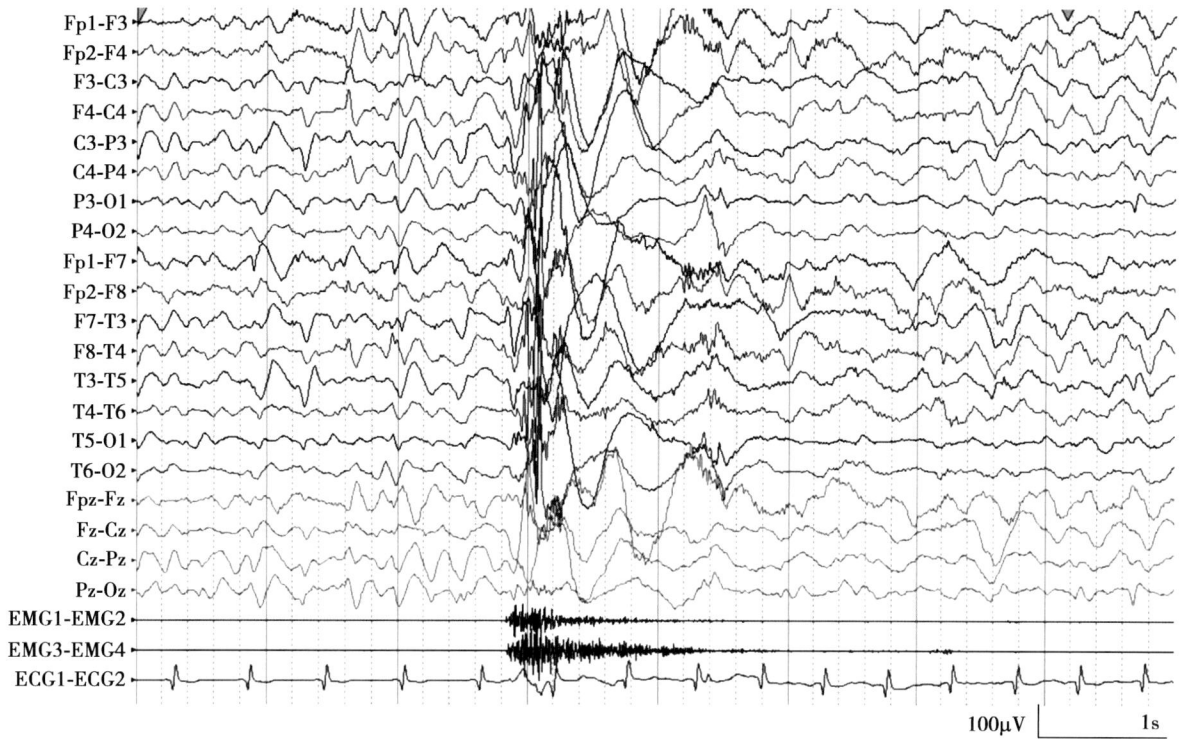

图 7-14 痉挛性癫痫发作

男，6 岁，癫痫发作 1 年。表现为点头，同时双上肢外展，常呈串出现。每日均有发作。多种抗癫痫药物不能控制。图为记录到的一次自然发作。发作时可见全导联高幅慢波，慢波上重叠快波节律，继而电压减低；双侧三角肌肌电活动呈"菱形"改变。

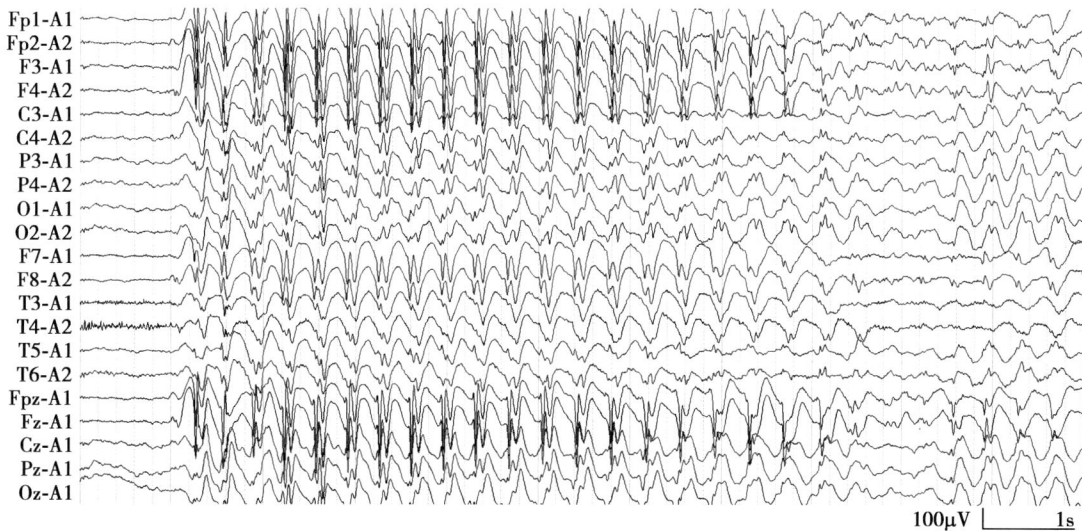

图 7-15 典型失神发作

男，6 岁，癫痫发作 3 个月。发作表现为突然愣神，手中动作停止，呼之不应，后继续之前的动作。未服用抗癫痫药物。MRI 未见明显异常。图为记录到的一次自然发作。发作时可见全导联高幅 3Hz 棘慢波节律，以前头部为著。

九、不典型失神发作

不典型失神发作表现为动作逐渐减少或停止，或凝视不动，意识障碍是渐进性的，对外界刺激反应减低，发作后有较长时间的朦胧期，意识逐渐恢复，但恢复后不能进行发作前的动作。

不典型失神发作常见于 Lennox-Gastaut 综合征。发作期脑电图为广泛性 1.5 ~ 2.5Hz 棘慢波节律性发放，或为不规则棘慢波、高波幅慢波节律性发放，前头部棘慢波的波幅最高，后头部可能仅仅呈现高波幅慢波，持续时间约数秒至数十秒。图 7-16 为一例不典型失神发作。

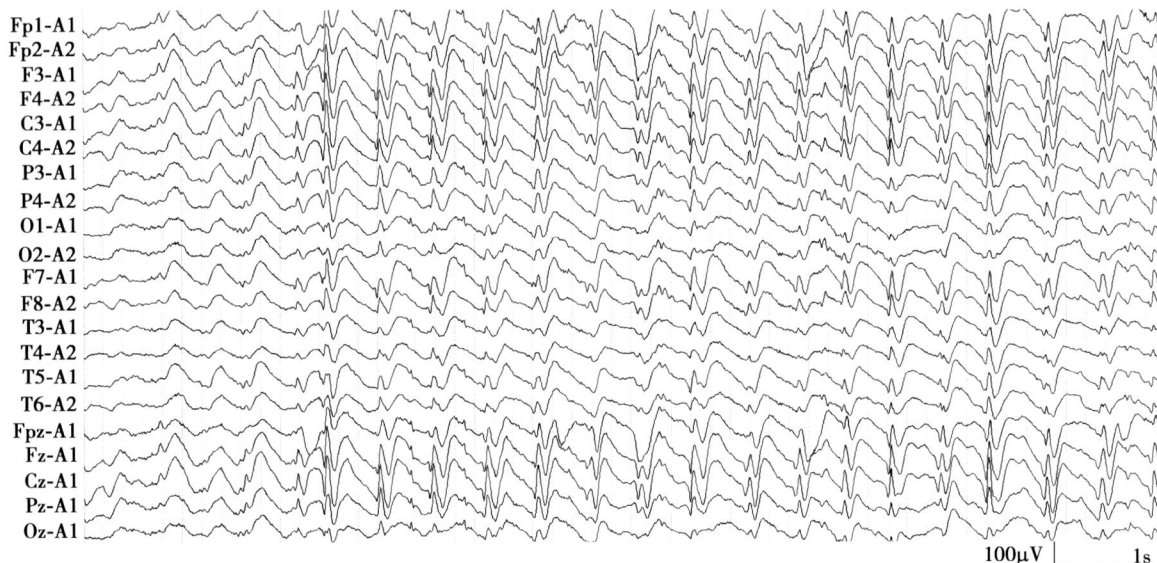

图 7-16 不典型失神发作

女，8 岁，癫痫发作 6 年。发作表现为愣神，手中动作逐渐停止，呼之不应，发作后意识逐渐恢复。每月发作 3 ~ 4 次。多种抗癫痫药物不能控制。MRI 未见明显异常。图为记录到的一次自然发作。发作时可见全导联高幅 2 ~ 2.5Hz 棘慢波节律，以前头部为著。

十、肌阵挛失神发作

肌阵挛失神发作表现为双侧肩部、上肢或下肢节律性抽动，随着发作的进展患者逐渐出现意识障碍。闪光刺激常可诱发发作。肌阵挛失神发作主要见于儿童肌阵挛失神癫痫。发作期脑电图与典型失神发作相似，为双侧半球广泛性 3Hz 棘慢波节律性爆发，突然出现突然终止，同步肌电图记录可见肢体肌阵挛与棘慢波发放同步（图 7-17）。

十一、眼睑肌阵挛发作

眼睑肌阵挛发作表现为双侧眼睑抽动，常伴

有眼球上视及头轻微后仰，发作时间短暂不会出现意识障碍，若发作时间较长，则会出现轻中度意识障碍，即眼睑肌阵挛伴失神。强光下闭眼、过度换气常常可以诱发出眼睑肌阵挛发作。发作期脑电图为广泛性 3 ~ 6Hz 棘慢波节律性爆发，前头部波幅最高。图 7-18 为一例眼睑肌阵挛发作。

总之，发作期脑电图对明确癫痫诊断和鉴别诊断、确定发作类型以及癫痫灶的定位具有重要意义。不同的癫痫发作类型或癫痫综合征具有不同的发作期脑电图特征，并且同一种发作类型脑电图可能也存在差异，在临床工作中需要逐一深入认识每类发作的脑电图表现。

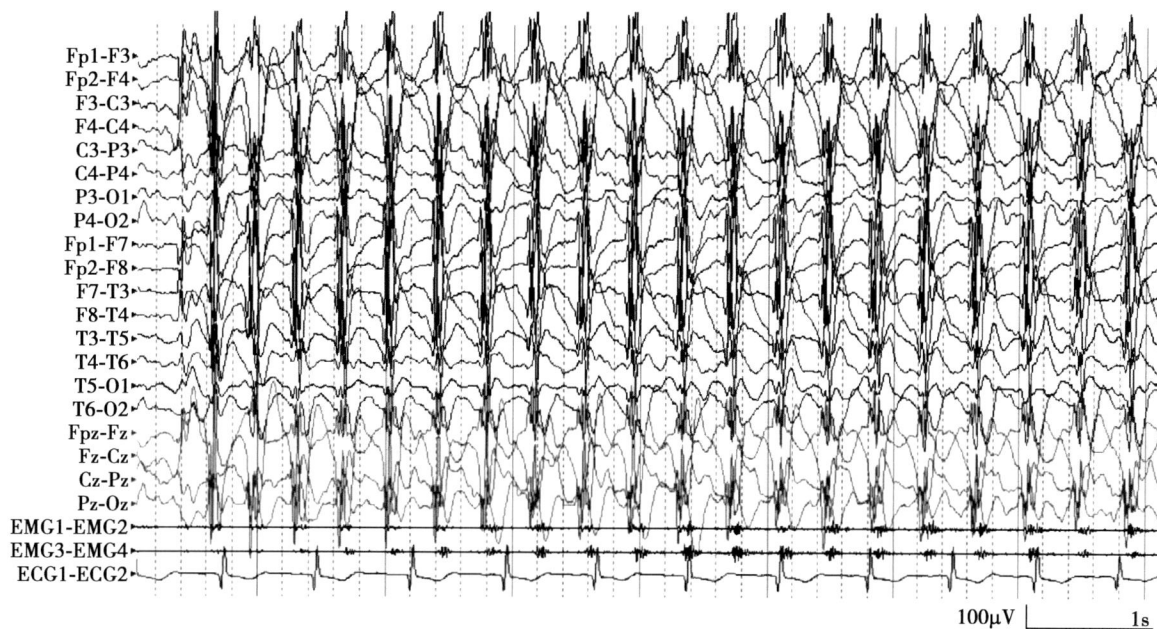

图 7-17　肌阵挛失神发作

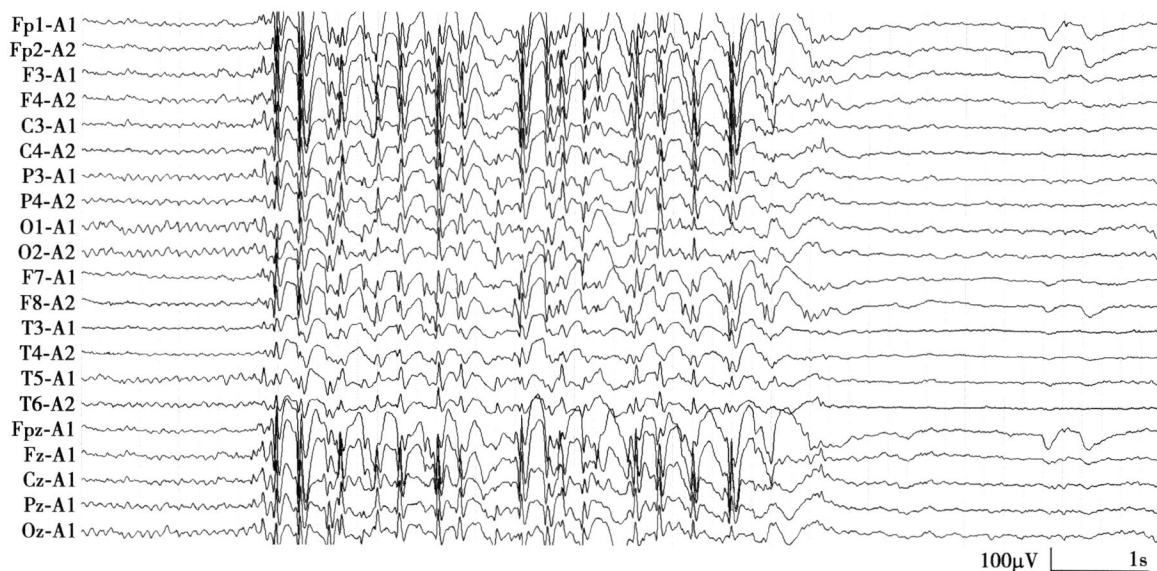

图 7-18　眼睑肌阵挛发作

女，9 岁，癫痫发作 9 个月。发作表现为双侧眼睑抽动。约每周发作 1～2 次。未服用抗癫痫药物。MRI 未见明显异常。图为记录到的一次自然发作。发作时可见广泛性棘慢波节律。

第四节　癫痫持续状态脑电图

癫痫持续状态（status epilepticus，SE）指癫痫样放电持续性发放，患者出现意识障碍、精神行为异常，持续时间达到或超过 30min；或反复出现惊厥发作，每次发作之间患者意识状态或认知功能没有恢复到正常水平。30min 只是人为设定的时间概念，由于不同类型的 ES 发作持续时间不同，造成脑损伤的程度不同，所以实际在临床中不同的 ES 类型开始治疗的时间不同，通常全身强直 - 阵挛持续状态达到 5min、局灶性发作持续状态达到 10min、失神持续状态达到 10 ~ 15min 就应考虑开始治疗了。针对 ES 进行分类，要考虑几个方面的因素，包括发作症状、病原学、脑电图特点和年龄。根据发作症状可以将 ES 分为惊厥性癫痫持续状态（convulsive status epilepticus，CSE）和非惊厥性癫痫持续状态（nonconvulsive status epilepticus，NCSE）。

一、惊厥性癫痫持续状态

1．全身强直 - 阵挛持续状态 临床表现为以全身强直 - 阵挛发作（generalized tonic-clonic seizure，GTCS）开始或以局灶性发作开始继发 GTCS，长时间持续性阵挛；或反复出现 GTCS，每次发作之间患者意识不能恢复到正常水平。发作期脑电图开始与无持续状态的 GTCS 相似，过程中出现持续性规则或不规则或间断的棘慢波、多棘慢波，背景活动为弥漫性慢波或电压减低。

2．肌阵挛持续状态 表现为长时间反复的肌阵挛发作，可持续数分钟至数小时，多数患者意识不丧失，少数患者伴有意识模糊。脑电图为持续性广泛性棘慢波、多棘慢波，持续数秒至数分钟，爆发之间背景脑电图慢波增多。肌电图记录显示棘慢波与肌肉收缩同步或不完全同步。另一种肌阵挛持续状态为散发游走性肌阵挛，见于早期肌阵挛脑病，脑电图为爆发 - 抑制模式放电或高峰失律波形。

3．局灶运动性发作持续状态 包括持续性部分性癫痫（epilepsia partialis continua，EPC）和半侧阵挛持续状态半侧瘫。EPC 表现为身体某个部位如口角、手指、前臂或足部等持续性节律性抽动，可持续数小时或数天，发作过程中不伴有意识障碍。发作间期脑电图背景慢波活动增多，一侧或双侧弥漫性棘波、棘慢波或多灶性癫痫样放电；发作期脑电图可为一侧性持续性节律性棘慢波，或为不规则慢波活动。EPC 多见于 Rasmussen 综合征、局灶性皮质发育不良等。半侧阵挛持续状态半侧瘫表现为一侧肢体节律性阵挛性抽动，伴有不同程度的意识障碍，发作后患侧肢体出现持续性运动障碍。发作期脑电图为抽搐对侧半球持续性节律性棘慢波，可波及抽搐同侧半球；发作后出现高波幅慢波或短暂电压减低，继而抽搐同侧半球逐渐恢复背景脑电活动。

4．强直持续状态 表现为频繁的强直发作，躯干强直、颈部强直或双眼轻度强直性上视，每小时发作数次，睡眠中多见，有时临床察觉不到，需经脑电图检查进一步证实。脑电图表现为广泛性棘波节律。

二、非惊厥性癫痫持续状态

1．失神持续状态 包括典型失神持续状态和不典型失神持续状态。典型失神持续状态表现为意识和行为不同程度的持续性改变，多数为反应迟钝、朦胧状态或梦样状态，发作可持续数小时至数天，有时伴有肢体肌阵挛抽动、眼睑肌阵挛或口周肌阵挛。脑电图为广泛性 3Hz 左右棘慢波持续性节律性发放，在睡眠期持续性棘慢波变得不连续，呈短暂爆发性棘慢波或多棘慢波，醒后又恢复持续性节律性发放。不典型失神持续状态缓慢开始，缓慢结束，很轻的发作很容易被忽视。常见于 Lennox-Gastaut 综合征，因患者常伴有智能障碍，临床中不借助脑电图监测很难分辨是本身的反应迟钝还是不典型失神发作持续状态。脑电图表现为广泛性 1.5 ~ 2.5Hz 棘慢波持续性发放，或 2 ~ 3Hz 高波幅慢波，混杂不同程度的棘波、棘慢波。

2．精神运动性持续状态 又称复杂部分性发作持续状态，表现为不同程度的意识障碍、精神行为异常，可持续数小时至数天。初期患者意识朦胧，对环境刺激有反应，可进行简单动作，但行为和语言不恰当；也可继发出现严重意识障碍，对环境刺激完全无反应，出现口咽部自动症或手自动症。意识朦胧和严重意识障碍交替出现，发作后对发作过程不能回忆。多见于颞叶癫痫患者。脑电图为一侧或双侧颞区为主的节律性尖波、棘波或 θ 活动，可波及额区、顶区，或呈 12～14Hz 低波幅快波活动，继以高波幅棘慢波节律或弥漫性不规则高波幅慢波。

3. 持续性先兆　又称局部感觉性发作持续状态，表现为主观异常感觉持续较长时间，不伴有运动行为表现和意识障碍。部分患者发作期脑电图可以记录到相关部位（颞区、顶区或枕区）的节律性放电，部分患者脑电图无异常放电，可能与癫痫灶部位较深或放电范围较小有关。脑电图无异常放电者，诊断持续性先兆非常困难，应与各种非癫痫性精神症状或自主神经症状相鉴别。

4. 癫痫性电持续状态　癫痫性电持续状态（electrical status epilepticus，ESE）指局灶性或广泛性棘慢波持续性发放，没有临床表现。ESE 主要在睡眠期出现，称为睡眠中癫痫性电持续状态（electrical status epilepticus during sleep，ESES），常出现在非快速眼动睡眠期，具有年龄依赖性，多发生在儿童。临床发作类型包括局灶性发作、全面强直-阵挛发作、典型失神或不典型失神发作，患者多伴随出现精神运动发育明显倒退。ESES 相关的癫痫综合征包括癫痫伴慢波睡眠期持续性棘慢波（CSWS）、获得性癫痫性失语（Landau-Kleffner 综合征）、儿童良性癫痫伴中央颞区棘波变异型（BECT 变异型）等。ESES 的脑电图表现为额区、颞区或顶区局灶性或多灶性尖波、棘波或尖慢波、棘慢波，睡眠中出现持续性弥漫性棘慢波，常以额区最明显，通常无棘波节律，快速眼动睡眠期放电常消失（图 7-19）。

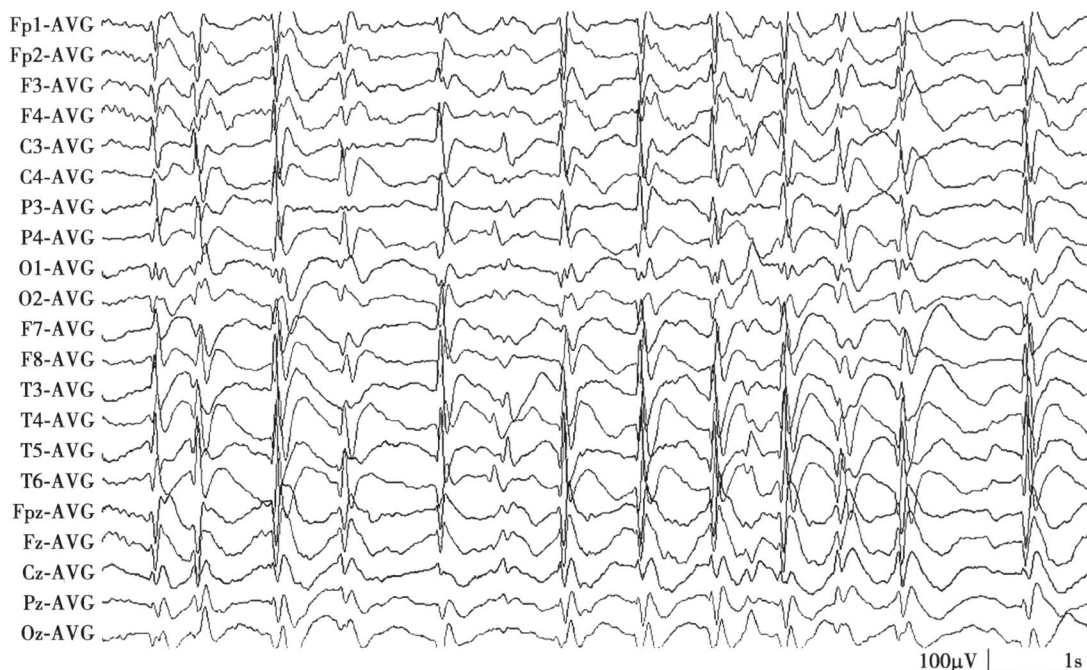

图 7-19　睡眠中癫痫性电持续状态

参考文献

[1] BLUME W T, WIEBE S, TAPSELL L M . Occipital epilepsy: lateral versus mesial [J]. Brain, 2005, 128(Pt 5): 1209-1225.

[2] UDDIN L Q, NOMI J S, HÉBERT-SEROPIAN B, et al. Structure and function of the human insula [J]. Journal of clinical neurophysiology, 2017, 34(4): 300-306.

[3] Guidelines for epidemiologic studies on epilepsy. Commission on epidemiologyand prognosis, international league against epilepsy [J]. Epilepsia, 1993, 34: 592-596.

[4] TRINKA E, COCK H, HESDORFFER D, et al. A definition and classification of status epilepticus—report of the ILAE task force on classification of status epilepticus [J]. Epilepsia, 2015, 56(10): 1515-1523.

[5] DUPONT S, KINUGAWA K. Nonconvulsive status epilepticus in the elderly [J]. Rev Neurol (Paris), 2020, 176(9): 701-709.

7

第八章

颅内电极脑电图

徐翠萍　王玉平

8

第一节　颅内电极脑电图记录

一、颅内电极脑电图的意义

脑电图记录的是大脑皮质局部神经元产生的电活动总和。大量神经元同步活动产生的电流传导到头皮表面才能被常规脑电图记录下来。脑电图的一个重要作用就是记录大脑的异常放电，可以帮助癫痫诊断和定位癫痫灶。常规脑电图记录的脑电活动受多种因素的影响，包括同步活动的神经元数量、神经元所在的部位和神经元排列方向、颅骨和头皮的完整性等。由于头皮和颅骨的衰减作用，头皮记录到的脑电活动是皮质记录的十几分之一到几分之一。此外，由于大脑不同部位颅骨的厚度不同，且有一定的电容和电感效应，所以常规脑电图很难如实地反映大脑皮质电活动的真实情况。由于上述因素的影响，部分癫痫患者头皮常规脑电图发作间期记录不到癫痫样放电，或发作期脑电图没有任何明显的癫痫相关的电活动；部分癫痫患者发作时由于肌电活动和运动伪差的影响，头皮脑电图难以清晰地显示癫痫样放电，因此无法准确判断癫痫灶的部位。所以，应用头皮脑电图进行癫痫灶定位存在一定的局限性，表现为空间分辨率较低、肌电干扰和伪差较大以及无法检测到大脑深部结构的电活动，如岛叶、扣带回、额叶眶面、颞底内侧面及枕叶底面等。

鉴于以上头皮脑电图的局限性，应用颅内电极脑电图可以真实地反映大脑皮质、脑沟及大脑深部结构的电活动，且不会受到肌电和伪差的干扰。癫痫灶位于语言区和感觉运动区等重要功能区的患者，利用颅内电极进行皮质电刺激，可以精确定位大脑功能区，明确功能区和癫痫灶的关系，在不损伤功能区的前提下尽最大限度完全切除癫痫灶。

二、颅内电极的种类和埋置方法

颅内电极包括硬膜外电极、硬膜下电极和深部电极，目前普遍应用的为硬膜下电极和深部电极，硬膜下电极又包括栅格电极和条状电极。埋置电极的基本原则为尽可能应用最少的电极覆盖推测的癫痫灶部位，使用的电极种类、规格、数量等都要根据患者癫痫灶的具体情况而定。将一次性螺旋电极固定于头顶部位的颅骨上作为参考电极，在记录过程可减少许多干扰和伪差。埋置颅内电极后回到监测病房，等待视频脑电图监测。术后常规行头颅 X 线或头颅 CT 检查，了解颅内电极的具体位置。

1. 栅格电极　颅内电极的材质一般为不锈钢或铂金。栅格电极分为多种不同的规格，如 16 触点（2×8）、20 触点（4×5）、24 触点（4×6）或 32 触点（4×8），电极直径为 5mm，相邻两个触点中心之间的距离为 10mm。栅格电极适用于癫痫灶位于大脑皮质凸面的患者。一般在全麻状态下行去骨瓣开颅手术，将电极放置在硬膜下皮质表面，根据术中皮质脑电图监测结果适度调整电极位置，电极位置确定后在电极导线出硬膜处将导线固定在硬膜上以防止电极片移位。与深部电极相比，栅格电极能覆盖更大范围的皮质表面，可以充分覆盖中央区、语言区等，便于进行皮质电刺激确定大脑皮质功能。

2. 条状电极　硬膜下条状电极是指单列的多触点皮质电极，规格包括 4 触点（1×4）、6 触点（1×6）或 8 触点（1×8）。条形电极适用于放置在额眶回、颞底、枕底以及半球之间的脑区。在全麻下，通过直接颅骨钻孔或开颅方式放置条状电极，根据皮质脑电图监测结果适时调整电极位置，最终放置到最理想部位，为防止移位，在出硬膜时将电极导线缝合固定在硬膜上。当癫痫灶定侧比较困难时，如额叶癫痫，可以双侧对称放置电极，根据发作期脑电图判断发作起源的侧别，因为临床中双侧额区独立起源的发作情况时有发生。当难以确定癫痫灶是位于额叶还是颞叶时，需要在额区和颞区同时埋置电极。与深部电极相比，使用条形电极无须定位设备和复杂的定位技术，因此操作简单，而且条形电极覆盖的脑区范围较深部电极更广。缺点是条形电极无法记录到杏仁核、海马或岛叶等深部结构的脑电活动。

3. 深部电极 深部电极的规格包括 4 触点、8 触点和 16 触点，适用于记录大脑深部结构的电活动，如海马、杏仁核、岛叶等。电极触点直径为 0.8mm，触点长度为 2mm，触点间距为 3.5mm。埋置深部电极时采用立体定向技术，安装 CRW 头架后行头颅磁共振扫描，三维重建后计算深部电极预置位置的靶点坐标，行颅骨钻孔，将多触点深部电极埋置于靶点部位，随后撤除电极导芯，固定电极后患者返回监测病房进行视频脑电图监测。

对于颞叶癫痫患者，经常选用多触点深部电极放置于海马结构。电极沿海马长轴平行放置，可以记录到海马的整体电活动，入点为枕部或颞后，靶点为海马头。另一种电极埋置方法是电极垂直于颞叶表面，同时记录颞叶外侧皮质与内侧海马的脑电活动。大多数患者需要进行双侧颞叶对称埋置电极，因为很多颞叶癫痫患者存在双侧独立放电的情况，双侧同时记录才能明确发作起源的侧别。

4. 立体定向脑电图 立体定向脑电图

（stereoelectroencephalography，SEEG）技术起源于 20 世纪 60 年代的法国，由 Talairach 和 Bancaud 共同创立。其理论基础为癫痫发作症状学的解剖 - 电生理 - 临床相关性，根据发作期放电在"时 - 空"演变的三维动态过程，构建癫痫发作的起源和扩布的立体脑网络。埋置的深部电极分为多种规格，6 触点、8 触点、10 触点、12 触点和 16 触点，电极直径为 0.8mm，电极触点长 2mm，触点间距为 1.5mm。适用于埋置在颅内深部结构，如海马、岛叶、扣带回或辅助运动区等。SEEG 的电极埋置方法包括基于立体定向头架系统、基于无框架导航系统和神经外科机器人系统。基于神经外科机器人系统埋置电极精准性更高，入点误差平均为 1.17mm，靶点误差平均为 1.71mm。埋置电极前行影像学检查，包括 T_1 加权相薄层磁共振扫描、磁共振动脉血管成像和静脉血管成像；手术当天在局麻下于颅骨上固定四个配准螺钉，行头颅 CT 检查。将上述影像资料导入机器人系统工作站并设计立体定向电极路径，在机械臂引导下置入深部电极，并用导水帽加以固定。术后行头颅薄层 CT 扫描，排除颅内出血等并发症，将术后 CT 与术前 MRI 进行图像融合，明确电极触点的位置。表 8-1 列举了立体定向深部电极和硬膜下电极、普通深部电极的区别。

三、颅内电极脑电图记录技术

埋置颅内电极后要进行长时间视频脑电图监测，目的是记录多次发作期的脑电图。因颅内电极埋置的数量较多，通常使用 128 通道或 256 通道脑电图仪进行记录。将采样率最好设置到 500Hz 以上，这样可以记录到 γ 频带或 ripple 频带的电活动，当然不同的脑电图机器采样率不同，尽可能设置到机器所能达到的最高采样率。由于颅内电极脑电图信号明显大于头皮脑电图，

表 8-1　立体定向深部电极和硬膜下电极 / 普通深部电极的区别

比较点	立体定向深部电极	硬膜下电极 / 普通深部电极
患者年龄	>2 岁	没有限制
皮质覆盖范围		
表面皮质	稀疏	密集
脑沟	可以覆盖	仅深部电极可以覆盖
大脑深部结构	可以覆盖	仅深部电极可以覆盖
皮质电刺激	因电极稀疏刺激出的功能区不充分	可以很容易地完成功能区定位
双侧半球埋置	容易实现	不太容易实现

所以根据所需的导联数目设置增益范围，滤波范围设置为 0.008 ~ 500Hz。设置导联排列为双极导联，可反映两个相邻触点之间相对的电位差。参考电极在手术室已放置好，接地电极可以放置在头皮的任何部位，通常放置在额头。一般术后 1 ~ 2 周内就可以记录到足够的发作次数，对于少数发作次数较少的患者，电极可以在颅内保留至术后 3 个星期。在监测发作期脑电图过程中，可以适量减少抗癫痫药物的用量。

四、颅内电极埋置的风险

颅内埋置电极必然会带来一定的风险，包括颅内感染、脑组织肿胀、颅内出血或血肿等。埋置方式不同，并发症发生的概率不同，骨瓣开颅埋置颅内电极比颅骨钻孔手术出现并发症的概率要高，机器人辅助下立体定向深部电极埋置的并发症则较低。其中颅内出血是最严重的并发症，特别是硬膜下出血，甚至可以危及生命，即使出血量少，也可能使脑电图信号明显减弱，皮质电刺激结果不满意或不准确。硬膜下电极或深部电极植入引起颅内出血的发生率为 2.4%。通常需要治疗的出血很少（<0.3%）。通过术前凝血功能的评估，出血的可能性可以降低，另外长期服用丙戊酸钠的患者应在术前 2 周停用，术后常规

使用静脉止血药物 3 天以上。SEEG 的深部电极埋置颅内出血的发生率为 1%。另一个主要的风险是颅内感染，其中脑脊液漏是产生颅内感染的危险因素。为了避免脑脊液漏的发生，埋置颅内电极后应紧密缝合硬膜，可以有效防止术后脑脊液漏的发生；开颅埋置电极的患者需放置硬膜外引流管 2 ~ 3 天，充分引流术野渗出的液体；电极导线引出头皮时要远离颅骨切口，从肌肉丰富的部位逐个引出电极导线。此外术后常规应用抗生素治疗并加强营养，可以防止术后颅内感染的发生。需要注意的是颅内电极埋置于颅内的时间超过 2 周，感染的概率大大增加。硬膜下电极或深部电极埋置颅内感染的发生率高于 SEEG（表 8-2）。此外，少数发作程度较大或发作后伴随精神症状的患者会自行拔出电极或导致电极折断。

总而言之，选择使用侵入性的脑电图技术必须衡量预期的收益和风险。需要充分把握埋置颅内电极的适应证，并且要避免缺乏理论假设而盲目埋置电极，否则难以获得准确定位。因为埋置电极的数量有限，因此术前要综合分析各项无创检查和临床发作症状学的演变，根据假设的癫痫灶理论制定具体的埋置电极方案，电极埋置部位包括推测的癫痫发作起始区、癫痫发作早期扩布

表 8-2　立体定向深部电极和硬膜下电极 / 普通深部电极并发症比较

比较点	立体定向深部电极	硬膜下电极 / 普通深部电极
所有并发症发生率	1.3%	3.5%
颅内出血发生率	1.0%	2.4%
感染发生率	0.8%	颅内感染 2.3%，头皮感染 3.0%
死亡率	0.3%	0.3%

区、发作症状区以及与推测的癫痫灶重叠或者邻近的功能区，尽可能应用合理数量的电极采集到更多癫痫灶定位的信息。尽管颅内电极的使用会带来一些风险，但这些并发症的发生率较低，并且充分做好严格的术前准备、术中操作和术后患者管理，可以减少这些并发症发生。

第二节　颅内电极脑电图分析

颅内电极脑电图记录的是电极附近局部的神经元电活动，其信号强度远远大于头皮脑电图，并且波形、位相和分布与头皮脑电图也不同。颅内电极脑电图可以精确地记录到发作期起始阶段的脑电信号，然而颅内电极的空间采样范围有限，这种脑电变化反映的仅仅是电极触点附近的神经元电活动，究竟是癫痫发作的起源区还是起源区之外的脑区激活后产生的放电需要认真地分辨及推敲。

一、发作间期颅内电极脑电图

根据发作间期的颅内电极脑电图，明确背景脑电活动的信息和癫痫样放电。背景活动出现慢波表示该脑区存在结构性或功能性异常，不能作为癫痫灶定侧和定位的主要依据。颅内电极脑电图与头皮脑电图检测到的棘波波形可能有一些区别，一般较头皮脑电图的棘波波幅更高，时程更短，并且可以记录到头皮脑电图没有发现的异常放电。大多数患者发作间期记录到的棘波范围较广泛，它们有着不同的波形和极性。当一条深部电极的多触点同步记录到时相、形状均相同的棘波时，应该考虑到容积传导的可能，波幅最高的部位更靠近棘波的发生源。而当多触点同步记录到位相相反的棘波时则应该认为在两个触点之间是棘波发生的位置。另一种情况是在一条深部电极的多个触点可以记录到多个形态不同、时间不同步的独立棘波，这些棘波在头皮电极脑电图或蝶骨电极脑电图上可能会被同时记录到。睡眠周期可以影响颅内电极脑电图发作间期棘波的出现率，一般情况下棘波在刚入睡时容易出现，慢波睡眠的时候最多，快速眼动睡眠期减少。

目前临床观察发现某些具有特征性的发作间期癫痫样放电与癫痫灶关系密切，如局灶性周期性癫痫样放电、阵发性低幅快波活动、局灶性 δ 刷模式等，在病因上可能与局灶性皮质发育不良有高度的相关性。近年来，基于高采样率脑电图仪观察到发作间期高频振荡与发作起始区有明显的关联，而且高频振荡在不同脑区、不同病原学特点的患者均可记录到。其中 80 ~ 250Hz 称为涟波，250 ~ 500Hz 称为快速涟波。需要注意的是某些脑区具有生理性高频振荡活动，要与病理性高频振荡仔细甄别。发作间期癫痫样放电常常比较广泛，远远超出发作起源区的范围，并且发作起源区的对侧也可以记录到癫痫样放电，因此单纯依靠发作间期放电进行癫痫灶定位是不准确的。比较常见的发作间期颅内电极脑电图包括节律性棘波 / 棘波节律、高幅棘波、棘慢波节律 / 多棘慢波、局灶性周期性尖波、局灶性 δ 刷、高频振荡（图 8-1 ~ 图 8-6）。

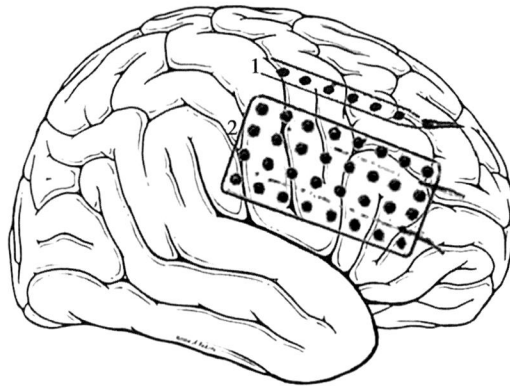

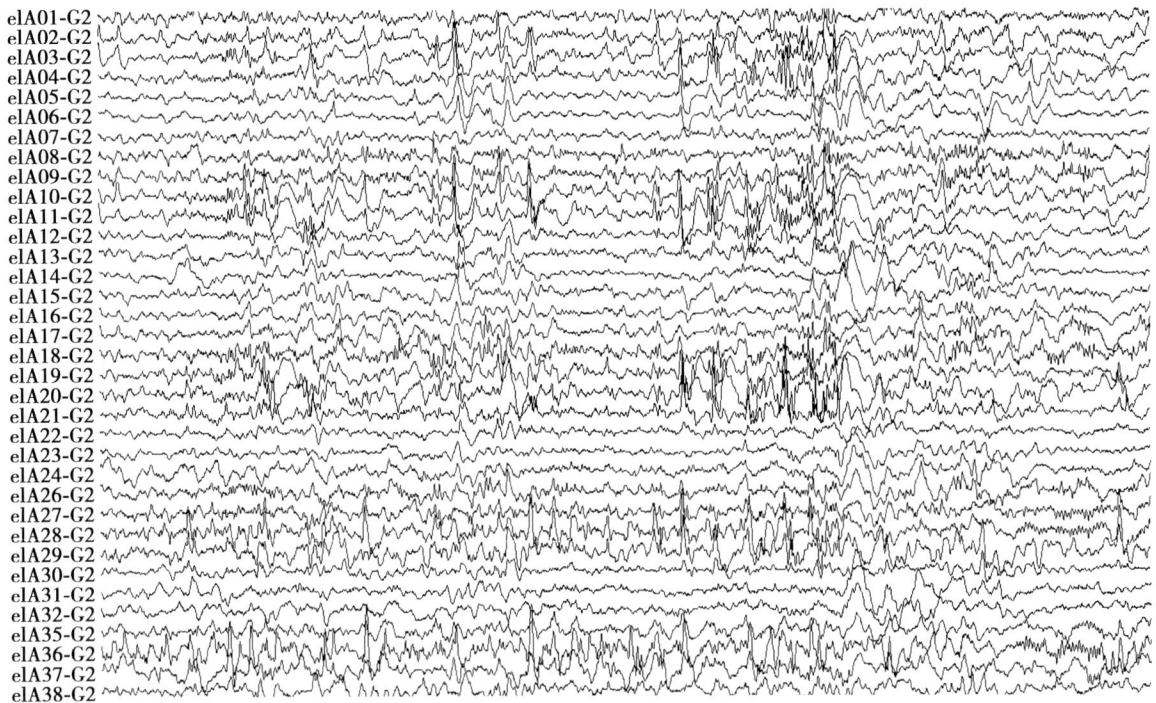

图 8-1　节律性棘波、棘波节律

图为条状电极和栅格电极记录，电极埋置在右侧额后、顶区，右顶显示节律性棘波、棘波节律。

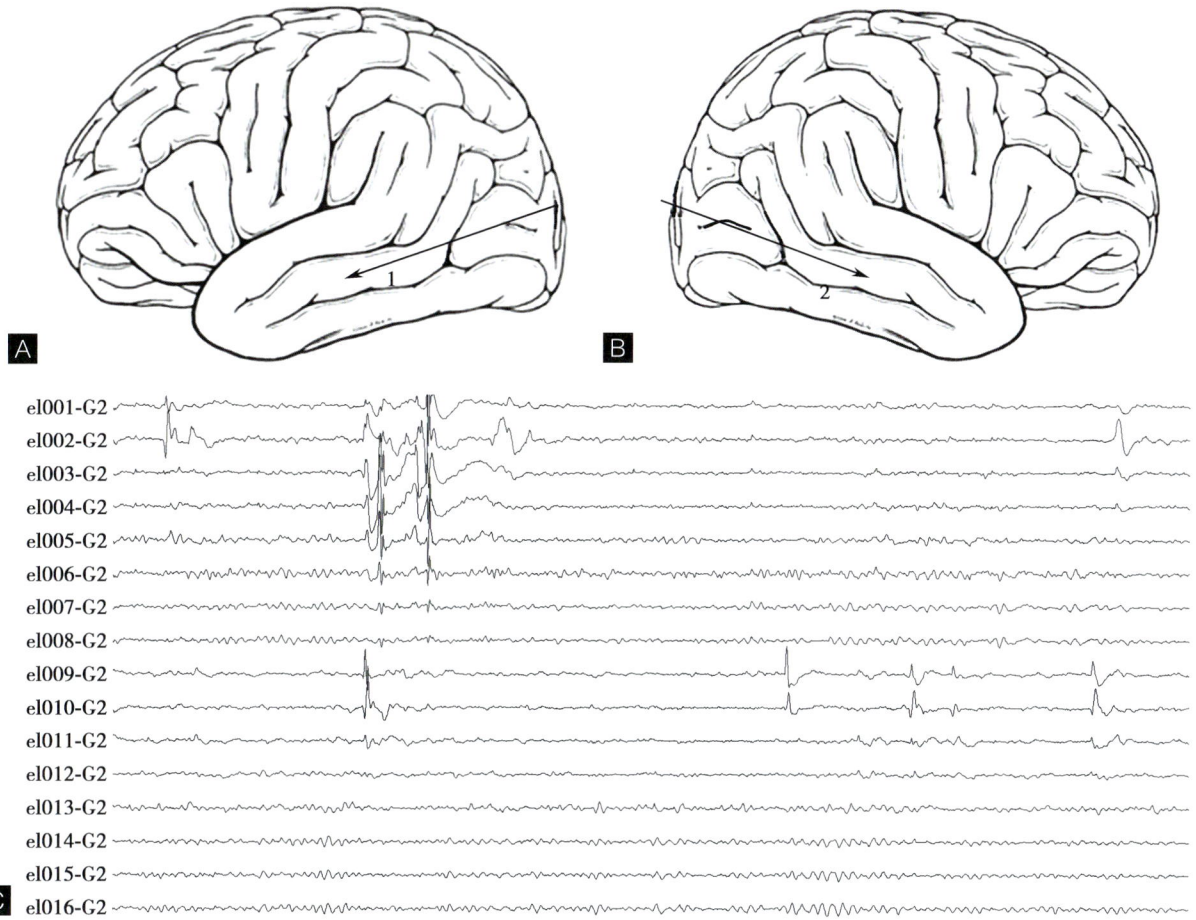

图 8-2　高幅棘波

图为深部电极记录，电极埋置在双侧海马，图中上 8 个导联为左侧海马电极记录，下 8 个导联为右侧海马电极记录。可见双侧海马出现独立的棘波。

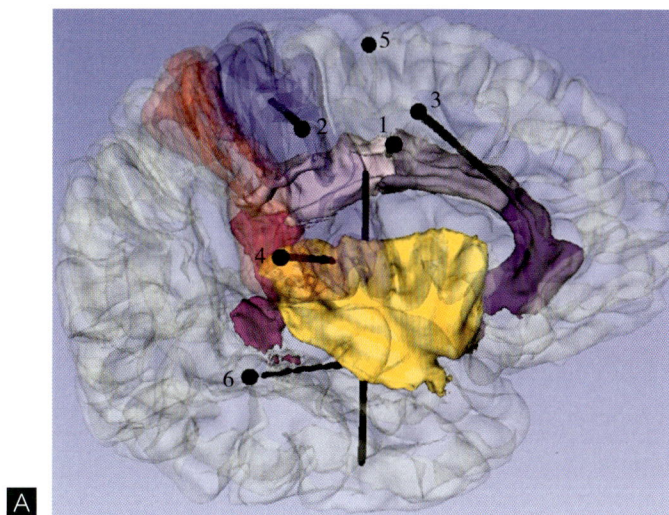

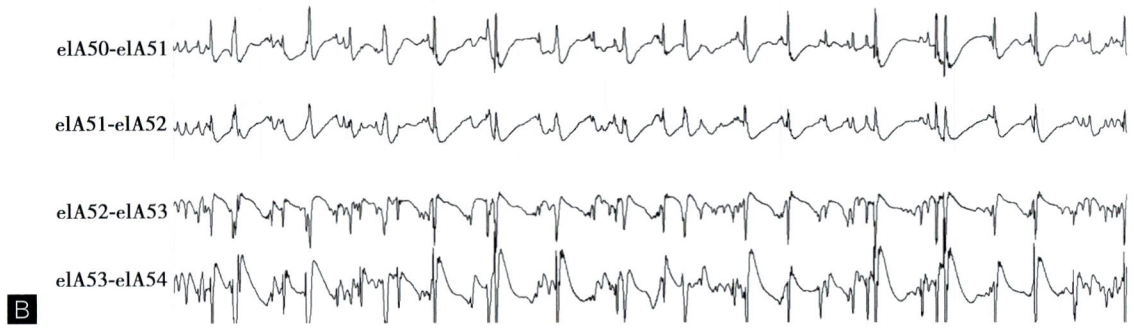

图 8-3 棘慢波节律、多棘慢波
图为 SEEG 记录，电极埋置在右额、扣带回、岛叶和颞，右额显示棘慢波节律、多棘慢波。

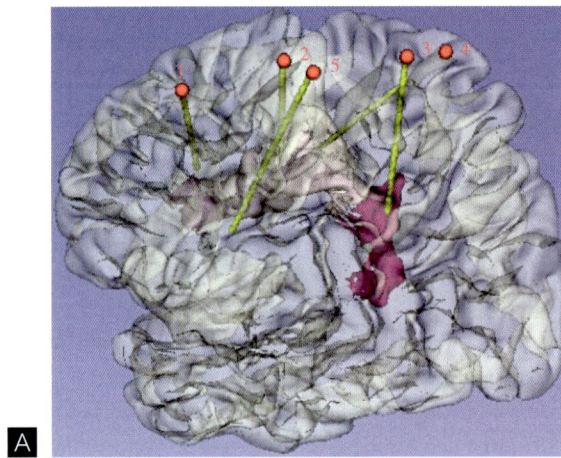

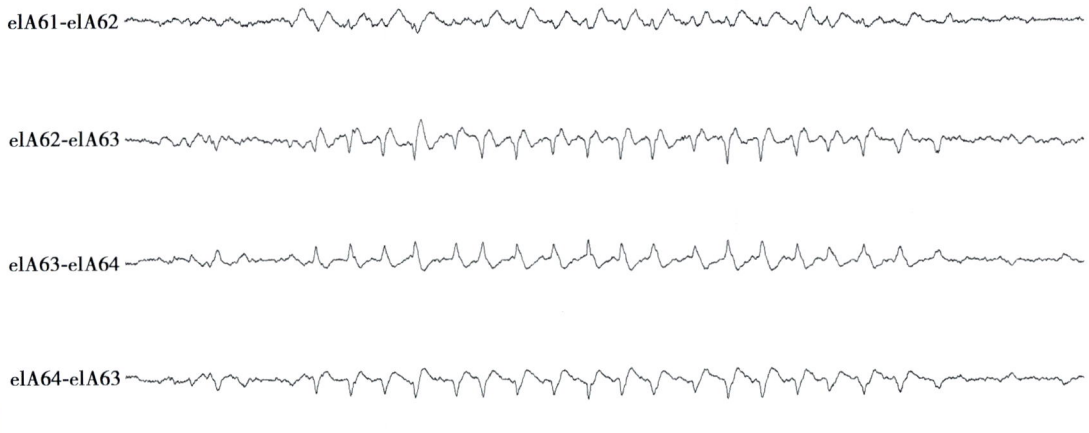

图 8-4 局灶性周期性尖波
图为 SEEG 记录，电极埋置在左侧额、顶，左额显示周期性尖波。

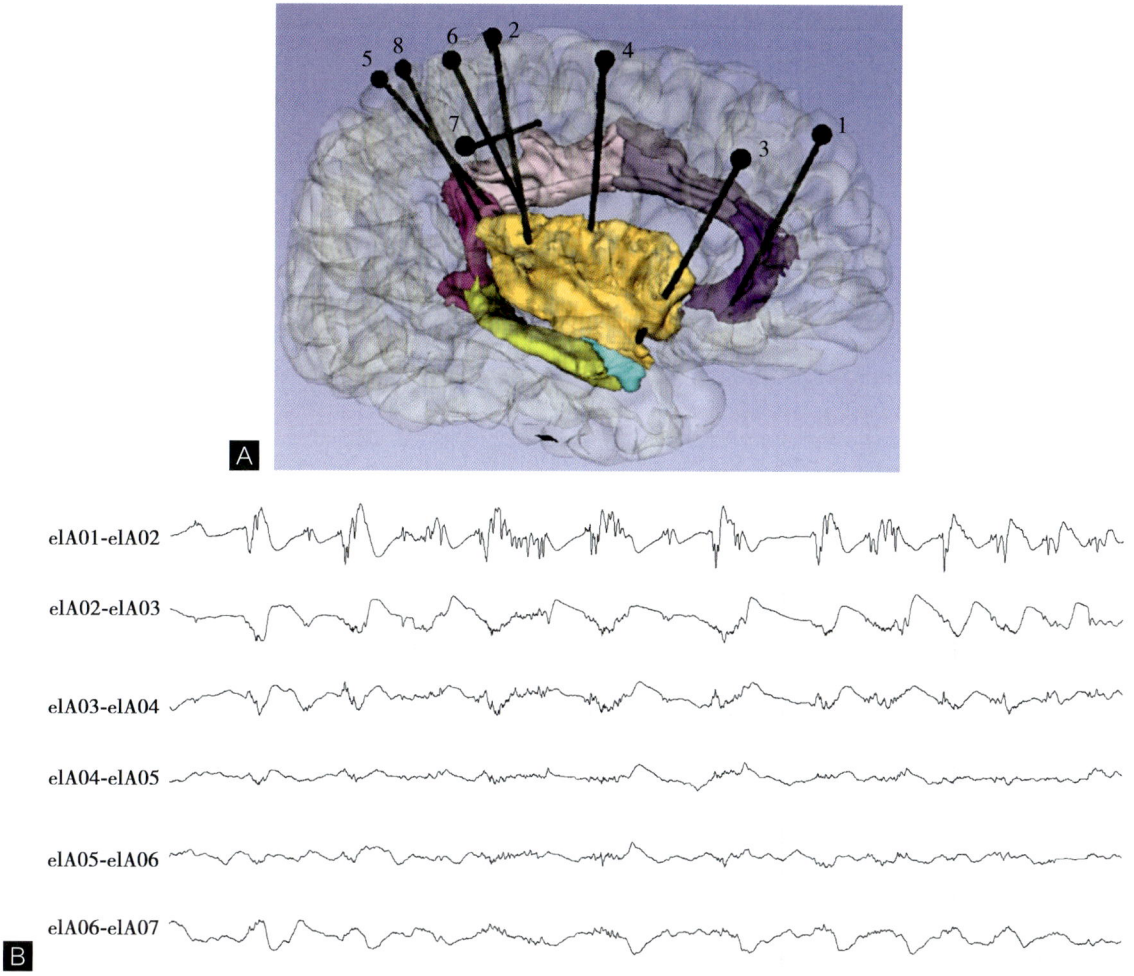

图 8-5　局灶性 δ 刷

图为 SEEG 记录，电极埋置在右额、顶、岛叶和后扣带回，右额显示 δ 刷。

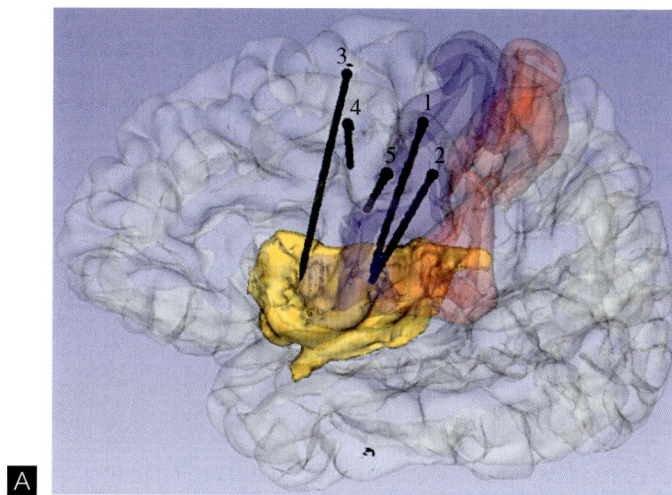

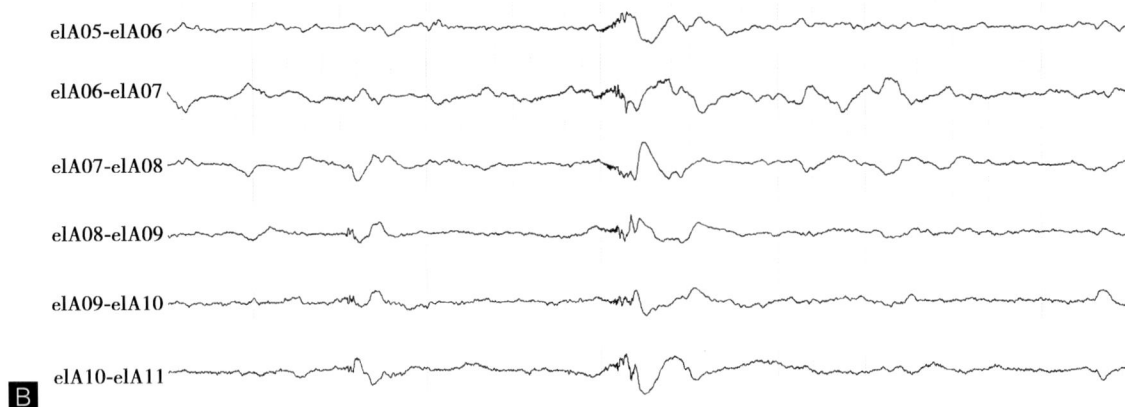

图 8-6　高频振荡

图为 SEEG 记录，电极埋置在左侧额、顶和岛叶，左额、额盖显示高频振荡。

二、手术中皮质脑电图监测

在癫痫外科切除手术中常规进行皮质脑电图（electrocorticography，ECoG）监测，主要目的是帮助确定癫痫灶切除的范围和界限，在没有神经功能损伤的情况下尽可能最大限度地完全切除癫痫灶，提高手术疗效。使用的电极通常为栅格电极（4×8 或 2×8）或条状电极（1×8），然而对于较深部位的癫痫灶如脑沟底部、皮质下的灰质异位等，要增加深部电极进行术中监测。打开硬脑膜后控制好麻醉条件，将栅格电极放置于皮质表面行"地毯式"监测，深部电极从不同角度入点探测深部的异常放电，每个部位记录 3～5min。根据 ECoG 异常电活动的出现情况，结合术前确定的癫痫灶部位，决定手术切除的范围。切除后再次行 ECoG 监测，根据具体情况决策是否需要扩大切除。切除癫痫灶后周围皮质棘波消失，一般术后疗效较好，但有时术后残存的棘波和术后疗效并不一定完全相关。如癫痫灶切除后运动区记录到大量的棘波发放，为避免切除后出现运动功能障碍，可以进行皮质热灼术。需要注意的是，术中 ECoG 监测时间较短，记录到的是发作间期的异常放电，而且术中有麻醉药物

的影响，因此并不能全面反映癫痫灶的情况，必须结合发作期脑电图综合判断。

此外，颅内肿瘤的患者术中应用 ECoG 监测可以发现癫痫样放电位于肿瘤邻近区域的皮质，皮质大量的癫痫样放电与术后早期癫痫的发生有关，为避免术后癫痫的发生，手术中不仅要完全切除肿瘤组织，周边异常放电明显的组织有时需一并切除。因此，术中 ECoG 监测可以对术后早期癫痫的发生进行预测，对术前无癫痫发作的颅脑手术患者发现癫痫样放电时术后可以预防性应用抗癫痫药物提供脑电生理活动的客观依据。

三、发作期颅内电极脑电图

颅内电极脑电图可以记录到明确的发作起始期的脑电活动，从而确定发作起源。大部分额叶癫痫患者发作期头皮脑电图异常放电比较广泛，一侧半球多个脑区同时出现节律性放电，或双侧额区出现同步性放电，应用颅内电极脑电图则可以清楚地显示发作起源区电活动，发现发作性放电在脑区之间传播扩布的过程。

自然发作时颅内电极脑电图定位的精确程度高于诱发发作。监测脑电图期间减少抗癫痫药物

的用量可以使发作期脑电信号受到一定程度的影响，因此如能记录到自然发作，不建议改变抗癫痫药物的用量。另外，同一患者在不同的自然发作中颅内电极脑电图特征会表现出一定的变化，如发作的起始部位以及发作性放电扩布的速度和方向均会不同，此时需综合判断癫痫灶部位。少数患者埋置颅内电极后出现新的发作形式，可能完全不同于惯常发作，出现了不一致的发作起源，此时要综合考虑分析新出现的发作其起源区与惯常发作起源区的关系。如果新出现的发作是由于颅内电极刺激而引起的，如中央区埋置颅内电极的患者，监测期间可能出现口角或手指的局部运动性发作，那么这个起源区并不是真正的癫痫灶。临床下发作或先兆发作的起源部位与自然发作的起源部位也会表现出不完全一致的情况，当出现不一致时要特别注意辨别并综合分析，判断前两者的起源部位是否是癫痫灶的一部分，手术切除癫痫灶时是否需要一并处理等。

发作期颅内电极脑电图与头皮脑电图相比，发作起始区可以表现出更多样的放电模式。临床发作症状出现之前第一个出现节律性放电的区域，定为发作起始区，发作起始区可以很局限，也可以较广泛，节律性放电逐渐演变、扩布，随后出现临床症状。如果发作症状出现之后才能看到明确的节律性放电，则表明电极可能没有覆盖到癫痫灶。内侧颞叶癫痫常见的发作起始模式有低频高幅重复性棘波（low frequency repetitive spikes，LFRS）、低幅快波节律（low voltage fast activity，LVFA）、高幅棘波节律、节律性棘波或棘慢波、尖波活动等，其中节律性棘波或棘慢波、低频高幅重复性棘波是最常见的发作起始模式，并且与海马硬化的程度、术后疗效均密切相关。颞叶新皮质癫痫在发作起始区同样可以记录到 LVFA 和高幅棘波节律，但 LVFA 最常见，表现为局灶性的 LVFA 的患者手术后疗效较好。LVFA 也是额叶癫痫患者发作起源区最常见的发作起始模式，但 LVFA 之前可能出现各种各样的癫痫样放电，如节律性棘波或棘慢波后出现 LVFA、多棘波后出现 LVFA、慢波或基线漂移后出现 LVFA。与颞叶新皮质 LVFA（β 频带）的放电活动相比，颞叶外癫痫 LVFA 的放电频率更高，为 γ 活动。此外，额叶癫痫患者发作起始区还可以记录到 δ 刷、广泛性电压减低，当然这两种发作起始模式是最不常见的，广泛性电压减低可能表示癫痫灶较广泛，手术切除后患者不能获得满意的疗效。在扩布区可以出现尖波活动（≤13Hz）、LVFA、节律性棘波或棘慢波和 LFRS。不同类型的癫痫患者发作起始区的范围以及发作扩布的速度不同，但有一点是一样的，即发作起始范围局限、扩布速度较慢的患者预示术后将获得较好的疗效。不同癫痫灶起源患者发作期颅内电极脑电图如下图（图 8-7～图 8-13）。

1. 内侧颞叶发作 电极埋置部位（入点→靶点）：

电极 A：右额中回→岛叶前部 12 点深（elA01-elA12）

电极 B：右额中回→岛叶中部 16 点深（elA13-elA28）

电极 C：右顶→岛叶后部 12 点深（elA29-elA40）

电极 D：右枕→海马 16 点深（elA41-elA56）

电极 E：右颞后→海马后部 16 点深（elA57-elB08）

电极 F：右颞后→颞底 12 点深（elB09-elB20）

8

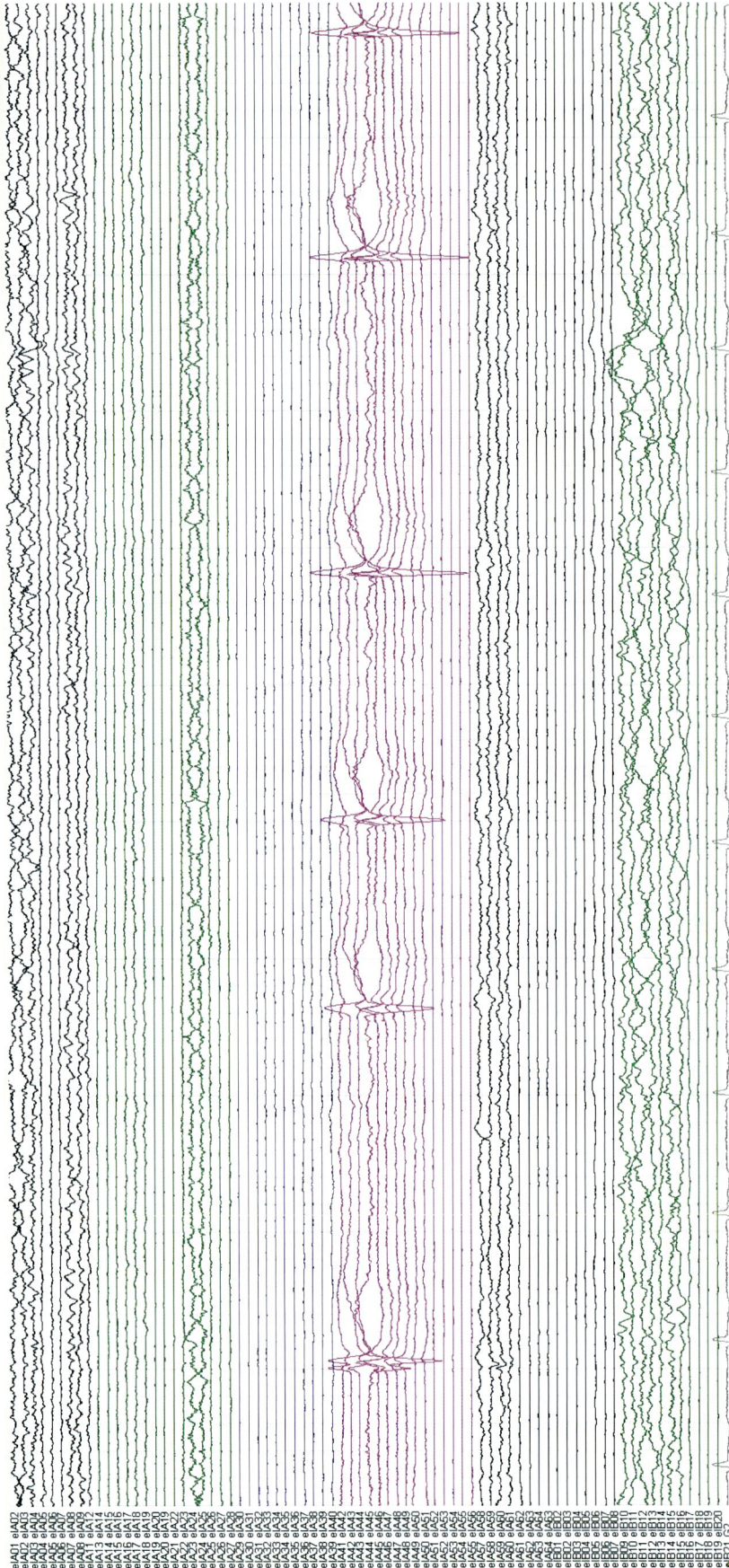

B

8

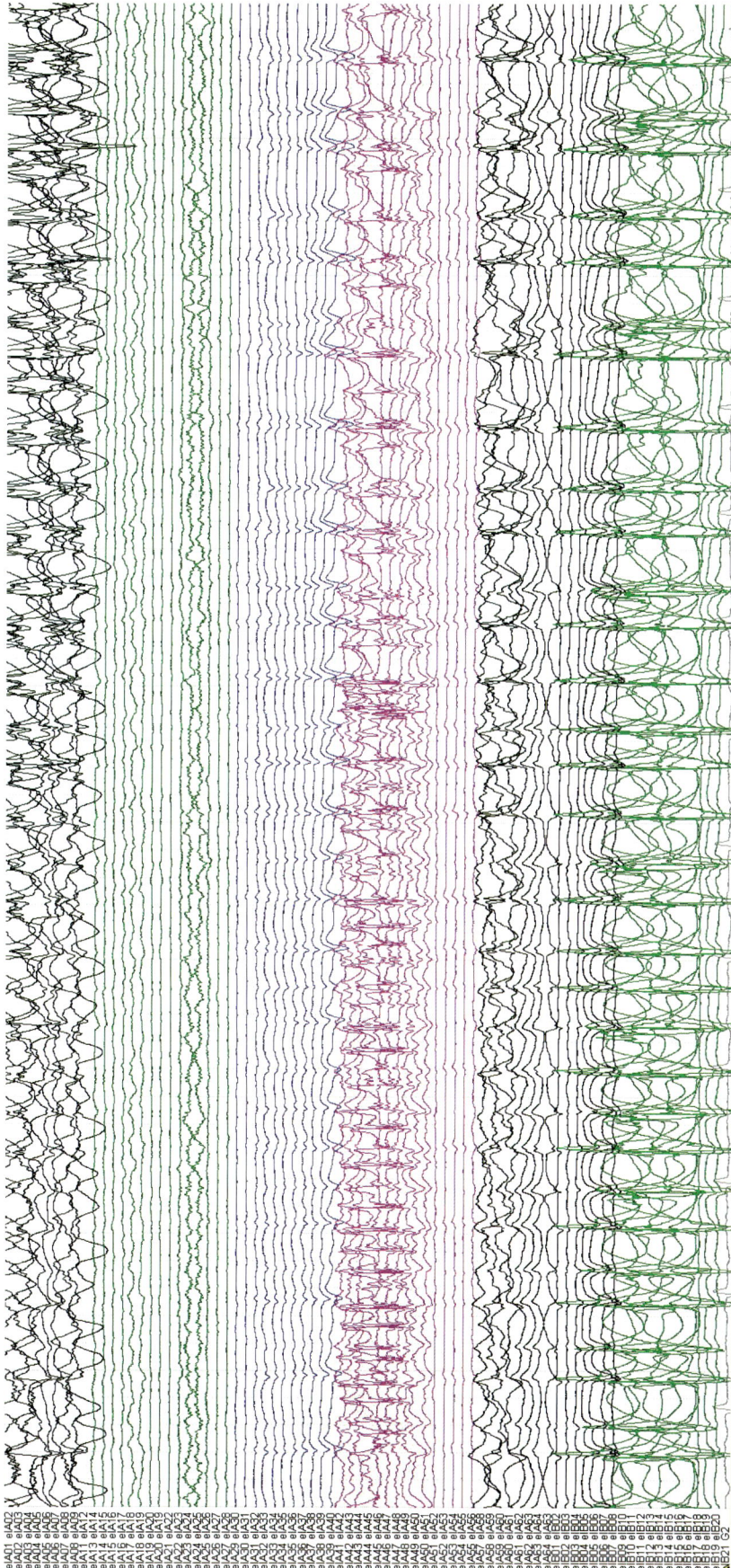

8

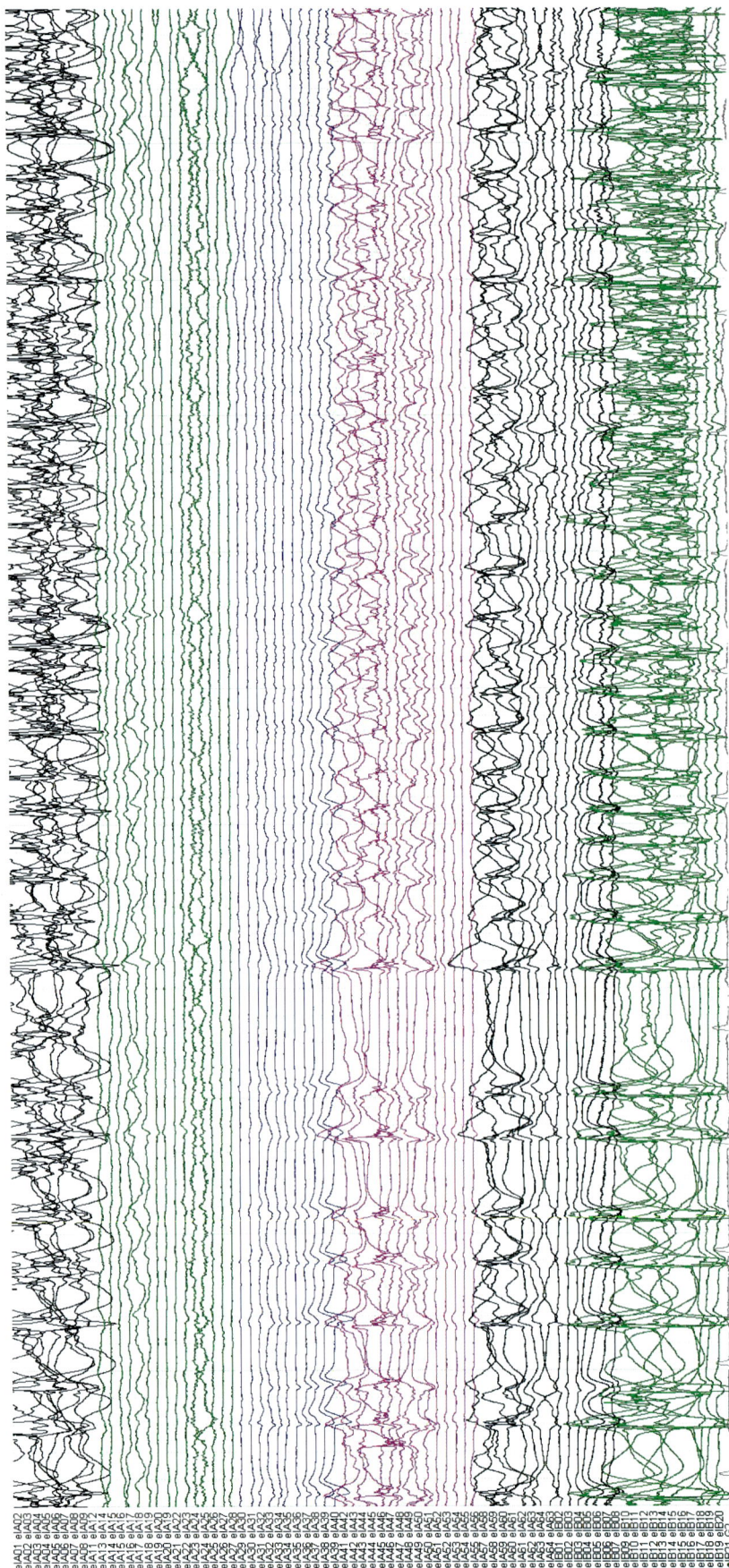

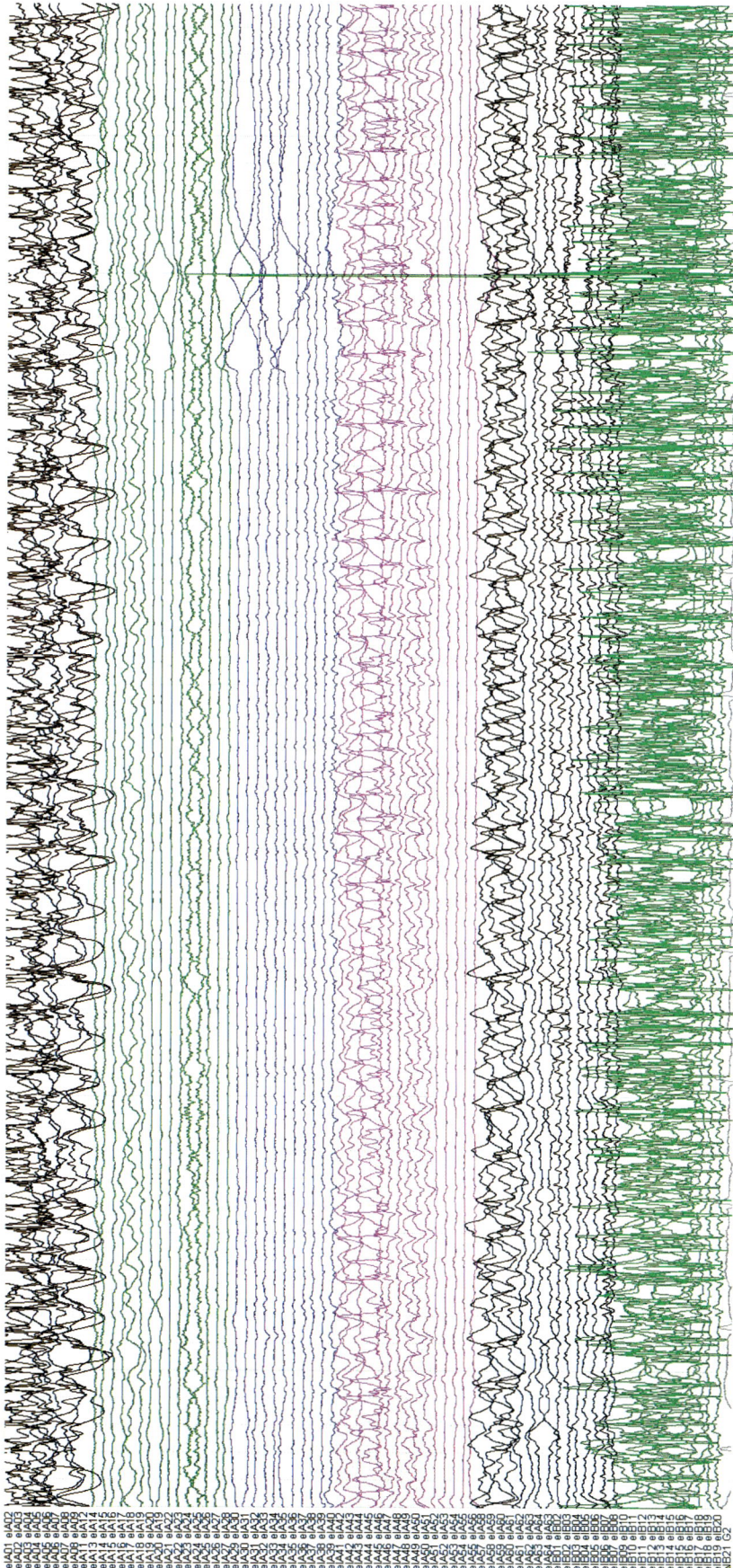

8

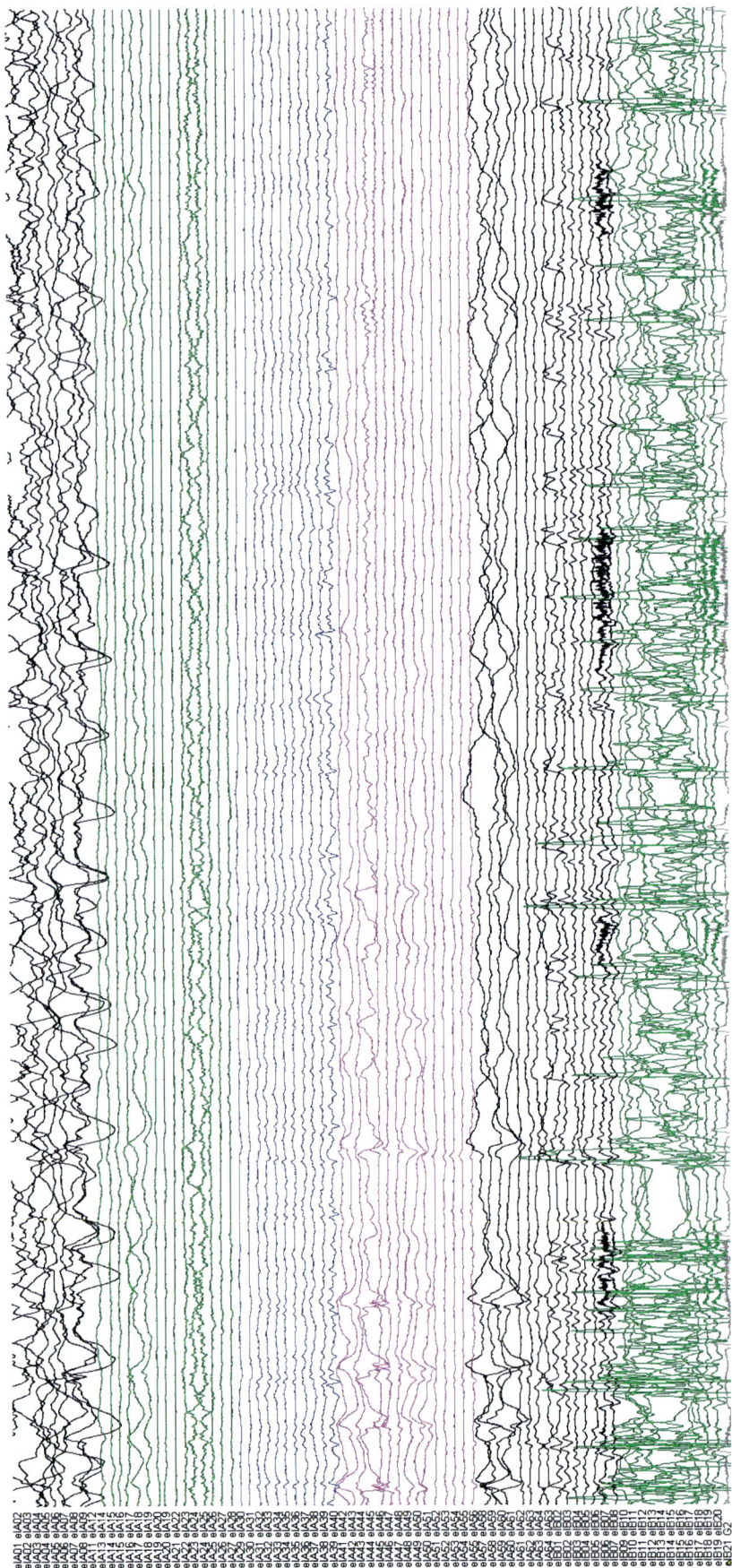

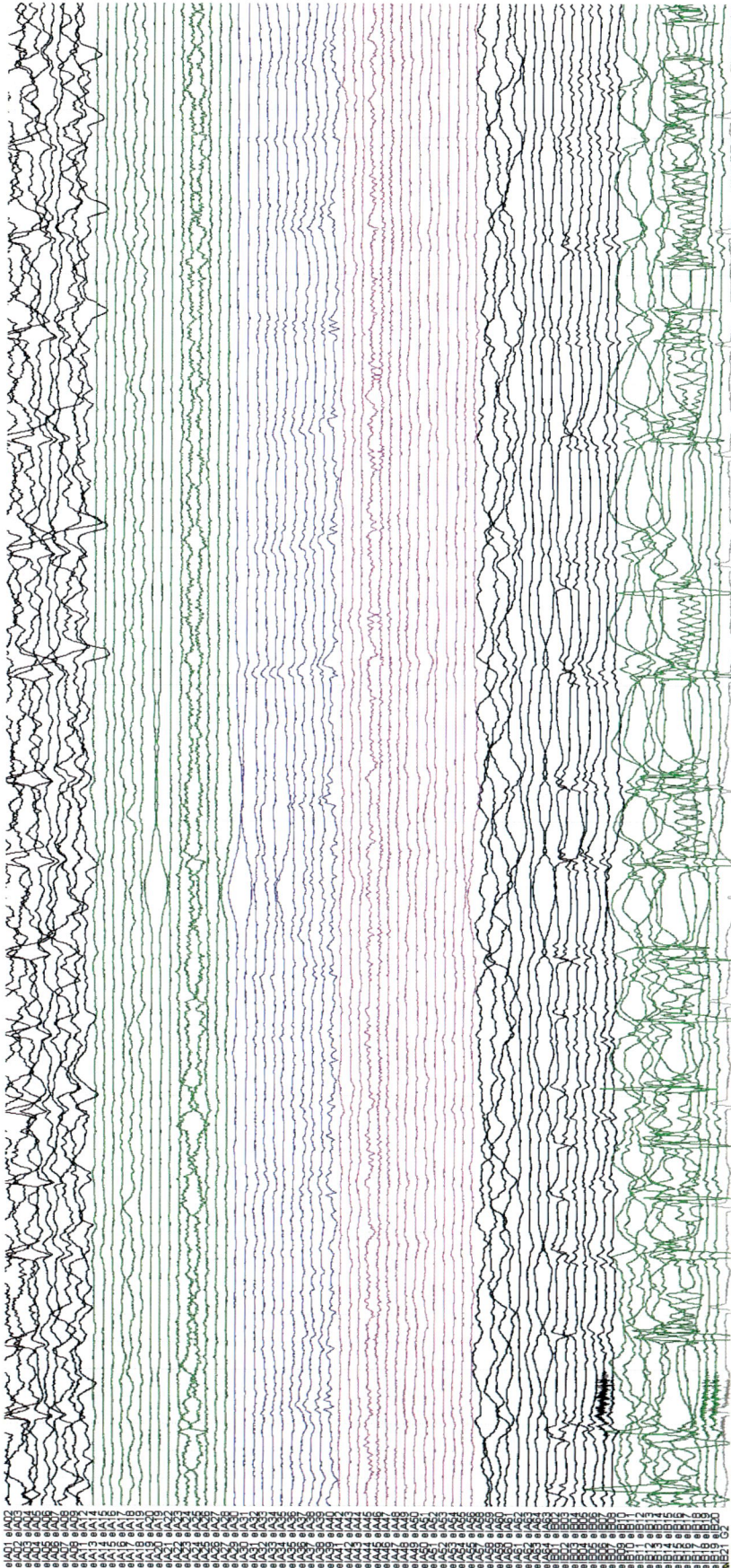

图 8-7 内侧颞叶发作

女，27 岁，癫痫发作 25 年。发作表现为发愣，呼之不应。发作前自觉头部不舒服。每月发作 2～3 次。多种抗癫痫药物不能控制。MRI 未见明显异常。脑磁图（MEG）示异常棘波集中于右侧岛前区。PET 示右侧下颞叶中度减低区，与对侧相比，减低率为 18%。图为埋置颅内电极后记录到的一次自然发作，发作初期可见右侧海马低频高幅重复性棘波，逐渐扩布至右侧颞底、右侧岛叶前部（A～I 为连续记录，灵敏度 400μV/cm）。

2. 新皮质颞叶发作　电极埋置部位（入点→靶点）：

电极 A：左额下回后→额盖 8 点（el001-el008）
电极 B：左额中回→岛后 16 点（el009-el024）
电极 C：左颞横回→岛中→杏仁核 16 点（el025-el040）
电极 D：左颞后→海马 16 点（el041-el056）

电极 E：右额下回后→额盖 10 点（el057-el066）
电极 F：右额中回→岛后 16 点（el067-el082）
电极 G：右颞横回→杏仁核 16 点（el083-el098）
电极 H：右颞后→海马 16 点（el099-el114）

8

A

8

B

8

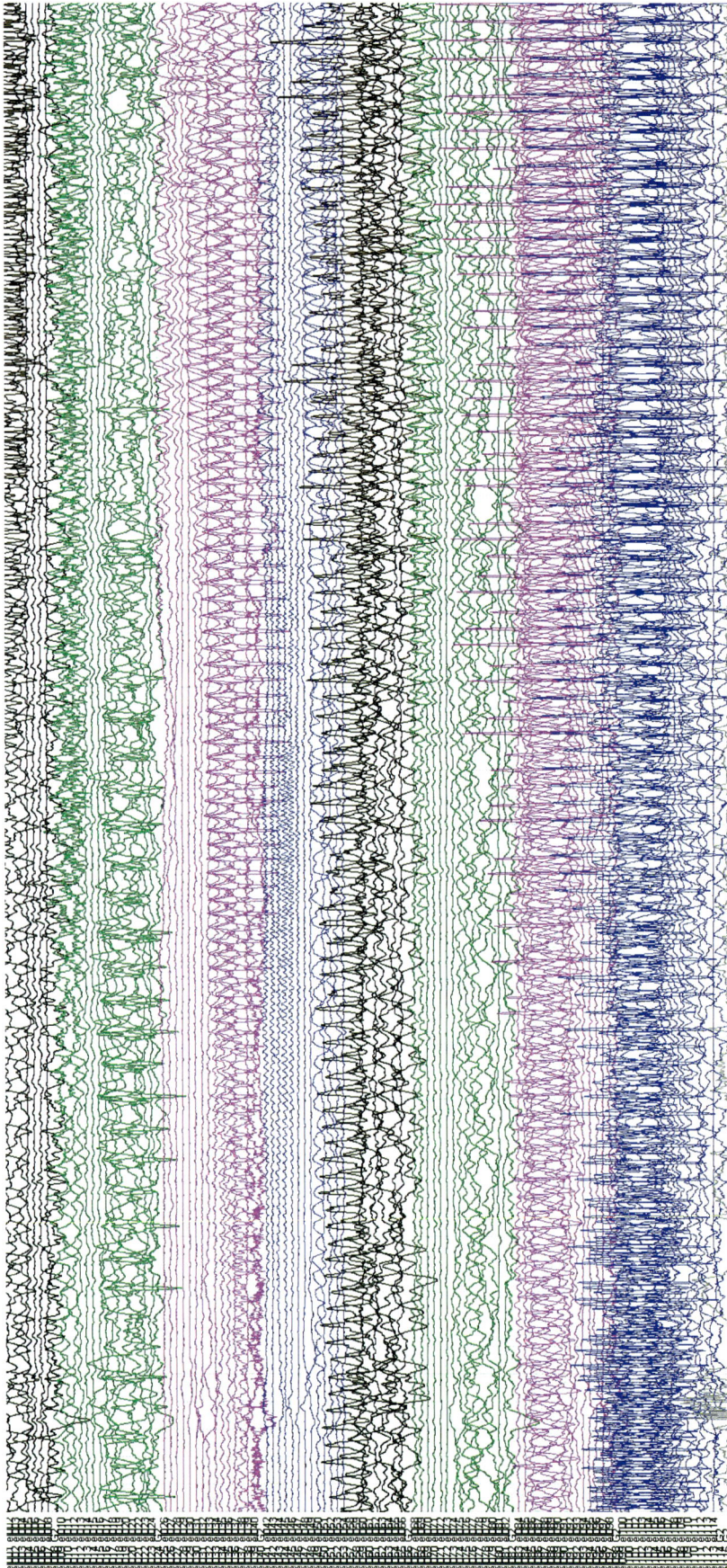

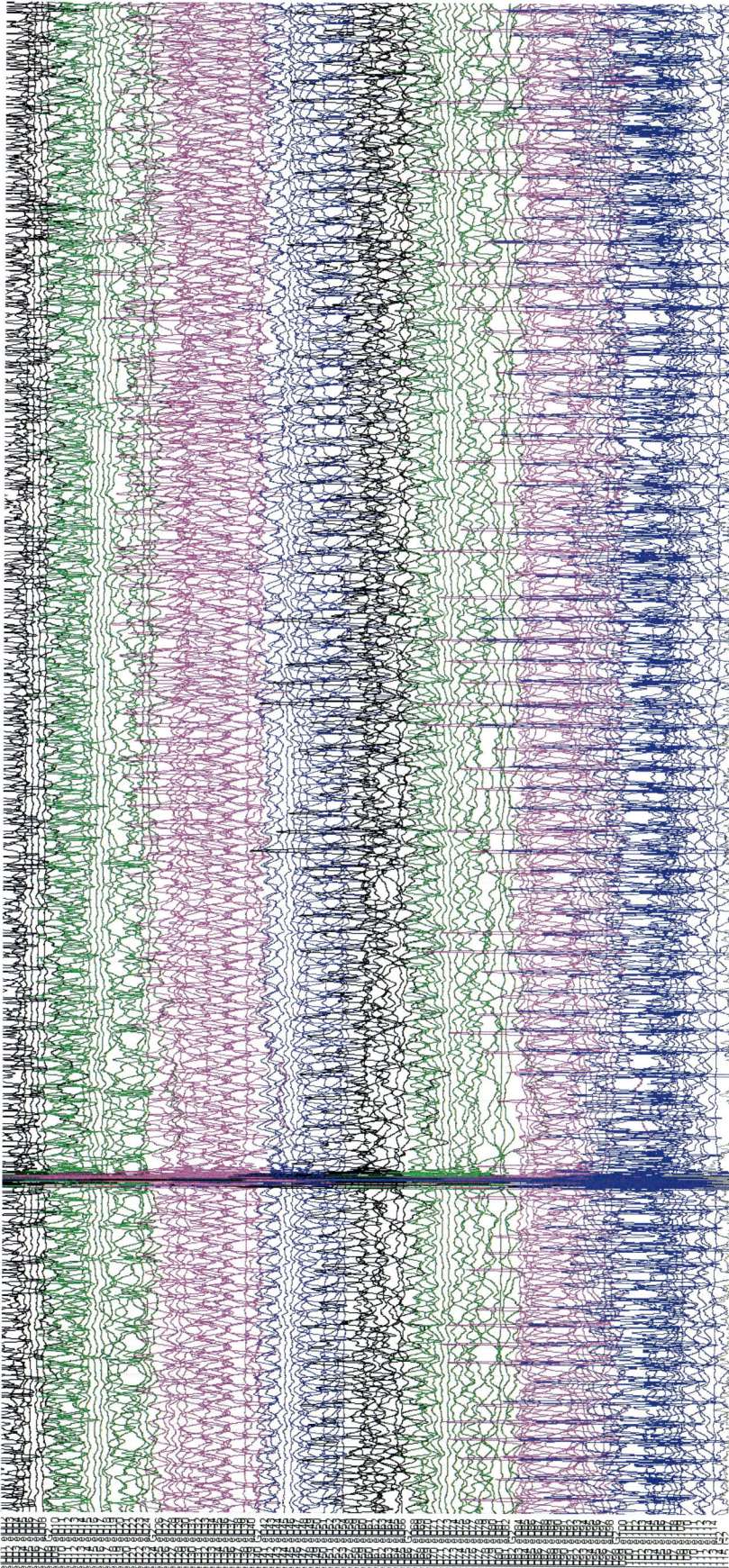

8

8

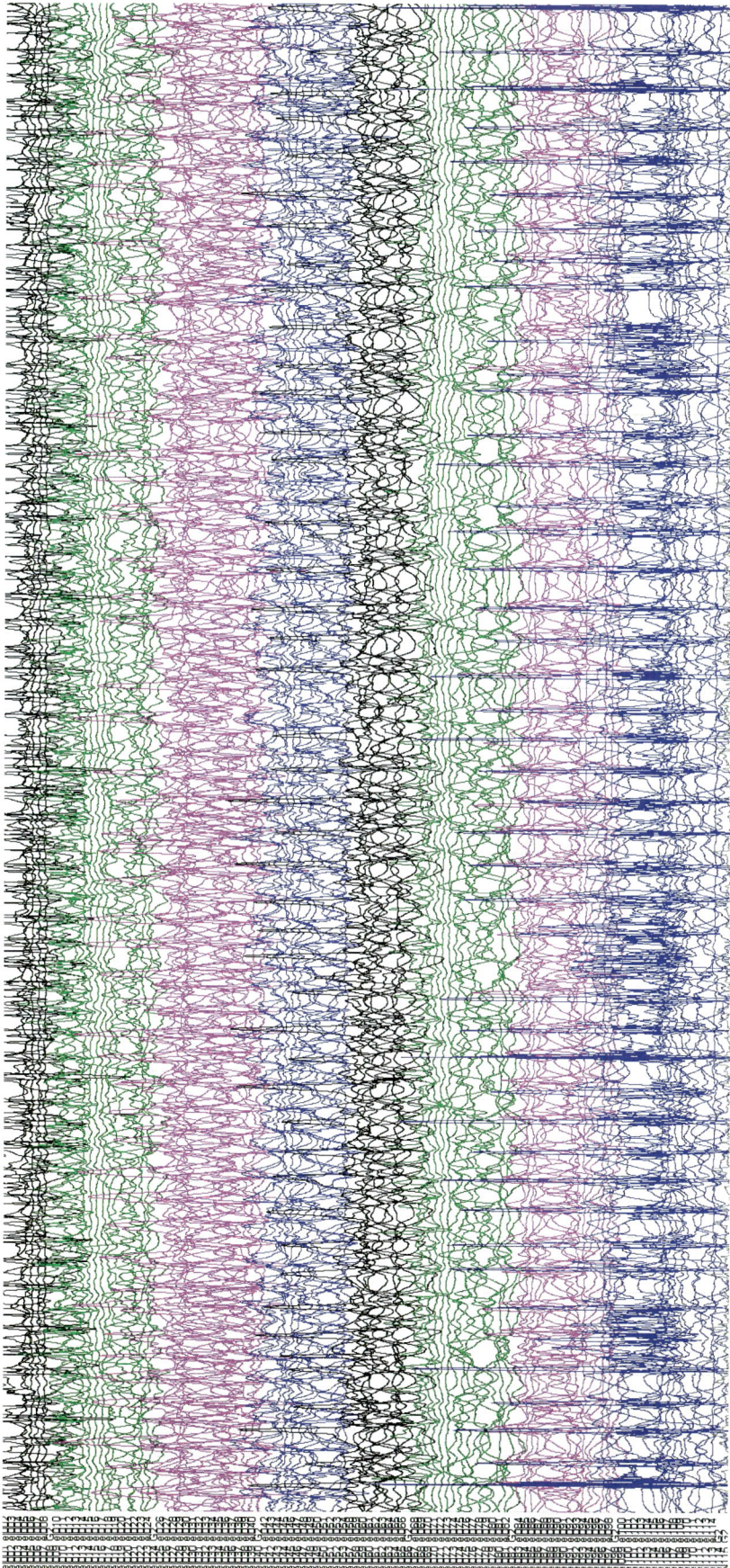

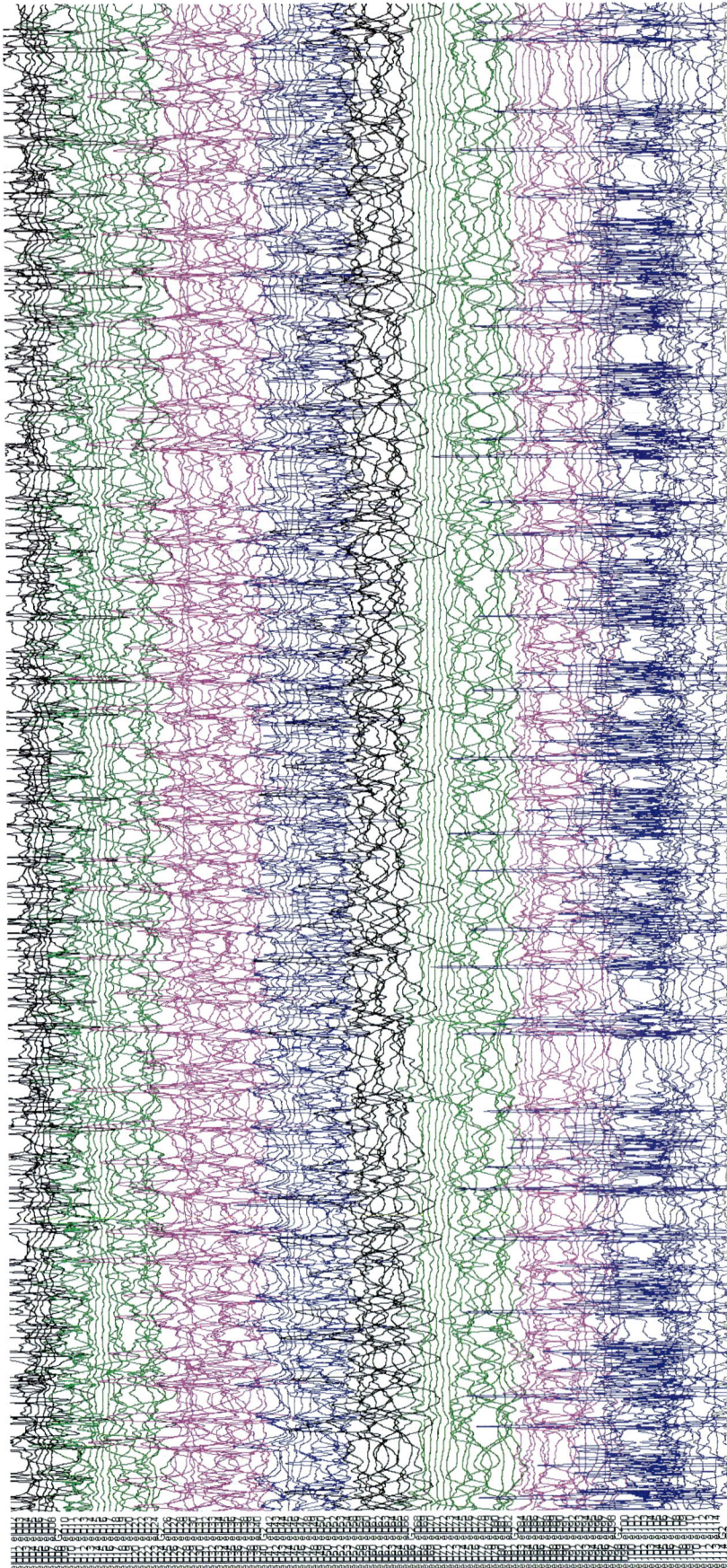

8

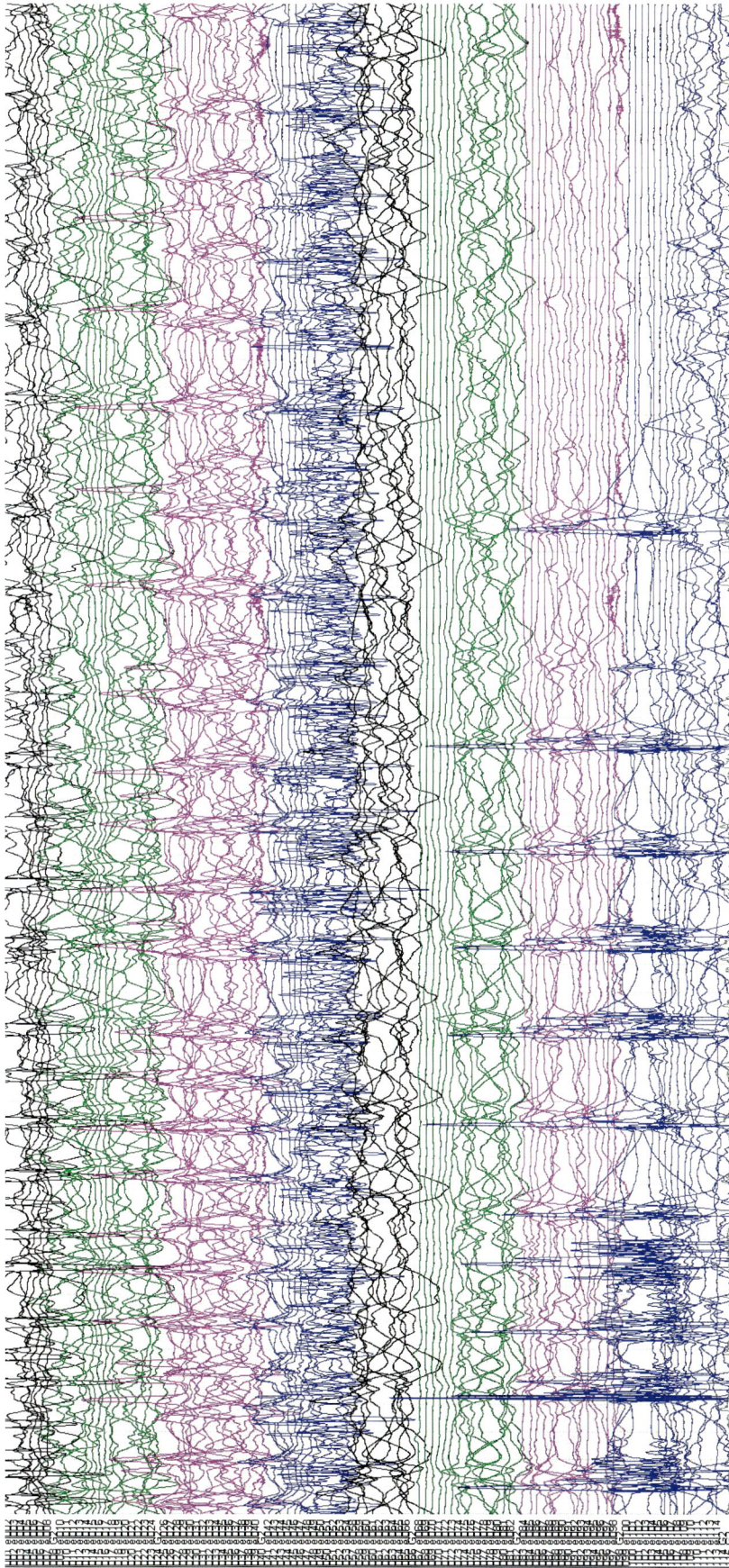

8

图 8-8　新皮质颞叶发作

女，40 岁，癫痫发作 22 年。发作表现为无明显诱因自动咽口唱口哮转→头向左侧旋转→左侧肢体强直 - 阵挛→全身强直 - 阵挛→每月发作 2～3 次。MRI 未见明显异常。图为记录到的一次自然发作。发作初期可见右颞（电极 G）出现低幅快波节律，逐渐扩布至右侧海马右侧海马出现低幅快波节律，波幅逐渐增高，形成棘波节律（A～K 为连续记录，灵敏度 450μV/cm）。

8

3. 额叶发作　电极埋置部位（入点→靶点）：

电极 A：右额上回→岛前 15 点（elA01-elA15）

电极 B：右额下回→前扣带回 12 点（elA16-elA27）

电极 C：右额下回后→中扣带回 12点（elA28-elA39）

电极 D：右额下回后→中扣带回后 15 点（elA40-elA54）

电极 E：右中央前回→运动辅助区 15 点（elA55-elB05）

电极 F：左额上回→岛前 15 点（elB06-elB20）

电极 G：左额下回→中扣带回 15 点（elB21-elB35）

电极 H：左颞上回→海马 15 点（elB36-elB50）

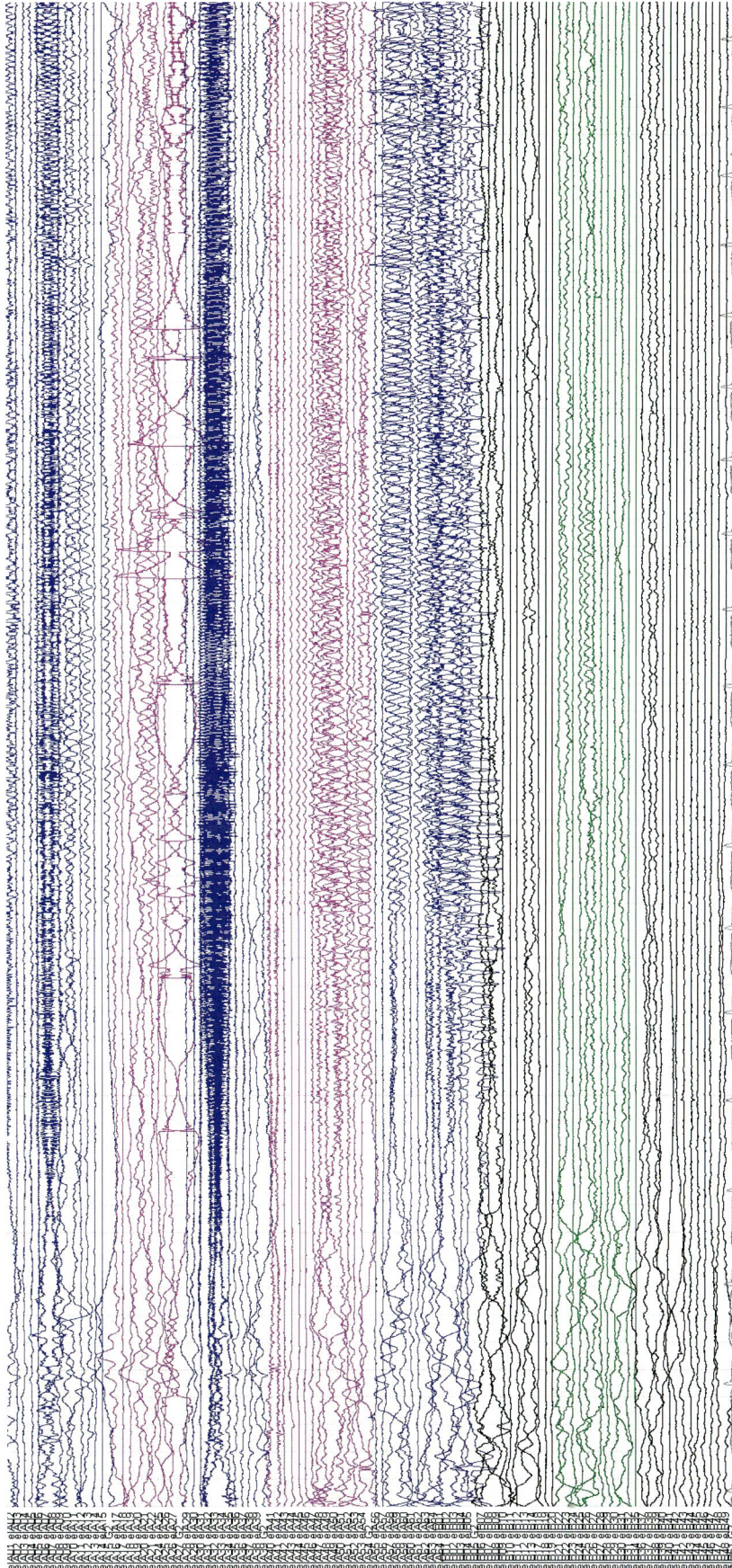

B

图 8-9　额叶发作

男，23 岁，癫痫发作 13 年。发作表现为头向左侧旋转→左上肢僵硬→右侧强直→上肢自动运动行为。每晚发作 1～2 次。多种抗癫痫药物不能控制。MRI 示右颞术后。MEG 示发作间期异常电流波起源主要分布于右侧额上回中部。图为埋置颅内电极后记录到的一次自然发作，发作起源于右额（电极 A 和 C 中部），逐渐扩布至右额下回和右侧中央前回，右额出现低幅快节律波节律后出现发作症状（A～C 为连续记录，灵敏度 600μV/cm）。

8

4. 顶叶发作 电极埋置部位（入点→靶点）：

电极 A：右顶上→后扣带回上部 10 点（el001-el010）

电极 B：右顶中→顶内侧 10 点（el011-el020）

电极 C：右顶下→顶后内 10 点（el021-el030）

电极 D：右中央后回下→岛叶上部 12 点（el031-el042）

电极 E：右中央前回→额内侧 10 点（el043-el052）

电极 F：右顶后→枕内 12 点（el053-el064）

8

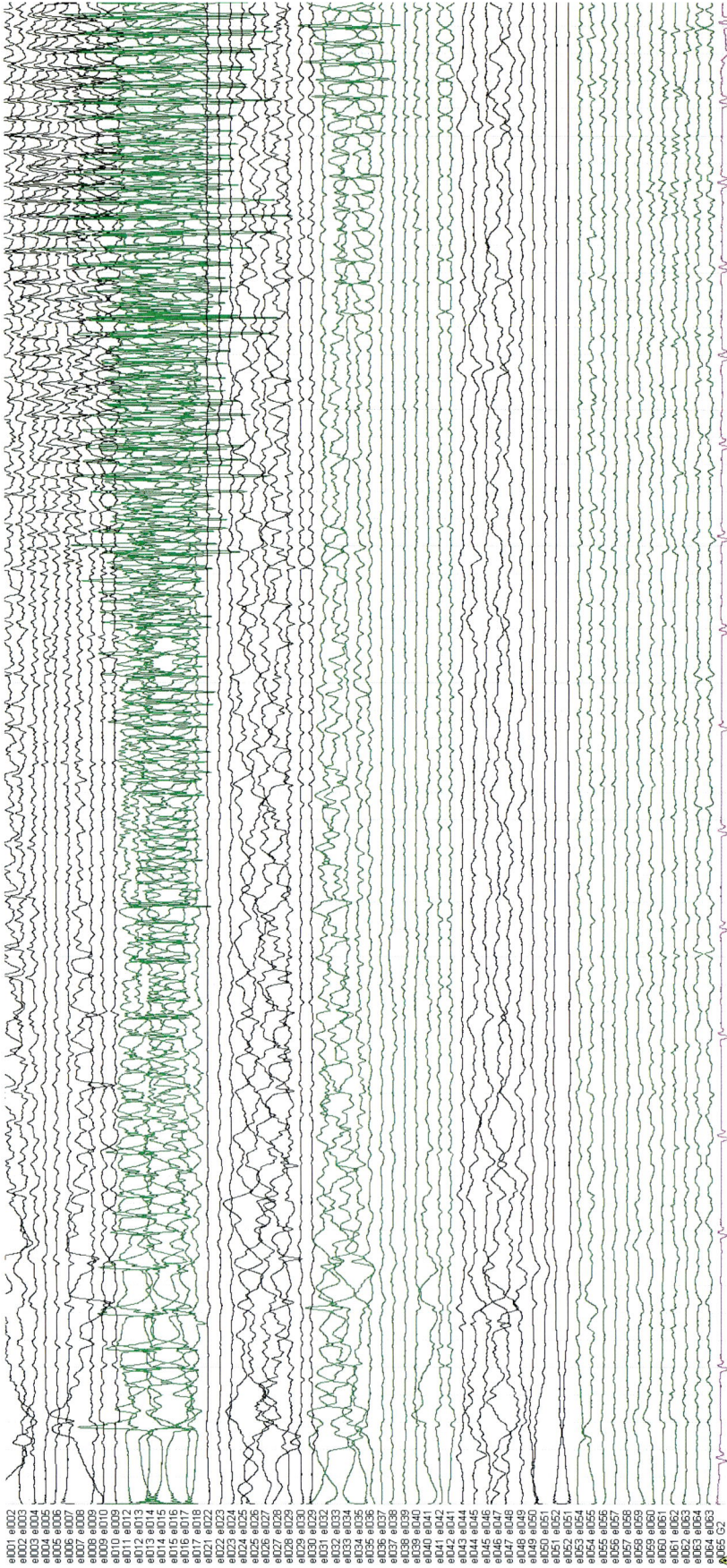

e001 e002
e002 e003
e003 e004
e004 e005
e005 e006
e006 e007
e007 e008
e008 e009
e009 e010
e010 e011
e011 e012
e012 e013
e013 e014
e014 e015
e015 e016
e016 e017
e017 e018
e018 e021
e021 e022
e022 e023
e023 e024
e024 e025
e025 e026
e026 e027
e027 e028
e028 e029
e029 e030
e030 e031
e031 e032
e032 e033
e033 e034
e034 e035
e035 e036
e036 e037
e037 e038
e038 e039
e039 e040
e040 e041
e041 e042
e042 e043
e043 e044
e044 e045
e045 e046
e046 e047
e047 e048
e048 e049
e049 e050
e050 e051
e051 e052
e052 e053
e053 e054
e054 e055
e055 e056
e056 e057
e057 e058
e058 e059
e059 e060
e060 e061
e061 e062
e062 e063
e063 e064
e064 e065
e065 G2

B

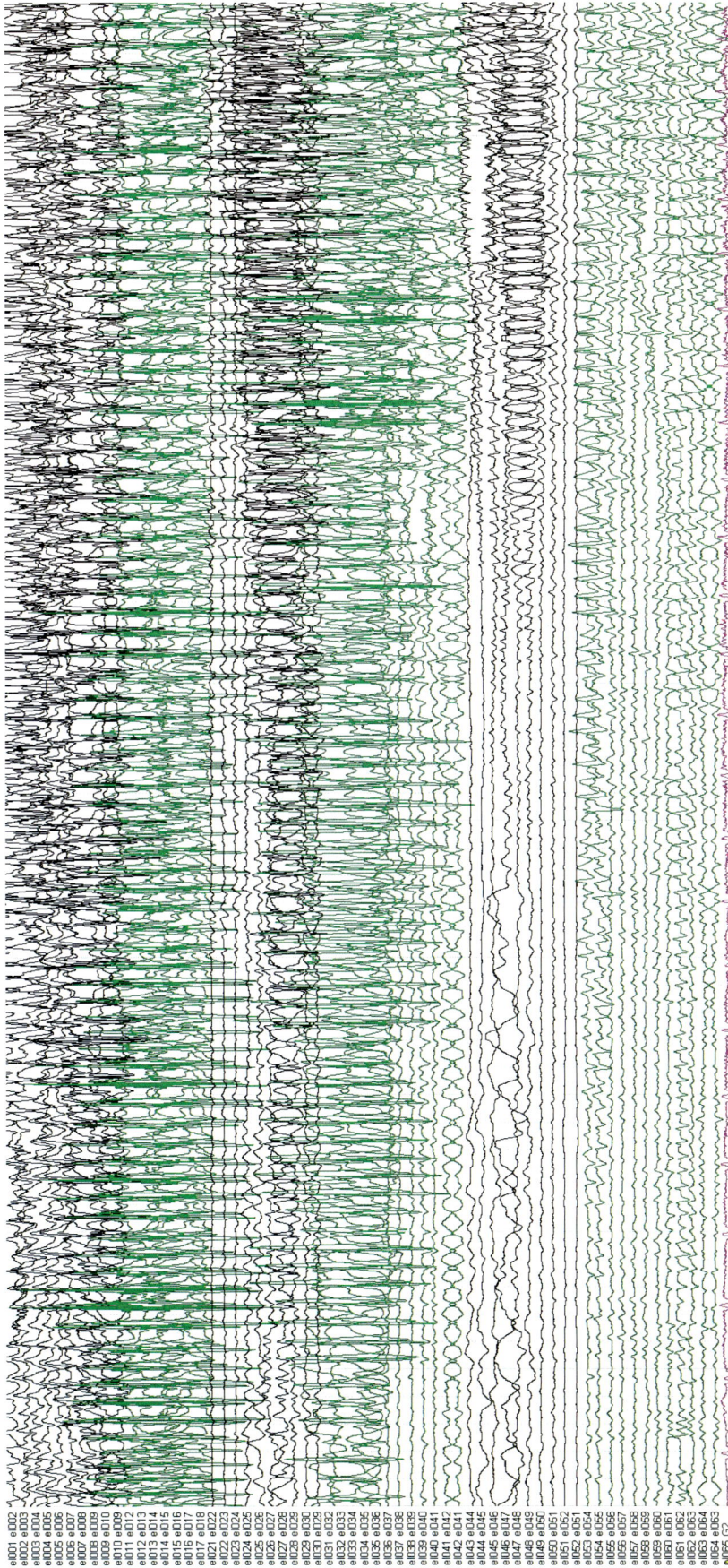

8

8

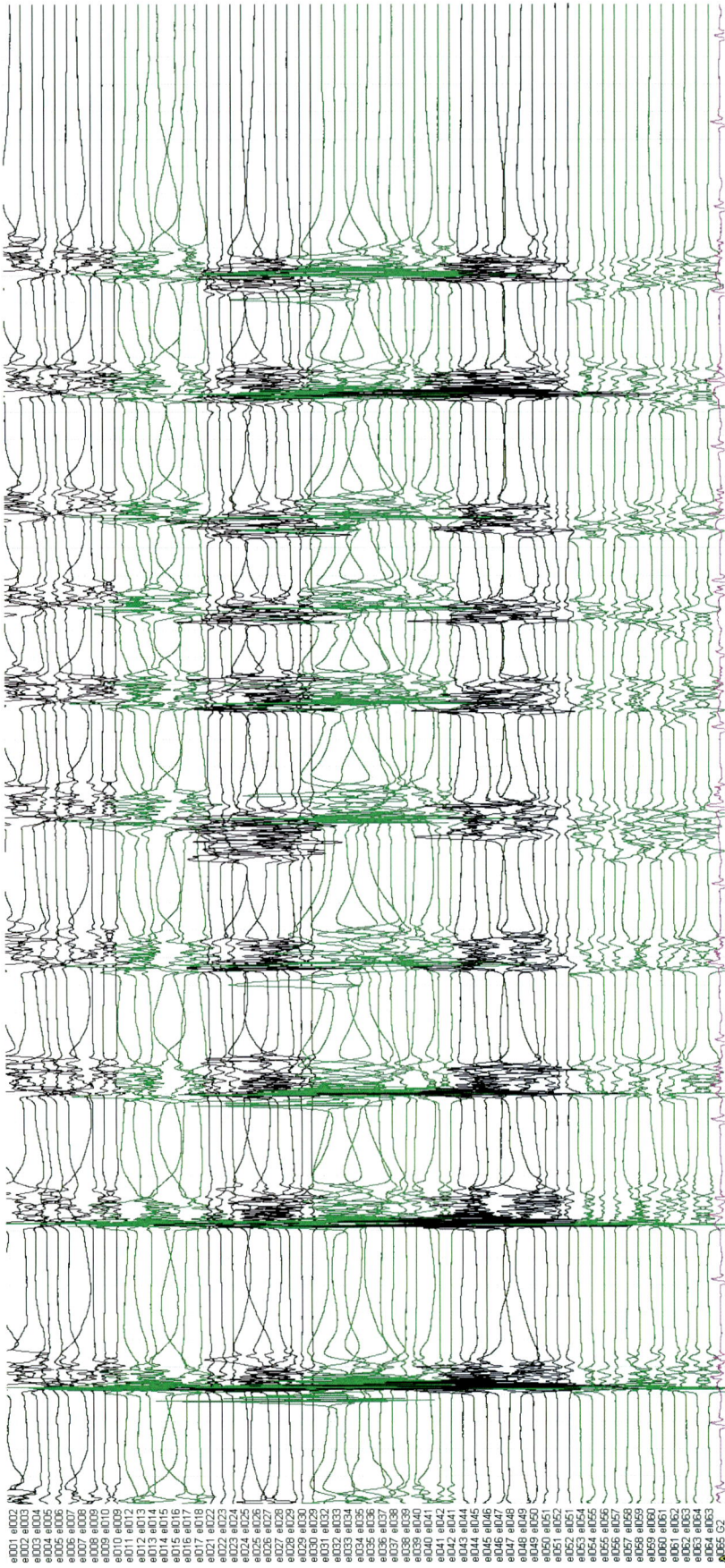

图 8-10　顶叶发作

男，13 岁，癫痫发作 4 年。表现为左上肢无力，但可抬举→意识丧失，四肢抽搐。每月发作 2～3 次。多种抗癫痫药物不能控制。MRI 未见明显异常。图为埋置顶内电极后记录到的一次自然发作，发作起源于右顶（电极 B），低幅快波节律波幅逐渐增高，形成棘波节律（A～F 为连续记录，灵敏度 900μV/cm）。

5. 枕叶发作 图中电极埋置部位（入点→靶点）：

电极 A：左枕外侧面 32 点片（el001-el032）

电极 B：左枕纵裂 8 点条（el033-el040）

电极 C：左枕极 8 点条（el041-el048）

电极 D：右枕纵裂 8 点条（el049-el056）

电极 E：右枕外侧面 8 点条（el057-el064）

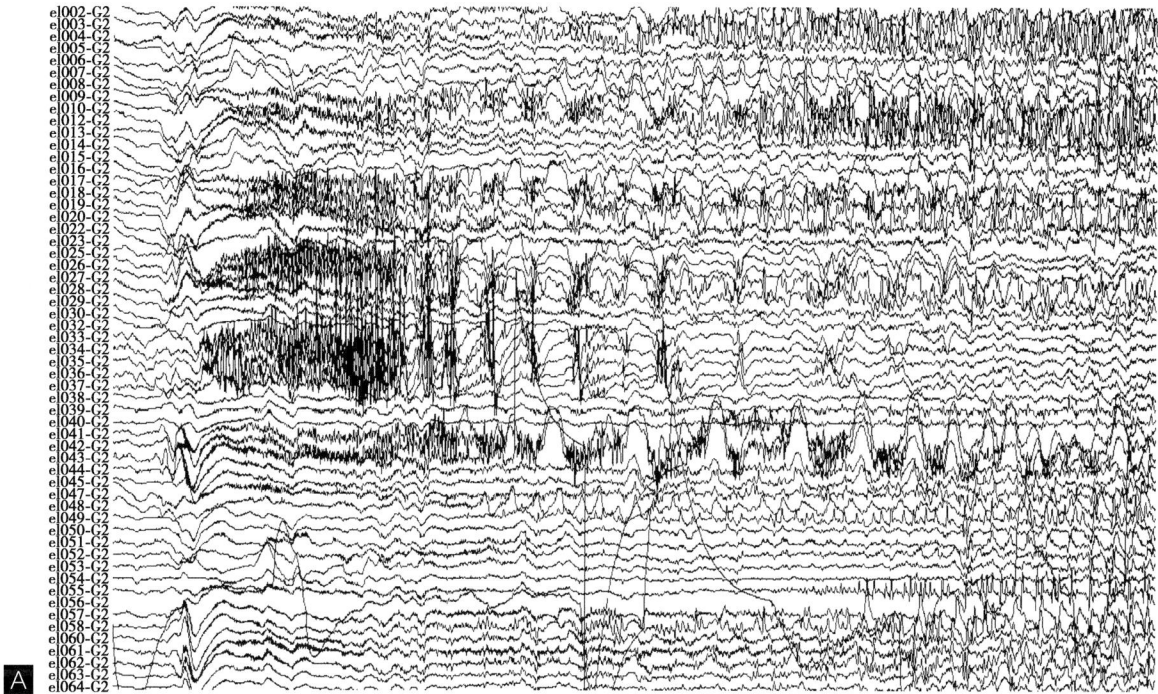

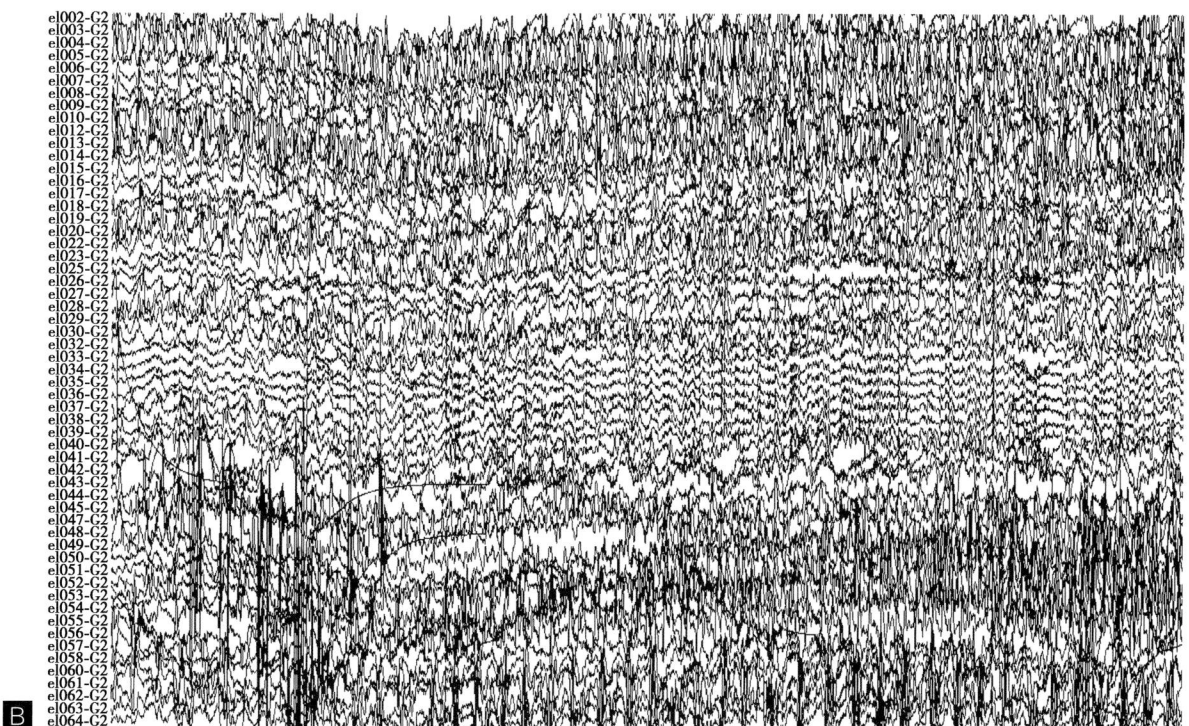

8

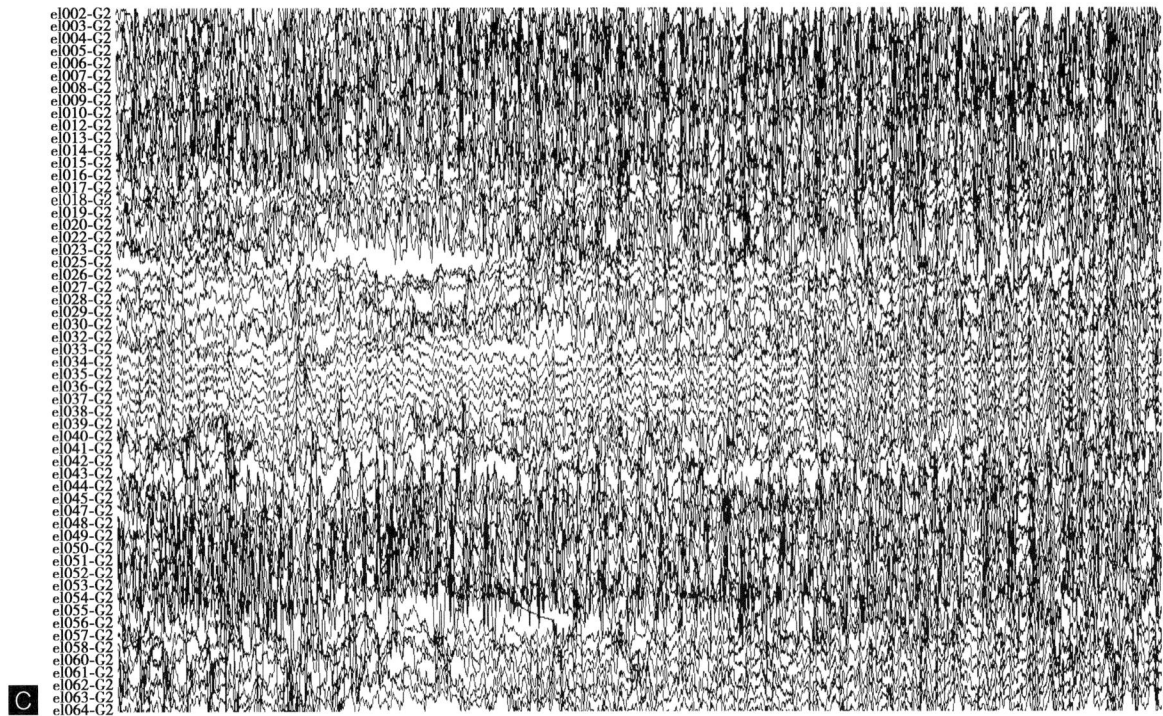

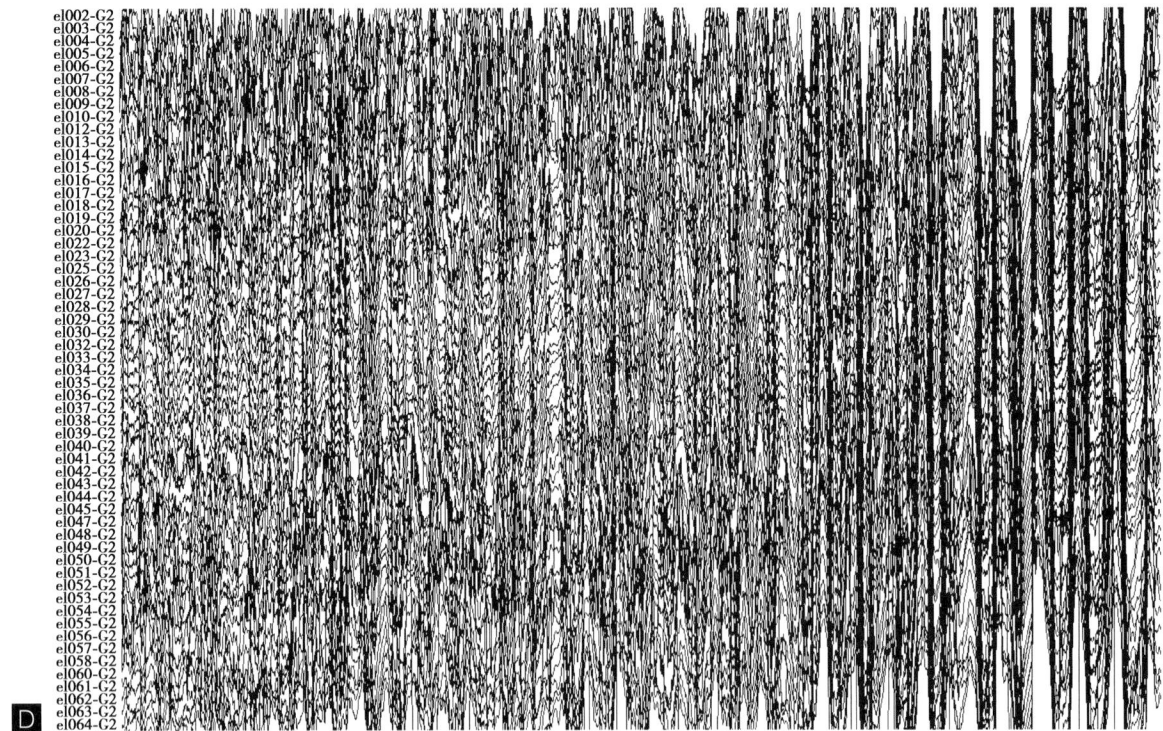

8

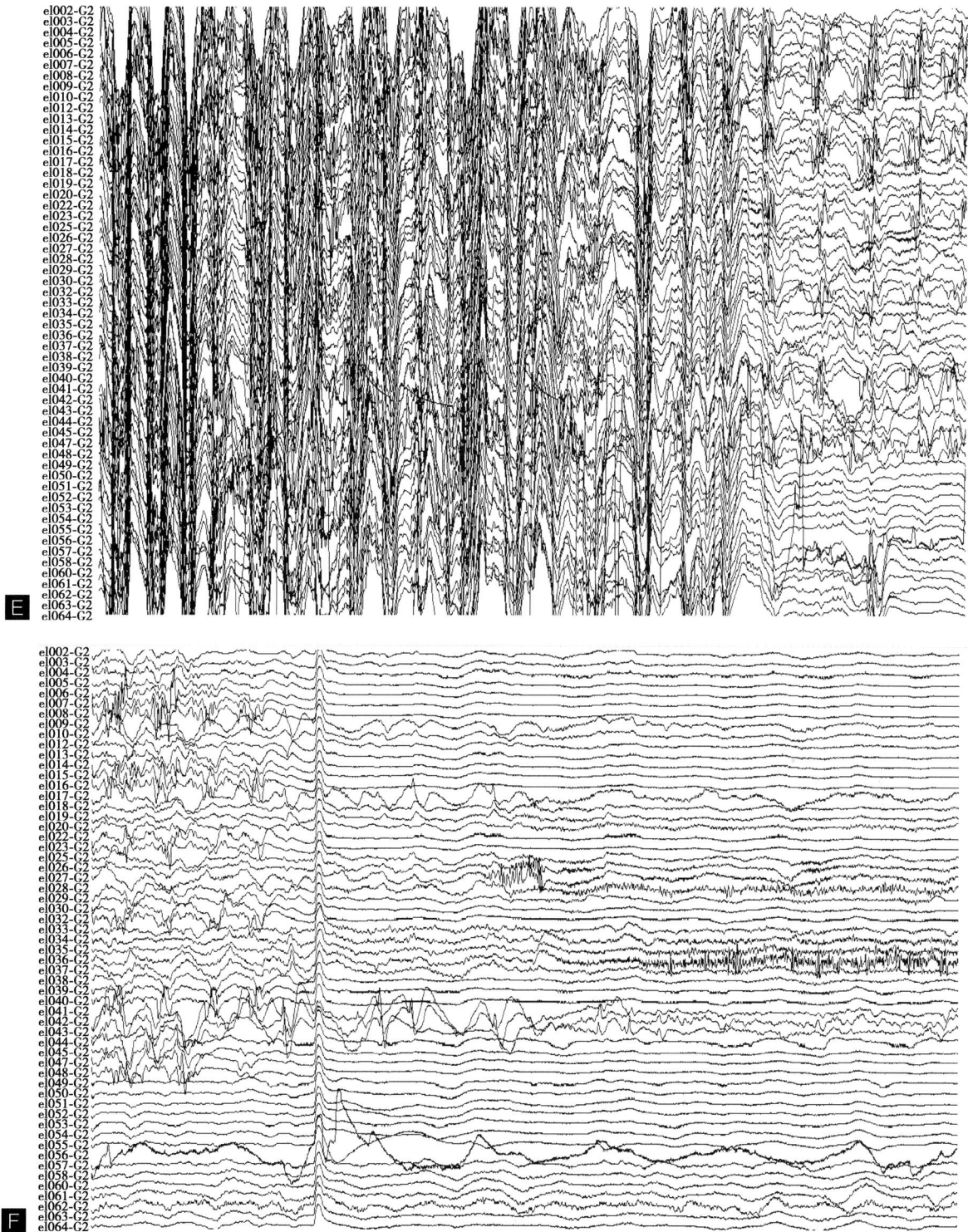

图 8-11　枕叶发作

男，17 岁，癫痫发作 3 年。发作表现为头向右侧旋转→双眼向右侧凝视，口角右偏→出现意识丧失，四肢抽搐，伴尿失禁、舌咬伤。每月发作 4~5 次。多种抗癫痫药物不能控制。MRI 未见明显异常。图为埋置颅内电极后记录到的一次自然发作。发作初期可见左枕极（电极 C）、右枕外侧面（电极 E）基线漂移→低幅快波节律，左侧的异常放电出现的时间略早一些，继而左枕外侧面、左枕纵裂低幅快波节律，波幅逐渐增高（A~F 为连续记录，灵敏度 800μV/cm）。

8

6. 岛叶发作 电极埋置部位（入点→靶点）：

电极 A：左额中回前部→岛叶前部 12 点（el001-el012）
电极 B：左额下回前部→岛叶前部 12 点（el013-el024）
电极 C：左额中回中部→岛叶中部 10 点（el025-el034）

电极 D：左额上回前部→前扣带回 12 点（el035-el046）
电极 E：左额中回后部→扣带回前上 12 点（el047-el058）
电极 F：左额下沟末端→额底 10 点（el059-el068）
电极 G：左枕→海马 16 点（el069-el084）

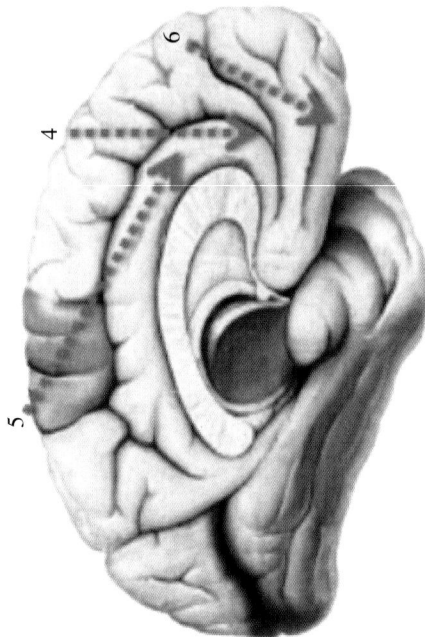

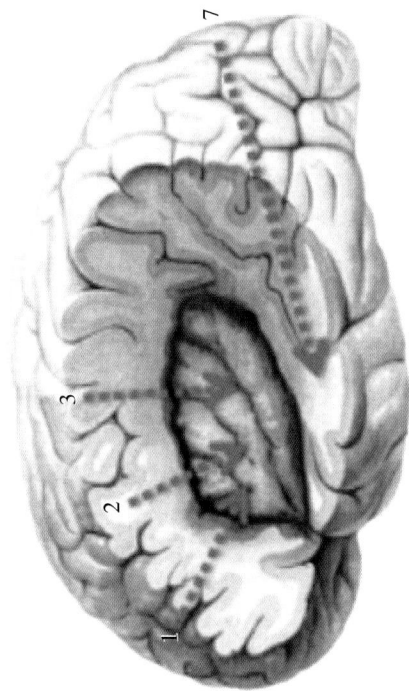

A

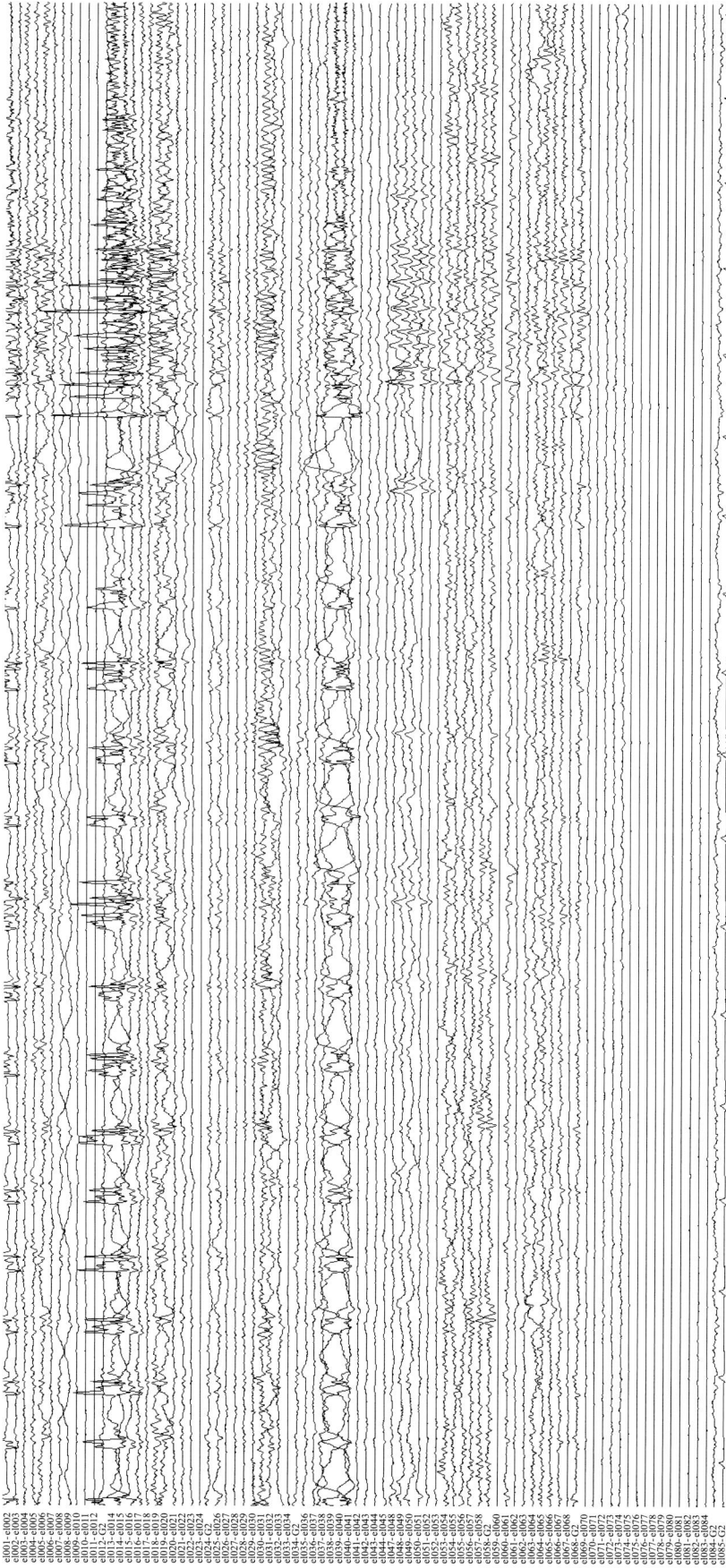

B

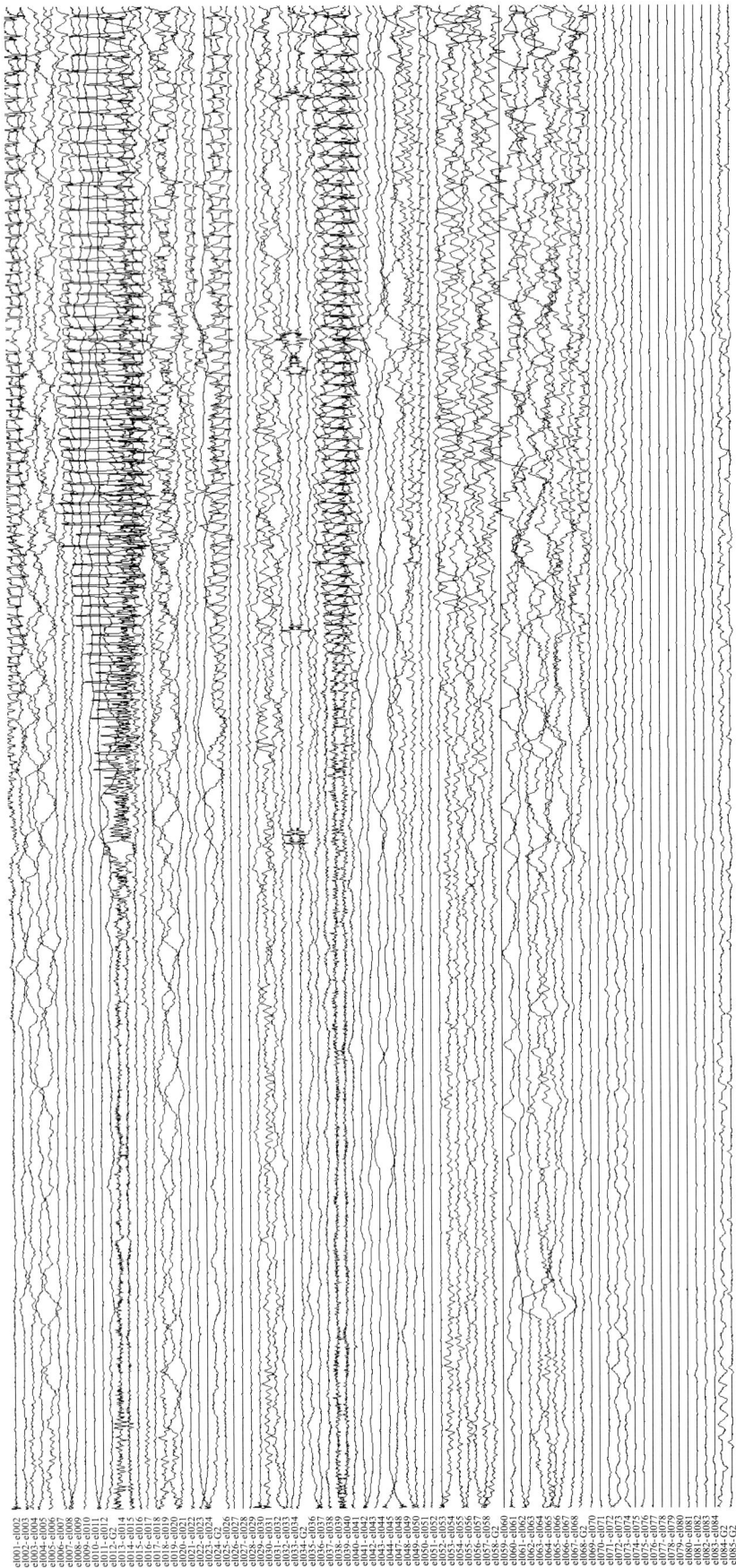

8

el001- el002
el002- el003
el003- el004
el004- el005
el005- el006
el006- el007
el007- el008
el008- el009
el009- el010
el010- el011
el011- el012
el012- G2
el013- el014
el014- el015
el015- el016
el016- el017
el017- el018
el018- el019
el019- el020
el020- el021
el021- el022
el022- el023
el023- el024
el024- G2
el025- el026
el026- el027
el027- el028
el028- el029
el029- el030
el030- el031
el031- el032
el032- el033
el033- el034
el034- G2
el035- el036
el036- el037
el037- el038
el038- el039
el039- el040
el040- el041
el041- el042
el042- el043
el043- el044
el044- el045
el045- el046
el046- el047
el047- el048
el048- el049
el049- el050
el050- el051
el051- el052
el052- el053
el053- el054
el054- el055
el055- el056
el056- el057
el057- el058
el058- G2
el059- el060
el060- el061
el061- el062
el062- el063
el063- el064
el064- el065
el065- el066
el066- el067
el067- el068
el068- el069
el069- el070
el070- el071
el071- el072
el072- el073
el073- el074
el074- el075
el075- el076
el076- el077
el077- el078
el078- el079
el079- el080
el080- el081
el081- el082
el082- el083
el083- el084
el084- G2
el085- G2

C

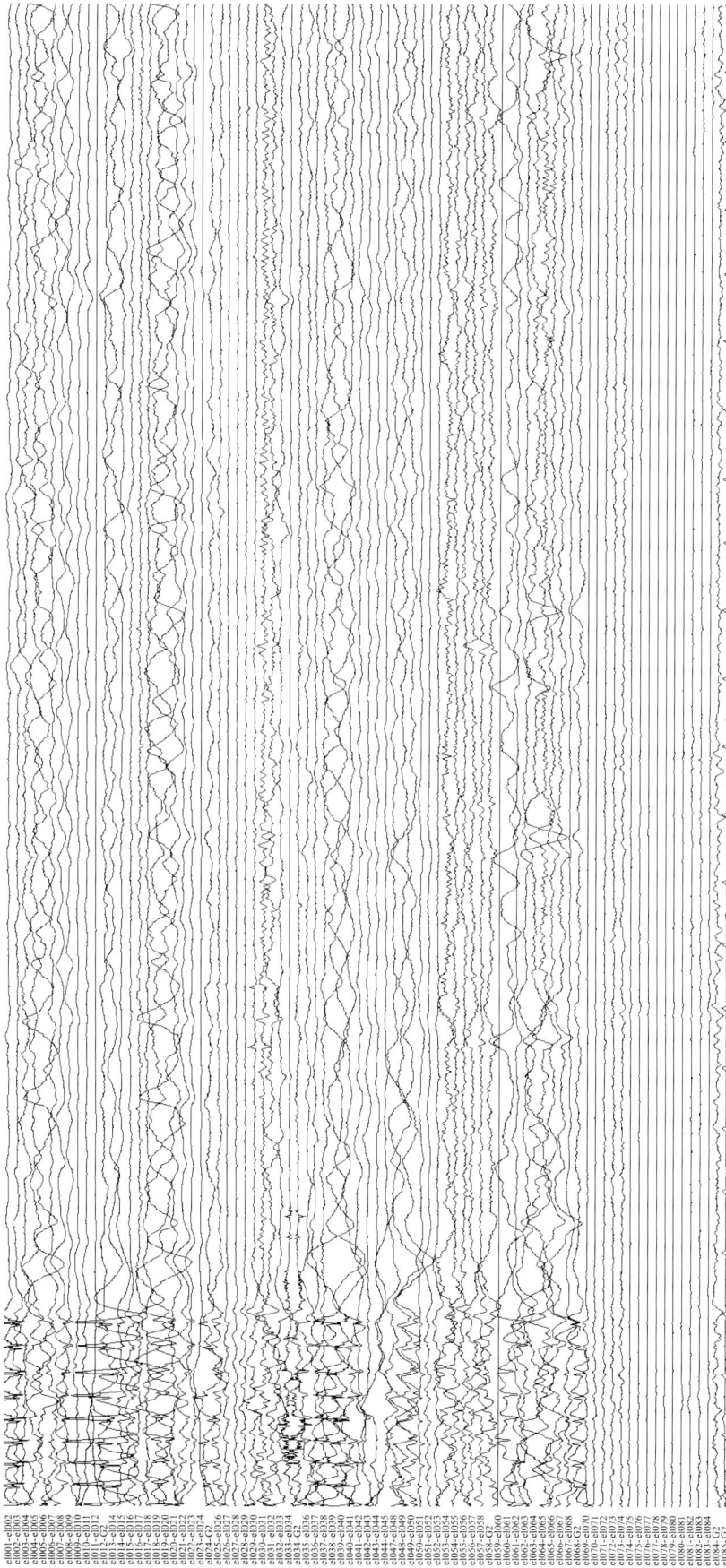

图 8-12　岛叶发作

女，12 岁，癫痫发作 6 年。发作期意识清醒。发作表现为突发面部肌肉发紧→双侧嘴角"军帽征"→双上肢皮肤起"鸡皮疙瘩"，伴有恐惧，心跳加快，持续十余秒后缓解。发作过程中意识清醒。每天发作十余次，多于白天或转醒时发作。多种抗癫痫药物不能控制。MRI 未见明显异常。图为埋置颅内电极后记录到的一次自然发作。发作初期可见左侧岛叶前部节律性棘波、多棘波，放电逐渐扩布至前至前扣带回（A 为预埋内电极埋置部位示意图，B~D 为连续记录，灵敏度 400μV/cm）。

8

8

7. 扣带回发作 电极埋置部位（入点→靶点）：

电极 A：左额上回→前扣带回→额底 16 点（elA01-elA16）

电极 B：左额中回→岛后 16 点（elA17-elA32）

电极 C：左额下回→岛前 16 点（elA33-elA48）

电极 D：左额下回→中扣带回 16 点（elA49-elA64）

电极 E：左颞后→颞底 16 点（elB01-elB16）

电极 F：左枕→海马 16 点（elB17-elB32）

电极 G：右额中→岛前 16 点（elB33-elB48）

电极 H：右颞后→海马 16 点（elB49-elB64）

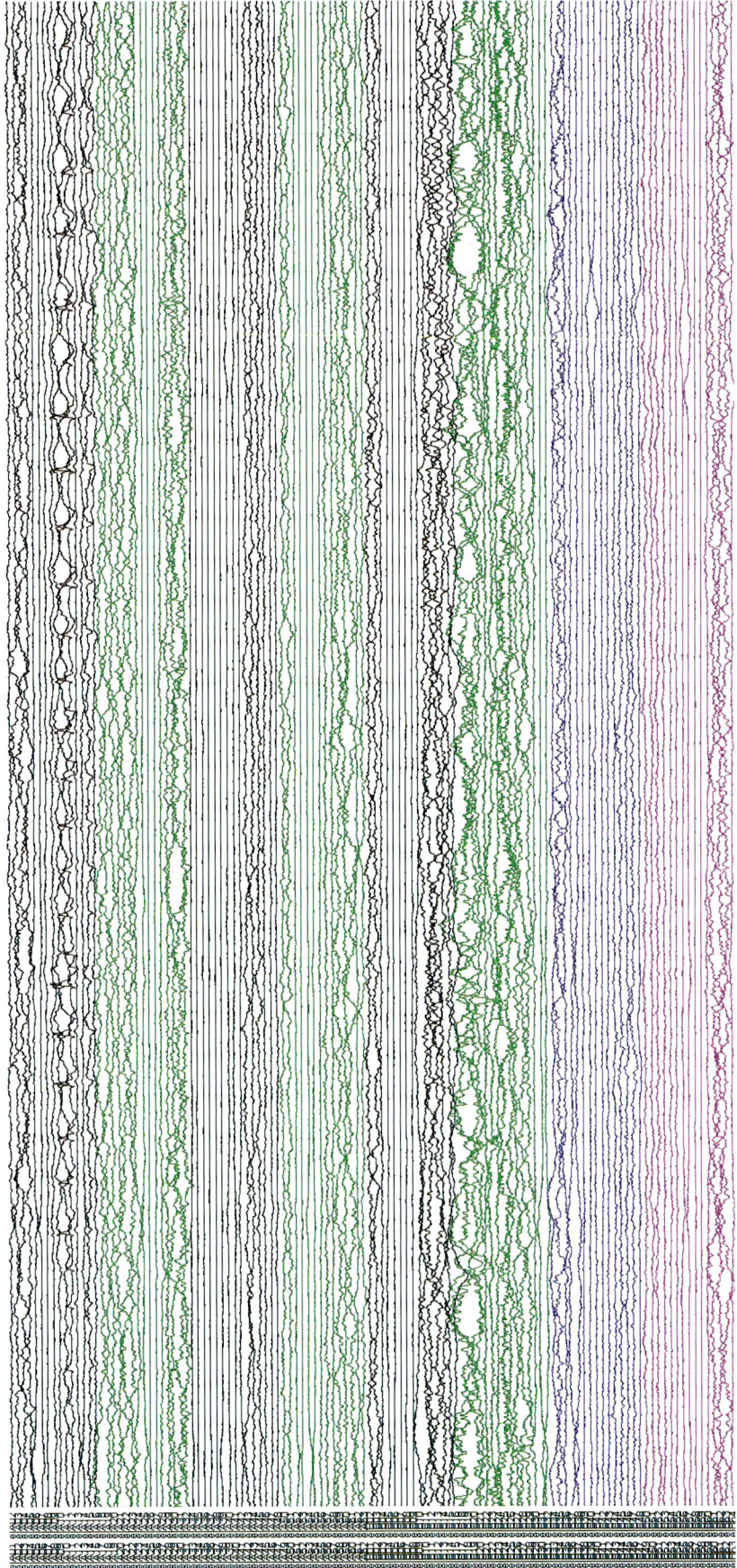

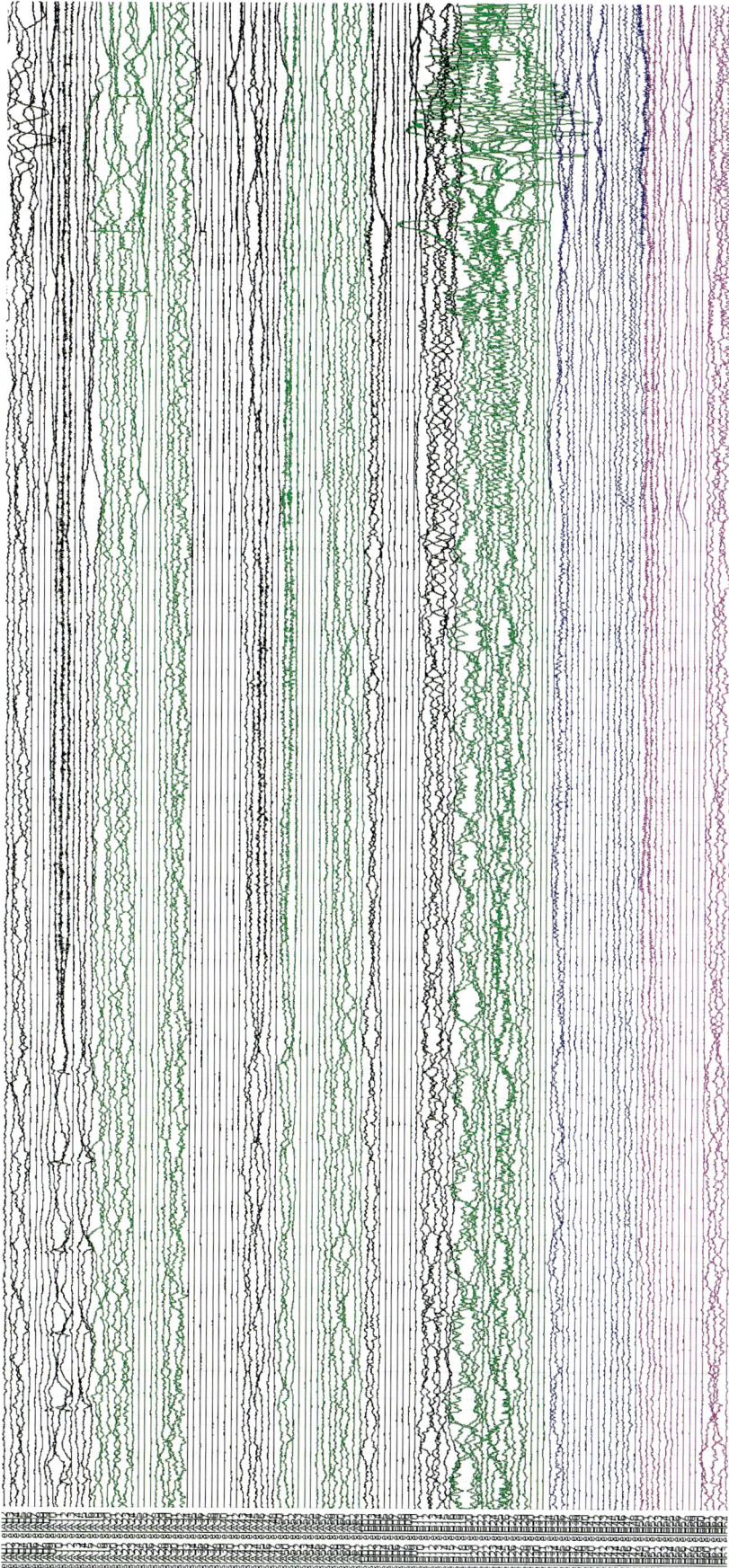

B

8

8

8

图 8-13　扣带回发作

女，28 岁，癫痫发作 11 年。癫痫发作中意识不丧失。每周发作 1 次。偶有继发全身强直 - 阵挛发作。多种抗癫痫药物不能控制。MRI 未见明显异常。图为颅内埋置颅内电极后记录到的一次自然发作。发作期放电起源于前扣带回（电极 A），发作初期前扣带回显示节律性棘波，逐渐扩布至额背外侧，中扣带回，形成低幅快棘节律（A～E 为连续记录，灵敏度 350μV/cm）。

184

如何评定颅内电极脑电图的结果，这是一个十分重要的问题，应该综合分析，结合脑结构影像学、功能影像学以及其他电生理的指标。此外，颅内电极脑电图资料定位的准确性可以根据手术后切除脑组织病理学的检查结果以及手术后临床效果来综合判定。

四、颅内电极脑电图的局限性

颅内电极脑电图的局限性，首先是电极覆盖的范围有限，在有限范围内记录到的异常放电有可能是远隔部位传导而来的继发性电活动，电极之外脑区的异常放电情况无从而知。因此，埋置颅内电极之前要全面分析患者的临床发作症状学、发作间期和发作期脑电图、各种影像学检查结果等，对发作起源区、发作扩布区、症状产生区等要充分合理地推测判断，形成癫痫灶理论假设，从而制定出合理的颅内电极埋置方案。

其次，对于发作较少的癫痫患者，埋置颅内电极后在有限的监测时间内可能监测不到自然发作，有些情况下即使患者完全停药依然没有发作，无法获得癫痫发作起源区的可靠信息，因此这部分患者不建议埋置颅内电极。

最后，颅内电极价格昂贵，在目前的情况下大量埋置颅内电极还存在一定的问题，在临床过程中需要埋置适当数量的电极来解决临床问题。

总之，应用颅内电极的主要目的是精确定位癫痫灶，从而进行癫痫灶切除。颅内电极脑电图是一种有创的、价格昂贵的检查方法，但约30%的难治性癫痫患者需要进行颅内电极脑电图检查进行精确定位。埋置颅内电极前最关键的工作是形成癫痫灶理论假设，确定好颅内电极的埋置部位，避免临床目的不明确的电极埋置。

第三节 宽频带脑电图

一、高频振荡脑电图

高频振荡（high frequency oscillations，HFOs）已成为致癫痫组织的新生物标志，对于高频振荡的深入理解可以帮助我们更好地了解癫痫的病理生理学，更好地指导临床应用。

（一）高频振荡的定义和标准监测技术

1. 高频振荡的定义 高频振荡（HFOs）是瞬态局部场电位（LFP）振荡，在滤波信号（>80Hz）中至少有四次类似正弦曲线的振荡，其均方根振幅比背景脑活动的标准差高5倍以上，或其能量大于周围背景的95%。

2. 高频振荡的分类 高频振荡的狭义频率范围是80~500Hz，按频率分为两种常见的亚型：涟波（ripples，80~250Hz）和快速涟波（fast ripples，250~500Hz）；广义频率范围是高于30Hz的脑活动，包括γ频段（30~80Hz）、涟波频段［Rs（80~250Hz）］和快速涟波频段［FRs（250~500Hz）］，有学者把与涟波频段部分重叠的高γ频段（80~150Hz）单独分类出来。最近，在癫痫患者中也有非常高频率振荡（>600Hz）（VHFOs）的报道，VHFOs可分为非常快的涟波（500~1 000Hz）和超快的涟波（1 000~2 000Hz）。

3. 高频振荡的可能机制 目前认为高频振荡主要反映了通过快速突触传递或缝隙连接耦合

实现超同步的快发放神经元引起的主细胞动作电位的总和。涟漪波（Ripples）场电位与抑制性快节律爆发神经元的去极化发放有关，快速涟漪（fast ripples）场电位被认为是局部受损神经元内源性的快速同步行为，导致神经元簇状的异相位发放。

4. 高频振荡监测技术

（1）颅内脑电监测：不同类型的电极可记录高频振荡，包括临床癫痫定位用的宏电极（表面积 1～10mm²）及微电极（表面积 150μm²）。立体定向脑电电极及硬膜下电极均可记录到高频振荡活动。采集放大器的采样率应至少为 2 000Hz，且通道数至少为 128。记录时参考电极使用远离可疑致痫区的硬膜外电极，信号分析时推荐使用双极导联。

（2）头皮脑电监测：目前大多数研究报道头皮脑电可监测到的高频振荡主要集中在 40～80Hz。也有研究报道即使是快速涟波频段的高频振荡也可以被头皮脑电监测记录到。头皮脑电监测高频振荡的难点是如何与肌电活动等伪迹相鉴别，联合时频分析可能是解决这个难点的有效方法。儿童癫痫中可在头皮脑电记录到高频振荡活动的情况包括慢波睡眠期持续棘慢波（CSWS）、Landau-Kleffner 综合征（LKS）等。

（3）高频振荡的自动检测：根据高频振荡的标准，即至少 4 个振荡波形，突出于背景，2 次振荡之间至少间隔 25ms，近年来出现了多种自动检测技术，主要包括四类，其中使用人工智能（AI）对信号特征（形态、波幅、频率等）进行分析的方法在优化后，其准确率已达 89.9%，特异度达到 91.6%，优于其他方法。

（二）病理性高频振荡在癫痫灶定位中的价值

1. 病理性高频振荡定位致痫区 病理性高频振荡可单独出现，也可叠加于发作间期棘波上，后者更为常见。相较于棘波，高频振荡可以更好地精确确定致痫区的范围。相较于其他脑区，致痫区内的病理性高频振荡活动出现率明显更高，持续时间更长。同时有研究表明，致痫区内的高频振荡具有更高的波形相似性。

有研究认为高频振荡与 3～4Hz 的 δ 波同时出现有助于致痫区的确认。Motoi 等学者研究证实，手术未切除的组织中存在较高强度的高频振荡与 3～4Hz δ 波相位幅值耦合时，患者术后 Engle 疗效等级Ⅰ级的可能性较小。Modur 等学者则发现癫痫起源区发作期的高频振荡活动与直流电漂移的出现区域存在空间重叠。基于此，在术前评估的环节中，高频振荡区域概念有取代激惹区概念的趋势，特别是在多脑区存在棘波放电的情况下。

2. 病理性高频振荡在症状性全面性癫痫中的定位定侧价值 在症状性全面性癫痫中，因为棘波分布较为广泛或者发作早期即已弥漫性出现，发作起始区的定位极为困难。研究表明通过稍早于（几十到一百毫秒）弥漫性电发放出现的高频振荡有助于致痫区的精准定位。遇涛等学者对 29 例不同类型的全面性癫痫手术患者的研究发现，致痫区主要位于额后中央区和颞-顶-枕交界区后部，对这些高频振荡区域进行局灶性切除可有效减少癫痫发作。癫痫性痉挛发作期的皮质高频振荡活动与低于 1Hz 的慢波具有紧密的锁时关系。在痉挛发作出现前，高频振荡开始以准周期性的形式出现，痉挛发作开始及症状持续过程中，致痫区的高频振荡活动的频率和功率均高于其他区域。完全切除发作期最早出现高频振荡活动或与慢波耦合出现高频振荡的区域常预示着良好的手术结局。在肌阵挛癫痫中，孙莹等学者应用宽频带颅内脑电图时频分析，发现高频振荡的能量在发作前 2s 开始上升，发作前 0.5s 达到峰值。切除区域发作前的高频振荡能量较发作间期明显增高，术后肌阵挛发作显著改善。在强直性癫痫发作中，Kobayashi 等对 20 名 Lennox-Gastaut 综合征患者的 54 次强直发作脑电图进行了时频分析，可检测到 43～101.6Hz 的 γ 节律活动。

3. 病理性高频振荡在局灶性癫痫中的定位定侧价值　局灶性癫痫发作间期的高频振荡更容易在慢波睡眠状态或清醒安静状态下出现，而在快速眼动睡眠期和清醒活动状态下较少出现。颞叶内侧癫痫的相关研究表明，癫痫患者海马快速涟波的出现率明显增高，包含海马和杏仁核萎缩的致痫侧颞叶内侧相较于对侧，快速涟波出现的频率更高。临床怀疑为双侧颞叶癫痫，常规 EEG 或脑 MRI 无法定位时，监测高频振荡可能有助于发作侧别的确认。

发作期高频振荡活动较发作间期更为特异，两者出现的区域多数一致。从发作间期向发作期的过渡的过程中，与快速涟波相比，致痫区涟波增加更为明显，且波幅更高。发作起始期宏电极脑电图的功率谱分析表明，靠近致痫灶的触点发作初始时 80～120Hz 的高频活动增加最为显著。一项对颞叶内侧癫痫动物模型的研究表明，涟波主要与发作期低波幅快活动相关，而＞250Hz 的快速涟波则主要与超同步的周期性棘波发放相关。

4. 病理性高频振荡与手术结局的相关性　切除发作起始期包含高频振荡的脑区与良好手术结局相关，而术后未切除区域存在高频振荡活动则多预示手术效果不佳，但相关研究结论并不一致。Julia Jacobs 等学者的一项多中心临床高频振荡研究发现高频振荡的定位特异性可能比先前的研究显示的要低。另一项研究也表明，切除产生高频振荡的脑区可能并不意味着更好的手术结局。究其原因，可能与生理性和病理性高频振荡难以鉴别有关，进一步改进分析技术，更好地分辨生理性和病理性高频振荡活动，可能有助于提升高频振荡在癫痫定位中的价值。

（三）生理性高频振荡的临床应用及其与病理性高频振荡的鉴别

生理性 HFOs 包括自发性和诱发性两类，前者是正常脑在静息期产生的生理性活动，后者则是在完成任务时或刺激诱发的出现在视觉、体感、运动和听觉皮质中的生理性活动。生理性涟波（＜200Hz）主要出现在海马和内嗅皮质的 CA1 区，而齿状回的涟波则可能是病理性的。有证据表明频率较高的高频振荡（如快速涟波，非常快速涟波）比较低频率的高频振荡（涟波或 γ 波段）更易致痫，但是必须强调，单纯的频率分析并不能严格区分病理性与生理性高频振荡。正确区分两者可能的方法包括：与发作间期棘波的关系；对扰动因素（如睡眠 - 觉醒周期、刺激和药物）的反应；与结构磁共振改变、功能磁共振或光学成像的功能或代谢差异的关系等。发作间期和发作期 HFOs 如下图（图 8-14～图 8-17）。

8

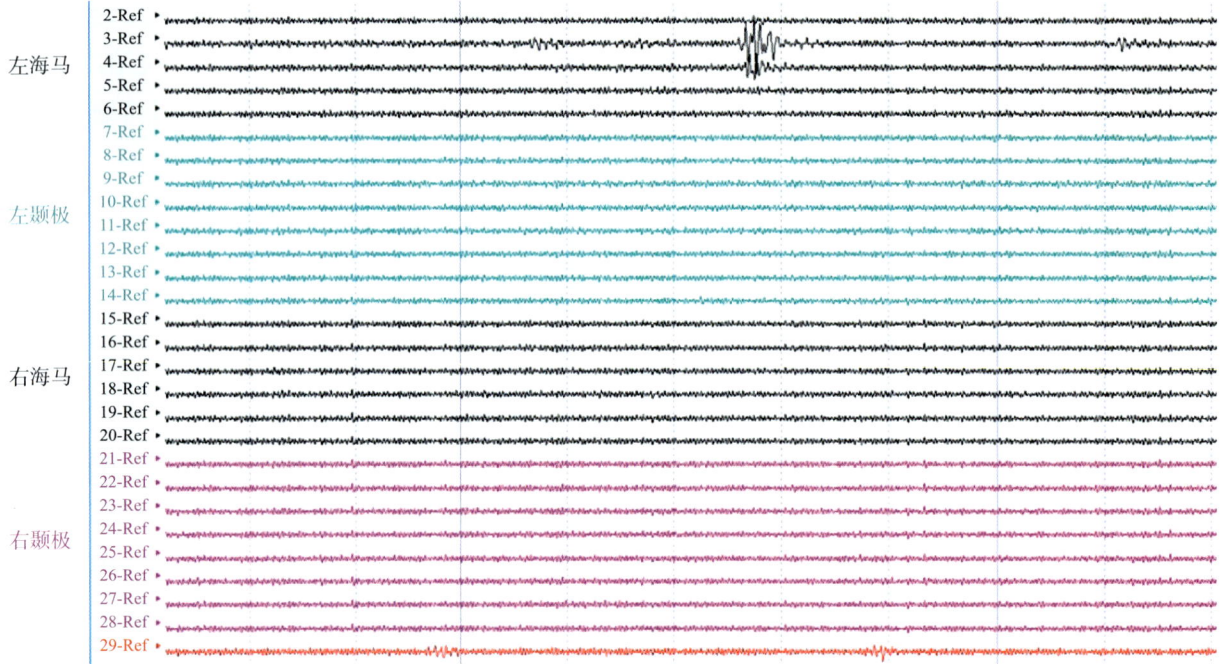

图 8-14　发作间期 HFOs（涟漪波，80～250Hz）
滤波范围：80～250Hz，2s/页，灵敏度 200μV/cm。

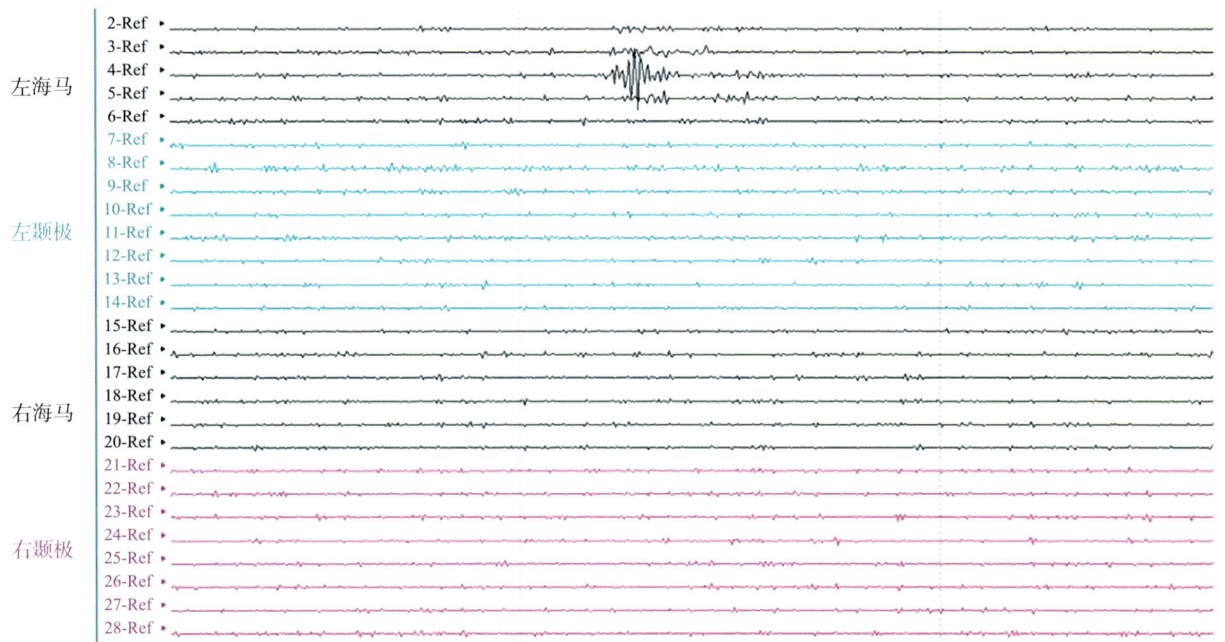

图 8-15　发作间期 HFOs（快速涟漪，250～500Hz）
滤波范围：250～500Hz，0.5s/页，灵敏度 20μV/cm。

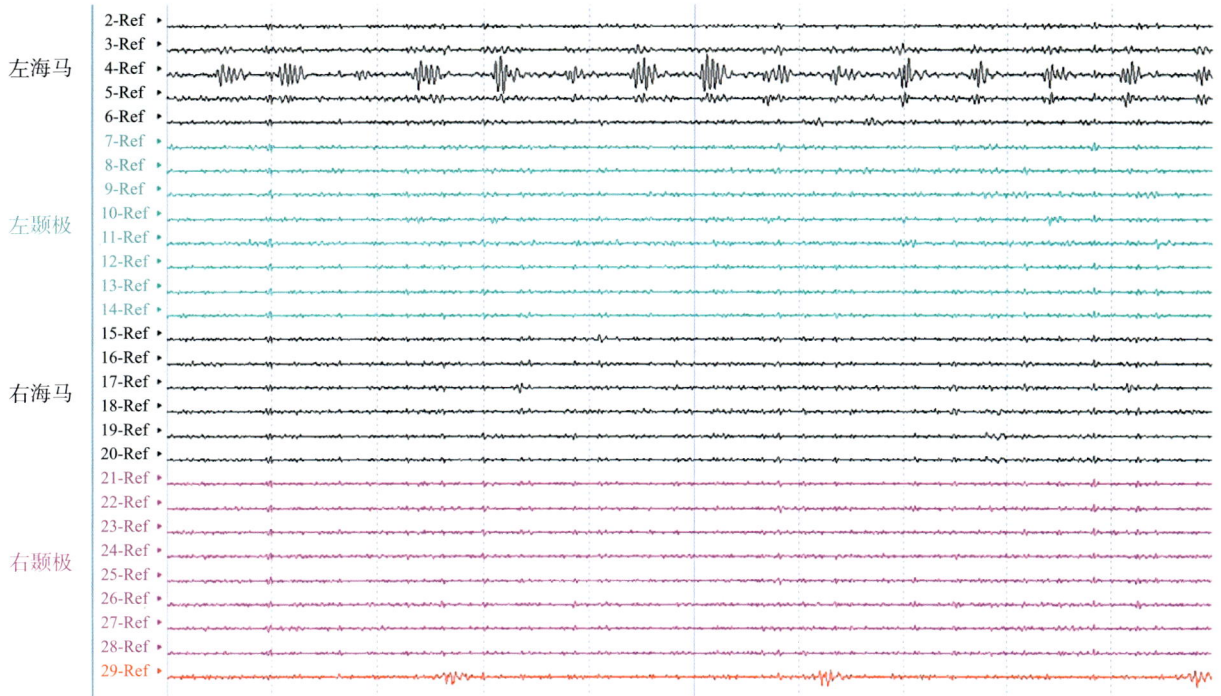

图 8-16 发作期 HFOs（涟漪波，80～250Hz）
滤波范围：80～250Hz，2s/页，灵敏度 200μV/cm。

8

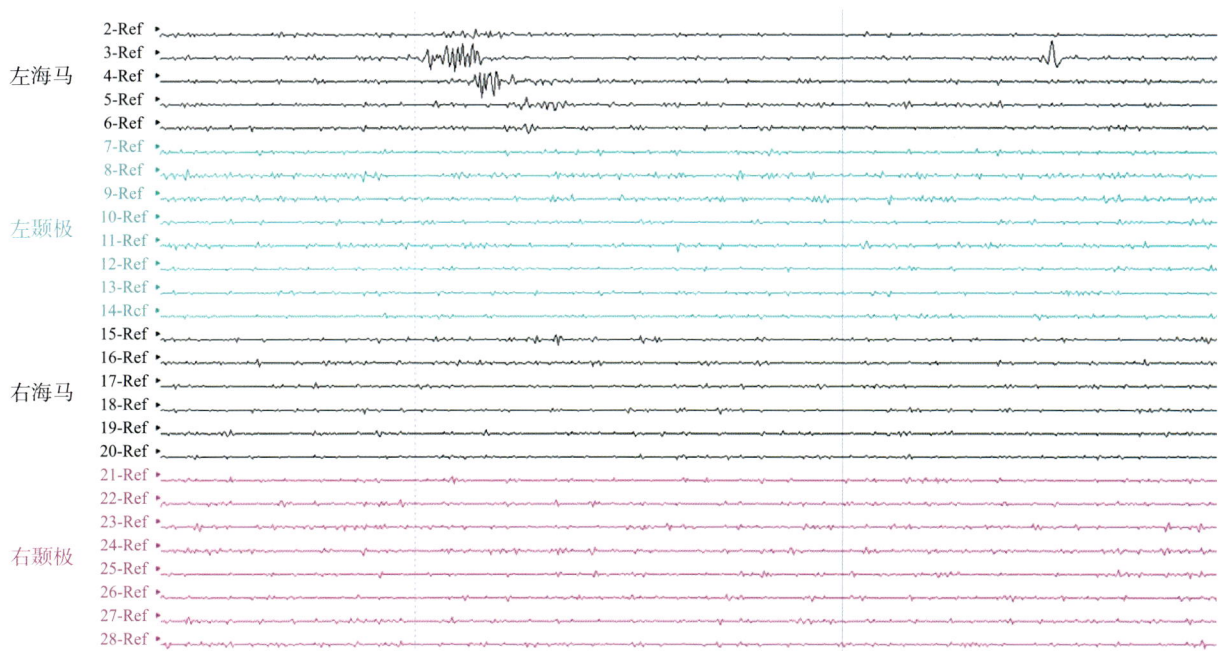

图 8-17 发作期 HFOs（快速涟漪，250～500Hz）
滤波范围：250～500Hz，0.5s/页，灵敏度 20μV/cm。

二、低频与直流脑电图

δ频段以下的振荡活动在致痫灶定位中的价值近年来得到了广泛关注。这些电活动被称为极慢电活动（infraslow activity，ISA），发作性基线漂移（ictal baseline shift，IBS）或直流电漂移（direct current shift，DC shift）。与高频振荡持续数毫秒不同，直流电漂移的时程在1s以上，因此，必须在一个压缩的时间尺度上去进行观察。直流电漂移的产生机制尚不明确，有研究认为是由大量的胶质细胞去极化继发神经元活动引起的，也有学者认为是神经元和功能相关的胶质细胞共同产生的。应用直流电漂移定位的致痫灶与常规频段一致，且更为局限。颞叶癫痫及其他新皮质癫痫发作期直流电漂移和高频振荡的空间分布范围被证实要远小于常规频段放电起始区，发作间期的直流电漂移同样被证实其分布范围要远小于传统的发作间期棘波等病理性放电。国内任连坤教授等应用颅内电极对3例难治性癫痫患者的直流电漂移活动进行了研究，发现在癫痫临床起始前8min10s至22min40s已经出现了周期性的极慢电活动。证实了这种极慢电活动在致痫灶定位以及癫痫发作动态演变中的诊断价值（图8-18）。

常规频段发作期脑电图

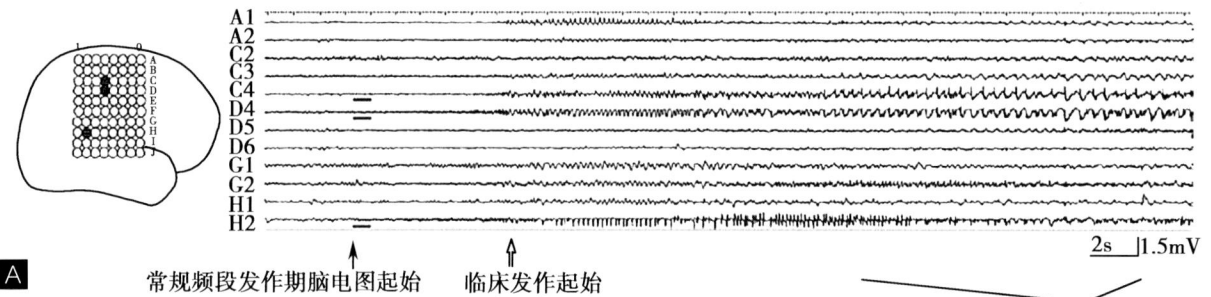

极慢电活动

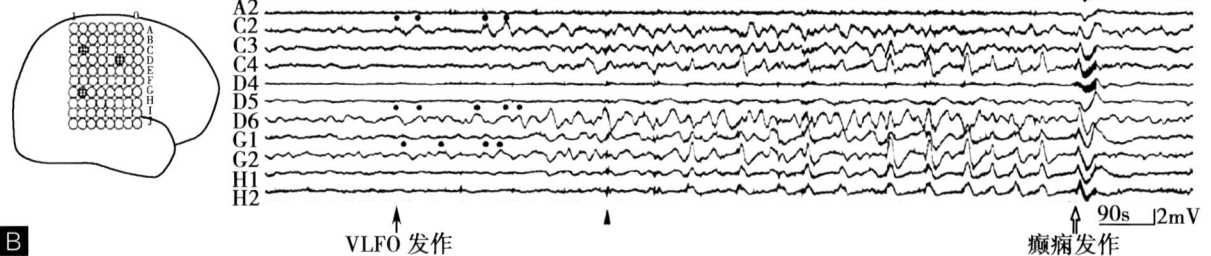

图8-18　极慢电活动在癫痫定位中的应用

A.传统频段脑电记录，时间常数0.1s，临床发作起始前6s在C4、D4及H2导联出现低波幅快节律波。B.极慢电活动记录，时间常数10s，在临床发作起始前18min10s在C4、G1、G2、H1以及H2导联出现周期性极慢电活动。

参考文献

[1] VAKHARIA V N, SPARKS R, O'KEEFFE A G, et al. Accuracy of intracranial electrode placement for stereoencephalography: a systematic review and meta-analysis [J]. Epilepsia, 2017, 58(6): 921-932.

[2] MULLIN J P, SHRIVER M, ALOMAR S, et al. Is SEEG safe? a systematic review and meta-analysis of stereo-electroencephalography-related complications [J]. Epilepsia, 2016, 57(3): 386-401.

[3] PERUCCA P, DUBEAU F, GOTMAN J. Intracranial electroencephalographic seizure-onset patterns: effect of underlying pathology [J]. Brain, 2014, 137(Pt 1): 183-196.

[4] JIMENEZ-JIMENEZ D, NEKKARE R, F L, et al. Prognostic value of intracranial seizure onset patterns for surgical outcome of the treatment of epilepsy [J]. Clin Neurophysiol, 2015, 126(2): 257-267.

[5] FRAUSCHER B, BARTOLOMEI F, KOBAYASHI K, et al. High-frequency oscillations: the state of clinical research [J]. Epilepsia, 2017, 58(8): 1316-1329.

[6] JIRUSKA P, ALVARADO-ROJAS C, SCHEVON C A, et al. Update on the mechanisms and roles of high-frequency oscillations in seizures and epileptic disorders [J]. Epilepsia, 2017, 58(8): 1330-1339.

[7] MENENDEZ DE LA PRIDA L, STABA R J, DIAN J A. Conundrums of high-frequency oscillations (80-800Hz) in the epileptic brain [J]. J Clin Neurophysiol, 2015, 32(3): 207-219.

[8] SHIBATA T, KOBAYASHI K. Epileptic high-frequency oscillations in scalp electroencephalography [J]. Acta Med Okayama, 2018, 72(4): 325-329.

[9] MIAO A, XIANG J, TANG L, et al. Using ictal high-frequency oscillations (80-500Hz) to localize seizure onset zones in childhood absence epilepsy: a MEG study [J]. Neurosci Lett, 2014, 566: 21-26.

[10] GUO J, YANG K, LIU H, et al. A stacked sparse autoencoder-based detector for automatic identification of neuromagnetic high frequency oscillations in epilepsy [J]. IEEE Trans Med Imaging, 2018, 37(11): 2474-2482.

[11] MOTOI H, MIYAKOSHI M, ABEL T J, et al. Phase-amplitude coupling between interictal high-frequency activity and slow waves in epilepsy surgery [J]. Epilepsia, 2018, 59(10): 1954-1965.

[12] YU T, ZHANG G, WANG Y, et al. Surgical treatment for patients with symptomatic generalised seizures due to brain lesions [J]. Epilepsy Res, 2015, 112: 92-99.

[13] SUN Y, ZHANG G, ZHANG X, et al. Time-frequency analysis of intracranial EEG in patients with myoclonic seizures [J]. Brain Res, 2016, 1652: 119-126.

[14] JACOBS J, WU J Y, PERUCCA P, et al. Removing high-frequency oscillations: a prospective multicenter study on seizure outcome [J]. Neurology, 2018, 91(11): e1040-e1052.

[15] CIMBALNIK J, BRINKMANN B, KREMEN V, et al. Physiological and pathological high frequency oscillations in focal epilepsy [J]. Ann Clin Transl Neurol, 2018, 5(9): 1062-1076.

[16] WU S, KUNHI VEEDU H P, LHATOO S D, et al. Roleofictal baseline shifts and ictal high-frequency oscillations in stereo-electroencephalography analysis of mesial temporal lobe seizures [J]. Epilepsia, 2014, 55(5): 690-698.

[17] KANAZAWA K, MATSUMOTO R, IMAMURA H, et al. Intracranially recorded ictal direct current shifts may precede

high frequency oscillations in human epilepsy [J]. Clin Neurophysiol, 2015, 126(1): 47-59.

[18] LEE S, ISSA N P, ROSE S, et al. DC shifts, high frequency oscillations, ripples and fast ripples in relation to the seizure onset zone [J]. Seizure, 2020, 77: 52-58.

[19] MODUR P N. High frequency oscillations and infraslow activity in epilepsy [J]. Ann Indian Acad Neurol 2014, 17(Suppl 1): S99-S106.

8

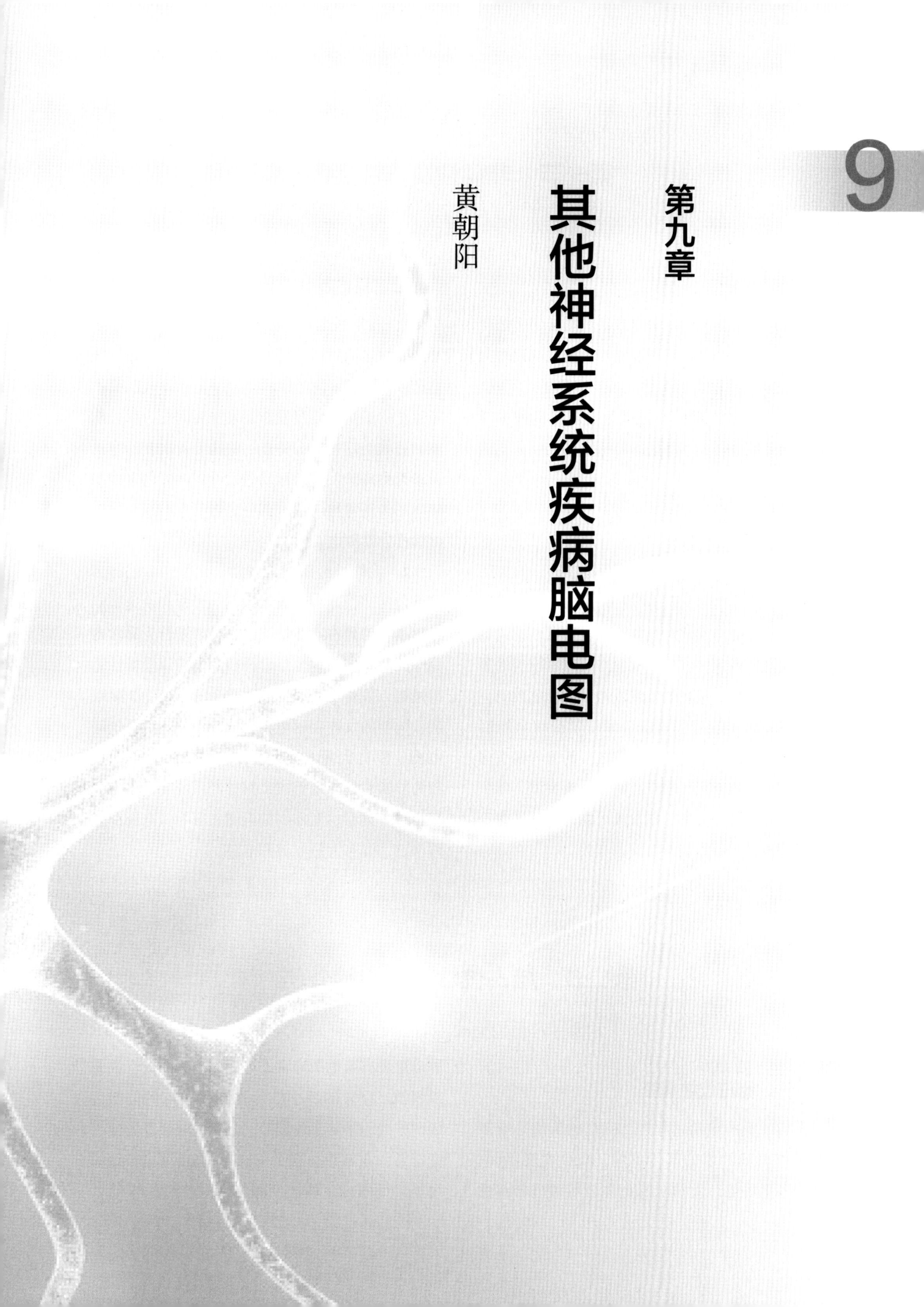

第九章 其他神经系统疾病脑电图

黄朝阳

9

第一节 非痫性发作性疾病

一、晕厥

晕厥是由弥漫性脑缺血或缺氧引起的短暂意识丧失。典型心源性晕厥发作时的脑电图表现为在短暂脑电静息之后突然出现高电压的 δ 活动。实际上晕厥发作期的脑电图的变化是多种多样的，大多数患者发作间期的脑电活动几乎无明显异常。

二、头痛

EEG 通常不作为头痛诊断的依据，但如患者有一侧的持续头痛，并有其他的症状或体征时，提示可能有器质性损害，脑电图可以辅助临床发现器质性损害。例如颅内占位或者脑炎的患者，可以表现出局灶性慢波或癫痫样异常放电。

在偏头痛发作时，EEG 多正常或仅显示轻微的非特异性变化。约有三分之一的患者偏头痛发作时可以出现局灶或广泛的慢波或尖波。偏头痛发作时的这种异常脑电发放可能是与此区血管舒缩功能异常导致脑缺血损害有关。

三、其他发作性疾病

1. 发作性运动诱发性运动障碍 发作性运动诱发性运动障碍（PKD）临床表现为发作性肢体和 / 或躯干的舞蹈样动作、手足徐动或肌张力障碍。由于具有反复发作、发作时间短、部分抗癫痫药物治疗有效等特点，临床上首次就诊容易误诊为癫痫。发作性运动诱发性运动障碍发作期脑电图为正常脑电图。部分患者发作间期可伴有癫痫样异常放电。

2. 发作性睡眠行为异常 发作性睡眠行为异常包括非快速眼动睡眠期行为异常和快速眼动睡眠期行为异常。非快速眼动睡眠期行为异常常见于儿童，包括睡惊症、睡行症和意识模糊性觉醒障碍，发作主要见于慢波睡眠期，即 N3 睡眠期，典型的发作期脑电图表现为慢波睡眠背景脑电图，混有大量 α 波和 β 波。快速眼动睡眠期行为异常常见于老年人，与神经系统变性疾病密切相关。典型的发作期脑电图表现为低电压混合频率波，混有大量 α 波和 β 波。

第二节 脑占位性病变和脑外伤

一、脑占位性病变

脑肿瘤的诊治过程中，EEG 的价值是有限的，依据脑肿瘤的部位不同，EEG 表现不同。对于幕上肿瘤，大约 96% 的原发肿瘤或转移性肿瘤患者有脑电图异常，可以表现为局灶性或偏侧慢波。45% 的桥小脑角肿瘤和 18% 的位于后颅凹中线、小脑半球或第三脑室的肿瘤患者脑电图正常。正常或可疑的 EEG 也不能排除肿瘤的可能。颅内占位性病变的患者中，约 30% 的患者可以伴有继发性癫痫，这些患者的脑电图可伴有癫痫样异常放电。

脑肿瘤术后的脑电图根据脑皮质损伤程度不同，显示出不同特征。位于脑深部或者颅底的病变，手术切除后脑电图可很快恢复大致正常。而病变位于局部脑皮质，切除后脑电图常显示出多形性 1~3Hz 中高波幅 δ 活动，或表现为局部慢波和纺锤波、顶尖波等生理性波形明显减低或消失。而病变范围较大，切除范围较广者，由于手术创伤较大，脑电图可显示较广泛的大量慢波活动。如有局部颅骨缺损，可显示缺口节律。

二、脑外伤

脑电图常可对脑外伤的性质、严重程度、预后恢复及是否发生外伤后癫痫提供一些指导。它在对外伤后综合征患者进行远期评价时有重要意义。

当脑外伤的严重程度足以造成短暂意识丧失、明显的逆行性遗忘或神经功能障碍时，通常在受伤后即出现脑电图异常。急性期的脑电图改变为局限性或弥漫性，在波幅上存在一定程度的变异。即使是很轻微的头部外伤，儿童也比成人更容易记录到异常。在脑外伤后记录到的轻微的广泛性脑电图异常并不一定与创伤有关，波形稳定的弥漫性棘慢综合波通常也与创伤无关。由于没有受伤前的脑电图资料比较，很难解释其中的多种脑电图异常。局部不正常应特别注意，因为可能存在颅内硬膜下或硬膜外血肿。局部或一侧阵发活动有时是结构异常的唯一证据。需要注意的是皮下水肿或出血等颅外因素也会影响到脑电图。

与 CT 不同，只有连续多次进行脑电图检查时才最有诊断价值。如果脑电图异常的恢复与临床恢复平行，则常常提示脑电图异常与创伤有关。但是脑电图与临床改善经常并不平行，外伤后可出现新的脑电图异常，如局限性棘波。脑外伤后局限性脑电图异常的程度加重提示病变在扩大，如颅内血肿。脑外伤后两周内脑电图的变化不能为鉴别硬膜下血肿和脑挫伤提供可靠的帮助。

尽管脑电图在预测脑外伤预后方面的可靠性较低，但是有一种情况例外。在外伤或其他疾病造成患者昏迷的情况下，脑电图可显示出类似正常睡眠时出现的模式，即纺锤波昏迷（spindle-coma），如果能够整夜记录，可发现睡眠有周期性改变。通常用盐酸哌醋甲酯（利他林）可使之恢复到清醒时的模式，患者的清醒程度也大有好转。有这样的睡眠模式和存在睡眠 - 觉醒周期提示预后相对比较好。

脑外伤患者的 EEG 可表现为局部或广泛正常活动的抑制，α 节律变慢，出现局部或弥散的慢波，连续记录时这些变化可随时间进展，局部不正常可能与局部损害直接有关，也可以是脑缺血或水肿引起脑损伤合并症的结果。在疾病初期 EEG 的广泛损害可不明显，到晚期变明显，局部脑电活动的抑制先于病理变化。脑外伤后 EEG 异常的患者常发展为癫痫，局灶性棘波发放与外伤后癫痫的发生有关。

第三节　脑血管病

脑电图诊断和定位的原则也适用于脑血管病。颅内出血造成的脑电图异常与颅内肿瘤相似。较大的急性梗死可造成与肿瘤相似的异常脑电图表现，通常在影像学尚未观察到解剖改变时即可发现异常。与肿瘤不同的是，连续进行脑电图检查可发现随着梗死的好转，脑电图的异常也进行性改善。

一、脑梗死

脑缺血患者由于主要血管的闭塞，在大脑半球的受损部位的正常背景活动常受抑制，可见慢波（θ和/或δ）增多，有时有短暂尖波或周期性一侧性癫痫样放电（PLEDs）。在急性皮质梗死几个小时到几天内，脑电图有时可出现PLEDs，常常伴有临床上的抽搐发作。但是，这些放电亦可由许多其他类型的病变所致，不应该认为是脑梗死的特征性改变。当大脑中动脉或颈内动脑受累时一侧中央顶区和中颞区变化常最明显，当大脑前动脉受累时前头部最明显，当大脑后动脉闭塞时枕区最明显，患者的脑电地形图的变化程度与血管闭塞的部位、发展的快慢、侧支循环的建立有关。内囊区缺血的患者，EEG通常正常或仅有微小变化。轻微的皮质下损害如腔隙性脑梗死，可不出现EEG变化，基底节区缺血的患者，EEG多正常，有时有轻微的变化。脑干下部梗死，EEG可见泛化的、对刺激无反应的α频率的活动，有助于脑血管病累及脑干而导致昏迷的患者的诊断。累及中脑和脑桥交界处脑干中央部分的梗死或出血可造成以α节律为主的EEG，与正常的清醒状态相似，但是缺少正常的反应性，称为α昏迷（alpha coma）。当涉及脑干的头端或间脑时，EEG可见自发慢活动，它较少见且双侧同步，而不是持续在一侧。

在19%的非出血性脑卒中患者，当CT正常时，EEG可见局部多形慢波，在影像学无变化时，EEG在一定程度上可反映功能异常，当

临床区分有困难时，EEG有助于区分皮质损害、脑干损害及腔隙性脑梗死。

在原发性脑血管疾病所致的短暂性脑缺血发作（TIA）后脑电图几乎总是正常的。因此，在两次TIA发作之间记录到的局限性δ活动提示已经产生了永久的器质性病变，局限性棘波发放提示可能是癫痫发作而不是TIA。

在轻度脑动脉硬化的患者，过度换气可诱发局部或一侧EEG不正常，由于侧支循环不好，颈动脉狭窄常导致EEG变化。

二、脑出血

颅内血肿的患者，EEG的变化取决于血肿的部位和大小及发展的速度，受累的局部或一侧背景活动被抑制并可见局部多形δ波，尤其在老年人慢活动局限在某些部位且缺乏反应。短暂的尖波在颅内血肿患者所见多于非出血性血管损害的患者，尤其是在继发性脑干病变时双侧颞区可见周期性节律性δ活动。脑干下部出血的EEG变化常不明显，但可有广泛的低反应的类α波，小脑出血EEG几乎没变化，当发生脑疝时，可见弥散慢波。

三、其他脑血管病

1. 蛛网膜下腔出血 在蛛网膜下腔出血患者中，EEG可以表现正常，也可以表现为局灶或弥漫性慢波，有些患者会出现局灶性棘波、尖波，这些表现与局部血肿、出血部位有关，尤其是与血管瘤或动脉痉挛所致的继发性缺血有密切的联系。

2. 硬膜下血肿 慢性硬膜下血肿的患者EEG背景活动的振幅变小或消失，在一些病例中，可见明显的一侧局部的慢波，背景节律无明显抑制；也有一些病例显示为前头部周期性的δ节律，极少病例是周期性复合波。慢性硬膜下血

肿病人的 EEG 有时是正常的，EEG 不能鉴别硬膜下血肿与其他占位性损害。对所有病例，神经放射学检查是重要的。

3. 动脉瘤和动静脉畸形　蛛网膜下腔出血已在前述，在有尚未出血的动脉瘤患者中，可偶见局部慢波；不合并动脉瘤的患者，EEG 几乎无异常发现。蛛网膜下腔出血后有时可见局部或一侧异常，这可提示出血部位，颅内动脉瘤患者的 EEG 可有局部慢波或癫痫波发放。

4. Sturge-Weber 综合征　Sturge-Weber 综合征脑电图可以表现出正常背景活动的抑制，不规律的慢波活动和局灶性棘波或尖波，脑电背景活动的减弱与颅内钙化的存在及其程度无密切关系，在受累的一侧常较明显。

第四节　炎症性和感染性疾病

颅内炎症性和感染性疾病，包括脑炎、脑膜炎、脑脓肿等，脑电图（EEG）可以为这些疾病的诊断、严重程度和预后的评估提供重要的参考价值。脑炎患者的 EEG 常比脑膜炎患者的 EEG 变化明显，大多数的急性脑炎 EEG 特点是弥漫性、节律性或非节律性慢活动，有时也可见局部异常，EEG 活动变慢的程度与疾病的严重程度、意识障碍的水平、全身的代谢和系统的变化有关。异常 EEG 的持续存在或加重，提示疾病进展、出现合并症或残余脑组织的损害。在疾病的急性期过后，脑电图可恢复正常，也可以遗留局灶性慢波或癫痫样异常放电。有时，脑电图能够提示特定的疾病，比如特征性的刻板的周期性复合波可见于亚急性硬化性全脑炎；周期性弥漫性脑电图异常可见于克 - 雅病（Creutzfeldt-Jakob disease），特别是对于伴有肌阵挛发作者，具有重要的诊断价值。

一、单纯疱疹病毒脑炎

单纯疱疹病毒 1 型（herpes simplex virus type 1，HSV-1）脑炎是世界各地散发性致命性脑炎的最常见类型。该临床综合征的常见特征为急性发热、头痛、癫痫发作、神经系统定位体征和意识受损。80% 以上的病例会出现局灶性脑电图检查异常。疾病初期，EEG 常表现为在一侧或局部出现明显的慢活动，尤其在受累侧的颞叶；也可表现为周期性一侧性癫痫样放电（PLEDs）。PLEDs 常出现在神经系统症状出现后的第 1～12 天，偶尔可延至第 24～30 天出现。当急性脑部疾病的患者表现此种变化过程时，对提示单纯疱疹病毒性脑炎有重要诊断价值。当单纯疱疹病毒性脑炎患者出现昏睡或昏迷时，脑电图表现为弥漫性异常，严重病例可出现爆发 - 抑制脑电图，提示预后较差。图 9-1 为一例单纯疱疹病毒脑炎患者的脑电图表现。

二、其他病毒性脑炎

流行性乙型脑炎是由乙脑病毒感染导致的脑实质炎症。多见于夏秋季，临床上表现为急起发病，有高热、意识障碍、惊厥、强直性痉挛和脑膜刺激征等，重症患者可导致脑死亡或遗留不同程度的后遗症。临床症状较轻的患者脑电图可仅有轻度异常，主要表现为背景节律的慢化。严重患者表现为弥漫高幅、极高幅慢波，常伴有局灶

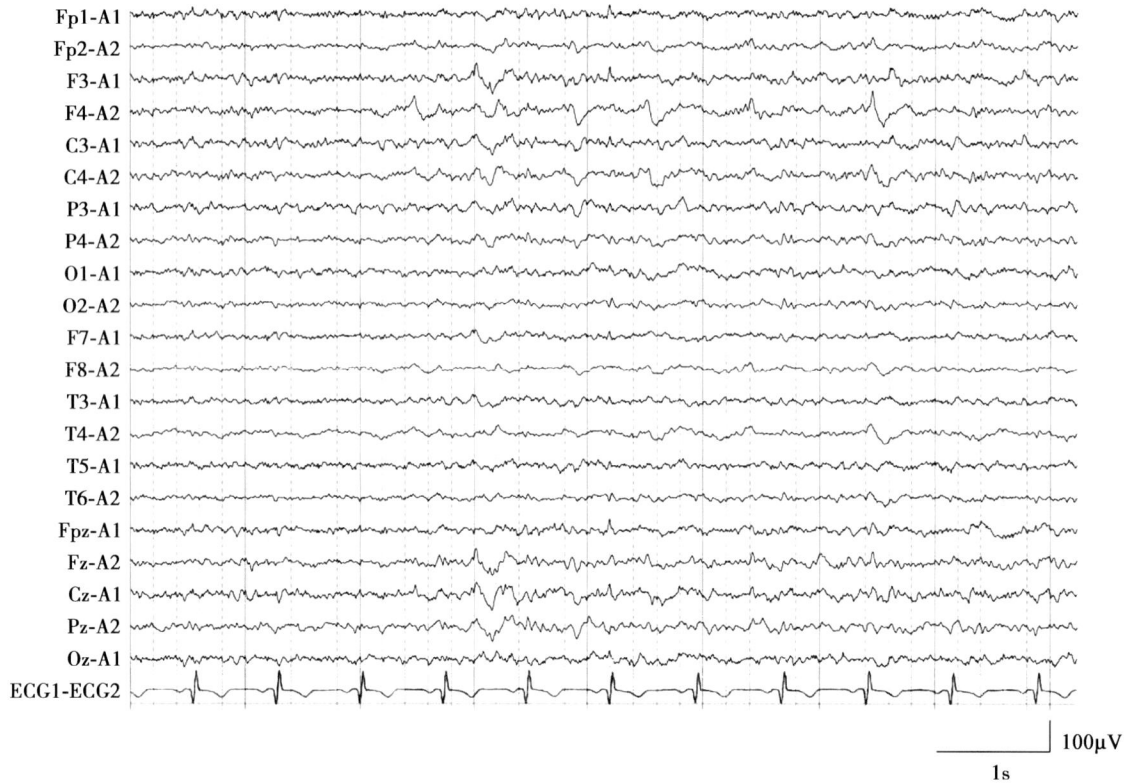

图 9-1　一例单纯疱疹病毒脑炎患者的脑电图表现

可见右额（F4）导联高幅慢波、尖波，右额极（Fp2）、前颞（F8）、中颞（T4）、后颞（T6）导联波幅明显减低，散在中高波幅慢波。

性、多灶性或广泛性癫痫样放电。极重的患者可表现为<5μV 的低平脑电图，提示预后差。

三、自身免疫性脑炎

自身免疫性脑炎是由自身免疫系统介导的脑炎，具有多种临床表现，可表现为典型的边缘性脑炎，也可伴有复杂神经精神症状（如记忆缺陷、认知障碍、精神症状、癫痫发作、异常运动或昏迷）。抗 N- 甲基 -D- 天冬氨酸（N-methyl-D-aspartate，NMDA）受体脑炎和抗富亮氨酸胶质瘤失活 1 蛋白（leucine-rich glioma inactivated 1，LGI1）脑炎是最常见的两种自身免疫性脑炎。

抗 NMDA 受体脑炎脑电图表现为弥漫性慢波或额颞区为著的局灶性慢波，也可基本正常，癫痫活动相对少见。据文献报道，约三分之一的抗 NMDA 受体脑炎患者具有独特的 EEG 表现，

称为极度 δ 刷状波（extreme delta brush），表现为 δ 波的基础上叠加大量的 β 活动，提示病程较重或病程迁延。图 9-2 为一例抗 NMDA 受体脑炎患者的清醒背景脑电图表现。

抗 LGI1 脑炎临床上主要表现为亚急性起病的记忆障碍、癫痫发作和精神障碍。面 - 臂肌张力障碍（faciobrachial dystonic seizure，FBDs）和低钠血症是本病的两个特征性表现。抗 LGI1 脑炎患者脑电图可基本正常，也可表现为一侧或双侧颞区癫痫样放电、局灶性或弥漫性慢波活动。面 - 臂肌张力障碍发作往往比较频繁，发作时脑电图通常不伴有癫痫样异常放电。抗 LGI1 脑炎患者可表现为颞叶癫痫发作、全面强直 - 阵挛发作、跌倒发作，甚至出现癫痫持续状态。图 9-3 为一例抗 LGI1 脑炎患者的清醒背景脑电图表现。

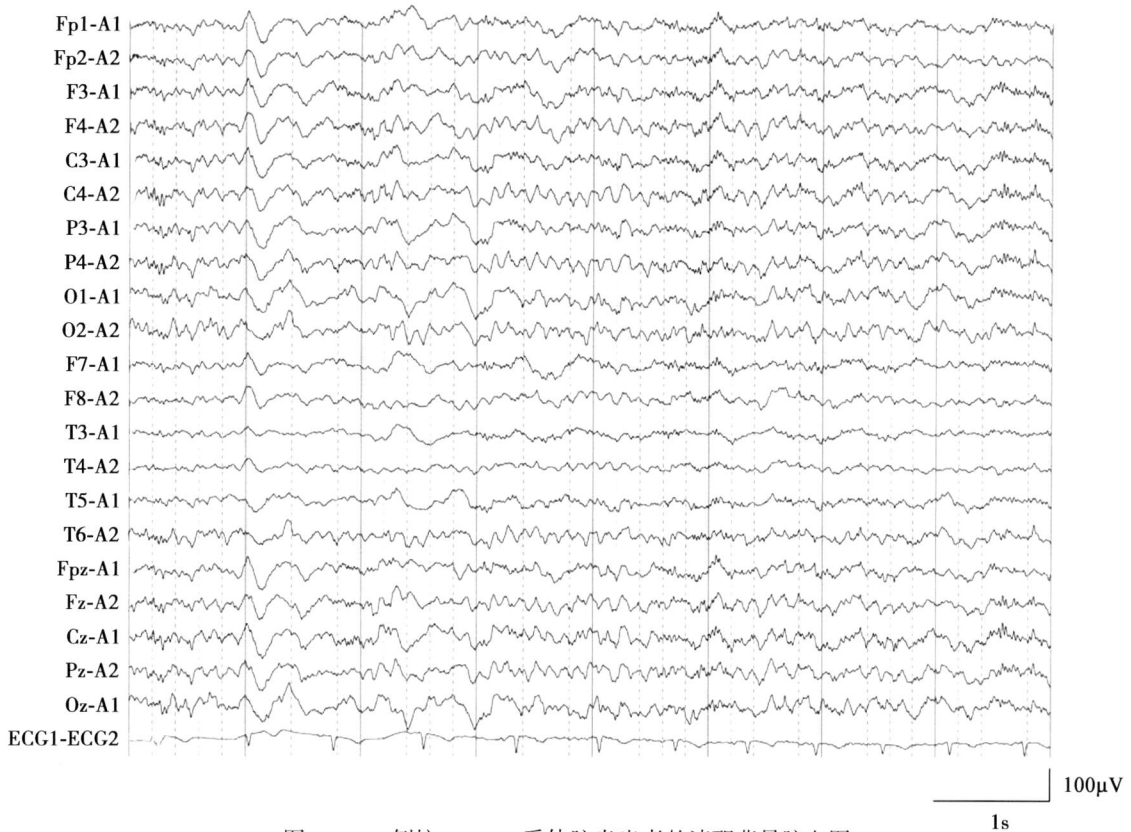

图 9-2 一例抗 NMDA 受体脑炎患者的清醒背景脑电图

左半球导联可见多量中幅 4~6Hz 慢波散发或阵发，混杂稍较多中高幅 2~3Hz δ 活动，在 δ 波上复合 30~50μV 的 20~30Hz 的快波活动，形成"δ 刷"。

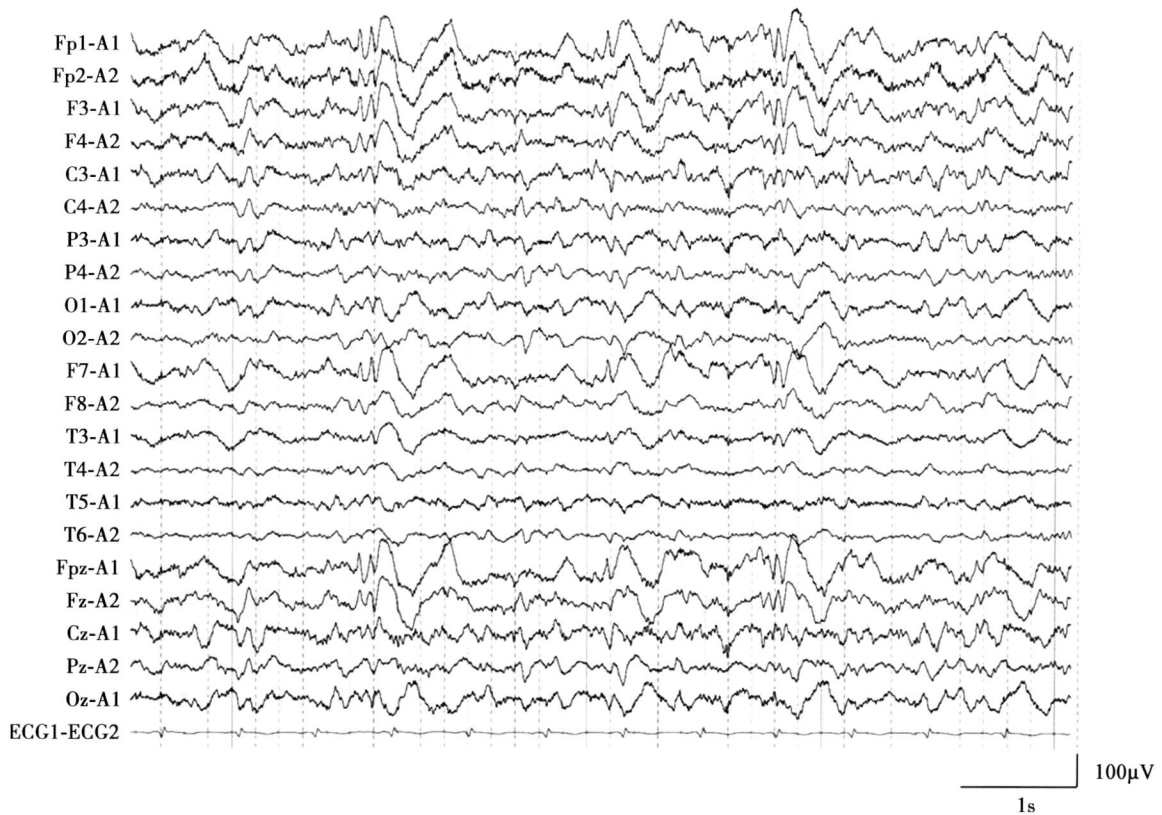

图 9-3 一例抗 LGI1 脑炎患者的清醒背景脑电图

左额极、左额、额极中线、额中线导联可见中高幅棘慢波、多棘慢波。

四、亚急性硬化性全脑炎

亚急性硬化性全脑炎典型的 EEG 表现为周期性复合波，可出现在疾病的任何阶段，多见于中期这种复合波持续可达 0.5～2s，间隔 4～15s 周期性发放。在不同患者及同一患者的不同时间表现都可不同。此复合波在大多数病例为全头分布，常在两侧大脑半球同时出现，但在疾病的早期阶段有时在一侧较明显。睡眠可对复合波产生不同的影响，对于一些患者没有影响；对于另一些患者，睡眠可使复合波爆发、升高或消失。晚期背景活动逐渐衰减，周期性放电消失。疾病早期脑电图表现为 α 波的减弱或消失及弥漫性慢活动，可见棘波或尖波出现，多在前头部，可以是双侧同步棘慢波或前头部节律性 δ 活动。图 9-4 为一例亚急性硬化性全脑炎患者的脑电图表现。

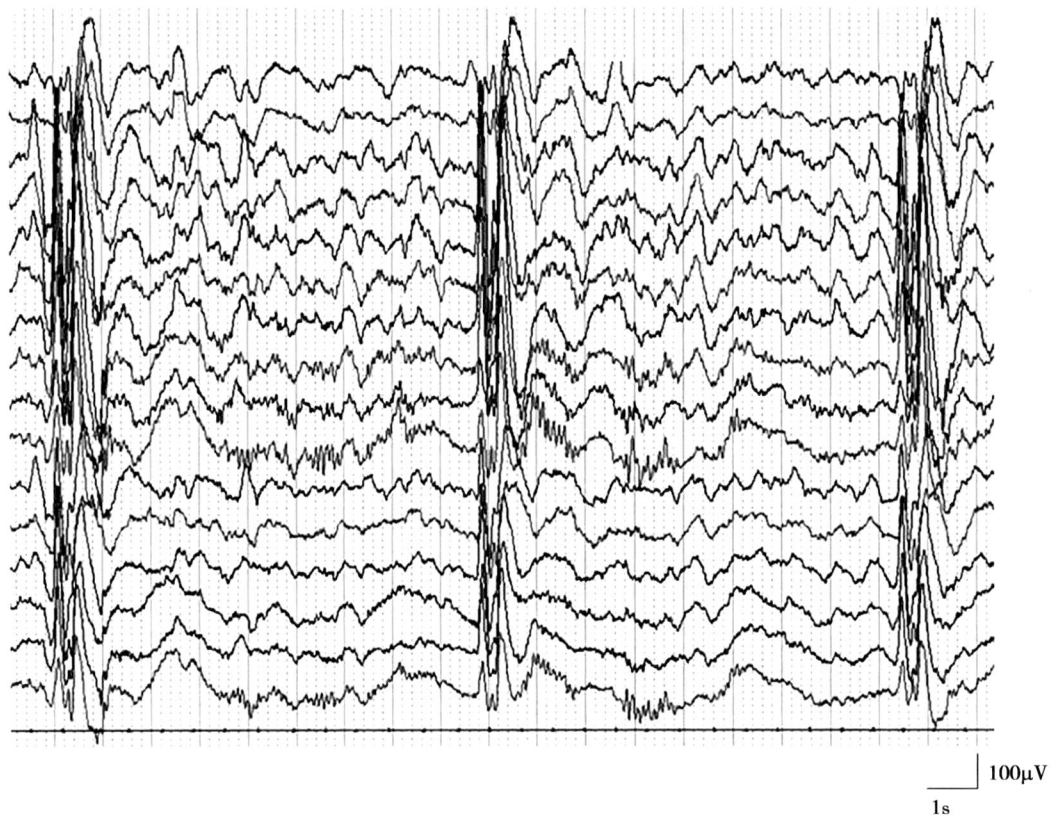

图 9-4　一例亚急性硬化性全脑炎患者的脑电图
可见全导联爆发极高波幅复合慢波、棘慢波，每 9s 左右周期性出现。

五、脑脓肿

急性幕上脑脓肿的患者，EEG 的特征性表现是慢频率、高振幅、多形局灶慢活动，PLEDs 现象可见于两侧大脑半球，EEG 变化比其他局部脑损害的 EEG 变化更具戏剧性。由于较多慢波的干扰或前头部周期性 δ 节律性活动，意识丧失的程度与 EEG 局部变化的关系有时不明显。慢性幕上脓肿产生的 EEG 改变与肿瘤引起的 EEG 改变无法区分。幕下脓肿的 EEG 无明显改变。

六、克－雅病

克-雅病（CJD）患者的 EEG 典型表现为

周期性复合波，但此病的周期性复合波不同于亚急性硬化性全脑炎患者，主要由持续 200～400ms 的三相波组成，三相波间隔 0.5～1s 重复出现，并与患者反射性阵挛有关系，这种周期性活动常弥散存在并双侧同步，但在疾病的早期多为限局性分布，在疾病进展的某些阶段偶见不对称存在。在疾病的早期和晚期看不到典型的周期性复合波，当此病的临床表现很典型时，在 90% 患者可见典型 EEG 表现。图 9-5 为一例 CJD 患者的脑电图表现。

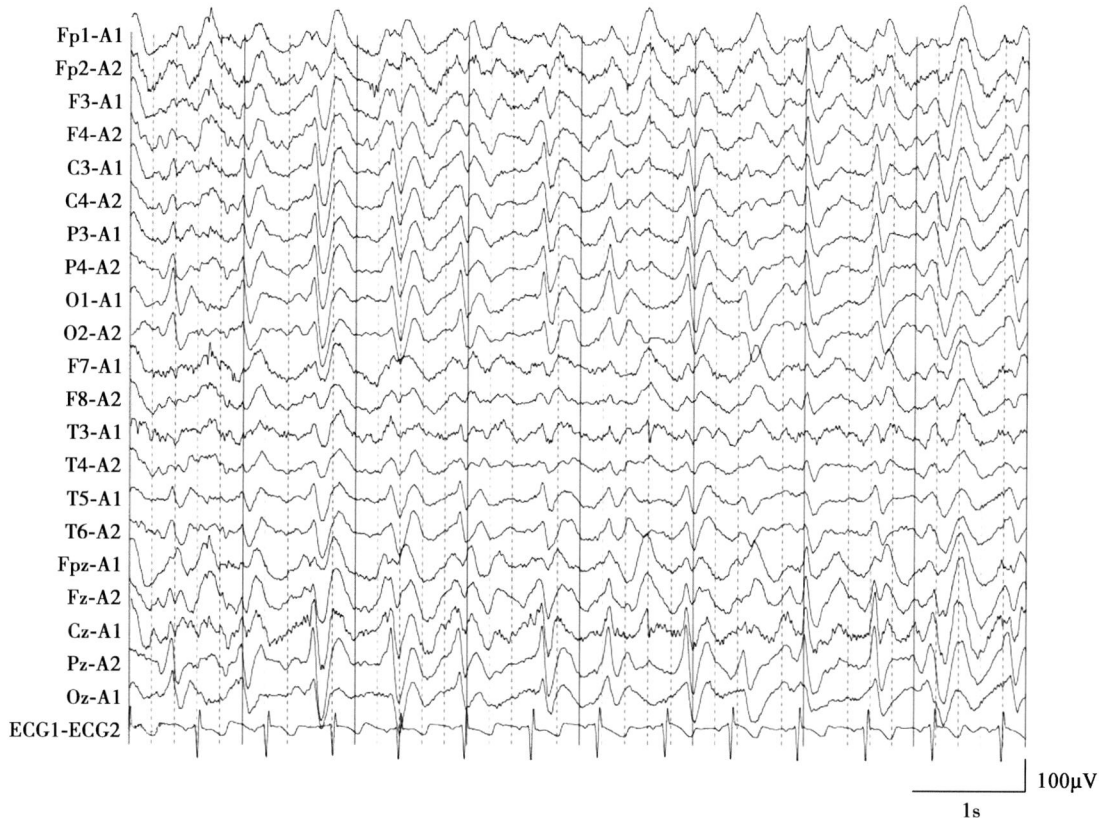

图 9-5　一例 CJD 患者的脑电图
可见全导联爆发出现同步的高波幅三相波，每 0.5s 左右周期性出现。

第五节　缺氧、中毒性、代谢性疾病

一、脑缺氧

长时间低氧或缺氧，会导致不可逆的脑病理变化。一些昏迷患者 EEG 可见不同程度的弥散慢波及短时的快活动，此时外部刺激引起的脑电背景活动的反应对预后判断很重要，脑损害较严重的患者，脑电图显示连续或间断的癫痫样波发放，弥漫的无反应的 α 频率的活动，爆发 - 抑制或无脑电活动。

201

二、中毒性疾病

大多数中毒性、代谢性和退行性疾病患者的EEG通常存在严重程度不同的弥漫性慢波，但是这些改变没有明显的特征。

一些情况下，脑电图可提供疾病类型的信息，有助于诊断。安定类和三环类抗抑郁药可引起EEG弥漫性慢波，可诱发阵发性慢波，或慢波、棘波发放。一些镇静催眠药物，特别是苯二氮䓬类和苯巴比妥类可使β电活动增加，撤停后可对光线刺激发生光敏阵发性反应。在服用这些药物的剂量足够大时可造成昏睡或浅昏迷，出现的典型EEG能够高度可靠地提示中毒性病因。锂可引起α节律变慢及局部或一侧明显的阵发性慢活动，类似于CJD病样的周期性复合波可见于锂和巴氯芬（baclofen）中毒，苯异丙胺可增强β活动，麻醉药可减弱α活动，使之变慢。

在酒精中毒者中，酒精可引起EEG轻微变慢，在戒酒时偶见阵发活动，如无病理损害，EEG可恢复正常，可对闪光刺激出现反应，局部不正常可能是结构损害或部分性癫痫发作后的结果。

三、代谢性疾病

1．肝性脑病　肝性脑病的中间期可出现一种具有诊断意义的脑电图表现。典型的表现包括反应迟钝和以下脑电图特点：① 正常的背景节律减低或消失；② 双侧同步对称性的宽大的三相波，以额叶为主，中间相为正性，在前头部和后头部的出现时间上存在延迟。如果脑电图改变符合这些标准，就高度提示肝昏迷。在进展性肝性脑病的患者中，脑电图也显示进展性变化，临床表现和EEG有相一致的关系。早期α节律变慢，然后由θ和δ波取代，有的患者这些慢波共存，随病情进展，出现三相波，在前头部明显且

两侧半球同步对称，随着临床衰竭，EEG表现为三相波和慢波，仍是前头部明显，间有静息期，随病情恶化，慢波的振幅减低。

但是，应该强调的是，并非所有三相波均由肝昏迷所致，并且肝昏迷患者的脑电图也并不一定都出现三相波。三相波最早见于肝性脑病患者，实际上见于各种代谢性脑病，预后差，存活率低。三相波也可见于其他神经功能紊乱，如痴呆患者。

2．尿毒症　尿毒症患者、接受透析治疗的尿毒症患者和低钠血症患者除了出现常见的慢波反应外还可出现阵发性棘波放电和光敏阵发性反应。肾功能不全者初期EEG正常，但背景活动变慢，逐渐进展出现一定数量的θ和δ波，有时呈阵发性，最后是对末梢刺激无反应的无规律慢波，偶见三相波，不如肝性脑病常见。有些患者可见棘波、尖波，对闪光刺激有反应。在血液透析时，EEG变化很大，原来EEG正常的患者，在正常或慢波背景上，出现广泛、高电压节律性δ活动，当患者进展到需要血透的尿毒症性脑病时，EEG可见在弥漫性慢活动背景上出现双侧同步的慢波、尖波、三相波、棘波，有时为双侧棘慢波。

3．低血糖和内分泌疾病　在高血糖、低血糖、艾迪生病、垂体功能减退、肺功能低下、甲状旁腺功能减退时可见EEG背景节律变慢。垂体功能减退患者除可见上述变化外，还有棘波、尖波、慢的棘慢波发放。低血糖的患者常常在过度换气时出现慢波反应的加重。黏液性水肿患者EEG的特征性变化是低电压，α波抑制并变慢，可见θ波和慢波活动混入。甲状腺功能亢进（甲亢）患者可见α节律变快、频率增加，β波明显，散在θ波成分存在，库欣病和嗜铬细胞瘤患者EEG的变化常不显著。水中毒或低钠血症患者的EEG可见弥漫性慢波及节律性δ活动，高钠血症和血钾异常患者的EEG常无变化。

第六节　脑发育障碍性疾病

脑 发 育 障 碍 性 疾 病（neurodevelopmental disorders，NDDs）是由于多种遗传性或者获得性病因导致的可影响认知、运动、社会适应能力、行为等的慢性发育性脑功能障碍性疾病。

一、颅脑先天性畸形

颅脑先天性畸形是指胚胎发育过程中各种因素导致的颅脑结构发育异常，通常引起严重神经缺陷，有些可能致命。包括无脑畸形、无脑回畸形、局灶性皮质发育不良、巨脑回畸形、多小脑回畸形、脑裂畸形、脑穿通畸形、灰质异位、胼胝体发育不良等。颅脑先天性畸形临床上常常合并发育迟缓、智能低下、运动障碍或癫痫发作等多种问题，因而，脑电图背景常与年龄不相适应，例如出现弥漫性慢波活动，甚至是高幅失律。常伴有癫痫样异常放电，可以为局灶性、多灶性、一侧性或广泛性棘波、多棘波和尖波等。图 9-6 为一例局灶性皮质发育不良患者的脑电图表现。

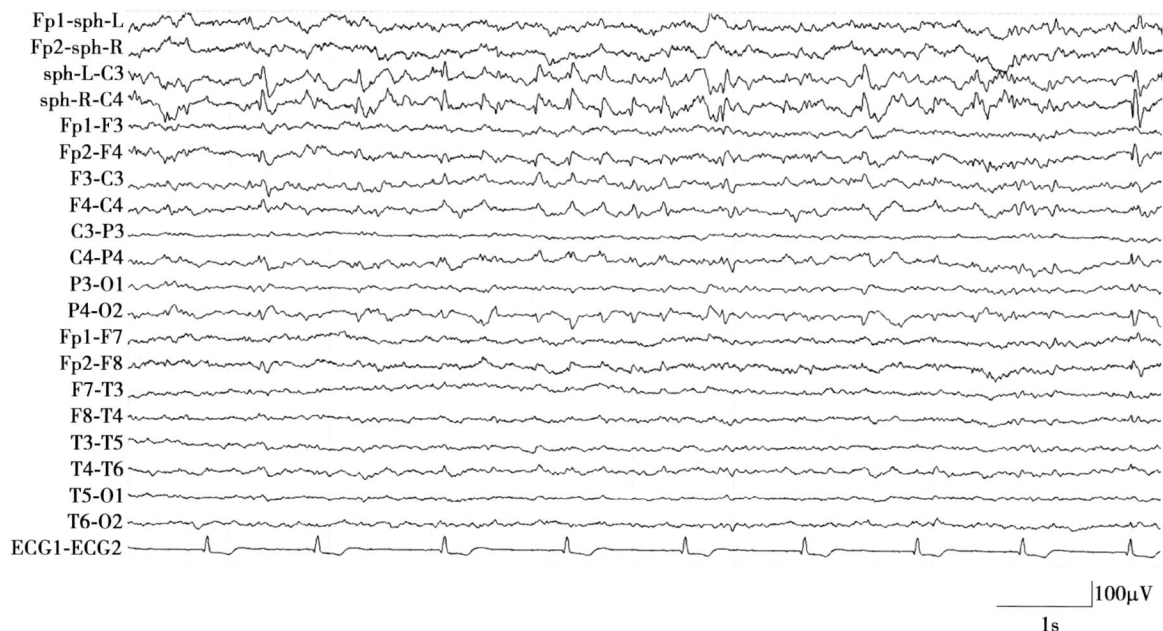

图 9-6　一例局灶性皮质发育不良患者的脑电图
可见双侧中央、右额、右顶、前颞导联为著的频发棘慢波，呈类节律发放。

二、孤独症谱系障碍

孤独症谱系障碍（autism spectrum disorder，ASD）是一组严重的广泛神经发育障碍性疾病，以社会互动和交流障碍及狭隘兴趣、重复刻板行为为主要特征。ASD 患儿脑电图差异较大，儿童孤独症脑电图异常率为 10%~83%，大多表现为广泛性非特异性异常，如背景活动变慢，慢波增多，可伴有癫痫样异常放电。部分 ASD 患者脑电图背景活动表现为以慢波活动为主，甚至是弥漫性慢波活动，说明大脑有弥散性器质性病变。ASD 患者可伴有局灶或多灶性癫痫样异常放电，主要分布于颞叶和额叶。

第七节　神经退行性疾病

一、阿尔茨海默病

阿尔茨海默病患者，在疾病早期表现为清醒期 θ 活动增多和 β 活动减少，随着病情的进展，清醒期 α 节律逐渐减慢，α 和 β 活动逐渐减少，而 θ 和 δ 活动逐渐增多。疾病晚期，α 波可完全消失，表现为全导联弥漫性 θ 和 δ 活动。

二、帕金森病

帕金森病（Parkinson's disease，PD）患者早期，脑电图可表现为正常或者一些轻微的非特异性的改变，例如 θ 和 δ 活动增多。伴有抑郁症状的 PD 患者可表现为 θ 和 δ 活动增多。伴有痴呆症状的 PD 患者，可表现为 α 和 β 活动减少，而 θ 和 δ 活动增多。

三、亨廷顿病

亨廷顿病（Huntington's disease，HD）患者脑电图主要表现为非特异性异常，例如 θ 和 δ 活动增多。本病的一个特征性的表现为非常低波幅的背景活动，α 节律波幅低于 20μV 甚至 10μV。主要出现在病程晚期。

四、脊髓小脑性共济失调

脊髓小脑性共济失调患者 EEG 多正常，有时可见局部或广泛慢波。在有癫痫发作的患者，可见癫痫样异常放电。

参考文献

[1]　刘晓燕. 临床脑电图学 [M]. 2 版. 北京：人民卫生出版社，2017.

[2]　EBERSOLE J S, PEDLEY T A. Current practice of clinical electroencephalography [M]. 3rd. Philadelphia: Lippincott Williams and wilkins, 2003.

[3]　BLUME W T, KAIBARA M, YOUNG G B. Atlas of adult electroencephalography [M]. 2nd. Philadelphia: Lippincott Williams and wilkins, 2002.

10

第十章

诱发电位和事件相关电位概论

杨莹雪　王玉平

诱发电位（evoked potential，EP）是指神经系统或感觉器官接受内外刺激之后在神经系统及其效应器官所产生的特定电活动。引起诱发电位的刺激可以是内源性刺激（心理刺激）或外源性刺激（物理刺激，如声、光、电、磁场等），诱发出的电反应可以是神经生物电或肌肉生物电。诱发电位是在脑电图和肌电图的基础上发展起来的一项检查技术，目前有多种诱发电位检查应用于临床，已经成为临床神经电生理检查中非常重要的一部分，对于神经系统疾病的诊断发挥着重要的作用。事件相关电位（event related potential，ERP）是一种特殊的脑诱发电位，它反映了认知过程中大脑的神经电生理的变化，也被称为认知电位。

第一节　诱发电位的原理

诱发电位的记录与脑电图不同，脑生物电信号经过差动放大器的放大后直接显示在计算机屏幕上，或描记在记录纸上是为脑电图。理论上讲，刺激诱发的生物电活动经放大后描记下来是为诱发电位，然而事实上仅有电流差放大器还是不够的，由于诱发的电活动通常都非常微弱，所以诱发电位被掩埋在了信号相对较强的自发电活动之中，无法区分自发电位和诱发电位，必须设法将自发电位等背景活动去除掉，才能使微小的诱发电位凸显出来，目前人们创造了几种从背景中提取诱发电位信号的方法，但最为成熟的方法是平均叠加的方法，这是目前诱发电位设备中通常采用的方法。

所谓平均叠加就是根据任何诱发电位都与诱发该电位的刺激有固定的锁时关系的原理，反复给予相同的刺激若干次，每次刺激都会在固定的时间点诱发出相同极性的生物电流活动，由于这些电流活动与刺激有固定的时相关系，以刺激为时间参考点，刺激之前为负，刺激之后为正，把多次刺激诱发的电活动进行重复描记之后，与刺激有关的诱发电位总是在固定的时间点出现相同的电活动，而自发电活动则是一种随机性的活动，与刺激没有固定的时相关系，因而不会很清楚

地被显示出来，这种方法就是最初的重复叠加方法。由于计算机技术的出现，可以将生物电信号数字化，也就是根据电压的大小把生物电信号逐点采样转化为数字的大小，正性电压转化为正数字，负性电压转化为负数字，将多次刺激后所得的电流均转化为不同的数字序列，刺激点作为零点，不同数字序列的对应点相加，得出叠加后的数字序列，诱发电位在多次叠加后会出现诱发成分的增大，而自发电位随机出现，正负极性相反，多次叠加后逐渐趋于零，将叠加后的数字序列在坐标上还原为曲线，是为叠加后的诱发电位曲线（图 10-1），如果用相加后的数字除以叠加的次数，就会得到相应的每次刺激的平均诱发电位曲线。

根据记录的诱发电位信号的强弱以及背景噪声活动的大小，可以选择适当的平均次数，平均的次数越多，则信噪比越大，诱发电位的波形就越清楚。一般需要平均数十次到上千次，例如信号较强的事件相关电位可以仅平均 30～60 次即可得到满意的波形，而信号非常弱的脑干听觉诱发电位则要平均 1 000～2 000 次才能获得满意的波形。诱发电位有一定的变异性，所以应该获得两次以上可以重复的波形。

3	4	5	7	9	6	4	2	1	0	-1	-3	-5	-6	-7	-5	-3	-1	0			0时间窗1
-1	-1	0	2	4	3	2	1	0	0	1	0	3	4	6	4	2	2	1			1时间窗2
-1	-2	-2	2	5	3	1	1	1	-1	1	2	2	3	2	1	2	0	-1			0时间窗3
1	1	3	11	18	12	7	4	2	-1	1	-1	0	1	1	1	0	1	1	0	1	合计
0	0	1	4	6	4	2	1	1	0	0	0	0	0	0	0	0	0	0	0	0	平均

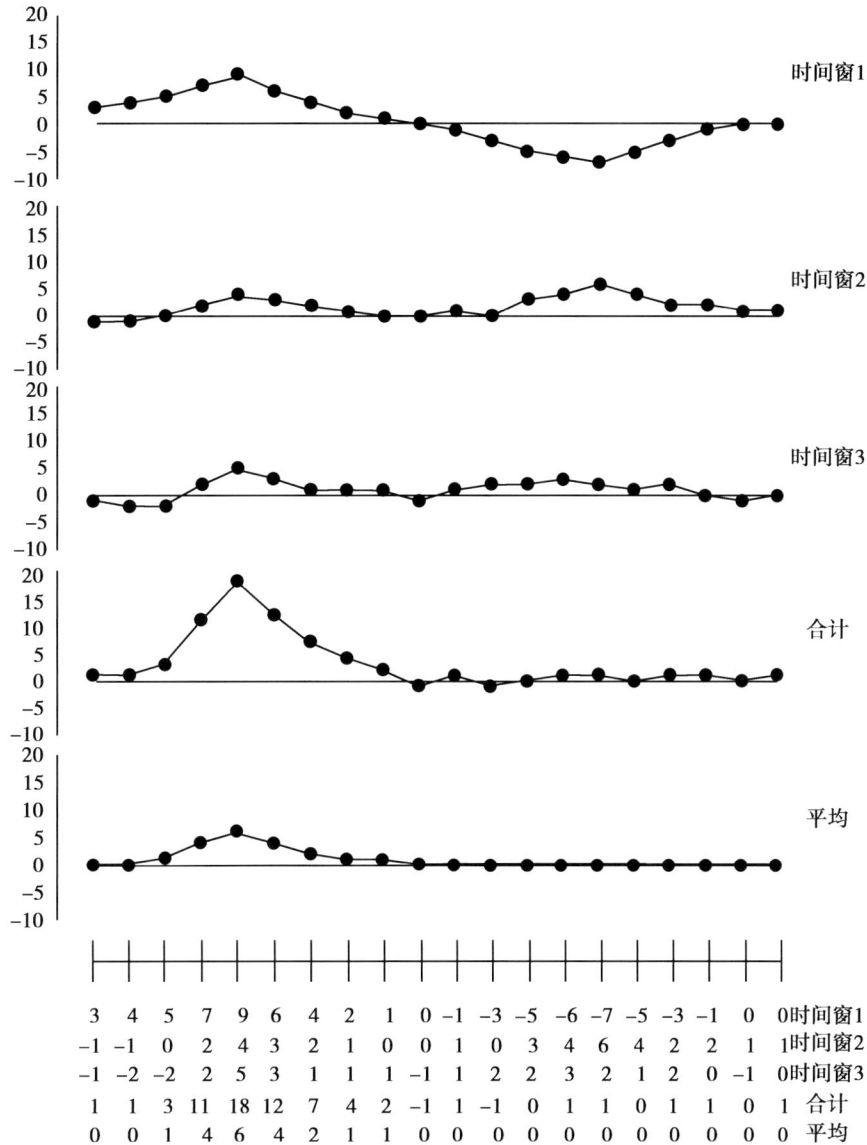

图 10-1　诱发电位平均叠加原理示意

第二节　诱发电位的分类

一、事件相关电位与刺激相关电位

直接作用于感觉器官或神经系统的物理刺激可以诱发出与刺激属性密切相关的神经肌肉电流，该电流受刺激的种类、刺激部位、刺激强度、刺激持续时间、间隔时间等因素的影响，不受或较少受心理活动和意识状态的影响，在刺激呈现之后的较短时间内出现，这些诱发电活动称为外源性诱发电位或称为刺激相关的诱发电位（stimulus related evoked potential），简称诱发电位。而当多种不同的刺激以一定的规律排列成序列，这些序列可以诱发出相应的电活动，这种电活动与所使用的刺激无关，而仅与刺激序列中所蕴含的能够激动某些心理活动过程的事件有关，这种电活动称为内源性诱发电位或事件相关的诱发电位，简称事件相关电位（event-related potential，ERP），这些电活动一般出现在刺激呈现之后的较长时间。

二、短潜伏期与长潜伏期电位

根据诱发电位成分出现在刺激呈现之后的时间不同，可以把诱发电位分成短潜伏期诱发电位和长潜伏期诱发电位。刺激呈现后的早期记录到的主要是由刺激感觉器官之后，神经通路随之兴奋，神经冲动传导到大脑皮质之前所产生的各种神经活动，可以称为短潜伏期诱发电位。而在刺激呈现之后的相对较长时间记录到的诱发电活动称为长潜伏期诱发电位，这些电活动主要是在神经冲动传导到大脑皮质之后，由大脑对各种信息再加工时产生的，主要与各种心理活动有密切的关系。

三、感觉诱发电位与运动诱发电位

按照刺激部位以及神经冲动传导方向的不同，可以把诱发电位分为感觉诱发电位和运动诱发电位。感觉诱发电位是指刺激感觉器官与周围神经时所诱发的神经电活动，一般包括临床上经常使用的躯体感觉诱发电位、听觉诱发电位、视觉诱发电位等，也有一些尚在探索中的方法如嗅觉诱发电位、味觉诱发电位、前庭诱发电位等。运动诱发电位是刺激激活大脑运动皮质或运动传导通路后在神经肌肉系统记录到的电反应，可以反映运动传导通路的生理状况。

四、皮质电位与皮质下电位

根据诱发电位成分产生的部位不同，可以把诱发电位分成皮质电位与皮质下电位。各种刺激引起的神经冲动传导到大脑，引起大脑皮质的神经细胞兴奋而产生的电流，称为皮质电位。而神经冲动在皮质下通路传导过程中产生的神经电流活动，则称之为皮质下电位。一般皮质下电位的电流较弱，而皮质电位的电流相对较大。

五、近场电位与远场电位

根据诱发电位电流产生的部位与记录电极部位之间的关系，可以把诱发电位区分为近场电位和远场电位。记录电极附近的神经结构产生的电流称为近场电位，一般近场电位波形较少受传导介质的影响。远离记录电极的神经结构产生的电流称为远场电位，远场电流要经过人体组织介质的物理传导才能在记录电极部位被记录下来，波形受不同传导介质和传导距离的影响。

六、稳态诱发电位和瞬态诱发电位

根据电位波形的稳定与完整，可分为稳态诱发电位和瞬态诱发电位。在刺激时间间隔足够长的情况下，给予刺激之后，出现几个连续的正负交替的诱发电位波，直至波形消失，这是神经冲动沿着神经通路诱发出的反应，为一次神经冲动的反应，是为瞬时诱发电位。如果给予被试较高频率的刺激，即刺激的时间间隔短于一次完全诱发电位的时程，前一次诱发出的神经冲动反应之后紧跟着出现下一次的神经反应电位，连续不断的刺激诱发出连续不断的反应，相同的反应一个接着一个，表现出恰似正弦波一样的周期性波动，称为稳态诱发电位。

10

第三节　诱发电位的命名方法与正常值建立的原则

诱发电位成分的命名有多种方法，最初多根据诱发电位成分出现的先后顺序以及电位的极性进行命名，例如第一个正波被命名为 P1，第一个负波被命名为 N1，依此类推。此方法的缺点是在两个已经命名的成分之间发现新成分时出现命名困难，所以现在多采用电位的极性与其出现的潜伏期相结合的命名方法，例如在刺激后 20ms 出现的负波就被命名为 N20，在刺激后 300ms 出现的正波被称为 P300。在刺激之前出现的成分可以在数字之前使用一个负号。N100、N170、N270、P300、N400 等事件相关电位成分均按照此命名方法命名。这个命名方法已被普遍采纳。

诱发电位是给受试者刺激后从生物体记录到的神经电反应，理论上讲，在不同的实验室如果使用相同的刺激和记录参数，记录到的诱发电位就应该相同，或者说具有可比性，但是最好能够在使用其他实验室的正常值之前对其进行验证，可以选择十个正常人，记录他们的诱发电位，所得的诱发电位数据应该落在其正常值的范围之内。如果所用的刺激和记录参数不同，则不能借用其他实验室的正常值，应该收集正常受试者，记录、统计自己的正常值。

诱发电位的测量指标包括潜伏期与振幅。潜伏期是指刺激起始点至诱发电位反应出现或波峰的时间，至诱发反应出现的时间称为起始潜伏期，至波峰的时间称为峰潜伏期，也可以分段测量两个波峰之间的时间，称为峰间潜伏期。振幅可以包括峰振幅和峰峰振幅，峰振幅是从基线至波峰之间的电压，而峰峰振幅是波峰与波谷之间的电压差。诱发电位的潜伏期变异性相对较小，是诱发电位的一个重要指标，振幅变异性非常大，所以临床上一般不作为主要指标。两侧波幅差或潜伏期差也是一个重要的参数。一般采用平均值 ±3.0 个标准差的方法来作为判定的标准，超出 3 个标准差之外判定为异常。

参考文献

[1] 魏景汉，罗跃嘉. 事件相关电位原理与技术［M］. 北京：科学出版社，2010.

[2] STEVEN J LUCK. 事件相关电位基础［M］. 范思陆，译. 上海：华东师范大学出版社，2009.

[3] WANG Y, KONG J, TANG X, et al. Event-related potential N270 is elicited by mental conflict processing in human brain [J]. Neurosci Lett, 2000, 293(1): 17-20.

11

第十一章

体感诱发电位

黄朝阳　王玉平

刺激周围神经或各种躯体感受器后在感觉通路或感觉皮质诱发出的神经电活动为躯体感觉诱发电位或称为体感诱发电位（somatosensory evoked potential，SEP）。Dawson 在 20 世纪 40 年代末期首次在肌阵挛癫痫患者记录到了体感诱发电位。20 世纪 60 年代随着电子技术的发展，自动平均叠加技术得到了应用，体感诱发电位检出技术才真正地开展了起来。

很多的刺激和记录技术都可以被应用于体感诱发电位的记录，一般是采取刺激周围神经的方法来诱发出 SEP，电刺激周围神经所兴奋的主要是 Ia 和 Ⅱ 类快速传导纤维，当周围神经复合动作电位达到最大振幅的 50% 以上时，SEP 的振幅通常可以达到最大。在脊髓内传导的 SEP 主要是经后索传导，某些情况下可以记录到后索以外通路传导的成分，这些主要是一些长潜伏期的成分。SEP 被用来评价体感通路的完整性，然而有关诱发电位分布图的研究表明，SEP 的某些成分可以分布在体感区之外，所以实际上 SEP 不仅仅反映体感传导通路。

第一节　体感诱发电位技术

一、刺激技术

（一）混合神经刺激

刺激感觉运动混合神经是最常用的一种刺激方法，电刺激可以诱发出周围神经的同步化兴奋，因而可以引出比较恒定的 SEP。一般情况下刺激强度不必是超强刺激，太强的刺激反而有时会引起快速传入冲动的传导阻滞。合理的刺激强度以引起混合神经动作电位达到最大振幅的 50% 以上，诱发该神经支配的肌肉出现轻微收缩为适，刺激的持续时间以 200～300μs 为宜，刺激的频率以 3 次/s 最佳。一般情况下没有必要采用随机间隔刺激。有时为了消除心电的干扰，可以利用心电来触发刺激的发生。腕部正中神经及尺神经，踝部的胫神经和膝部的腓神经都是混合神经，通常可以用来诱发 SEP，选择哪条神经主要根据临床的具体情况来决定，然而下肢的 SEP 由于可以反映脊髓的传导情况，所以对于多发性硬化等患者的脊髓病变检测有一定的临床价值。

除了混合神经之外，也可以刺激皮神经用以诱发 SEP，然而刺激皮神经比较难以诱发出远场电位。此外，也有人利用皮节分布的特点对不同皮肤节段进行刺激，观察不同节段的 SEP。另一种方法是利用单针电极对肌肉进行刺激，刺激强度较低但是持续时间相对较长（1.0ms）的刺激可以兴奋 Ia 类传入纤维。

（二）脊椎旁刺激

脊椎旁刺激法是对脊椎旁肌进行刺激，经头皮记录测定 SEP，推测脊髓传导功能的方法。可以用来观察不同脊髓节段的 SEP。

目前还有不少学者在研究利用自然刺激来诱发 SEP，例如，用激光刺激可以诱发出痛觉 SEP，利用被动运动可以诱发出关节位置觉的 SEP 等，但在现阶段由于刺激设备昂贵或者由于诱发的电位恒定性差等原因，这些方法都很难应用在临床诊断上。

11

二、记录技术

一般利用表面盘状电极在头皮上即可记录到 SEP，可以采用头皮双极导联或用非头部参考电极来记录。利用双极导联记录的优点是干扰小，很适合临床常规检查，而非头部参考电极记录则可以比较清楚地记录到波幅很小的远场电位。为了观察电位的分布可以利用多导联记录，而为了测定传导速度 1～2 导也可以满足临床的需要。

记录上肢 SEP 的电极安装方法：双极导联通常是把记录电极安放在刺激对侧的体感区，即国际 10-20 脑电极安置系统的 C3 或 C4 点之后两厘米（C3' 或 C4'），参考电极安放在 Fz 点，这样可以记录到初级体感区的近场诱发电位成分，单极导联是把记录电极放在 C3' 或 C4' 点，参考电极安放在头以外的区域，例如肩部、手臂、膝部或对侧乳突及耳垂均可，这种导联方式可以记录到记录电极附近初级体感区的近场电位，同时也可以记录到皮质下产生的远场电位。多导联记录时除了记录对侧的 C3' 或 C4' 点的电位之外，也可以同时记录前额部的电位，其他导联可以记录颈髓的电活动和 Erb 点的电位。

记录下肢 SEP 的电极安装方法：第一导联可以把记录电极安放在头顶 Cz 部位记录皮质电位，第二导联可以把电极放在第一腰椎表面的皮肤水平记录腰髓电位，第三导联置于腘窝记录胫神经的复合动作电位。

放大器的滤波是一个很重要的问题，频带过宽会使得记录到的波形噪声增加，频带过窄会使得波形失真，所以通常可以采用 10～2 500Hz 的频带滤波。一般记录 SEP 可以叠加 500～2 000 次，上肢的 SEP 叠加次数可以少一些，记录下肢的 SEP 叠加的次数相对要多一些。

三、正常体感诱发电位及其测量

上肢 SEP 的正常波形如图 11-1 所示，Erb 点可以记录到 N9，颈部可以记录到 N11 和 N13，头顶感觉区可以记录到 N20 及其后面的 P25 等波，前额部可以记录到 P20 及 N30 等波（图 11-2），利用非头部参考电极可以记录到远场电位 P9、P11、P13（14）等波（图 11-3）。

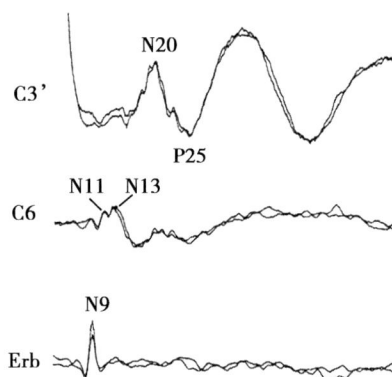

图 11-1 右正中神经体感诱发电位
（右侧 Erb 点、C6 和 C3' 记录）

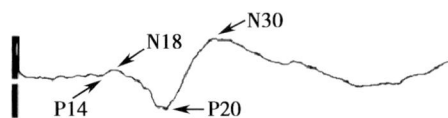

图 11-2 右正中神经体感诱发电位
〔左额（F3）记录〕

下肢 SEP 的正常波形如图 11-2，腘窝部位可以记录到周围神经的动作电位，腰部可以记录到 N21，头顶部可以记录到 P40-N50-P60 电位（图 11-4）。

测量 SEP 的指标可以包括潜伏期，峰间潜伏期，振幅，波形及离散度和侧间差等。

潜伏期是一个与肢体长度相关的指标，而峰间潜伏期则不受肢体长度及周围神经传导异常的影响，更为可靠。SEP 的潜伏期随着年龄的增加会有所延长。刺激混合神经所诱发的 SEP 潜伏期较刺激皮神经所诱发的 SEP 潜伏期稍短，这

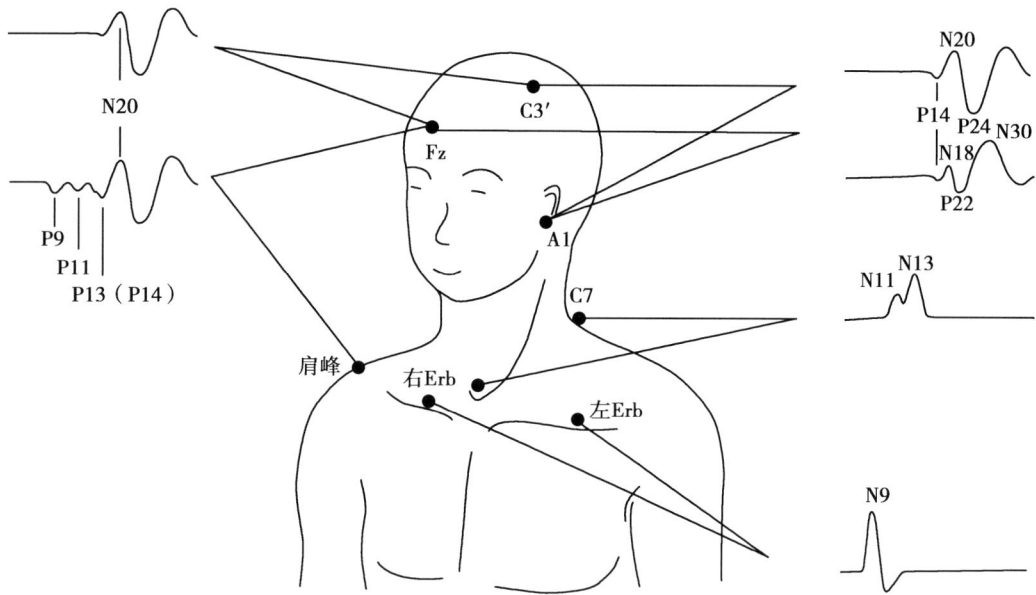

图 11-3 非头部参考电极记录到的远场电位 P9、P11、P13（14）等

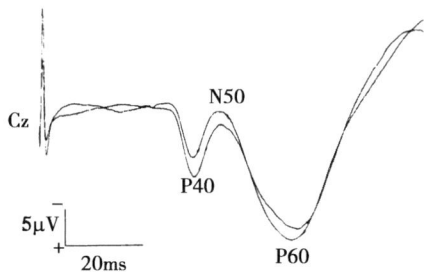

图 11-4 下肢体感诱发电位（头顶部记录）

可能是肌肉的传入冲动通过 Ia 类纤维，其速度稍快的缘故。只有当潜伏期或峰间潜伏期超出正常均值 + 3.0 个标准差时才能考虑为异常。SEP 的潜伏期虽然是一个非常客观而又比较容易测量的指标，但在很多情况下其潜伏期并不延长，特别是当神经纤维变性的情况，由于尚有部分残存的神经纤维，它们仍在发挥传导功能。

SEP 的振幅在受试者之间变异很大，临床应用受到了限制，然而两侧间的振幅差一般不会超过 50%。超过 50% 的一侧波幅减低可能是由传导阻滞或者由明显的轴索变性引起。诱发电位波幅的改变并不像周围神经感觉传导速度那样能直

接地反映所兴奋的神经纤维之多寡，在家族性肌阵挛癫痫的患者，SEP 波幅可以明显增大，出现巨大 SEP。SEP 波形离散度的测量及判断相对困难，仅靠目测是不准确的，计算机辅助测量有助于发现除了潜伏期及波幅以外的异常情况。

四、体感诱发电位的神经发生源

1. 正中神经体感诱发电位的发生源 外周部记录到的 N9 被认为是起源于臂丛。正中神经脊髓 SEP 一般包括几个成分，但以 N11 和 N13 最为肯定，N11 从下颈段传导到上颈段潜伏期稍有所延长，被认为是由颈髓后索的神经冲动所产生的。最大的一个电位是颈部的 N13，该电位在颈后部呈负性，颈前部呈正性，N13 是由颈髓的灰质后角背核所产生的。

头皮记录到的远场电位 P9，一般认为起源于臂丛的远端，P11 起源于脊神经的后根进入脊髓的部位，P13、P14 很有可能起源于楔束核以下的后索传导束，远场电位 N18 起源于脑干的延髓以上，中脑的顶盖区以下之节段，这与传统

上所认为的 N18 起源于丘脑的观点不同。头皮记录到的第一个近场电位是 N20，它是临床上最常用的一个指标，代表着神经冲动到达了初级感觉皮质，是由投射到中央后回的 3b 区的丘脑 - 皮质活动所产生。头皮记录到的前额部近场电位 P22 和 N30，它们的起源与顶区的 N20 不同，头皮分布图显示 P22 分布在前额区，而 N20 主要分布在对侧的顶区，一般认为 P22 是出运动皮质 4 区所产生的，该区同样接收由丘脑而来的投射纤维，N30 可能起源于辅助运动区。

2. 胫神经体感诱发电位的起源 腘窝部位记录到的负波是周围神经的复合动作电位。腰部记录到的 N21 是神经冲动到达腰髓后角的神经细胞时所产生的。P40 是头皮上记录到的第一个近场电位，被认为是由初级感觉区产生的，相当于正中神经的 N20，P40 的分布是以顶部 Cz 区为主，稍偏向刺激的同侧，而在刺激的对侧顶区有时则可以记录到 N40。

五、体感诱发电位的影响因素

任何对神经系统有影响的因素都会对诱发电位产生一定的影响。

1. 个体差异 SEP 个体差异较大。不同年龄 SEP 差异较大。新生儿的 SEP 潜伏期延长，6 个月的婴幼儿可以观察到成人的波形。青春期和成年期，随着年龄的增加，波幅趋于增加，潜伏期随着年龄的增加而延长。不同性别的 SEP 也有差异，成年男性 SEP 的潜伏期较女性延长。另外，肢体温度、身高和肢体长度等都可对 SEP 产生影响。

2. 意识水平 不同意识状态下 SEP 具有明显差异。睡眠状态、药物镇静状态和意识障碍，都会降低 SEP 波幅，延长潜伏期。

3. 中枢神经系统药物的影响 某些作用于中枢神经系统的药物也会对 SEP 产生影响，例如吩噻嗪类、苯巴比妥类、苯二氮䓬类、苯丙胺类、麦角酸二乙酰胺等药物都会影响体感诱发电位。

第二节 体感诱发电位的临床应用

躯体感觉系统的有髓粗纤维神经传导通路的兴奋冲动在不同节段被记录到的电活动是为体感诱发电位（SEP），周围和中枢神经系统的病理性损害可以影响 SEP 的变化。SEP 的异常提示有髓粗纤维病变的存在，不同部位病损后可以表现出不同节段诱发电位成分的异常。

一、大脑半球和丘脑病损

大脑半球病变引起的诱发电位改变也可以表现出多种多样的形式，体感区皮质的损害可以导致 N20 的消失，额叶病变也可以引起 SEP 的改变，引起 N30 等成分的消失，因此应该采用多导联记录观察不同部位 SEP 的改变。最主要的半球病变包括脑血管病、脑肿瘤、脑外伤等。

由于 N18 成分是起源于丘脑还是起源于脑干向丘脑的投射纤维目前仍有争论，所以丘脑病损后 SEP 可以表现出多种多样的改变，而且与 CT 或 MRI 等影像学的检查结果可以有较大的出入，主要是因为 SEP 反映了脑功能的改变，而 CT 或 MRI 则提示结构性损害的范围。一般丘脑损害后可以表现出 N18 以及皮质成分的异常。

此外，SEP 对于皮质功能的评价、脑死亡的判断具有重要意义，SEP 皮质成分的缺失意味着大脑皮质功能的丧失。

二、脑干与脊髓病损

影响脑干的病变如脑干肿瘤、出血、梗死、外伤等均可以导致 SEP 的改变，一般可以表现为周围神经动作电位以及脊髓电位正常，而皮质电位异常，上、下肢诱发电位都可以表现出异常。

各种原因的脊髓病变，如果影响到了脊髓后索的深感觉传导通路就可以导致 SEP 的改变：颈髓病变可以导致上肢 SEP 的脊髓成分 N13 的异常，影响传导通路时可以引起中枢成分的消失或潜伏期延长；而胸腰段脊髓的病变则仅导致下肢 SEP 的改变。脊髓小脑变性、脊髓段的多发性硬化、脊髓外伤、炎症等均会导致脊髓诱发电位和皮质成分的异常。

三、周围神经病损

各种原因引起的周围神经病，如果损害了周围神经系统的感觉粗纤维，就可以表现出 SEP 的异常同时合并周围神经感觉动作电位的改变。

外周感觉神经脱髓鞘病变可以引起周围神经感觉动作电位传导速度的减慢，这样相应 SEP 中枢成分的潜伏期也会出现相应的延长，但是中枢神经系统未受损害时，SEP 的峰间潜伏期不会出现改变。外周感觉神经的轴索变性可以引起对应神经的感觉动作电位振幅的降低或消失，此时也可以出现 SEP 中枢成分的振幅降低，由于中枢神经系统的整合和放大作用，有时也可以记录不到 SEP 波幅的改变，这说明还有部分纤维的传导是完整的。SEP 可以反映外周神经、神经丛、神经根的病变。

四、多发性硬化

SEP 能够发现临床下的一些损害，如果临床上只有感觉系统之外的单病灶，SEP 异常则可以提示患者神经系统有多发性病变，而当临床感觉症状较为模糊时，SEP 的异常可以提示肯定的感觉传导障碍。

确诊为多发性硬化的患者 SEP 检测出异常的可能性高于可疑多发性硬化的患者，异常率随着多发性硬化确诊的可能性增加而增加。SEP 异常率在确诊为多发性硬化的患者组达到 80%，其发现临床下损害的可能性有 25%～35%，下肢 SEP 的异常率明显高于上肢。图 11-5 为一例多

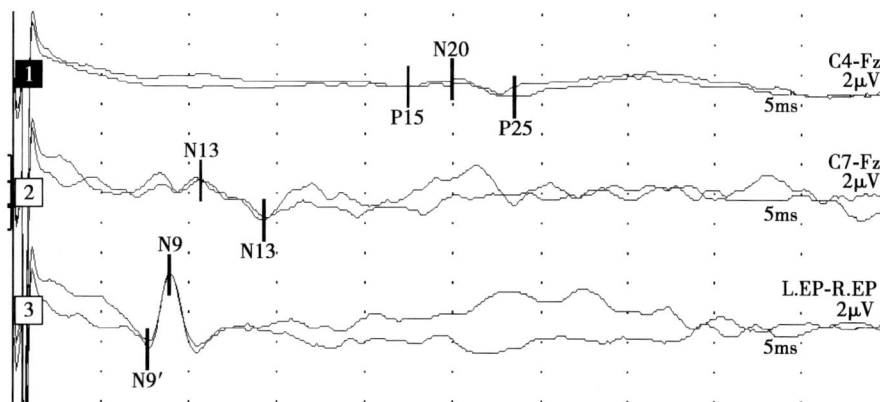

图 11-5　一例多发性硬化患者的上肢 SEP
可见左侧 N20 潜伏期延长，N9-N20、N13-N20 波间期延长。

发性硬化患者的上肢 SEP。

当所检测的肢体出现感觉障碍时，该肢体所诱发的 SEP 异常率较高，然而此种情况却不能提供比临床查体更有价值的资料。在锥体束征存在的情况下，SEP 异常率也会增加，这可能是由于皮质脊髓束与上行的感觉通路在解剖关系上更为接近而容易同时受损的缘故，所以在有锥体束征受损时如果 SEP 异常并不表示存在另一个病灶，而很有可能是一个扩大的病灶同时损害 SEP 传导通路和锥体束。

SEP 的异常形式包括潜伏期的延长或某个成分的缺失，颈髓 SEP 各波特别是 N13 可以表现出很高的异常率，主要表现为该成分的缺失，波幅减低或离散度的增大，其异常率在多发性硬化患者可以高达 87%。利用峰间潜伏期可以计算出中枢传导时间，中枢传导时间的双侧差也能够较客观灵敏地反映出多发性硬化的异常。

多种模式的诱发电位检查可以发现多个病灶，但并不一定检查出的多种模式异常都属于多发性硬化，维生素缺乏、遗传性脊髓小脑变性等均可记录到多种诱发电位的异常，所以解释结果时应该注意。

SEP 也可以用来观察患者病情的变化或用来判断新疗法的有效性，但由于感觉传导通路是很局限的，所以并不能单纯靠诱发电位完全反映出多发性硬化患者病情的整体情况。

五、遗传变性疾病

1. 帕金森病　帕金森病早期，刺激正中神经后 SEP 高频振荡成分（HFOs）较正常人明显增强。随着疾病进展，帕金森病 SEP 各波潜伏期均延长。刺激正中神经后 P20-N30 波幅及刺激胫神经后 N50-P60 波幅降低，N30 波幅与肌强直有关，N30 波幅与帕金森病运动参数的关系不明。

2. 多系统萎缩　约 40% 的多系统萎缩患者可伴有 SEP 异常，从脑干到皮质的传导时间明显延长。

3. Friedreich 共济失调　Friedreich 共济失调患者正中神经 SEP N9 成分波幅减低或消失，从脑干到皮质的传导时间明显延长。

4. 其他神经变性疾病　皮质基底节变性的患者 N20-P25 波幅降低。部分进行性核上性麻痹患者可引出巨大 SEP。

六、肌阵挛

肌阵挛以部分或全身性骨骼肌群闪电样不自主收缩为表现特征。从肌阵挛与癫痫的关联性分析，肌阵挛分为癫痫性肌阵挛和非癫痫性肌阵挛。根据国际抗癫痫联盟（ILAE）对癫痫性肌阵挛的定义：当肌阵挛伴有与皮质或皮质脊髓束有锁时关联的痫性放电（通过皮质脑电图或肌电锁时平均叠加技术得到，即 jerk locked back averaging，JLA）时，即应考虑为癫痫性肌阵挛。癫痫性肌阵挛多见于 Dravet 综合征、Aicardi-Goutieres 综合征、Lennox-Gastaut 综合征、婴儿良性肌阵挛癫痫、青少年肌阵挛癫痫以及进行性肌阵挛癫痫等癫痫综合征。

根据肌阵挛的起源部位，可分为皮质性肌阵挛、皮质下肌阵挛、脊髓性肌阵挛和周围性肌阵挛。

1. 皮质性肌阵挛　是由大脑皮质异常放电引起的一种肌阵挛，这种肌阵挛与大脑皮质的损伤或疾病密切相关。这种肌阵挛发作时，肌电图（EMG）显示的肌肉收缩时程通常小于 100ms，而脑电图（EEG）在发作期间可能表现出多种形式的变化。发作期，EEG 可能显示痫性放电，或者在没有明显变化的情况下，通过 JLA 叠加技术可以确认与肌阵挛相关的皮质电位，并且这些电位与肌电暴发活动有固定的锁时关系，上肢的锁时关系通常小于20ms，下肢则小于50ms。在某些患者中，可以观察到特征性的巨大的体感诱发电位（SEP），即与相应年龄正常值相比，

N20-P25波幅显著升高，超过正常值上限（>7.5μV，或10μV），可高达50μV。图11-6为一例皮质性肌阵挛患者的双上肢巨大SEP。

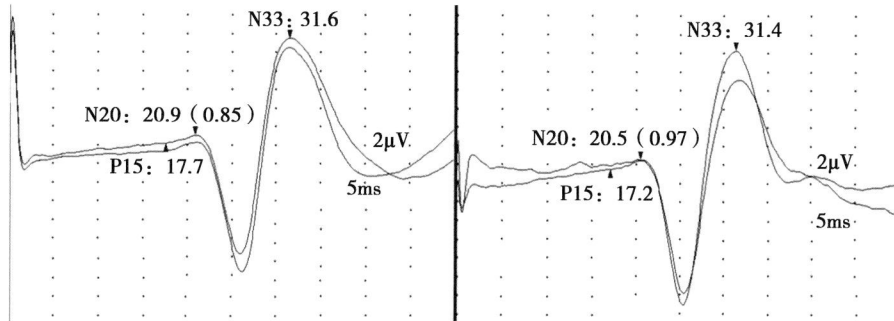

图 11-6 一例皮质性肌阵挛患者的双上肢巨大 SEP
刺激双侧正中神经，分别在双侧皮质可见巨大 P25-N33 电位。

2．皮质下肌阵挛　是由大脑皮质下方的神经结构，例如基底节或其他皮质下区域的异常活动所引起的肌阵挛。这种肌阵挛发作时，肌电图（EMG）记录显示与发作同步的肌肉收缩时程通常超过100ms。发作期的EEG可能正常，通常不伴有异常放电。通过JLA叠加技术分析，通常不会发现与肌阵挛相关的关联性皮质电位，或者肌阵挛的肌电活动与EEG活动之间缺乏锁时关系。此外，皮质下肌阵挛不会出现巨大的体感诱发电位（SEP）。

3．脊髓性肌阵挛　是由脊髓损伤或病变引起的肌阵挛类型，可能源于脊髓的原发性或继发性损害。这种肌阵挛发作时，肌电图（EMG）显示的肌肉收缩时程通常超过100ms，且在肌阵挛发作间期和发作期，脑电图（EEG）通常不显示痫性放电或其他异常活动。通过JLA叠加分析，在发作期EEG中不会发现与肌阵挛相关的关联性皮质电位。此外，脊髓性肌阵挛不会出现巨大的体感诱发电位（SEP）。

4．周围性肌阵挛　是一种由周围神经系统异常引起的肌阵挛，通常局限于特定的肌肉或肌群，而不是全身性的。这种肌阵挛发作时，肌电图（EMG）显示的肌肉收缩时程通常较短，通常小于50ms，且在肌阵挛发作间期和发作期，脑电图（EEG）通常不显示痫性放电或其他异常活动。通过JLA叠加分析，在发作期EEG中不会发现与肌阵挛相关的关联性皮质电位。此外，周围性肌阵挛不会出现巨大的体感诱发电位（SEP）。

第三节　痛觉诱发电位

痛觉诱发电位（pain-related somatosensory evoked potential，pain SEP）是当给被试者能够感觉到的疼痛刺激时，在刺激后潜伏期200~300ms之间从头皮上记录到的电位，此电位并

不是简单地代表痛觉从刺激点到皮质的传导过程，而是反映了大脑对疼痛认知处理的神经活动过程。

一、痛觉诱发电位的传导路径

伤害性感受器感受到刺激转换为神经冲动后，经过传入纤维（包括传导快痛的 Aδ 纤维和传导慢痛的 C 纤维）、脊髓背角的神经元、脊髓丘脑束、丘脑的神经元和核团最后投射到皮质体感区和关联的皮质与核团，形成痛觉诱发电位。

二、痛觉诱发电位的刺激形式和成分分析

任何可以引起疼痛的伤害性刺激均可用于诱发痛觉诱发电位。电刺激、激光、机械压迫、超声、化学性伤害刺激、表浅热均可以被用作疼痛刺激。

1．激光痛觉诱发电位　最常用的是 CO_2 激光，常用的光束直径为 2 ~ 10mm，刺激持续时间为 10 ~ 50ms，刺激间隔为 3 ~ 10s，记录位点位于 Cz 点，需要叠加的平均次数为 25 ~ 50 次。激光痛觉诱发电位最主要为一个负相和一个正相成分，即 N2 和 P2。当刺激正常受试者手背皮肤时，N2 和 P2 成分的平均潜伏期为 200 ~ 240ms 和 300 ~ 360ms；当刺激足背皮肤时，两者分别为 250 ~ 300ms 和 350 ~ 420ms。N2 和 P2 成分之前也可有小波幅成分 N1 和 P1，在某些被试者此两种成分阙如。

2．电刺激痛觉诱发电位　所用电刺激要能够诱发明确的疼痛感，强度从 20 ~ 40mA 不等，持续时间为 1ms。叠加次数为 50 ~ 100 次。伤害性电刺激痛觉诱发电位主要表现为 N2 和 P2 两种成分，其峰潜伏期分别为 150ms 和 250ms，均为晚成分，其最大波幅出现在 Cz 位置。也有关于 N1 和 P1 成分的报道。

3．接触性热痛觉诱发电位　接触性热痛觉诱发电位（contact heat evoked potential，CHEP）刺激器能够产生极其迅速的加热，速度 70℃/s，使疼痛刺激能在 250ms 上升 55℃。热脉冲刺激从基线开始（适应温度 31 ~ 35℃），应用可调节脉冲，于鱼际肌表明皮肤、手背、前臂的掌侧面、足背和足底刺激。记录电极置于 Cz 点。接触性热痛觉诱发电位主要表现为 N2 和 P2 两种成分，平均潜伏期分别为 370ms 和 502ms，刺激部位不同，潜伏期不同。

三、痛觉诱发电位的临床应用

痛觉诱发电位的传导通路与常规躯体感觉诱发电位传导通路不同，因此，痛觉诱发电位能够提供不同于传统体感诱发电位的信息，在周围神经、脊髓、脑干、丘脑和大脑疾病有着重要的诊断价值。

1．周围神经病　在糖尿病早期，细神经纤维首先选择性受损，痛觉诱发电位可表现出潜伏期延长、波幅降低，有助于糖尿病周围神经病的早期诊断。对于单脊神经跟受损的病人，痛觉诱发电位有助于确定受累皮区的分界。

2．脊髓和脑干病损　脊髓空洞症患者可以表现出受累脊髓阶段皮肤区域痛觉诱发电位异常或缺失。痛觉诱发电位还有助于发现多发性硬化患者亚临床损害，尤其对于临床上有痛温觉障碍而核磁共振阴性的患者。低位脑干的损伤可造成分离性感觉障碍，可表现为痛觉诱发电位异常而 SEP 正常。

3．大脑半球和丘脑病损　对于幕上病变，痛觉诱发电位的诊断价值小。对于丘脑病变，根据病损部位的不同，痛觉诱发电位的表现也不同。

附：定量感觉测试

定量感觉测试（quantitative sensory testing，

QST）是一种测定引起某种特定感觉所需要的刺激强度的技术，主要通过测定皮肤的温度觉和振动觉来定量化地评估感觉神经的功能。包括温度觉检测（TPT）、振动觉检测（VPT）和感觉趋势阈值（CPTS），其中温度觉检测包括热觉阈值（WDT）、冷觉阈值（CDT）、热痛觉阈值（HPT）和冷痛觉阈值（CPT）。周围神经的冷觉通过 Aδ 纤维传导，热觉通过 C 纤维传导，冷痛觉由 Aδ 和 C 纤维共同传导，热痛觉则大部分由 C 纤维传导，同时也涉及 Aδ 纤维；振动觉通过 Aβ 纤维传导。通过温度觉检测可检查 Aδ 和 C 纤维功能，通过振动觉检测可反映 Aβ 纤维功能。

QST 装置由刺激装置和数据分析装置等不同部分组成。刺激装置可以产生一定的振动刺激和温度刺激。通常采用两种方法：极限法（limits）和水平法（levels）。在极限法中，刺激的强度逐渐递增或者递减，要求被检查者一旦有一个渐强的刺激被感觉到或者是一个渐弱的刺激不再被感觉到的时候就要点击鼠标而停止刺激。在水平法中，刺激的强度是预先设定的，测试的是什么强度水平的刺激会被感觉到。采用极限法（method of limits）所测结果的灵敏度和可重复性良好，可用于检测常规神经传导速度正常但有感觉障碍的小纤维神经病。

QST 已经被应用于很多疾病的研究中，如糖尿病性神经病变、疼痛、尿毒症等。

参考文献

[1] MACEROLLO A, BROWN M J N, KILNER J M, et al. Neurophysiological Changes Measured Using Somatosensory Evoked Potentials [J]. Trends Neurosci, 2018, 41(5): 294-310.

[2] KIMURA J. Electrodiagnosis in Diseases of Nerve and Muscle: Principles and Practice [M]. 4th ed. Oxford: Oxford University Press, 2013.

[3] CRUCCU G, AMINOFF M J, CURIO G, et al. Recommendations for the clinical use of somatosensory-evoked potentials [J]. Clinical Neurophysiology, 2008, 119(8): 1705-1719.

第十二章

听觉诱发电位

黄朝阳　王玉平

12

听觉诱发电位也叫听觉诱发反应，是由声音刺激引起的听觉神经通路的电活动，是评估人类听觉传导通路功能的常用方法。声刺激信号在听觉系统诱发产生的神经反应，通过身体组织及体液的传导被体表电极采集到，再经过模数转换和后期叠加分析，形成可辨识的反应波形。主要的听觉诱发电位包括耳蜗微音器电位（CM）、总和电位（SP）、听神经复合动作电位（CAP）、听觉脑干反应（ABR）、听觉中潜伏期反应（AMLR）、听觉稳态诱发电位（ASSR）等。这些电位信号多是通过置于头颅表面特定位置（如 Fz、Cz）和接近耳部位置（如耳垂、乳突）的电极组合记录到的。

第一节　脑干听觉诱发电位检测技术

给受试者一个适当的短音听觉刺激，可以在刺激之后的 10ms 之内诱发出一系列的神经反应电位，这些电位主要是由听神经及脑干的听觉传导通路产生的，可以反映脑干的听觉传导功能情况。该电位在顶部呈正电位，是一种容积传导的远场电位，被称为脑干听觉诱发电位（brainstem auditory evoked potential，BAEP），BAEP 在临床上应用较为广泛。

一、刺激与记录方法

一般常规采用每秒十次的短声刺激，声强度要达到听阈上 60dB（60dB SL），单耳刺激，左右耳分别检查，一般短声可由持续 0.1ms 的方波电脉冲，通过屏蔽线诱发耳机发出疏密波来产生。

可以将记录电极的第一极放在 Cz，而把第二极（参考电极）安放在同侧和对侧的耳垂，两侧同时记录。放大器的通频带可以设置在 100～3 000Hz，一般要平均叠加 1 000～2 000 次才能得到清晰的波形。每侧耳要重复记录两次，观察其可重复性。如果仪器能够进行加法处理，可以将两次重复性较好的波形再平均处理后进行测量。检查时如有大量的肌电混入，可以给患者

服用适量的镇静剂，这样可以明显地减少肌电的干扰。

二、正常波形及各波的特征

正常人 BAEP 通常由七个波组成，这些波分别用罗马数字命名为 I、II、III、IV、V、VI、VII 波，只有 I、III、V 波最为恒定，临床意义最大（图 12-1）。通常 V 波的波幅最高。第 VI、VII 两波通常不十分恒定，所以临床上一般不作为判断的指标。

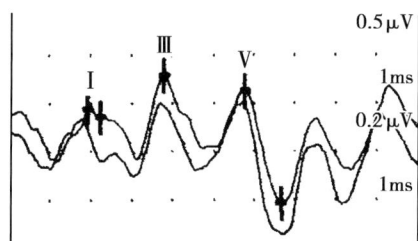

图 12-1　脑干听觉诱发电位

通常可以测量 I、III、V 波的潜伏期，也就是从刺激开始至该波的波峰时间，同时可以计算 I～III，III～V 及 I～V 的峰间潜伏期。绝对波幅个体之间差别较大，所以一般不作为判断异常的指标。波幅的测量通常以各波的波峰与其后紧

随的波谷之间的电压为准。有时Ⅳ波会与Ⅴ波融合，形成单一的峰。另外一些人会出现单纯的Ⅰ、Ⅲ、Ⅴ波形，而Ⅱ波和Ⅳ波则记录不到，这些均属于正常情况。Ⅴ波与Ⅰ波波幅比如果<0.5说明有中枢听觉传导功能异常。

正确地识别各波是非常重要的。只有准确地确定各波，才能做出正确的、符合临床实际的诊断。

Ⅰ波：此波是同侧记录到的第一个正波，是确定周围神经有无损害的一个最为明确的波。在中枢系统损害时，BAEP的Ⅰ波可以不受影响。与对侧导联相互比较很容易识别出Ⅰ波，必要时可以与耳蜗电图同步记录，确定该成分。

Ⅱ波：Ⅱ波一般在对侧导联中也同样可以清楚地被描记出来，也是双侧导联中变异最小的一个波。由于在对侧导联中Ⅰ波通常不会被记录到，所以Ⅱ波通常会成为引人注目的首个正波。

Ⅲ波：在刺激对侧耳垂与顶部的导联中，Ⅲ波的波幅出现减低，而第二个波则没有明显的改变。有时Ⅲ波会变异成为两个亚成分，部分情况下Ⅱ波会与Ⅲ波融合成一个波。

Ⅳ波：Ⅳ波经常与Ⅴ波一起构成一个双峰的复合波，或者以Ⅳ波为主或者以Ⅴ波为主，但是两个波可以很明确地分辨开，或者表现为Ⅴ波是Ⅳ波下降过程中的一个极性偏转，或者反过来Ⅳ波成为Ⅴ波上升过程中的一个偏转。在少部分人也可以表现为Ⅳ波与Ⅴ波完全融合成一个波。

Ⅴ波：在正常人的BAEP各波中，Ⅴ波是最为可靠的成分，是最大的一个正波，其后紧跟着出现一个由正变负的缓慢的极性偏转，似乎Ⅱ、Ⅲ、Ⅳ波都落在了该波缓慢电位的上升相。Ⅴ波通常在高频刺激时依然存在，很低的刺激强度（比如阈上10dB）也可以诱发出Ⅴ波，双侧互为参照有助于确定Ⅴ波。

三、脑干听觉诱发电位的神经发生源

一般认为，BAEP的Ⅰ波是刺激同侧听神经的动作电位；Ⅱ波起源于同侧的蜗神经核；Ⅲ波起源于双侧的上橄榄核；Ⅳ波起源于外侧丘系；Ⅴ波起源于下丘附近。

四、影响因素

BAEP的影响因素包括：

1．体温 体温降低可以引起BAEP潜伏期的延长，相反高体温则可以使BAEP的潜伏期缩短。

2．年龄 婴幼儿的BAEP潜伏期可以较成年人长。

3．性别 女性的Ⅲ～Ⅴ波及Ⅰ～Ⅴ波峰间潜伏期较男性短，一般没有临床意义。

4．听力障碍 无论是高频听阈异常，还是低频听阈异常，都会不同程度地影响BAEP，听阈的高频缺失更容易影响Ⅰ波。

5．刺激的时相 刺激诱发听觉诱发电位的声波，可以是稀疏波（最初的振动是离开鼓膜）或是致密波（最初的振动是趋向鼓膜），而稀疏波和致密波可以在一定程度上影响BAEP。刺激的疏密波对各波之影响不尽相同。

6．刺激强度 峰间潜伏期相对不易受到刺激强度的影响，而Ⅰ波的潜伏期则随着刺激强度的降低而延长。降低刺激强度也有可能会使Ⅴ/Ⅰ波幅比增加。

7．刺激频率 随着刺激频率的增加，特别是高达70～80次/s的刺激，BAEP的各波潜伏期及峰间潜伏期都会有所延长。

8．参考电极的部位 参考电极的部位也可以引起潜伏期及振幅的改变，所以参考电极的部位要与正常值组相一致。

9．药物的影响 一般情况下BAEP峰间潜伏期不易受药物的影响。在全麻情况下，脑电图会受到药物的明显影响，当脑电图出现电静息时，BAEP基本不受影响，大剂量的镇静剂包括全麻用药可以使BAEP中的后期成分波幅降低。

10．单双耳的影响　双耳同时刺激诱发的BAEP波幅大于单耳刺激。一般要采用单耳刺激，这样可以分别评价左右耳听觉的传导情况。如果一侧耳有听力下降，另一侧耳听力正常，检查时要应用白噪声对非检查耳进行屏蔽，防止交叉听觉现象的发生。

11．放大器滤波的设置　一般可以设置为100～3 000Hz，低频滤波如果设置在低于100Hz，会有很多不相干的脑电以及肌电混入BAEP波形，低频滤波高于100Hz会引起波形失真，高频滤波过低会损害高频的BAEP成分，导致BAEP潜伏期延长。

附：耳蜗电图

耳蜗电图（electrocochleography，ECochG）是诊断内耳疾病的重要方法之一。临床上耳蜗电图通常包括三个主要波形成分：耳蜗微音器电位（cochlear microphonics，CM）、总和电位（summation potential，SP）、听神经复合动作电位（compound action potential，CAP或AP）。CM主要反映外毛细胞功能。SP是耳蜗毛细胞的感受器电位，是感受器细胞直流响应的反映。CAP是多个听神经元放电的动作电位波形总和。

（一）测试环境和设备

ECochG测试应在符合听力测试标准的隔声屏蔽室中进行。ECochG需要患者在卧位安静条件下测试。

耳蜗电图的测试设备为听觉诱发电位仪。可使用的换能器包括头戴式耳机、插入式耳机、骨导耳机和扬声器。ECochG的记录电极通常置于耳道以内。目前临床常用ECochG记录电极主

要有三种，即：鼓岬电极（transtympanic，TT）、鼓膜电极（tympanic membrane，TM）和耳道电极（tiptrodes，TIP）。①鼓岬电极（TT）：此类电极均需要穿过鼓膜后下象限刺入鼓室，电极尖部抵住鼓岬进行记录；②鼓膜电极（TM）：TM电极是无创的记录电极，通常其电极尖部较钝，置于鼓膜表面后下象限；③耳道电极（TIP）：TIP电极可避免上述两种电极带给患者的不同程度的不适感。TIP电极的记录功能部分是与插入式耳机海绵耳塞贴合在一起的金箔片。金箔通过单独导联线与前置放大器输入端相接。ECochG记录电极放置的位置对波形的影响很大。同样测试参数下，穿过中耳腔置于鼓岬的TT电极记录到的CAP幅值最大，TM次之，TIP电极记录的幅值最低。

由于ECochG为单侧反应，故使用单通道导联。非反转电极即为置于耳道以内的记录电极，反转电极（参考电极）置于同侧乳突或耳垂，鼻根部接地。

（二）换能器选择

根据具体测试内容，选择气导或骨导耳机，除非患者存在小耳畸形，否则尽量使用插入式耳机进行气导测试。

（三）测试参数

ECochG测试可使用的刺激声信号包括短声（click）、短纯音（tone burst）或短音（tone pip）等。临床常用刺激声信号为短声。短声是以窄方波（信号时程通常设置为100μs）施加到耳机终端产生的一种宽频带信号，能量主要集中在3 000～4 000Hz。

刺激声强度通常建议选择80dB nHL，如此强度未记录到清晰的SP和AP，再选择更高的刺激强度如90～100dB nHL。

刺激声极性可设置为疏波、密波或交变极性。记录SP和AP通常采用交变极性信号。SP

是直流电位，AP 是动作电位，二者受刺激信号极性变化的影响较小。CM 是感受器电位，波形完全复制刺激信号。通常使用疏波或密波单一极性的信号或使用交变极性波引导 ECochG，然后将相反极性信号得到的波形分离后相减，抵消动作电位，增强 CM 波形幅度。

刺激速率可设定在 20~40 次/s。引导记录 SP 和 CM 时受刺激速率影响不大，而 CAP 幅度和潜伏期受刺激速率影响明显。由于耳蜗水平的同步化降低以及突触的适应现象，刺激速率越高，CAP 的波形分化越差，幅度越低。

（四）记录参数设置

放大器增益通常设置为 100k。通常 ECochG 测试的通带截止频率推荐设置为 100~3 000Hz。叠加次数至少 1 000 次，并根据记录波形的信噪比进行调整，通常不超过 1 500 次，记录时窗通常设置为 5~10ms。

（五）耳蜗电图的临床应用

1. 梅尼埃病的诊断　由于内淋巴压力增加使得基底膜向鼓阶移位，耳蜗电图表现为 SP 的振幅增大，SP/AP 振幅比值增大或 SP-AP 复合波增大，这可能是梅尼埃病早期诊断中的唯一电生理学依据。一般 SP/AP 振幅比值 > 0.45 则认为是异常增大。

2. 外淋巴瘘的诊断　正常耳的 SP 的幅值相对很小。外淋巴瘘时，体位的改变对 AP 与 SP 的幅值影响明显，使得两者的比值多变。

3. 术中监护　可用于颅后窝手术、内淋巴囊减压术等的术中耳蜗和听神经功能的检测。

4. 用于判定听神经的反应　感音神经性听力下降时 ABR 的 I 波常消失。由于耳蜗电图中 AP 的 N1 波相当于 ABR 的 I 波，因此将 ABR 与耳蜗电图同时记录有利于 ABR 的 I 波的判断。

5. 外周听敏度的评估　常用的客观评估听敏度的方法包括镫骨肌声反射、耳声发射（OAE）、ABR。由于蜗后病变可使 ABR 的 V 波以前的成分消失，传导性病变时 ABR 的波形分化差、反应阈提高，使得 ABR 评估听敏度受到限制，而 ECochG 则不受蜗后病变的影响，也不受神经系统发育程度的影响，可以反映 500Hz 的低频听阈，尤其适合儿童客观听阈的评估。

第二节　脑干听觉诱发电位的临床应用

脑干听觉诱发电位各波的起源均位于脑干中上部，所以其异常基本上反映了脑干的功能状况。

一、炎性脱髓鞘疾病

1. 多发性硬化　多发性硬化（multiple sclerosis，MS）是一种中枢神经系统炎性脱髓鞘疾病。本病最常累及的部位为侧脑室周围白质、视神经、脊髓、脑干和小脑。主要临床特点为中枢神经系统白质散在分布的多部位病灶，与病程中呈现的复发和治疗后一段时间的缓解相交替。诱发电位在 MS 的诊断和疗效评价中有着重要的意义。

在 MS 的诊断中，临床医生要判断单灶的中枢神经系统损害的症状和体征是否为 MS 引起的最初症状，如果诱发电位能够发现在病损灶以外的其他部位存在着临床病史和体征还未表现出来的临床下损害，则诱发电位的检查结果对于确立诊断非常有帮助。通过 BAEP 发现脑干临床下损害，加上临床上脑干以外病损的证据，将有助于确立 MS 的诊断，反之，假如一个患者有复视的症状，临床检查发现有核间性眼球运动障碍，BAEP 检查出现异常，这时我们只能说 BAEP 证实了临床上损害的存在，而不能提供新的诊断证据，这是因为电生理的改变与临床发现的损害很

可能是相同病灶所引起的，而此时如果检查 SEP或者 VEP 则更有助于临床诊断，因为如果 SEP或 VEP 异常则可提供新的多发性损害的证据或至少可以说明病损是比较弥散的。所以，发现脑干以外病损后，BAEP 的检查异常才有确立多发性硬化的诊断价值。当然 BAEP 可以帮助提高空间或时间加空间多发病损的检出，在确诊的多发性硬化患者这种异常的检出率明显增高。图 12-2 为一名多发性硬化患者的听觉诱发电位（BAEP）。

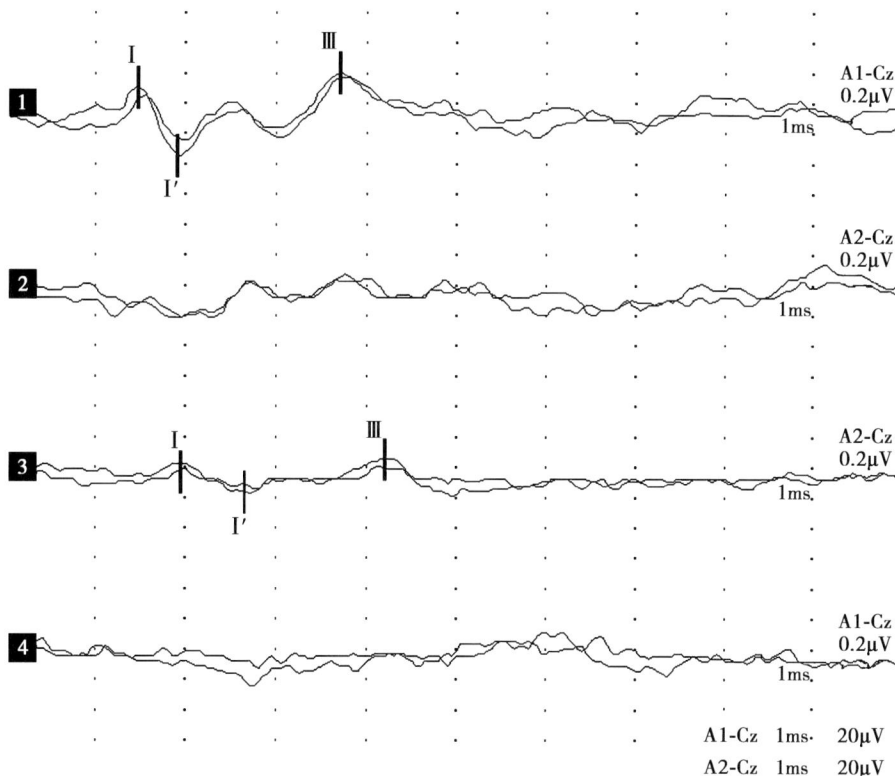

图 12-2　一名多发性硬化患者的听觉诱发电位（BAEP）
该患者双侧Ⅴ波未能引出肯定波形。

在一组研究中，135 例表现为非脑干病变孤立性病灶的患者，31 例表现出 BAEP 的异常，其中有 15 例在此后的 1~3 年中进展为临床确诊的多发性硬化。BAEP 的异常类型与临床最终的确诊没有必然的联系，似乎Ⅴ波缺失，或Ⅲ~Ⅴ波缺失的患者在随访期间更易被诊断为多发性硬化。在上述研究中，其余的 104 例 BAEP 未见异

常的患者中，仅有 13 例（12%）在随访期间被诊断为多发性硬化，所以在同样的非脑干单灶病损患者中 BAEP 异常者被确诊为多发性硬化的概率是 BAEP 正常者的 4 倍。不过 BAEP 正常显然不能用来除外多发性硬化的诊断。在另一组 80例的视神经炎或横贯性脊髓炎患者的 5 年随访中，BAEP 异常者有 12 例，其中的 9 例（75%）

最终被确诊为多发性硬化，而 BAEP 正常的病例中只有 14 例（21%）最后在随访中被确诊为多发性硬化。

曾有学者报道在一些确诊为多发性硬化的患者中只记录到 I 波，而 II 波之后的成分完全消失，这些患者电测听却是正常的，由此认为是听神经近心端的中枢段出现了脱髓鞘的改变。一般认为 BAEP 对脑干髓鞘脱失要较轴索变性和神经核受损更灵敏，脑桥中央髓鞘溶解很容易表现出 BAEP 的异常，而进行性核上性麻痹则不易表现出 BAEP 的异常。Wernicke 脑病的改变则与脑干损害的多发性硬化相似。

随着 MRI 应用的逐渐普及，影像学能够很灵敏地检测脑干的脱髓鞘改变，也有学者认为 BAEP 更能检测出脑干的病损，然而，BAEP 与 MRI 并不是等同的，不能相互替代。

2. 脑白质营养不良 各型脑白质营养不良中，绝大多数患者 BAEP 呈不同程度异常，轻者峰间潜伏期（IPL）延迟，重者 I/II 波后各波消失。BAEP 异常可先于临床症状出现，在未发病的基因携带者或家族成员中可见异常。目前有学者还将 BAEP 用于该病骨髓移植治疗效果的观察。

3. 脑桥中央髓鞘溶解症 该病的病理改变为脑桥髓鞘溶解，但轴索和胞核相对保存。BAEP 主要表现为 I ~ V 波 IPL 延长，如治疗及时，IPL 可恢复正常，因此，BAEP 可作为脑桥中央髓鞘溶解症的监护指标。

二、后颅凹肿瘤

BAEP 可以用来检测后颅凹的肿瘤，而且异常率较高，有时在临床定位体征出现之前就可以表现出 BAEP 的异常。髓内的肿瘤经常会表现出 III ~ V 波 IPL 的延长，也可以表现为 III 波以及

V 波的波幅明显降低或消失，双侧的 I ~ III 以及 III ~ V 波 IPL 的延长则提示有广泛的脑干多水平的受损。髓外肿瘤伴有 BAEP 的 IPL 的明显延长提示肿瘤对脑干造成了压迫，桥小脑角肿瘤可以造成对侧耳刺激诱发电位的 III ~ V 波延长，最常见的表现包括病灶同侧耳刺激时 I 波消失，或 I 波之后成分的消失或异常，有时也可以表现为 II 波之后各成分的异常，有时甚至会表现出 II 波与 III 波的消失，而 V 波仍然存在。脑桥中上部位的肿瘤也可以引起 BAEP III ~ V 波 IPL 的延长。肿瘤造成的脑干移位也可以引起 BAEP 的异常，减压后可以恢复。

总之，BAEP 的作用有：① 用来检测临床上表现不出症状的损害；② 对非特异性脑干症状如头晕、眼震等进行定位；③ 确定陈旧性脑干损害的存在。BAEP 的异常可以表现为潜伏期或 IPL 的延长，也可以表现为某些波振幅的降低或者消失。

三、意识障碍

BAEP 可以提供有价值的诊断和预后信息，区分器质性和代谢性的昏迷。BAEP 在各种代谢性疾病时可以相对完整，且不受镇静药物的影响，在脑电图出现完全性抑制的情况下，BAEP 仍然可以保持完整。如果 BAEP 的 III 或 V 波消失或 IPL 明显延长，则说明有广泛的脑干器质性病变的存在，提示预后不良，应该注意要除外技术原因以及耳科疾病所致情况。脑死亡时可以表现出 BAEP 各成分的完全缺失，或者仅存在 I 波以及 II 波。而在大脑皮质死亡的情况下，BAEP 可以不受影响，说明脑干的听觉通路结构尚未受到损害。反之，如果 BAEP 严重异常或消失，而脑电图仍然相对完好，说明患者的昏迷是脑干病变引起的，依然提示预后较差。

四、脑死亡评估

目前，BAEP在脑死亡诊断中的应用价值仍不明确。一些小样本的研究表明，BAEP指标能够比较全面、准确地反映脑死亡状态下的脑功能特点。从BAEP的基本原理来讲，Ⅰ波来源于外周的听神经，而之后的Ⅱ～Ⅶ波则反映的是听觉传导通路上延髓、脑桥、中脑、丘脑及皮质等中枢神经结构的功能。当患者脑死亡时，双侧Ⅱ～Ⅶ波必然消失，代表了延髓至皮质全脑功能的丧失，而某些Ⅰ波可以消失，也可以存在，提示某些脑死亡患者外周神经功能或许保留。

在某些特殊情况下，如出现听力障碍或听神经损伤时，非脑死亡患者也可能出现诸如双侧波形全部消失或除一侧Ⅰ波外所有波形消失的结果（即假阳性病例）。因此，首先应排除听觉障碍等干扰因素，同时必须以临床诊断为基础，不可独立应用BAEP作为脑死亡判定。

参考文献

[1] 王国权，赵忠新. 多发性硬化发病机制的研究进展［J］. 临床神经病学杂志，2003，16（1）：59-60.

[2] 崔丽英. 简明肌电图学手册［M］. 北京：科学出版社，2005：35-142.

[3] 党静霞. 肌电图诊断与临床应用［M］. 北京：人民卫生出版社，2005：80-81.

[4] MACHADO C, VALDÉS P, GARCÍA-TIGERA J, et al. Brain-stem auditory evoked potentials and brain death [J]. Electroencephalogr Clin Neurophysiol, 1991, 80 (5): 392-398.

12

第十三章

视觉诱发电位

杨莹雪　王玉平

13

对视网膜给予闪光或图像等视觉刺激可以引起视觉通路和皮质的兴奋，从头皮上记录到的相应的反应为视觉诱发电位（visual evoked potential，VEP）。

视觉系统是通过并行的多通道来传递和处理信息的，在视网膜内的多种神经细胞及其组成的环路就已经开始对视觉情报进行分离，比如颜色、对比度、辉度及其他刺激参数在此被抽取出来并加以处理。有学者证实在灵长类动物的视网膜内存在七类节细胞，它们负责并行处理视觉信息。由视网膜的神经元发出纤维传导至外侧膝状体，视觉信息由外侧膝状体再传导到枕叶距状沟的 17 区（纹状区），17 区与 18、19 区及颞内侧区的皮质发生联系，由 19 区发出纤维与顶后部皮质相联。需要指出两点：第一，视觉刺激不仅会兴奋枕叶皮质，同时还会兴奋颞区和顶区的大部分区域，所以 VEP 不仅可以从枕区记录到，也可以从大部分的后头部记录到，因而参考电极放在前头部相对合理。第二，通过改变视觉刺激的参数可以使得视网膜及视通路的不同结构兴奋，所以不同的视觉刺激方法和记录技术，可以用来分析视觉通路内的各种功能，反过来讲，根据临床检查目的的不同应该选用不同的检查项目，比如要想检查视网膜的疾病，最好选用全视野闪光刺激的视网膜电图，而要想观察球后视神经炎的改变，最好可以选用图形反转 VEP。

第一节　视觉诱发电位检查技术

一、刺激与记录方法

给受试者适当次数的视觉刺激，将脑电放大，平均叠加后所记录到的大脑对刺激的反应即为视觉诱发电位（VEP）。一般采取单眼刺激，左右两眼分别检查，检查一只眼时，可以用一块黑纸板将另一只眼遮挡起来。

视觉刺激可以利用图形或非图形刺激。非图形刺激一般采用闪光灯的闪光作为刺激，而图形刺激可以采用棋盘格刺激或光栅刺激，此时应特别注意所用图案类型、图案大小、刺激的视野大小、刺激的呈现方式、刺激的频率、刺激的强度（辉度）、背景的亮度及对比度。任何参数的改变，都有可能使诱发电位出现明显的变化，一般采用黑白对比的棋盘格或光栅刺激。

棋盘格的大小可以用视角来表示，视角的计算方法如下：$\beta = \tan^{-1}(W/2D) \times 120$，$\beta$ 代表视角，单位为分（′）；W 代表棋盘格的宽度，单位为毫米（mm）；D 代表角膜表面到刺激屏幕的距离，单位为毫米（mm）。光栅刺激以周期计算，也就是每度视角内光栅变化的次数，通常称为刺激的空间频率，通用的刺激模式是反转式刺激，也就是白格变为黑格的同时黑格变为白格，所以总的辉度保持了不变。刺激强度明显地影响 VEP，刺激强度是指辉度，可以利用光度计来测量，其单位是坎德拉/平方米（cd/m^2），刺激区域的平均辉度是（$L_{max} + L_{min}$）/2，L_{max} 代表最大辉度，L_{min} 代表最小辉度，平均辉度应该在 $100cd/m^2$ 之上。另一个参数是对比度，对比度是指最明亮的区域与最暗区域的亮度差 $C = [(L_{max} - L_{min})/(L_{max} + L_{min})] \times 100\%$。C 是对比度的百分数，$L_{max}$ 代表最大的辉度值，L_{min} 代表最小的辉度值。国际临床神经电生理联盟推荐的刺激参数为：①图案刺激包括棋盘格或光栅；②棋盘格视角的大小 14′～16′，28′～32′，56′～64′；③全视野刺激要大于 8° 视角；④对比度在 50%～80%；⑤刺激频率在 1Hz；⑥中心平均辉度在 100cd/m²；⑦背景亮度在 30～50cd/m²。

电极排放可以采用 Oz-FPz 和 Oz-（A1+A2）的两种导联，地线接在头顶 Cz 区，频带可以采用 1 到 250Hz 或 300Hz，刺激时受试者注视刺激的中心区，重复记录两次以保证可重复性。

二、正常波形与影响因素

棋盘格反转刺激所诱发的 VEP 正常波形如图 13-1 所示，典型的 VEP 由三个连续的波组成（N75、P100 和 N145）。正常人中会出现相当大的波形变异，最大、最为稳定的波形是 P100。正常人中有 0.5% 的受试者 P100 会出现 W 型的双峰。在 P100 不好确定的情况下，可以选用不同大小的棋盘格来诱发 VEP，较大的棋盘格一般只会诱发出 P100。

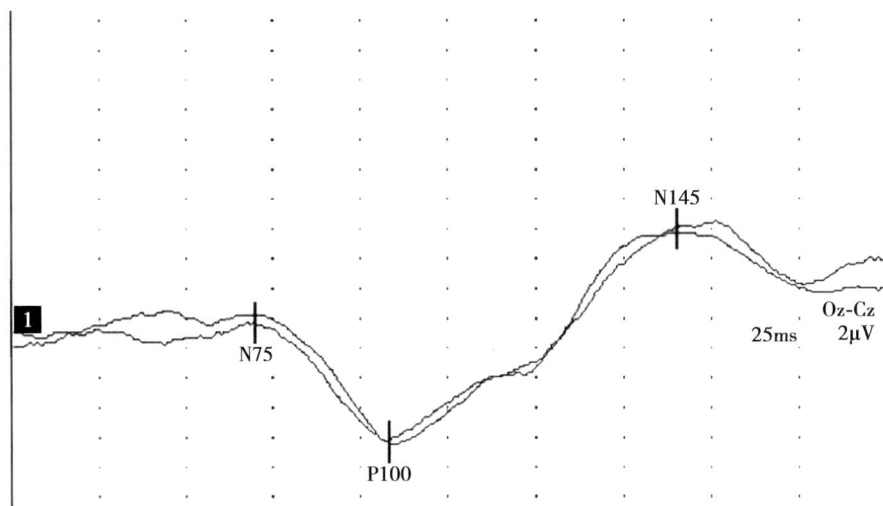

图 13-1　棋盘格反转刺激诱发的 VEP

刺激参数如辉度、对比度、刺激频率、棋盘格大小均会影响 VEP 的波形及潜伏期。视网膜辉度是刺激显示器的平均辉度与瞳孔面积的乘积，视网膜辉度降低会使 P100 波潜伏期延长。在平均辉度不变的情况下，瞳孔越大，VEP 的潜伏期就越短。

棋盘格的大小也会影响 VEP 的潜伏期与振幅。棋盘格变小会使 P100 的潜伏期明显地延长。

年龄是影响 P100 潜伏期的因素之一。随着年龄的逐渐增加，P100 的潜伏期会出现明显的延长。也有研究证实年龄对 VEP 的影响其实早在视网膜的水平就存在了，视网膜电位与 P100 之间的峰间潜伏期也会随着年龄的增加而延长，此潜伏期反映了视神经、视束、视放射到视皮质的传导过程。

女性的 VEP 较男性的 VEP 潜伏期短，波幅低。屈光不正可以改变 VEP 的振幅和潜伏期，小棋盘格刺激更易受到屈光不正的影响。由于各种原因引起的视物模糊的情况会使 VEP 潜伏期延长、振幅降低或是波形出现改变，所以为了避免因眼球因素引起的 VEP 改变被错误地解释为 VEP 异常，在 VEP 检查时应该检查视力，测瞳孔的直径，有屈光不正的情况，要配戴透镜进行

13

矫正，查 VEP 时不要使用扩瞳药物以防止出现调适障碍。

VEP 的异常主要表现为 P100 潜伏期的延长，如果潜伏期超出正常均值 + 3 个标准差则表示有传导障碍。另一种表现是 P100 潜伏期延长的同时伴有其波幅降低。单纯的振幅降低不足以作为判断异常的依据，因为个体之间振幅的差异非常大。单侧眼的潜伏期延长表明两眼传导通路之间有差异，相差 10ms 以上明确表示潜伏期长的一侧是异常的。最为严重的异常表现是 P100 的消失。N70 由于在部分正常人也会记录不到，所以 N70 的缺失不能作为判定异常的标准。

附：视网膜电图

全视野视网膜电图（electroretinogram，ERG）广泛用于检测视网膜功能（图 13-2）。国际临床视觉电生理学会（the international society for clinical electrophysiology of vision，ISCEV）制定并修订了临床 ERG 的基本标准，目前的标准描述了全视野 ERG 依据刺激闪光的强度及其光适应状态制定的 6 个检测方案，包括：① 暗适应 0.01 ERG：反映视杆细胞系统 On 型双极细胞功能；② 暗适应 3.0 ERG：由视杆细胞系统和视锥细胞系统的光感受器细胞和双极细胞产生的混合反应，由视杆细胞系统主导；③ 暗适应 10.0 ERG：混合反应中，a 波增强反映视锥细胞的功

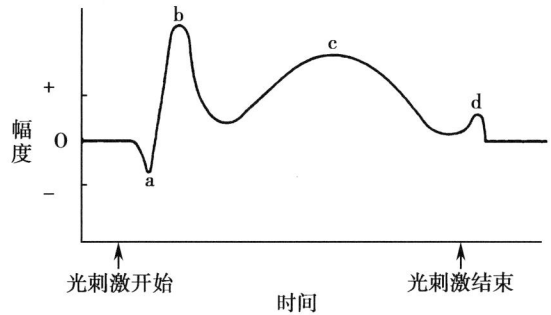

图 13-2　视网膜电位模式图

光刺激下，开始有一个小的负波（角膜为负），称 a 波，然后出现一个正（角膜为正）的 b 波。如刺激强度较大，则在 b 波之后，还有一个上升较缓慢的正波（角膜为正），称 c 波。在光刺激结束时，还会有一个角膜为正的向上突起，称 d 波。据分析，a 波主要来源于感光细胞的感受器电位；b 波幅度较大，主要与双极细胞的活动有关；c 波上升缓慢而持久，可能与视网膜色素上皮细胞层的活动有关；d 波为一种撤光反应。

能；④ 暗适应振荡电位：主要反映无长突细胞功能；⑤ 明适应 3.0 ERG：反映视锥系统功能，a 波由视锥细胞和 Off 型双极细胞产生，b 波来自 On 型和 Off 型双极细胞；⑥ 明适应 30Hz 闪烁 ERG：对视锥系统反应敏感。根据患者情况不同可选择不同的 ERG 检测方案，但在缺乏足够的临床信息或专业知识的情况下，建议进行全部 6 个方案 ERG 检测。此外，ISCEV 发布并更新了其他临床电生理检测标准，如多焦 ERG、图形 ERG 以及临床视觉电生理刺激和记录参数校准指南等。

13

第二节　视觉诱发电位的临床应用

视觉诱发电位（VEP）反映了视觉传导通路的功能状况，可以说，任何病变只要影响到视觉传导通路，就可能出现视觉诱发电位的改变。

一、视网膜病变和黄斑病变

视网膜病变特别是可以累及黄斑区的病变会

导致 VEP 的改变。由于图形反转 VEP 基本反映了<10°中央视野受刺激时相应神经通路兴奋的情况，因此主要反映黄斑区相应通路的情况。黄斑病变主要包括黄斑水肿、中央脉络膜病、黄斑变性等。视网膜病变累及黄斑区以及黄斑周边区同样可以引起 VEP 的改变，视网膜缺血、视锥细胞萎缩、糖尿病性视网膜病变、视网膜炎等均可以引起 VEP 的异常。同时记录 VEP 和视网膜电图可以有助于区分视网膜病变和视神经病变。视网膜病变时视网膜电图波形缺失或潜伏期延长，而视网膜至皮质的峰间潜伏期仍保持在正常范围。在视神经病变时视网膜电图保持在正常范围，而 VEP 则出现异常。只有在严重的视神经病变出现视神经萎缩时才表现出视网膜电图和 VEP 两者均异常。

二、视神经与视交叉病变

视神经病变特别是脱髓鞘性病变可以引起 VEP 的改变，特殊的是 VEP 还可以检测到临床下的病变。引起视神经病变的疾病主要是多发性硬化，其他可以引起视神经病变的疾病包括系统性红斑狼疮、结节病、维生素 B_{12} 缺乏症、神经梅毒、热带痉挛性截瘫、脊髓小脑共济失调等，这些疾病都有可能引起 P100 的潜伏期延长。视神经本身的病变如视神经炎也可以引起 P100 的潜伏期延长。眼内压增高也可以导致 VEP 的异常，这与眼压增高的压迫最终导致视神经萎缩有关。

视交叉的病变也可以引起 VEP 的异常。最常见的视交叉病变原因是垂体细胞瘤的压迫。目前主要应用全视野刺激方法记录 VEP，半侧视野诱发电位能否增加异常的检出，尚有待研究。

三、视交叉后病变

VEP 对视交叉后病变的检测价值有待进一步研究。有时，视交叉后有非常明显的病变，可能已经出现了同向性偏盲，此时 VEP 甚至仍然正常。一些研究报道半侧视野刺激的 VEP 可以提高异常的检出率。VEP 对同向性偏盲的检出率约为 70%。半侧视野刺激也可以被用来帮助确定视交叉后的病变，左侧视野刺激通常会在左侧半球的后头部记录到较为明显的 P100，这似乎看起来是与视通路半侧视野交叉的结果相反。按解剖学知识来讲，左侧半视野的刺激应该传输到右侧的枕叶皮质，关于这种现象的解释是视皮质位于大脑半球的内侧面，当视皮质的锥体细胞兴奋时，其电位所形成的电流偶极子的正极恰好指向对侧半球的枕区，所以会在刺激视野的同侧半球记录到 P100 的最高振幅，如果利用偶极子定位的方法可以明确地将电流源定位在对侧的视皮质而不是同侧。因此，当全视野刺激，多导联同时记录时，一侧枕颞区 VEP 消失，通常表示对侧的视交叉后病变的存在。

四、炎性脱髓鞘疾病

1. 多发性硬化　VEP 是诊断视神经脱髓鞘的一个有价值的方法，特别是 VEP 能够发现视觉通路上的一些临床下病损。

在一组 180 例的多发性硬化患者的研究中，73% 的患者出现了 VEP 的异常，其中在没有表现出任何视通路受损症状和体征的患者中，VEP 的异常率也高达 54%，而在表现出视通路病损的患者中，VEP 异常率则达到 92%，所以 VEP 对于检测临床下损害，早期诊断多发性硬化很有价值。在一项比较 MRI 与 VEP 对视神经炎诊断的研究中发现，在表现出视通路病损症状的患者中，MRI 的异常率为 84%~88%，而 VEP 的异常率为 100%。在既往患过视神经炎而目前无症状的一组患者中，MRI 异常率为 20%，VEP 的异常率为 27%，所以目前 VEP 仍然是检测可疑脱髓鞘存在与否的一种首选方法。

一般报道的 VEP 在多发性硬化的异常率为 75%~97%，有一点需要说明的是 P100 的延长并不意味着其对诊断某一疾病有特异性，任何的疾病只要引起了视神经病变，都有可能导致 P100 的延长。图 13-3 为一例多发性硬化患者的视觉诱发电位（VEP）示例。

稳态 VEP 也是一种有价值的检测视神经通路病损的手段。一般给被试者较高频率的视觉刺激后，从后枕部记录到的 VEP 会表现为像正弦波一样的周期性波动，所以可以利用快速傅里叶分析来处理。诱发电位的频率与刺激频率相同，也就是表现为一个和弦频率，在刺激的两倍频率处可以记录到另一个反应，也就是二倍和弦，傅里叶分析能够提供和弦反应振幅及时相的信息。多发性硬化症的患者可以表现出稳态诱发电位和弦反应频率的滞后。

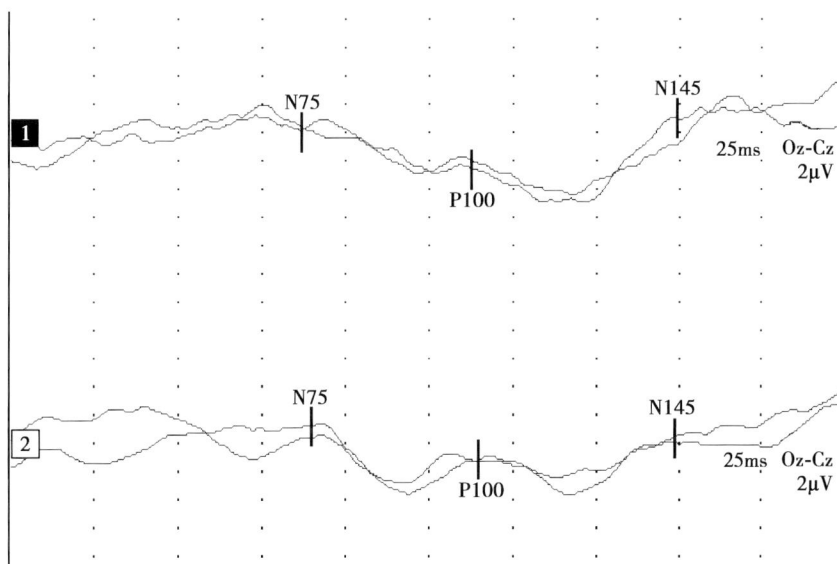

图 13-3 一例多发性硬化患者的视觉诱发电位（VEP）
患者 VEP 双侧 P100 潜伏期延长，波形分化不良，呈 "W" 型。

2. 视神经脊髓炎谱系疾病（NMOSD） 在发生视神经炎后，47%~64% 的 NMOSD 患者会出现 VEP 缺失，该比例明显高于多发性硬化患者。在可以记录到 VEP 波形的 NMOSD 患者中，发生视神经炎侧眼睛的 VEP 异常率高达 90%，主要表现为潜伏期延长和波幅减低。不过 NMOSD 患者 P100 严重延长（>150ms）的比例低于多发性硬化患者。

参考文献

[1] VABANESI M, PISA M, GUERRIERI S, et al. In vivo structural and functional assessment of optic nerve damage in neuromyelitis optica spectrum disorders and multiple sclerosis [J]. Sci Rep, 2019, 9(1): 10371-10378.

[2]　CREEL D J. Visually evoked potentials [J]. Handb Clin Neurol, 2019, 160: 501-522.

[3]　GALETTA K M, BALCER L J. Measures of visual pathway structure and function in MS: Clinical usefulness and role for MS trials [J]. Mult Scler Relat Disord, 2013, 2(3): 172-182.

[4]　KOTHARI R, BOKARIYA P, SINGH S, et al. A comprehensive review on methodologies employed for visual evoked potentials [J]. Scientifica, 2016, 2016: 1-9.

[5]　WEINSTEIN G W, ODOM J V, CAVENDER S. Visually evoked potentials and electroretinography in neurologic evaluation [J]. Neurol Clin, 1991, 9(1): 225-242.

13

第十四章

事件相关电位

杨莹雪　王玉平

14

第一节　脑认知与事件相关电位概述

一、脑认知过程

大脑高级功能是指除了简单的感觉传入和运动传出以外的由意识统合处理的各种精神活动。认知是指大脑对获得的各种信息进行进一步加工处理，对环境做出适应性反应的过程。各种认知功能，包括像言语和抽象思考这两类特有的功能，是重要的大脑高级功能。

与大脑的高级功能有关的大脑皮质主要是大脑皮质联合区，由躯体感觉、听觉、视觉等感觉器官来的感觉传入信息到达大脑皮质后，经由大脑皮质将其与长期记忆的信息对比后对其实施再处理，由此做出判断、决定计划，最后通过调整肌肉的运动来执行各种动作从而表现出不同的行为。与大脑事件相关电位检查密切相关的几个高级神经功能活动过程包括注意、记忆、言语逻辑、判断、准备和运动执行等。

注意：根据目的对感觉传入的信息进行优先选择，决定对其进行处理的程度的一个过程。是以大脑皮质为中心的多个结构参与调节的高级神经活动。对于事件相关电位检查而言，最为重要的是选择性注意。选择性注意是指与注意有关的刺激可被认知，而与注意无关的刺激均被忽视或不被认知。也就是说所用的刺激虽然没有变化，但因受试者注意选择的不同而引起所认知内容发生变化的一种功能。

记忆：记忆是对各种信息的保持过程，包括录入、保存和再生三个方面。各种各样的感觉传入信息，其物理属性的信号变为心理活动的信息之后，被保留很短的一个时间，称之为感觉记忆。感觉记忆的作用是对感觉信息进行筛选，以便再进一步对其进行处理，为此把感受的感觉信息作一过性的保存。由大脑边缘系统的海马、乳头体等为核心构成的 Papez 环路及间脑、大脑额叶等结构参与了此高级功能的活动。

运动的计划、构成、准备：参与此功能活动的构造包括辅助运动区、运动前区等领域。这些结构接受从联合区、大脑基底节、小脑等部位来的传入冲动，进行高级加工，处理后再向运动区发出传出冲动。

因此，高级活动的中心区域位于大脑联合区。大脑边缘系统、大脑皮质下核团、脑干、小脑等众多的区域都参与了高级脑功能信息的处理。

众多的神经细胞活动及其相互作用是大脑的各种高级认知神经活动的基础，神经细胞同步化活动可产生相对较强的神经生物电，利用生物电放大技术，可以直接把人体各种神经活动的电反应检测出来。事件相关电位是最常用的一种检测高级神经电活动的方法，在此简单地予以介绍。当然，除了事件相关电位以外还有一些其他的神经电活动检测方法，如事件相关脑电同步化（event-related synchronization，ERS）、事件相关脑电去同步化（event-related desynchronization，ERD）、脑电功率谱分析、脑电相干性分析（coherence）等，限于篇幅这些方法在此不能予以介绍，请参考其他的书籍和文献。

二、事件相关电位概述

在 20 世纪 60 年代，关联性负变（contingent negative variation，CNV）、晚期正性负波（P300）、运动准备电位（readiness potential）等相继被记

14

录到，到 80 年代又报道了 N400 等电活动，这些电位均被称为事件相关电位（event-related potential，ERP）。这些从头皮上记录到的电位最初被用来研究人的期待、识别、注意、准备、判断等心理过程。随着研究的不断深入，人们发现这些成分所代表的意义非常复杂。目前 ERP 被广泛地应用在对大脑的信息处理的研究中，为此人们设计出了记录 ERP 的多项作业。ERP 已成为研究人类心理活动过程的一个有力手段，被称为探测心灵活动的一个窗口，是解开人类心灵之谜的一把钥匙。

ERP 与刺激兴奋的感觉通道（如视觉、听觉等通道）及刺激的物理属性无关，是大脑对所接收的信息进行处理、加工，对刺激识别、分辨、期待和判断等并准备做出运动反应的过程中相伴随产生的脑电活动。ERP 可以包括晚期正电位（特别是 P300），以及 N400、N200、N270 以及 CNV 等，此类电位是被试者在从事与各种刺激序列相关的心理作业时，由主动的心理活动产生的神经电活动，所以也可称为内源性电位。

三、事件相关电位的影响因素

（一）心理因素

很多的心理因素及状态会引起 ERP 的改变，设计及检查时应特别考虑到这些问题。

1. 注意状态　受试者对作业任务的注意力集中程度及同时提示多种刺激引起的注意力分散均可影响 ERP。

2. 习惯及耐受　反复呈现某种刺激会从心理及生理两个水平上引起对该刺激的耐受。

3. 意识状态　意识状态的变化，比如睡眠等可以影响 ERP，使其振幅低下或消失。

4. 刺激的可预测性　对所提示的刺激，如被试者能预测到刺激的出现，就有可能诱发出 CNV，所以在分析时要考虑到 CNV 重叠的可能性。

5. 作业准备　要求对刺激作按键反应等作业时，会出现相伴的运动准备电位，运动准备电位会重叠在一般的 ERP 之中。

（二）注意事项

最初记录 ERP 时，往往不容易记录到像普通诱发电位一样清晰的波形，注意以下几点可以有助于记录到清楚的 ERP。

1. 对于被试者的要求

（1）一定要取得被试者的协作，这一点至关重要。

（2）让被试者充分学习，理解所要作的检查，而且要积极地配合。

（3）要求被试者集中精力，注意所给予的刺激及作业内容。

（4）检查时应注意观察被试者的状态，确保被试者集中精力在任务作业上。

2. 对检查环境的要求

（1）注意房间不要过明或过暗，头部要相对固定，这样可以减少伪差。

（2）环境要安静，最好是在隔音室内检查，以便能使被试者把精力集中在任务作业上。

（3）在检查时检查者应能够很容易观察到被试者的状况。

3. 记录条件的要求

（1）电极：ERP 是非常缓慢波动的成分，很容易受极化电压和接触阻抗的影响，所以最好选用极化电压小的银 - 氯化银电极。

（2）皮肤阻抗：要尽可能地降低皮肤阻抗，如果可能应降低到 $5k\Omega$ 以下。

（3）记录部位：通常可以采用国际 10-20 脑电极安置系统作为标准在头皮上安放电极，可以从头皮多个部位记录。根据需要，也可以加用一些特殊的导出部位，可以选用双耳垂联合作为参考电极，或用平均电极法作为参考电极。

（4）通频带：一般选用 0.01 ~ 100Hz 为宜。

（5）眼球运动：眼球运动（包含瞬目）的眼电变化可以明显地影响ERP，使其扭曲变形，所以一般要在记录ERP时同步记录垂直的眼球活动，在平均叠加处理时应把混有眼电的部分除掉。

4. 其他要求　应当注意咬牙、头动等也可以引起较大的伪迹，所以应尽可能地避免这些动作引起的伪迹混入，使记录到的ERP更加清晰。

第二节　主要事件相关电位成分

一、P300电位

将两种以上的感觉刺激（听觉、视觉、体感觉等均可）随机呈现，使两种刺激出现的概率不等，嘱受试者选择性注意两种刺激中概率出现较低的刺激，也就是靶刺激，在靶刺激呈现后约250~500ms内从头皮上记录到的正性电位称为P300。P300也叫晚期正性成分（late positive component，LPC），又因为它是晚成分中的第三个正波，所以也称之为P3。在多种作业中均可记录到P300。

（一）记录方法

1. 电极的安装　记录电极：一般放在Fz、Cz、Pz等位置。为了观察P300成分的空间分布，可以按国际10-20脑电极安置系统在头皮上放置多个电极。参考电极：通常用两耳联合电极或鼻尖电极作为参考电极。地线：可以放置在前额部。

2. 测量的条件　低切滤波：0.05~0.5Hz；高切滤波：50~100Hz；分析时间：500~1 000ms；平均叠加次数：20~50次。

3. 新异刺激范式　将两种感觉刺激随机提示给受试者，并且使两种刺激的呈现概率不同，一种刺激以大概率呈现（例如80%），而另一种刺激以小概率呈现（例如20%），此种刺激范式称为新异刺激范式（oddball paradigm）（图14-1）。要求受试者选择注意小概率刺激。受试者对于任务的反应方式可分为两种，一种是让受试者对小概率的刺激进行默数、计数。另一种是要求受试者在小概率刺激呈现后尽快地做出按键反应。后一种反应会使运动关联电位的成分混入P300的波形中，分析时要加以注意。

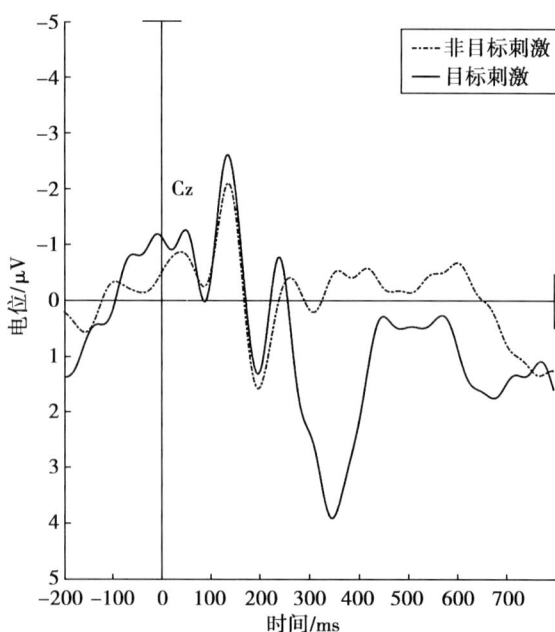

图14-1　听觉新异刺激诱发的P300
　　让受试者听80%的大概率1 000Hz纯音和20%的小概率2 000Hz纯音，两种声音随机呈现，目标刺激为需要关注的声音，非目标刺激为不需要关注的声音，刺激呈现后300ms在中央区可观察到显著差异于非目标刺激的P300成分。

4. 刺激的种类　声音刺激一般可采用
2 000Hz 和 1 000Hz 的纯音；视觉刺激可采用形、
色等有区别的视觉信号；体感刺激可以分别给第
2 指或第 5 指以电刺激。让受试者对所给予的两
种刺激加以辨别均可记录到 P300 电位，不过刺
激的种类不同可以影响 P300 的潜伏期及振幅。

5. 刺激呈现的间隔　通常以一到数秒的间
隔呈现刺激，刺激间隔过短时，辨别作业相对
容易，反之长刺激间隔较短刺激间隔辨别难度
要大。

6. 刺激的强度　给受试者模糊的刺激，很
难记录到 P300。对于中等或较弱的刺激变化，
P300 并不因为刺激强度的变化而改变。然而，
过强的刺激变化仍然可以引起 P300 振幅的改变。

7. 常用的声音刺激条件　刺激音可采用
2 000Hz 和 1 000Hz 纯音。声音的上升和下降时间
5～10ms。声音的持续时间 50～100ms。声音的压
强以 40～75dB 为宜。刺激间隔可选 1～2s。平均
1.5s 随机呈现一次刺激。呈现概率可以选小概率
刺激（rare）20%，大概率刺激（frequent）80%。

检查者应该特别注意受试者的意识状态及对
任务作业的精力集中程度，检查前对受试者作出
适当的说明和解释，以取得最佳的配合。

（二）P300 波形及其测量

1. P300 波形　不同通道刺激所诱发的 P300
波形如图 14-2 所示，大概率及小概率两种刺激
均可在刺激后 100ms 记录到一个明显的负波，
称为 N100。N100 之后在小概率刺激可以记录
到 P200、N200 和 P300，随后是负性慢波（slow
wave，SW）。而在大概率刺激所诱发的 N100 之
后，除了可以记录到很小的 P200 之外，记录
不到其他很明确的波形。随着刺激概率的变化，
靶刺激所诱发的 P300 波形会发生相应的改变，
只有小概率刺激才能诱发出较大波幅的 P300
（图 14-3）。

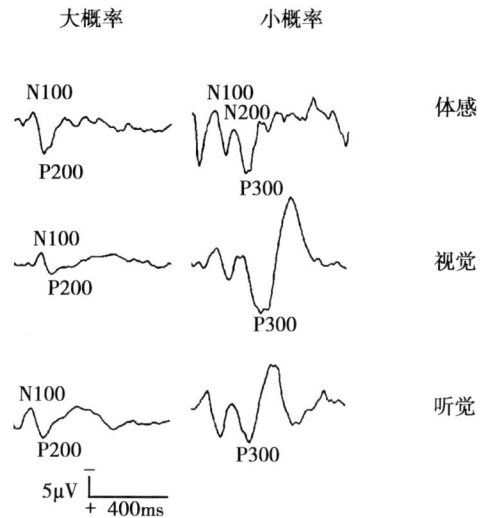

图 14-2　不同通道刺激诱发的 P300
对于大概率刺激，只可以记录到 N100，而对于小
概率刺激则可记录到 N100、P200、N200 及其后的 P300
和慢电位（SW）。

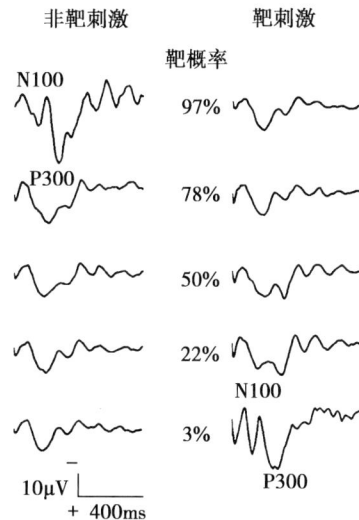

图 14-3　靶刺激概率大小与 P300（P3）波幅大小的关系
靶刺激概率越小，P300 波幅就越大。

2. 波形的测量　潜伏期：一般测量由刺激
起始点至 N100、N200 和 P300 等波顶点的时间。
峰间潜伏期：由 N100 开始至 P300 为止或 N200
开始至 P300 为止的时间。振幅：一般以刺激开
始前的 100ms 的平均电压作为基础，测量基线
到各波顶点的电压大小。峰间振幅：测量相邻的
两个峰的顶点间电压。

3. 空间分布　通常以 Pz 部位的振幅最大，

两侧半球大致对称。

4．年龄的影响及日间周期性波动 P300 的振幅通常为 $10 \sim 20\mu V$，在儿童随着年龄的增长，波幅逐渐增大，15 岁时达高峰，以后随着年龄的增大，振幅逐渐降低。P300 的潜伏期通常在 $250 \sim 500ms$。P300 的潜伏期在 15 岁左右时最短，成年以后随着年龄的增加而逐渐延长，每年可延长 $0.8 \sim 1.8ms$。

P300 的振幅在中午至晚间较高，夜间及晨起则较低，所以应注意同一受试者不同时间检查之间的变化。

5．不同感觉刺激模式 P300 的比较 与听觉 P300 相比，视觉诱发的 N100、N200、P300 的潜伏期均明显延长，而各种刺激模式下 N100-P300、N200-P300 之间的峰间潜伏期无明显差别。

（三）P300 的神经发生源

在新异刺激的任务作业中，让受试者从事其他的无关作业时，P300 会出现明显的改变。例如让受试者集中精力阅读自己感兴趣的小说，同时给受试者新异刺激序列的声音刺激，诱发出的 P300 与集中注意力于听觉刺激时所诱发的 P300 波形不同，前一种情况在前额部可记录到一个潜伏期稍短的正性电位，被命名为 P3a 以区别于其他的 P300（P3b）。

多年来人们一直致力于研究 P300 的神经起源，最初人们利用大脑深部电极记录和头皮地形分布图的方法探讨了 P300 的起源，发现 P300 可能起源于大脑的某些深部结构，认为丘脑和海马及杏仁核等结构可能是 P300 的发生源。然而通过对脑损害患者的 P300 改变的观察，发现单侧海马损害时，P300 并未出现明显的左右不对称。通过对颞叶皮质切除术实施前后 P300 的观察发现，在海马、杏仁核等部位记录到的与 P300 类似的电活动似乎与从头皮记录到的 P300 没有什么关联。最近的研究表明 P300 具有多个

神经起源，而这些发生源位于大脑皮质的不同部位，其中以额部皮质联合区及顶颞枕交界区的皮质联合区为主。而这些皮质区受到皮质下一些重要的核团如前脑基底部的 Meynert 核及蓝斑核等的调控，大脑皮质的多个区域与皮质下核团的相互联系及相互作用是 P300 发生的基础，以乙酰胆碱能为主的多种神经元的活动参与了 P300 的发生。

（四）临床应用

1．痴呆 痴呆表现为智能的恶化和认知功能的减退，痴呆患者的抽象能力、定向力、判断和记忆等能力均减退。痴呆最常见的原因之一是阿尔茨海默老年性痴呆。很多研究都表明，P300 成分在各种痴呆患者会出现潜伏期的延长和波幅降低。皮质性痴呆多表现为 N200、P300 成分潜伏期的延长，而皮质下痴呆的患者多同时伴有 N100 潜伏期的延长。

2．精神分裂症及抑郁症的患者 多表现为潜伏期在正常范围之内，而振幅出现明显减低。

3．帕金森病 在伴有痴呆的帕金森患者，多表现为 N100、N200 及 P300 的潜伏期延长，不伴痴呆的患者多在正常范围之内。

4．多发性脑梗死 多发性脑梗死患者伴有痴呆症状时可见 P300 的潜伏期延长。

5．酒精中毒 多表现为潜伏期的延长。

二、关联性负变

在一定的时间间隔内给被试者一对刺激，第一个刺激提醒受试者注意，第二个刺激出现后要求受试者做出一定的反应，比如让受试者按键终止刺激等。在此种作业过程中，在第一个与第二个刺激之间，从头皮上可以记录到一种很缓慢活动的负性电位，此电位被称为关联性负变（contingent negative variation，CNV）。在该刺激序列中所采用的第一个刺激与第二个刺激可以是

不同模式的，例如第一个刺激是听觉刺激，第二个刺激是视觉刺激等。两个不同模式刺激所诱发的 CNV 较两个同一模式刺激所诱发的 CNV 更为清晰。

（一）记录方法

1．电极的安装　记录电极可以放在头皮中线 Fz、Cz、Pz 等部位。参考电极可以采用两耳联合参考电极，前额部接地。

2．预期反应作业　第一个刺激的强度应该较小，如利用听觉刺激可以是 30 ~ 50dB 的纯音，第二个刺激可以采用发光的指示灯提供视觉刺激，且通常设计成由被试者利用开关来主动终止第二个刺激，这样诱发 CNV 的效果更明显。

3．刺激间隔及周期　第一个刺激与第二个刺激的间隔通常要 2 ~ 3s 的时间，不过，为了分离出早期 CNV、中期 CNV 和晚期 CNV 成分，需要间隔 4s 以上。每 10s 以上间隔随机呈现一对刺激。

4．测定条件　低切滤波：0.02Hz；高切滤波：50 ~ 100Hz；分析时间可根据两个刺激的间隔情况确定为 3 ~ 5s，平均叠加 10 ~ 30 次即可。

（二）波形及测量

1．CNV 的波形　如图 14-4 所示。通常以 Cz 部位的 CNV 波幅为最大。波形的测量：波

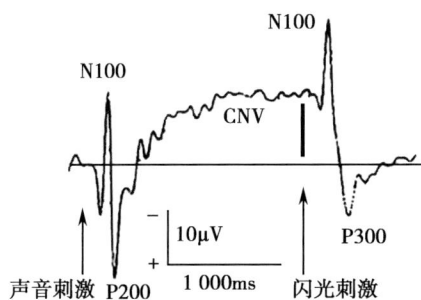

图 14-4　正常人的 CNV 波形

给受试者一对刺激，第一个刺激为一个声音信号，2s 后给受试者一个光刺激信号，要求受试者按键终止光信号刺激。在第二个刺激出现之前可从头皮上记录到一个缓慢负相偏转的电位，此电位被称为 CNV。

幅的测量有以下几个标准，最大振幅为基线至 CNV 顶点的最大电压，平均波幅指第二个刺激呈现之前 150ms 的平均电压，分区振幅为刺激间隔内几个分区点各自的电压，而面积测量法通常为第一个刺激后 450ms 至第二个刺激呈现为止的 CNV 波形下的面积。反应时间：从第二个刺激出现开始到受试者做出按键反应的时间。

CNV 的波幅通常在 15 ~ 20μV，在儿童随着年龄的增长，波幅逐渐增加，最大振幅出现的部位也从 Fz 逐渐转移到 Cz，12 岁左右达到成人的 CNV 标准。CNV 的面积大约在 3 000 ~ 12 000μV·ms，到老年期 CNV 的面积明显减少。

2．CNV 的成分　初期 CNV：第一刺激后 400 ~ 700ms 之间的成分，以 Fz 为主（见图 14-4），因为此成分的头皮分布与第一个刺激的种类有关，所以一般认为它可能是大脑对刺激的一种定向反应，它可以反映第一个刺激所引起的初级和次级感觉皮质中枢的兴奋和异常。晚期 CNV：第二个刺激前 1 000ms 到第二个刺激出现前的一段时间内出现的一个成分，以 Cz 部位为主，它反映了大脑对第二个刺激的一种期待过程，同时在中央区的此段 CNV 也包含有运动准备电位的一些成分。如果不要求受试者对第二个刺激作运动反应，则所记录到的 CNV 中没有运动准备电位成分。

（三）影响因素

1．一般因素　性别：女性的 CNV 波幅较男性稍高；性格：神经质的人 CNV 波幅减低；智能：随着智能的下降，CNV 波幅不断减低。

2．心理因素　CNV 反映了对于刺激的一种注意功能，注意力减退、散漫等情况下 CNV 的振幅及面积可以减低；第二个刺激的脱落、刺激间隔不恒定等均可使 CNV 的波幅减低；如果提高受试者完成作业任务的动机，则 CNV 的波幅增大，反应时间缩短；觉醒状态也对 CNV 有影

14

响，越清醒 CNV 的波幅越大；反复记录引起耐受后 CNV 的晚期成分减低；无关的精神活动及疲劳可以使 CNV 减低。

3. 药物因素 地西泮和硝西泮等镇静剂可以使 CNV 波幅减小；反之咖啡因等兴奋剂可以使 CNV 波幅增大。

（四）临床应用

一般认为 CNV 是由丘脑向大脑皮质，特别是中央前回的运动皮质及额叶皮质传导的神经冲动引起皮质的兴奋而产生，CNV 也与 P300 一样，不是由单一的大脑结构所产生，而是由大脑的多个结构共同产生的。CNV 振幅的增大主要是由胆碱能及儿茶酚胺能神经元构成的上行激活系统兴奋性增高所致，当儿茶酚胺能神经元的活性低下时 CNV 的波幅会降低。

CNV 曾被广泛地应用于精神疾病的研究中，例如精神分裂症患者的 CNV 的平均振幅降低。抑郁症患者 CNV 的波幅降低，且与抑郁严重程度密切相关。抑郁期的注意力不集中同样也可以使 CNV 波幅降低。焦虑不安患者的 CNV 波幅及面积下降，且重复性差。强迫症患者的 CNV 可见波幅增大。癔症患者的 CNV 波幅可以明显减低。重度的帕金森病患者可也见到 CNV 的振幅减低。耳鼻咽喉科可以利用不同模式刺激的组合进行听力的检查，确定是否为诈病。

三、N400 电位

Kutas 和 Hillyard 在 1980 年发表了一项事件相关电位的研究成果。在他们的试验中，让受试者默读由多个词组成的句子，记录他们的视觉诱发电位，在所默读的句子中，一部分语句的句末一词在语义上与整个句子语义不一致（semantic incongruity），试验发现，与语义前后一致的句子相比，当句子结尾词与整个句子语义不一致时末尾刺激词呈现后 400ms 左右，可在头皮上记录到一个很明显的负性电位，该电位的分布以头顶部为主，称其为 N400。

此后的一些学者在研究中又发现在先后呈现的两个词的匹配试验中当第二个词与其前面呈现的第一个词在语义、语音和拼写方面不相关联时，同样可以记录到 N400，而两词相关或相同时则不出现。例如第一个词是"医生"，第二个词是"护士"，两个词在语义上相互关联，此时记录不到 N400。如果第一个词是"医生"，第二个词是"枕头"，两个词在语义上不互相关联，风马牛不相及，此种情况下，在第二个词呈现后可以记录到 N400（图 14-5）。不仅是单词，即使是两幅不相关的图片先后呈现给受试者仍然可以诱发出 N400。N400 的出现程度与受试者对靶刺激出现的预测程度成反比，说明 N400 反映了语句及单词串中先行词对后续词的一种限定作用，这种限定作用被打破后，即可记录到 N400。

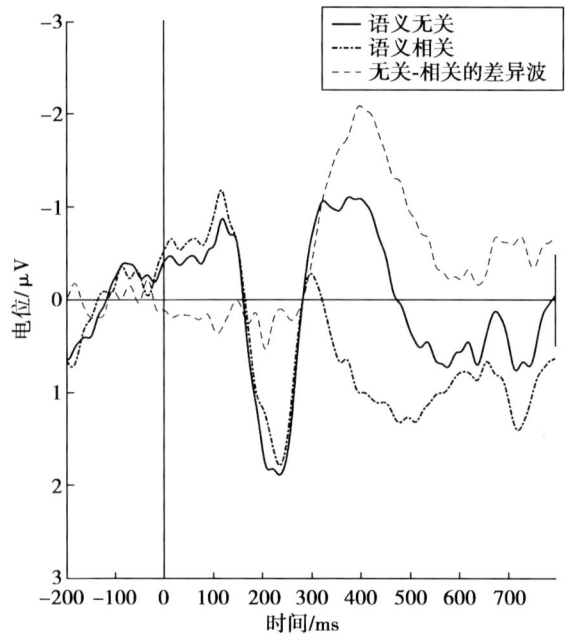

图 14-5　健康成人语义相关和语义无关刺激诱发的 N400
　　任务范式为配对刺激词语义关联判断，例如"医生""护士"表示语义相关，"医生""枕头"为语义无关，后者可在中央顶区诱发明显的 N400 成分。

（一）记录方法

1．电极的安装　记录电极安放在头顶中线Cz，如果想观察空间分布可多部位放置电极。参考电极：双耳联合参考电极。

2．测定条件　低切滤波：0.05Hz。高切滤波：100Hz。分析时间：根据试验刺激序列的具体情况确定。平均次数：有效平均叠加次数30～50次。

（二）波形及测量

N400的波形如图14-5所示，在不受前面语境限定的词出现之后依次可以记录到P100、N100等波及其后面的一个大的负波N400，随后可记录到晚期正波（LPC），在一些情况下还可以记录到晚期慢性负波（SW）。潜伏期：从刺激开始至最大负波N400波峰的时间。波幅：从刺激前基线到N400波峰的电压。

（三）临床应用

有阅读障碍的患者其N400波幅明显降低或波形消失，儿童孤独症也表现为N400中主要成分的缺失，老年性痴呆等大脑皮质广泛性损害的患者N400潜伏期延长，波幅减低。

四、N270

笔者团队在刺激特征匹配试验的研究中发现了一个与刺激特征冲突相关的负性电位——N270。试验中受试者注意先后呈现的两个刺激，要求受试者判断后呈现的第二个刺激在某些特征上与先呈现的第一个刺激是否相同，例如要求受试者判断两个刺激的形状是否相同或两个刺激的颜色是否相同等。当第二个刺激与第一个刺激在特征上不相同时，在头顶部可以记录到一个波峰潜伏期约270ms的负波（图14-6）。

（一）原理和记录

比较是大脑认识事物的一个重要手段，通过比较可以发现事物间存在的差异从而将事物区

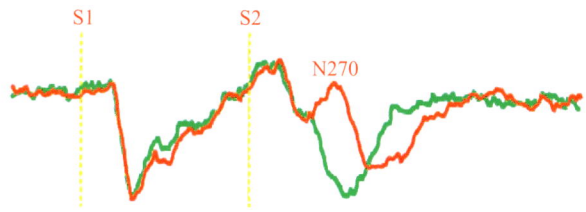

图14-6　颜色匹配实验所诱发的N270

要求受试者判定先后出现的两个刺激（分别为S1和S2）的颜色是否相同。当颜色不同时，S2之后可以诱发出N270。绿线：两刺激特征相同；红线：两刺激特征不同。

分开来。事物间存在的差异对大脑来说是信息冲突，后一个刺激携带新奇信息。最初发现当一个给出的数字答案与算式的实际答案不符时（信息冲突），可以在答案刺激呈现后270ms左右记录到一个广泛分布、以双侧枕、额-颞振幅为最大的负波，即N270。在以后的研究中，笔者团队发现N270不仅可以由数值不同的数字对引出，而且可以由颜色、形状、图片不同引出。N270的产生并不仅仅局限于腹侧皮质区，背侧皮质区处理的空间位置信息冲突也可以诱发N270的产生。即使是两个数值相同的数字对，当它们与大脑所要记数的情况（如记数数值不同的数字对）不一致时同样会诱发N270产生。序列呈现的简单图形信息失匹配能引出N270，复杂面孔图片刺激也可引出N270。

总之，N270既可以由两个外来的刺激物之间的特征冲突引出，也可以由外来刺激信息与人脑内源产生的信息之间的冲突引起；既可以因刺激之间简单物理属性如颜色、形状的差异而引出，也可以由复杂的刺激如人的面部照片之间的差异而诱发出。单一模式内部的信息失匹配可以使其出现，跨模式的信息失匹配同样可以使其产生。因此，N270反映了大脑对信息变动的识别。

（二）生理学特性

各种刺激模式引出的N270的空间分布相对

14

稳定，头皮分布普遍比较广泛，但最大振幅出现的部位仍有所不同。在颜色失匹配时，N270 的振幅以额、中央区为最大；数值失匹配时，枕部 N270 较为显著；在空间位置失匹配时，主要在中央、顶、枕部记录到的 N270 较为显著。在这些实验中，左右侧记录到的 N270 无显著差异。在识别图形形状的实验中，立体图形引出的 N270 以右侧后头部为最大，而平面图形则以左前头部最为显著。因此，针对不同的刺激物，可能有不同的信息处理亚系统参与加工。

（三）影响因素

笔者团队通过改变实验参数和实验要求来进一步了解 N270 的影响因素和特性。结果发现 N270 的振幅不受概率变化影响，但刺激间隔对 N270 的出现有影响。在间隔短于 150ms 时（从第一个刺激起始到第二个刺激起始）N270 不能被引出，而当刺激间隔为 500ms 或 1 000ms 时，可以引出明显的 N270，其振幅在这两者间无显著性差异。此结果表明，适当的刺激间隔对 N270 的发生是至关重要的。此外，无论刺激特征是否与作业任务相关，都可以引出 N270，且潜伏期无明显不同，但较任务无关刺激相比，任务相关特征刺激引出的 N270 振幅明显增高，这说明 N270 受任务相关性的影响，而这种任务相关性也许反映的是刺激特征是否受到注意，即注意对 N270 的调节作用。任务相关的冲突刺激引出的 N270 波幅越高，说明有越多的神经元受注意的调配参与了这一加工过程。

N270 的潜伏期随年龄的增长而延迟。在前期研究中，笔者团队曾在 80 名分布于不同年龄段的 6 ~ 85 岁健康受试者中观察 N270 出现的稳定性，结果发现 N270 的峰潜伏期在 25 岁以后随年龄增长而延迟，且后头部（P3、P4）潜伏期较前头部（F3、F4）明显延长。间隔半年时间，两次对 16 名年龄在 25 ~ 38 岁的同一健康受

试者进行重复实验时，潜伏期没有显著性改变，说明 N270 是一个稳定存在的负波。

N270 的特征：① 只有当两个刺激在某些特征方面不一致（冲突）时才可诱发出来，然而该电位的出现并不仅限于刺激的某一个具体特征的冲突，刺激的诸多特征不一致均可诱发出该波；② 与所呈现刺激的概率无必然的联系；③ 与受试者对该刺激特征的选择性注意有关，选择性注意可以明显地使该成分的波幅增大；④ 该电位的头皮分布在不同作业可以略有不同；⑤ 潜伏期自 200ms 开始出现，270ms 达到波峰；⑥ 与所执行作业的操作无关；⑦ 潜伏期在青春期之前随着年龄的增加而逐渐缩短，在青春期之后随着年龄的增加则逐渐延长。

（四）临床应用

N270 的意义：N270 反映了人类大脑对两个信息的比较过程。当两个信息特性不相符合时 N270 出现，它代表着大脑对序贯信息突变的一种识别过程。该成分与 N400 不同，N400 是在语义不相关联时出现的一个潜伏期更晚的成分。事实上当大脑确认到一个期待的信息时就很容易记录到前面提到的 P300，而当遇到一个与期待的信息不一致或矛盾的信息时则更容易记录到 N270。

目前笔者团队已经应用冲突负波 N270 对临床痴呆、临床前痴呆、帕金森病、短暂性脑缺血发作、睡眠呼吸暂停综合征等患者进行了认知功能的评价，显示出了非常好的临床应用前景。

对痴呆患者的研究发现 N270 峰潜伏期的异常率为 63% ~ 70%，P300 峰潜伏期的异常率为 56% ~ 80%，二者合并应用时异常率可达 90%，且与痴呆程度呈正相关，说明冲突负波 N270 可作为一项新的电生理指标用于临床对痴呆患者的检测，与 P300 合并应用时，可大大提高对痴呆的检出率。

对帕金森病患者的研究发现，与正常对照组

相比，临床无智能减退表现的帕金森病患者组的 N270 潜伏期延迟或消失率明显增高，这一结果说明事件相关电位 N270 用于检查帕金森病患者亚临床认知功能减退有较高的灵敏度。

对短暂性脑缺血发作（TIA）患者的研究发现，与正常对照组相比，TIA 患者 N270 的潜伏期延迟，而 P300 的潜伏期和振幅在两组间没有显著性差异。这一结果说明事件相关电位 N270 用于检查 TIA 患者认知功能减退比 P300 的灵敏度更高。

笔者团队还应用 N270 对阻塞性睡眠呼吸暂停综合征患者慢性间断性睡眠低血氧导致的早期工作记忆障碍进行评价。结果发现在评价早期认知功能障碍时，N270 波幅较 P300 更为灵敏。

综上，N270 可作为一项无创性的检测指标用于对患者轻微认知障碍的诊断以及脑功能评价，它是一种值得推广的神经电生理检查方法。同时，作为一项非常敏感的事件相关电位指标，N270 对于老年痴呆的检出灵敏度高于传统上的 P300，特别是对轻度认知功能障碍有诊断意义，与 P300 的联合应用可以明显提高事件相关电位对脑认知功能障碍的检测价值，值得临床进一步研究。

五、失匹配负波

当受试者高度注意其他无关的视觉或听觉刺激时，偶然出现的偏差刺激变化仍可引出一个负性电位偏转，即失匹配负波（mismatch negativity，MMN），它是由于大脑将偏差刺激的传入信息与感觉记忆中重复呈现的标准刺激特征的编码相比较而产生，代表了大脑自动发现失匹配现象的脑活动（图 14-7）。MMN 在 Fz 部位振幅最大。根据偏差刺激的特征和其与标准刺激之间的差异不同，MMN 的峰潜伏期波动在 120～250ms 之间。在作业识别难度改变时，MMN 的峰潜伏期波动较大，而持续时间（从起

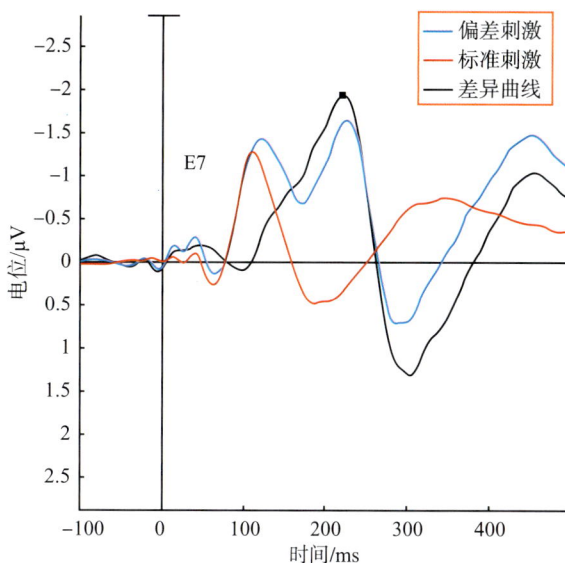

图 14-7　健康受试声音长短刺激诱发的 MMN
红色曲线表示标准刺激，蓝色曲线表示偏差刺激，黑色曲线显示的是两者的差异曲线（偏差 - 标准）。

始到波峰）无明显变化。听觉 MMN 可能起源于颞上回初级听觉皮质的神经元群，此外额叶皮质对 MMN 的产生也有作用。

当标准刺激与靶刺激之间差异较小难以识别时，MMN 的振幅降低，潜伏期延迟；差异较大时，MMN 的振幅增大，起始潜伏期提前。与忽略状态相比，注意状态下的 MMN 其空间分布、起始潜伏期、峰潜伏期、持续时间和振幅没有显著变化。

MMN 反映了永久性特征察觉系统的工作。精神和神经疾病可使 MMN 波幅降低。

在大脑认知、言语处理和运动准备等诸多过程中，有大量的神经细胞参与了这些处理活动，神经细胞的同步化活动产生的神经电可以在头皮上直接记录到。这些电活动侧面反映了大脑高级认知活动的过程。认知神经科学的发展一日千里，事件相关电位的研究近年取得了长足的进展，限于篇幅，很多重要的其他事件相关电位成分，诸如表示运动抑制的 No-go 电位等在此未能介绍，请读者参考其他有关文献。

参考文献

[1] LUCK S J. An Introduction to the Event-Related Potential Technique [M]. Cambridge: The MIT Press, 2014.

[2] KALAIAH M K, SHASTRI U. Cortical auditory event related potentials (P300) for frequency changing dynamic tones [J]. Journal of Audiology Otology, 2016, 20(1): 22-30.

[3] WANG Y, KONG J, TANG X, et al. Event-related potential N270 is elicited by mental conflict processing in human brain [J]. Neurosci Lett, 2000, 293(1): 17-20.

14

第十五章

运动诱发电位

15

第一节　运动诱发电位的相关技术

运动诱发电位（motor evoked potentials，MEP）是指刺激大脑运动皮质或中枢神经的运动通路引起的在肌肉记录到的复合肌肉动作电位。MEP 检测运动神经通路的整体同步性和完整性。一般将刺激器与肌电图仪连接起来，给受试者运动通路刺激的同时触发肌电图仪同步记录。MEP 根据刺激方式的区别，分为电刺激 MEP 或磁刺激 MEP。因为经皮电刺激会引起疼痛，所以其应用受到了明显的限制，而经颅磁刺激 MEP 由于无痛、无创等优点，临床应用更广泛。两种方法都是研究运动生理和病理生理机制的重要方法。

一、经颅电刺激运动诱发电位

1980 年 Merton 和 Morton 设计了一种电刺激仪，该仪器发出的电脉冲虽然很短（10μs），却有很大电压。电刺激作用于大脑皮质神经元可产生一系列下行神经传导冲动，兴奋性突触后电位作用于 α- 运动神经元，使之达到兴奋阈值并产生可在靶肌肉上记录到的复合肌肉动作电位。

具体记录方法：电极固定于头皮 C3、C4 前方 2cm，刺激左侧皮质时 C3 为阳极、C4 为阴极，反之亦然。选择对侧拇短展肌作为 MEP 记录肌肉，肌电电极置于对侧上肢拇短展肌表面，活动电极置于指腹，参考电极置于肌腱。刺激强度 300~500V，刺激频率 500~1 000Hz，每次成串刺激 5 个脉冲。刺激频率和脉冲数可显著影响 MEP 的波幅，以刺激频率的影响更为显著。刺激强度对 MEP 波幅的影响不显著。

经颅电刺激需要进行一连串的刺激才能获得 MEP，这样给受试者增加了很大的痛苦。在大脑皮质磁刺激技术成熟之后，大脑皮质电刺激技

术很少用于 MEP 检查，更多应用于脊柱外科和神经外科手术中监测。

二、经颅磁刺激运动诱发电位

经颅磁刺激（transcranial magnetic stimulation，TMS）是一种无创、无痛性刺激大脑皮质的方法。1985 年磁刺激技术正式被应用于 MEP 检查。根据法拉第电磁原理，被充电到 4 000V 的电容快速放电后可以在铜线圈内引起高达 8 000A 的强大电流，从而产生垂直于线圈的磁场，且在 160μs 内达到高峰。快速变动的磁场可以不衰减地通过皮肤和颅骨，在其下面的运动皮质引起一个感应电流，该电流可以刺激神经组织，引起神经兴奋。若刺激运动皮质，诱发并记录到肌肉收缩反应，称为经颅磁刺激 MEP。

与直接电刺激相比，TMS 磁场引起的感应电流在体表部位的电流强度相对较弱，所以几乎不引起疼痛感觉。磁刺激具有安全、无创和无痛特点，使其成为评价皮质脊髓通路和皮质延髓通路功能整合的常规电生理学检查方法。

刺激线圈形状和大小决定磁场和感应电场分布，即刺激深度和聚焦性。通常线圈直径越大、刺激深度越深、聚焦性越差。圆形线圈刺激面积大、刺激作用强，可以用于诱发 MEP 或刺激周围神经。但是缺点是聚焦性差，刺激靶点不精准；"8"字形线圈刺激深度较浅，但聚焦性较好，可以精准地刺激大脑皮质区域，使得刺激的精度得到了进一步的提高，故临床应用广泛。

三、运动诱发电位记录

单脉冲 TMS 刺激脑初级运动皮质区，在皮质

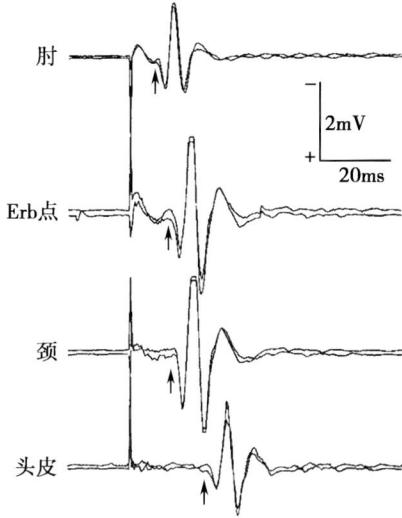

脊髓通路上产生下行性冲动释放，激活脊髓运动神经元，在相应的肌肉组织上产生 MEP（图 15-1）。

刺激点：兴奋上肢拇短展肌时，线圈中心置

于对侧 C3 或 C4 点前 2cm；兴奋下肢胫前肌时线圈中心置于头顶 Cz 点前 2cm。记录点位于双侧拇短展肌和胫前肌肌腹表面。刺激强度为阈刺激强度的 130%；未引出阈值者，上肢采用最大输出强度的 90%，下肢采用最大输出强度的 100%。记录电极为银盘表面电极，阴极置于近心端，阳极置于远心端，阴阳极间距为 2cm，极间阻抗<5kΩ，接地电极置于左前臂。检测之前，用 75% 的乙醇溶液使记录部位脱脂，以减少皮肤电阻，银盘电极内放适量导电膏以增加导电性，检测时肌肉处于完全放松状态。

四、中枢传导时间的计算

把刺激线圈放在 C₇ 锥体水平的皮肤表面进行刺激，可以在手部拇短展肌诱发出肌电反应（图 15-2），利用皮质刺激产生的肌电反应潜伏期减去颈部刺激反应的潜伏期即可得出中枢传导

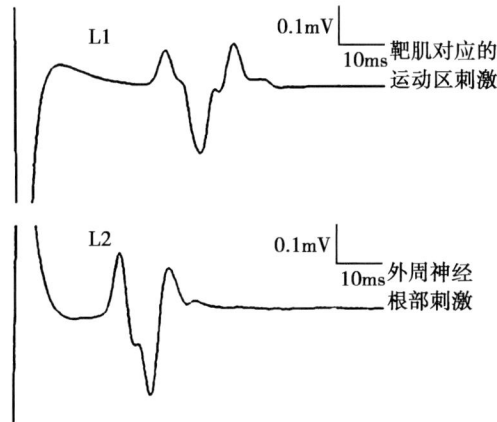

图 15-1　上肢运动诱发电位
从上到下分别为刺激肘、Erb 点、颈（C₇）和初级运动皮质，于拇短展肌所记录到的上肢运动诱发电位。

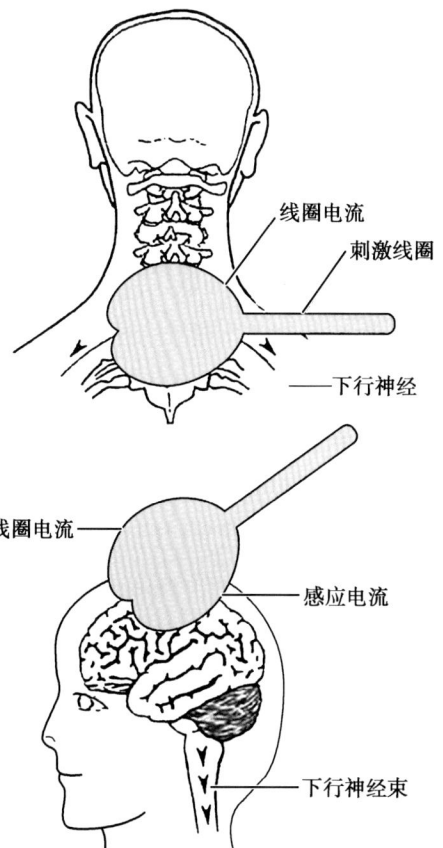

中枢运动传导时间（CMCT）= L1 − L2
注：L1 为皮质到靶肌的运动传导时间
L2 为外周神经根部到靶肌的运动传导时间

图 15-2　中枢传导时间计算方法示意（上肢）
测量刺激初级皮质时从拇短展肌记录到的运动诱发电位潜伏期（L1）和刺激颈神经根（C₇）时从拇短展肌记录到的运动诱发电位潜伏期（L2），用 L1 减 L2 即可得出中枢传导时间。

时间。同样的方法也可以被来计算下肢肌肉的中枢传导时间，把线圈放在腰部的马尾圆锥附近给予刺激，可以兴奋腰骶部的神经根，同样计算出中枢传导时间。

刺激点：兴奋拇短展肌时，线圈中心置于对侧 C3 或 C4 点前 2cm 或 C_7/T_1 棘突旁的颈脊髓神经根；兴奋胫前肌时线圈中心置于头顶 Cz 点前 2cm 或 T_{12}/L_1 棘突旁腰骶脊髓神经根。记录点：位于双侧拇短展肌或胫前肌肌腹表面。

MEP 的异常包括起始潜伏期的延长，反应波幅的降低及反应的消失，此外每次记录的诱发肌电反应的振幅及起始潜伏期的变异性增大也可以认为是异常。上肢 MEP 平均潜伏期为 19.73ms ± 1.25ms，中枢传导时间平均为 6.13ms ± 0.89ms，一般以平均值 + 2.5 倍或 3.0 倍标准差作为正常值的上限。潜伏期及中枢传导时间的延长通常被认为是由脱髓鞘引起的改变，然而在一定的情况下神经细胞的变性也可以引起传导速度的轻微减慢。皮质刺激诱发的肌电反应振幅降低主要反映了皮质脊髓束的传导阻滞和变性。

第二节　运动诱发电位的临床应用

一、炎性脱髓鞘性疾病

1. 多发性硬化症　多发性硬化症患者的中枢传导时间会明显地延长，这与脱髓鞘的病理过程和临床上功能障碍的程度相关。研究发现多发性硬化症患者，其一侧或两侧上肢中枢传导时间延长高达 72%。在中枢传导时间延长的患者中有 50%MEP 振幅降低，偶尔可以见到反应振幅减小而潜伏期并不延长，诱发不出反应的情况则更少见。下肢 MEP 经常会出现诱发不出反应的情况。在一部分患者可能仅表现出起始潜伏期的变异增大。总之，多发性硬化患者 MEP 的异常主要表现为中枢传导时间延长，起始潜伏期的变异增大和 MEP 波幅的降低。

中枢传导时间延长、起始潜伏期变异增大均与锥体束受损有关。需要指出的是有 20% 患者 MEP 可以发现临床下的损害。MEP 可以作为多发性硬化患者神经功能随诊、观察神经功能动态变化的一种方法。

2. 视神经脊髓炎　视神经脊髓炎（neuromyelitis optica，NMO）是视神经与脊髓同时受累或相继受累的急性或亚急性脱髓鞘病变。NMO 组患者 MRI 发现颈胸段联合损害，MEP 表现为上下肢中枢传导时间均异常。当病变位于颈髓时，NMO 患者 MEP 定位符合率为 95.2%；当病变位于胸髓时，MEP 定位符合率为 80%。在 NMO 患者中，MEP 提示的锥体束异常部位与 MRI 所证实的病变部位相吻合。

二、运动神经元病

运动神经元病下运动神经元受累时 MEP 主要表现为波幅的降低或消失。侧索硬化可以导致 MEP 的消失或中枢传导时间的延长。单纯脊髓前角的病变则可以不表现出中枢传导时间的延长。

三、脑血管病

在脑血管病患者，一侧肢体瘫痪的越严重则对侧 MEP 反应消失的可能性就越大。在可以记录到 MEP 反应的情况下，通常较少出现潜伏期的延长。如果在发病的最初 3~4 天 MEP 没有反应则提示预后较差。

四、其他运动传导通路疾病

1．颈椎病 颈椎病患者 MEP 改变包括：中枢传导时间的延长或周围传导时间延长；下肢 MEP 的异常率高于上肢 MEP 的异常率。

2．周围神经病 周围神经病患者也可以表现出 MEP 异常，通常表现为周围传导的异常，中枢传导时间没有明确的改变。

3．遗传性痉挛性截瘫 下肢 MEP 更容易表现出异常。下肢胫前肌和第一跖骨间肌的中枢传导时间明显延长，提示中枢神经系统损害。

4．遗传性共济失调 遗传性小脑共济失调患者 MEP 的异常率高达 83.3%。MEP 异常表现为潜伏期或传导时间的延长，以及双峰波、多相波波宽增加，后者表明皮质运动神经元异常。

附1：静息运动阈值测定

嘱受试者取坐位、全身肌肉放松、闭目，刺激时线圈平面与头皮切面相贴并保持平行，线圈手柄均朝向枕侧。线圈与受试者矢状线成 45° 角。在每位受试者头皮上 Cz 点前 2cm 左旁开 2cm 附近进行单脉冲 TMS 点刺激，用最大输出量 100%，找出能引出拇短展肌 MEP 的最佳刺激位点，并用荧光笔在头皮上做好标记。在左侧磁刺激的最佳点进行 TMS，刺激强度从 100% 开始，以 5% 的间隔逐步减小磁刺激量，直到 10 次磁刺激均无法引出 MEP 时，然后以 1% 的间隔逐步增大磁刺激量，直到找出 10 次刺激中有 5 次能够诱发出 ≥100μV MEP 的最小刺激强度，即为该受试者左侧半球的静息运动阈值（resting motor threshold，RMT）。以磁刺激器的输出功率的百分数表示。

附2：双脉冲运动诱发电位

采用 130% RMT 单脉冲刺激 10 次，将平均后的 MEP 波幅定为平均 MEP。对于刺激间隔（interstimulus interval，ISI）为 2ms、5ms、10ms、15ms 的双脉冲刺激，第一个刺激（条件刺激）强度为 80% RMT，第 2 个刺激（测试刺激）强度为 130% RMT，共刺激 10 次，取平均后的 MEP 波幅，为测试反应（test response，TR）的 MEP。对于时间间隔为 150~300ms（每隔 50ms 测定一组）的双脉冲刺激，条件刺激及测试刺激均为 130%RMT，共刺激 10 次，分别记录 TR 和条件反应（conditioned response，CR）取平均后的 MEP 波幅。每对双脉冲刺激给予的间隔不少于 15s。短 ISI 双脉冲刺激数据分析：计算不同 ISI（2ms、5ms、10ms、15ms）下双脉冲刺激 TR 的 MEP 波幅占平均 MEP 波幅的比值（TR/MEP）。长 ISI 双脉冲刺激数据分析：计算不同 ISI（150~300ms）下双脉冲刺激 TR 的 MEP 波幅占 CR 的 MEP 波幅的比值（TR/CR）。

附3：运动诱发电位静息期测量

选用测得患者 RMT 的 130% 为刺激量，用表面电极记录患侧拇短展肌持续轻微收缩（最大收缩的 10%~20% 程度）的表面肌电图，同时刺激患者大脑运动皮质手区，在肌肉持续收缩状态下，磁刺激皮质后产生一个肌电活动的抑制，也就是皮质静息期（cortical silent period，CSP）。CSP 起源于大脑皮质，由抑制性中间神经元产生。CSP 是反映皮质间抑制的参数。CSP 时间越长，提示皮质兴奋性越低，皮质间抑制性越高。

附4：连续经颅磁刺激皮质语言功能定位

TMS 技术可以以"虚拟损伤"的手段来影

15

响与任务相关的脑区。在该条件下，若是被试者的任务执行情况发生改变，则可以有力地证明该脑区的确参与了任务的执行。按照国际脑电图 10-20 脑电极安置系统确定的位点 F3（4）—C3（4）—P3（4）—T5（6）—T3（4）—F7（8）做标记，在此范围内每间隔 1cm 标记一个刺激点。将刺激线圈平面切线位放置于头皮上相应的刺激靶点，线圈手柄朝向枕侧，在开始每一个刺激序列的前 5s，让患者从"1"开始数数字，刺激停止 5s 后终止数数字，每个刺激脉冲串间隔 15s，刺激脉冲频率 10～20Hz，脉冲串持续 2s 即可。记录经颅 TMS 对言语输出的影响：即无影响、言语含糊不清、完全停顿。一旦出现言语障碍，立即标记刺激位点和所用刺激强度，并在相应位点再重复至少 2 次，以确认其较好的重复性。

附 5：TMS-EEG 脑连接评价

给被试戴好与 TMS 兼容的脑电电极帽，安装好脑电记录系统，使患者清醒安静闭目。在进行 TMS 的刺激之前，开始记录一段 EEG 信号。接着开始进行 TMS 刺激下的 EEG 信号采集。实验的过程中根据需要分别选取了额、中央、顶、颞和枕区左右半球对称的几个代表点，将"8"字形线圈紧贴患者头皮开始刺激，每个点分别进行单次的 TMS 刺激。每次刺激间隔为 7～10s，一共刺激 15 次，同时记录 EEG 信号。实验过程中都是通过与 TMS 相容的脑电放大器对 TMS 刺激下的 EEG 信号进行采集。EEG 信号的采样率为 1 024Hz，放大器的阻抗保持在 20kΩ 以下。EEG 信号通过 0.5～50Hz 的带通滤波器，并进行平均参考转换的预处理。

EEG 和 TMS 分别具有高时间分辨率和确定因果关系的特点，是一个具有价值的研究方向。

参考文献

[1]　RUBIN D I. Clinical Neurophysiology [M]. 5th ed. Oxford: Oxford University Press, 2021.

[2]　SHILS JL, DELETIS V. Motor Evoked Potentials [M]. //DAVIS S, KAYE A. Principles of Neurophysiological Assessment, Mapping, and Monitoring. New York: Springer, Cham, 2020.

15

第十六章

脑电肌电信号同步采集与分析

孙莹 王玉平

16

第一节 脑电肌电信号同步采集

一、同步记录技术

EEG-EMG 多导同步记录是神经电生理研究中最基本且最重要的检测手段，可提供有关肌肉活动与脑电活动的锁时关系信息。在 EEG-EMG 多导同步记录中，EEG 的电极安放遵循国际 10-20 脑电极安置系统，记录电极主要安放在中央区，其中必须包括 C3、C4 和 Cz，在此基础上，安放多个电极可更好地提供空间信息及辨别伪差。可使用双极导联参考或与耳垂参考。带通设置可与记录常规 EEG 的设置相同，一般为 0.5~500Hz。

EMG：受试者取坐位、侧卧位或仰卧位，首先要仔细观察其肌肉活动发生所累及的最主要部位，以便最有效地放置电极和采集肌电活动。在肌肉的肌腹表面皮肤上安装一对（或多对）盘状电极，电极间相距 3cm 以上，对于小肌肉，可以在肌腹与肌腱上各放置一个电极。滤波 50~1 000Hz。如果同时累及多块肌肉，需要同时对多块肌肉进行 EMG 记录，以便分析肌肉受累的分布和扩散顺序，同时还可以从中选取肌电活动最为明显者，进行后续分析，尤其可用于肌阵挛关联性皮质电位的分析。

二、频谱关联分析

运动系统通过神经振荡传递运动控制信息，引起相应肌肉运动单元的同步性振荡活动，反映了运动响应信息，这种同步振荡活动可以反映多层次的皮质 - 肌肉功能耦合的连接信息。

同步分析方法可用于研究两个通道之间信号的相互作用关系。同步分析方法分为线性和非线性两种，其中线性同步性分析中频域相干性分析常被用于 EEG 和 EMG 的信号分析，从而进一步研究皮质 - 肌肉功能耦合。

相干性分析能够对解剖学上两个相互独立区域之间的生理关联程度进行定量评价，在 EEG 和 EMG 间特定频率的同步性检测方面具有广泛的应用。频谱关联分析是分析和处理大脑皮质和肌肉运动之间功能耦合关系的一种方式，该方法在 EEG 和 EMG 同步记录的基础上进行。对 EEG 和 EMG 采用相干函数做相干性分析，获取 EEG 和 EMG 在某些频段的节律活动的相关性，目的是研究大脑功能区控制肌肉活动时的频率特征。

相干性分析侧重于从频域分析 EEG 和 EMG 耦合特征，是在频域上计算 EEG 和 EMG 信号之间的线性一致性指标，即测量信号 x 和 y 之间节律的相位稳定性，基本原理是分别测量信号 x 和 y 的自功率谱密度函数以及信号间的互功率谱密度函数，之后对两者的比值进行归一化。通常采用滑动平均技术改进谱估计器的性能，即将信号等分为 M 个数据段，然后对各数据窗口进行加权计算其谱估计，最后对各数据段进行平均。

其中，相干函数（coherence function）是在频谱上分析两个序列的相关程度，用数值大小在 0~1 之间的归一化反映其相关程度。相干函数的优势：对信号的频域分析效果清晰明显，结果可靠，效率高并支持在线处理。相干函数的局限是不能确定耦合的方向。

基于上述频域相干性分析不具有方向性的局限，能够体现双向因果关系的 Granger 因果分析、能够体现非线性耦合关系的传递熵分析以及能够体现信号间耦合随时间和频率的变化情况的基于 Gabor 小波变换和传递熵的时频传递熵分析，为研究脑电 - 肌电间多层次耦合关系提供了更好的分析方法。

三、临床应用

脑电肌电信号同步采集可用于如下临床情况。

1．协助判断肌阵挛的性质与起源部位　皮质肌阵挛肌电爆发时间通常<75ms，可以记录到肌阵挛关联性皮质电位；皮质下肌阵挛的肌电爆发时间通常<100ms；脊髓起源的肌阵挛和周围神经性肌阵挛的肌电爆发时间通常>100ms，且大脑皮质一般记录不到痫性放电。

2．在难治性癫痫术前评估中协助定侧　癫痫发作累及双侧肢体的患者，同步采集脑电肌电信号，可有助于更准确地判断症状起始的侧别。

第二节　肌阵挛关联性皮质电位

肌阵挛关联性皮质电位是在肌阵挛性癫痫患者记录到的一种皮质电位，其原理是以肌阵挛引起的肌电活动作为触发信号，反向性提取同步记录的触发点前后的 EEG 进行计算机叠加分析（亦称抽搐逆向锁时的脑电平均技术，Jerk-locked averaging，JLA），不仅可以揭示肌阵挛发生时常规 EEG 所不能识别的皮质电活动，而且可以研究肌阵挛与相应皮质 EEG 间的时空关系并加以量化，确认其发作是否为皮质性起源，因而是深入判断肌阵挛起源和性质的重要电生理检测手段。

一、记录方法

（一）电极安放

1．EEG 记录电极　至少必须包括国际 10-20 脑电极安置系统的 C3、C4 和 Cz 部位，研究上肢肌阵挛时为 C3、C4，研究下肢肌阵挛时多选用 Cz。

2．参考电极　多选双耳联合参考电极。

3．地线电极　接于前额部 FPz。

4．眼动检测电极　用于监测眼动的电极可以分别安放在眼眶上下。

5．肌电触发信号检测电极　选择肌阵挛比较明显、发作比较频繁且相对易于记录肌电活动的肌肉，在该肌肉肌腹处的皮肤表面安放肌电电极。

应该注意的是肌阵挛不频繁发作的患者不能记录此电位，因很难收集到足够的肌阵挛次数用于平均叠加。局灶性肌阵挛患者记录相对较容易，而全身性肌阵挛患者，由于有头、颈及躯体部肌电的混入，记录相对较困难。

（二）测定条件

1．低频滤波　为 0.02 ~ 0.5Hz。

2．高频滤波　为 1 000Hz。

3．分析时间　可以选取 300 ~ 500ms。取决于研究的目的，可以灵活设定，但通常至少将其设置为在肌阵挛发作前后各 200ms。

4．平均次数　可灵活设定，但通常至少需要平均 50 次，然后观察叠加后的波形，用以证明与肌阵挛相关的 EEG 活动。

同常规诱发电位一样，建议对每块肌肉重复至少 2 次上述过程来确保结果的可靠性。

（三）肌阵挛关联性皮质电位的特征

在上肢的肌阵挛开始点前 15 ~ 20ms，在对

16

侧运动区相应部位可以记录到一个具有锁时关系的正负性双向电位，也就是肌阵挛关联性皮质电位，其波幅通常为 5~30μV（图 16-1）。在下肢的肌阵挛开始点前 30~50ms，主要在对侧运动区的部位（Cz 附近）可以记录到具有锁时关系的正负性双向电位。皮质性节律性局灶性肌阵挛：通过 JLA 技术，在节律性肌阵挛所累及肌肉所对应的皮质运动区可以记录到与肌电活动具有锁时关系的先正后负的双向电位（图 16-2）。

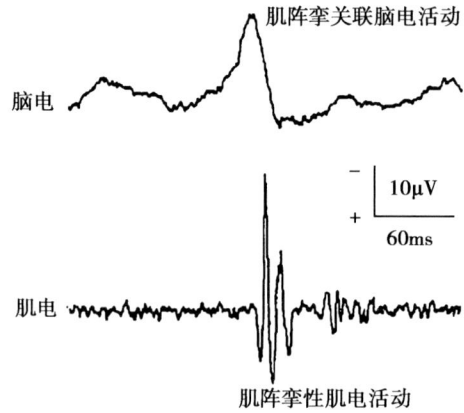

图 16-1 肌阵挛关联性皮质电位

皮质性肌阵挛患者在肌阵挛出现前的 15~20ms 可以在头顶部记录到一个负性电位。

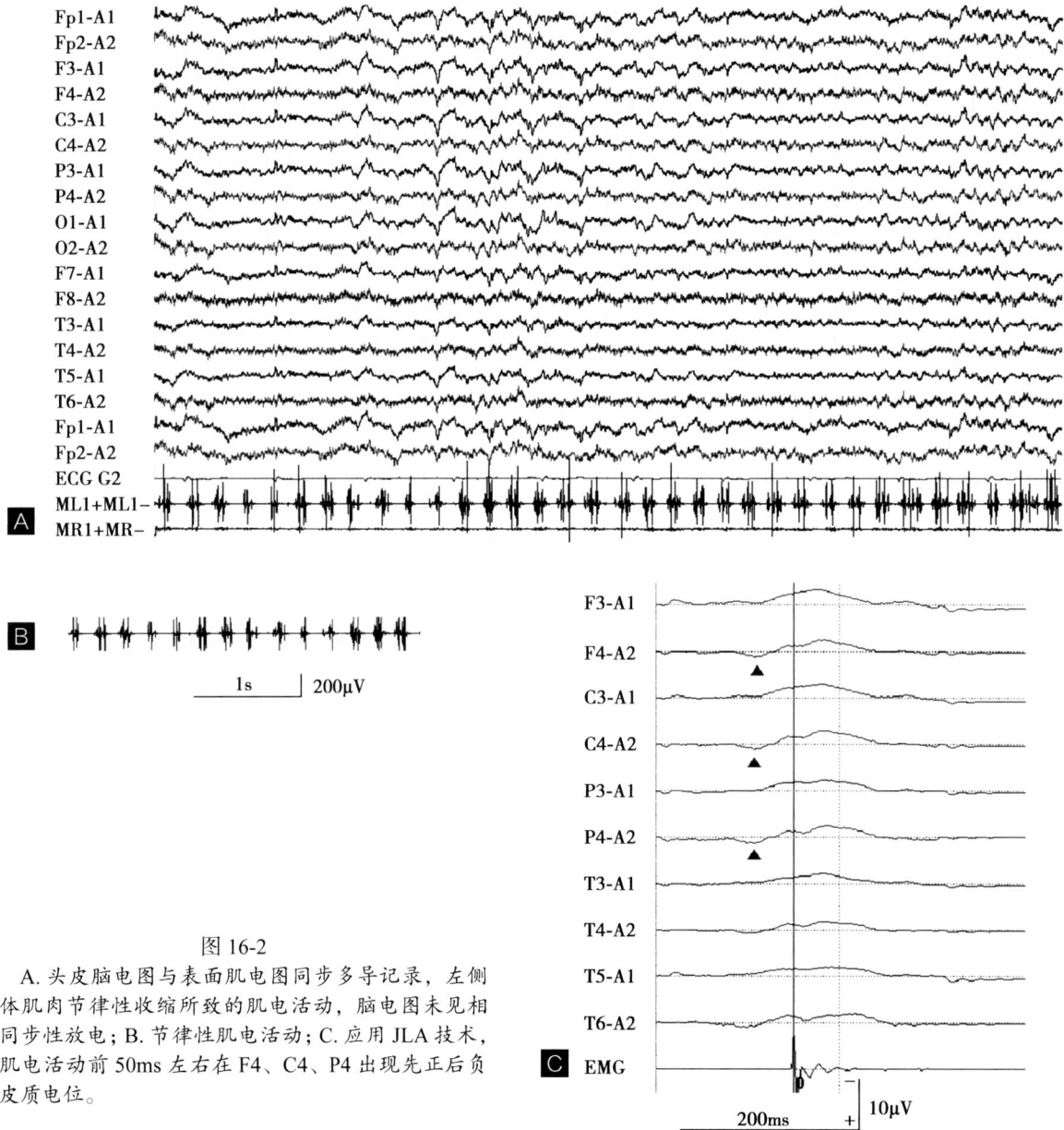

图 16-2

A. 头皮脑电图与表面肌电图同步多导记录，左侧肢体肌肉节律性收缩所致的肌电活动，脑电图未见相应同步性放电；B. 节律性肌电活动；C. 应用 JLA 技术，在肌电活动前 50ms 左右在 F4、C4、P4 出现先正后负的皮质电位。

256

二、临床应用

正常人不会出现肌阵挛关联性皮质电位，这种皮质电位可见于以下疾病。

1．皮质性肌阵挛 多种癫痫综合征，如进行性肌阵挛性癫痫（常可见于线粒体脑肌病、翁 - 隆病、Lafora 病、神经元蜡样脂褐质沉积症、唾液酸沉积症等），Lennox-Gastaut 综合征

及 Creutzfeldt-Jakob 病、阿尔茨海默病、缺氧后脑病、尿毒症等所见到的肌阵挛均可记录到肌阵挛关联性皮质电位，表明其肌阵挛发生是皮质起源的。而在皮质下肌阵挛的患者则记录不到该电位。

2．局灶性癫痫持续状态 Rasmussen 脑炎、脑血管病、颅脑外伤、脑肿瘤、皮质发育不良等，也可记录到肌阵挛关联性皮质电位。

第三节 运动关联电位

运动关联电位（movement-related cortical potentials，MRCP）是人在做随意运动开始前后，从头皮上记录到的由大脑皮质产生的与运动相关联的电位，运动开始前的负性慢电位成分被称为准备电位（图 16-3）。

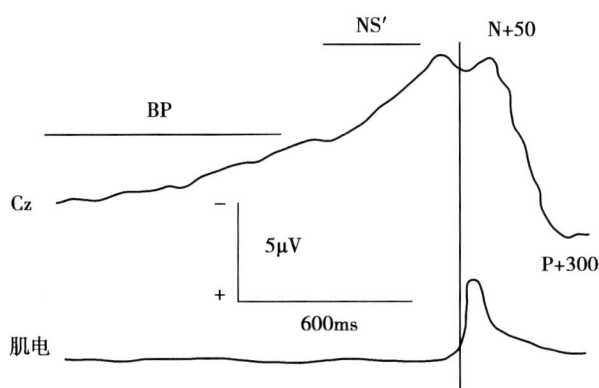

图 16-3 正常人运动关联电位

受试者主动运动前 1~2s，可以从受试者头皮上记录到一个负性偏转的电位，包括 BP 和 NS′ 等，动作开始后可以记录到 N+50 和 P+300 等成分。

一、记录方法

（一）电极安装

1．EEG 记录电极 头皮多部位安装，要包括大脑皮质的手运动区对应点。

2．参考电极 多选双耳联合参考电极。

3．地线电极 接于前额部 Fpz。

4．眼球运动 垂直方向的眼球运动也就是瞬目动作是一种典型的混入 MRCP 里面的伪差成分，应该予以注意。对于那些伴随着随意运动而易做瞬目运动的人更应该注意，必要时可以在眼前 2~3 米的地方设一个靶标，让受试者注意靶标，这样可在一定程度上避免眼球运动产生的干扰。

5．MRCP 触发 为了记录 MRCP，必须安装一对电极检测肌电信号，使用检测到的肌电信号触发设备扫描叠加，该电极可以安装在指总伸肌用于记录中指伸指活动时的肌电，或安装在桡侧腕屈肌记录手腕屈曲活动的肌电，也可安装在下肢的胫前肌记录足背屈运动时的肌电。用于触发 MRCP 记录的肌电活动理论上讲可以由任何一块肌肉主动收缩而产生，但由于头面部肌肉的活动及步行时的肌肉活动所产生的伪差很大，记录技术相对较难，一般并不采用。用于 MRCP 记录的随意运动必须十分迅速，运动速度越快，

MRCP 负性电位的起点至运动开始点的时间就越短，电位上升也就越快。必要的时候可以用速度计边测量运动的速度边记录 MRCP。缓慢的肌肉收缩很难触发出清晰的 MRCP 波形。此外，应将机器的触发线调节到一个恒定的水平，当肌电的触发信号超过触发水平时，设备检测到有效的肌电活动即发出触发信号，触发机器扫描；也可以在采集到足够的试次之后，利用离线的方法平均叠加处理。用于触发的肌收缩，无论其持续时间长还是短，只要维持恒定即可。

如果利用眼球运动来触发 MRCP 的记录，可让受试者冲击性地注视侧方，在眼眶的两侧安装电极记录视网膜电位，并使它作为触发信号。应该注意的是此种情况必须同时记录垂直眼动，把不必要的眼球运动伪差剔除。

需要强调的一点是用于触发的反复随意运动必须是受试者按自己的运动节律来完成的。进行运动的动机和意愿越强烈，负性慢电位负波的振幅就越大。

（二）测定条件

在记录过程中，通常设置的常用参数如下：低频滤波在 0.02 ~ 0.05Hz；高频滤波在 30 ~ 100Hz；分析时间为 2 ~ 3s；叠加次数在 50 ~ 100 次。

二、波形及测量

（一）MRCP 的测量

1. 潜伏期 从运动触发点开始至 BP 或 NS' 的开始时间为各成分的潜伏期，各成分的顶点出现在运动开始点之前则潜伏期为负，顶点出现在运动开始点之后则为正。

2. 斜率测量 运动之前有两个成分即 BP 和 NS'，可以用 μV/100ms 为单位计算其斜率。

3. MRCP 与左右利手的关系 右利手的人不论利用左手还是右手的运动来触发，准备电位都以对侧半球记录的波形更显著。然而，左利手的人右手运动的时候对侧半球的波形明显，左手运动的时候未必在对侧半球出现优势波形。

（二）MRCP 的波形

如图 16-3 所示，在运动开始前有一个缓慢增大的负性电位，根据在头皮上不同部位记录到的波形不同可以把 MRCP 分为 BP、NS'、N+50 和 N+90 等几个成分。

（三）MRCP 的成分

1. 运动开始前的成分

（1）Bereitschafts 电位（Bereitschafts potential，BP）也称运动准备电位（readiness potential）：BP 电位可能发生于大脑的运动皮质及辅助运动区。它在运动前 1 ~ 2s 开始，是以 Cz 为中心左右两侧对称出现的负性电位。在 Cz 部位 BP 的振幅约 2.0 ~ 3.5μV。另外其斜率大约为 0.3 ~ 0.4μV/100ms。BP 电位在被动运动的情况下并不出现，它反映了广泛的大脑皮质对主动运动的一种准备过程。

（2）中间斜坡（intermediate slope，IS）：IS 起源于运动前区，是运动开始前 900ms 起始，持续约 500 ~ 600ms 的一段电位波动。右利手的人其左手指运动伴随的 IS 振幅较右手诱发的 IS 振幅更大。右手运动时 IS 以左侧半球为主，而左手运动时 Cz 部位振幅最大。

（3）负性斜坡（negative slope，NS'）：NS' 起源于初级运动区，是运动开始前 500ms 开始，在运动的对侧中央前区的一个急剧增加的负性电位，此电位反映了运动皮质对随意运动的特异性准备过程，NS' 的斜率大约为 1.0μV/100ms。

（4）N+90 与 P+50：运动的同侧半球在运动开始前 90ms，NS' 达到了负性波的顶点，以 N+90 为标志结束，之后形成正性波 P+50。

2. 运动之后的成分

（1）N+10：运动的对侧中央前区，运动开始 10ms 后出现一个负波。

（2）N+50：运动开始后50ms，前头部稍偏运动对侧出现一个负波。

（3）P+90和N+160：P+90是运动开始后90ms运动肢体的对侧中央区及中央前区出现的正性电位。N+160是在运动后160ms运动肢体的对侧中央区记录到的负性电位。一般认为N+50和P+90反映了运动感觉的反馈过程。

（4）P+300：运动开始后300ms在中央前区记录到的巨大正性电位，反映了运动感觉联合区的活动。一般成年健康人可以记录到BP、NS'、N+50、P+300四个成分（见图16-3），其他的成分不一定完全能记录到，所以目前通常采用此四个成分作为指标来评价MRCP。

三、临床应用

1．帕金森病　帕金森病的患者，出现运动减少。记录到的MRCP中BP电位低下，且其低下的程度与病情的运动减少程度成正比。

2．偏身肢体瘫痪　对于脑血管病或脑外伤的患者，在其患侧半球记录到的MRCP中的运动前负性慢电位（BP、IS、NS'等）可表现为低下。

3．小脑性共济失调　也可表现出MRCP异常，通常表现为运动前负性慢电位（BP、IS、NS'等）低下。

参考文献

[1] 宋新光，张文渊. 研究肌阵挛和不随意运动的新方法痉挛锁定的脑电逆平均技术［J］. 临床神经电生理杂志，2005，14（2）：119-120.

[2] 何志江，蔡方成. 肌阵挛研究进展［J］. 中华神经科杂志，2008，41（11）：780-782.

[3] 谢平，陈迎亚，张园园，等. 基于Gabor小波和格兰杰因果的脑-肌电同步性分析［J］. 中国生物医学工程学报，2017，36（1）：28-38.

16

17

第十七章

脑磁图

张夏婷　王玉平

第一节　概述

生理学家及医学家一直致力于脑功能的研究，而研究大脑的高级功能，特别是研究像语言功能这样人类独具的功能时，只能利用人类自身作为被试对象，这就要求开发出无创而又灵敏的脑功能检测手段。脑磁图（magnetoencephalography，MEG）作为一种新的无创脑功能检测手段正是在这样的背景下于 20 世纪 70 年代被开发出来的，首先让我们来回顾脑磁图发展的历史。

人体内有多种生物电流，如心脏电流、神经电流等，这些生物电流动时必然会在电流的周围产生相应的磁场，然而其强度是非常弱的。由图 17-1 可以看出以心脏磁场和脑磁场为代表的生物磁场其强度非常弱，远远低于地磁场的强度。人们很早就尝试了各种各样的方法试图记录下这些磁场活动，但均未能如愿。

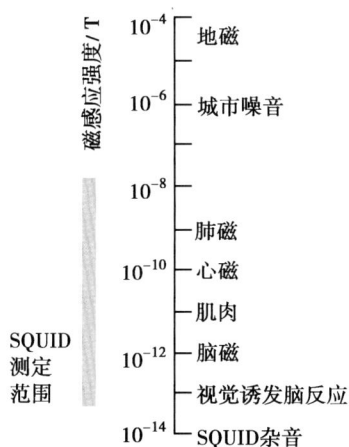

图 17-1　生物磁的磁场强度与超导量子干涉仪检测的灵敏度

1963 年有美国学者初次尝试了对生物磁的测量，他们用两百万匝的一对线圈放在胸部记录到了心脏的磁场；1967 年美国学者 Cohen 在磁屏蔽室内利用电子放大装置记录到了心脏和脑的磁场活动，不过，当时的记录远未能达到可以应用的程度，仅仅证明了人体有生物磁场的发生。

真正记录生物磁场的工作是在开发出了高度灵敏的超导量子干涉仪（superconducting quantum interference device，SQUID）生物磁检测系统之后。SQUID 问世以后，人类记录生物磁场的这一梦想才变成了现实。1970 年 Zimmerman 等人开发出了点接触式 SQUID 磁力计，此后相继问世了微桥式及通道结合式 SQUID，使得 SQUID 的性能不断提高。SQUID 最初使用由两部分线圈组成的一级梯度式线圈来检测生物磁，此种线圈可以明显地减低环境噪声对生物磁的干扰，后来又开发出了两级梯度磁场检测线圈，使得其抗干扰的性能进一步得到了提高。目前人们可以记录到人类的心脏磁场、脑磁场和肺磁场等多种生物磁场。

一、脑磁场

根据电磁学原理，磁场可以被分为由磁石等磁性物质产生的磁场及由电流产生的磁场两种。生物体内产生的磁场也可以分为三种，一种是由蓄积在人体内的磁性物质产生的，如由肺、胃、肠等产生的磁场；另一种是由体内的生物电流产生的，如神经、心脏和脑等器官内生物电流产生的磁场。还有一种是由生物材料产生的感应场。组成生物体组织的材料具有一定磁性，它们在地磁场及其他外磁场的作用下便产生了感应场。肝、脾等所呈现出来的磁场就属于这一类。

MEG 通常指的是从头表面记录到的由活动的神经电流产生的交变磁场。

大脑内有众多的神经细胞，其中最多的两种

17

神经细胞是锥体细胞和星形细胞。锥体细胞分布在大脑皮质，它们排列规则，胞体位于皮质底面，从胞体伸出的树状突起伸向皮质表面。由丘脑等部位投射到皮质的神经纤维与锥体细胞的树状突起发生突触联系，其中一部分投射到皮质的浅表部分（Ⅰ层）形成浅层投射，而另一部分则投射到皮质的深层（Ⅲ～Ⅴ层）形成深层投射（图17-2）。假定投射到浅表皮质的神经纤维兴奋后引起了锥体细胞出现兴奋性突触后电位（EPSP），如图17-3所示，EPSP首先引起树突尖端的除极化，而此时神经细胞的其他部分依然处于静息状态。除极化后，树突尖端细胞内的电压升高，这样就会在细胞内形成由细胞尖端向底部传导的细胞内电流（图17-3A），这种细胞内电流会在树突的底部或细胞体部位流向细胞外，进而在细胞外回流到树突的尖端，如此形成了一个电流环路（图17-3B）。

由于锥体细胞的树突排列方向非常规则一致，在很局限的皮质区域内聚集着多数的锥体细胞，如果它们同步兴奋形成EPSP，就会形成一个比较明显的可以检测到的电流活动。细胞内电流被称为一次电流，它们会形成一个偶极子（图17-4）。在细胞外围形成的归还电流又被称为容积传导电流。形成脑磁场的电流主要是细胞内电流，细胞外电流可在细胞外较宽广的区域内流动，与细胞内电流相比，其电流密度很低，形成的磁场会很微弱，所以MEG检测到的主要是细胞内电流产生的磁场，细胞外电流产生的磁场基本上不影响MEG的结果。

二、脑磁场检测装置

虽然单线圈就可以检测磁场，但是检测像脑磁场这样微弱的信号则需要使用SQUID（图17-5）这样灵敏的磁场信号检测系统。超导体的一个特性是超导体内的电阻为零，给一个闭

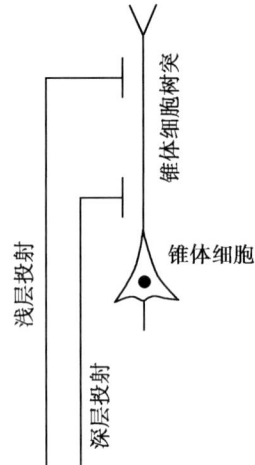

图17-2 大脑皮质锥体细胞与浅层丘脑皮质投射及深层丘脑皮质投射

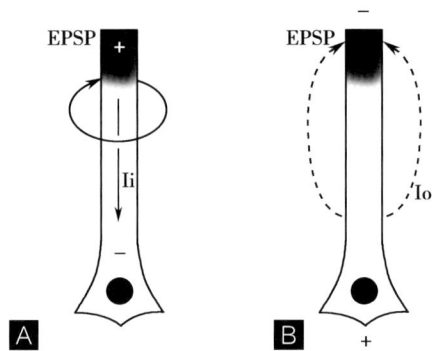

图17-3
锥体细胞树突尖端产生兴奋性突触后电位（EPSP）时，形成由树突顶端向细胞体方向流动的细胞内电流Ii（A），与此同时在细胞外形成由细胞体向树突顶端流动的细胞外容积传导电流Io（B）。

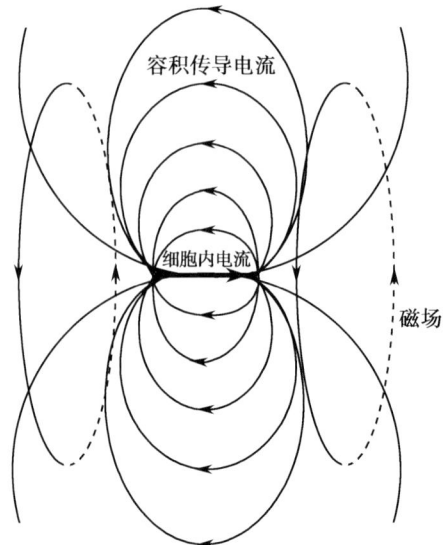

图17-4 细胞内电流形成的偶极子及其产生的相应的磁场和细胞外容积传导电流

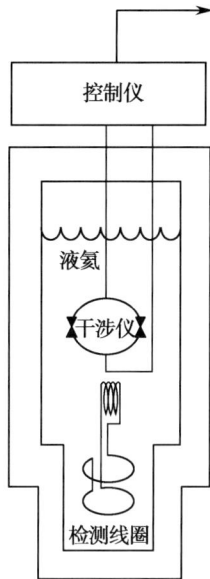

图 17-5　超导量子干涉仪构造示意

合的超导体环施以一定的磁场作用，就会在超导体内产生一个超导电流 Is，超导电流会将外加磁场抵消掉，使之不能通过超导体（图 17-6A）。而且由于超导体没有任何的阻抗作用，所以超导体内也不会产生任何电压差。然而当环状超导体的某个部位被制作的非常细的时候（图 17-6B），在环路内流动的超导电流 Is 在流经此部位时，超导状态就会消失，在该变细的部位，即约瑟夫森结（Josephson junction），就会产生一定的电压降，由外部向超导环路施加一个非常弱的磁场，也就会在超导环路变细的部位产生相应大小的电压，利用电子设备将这个电压引导出来经放大后就可以测量出该微弱的磁。使超导环的接合部失去超导特性，变为常导状态所必需的最小电流被称为临界电流。然而把超导环路结合部产生的电压引导出来并不是一项简单的技术，要采用高达数十兆赫的高频磁场对超导环进行激励作用，才能将所测得的磁场引导记录出来，此种工作原理的 SQUID 称为高频 rf-SQUID。而另一种类型的超导环可以被制作出两个完全相同的变细的部位，当使接近临界电流程度的直流偏向

（bias）电流通过时，仅仅很微弱的外加磁场就可以在这个变细的部位产生电压，利用几百千赫相对频率较低的激励磁场就可以把这种电压引导出来加以放大，此种类型的 SQUID 被称为 dc-SQUID（图 17-6C）。MEG 的流程模块如图 17-7 所示。

SQUID 所用的线圈是由超导材料制作的，一匝超导线圈的性能可以和常导线圈的数千匝相当，SQUID 的线圈也有几种类型，如图 17-8 所

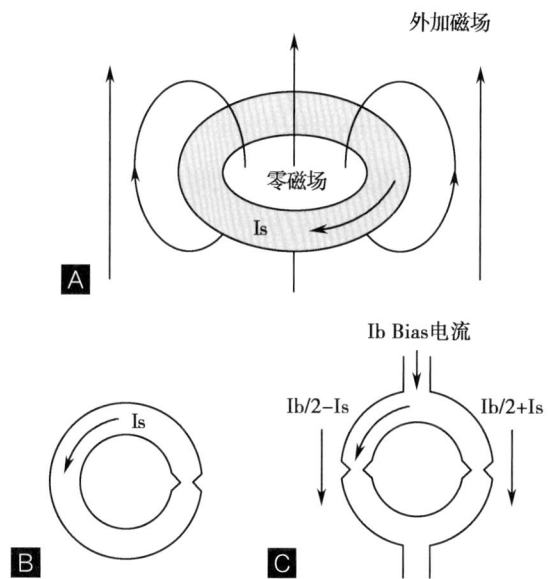

图 17-6　各种类型的超导体环
A. 超导体示意图。B. 环状超导体被制作出一个变细的部位即约瑟夫森结，形成失超导状态。C. 环状超导体被制作出两个相同的变细的部位即双约瑟夫森结，形成失超导状态。Is，超导电流；Ib，直流偏向电流。

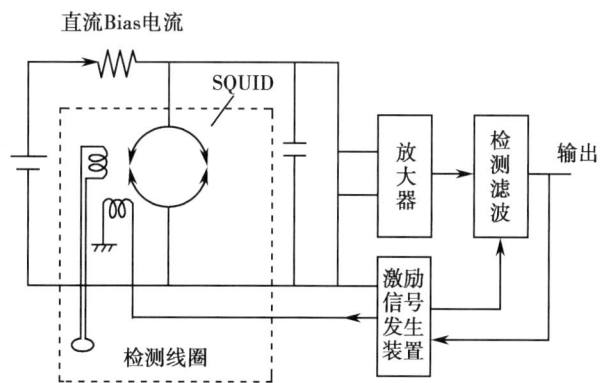

图 17-7　单导 dc-SQUID 磁力计的模块示意

17

示，普通线圈（图 17-8A）的抗干扰性能较差，只能在性能良好的磁屏蔽室内使用，另一类一级梯度线圈由两部分相互反方向转动的线圈组成（图 17-8B），由地磁等远隔部位产生的磁场通过两个线圈的磁力线相等，会产生两个方向相反的电流，它们互相抵消，最终的输出为零。由于磁场强度随距离的增大而减小，所以接近线圈部位发生的磁场，穿过两个线圈的磁力线不等，穿过上面线圈的磁力线较少，穿过下面离头皮较近的线圈的磁力线会相对较多，在两个线圈检测到的磁场强度相差可高达三个数量级，两个线圈检测的磁场强度差可以被明确地记录出来，MEG 正是利用了这样的超导线圈与上面介绍的超导环失超导原理组成的 SQUID，从而把微弱的脑磁场记录下来。二级梯度线圈可以使 SQUID 抗干扰的性能进一步得到提高（图 17-8C）。横向差动线圈对通过两部分线圈的磁场差较为敏感（图 17-8D）。

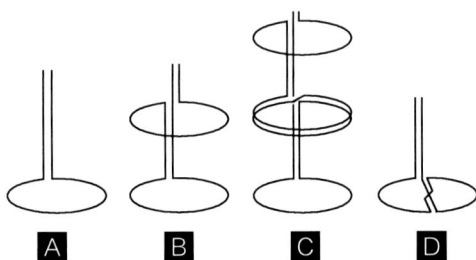

图 17-8　脑磁图机使用的各种检测线圈
A. 普通线圈；B. 一级梯度线圈；C. 二级梯度线圈；D. 横向差动线圈。

三、脑磁图与脑电图的比较

MEG 和脑电图（EEG）记录到的都是锥体细胞的突触后电位，特别是兴奋性突触后电位。上面所提到的细胞外电流在传导介质阻抗的作用下，在容积导体的不同部位会出现电位差。假定浅层丘脑皮质投射引起 EPSP 活动，这样在皮质的浅表部位形成负性的场电位，从头皮记录到的由容积传导电流产生的场电位就是我们所用的

EEG。与 EEG 不同，MEG 记录到的是由神经细胞内电流产生的磁场，所以 MEG 与 EEG 具有一种表里关系。虽然两者的成因是相同的，但它们仍有许多各自的特点。

大脑的外面充满着脑脊液，其导电性能远远高于脑实质，在它们的外面是导电率很低的颅骨和头皮（图 17-9），不同组织的不同导电率会使得脑局部产生的电活动在扩布传导的过程中受到明显的影响，因此利用脑电信号进行信号源的定位，其准确性会受到影响。磁场在脑、脑脊液、颅骨及皮肤等介质中的穿透率几乎不受影响，所以利用 MEG 记录到的信号进行信号源的定位就相对准确得多，其精度误差可以小至几个毫米的范围，而脑电的精度范围则要以厘米计算。

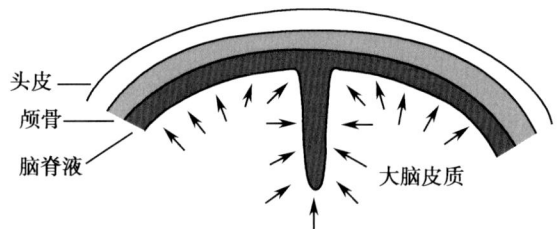

图 17-9　头皮、颅骨、脑脊液及大脑皮质构造示意
箭头表示的是锥体细胞形成的细胞内电流，脑沟内的锥体细胞形成的细胞内电流方向与头皮相切，而脑回的锥体细胞的细胞内电流方向与头皮垂直。

脑电的记录一定要用参考电极，所以脑电信号实际上是两个电极之间的电位差。MEG 记录到的磁场强度是该检测点的绝对信号强度，不受参考点的影响，这一点也十分有利于提高定位的精确性（图 17-10）。

由于检测线圈的方向性，只能检测到与线圈相互垂直的磁力线，而与其平行的磁力线则无法检测，因此 MEG 记录到的是大脑皮质脑沟内锥体细胞的细胞内电流产生的磁场，反映了皮质切线方向排列的锥体细胞活动的情况，而 EEG 的电极对于垂直方向的电流更为灵敏，所以主要反映的

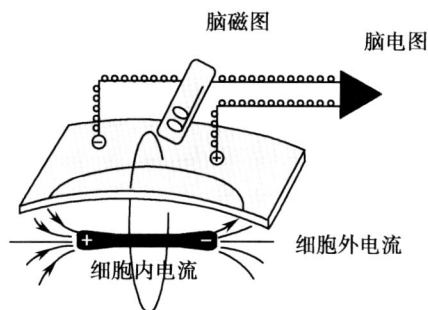

图 17-10　脑电图与脑磁图所检测的神经电活动示意
脑电图检测的是两电极之间的细胞外电流的电位差，
脑磁图检测的是细胞内电流形成的磁场。

是脑回内垂直排列的锥体细胞产生的细胞外电流。

　　由于磁场强度随着检测线圈与信号发生源之间距离的增大而迅速减小，所以 MEG 很难检测

到大脑深部的神经活动情况。而 EEG 则由于人身体介质传导情况的变化，有时能够记录到深部容积传导来的电流活动，也就是所谓的远场电位。

　　除了上述的区别之外，EEG 设备相对简单，对记录环境的要求不十分严格，成本较低，可以进行长时间无间断记录描记，灵便、可移动是其优点。MEG 则因为设备复杂，价格昂贵，对记录环境的要求十分苛刻，所以每次 MEG 记录的时间受限制、不能太长。

　　由此可见 EEG 和 MEG 各有自身的优点，它们从两个方面反映了神经细胞电流的活动情况，可以相互补充，而不能相互替代。表 17-1 归纳了 EEG 和 MEG 的异同点。

表 17-1　脑磁图与脑电图的相互比较

比较内容	脑磁图	脑电图
检测内容	细胞内电流的磁场	细胞外容积传导电流
电流方向	切线电流	垂直电流为主
空间分辨	毫米	厘米
阻抗的影响	不受	受
二次电流的影响	不受	受
深部电流	不敏感	相对敏感
对记录环境的要求	严格	不十分严格
长时间慢性监测、抓取发作	不适合	适合
灵便性	不灵便	灵便
价格	昂贵	一般

四、脑磁图信号的分析

　　记录到的原始 MEG 需要经过一系列步骤的处理，才能利用 MEG 的信号推断信号源的位置，为此，首先要对信号进行基线设定和滤波处理。对于观察的主反应对其进行特定的滤波处理，此步骤与诱发电位的处理方法基本相同。因

采用不同的滤波频段可以使波形发生改变，结果很容易被影响，所以应特别注意不要过分地缩窄滤波频带。对于自发反应的脑磁场，可以利用整个记录区间的平均值作为基线，而对诱发脑磁场，通常采用刺激前一段时间的无反应区间的平均值作为基线。

　　利用 MEG 推算电流源发生部位的方法一般

有两种。其中一种方法是把得到的脑磁场通过内插计算制作成等磁场图，确定等磁场图中两个磁场最强点（磁场喷出和吸入）的位置，连接两个点，两点连线中点的下方是电流源的所在部位，其深度取决于两个磁场最强点之间的距离，距离越远，电流源的位置就越深（图17-11）。此方法相对较容易，MEG通道数较少的情况可以利用此方法。另一种方法是利用记录到的脑磁场，通过计算机的理论模型，再现出等价偶极子在脑内的位置和方向（图17-12、图17-13）。为了

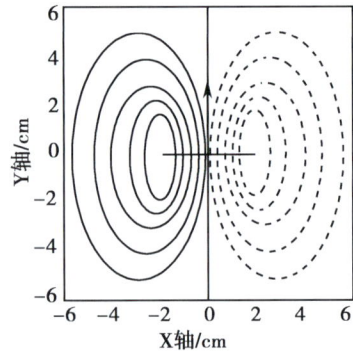

图 17-11　根据磁场进行信号源定位的示意
　　实线代表脑磁场是由纸面向上喷出，虚线代表是吸进纸面，箭头代表着电流源的位置和方向，其深度取决于两个磁场最强点之间的距离。

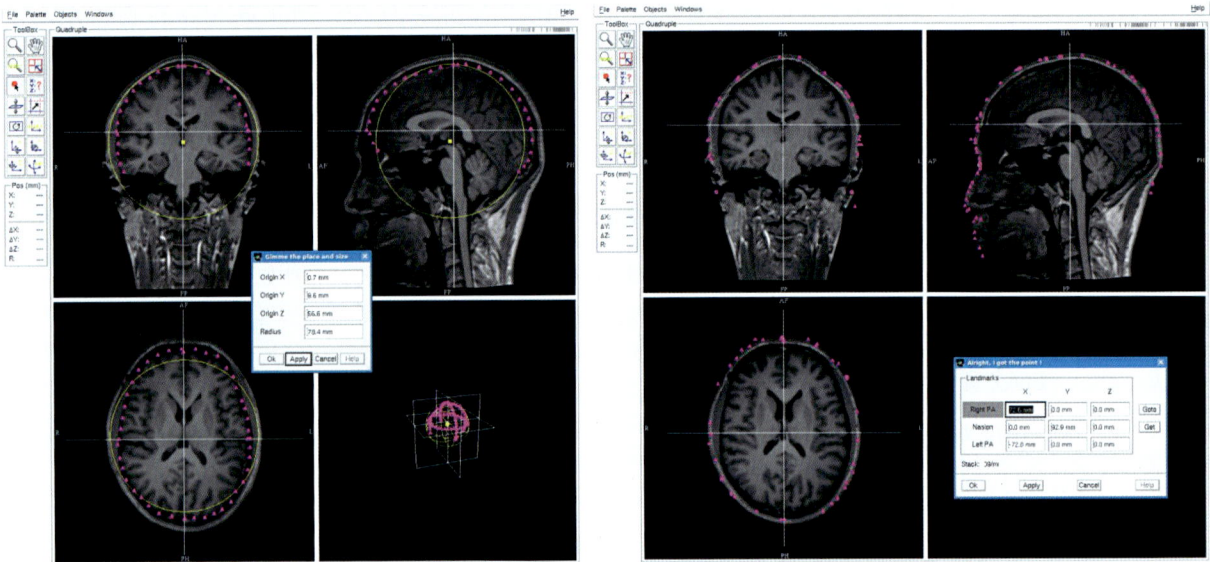

图 17-12　脑磁图电流源的定位
描记受试者的实际头形，确定头颅坐标。

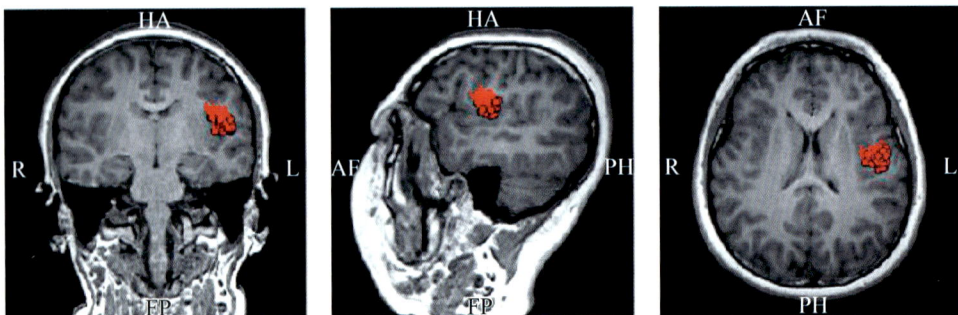

图 17-13　偶极子与结构影像的融合图像
　　根据数学模型利用计算机计算出等价偶极子的位置、大小及其方向，将偶极子的位置配准在头颅坐标上，通过影像结合技术，把电流源的部位明确地标示在大脑的某一脑沟或脑回的皮质上，使功能学检查结果与结构学的结果结合起来。

说明计算的等价偶极子所能产生的脑磁场分布与实测的脑磁场分布之间的一致性，可以计算两者之间的相关系数，而且，也可以假定有两个以上的等价偶极子同时存在，两个以上偶极子信号源的计算，其数据量相当大，所以都只能由高性能的计算机经过大量的运算来确定。

第二节　脑磁图的临床应用

一、暴发性异常活动

像 EEG 一样，MEG 也可以用来检测癫痫等病理状态下神经细胞群的异常发放情况，对异常发放的脑内发生源进行定位。目前的多导联 MEG 测量装置，非常适合于此种工作，而早期生产的导联数较少的设备则不适合完成此种工作，因为要想对每次发作的记录结果都进行定位，必须多导联同时记录才行。可以把每次的棘波发放的电流源在脑内的位置投射到头颅 MRI 影像上进行精确定位。一般来讲，如果棘波发放持续时间短，磁场强度较高，它们的电流源绝大多数都恰好位于大脑浅表部的皮质，一些结果表明 MEG 对癫痫放电电流源的定位是相当精确的，该项检查有助于对需要接受手术治疗的难治性癫痫患者进行手术方案的制定。

需要注意的问题是棘波发生源位于大脑半球深部，例如颞叶内侧面的结构时，使用 MEG 进行棘波发生源的定位会产生一定的偏差。此外，MEG 记录时间短，较难抓取临床发作，不能常规进行发作期监测。

二、诱发磁场

在记录诱发脑磁场的过程中，应特别注意消除由刺激装置所产生的磁噪声，除此之外与诱发电位的检查无明显的区别。

（一）体感诱发磁场（somatosensory evoked fields，SEF）

根据 MEG 的特性，可以对躯体感觉诱发的脑磁场进行信号源定位，把中枢体感区在三维的磁共振图像上表示出来，除了对第一感觉区进行功能定位之外，还可以检查出位于大脑外侧裂的第二感觉区，并对其定位。

作为体感刺激，一般采用的刺激强度为 10mA 左右，如此强度的电流所产生的噪声磁场远远大于生物脑磁场，如不加以消除，会严重地干扰 MEG 信号的记录和分析。通常可以将刺激装置安放在磁屏蔽室外面，通过屏蔽导线将刺激电流由刺激发生装置引导至刺激电极，这样可以在很大程度上减少干扰的产生。在刺激电极的近心侧安放一条环状地线可以明显地减低干扰的程度。记录 SEF 一般是对正中神经施以刺激，可以记录到相当于体感诱发电位 N20 的脑磁成分 N20m，该成分的发生源位于中央沟皮质手的感觉区（3b），在该成分出现之后的 P30m 也是一个较为明确的成分，其发生源的位置与 N20m 基本相同，其方向均为头皮切线，偶尔也可以记录到以垂直方向为主的成分 P22m，N20 之前的远场电位的相应磁场成分在 MEG 则很难记录到。如果将诱发脑磁场电流源的定位与 MRI 的影像结合起来，该方法可以用于脑疾病患者术前皮质功能的定位。

17

（二）听觉诱发脑磁场（auditory evoked field，AEF）

无论是刺激左耳还是右耳，听觉皮质诱发电位都是以中线部位的 Fz 区波幅为最大。然而由于 MEG 可以选择性地捕捉一侧大脑半球的活动，所以显示出了其在听觉皮质功能定位研究中的优越性。

诱发听觉磁场与诱发电位的方法相同，可以利用塑料胶管把声音刺激引导给受试者，把会产生磁性噪声的刺激装置安放在磁屏蔽室之外。用持续数百毫秒的纯音刺激诱发，可以从颞叶记录到长潜伏期的磁场成分，如 P50m、N100m、P200m 等。另一个成分 P30m 位于 N100m 发生源的前方 1.5cm 处，推测 P30m 的发生源位于第一听觉感觉区，N100m 的发生源位于听觉联合区。

（三）视觉诱发磁场（visual evoked field，VEF）

视觉刺激装置的安放不当很容易引起磁性噪声干扰，影响脑磁场的记录，一般可将刺激装置安放在磁屏蔽室之外，利用透镜、反光镜、光导纤维等把视觉刺激信号引导给受试者，通过上述措施一般可以记录到图案变换引起的 VEF。

（四）事件相关磁场（event-related evoked field，ERF）

目前对事件相关电位中 P300 相对应的脑磁场研究最多，有些学者曾利用 ERF 研究 P300 的神经发生源，最初有学者认为 P300 可能起源于海马或扁桃体，但是由于 P300 是反应大脑高级精神功能的一个成分，所以不太可能用一个等价偶极子模型来代表其发生源的部位，应该认为它是由多个发生源共同作用而产生的。

近年来，颅内电极 EEG 高频振荡（high frequency oscillations，HFOs）在定位致痫区方面的作用不断提升，但该检查具有创伤性，并且结果在一定程度上受电极位置的影响。MEG 具有无创、灵敏度高的特点，能够检测高频振荡信号，结合不同的信号分析方法可对其进行溯源，有助于癫痫术前评估。此外，利用脑磁信号来研究大脑网络也将有助于对脑功能的进一步了解。

总之，MEG 是一种无创、灵敏的脑功能检测手段，电与磁是一对孪生兄弟，没有主从的关系，由于技术的原因使得 MEG 的发展较 EEG 的发展相对晚了约 50 年的时间，目前的趋势是发展多导联的 MEG 记录系统，随着技术的不断改进及高温超导材料的发展，将来 MEG 的价格也会不断地降低。另外，利用光泵原理的 MEG 设备也在开发之中，不久的将来也有可能应用于临床，这些都将有利于 MEG 的普及，MEG 与 EEG 的相互参照必然能够提供更多的脑功能活动信息，使人类对脑功能有更全面的了解。

参考文献

[1] BAILLET S. Magnetoencephalography for brain electrophysiology and imaging [J]. Nat Neurosci, 2017, 20(3): 327-339.

[2] SUPEK S, AINE CJ. Magnetoencephalography: From Signals to Dynamic Cortical Networks [M]. New York: Springer, 2019.

[3] XIANG J, MAUE E, TONG H, et al. Neuromagnetic high frequency spikes are a new and noninvasive biomarker for localization of epileptogenic zones [J]. Seizure, 2021, 89: 30-37.

第十八章

针极肌电图和表面肌电图

陈海　崔博　王玉平

18

18

肌电图（electromyography）是神经系统查体的延伸，它并不能直接对疾病进行临床定性诊断。对某一特定疾病来说没有特征性波形。肌电图只有与病史、临床查体和其他辅助检查一起分析才能有助于诊断。临床上肌电图主要适用于检查脊髓前角细胞及前角细胞以下的病变，例如前角、神经根、神经丛、周围神经、神经肌肉接头、肌肉等的病变。

肌电图是将针电极插入肌肉，记录动作电位的波形和波幅变化的一种电生理检查。电活动可用显示器显示，用扬声器放音，同时从视觉和听觉角度对得到的数据进行分析。正常情况下肌肉静息时无电活动，但在肌肉随意收缩时可以检测到运动单位的动作电位。当运动单位病变时，肌肉在静息状态下即可出现多种自发电活动，随意运动时可出现异常的波形和波幅。肌电图的异常是运动单位功能异常的客观指标。这些异常反映出神经元、神经轴索、神经肌肉接头或肌纤维疾病的部位和性质。

第一节　仪器和原理

一、肌电图仪

肌电图设备的主要组成包括电极系统、放大器、显示器和扬声器（图18-1）。常用两种电极：同心圆（concentric）针电极和单极（monopolar）针电极。针电极的直径和长度应根据要检查的肌肉确定。最常用的针电极的直径是24~26号，长度是35~65mm。单极针电极是一个由绝缘材料覆盖的实心金属电极，只裸露其尖端的0.2mm。在皮肤表面放置一个电极作为参考电极。同心圆针电极由一条绝缘导线构成，通常为铂制，粘在一个皮下注射针内，导线的尖端裸露（图18-2）。位于中央的导线尖端不绝缘，构成检查电极，其与裸露的针体（参考电极）之间的电位差经过放大输入显示器可显示波形，输入扬声

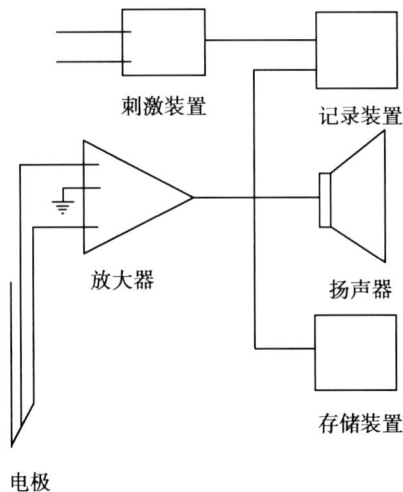

图18-1　肌电图设备结构示意
肌电图设备由刺激装置、记录装置、放大器、电极、扬声器和存储装置组成。

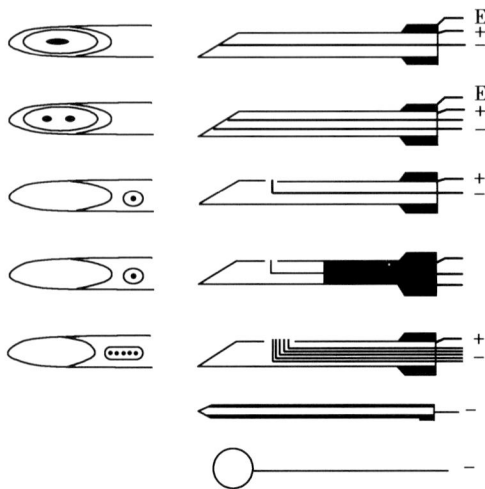

图18-2　各种针电极：同心圆电极和单极电极

器可放出声音。

由于肌肉电位的频率波动在听觉识别的范围内，因此能够将电位信号放大后接入显示器的同时输入扬声器。不同肌电产生的特殊声音，在区分不同类型的动作电位时常常比波形更有价值。可用描记器、磁带、云存储或计算机硬盘永久储存肌电图信号。电子记录的好处是可以回放检查记录，而信号经过数字化储存能够在以后进行详细定量分析。

二、肌肉电活动的起源

肌电图记录的电活动是肌纤维产生的，可称作肌肉动作电位（muscle action potential）。有时，针电极接触到运动终板或较小的肌肉间神经末梢时可记录到特定的电位，称终板电位。但是临床上应用的肌电图机不能肯定地记录到感受器等其他结构的电位。

正常肌肉的动作电位起源于运动终板，由到达神经肌肉接头的神经冲动触发。动作电位从运动终板沿肌肉以 4m/s 的速度向两个方向传播，启动肌纤维的兴奋收缩耦联。大约 1.0ms 后肌纤维收缩，这个收缩本身不产生电活动。

运动单位（motor unit）是一个下运动神经元及其分支所支配的所有肌纤维（图 18-3）。在

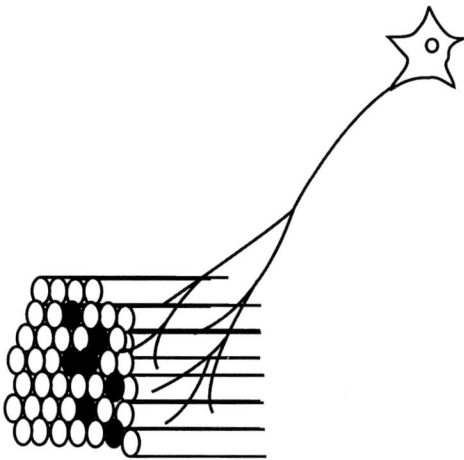

图 18-3　运动单位

随意收缩时，一个下运动神经元所支配的所有肌纤维同时收缩，它们各自的动作电位相叠加形成一个大的运动单位动作电位。

正常肌肉放松时，运动单位是静息的，不能检测到电活动［电静息（electric silence）］。在轻收缩时，只有针电极附近的运动单位活动。运动单位的肌纤维以 5~10 次 /s 的频率节律性收缩时，可反复出现单个动作电位。随意收缩加强时，运动单位放电频率增加，其他独立地进行着周期性放电的运动单位也被募集，以增加收缩的力量。在大力收缩时，大量运动单位开始活动。它们产生节律性重复性动作电位的数量极多，以至于彼此不能区分，该肌电表现称作干扰相（interference pattern）。

在一块肌肉中不同肌纤维产生的运动单位动作电位的大小和形状有一些差别，不同肌肉动作电位的大小和形状的平均值也存在一些差别。肢体远端的运动单位动作电位常常为时限在 3~15ms、电压不高于 4mV（常在 0.2~4mV）的二相波或三相波。扬声器发出像重击或叩击的声音。

三、检查流程

肌电图不像心电图或脑电图一样有"常规"的检查程序，应该允许技师根据患者的情况，选择合适的肌肉并确定检查内容，这样临床医生才能很好地解释检查结果。有以下两个原因：首先，一套涵盖各种神经肌肉疾病的常规检查是不可行的。应该根据患者肌肉受累的情况选择性地进行检查。技师必须了解可能遇到的各种肌肉受累情况，这样就能够在检查前制定好要检查的内容，并且根据具体情况不断修正检查内容，以使患者在感到最少不适的情况下得到必要的信息。其次，肌肉的电活动主要受到患者用力程度、检查者动针情况和检查时针电极在肌肉中位置的影

响，最好在检查中解释这些变化。检查者详细了解骨骼肌的解剖和神经支配、神经肌肉疾病的性质特点和各种异常电活动的临床意义是十分必要的。

进行针极肌电图检查前，询问病史和进行体格检查是必不可少的，这决定了检查哪些内容和如何解释检查结果。根据这些信息，检查者就能够检查那些受累最明显或最可能受累的肌肉以明确受累的位置。接下来则需要检查其他肌肉以明确疾病累及的范围。

患者取舒适的平卧位进行肌电图检查。插入针电极，逐步进针到达一定深度。在每个区域需要观察：① 电极插入过程中引发的电活动；② 肌肉静止、电极不受运动影响时的电活动；③ 肌肉随意收缩时的电活动。必要时需进针到同一肌肉中的不同部位，以对该肌肉电活动进行充分分析。需要的检查时间长短不等，从检查一块肌肉的几分钟到全面检查的数小时。

将针电极插入肌肉内，可以记录到该肌肉的插入电活动、自发电活动、随意收缩电活动，分别记录肌肉放松和活动状态下的电活动。通过观察不同肌肉收缩状态下的运动单位活动进而分析运动单位动作电位的募集、波幅、时限、面积、波形等参数。各种异常都应如实记录，并进行定量分析。

尽管针极肌电图检查有一定程度的不适，但多数患者可以耐受。实际上，婴儿和儿童均能顺利配合检查。通常进针引起的疼痛比预想的要轻。没有必要常规应用镇静剂和局部麻醉。检查后的不适比较轻微。检查部位可有轻微疼痛，持续仅几小时。进行检查时进针次数比较多可能导致肌酶增高。如果必要，应该在检查前检测肌酶。进针部位不应选择可能准备进行肌活检的部位，因为针刺损伤可能影响肌活检的结果。同样，肌内注射、肌活检、手术和多次穿刺检查可以破坏神经肌肉组织从而影响针极肌电图结果。

（一）肌肉放松状态

1．插入电位 是指针电极插入、移动和叩击时针电极对肌肉纤维或神经支的机械性刺激及损害作用而激发的电位。插入电位持续时间很短，针电极一旦停止移动，插入电位也就消失（图 18-4）。

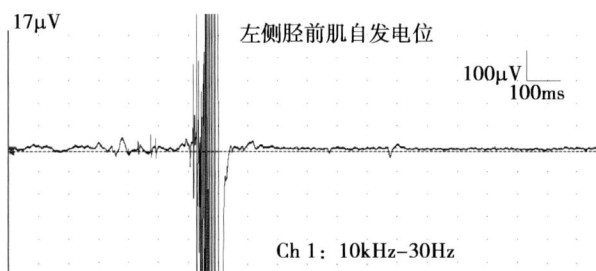

图 18-4 插入电位

2．终板噪声 针电极插入肌肉运动终板及其邻近时，出现 10~40μV 不规则低电压波动，可听见各样嘈杂音。

3．电静息 肌肉完全放松时，不出现肌肉电位，示波器显示一条平线。

（二）肌肉轻收缩状态

检查时的技术要求：患者小力收缩被检查的肌肉，从显示器上能够分清单个运动单位，并收集波形不同的运动单位（图 18-5）。

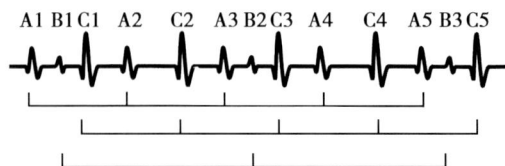

图 18-5 运动单位电位（A、B、C）规律出现

1．时限 是从动作电位偏离基线至回到基线的一段时程，代表运动单位所支配的多个肌纤维兴奋同步化的过程。全身不同肌肉的运动单位

动作电位的时限有很大差别。低温缺氧可使时限增宽，时限可随年龄的增长而增宽。

2．波幅　运动单位动作电位的最大峰-峰间波幅值。

3．面积　运动单位动作电位曲线下总的面积，也可以为最大负向波曲线下面积。

4．相位　运动单位动作电位曲线离开基线再回到基线的次数加1得到相位。正常运动单位多数是三相或四相，多于四相称多相电位。正常人多相电位约占 5%~15%。

在报告中应记录运动单位动作电位的上述参数特征及其异常所见。

（三）募集和肌肉最大用力收缩状态

检查时的技术要求：患者从小力开始，逐渐加大力量，直至被检查的肌肉做最大用力收缩。

正常情况下，募集运动单位遵循从小力开始，缓慢增加肌力的原则，确定运动单位发放的个数。大力募集即大力收缩状态下可呈现：

1．单纯相　肌电图上表现为单个的运动单位动作电位，仅有1个或数个运动单位参加收缩。

2．混合相　肌电图上不能区分单个运动单位动作电位，因为较多的运动单位参加收缩，导致某些区域电位密集，其他区域仍可见单个运动单位动作电位。

3．干扰相　肌电图上表现为放电频率增高致运动单位动作电位彼此重叠无法分辨出单个动作电位，是由于动员了更多的运动单位参加收缩。

第二节　肌电图解读分析

肌电图异常标准包括：① 在静止肌肉插入电极时引起长时间的异常电活动或不能引发电活动。② 放松的肌肉出现自发电活动。③ 主动收缩时运动单位动作电位的波形、时限、波幅、多相波有异常或运动单位动作电位有异常大力募集。电极插入或进针时机械抵抗增加提示肌肉中胶原组织相对增多。

一、异常插入电位

电极插入或进针损伤肌纤维和神经末梢引发的动作电位称作插入电位（insertion potential）。在正常肌肉，进针引起的短暂电活动持续的时间只比电极实际运动的时间稍长。偶尔在电极位于终板附近时电活动时间稍长，即终板噪声（end plate noise），但是能够与神经肌肉的异常电活动区别开。

有几类异常的肌纤维，当进针时会产生长时间的重复放电。在电极停止移动后还能造成一段时间的节律性放电。特别在以下肌纤维比较明显：① 失神经支配的肌纤维；② 肌强直的肌纤维；③ 早期变性的肌纤维（也可在肌纤维再生时出现）；④ 一些肌病的肌纤维，如糖原贮积症。这些情况下观察到的插入电位有两种类型，两者通常并存。一类是短时程的二相波或三相波［锋电位（spike）］，另一类是称作正相波（positive wave）或正锐波（positive sharp wave）的大电位。

在失神经支配的肌纤维，进针引起的锋电位和正锐波有规整的节律，1~10次/s，进针停止后持续数秒或数分钟。这种电活动与纤颤电位相

18

似，后者是失神经支配后肌肉自发产生的。通常两者难以区分，多依靠主观判定来鉴别。可是，在失神经支配肌肉即使没有观察到自发纤颤电位，仍然可以见到异常的插入电活动，特别是神经损伤后 8 ~ 14 天，正好在纤颤电位出现前，或者见于慢性失神经支配的肌肉。

终板噪声和伴随的肌纤维动作电位，由电极接触运动终板和刺激肌纤维间细小的神经纤维引发。正相波是一种自发电位，在失神经支配的肌肉可以出现。先天性肌强直患者会检测到肌强直放电。复杂重复电位，见于肌炎患者。

插入电位明显减少或消失发生于肌纤维严重萎缩或被纤维组织和脂肪组织替代时，或者发生于肌纤维兴奋性丧失时，如严重的家族性周期性麻痹发作。

二、自发性电活动

在正常情况下，电极插入静止肌肉后停止运动，这时电极就不能再探测到电活动，而神经肌肉疾病患者静止的肌肉可出现一些自发的电活动。影响运动单位的疾病，个别肌纤维的自发性收缩表现为纤颤电位，或束颤电位，而肌肉痛性痉挛表现为大量重复运动单位电位高频发放。在一些中枢神经系统疾病，在肌肉不自主运动和收缩时可出现运动单位动作电位。

静止状态下异常的电活动包括纤颤电位、束颤电位、肌颤搐放电、肌肉痛性痉挛等。

（一）纤颤电位

用纤颤电位（fibrillation potential）这个术语来描述失神经支配的电活动时，需要与临床神经病学中用以描述正常皮肤表面下可见的肉跳时所用的术语区分开来。后者指有正常神经支配的运动单位或肌纤维束的自发性收缩，采用 Denny-Brown 和 Pennybacker 提出的肌束震颤（fasciculation）这个术语描述似乎更加合适。

失神经支配的肌纤维，无论是否有新近出现的神经再支配，均发生自发性有节律的收缩。尽管这种收缩能够从肌肉表面的细微颤动得到反映，但是通过正常的皮肤不能观察到。每个失神经支配的肌纤维的收缩均伴有一个肌纤维动作电位，这些规律性的动作电位称作纤颤电位。记录到的纤颤电位的形态随电极位置的不同而异。只能通过将电极插入到失神经支配的肌肉来探测纤颤电位以发现其有无。

纤颤电位是肌电图能够观察到的最小的肌肉自发电位。纤颤电位可显示为三相的锋电位或正相波（图 18-6）。通常为短暂的二相波或三相波，开始时为一个正相锋电位，随后出现一个负相锋电位。后者的波幅通常在 25 ~ 200μV，时程通常在 0.5 ~ 1.5ms。典型的纤颤电位节律规整（2 ~ 10 次 /s），有时节律可不规则或被打断，或频率更快（可达 30 次 /s）。该电位从扬声器中发出尖锐的"喀嗒"声。纤颤电位大量出现时可发出像揉搓脆纸片的声音。纤颤电位正相波是波幅为 25 ~ 200μV 的尖锐的正相偏转，然后逐渐回到基线，可伴有或不伴宽阔低平、时程达 30ms 的负相波。由于具有电活动缓慢、放电规律和波形尖锐等特点，纤颤电位的正相波可与其他类型的正相波很好地鉴别。

在任何使下运动神经元发生变性的疾病中均可发现纤颤电位。病灶主要累及前角细胞、神经根、神经丛或周围神经。

单纯失用性萎缩或中枢神经系统疾病导致的瘫痪，在没有下运动神经元受累时，不出现纤颤电位。虽然纤颤电位被认为是下运动神经元病的特征性肌电图改变，但是在多发性肌炎和皮肌炎（偶尔在进行性肌营养不良）也可出现纤颤电位，所以该电位本身并不能区分神经源性和肌源性疾病。在鉴别诊断中应观察其他的相关肌电图参数的改变，尤其是运动单位电活动的特点。另外，

左侧第一骨间肌自发电位

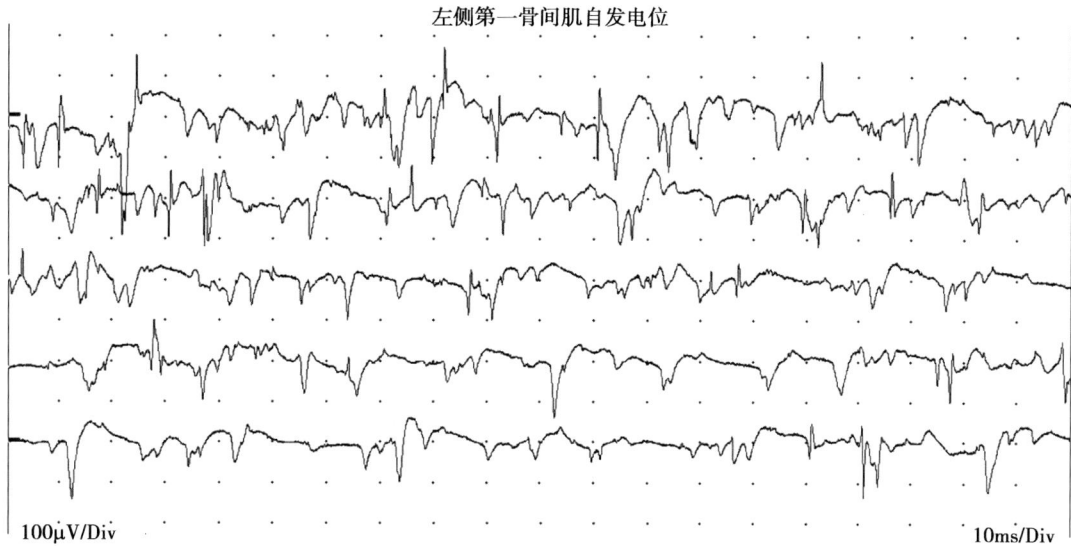

100μV/Div   10ms/Div

图 18-6　第一骨间肌记录到的纤颤电位

将肌电图与临床结合分析十分重要。

（二）束颤电位

束颤是部分肌肉的抽动，可在皮肤或黏膜下观察到。它们代表一个运动单位的收缩，肌电图上表现为与运动单位大小相应的动作电位，称束颤电位（fasciculation potential），在临床上没有发现肉跳的情况下，肌电图可有助于发现束颤电位，尤其是患者肥胖或束颤发生在肌肉深部时（图 18-7）。肌电图也有利于束颤的分类。可将其分成两大类：只伴有单个运动单位动作电位的束颤电位和反复出现运动单位动作电位［运动单位群组放电（grouped motor unit discharge）］的

触发：关

左侧拇短展肌自发电位

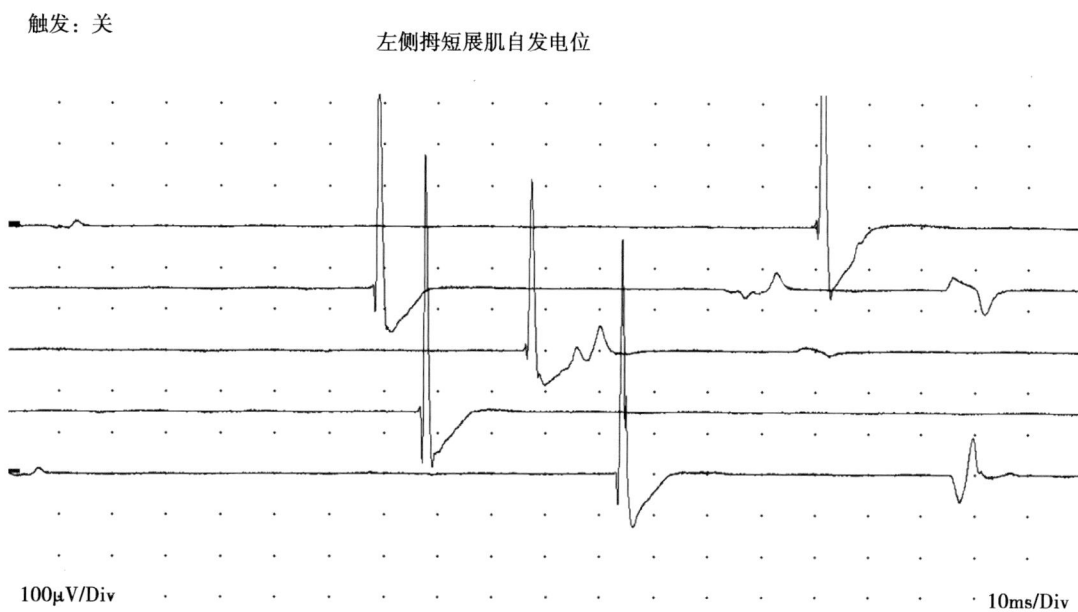

100μV/Div   10ms/Div

图 18-7　束颤电位

束颤电位。

只伴有单个运动单位动作电位的束颤电位更常见。临床表现为肉跳，通常频率为 1~30 次/min。可见于下运动神经元激惹性或压迫性病变，出现范围仅局限于受累神经支配的肌肉，因此有助于定位诊断。偶尔可在周围神经病见到相似的束颤电位，其通常见于前角病变，如肌萎缩侧索硬化和进行性脊肌萎缩。其亦可见于正常人。在下运动神经元退行性疾病中，束颤电位中多相波和时限相对较长的电位出现的比例增加。

伴有运动单位群组放电的束颤电位，比只伴有单个运动单位动作电位的束颤电位少见。它是运动单位的一个短暂的高频收缩，肌肉抽动的时程比后者长。这样的放电偶尔出现于下运动神经元激惹性或压迫性病变（缺血导致），如神经根受压、腕管综合征、偏侧面肌痉挛和一些代谢性疾病（如手足搐搦、尿毒症和甲状腺毒症），但在前角细胞受累时并不常见。在正常人亦可见相似的抽动。

因此，不能只通过束颤电位来区分束颤是良性的还是由下运动神经元变性所致。束颤本身并非下运动神经元变性的特征性证据。诊断需要至少在一些有束颤的肌肉发现纤颤电位时才能成立。束颤电位的意义必须与其他肌电图表现以及临床表现一起分析。

（三）肌强直电位

肌强直放电通常见于先天性肌强直、副肌强直和强直性肌营养不良，这时电极轻微移动就能够引发肌强直放电，频率高，可达 120 次/s，通常频率和波幅出现特征性的由强到弱的表现（图 18-8）。扬声器发出的声音似俯冲的轰炸机声。肌强直患者的肌纤维在受到刺激后有明显的持续性重复放电，这就是临床检查出现肌强直的基础。强直性放电亦可见于成人或婴儿酸性麦芽糖酶缺陷（Pompe 病），也常见于高钾型周期性麻痹。

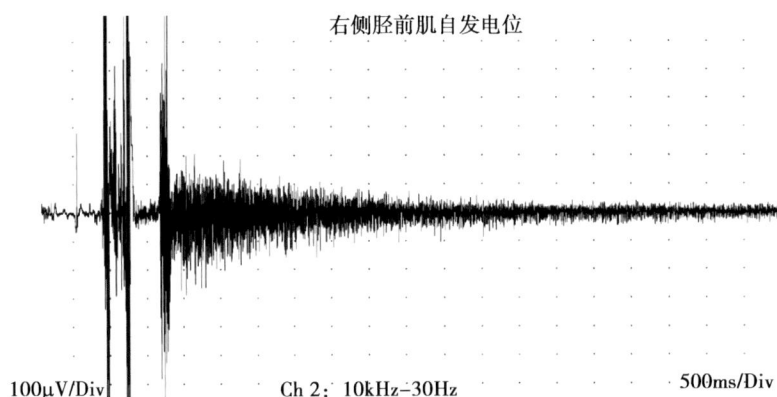

右侧胫前肌自发电位

100μV/Div   Ch 2: 10kHz–30Hz   500ms/Div

图 18-8 肌强直电位发放

（四）神经性肌强直放电

神经性肌强直放电是一种高频放电，是单个运动单位的重复放电，在所有放电里频率最高，是周围神经产生的自发放电，很罕见（图 18-9）。临床上患者主要表现为全身僵硬、出汗和肌肉收缩后延迟放松。肌强直放电是肌纤维自发放电，而神经性肌强直放电是运动神经元或轴突不随意的自发放电。

（五）痛性痉挛放电

在常见的肌肉痛性痉挛（cramp）中，大部分肌肉可出现相对持续的运动单位高频放电（可达 150 次/s）。尽管努力放松肌肉，放电仍可持

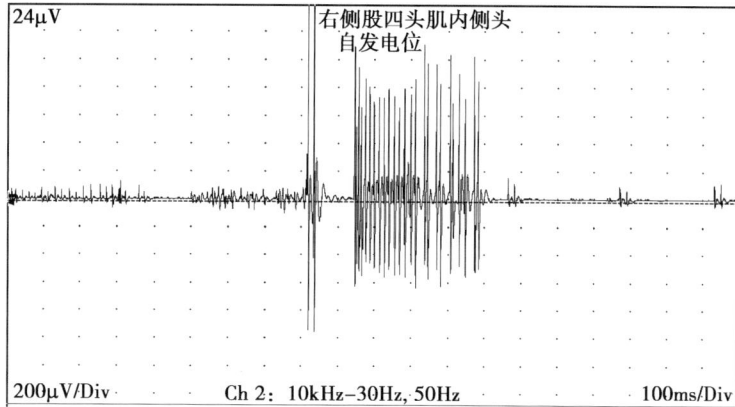

图 18-9　神经性肌强直放电

续。最后放电变得间断而最终停止。处于收缩状态的肌肉增加随意运动而诱发放电，通过被动牵拉肌肉而终止。此类痛性痉挛可见于体内盐分丧失和肌萎缩侧索硬化的患者，亦可见于正常人。周围神经损害所致的痛性痉挛可被神经阻滞或腰麻终止，但仍然可通过反复刺激阻滞处远端的神经而诱发。

当存在肌强直、肌痉挛和痛性痉挛的肌肉随意收缩时，以及肌肉为了保持姿势而出现收缩时，肌肉的不自主收缩可表现出类似随意收缩时运动单位的非同步性电活动。

（六）肌纤维颤搐放电

肌纤维颤搐放电是相同运动单位节律性、群组的自发重复放电（例如群组的束颤）。簇状放电内的放电频率为 5～60Hz。每簇内的电位数量有很大差异，而每簇的出现频率很低（<2Hz），类似于军队齐步走的声音。肌纤维颤搐放电起源可能包括沿着脱髓鞘神经节段的自发去极化或假突触传递。肌纤维颤搐临床上通常表现为连续的不自主颤抖、波纹或波浪样肌肉运动。常见于放射性神经损伤。

三、运动单位动作电位

通过轻收缩（也称小力收缩）来观察运动单位动作电位的时限、波幅和形状，此时只有部分运动单位出现电活动以利于观察这些指标。随着收缩力量增加，参加收缩的运动单位数量相应地增加，因此在最大收缩强度时可估计运动单位动作电位活动的总和。神经源性和肌源性疾病的鉴别主要依靠对运动单位动作电位的大小和数目的观察，所以仔细检查非常重要。

由于正常人运动单位动作电位的时限、波幅和形状存在很大的变异，需要随机检测一块肌肉中多个部位，以及多块肌肉的多个电位以确定这些参数的正常平均值。定量检查运动单位动作电位，能够可靠评价周围神经的功能。

（一）运动单位动作电位的波形

大多数情况下，正常肌肉的运动单位动作电位主要是二相波或伴有单个负相锋电位的三相波，但是某些肌肉仍然有 5% 的电位是多相波（四相或多相），伴有两个及以上的负相峰电位，多相波比例随肌肉的不同而异。多相波表明不同运动单位的收缩在时间上存在分散性，主要是由于下运动神经元的不同神经纤维在传导时间上存在差异所致。

在很多神经肌肉疾病中，多相波的比例和波形复杂性增加是运动单位异常的征象。主要包括三种情况：① 原发性肌肉疾病，如进行性肌营养不良和多发性肌炎；② 下运动神经元退行性疾病，尤其是神经元细胞体的病变，如肌萎缩侧索硬化；③ 神经损伤或神经病变后的神经再支配。肌肉神经再支配过程的最早期征象是出现伴有翻转增加的复合运动单位动作电位，这时可称作再支配电位（reinnervation potential），或"新生"运动单位的动作电位。这些电位是波幅较低、不足 500μV、波形较复杂、从 2～3 个锋电位到最多 15 个锋电位、时限超过 20ms 的多相波。扬声器发出典型的"引擎发动"声音。

（二）运动单位动作电位的大小

原发性肌肉疾病和其他使运动单位中可兴奋肌纤维减少疾病的典型表现是运动单位动作电位时限和波幅的平均值减小。动作电位主要由尖锐的锋电位和多相波构成，称作离散型（disintegrated）或肌源性（myopathic），窄时限的锋电位在扬声器中发出声调高于正常动作电位的声音。

累及前角细胞的疾病，肌电图上会出现运动单位动作电位时限增宽和波幅增加，如进行性脊肌萎缩、肌萎缩侧索硬化、脊髓灰质炎、Charcot-Marie-Tooth 病、脊髓空洞症和影响前角细胞的肿瘤。这些患者在肌肉轻微收缩时，动作电位的波幅是正常肌肉的波幅的 10 倍。动作电位波幅的增加是大量肌纤维以一个功能单位共同收缩的结果。一方面，由于较小的运动单位选择性受损，才表现出较大的运动单位。另一方面，组织学证据表明在一些运动单位变性时，失神经支配的肌纤维可由残存的轴索侧枝芽生而获得再支配，从而形成宽大的运动单位。神经损伤后神经再支配的早期，不成熟的运动单位动作电位波幅较低，表现出与肌病相似的尖波和多相波。

（三）运动单位动作电位的数目

当肌肉中每个运动单位有功能的肌纤维数目减少时，那么产生一定强度的收缩所需的运动单位数目就比正常肌肉所需的多，表现为运动单位电位数目增加。在这些肌病中，当大量运动单位丧失了它们支配的全部肌纤维并有肌肉明显无力时，大力收缩才出现动作电位总数少于正常，表现为运动单位电位数目减少。在下运动神经元病变中，大多数运动单位丧失或失活，大力收缩时表现为运动单位总数减少。

（四）运动单位放电的频率

运动单位放电的频率随着收缩强度的增加而增加。但是，少数正常肌肉的单个运动单位以很快的频率放电（超过 10～15 次 /s），因为随着肌肉收缩强度的增加，可以募集更多的运动单位，这会影响对单个运动单位动作电位的观察。当肌肉中残存的运动单位数目减少时，这种影响减弱，因此可在大力收缩时观察到单个运动单位的电活动。这种情况下，运动单位需要快速放电以保证患者能够用力收缩，即使在收缩很微弱的情况下也是如此。在上运动神经元受损、癔症性瘫痪或由于疼痛限制了肌肉收缩的情况下，轻微收缩伴有的运动单位动作电位数目与正常肌肉轻微收缩的情况相似，运动单位放电频率较低。

（五）运动单位电活动的节律性

运动单位的电活动是有节律性的。在疲劳和癔症性运动功能异常时这种节律会出现异常，运动单位放电不同步，造成不规则的或颤抖样的肌肉收缩。在震颤时，运动单位动作电位相对规律地成群出现。隐性手足搐搦患者，随意收缩时运动单位出现节律性放电，但通常每次放电均表现为二联波或三联波。

（六）运动单位的疲劳

肌肉随意收缩出现疲劳的基础是参与运动的运动单位数目的进行性减少，而其动作电位的大小没有明显的改变。而一些疾病中，在持续收缩时参与运动的运动单位数目减少的同时动作电位波幅也进行性降低。这可见于重症肌无力，尤其是无力明显时，亦可见于其他疾病，如进行性脊肌萎缩、肌萎缩侧索硬化、脊髓灰质炎和脊髓空洞症。偶尔在这些疾病和肌肉神经再支配的早期，运动单位动作电位的波幅和波形可随时发生变化。运动单位动作电位波幅的变化在 Lambert-Eaton 综合征最明显。

先天性肌强直患者休息一段时间后，运动单位动作电位的波幅出现特征性的下降反应：在5～30s 内动作电位波幅达到最低，然后尽管持续收缩，波幅却逐渐复原。

四、神经损伤后肌电图异常变化顺序

如果临床医生在诊断神经病变时能够熟练应用肌电图，就需要了解神经损伤后肌电图异常的变化顺序。这一变化顺序可分成 3 部分：神经损伤后的短时间内神经变性（degeneration）期、神经完全变性后的失神经支配（denervation）期和神经再支配（reinnervation）期。

在神经损伤后，肌电图出现的唯一异常是受损神经所支配的肌肉随意收缩时运动单位电活动消失（完全性麻痹）或减少（部分性麻痹）。插入电位正常，没有纤颤电位。纤颤电位是肌纤维失神经支配的表现，直到神经完全变性后才出现。在神经损伤后，肌电图或其他电生理检查均不能区分损伤的神经纤维是可逆性传导阻滞还是不可逆性损伤；这时进行肌电图检查是为了观察是否有残留的神经支配，临床体格检查是不能发现的。在严重的神经损伤时，如果还能检测到一些运动单位动作电位，提示至少还有一些神经纤维是正常的。

失神经支配的最早证据是，在该神经受损部位以下进行电刺激时不能引出相应的动作电位。

这通常发生于损伤后的 3～4 天。通常在损伤后8～14 天出现神经损伤后最早的有临床意义的肌电图异常，表现为在插入或移动针电极时出现短暂的纤颤电位。

自发性纤颤电位通常在神经损伤后 2～4 周（平均 18 天）出现。神经损伤的部位距离肌肉越近，自发性纤颤电位出现越早。神经根受损时，椎旁肌的纤颤电位比肢体肌肉出现早。一旦自发性纤颤电位出现，直到神经再支配完成或者肌纤维出现明显萎缩或变性，均可见纤颤电位。在部分失神经支配的肌肉，损伤或病变 20 年后仍然能检测到纤颤电位。但是，在完全性或近乎完全性失神经支配的肌肉，纤颤电位逐渐减少，在一些病例中，一年后就难以检查到。通常插入电位异常持续的时间比较长。

综上所述，在部分或完全失神经支配的肌肉不出现纤颤电位可以有以下多种原因：① 没有到神经变性所需的足够时间（2～4 周）。② 神经损伤程度不足以造成神经变性（神经失用）。③ 可能存在肌肉温度低或循环不良。这时，可用加温、按摩、直流电和给予新斯的明或依酚氯铵以刺激诱发纤颤电位。④ 肌纤维严重的萎缩或变性使肌肉兴奋性下降。⑤ 可能已经出现神经再支配。

当神经再支配出现后，纤颤电位的数量减少。但是，最早的神经再支配证据是在随意收缩时出现低波幅的运动单位动作电位，其中许多为多相的，其余的为二相或三相的短时程锋电位。临床功能恢复的前几周即可出现，出现神经再支配后，运动单位动作电位数量增加，动作电位的波形逐渐变为正常。

18

第三节　肌电图的临床应用

一、确定继发于失神经支配的肌肉病变

在区分原发性肌肉病变（肌源性损害）和由失神经支配引起的肌肉病变（神经源性损害）时，肌电图中随意收缩时运动单位动作电位（MUAP）的特征具有重要的诊断价值。在肌病中，肌肉无力主要与运动单位动作电位的幅度减小有关，而与动作电位的数量减少关系不大。实际上，动作电位的数量与收缩力的比例可能高于正常水平。然而，神经末梢变性、神经肌肉接头传导阻滞以及肌纤维病变都可能导致运动单位动作电位的幅度减小。相反，周围神经和下运动神经元细胞体的病变会导致运动单位动作电位的数量减少，但其时限和波幅则可能超过正常范围，

如图 18-10 所示。

尽管在大多数病例中很容易发现这一区别，但是对肌电图检查者仍然是一个考验。在任何病例中，肌肉电活动异常有多方面，包括插入电位、纤颤电位、束颤电位以及运动单位动作电位的异常，必须与神经传导速度、神经肌肉接头传导、被检查肌肉的无力和萎缩程度、病变的时程以及发展过程等因素结合起来分析，才能获得相对正确的诊断。

肌电图在诊断下运动神经元病时具有重要价值。当临床上缺乏失神经支配的证据时，肌电图就可以准确无误地发现亚临床病变。而且，这些证据还可在同时存在上运动神经元病、疼痛或癔症等情况下得到，而这是临床神经系统检查所不能获得的。肌电图不仅能够显示下运动神经元病

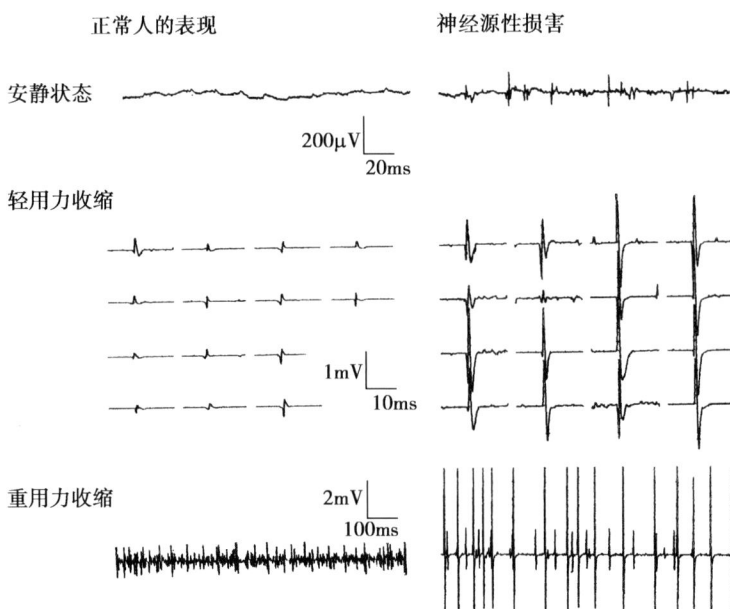

图 18-10　正常人和神经源性损害的肌电图表现

正常人：安静时无自发电位，轻收缩可见单个运动单位动作电位，重收缩可见干扰相；神经源性损害：安静时可见自发电位，轻收缩可见宽大的运动单位动作电位，重收缩呈单纯相。

变的证据，还能够明确受累神经元的分布和相对数量。有了这些证据，医生就能运用演绎方法深入分析病情和进一步诊断。肌电图不仅可以回答失神经支配是由神经根、神经丛、周围神经的病变所致还是由脊髓节段性损害所致，损害是累及多个脊髓节段、神经根还是周围神经，病变是局限性的还是弥漫性的等多个问题，还能区分前角和周围神经的损害，区分生理性传导阻滞与轴索损害。

与其他用于周围神经疾病的检查相比，肌电图不仅在发现轻微的失神经支配方面具有无可比拟的价值，还对发现残存神经支配和确认是否有神经再支配很有价值。神经再支配的肌电图表现常常比临床功能异常早几周出现。

二、定位下运动神经元病变

在临床实践中，区分肌肉萎缩、瘫痪或其他运动障碍是由运动单位病变引起，还是由疼痛、情感转换障碍、失用性肌萎缩或中枢神经系统病变引起，可能会遇到挑战。在这种情况下，肌电图（EMG）检查能够揭示运动单位的潜在变化，为诊断提供关键信息。肌电图能够客观地反映运动单位的异常，如动作电位的形态、时限、波幅以及募集模式等。在疾病的早期阶段或当症状较轻微时，肌电图可能成为揭示运动单位异常的唯一客观指标。

肌电图在定位下运动神经元病变方面发挥着重要作用。通过观察纤颤电位的分布区域，医生可以辅助诊断病变是否位于特定的脊髓节段、神经根、神经丛或周围神经。

神经根损伤通常导致特定神经根支配的肌肉出现失神经支配现象。在肌电图检查中，通过观察纤颤电位的分布，可以精确定位损伤的神经根。纤颤电位仅出现在由受损神经根前支支配的肢体肌肉以及后支支配的脊旁肌中。同样，脊髓的损伤，如外伤、肿瘤或感染，可能影响脊髓前角细胞，导致相应脊髓节段支配的肌肉产生纤颤电位。在某些情况下，前角细胞的病变可能引起较为轻微的纤颤电位，使得受累区域的确定变得复杂。在这种情况下，需要通过分析运动单位动作电位的出现范围来辅助确定受累区域。

当神经丛或周围神经受到损伤时，纤颤电位会在相应神经支配的肌肉中出现，而脊旁肌通常不会出现纤颤电位，这一点与神经根或脊髓病变的情况有所不同。此外，其他非受累神经支配的肢体肌肉也不会显示出纤颤电位。

在多神经病或脊髓前角细胞变性，肌电图可帮助确定失神经支配的分布范围。例如，在ALS的早期阶段，下运动神经元的变性可能仅影响一个肢体或肢体的一部分。

三、诊断原发的肌肉病变

有时临床医生在确定肌无力是原发性肌肉疾病，还是继发于神经疾病时会感到困难，但是肌肉疾病所致的肌电图改变与轴索病变或神经病变所致的肌电图改变不同，在临床难以鉴别诊断时，可以通过肌电图准确无误地区分开（图18-11）。肌电图也是鉴别原发性肌肉疾病类型的重要辅助手段。比如，自发电位或肌强直放电只在某些疾病发生，而另一些疾病不发生。例如，多发性肌炎可凭借其出现的自发电位与甲亢性肌病鉴别，但不能与肌营养不良鉴别。可通过肌强直放电对高钾型周期性麻痹与其他类型的周期性麻痹进行鉴别。但是，一般来说，肌电图确定特定肌病的能力仍然是有限的。

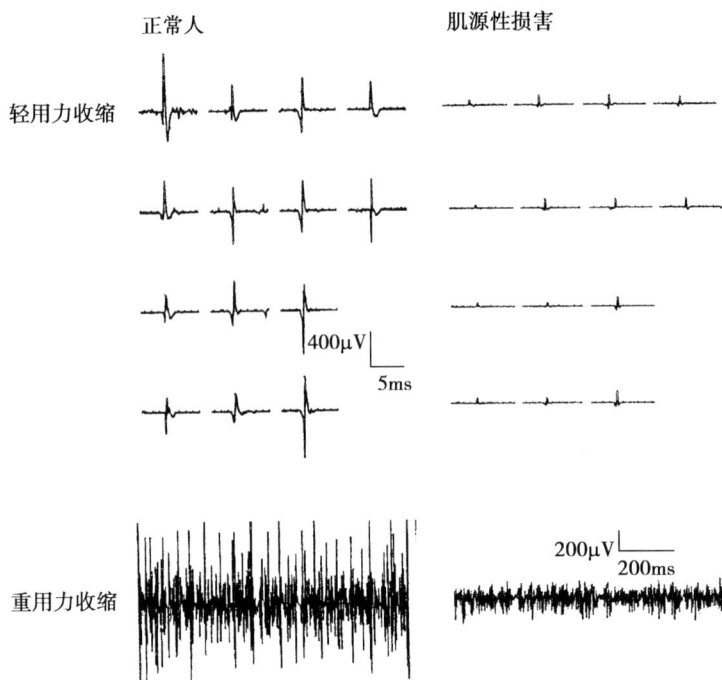

图 18-11　正常人和肌源性损害的肌电图表现

正常人：轻收缩可见运动单位动作电位，重收缩可见干扰相；肌源性损害：轻收缩可见窄小的运动单位动作电位，重收缩可见病理干扰相。

附：表面肌电图记录异常运动

可用表面电极记录随意运动和不自主运动的肌电活动。有时可以同时在几块肌肉记录其电活动，以比较一组拮抗肌的活动，以及观察肌肉活动的顺序。由于许多肌肉活动有特征性变化，所以这一技术可被用来分析震颤和其他不自主运动。震颤分析可以在患者处于安静、姿势、负重三种情况下进行，将表面电极置于患者伸肌和对应的屈肌表面，观察肌肉收缩的频率、波幅、一致性等参数，从而区分心因性、生理性、帕金森病的震颤（图 18-12）。肌电图亦可有助于分析肌阵挛中的肌肉活动，可依据肌肉活动爆发的时间和时程来判断肌阵挛样运动的起源。对于肌张力障碍患者，表面电极可以记录到主动肌与拮抗肌持续收缩。

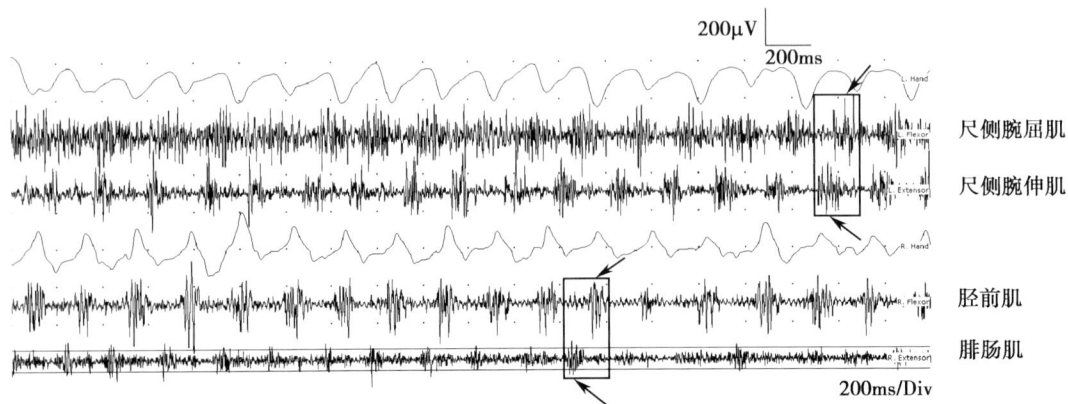

图 18-12　震颤分析记录主动肌与拮抗肌交替收缩产生的震颤

帕金森病患者主动肌与拮抗肌交替收缩（箭头）。

参考文献

[1]　PRESTON D C, SHAPIRO B E. Electromyography and neuromuscular disorders clinical-electrophysiologic correlations [M]. New York: Elsevier saunders, 2013.

[2]　崔丽英. 简明肌电图学手册［M］. 北京：科学出版社，2006.

[3]　GHASSEMI N H, MARXREITER F, PASLUOSTA C F, et al. Combined accelerometer and EMG analysis to differentiate essential tremor from Parkinson's disease [J]. Annu Int Conf IEEE Eng Med Biol Soc, 2016, 2016: 672-675.

[4]　ZHANG J, XING Y, MA X, et al. Differential diagnosis of Parkinson disease, essential tremor, and enhanced physiological tremor with the tremor analysis of EMG [J]. Parkinsons Dis, 2017: 1597907.

[5]　RUBIN D I. Needle electromyography: Basic concepts [J]. Handb Clin Neurol, 2019, 160: 243-256.

[6]　STALBERG E, VAN DIJK H, FALCK B, et al. Standards for quantification of EMG and neurography [J]. Clin Neurophysiol, 2019, 130(9): 1688-1729.

18

第十九章

单纤维肌电图

陈海 崔博 王玉平

19

第一节　单纤维肌电图原理和检查技术

单纤维肌电图（single fiber electromyography，SFEMG）可记录单个肌纤维的动作电位，包括如纤颤电位和复合重复放电（complex repetitive discharge）等自发性电活动。临床上主要用SFEMG记录随意运动时产生的运动单位电位。

SFEMG可消除远离电极的肌纤维电活动的影响，从而增强电极附近少量肌纤维的电活动。这一增强效应有两个基本步骤，两者均十分重要。第一步是通过滤除电信号的低频成分而消除远离电极的肌纤维电活动的影响。500Hz的滤波器可有效消除0.5mm以外的肌纤维的影响。第二步是使用表面积比较小的电极记录（25μm），可将电极与肌纤维的直接接触减少到1~2个肌纤维，并且将单个肌纤维记录的有效距离减少到200μm。这两种技术结合起来可记录到距电极200μm以内单个肌纤维形成的二相波。

SFEMG可准确测量，其主要优势是可量化。因为记录电极很小，所以可能造成操作不便，尤其是在记录时需要极其准确地定位或使电极保持在某些特定的部位。因此，可靠的SFEMG记录依赖于检查者操作和控制电极的位置的准确性，这一技术的要求与用标准同芯针电极定量记录运动单位动作电位的方法相似。

由于SFEMG记录到的单纤维电位与常规肌电图记录到的运动单位动作电位来源相同，因此可直接将两者进行比较，但是前者还可观察常规针电极肌电图通常并不观察的参数。SFEMG主要进行四种测量：肌纤维密度、颤抖、阻滞和时程。它们在不同神经肌肉疾病中的变化与常规肌电图上的运动单位动作电位相似，其异常可为发现特定疾病提供重要线索。

SFEMG检查使用的是一种特制的针电极，其侧孔为记录电极，外套管为参考电极，可以记录一个运动单位内很小区域内的一条或一条以上的肌纤维电位。正常肌肉中，大约60%的记录点有这样的单纤维电位，此百分比与年龄有关，并且在不同的肌肉也不同。在一些部位可同时记录到两个单纤维电位，彼此成锁时（time-locked）关系。这样的一对电位之间有10ms的间隔，即电位间间隔（interpotential interval），但是通常的间隔为3ms，并且通常叠加在一起形成一个有切迹的电位。一个运动单位内各个单纤维电位之间的电位间间隔只有微小的变化，这个变化称作颤抖（jitter）。由于生理和技术因素引起的波峰间期的变异非常微小。大约35%的检查部位可见成对的电位，在其他记录部位中的很少一部分可见3个或更多锁时出现的电位。不同肌肉的正常jitter值可能有差异。经过对很多对肌纤维中的jitter进行统计分析得出其变化范围，一般为10~50μs，超过正常范围的jitter见于很多情况，如神经肌肉接头传递障碍。如果一对电位中的一个完全不能下传，不发放，这时成对的电位就会完全消失，称之为阻滞。SFEMG可以通过主动肌肉收缩记录，也可以通过电刺激运动轴索，记录其所支配的单个肌纤维电位。

第二节　单纤维肌电图的主要检测指标

19

一、肌纤维密度

在正常肌肉的大多数部位进行 SFEMG 检查时，均可记录到只在一个运动单位中的一个肌纤维出现的动作电位，这是因为大多数肌肉电极附近 200μm 范围内只有一个肌纤维。单纤维电位（single fiber potential）受到随意收缩的调控，并且具有运动单位动作电位的典型放电模式。随着随意收缩增强和其他运动单位募集，在任何一个记录点均可记录到来自记录区内不同运动单位的 5 ~ 10 个这样的电位。

肌纤维密度（fiber density）由从 20 个或更多的记录部位记录的单纤维电位平均计算而来。70 岁以下正常人的肌纤维密度在 1.3 ~ 1.8 个 /mm^2。肌纤维密度反映了记录区内一个运动单位内的肌纤维密度，与常规肌电图所见的运动单位电位中的切迹数目直接有关，运动单位电位的这一特点有时称作"复杂性（complexity）"，每个切迹代表构成运动单位电位的每个单独的肌纤维活动。由于多相电位中的一个相位可包括不止一个切迹或翻转，因此肌纤维密度与多相运动单位电位的百分比没有直接的关系。常规肌电图记录所见的卫星电位（satellite potential）在 SFEMG 上亦可被记录为单独的单纤维电位。

由于肌纤维密度直接与一个运动单位支配的肌纤维数目有关，因此在出现肌纤维病理性成组（grouping）现象的病变时，均可见肌纤维密度增加。成组现象是神经源性病变出现神经再支配时的常见表现，因此可在前角或周围神经病变时见到肌纤维密度的增加。其在神经再支配的早期尤其明显，这时再生的神经纤维的传导速度不

同，造成新近出现神经再支配的肌肉放电明显不协同，使单纤维电位出现离散现象。但是，某些肌病亦可由于肌纤维分裂或坏死后肌纤维再生而造成肌纤维成组现象，因此在一些肌病亦可见到肌纤维密度的增加。综上所述，肌纤维密度可定量疾病的严重程度和发展过程，但不能用来鉴别神经源性病变和肌源性病变。

肌纤维密度，为同属于一个运动单位的平均肌纤维数目，可通过单纤维针电极对多点进行检查得以证实。纤维密度的改变反映了运动单位的重组。神经源性病变和肌源性病变均可以导致运动单位结构改变，继而出现 jitter 异常和阻滞。一般情况下，神经肌肉传递障碍并不改变运动单位的结构。在出现病理性 jitter 或阻滞时，诊断为神经肌肉传递障碍之前，应首先至少选择一块受累肌肉进行常规针电极肌电图检查。

二、颤抖

从一个运动单位记录到两个或多个单纤维电位时，它们之间的电位间间隔的微小变化称作"颤抖"，这一变化是神经肌肉接头的终板电位变化的结果。不同时刻释放的神经递质（在神经肌肉接头为乙酰胆碱）不同，可造成突触电位（在神经肌肉接头为终板电位）的大小发生变化。低波幅的终板电位比高波幅的终板电位到达高峰和阈值所需的时间长，因此从神经末梢产生动作电位到肌纤维产生动作电位之间的时间间隔可在 50μs 的范围内变化。两条肌纤维彼此接触同时激活时，可以出现两个单纤维电位之间没有颤抖的现象。

正常的颤抖有一定变异，与年龄和肌肉记录

点有关，在 70μs 以内变化。检查时最常用的肌肉为指总伸肌，60 岁以下健康人正常颤抖的平均值在 18～34μs，正常上限为 55μs。在正常肌肉中，用常规针电极肌电图不能发现颤抖，但随着软件技术的飞速发展，现已可以记录（图 19-1）。

由于颤抖来自终板电位波幅的变化，所以任何可造成终板电位波幅减低的疾病均可出现颤抖

的延长。这通常见于影响神经肌肉接头传导的疾病，如重症肌无力，亦可见于正在发生神经再支配或神经再生的疾病，如肌萎缩侧索硬化和多发性肌炎。因此，颤抖的异常并不是神经肌肉接头疾病的特异性诊断，必须与常规肌电图的结果一起分析。

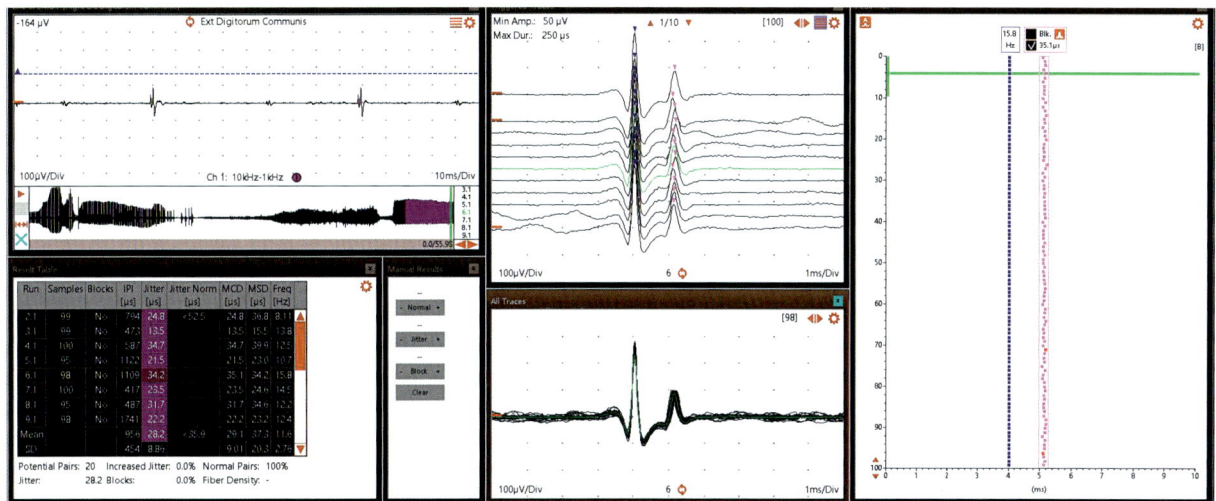

图 19-1　同心圆针电极记录的正常肌肉单纤维肌电图

三、阻滞

在正常肌肉中，终板电位通常能够达到阈值从而引发单纤维动作电位，因此每个运动单位放电时就出现了多个单纤维电位。但是如果终板电位不能达到阈值或神经末梢出现传导阻滞时，一些运动单位放电时即可出现一个或多个单纤维电位的丢失。阻滞（blocking）可用运动单位放电时单纤维电位丧失的百分比测量。正常的运动单位不出现阻滞，而一个运动单位有半数时间不出现单纤维电位为 50% 传导阻滞。老年人的一些肌肉偶尔可出现阻滞。

传导阻滞通常为神经递质释放不足所致。因此传导阻滞通常见于影响神经肌肉接头传导的疾病，例如当重症肌无力病变的严重程度足以表现

出无力时即可出现阻滞。但是与颤抖延长相似，阻滞亦可见于其他疾病，如肌萎缩侧索硬化、多发性肌炎和正在进行的神经再支配，其并不是特定疾病的特异性诊断标准，只有在没有其他神经源性和肌源性疾病的肌电图证据的情况下，才能考虑重症肌无力。阻滞亦可见于常规针电极肌电图，这时可见运动单位电位中单个肌纤维的阻滞，表现为运动单位电位的波形随着时间不断变化。因此可以预见在 SFEMG 出现阻滞时，常规针电极肌电图上可见运动单位电位的变化，并且与 SFEMG 上的阻滞相关。

四、时程

可用从一个运动单位记录的多个单纤维电位中最早和最迟的电位之间的间隔来测量时程

（duration）或平均电位间间隔（mean interspike interval）。时程是所有记录到的电位中最早和最迟电位之间的总时间间隔，而平均电位间间隔是时程除以每次放电时的单纤维电位数目得到的商值。使单个单纤维电位激活时间离散度增加、放电的协同性减少的病变，均可增加平均电位间间隔和时程，这些病变包括：神经末梢传导差异，或者由于肌纤维直径不同而导致的传导速度差异。因此，时程只能提示存在周围神经或肌肉的病变，而并非特异性的辅助诊断。

第三节　单纤维肌电图的临床应用

一、重症肌无力

SFEMG 可以更加敏感地反映重症肌无力（MG）神经肌肉接头的改变，重复神经电刺激（RNS）的阳性率为 60%~70%，指总伸肌 SFEMG 阳性率为 84%~99%。因此，如果 RNS 已经阳性，则不必再进行 SFEMG 检查。当 RNS 阴性时，可以进一步选择 SFEMG 测定，尽量选择患者出现无力症状或体征的肌肉。SFEMG 主要异常表现为 jitter 增宽和阻滞，这些异常与临床分型和肌肉无力的程度明显相关（图 19-2）。如果临床上表现出肌肉明显的无力，而 SFEMG 正常，则可以排除 MG 的诊断。

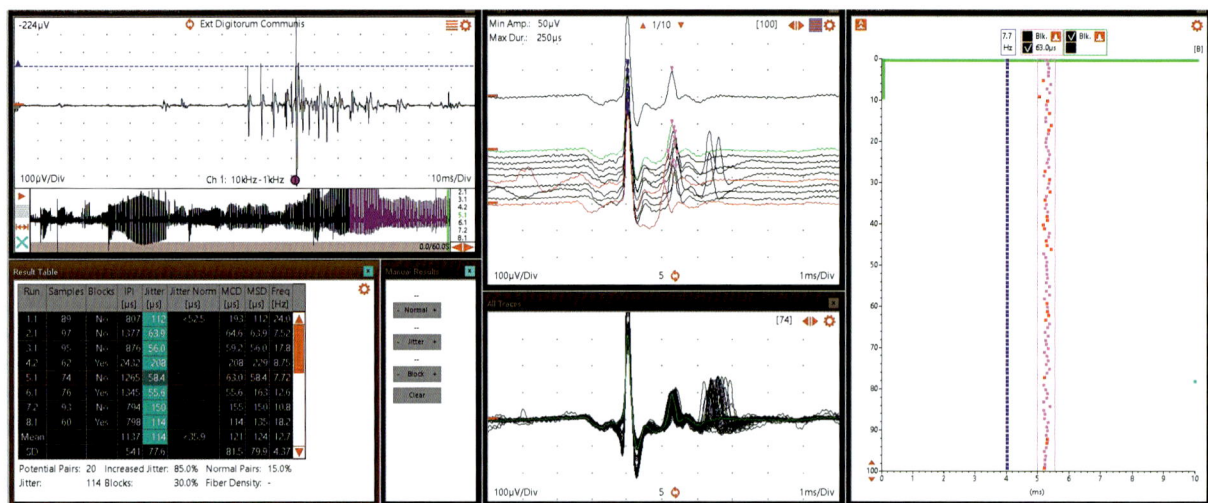

图 19-2　重症肌无力患者的 SFEMG 可见颤抖值增宽和阻滞

二、肌无力综合征

肌无力综合征患者的 RNS 表现为低频递减高频递增，SFEMG 主要异常表现为 jitter 增宽和阻滞，并且纤维密度增加，尤其是休息之后其传导障碍反而加重，这是与重症肌无力截然不同的表现。

三、其他疾病

1．肌萎缩侧索硬化症（ALS） SFEMG可见jitter明显增宽、阻滞和纤维密度增高，并且与肌肉无力程度呈明显的负相关。

2．颈椎病 可见纤维密度正常或增高，jitter可以增宽，但程度一般轻微，很少出现阻滞。

3．炎性肌病 表现为纤维密度升高，jitter正常范围或轻度增宽。

SFEMG是发现和定量多种神经源性和肌源性疾病的一种非常敏感的方法。SFEMG所见的放电是非特异性的，必须与常规肌电图一起分析。这是一个运动单位中对少量肌纤维精确定量的方法，对发现疾病的早期变化十分有价值，尤其是在常规肌电图尚未表现出异常的神经肌肉接头疾病。在多数常规肌电图已经显示出异常的疾病，SFEMG可显示非特异性改变。SFEMG亦可用来在疾病的随访中提供定量检测。随着软件技术的飞速发展，同心圆针电极也可以做到SFEMG，大大减少了患者的费用，为临床的广泛应用提供了很好的机会。

附：巨肌电图

巨肌电图（macro electromyogram，M-EMG）使用的是特制的巨肌电图针电极，该电极由两根针极一体构成，其一是为了记录SFEMG的旁开口针极，另一是记录整个范围内电活动的管状针极（记录范围约为15mm）。由SFEMG记录到的电位触发管状针极的记录，只有与单纤维电位连锁同步的同一个运动单位的电活动才能被管状针极记录下来，其他肌纤维的电活动则被过滤掉，从而记录到一个完整的运动单位内全部肌纤维的电位活动，最后得到一个完整的巨运动单位电位（M-MUP），即同一运动单位内很多不同的单根肌纤维动作电位在时间和空间上的总和。

在同一肌肉上连续检测10~20个部位，测定各个M-MUP的波幅和面积，进行平均计算，可得出该肌肉M-MUP的平均波幅和面积。它与运动单位中肌纤维的大小和数量呈正相关，因此能够较为精确地反映肌肉运动单位的实际大小。

正常成人肱二头肌、股四头肌和胫骨前肌的M-MUP平均波幅分别为120μV、160μV、175μV，平均面积分别为613μV·ms、776μV·ms、998μV·ms，但随年龄和肌肉的不同而存在着差异，且波形也会出现明显的变化。

M-EMG能够准确反映运动单位的大小，因此对下运动神经元病和肌源性疾病也具有明确的诊断价值。下运动神经元病变时，残存的运动单位会出现明显的侧支芽生，使得残存的运动单位明显增大，纤维密度明显增高，而且其纤维密度与临床肌力明显呈负相关。因此，SFEMG检测表现为肌纤维密度明显增大，颤抖轻度增加，而M-EMG检测则表现为运动单位明显增大，这些变化在传统的肌电图检测尚未发现异常时，即可提供早期运动神经元受损的证据，并可对临床诊断和预后判断提供帮助。各类肌源性疾病，因存在着不同肌纤维的变性、再生和收缩同步性的明显降低，其M-EMG检测显示运动单位明显变小。

参考文献

[1] PRESTON D C, SHAPIRO B E. Electromyography and neuromuscular disorders clinical-electrophysiologic correlations [M]. New York: Elsevier saunders, 2013.

[2] 崔丽英. 简明肌电图学手册［M］. 北京：科学出版社，2006.

[3] SANDERS D B, ARIMURA K, CUI L, et al. Guidelines for single fiber EMG [J]. Clin Neurophysiol, 2019, 130(8): 1417-1439.

[4] STALBERG E. Macro electromyography, an update [J]. Muscle Nerve, 2011, 44(2): 292-302.

[5] SANDBERG A. Single fiber EMG Fiber density and its relationship to Macro EMG amplitude in reinnervation [J]. J Electromyogr Kinesiol, 2014, 24(6): 941-946.

[6] ACKERLEY R, WATKINS R H. Microneurography as a tool to study the function of individual C-fiber afferents in humans: Responses from nociceptors, thermoreceptors, and mechanoreceptors [J]. J Neurophysiol, 2018, 120(6): 2834-2846.

陈 海　王玉平

第二十章　神经传导与重复神经刺激

20

神经传导（nerve conduction）已发展成为临床神经电生理检查最重要的组成部分，随着现代电子技术的不断发展，检测设备的灵敏度和稳定性不断提高，能够进行检测的神经不断增加，再加上检测的非创伤性，且受检者的不适感较小、易被接受，因此，神经传导越来越多地被应用于周围神经疾病的临床辅助诊断。

20

第一节　运动神经传导

一、运动神经传导检查技术

通过观察电刺激周围神经后肌肉的收缩和肌肉动作电位的大小来检查周围神经肌肉功能；通常不需要患者的配合，就能够观察是否存在神经支配的缺失或神经支配的减少。可用传导速度来提示周围神经的功能状况，传导阻滞或节段性传导速度减慢通常可用来定位周围神经上的病灶。可用重复电刺激发现异常的疲劳现象，可通过观察肌肉对电刺激的反应来确认异常的神经支配。

记录电极放在肌肉运动点的表面（检查电极）和肌腱表面（参考电极），刺激电极放在要检查的神经表面。对神经施加足以使肌肉产生最大收缩的短暂电刺激，单次刺激造成肌肉收缩，重复刺激造成肌肉痉挛性收缩。可观察到或触摸到该神经支配的肌肉收缩，或者用电极记录复合肌肉动作电位（compound muscle action potential，CMAP）。动作电位经过放大后可显示在监视器上。刺激神经时产生一个刺激伪迹，几个毫秒后出现肌肉动作电位。刺激伪迹和动作电位之间的时间间隔，是电冲动沿神经传导和通过神经肌肉接头的时间。CMAP 是对神经刺激后所有肌纤维反应的总和。其波幅值在一定程度上由对电刺激有反应的肌纤维数目决定，但是也与电极在皮肤表面的位置、检查时的温度以及刺激的强度有关。与正常人的检查结果对比，可发现患者是否存在异常。比较双侧对应肌肉的动作电位有助于发现单侧病变。动态系列记录动作电位，有助于随访周围神经受累后神经病变的进展及再支配情况或退行性病变的进展。

二、远端潜伏期与运动传导速度

影响周围神经的病变可造成运动神经传导速度减慢，可在刺激神经后得到以下反应：① 从刺激点到肌肉的传导时间（远端潜伏期）延长；② 神经上两个刺激点之间的传导时间延长；③ 由动作电位逆向传导到前角运动神经元后回返放电构成的 F 波潜伏期延长；④ 由于所有神经纤维传导时间延长并不均匀一致，从而造成每个肌纤维被激活的时间不同，出现时间上的离散，使 CMAP 时限增加。通常在诊断周围神经病时，比较有价值的指标包括末端潜伏期、传导速度、CMAP 时限和 F 波潜伏期。图 20-1 为正常运动神经传导与几类异常传导的波形图。

三、影响因素

温度的影响：温度是引起神经传导变异较为重要的因素之一，其中包括对传导速度和波幅、波形的影响。传导速度随温度下降而减慢，在 22～38℃之间，传导速度与温度呈线性关系，温

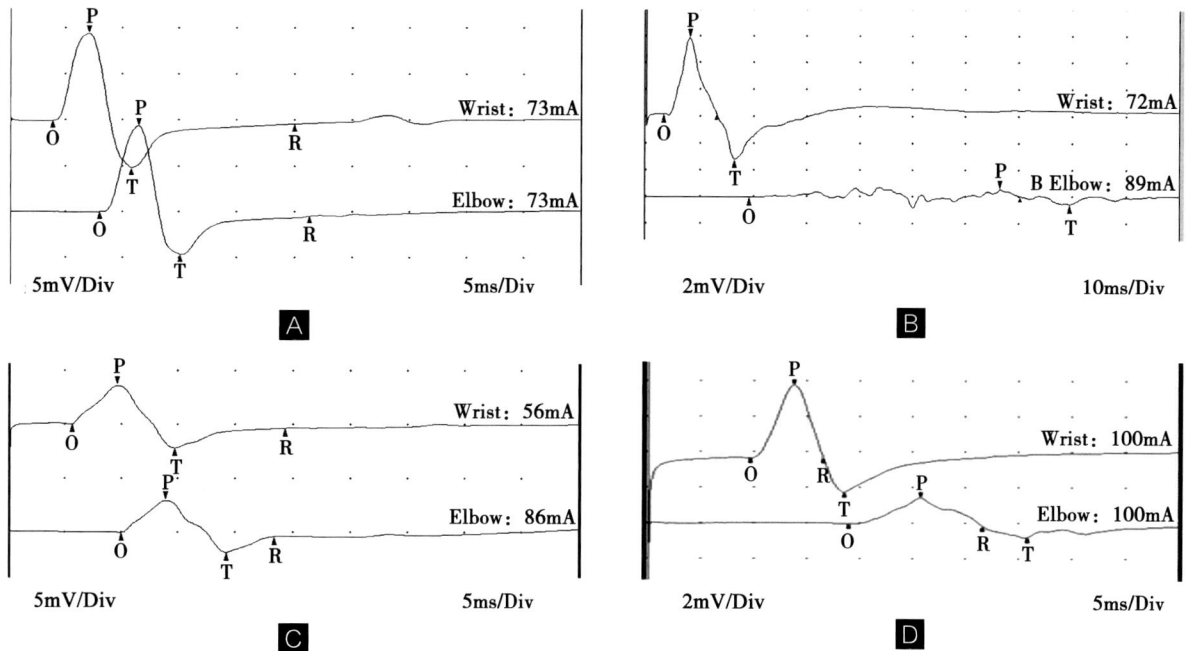

图 20-1　运动神经传导
A. 传导速度正常；B. 波形离散；C. CMAP 减低；D. 传导阻滞，传导速度减慢，潜伏期延长。

度每增加 10℃，传导速度加快 50%，在 36℃状态下，传导速度为 60m/s；在 26℃状态下，传导速度则为 40m/s，即每降低 1℃，传导速度减慢 2m/s。因此有必要在检查前给肢体加温，通常远端体表温度维持在 32℃，并且需要在检查过程中监测皮肤温度以防止温度过低。

年龄的影响：出生时的神经传导速度为成人的一半，在 3～5 岁达到成人水平，在 20～30 岁以后逐渐减慢，到 80 岁时平均减慢 5～10m/s。在评价潜伏期延长、传导速度减慢、CMAP 减低的意义时，年龄因素是必须考虑的。年龄也对运动单位动作电位具有重要影响。

四、临床应用

肌肉对电刺激的反应丧失或减弱可由以下原因所致：① 神经刺激点的兴奋性丧失；② 刺激点下方神经传导障碍；③ 神经肌肉接头传导障碍；④ 肌纤维对刺激没有反应。需要进一步检查以鉴别这些情况。

怀疑患者的无力由上运动神经元病变或情感躯体转换障碍所致时，只需要检查周围神经肌肉是否有兴奋性即可鉴别。通常要检查怀疑有病变的周围神经，该神经支配的肌肉有正常反应提示病变位于刺激点近端的下运动神经元或位于中枢神经系统。在累及前角细胞的病变，如肌萎缩侧索硬化和进行性脊肌萎缩，超过 90% 的患者神经传导速度在正常范围内，很少低于正常传导速度的 75%。皮肌炎和进行性肌营养不良患者没有神经传导速度的减慢。

（一）周围神经变性

在神经损伤或神经病变后肌肉神经再支配过程中，传导速度减慢与再生的神经纤维直径较小直接相关。在进行性脊髓性肌萎缩和其他主要影响轴索的神经病中，传导速度中度减慢，并与直径较大、传导较快的神经纤维被选择性破坏有关，这时只保留了直径较小的神经纤维，也可能与继发性脱髓鞘或轴索直径减小有关。

如果刺激点近端的下运动神经元存在病变，

293

若反应正常则提示没有 Wallerian 变性，可能是由神经传导的功能性阻滞所致（神经失用），可见于急性炎症性多神经病（如 Guillain-Barré 综合征）或机械性压迫。另一方面，病变可能较严重但是发病时间较短，Wallerian 变性还没有进展到使神经兴奋性丧失。周围神经急性损伤后，神经的兴奋性可保持 2～3 天，兴奋性丧失发生在肌肉出现自发电位前。

（二）脱髓鞘与传导阻滞

神经传导速度减慢到正常范围的 5%～60% 的情况，只见于影响周围神经的病变。因此传导速度明显减慢可见于：① 神经损伤或神经炎后神经再生阶段；② 慢性神经病或多神经病，尤其是脱髓鞘性神经病，如 Guillain-Barré 综合征和一些少见的肥大性神经病；③ Charcot-Marie-Tooth 病的脱髓鞘型（遗传性运动感觉神经病 I 型）；④ 慢性神经受压，如腕管综合征。脱髓鞘与神经传导阻滞的示意见图 20-2。

在一些病例中，对怀疑有病变的部位近端和远端分别进行刺激，通过记录到的电位来定位传导阻滞的部位。在肘部（尺神经）或腓骨小头（腓总神经）等常见的容易受到压迫的部位很容易完成这些检查，图 20-3 显示在检查尺神经传导时发现肘上到腕部存在传导阻滞。

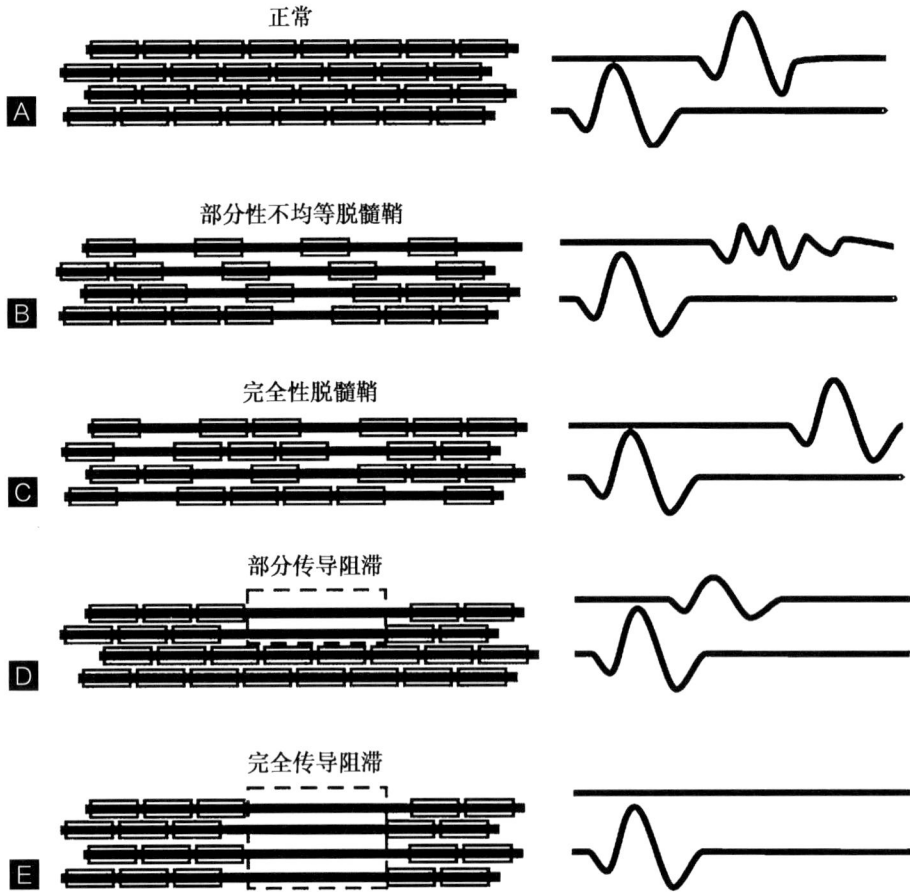

图 20-2　脱髓鞘与神经传导阻滞示意

A. 正常神经远近端记录的神经传导；B. 部分性不均等脱髓鞘，远端潜伏期、波幅正常，近端波形离散；C. 完全性脱髓鞘，远端潜伏期、波幅正常，近端潜伏期延长、波幅正常；D. 部分传导阻滞，远端潜伏期、波幅正常，近端波幅下降；E. 完全传导阻滞，远端潜伏期、波幅正常，近端未引出波形。

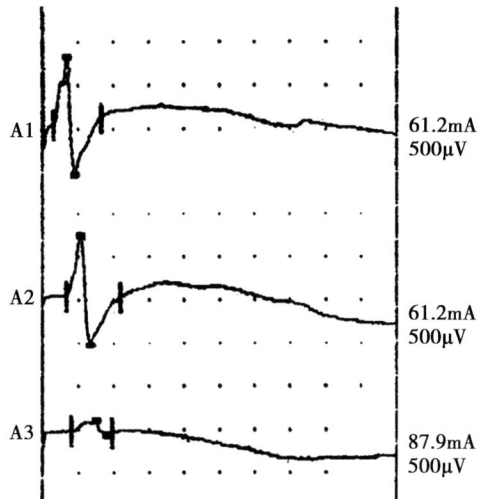

图 20-3　尺神经传导阻滞
可见在检查尺神经传导时发现肘上到腕部存在传导阻滞。

第二节　重复神经电刺激

在重复神经电刺激检查中，以特定的频率刺激运动神经，在该神经所支配的肌肉记录连续 CMAP 反应。在神经 - 肌肉传递障碍的情况下，随着连续刺激，CMAP 波幅的减低或增高，取决于病变性质及所采取的检测方式。在运动试验前后分别进行电刺激检查，有助于病变的诊断。运动终板前膜病变和终板后膜病变可具有不同的电生理特征。

一、检查方法

周围神经肌肉系统的异常疲劳，可用重复电刺激周围神经记录 CMAP 的方法进行观察（图 20-4）。对患者施以在正常人足以持续较长时间而不发生疲劳的刺激，如果疾病状态时发生反应的肌纤维数目进行性减少，则可见 CMAP 的负向波幅或面积递减。这个方法主要用于诊断重症肌无力，2Hz 的电刺激可发现在最初几个电位有波幅递减现象。另外一种修正的检查技术是观察肌肉持续收缩后的对电刺激的反应，如果肌肉短暂收缩后电位波幅特征发生改变，则提示神经肌肉接头存在异常。用力收缩持续 10s 后记录，初始反应为波幅增高，在重复刺激过程中波幅递减的幅度逐渐减小或消失，称为激活后易化（post activation facilitation）。2～4min 后记录，可发现波幅递减重新出现，程度比静息时所见的更加明显，称为激活后疲劳（post activation exhaustion）。新斯的明或依酚氯铵等药物可改善波幅递减反应。

检查医师应在报告中注明受刺激的神经、刺激频率、记录 CMAP 的肌肉名称、肌肉的生理状态（如放松状态），以及刺激频率的选择（根据不同的疾病选择刺激的频率，例如 MG 选择低频刺激，而副肿瘤综合征选择高频刺激）。在报告中以定量方式描述波幅递增或递减的比例。

重复神经电刺激检查常出现技术问题，需注意识别伪差。刺激电极或记录电极移动可能引起

20

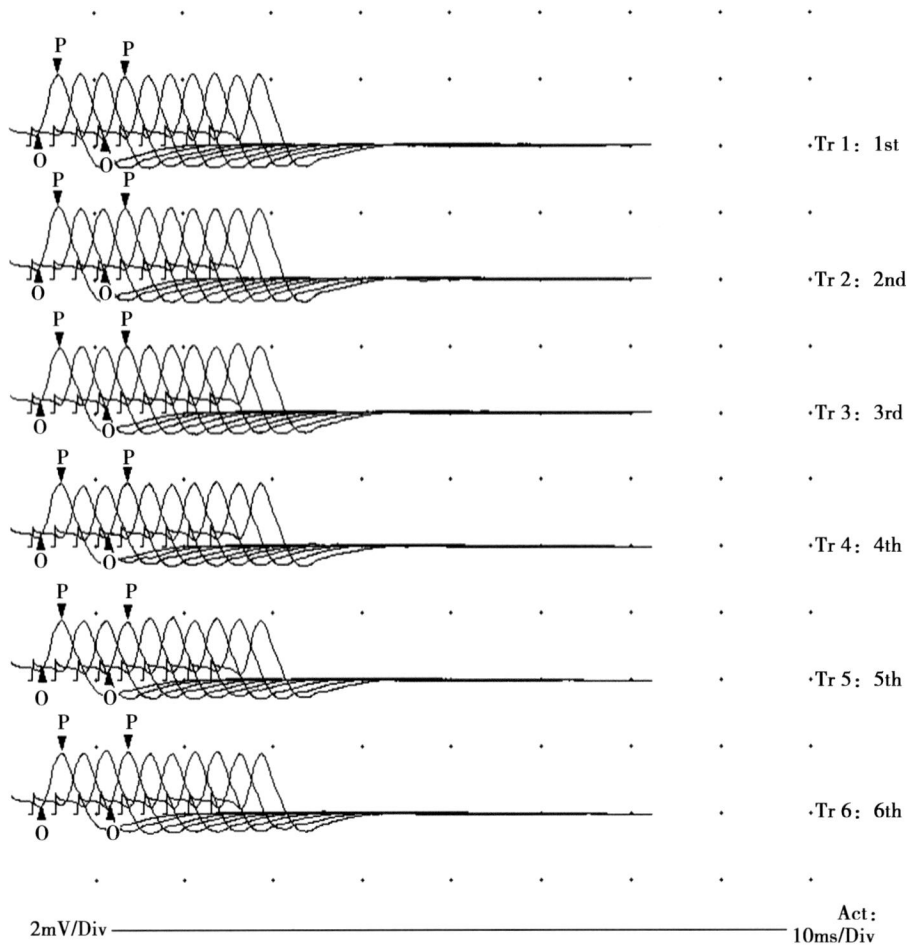

图 20-4 正常人重频电刺激波幅变化

假性波幅异常，贻误诊断。使用高安全性电极、超强电刺激、避免刺激电极移动等，均可提高重复神经电刺激检查的可靠性。检查时还应该特别注意控制温度，受试肌肉温度低可掩盖异常。

二、临床应用

对于重症肌无力患者，临床出现无力的肌肉往往出现特征性的重频递减，肌力正常的肌肉偶尔也可出现重频递减。检查者必须仔细检查可能累及的肌肉，除非肌无力十分严重，否则在检查前几个小时不应该给予药物治疗（溴吡斯的明）。检查中应该选择比较容易刺激到的神经，无论是颅面部还是四肢。药物试验（例如新斯的明）通常比较可靠，并且在临床上简便易行，但是肌电

图重频刺激异常仍然是诊断重症肌无力的有力客观证据。在其他检查并不肯定时，这个肌电图的客观检查证据尤其有价值。

重复频率电刺激检查在鉴别 Lambert-Eaton 肌无力综合征与重症肌无力中十分重要（图 20-5、图 20-6）。在 Lambert-Eaton 肌无力综合征，静息肌肉由单次超强神经刺激诱发的初始动作电位的波幅明显降低，在低频率刺激（0.2 ~ 10Hz）过程中可以观察到波幅有短暂的进一步下降过程。在高频刺激中，肌肉复合动作电位波幅会出现递增现象。其他疾病，如脊髓灰质炎、肌萎缩侧索硬化（ALS）和进行性脊髓性肌萎缩（SMA）患者，偶尔也会出现疲劳性表现和重复刺激时波幅降低。在肌肉神经再支配过程中亦可观察到疲劳现象和

20

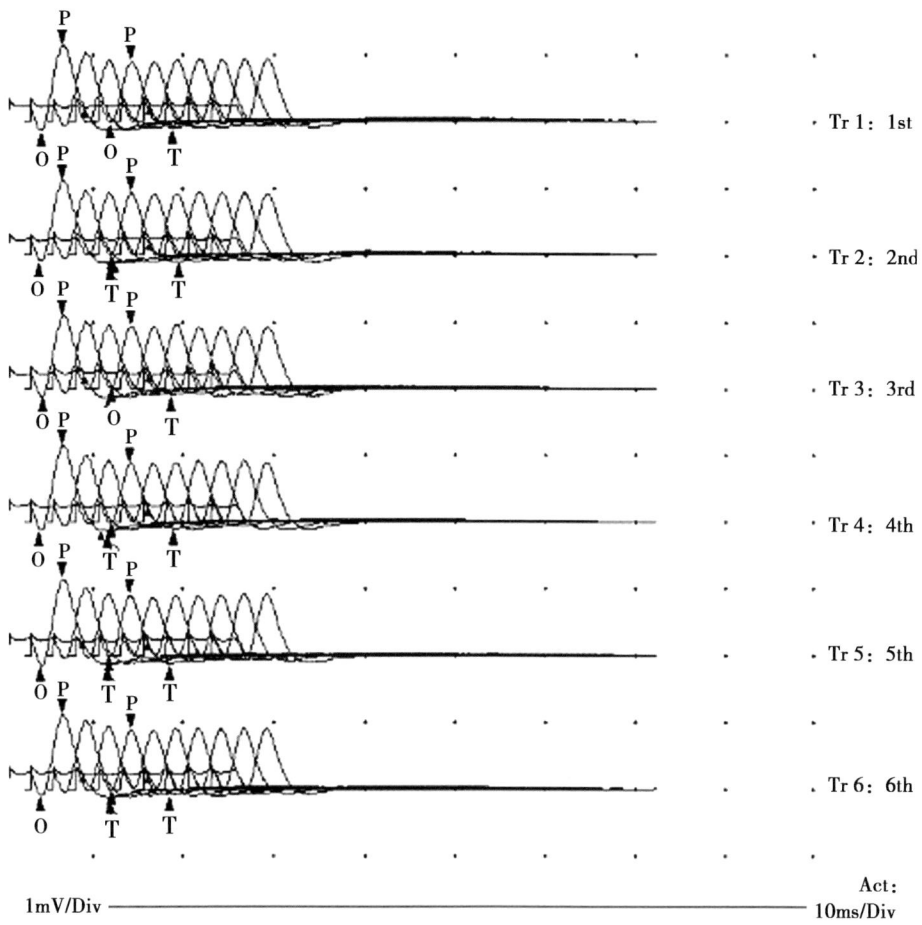

图 20-5　重症肌无力患者重复神经电刺激波幅递减

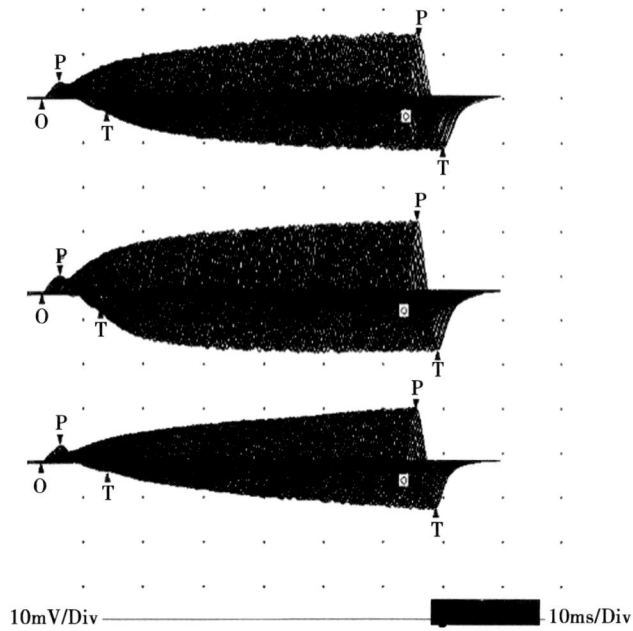

图 20-6　Lambert-Eaton 肌无力综合征患者重复神经电刺激高频递增

重复刺激时波幅的降低。对于 ALS 患者，如果出现波幅明显降低，这通常预示着预后不佳。尽管新斯的明或依酚氯铵等药物可以在一定程度上改善这些异常，但通常难以实现显著的临床改善。

第三节　感觉神经传导

一、感觉神经传导检查技术

感觉神经传导检查是对皮神经（健康人的指神经、桡神经和腓肠神经等）给予最大电刺激，在神经走行的标准位置同时记录刺激诱发的动作电位，以便检查感觉传入神经纤维的功能是否正常。这种动作电位为三相电位，波幅常低于 $50\mu V$，是由较大的有髓神经纤维产生，不能记录到较小的 δ 纤维和无髓鞘的 C 纤维成分。这一动作电位与从尺神经、正中神经和腓神经等混合神经记录到的动作电位相似，主要由传导速度比运动神经纤维稍快的较大的传入神经纤维的冲动形成。

二、临床应用

感觉传导异常的标准为波幅减低、时程延长、传导减慢和神经动作电位消失（图 20-7）。通常，对直径较大的有髓神经纤维受损，检测感觉神经动作电位，比运动神经纤维的传导速度检查更加灵敏。即使神经科临床查体几乎没有发现感觉异常，神经病变亦可造成这些感觉神经的动作电位波幅减小、消失或传导减慢。在肌肉疾病中感觉神经动作电位正常；在前角细胞病变（如肌萎缩侧索硬化和婴儿型脊髓性肌萎缩）时，即使可见运动神经传导减慢，感觉传导也正常；在后根神经节近端的病变中，感觉神经动作电位可正常，比如神经根撕脱可造成感觉丧失，但是这一动作电位可保持正常。

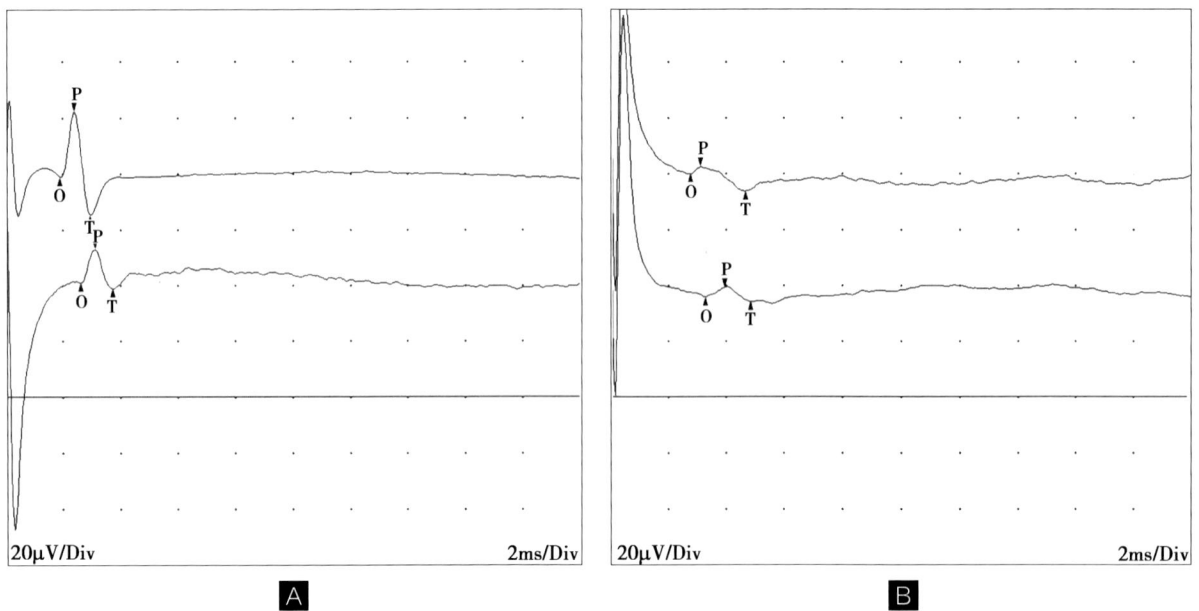

图 20-7　感觉神经传导图
A. 感觉传导正常；B. 感觉传导异常，可见潜伏期延长、速度减慢。

第四节　脑神经传导检查

一、检查技术

可以进行神经传导检查的脑神经包括面神经、三叉神经和副神经。

二、临床应用

临床上，很容易检查三叉神经、面神经和副神经脊髓根传导。

记录电极放在眼轮匝肌、口轮匝肌，刺激耳前或耳后，记录诱发肌肉动作电位，测量潜伏期和波幅，双侧对比，观察波幅和潜伏期的差异。也可在下颌角用经皮刺激电极直接刺激面神经，用表面电极在鼻附近的上唇方肌记录。Bell 麻痹和面神经的其他急性病变在发病 5～7 天后进行该检查有助于评估预后。

可用叩诊锤检查下颌反射的方法，检查三叉神经的功能，在双侧咬肌表面记录，可测量和比较咬肌反射的潜伏期，有助于定位三叉神经运动根的病变。

可通过斜方肌记录复合肌肉动作电位（CMAP）来检查副神经脊髓根，方法是在颈后三角刺激该神经。如果怀疑神经肌肉接头疾病可对这一神经进行重复刺激。

附：微神经电图

微神经电图（microneurography）是一种微创技术，在清醒的受试者中记录外周神经的单轴突电活动，为神经纤维的生理和病理生理提供有价值的信息。由于微神经电图可以鉴别单个已识别的周围纤维中的个体动作电位，因此它是目前唯一能够记录和量化大有髓鞘纤维（触觉感觉异常和感觉迟钝），或小有髓鞘纤维和无髓鞘纤维（自发性疼痛）介导的阳性感觉症状的技术。能够在神经内进行微刺激，使外周神经纤维电活动和痛觉之间提供直接关系成为可能。前瞻性研究发现该技术没有明显的或持续性的神经损伤副作用，微神经电图检查如果由经验丰富的检查人员进行操作，则相对安全。

使用针状电极的电刺激或超声波识别并监测微电极插入到神经束中，可以评估痛觉感受器的单个 C 纤维动作电位，该方法提供了痛觉过程中感觉和轴突异常的病理生理学的信息。在评估过程中，根据对受到的刺激（如电刺激或触摸）的反应，痛觉感受器可分为机械敏感型和机械不敏感型。微神经电图是很耗时的，需要专业检查人员并且要求患者非常配合。此外，目前微神经电图在世界范围内仅能在几个中心进行检查。由于这些原因，它只在极少数情况下用于研究神经病理性疼痛，尚无健康受试者的标准数据，发表的报告仅是未使用盲法的群体比较。

随着分析软件的发展，现在允许同时记录多个 C 纤维，从而为研究周围痛觉感受器持续异常电活动提供了可能，周围痛觉感受器持续异常电活动可能是周围神经病患者自发疼痛的原因。

参考文献

[1] PRESTON D C, SHAPIRO B E. Electromyography and neuromuscular disorders clinical-electrophysiologic correlations [M]. New York: Elsevier saunders, 2013.

[2] 崔丽英. 简明肌电图学手册［M］. 北京：科学出版社，2006.

[3] KANE N M, OWARE A. Nerve conduction and electromyography studies [J]. J Neurol, 2012, 259(7): 1502-1508.

[4] FUGLSANG-FREDERIKSEN A, PUGDAHL K. Current status on electrodiagnostic standards and guidelines in neuromuscular disorders [J]. Clin Neurophysiol, 2011, 122(3): 440-455.

[5] STALBERG E, VAN DIJK H, FALCK B, et al. Standards for quantification of EMG and neurography [J]. Clin Neurophysiol, 2019, 130(9): 1688-1729.

20

第二十一章

F波和神经反射

陈 海　王玉平

21

在常规的神经传导检查中，由于解剖位置和生理特性的限制，直接刺激周围神经的近端部分、神经丛或神经根通常是困难的。然而，通过采用阴极朝向近端的刺激方法，并适当调整刺激强度和记录参数，可以有效地激发这些神经结构，从而诱发出可记录的神经反应。这种方法能够为临床诊断提供宝贵的信息，帮助医生评估神经功能并诊断潜在的神经病变。

第一节　F 波

21

一、检查技术

刺激周围运动神经，电冲动可向近端（逆向性）和远端（顺向性）传导。顺向传导的冲动可使肌肉兴奋产生 M 波（M wave），称作直接反应，可用于计算传导速度和观察神经肌肉反应。逆向性冲动向近端传导到脊髓的前角细胞，当冲动到达轴丘时一些前角细胞出现去极化反应，从而产生动作电位。这一动作电位再沿运动神经纤维下传，兴奋这一神经支配的肌肉。从肌肉记录

到的迟发性反应可用来检测多数周围神经近端部分的传导速度，称作 F 波（F wave）（图 21-1）。重复刺激运动神经可有不同的前角细胞回返放电，因而 F 波的潜伏期、形态和极性会有轻微的变化。许多运动神经均可引出 F 波。

短时程的超强刺激最容易引出 F 波，运动纤维受到激动后，神经冲动通过前根逆向性传导，运动神经元被逆行性冲动激活后，冲动再次沿着运动轴索顺向传导，至其所支配的肌肉。F 波主要用于检测局灶性近端运动神经、神经丛

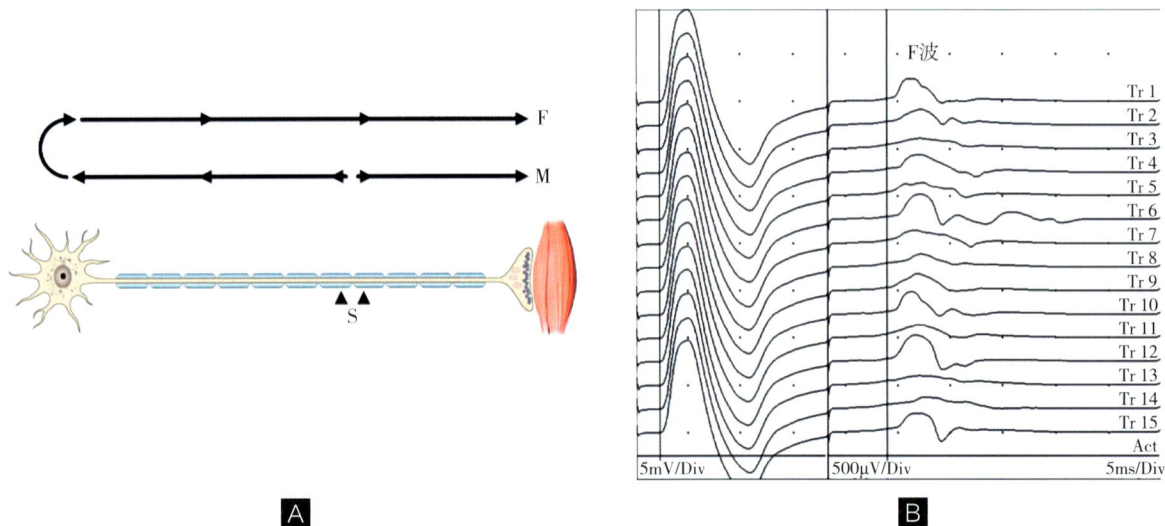

图 21-1　F 波的起源示意及上肢正中神经 F 波
A. F 波环路：当神经远端受到刺激时（S），在顺向和逆向同时发生去极化。顺向时，肌肉产生直接反应，即 M 波（M）。F 波（F）是电位逆向传导到前角细胞，激活一些前角细胞，再顺向传导到刚刚激活过的肌肉。B. 一例正常人上肢正中神经 F 波。

或神经根病变。在正常成年人中，F 波可以较容易从远端肌肉记录到。每一次刺激，即使完全相同的刺激量，所引出的 F 波的波形和潜伏期也会有所不同。在一组连续的 F 波（通常 10 个）中，取潜伏期最短的一个作为潜伏期测定值。其他参数，如平均潜伏期，时间离散度等也可使用。计算 F 波传导速度是可能的，但与简捷的潜伏期测量相比，没有明显优势。在检查结果的报告中，所刺激的神经、部位、记录的肌肉、身高及肢体长度等都应详尽说明。一个实验室应以统一方式报告潜伏期。

二、临床应用

实际上，F 波的临床应用是有一定局限性的，但其仍然是检查神经环路完整性的一个重要指标。例如，在多发性周围神经病中，F 波可以轻度延长；在远端压迫性周围神经病（例如腕管综合征）中，F 波也可以延长。另外，由于 F 波是 CMAP 波幅的 1%~5%，所以当 CMAP 波幅严重降低时，F 波可看不到。

1. 急性炎性脱髓鞘性多发性神经病（AIDP）和慢性炎性脱髓鞘性多发性神经病（CIDP）等神经根病变的诊断 AIDP 通常在神经根处开始脱髓鞘，早期可以仅仅表现为 F 波的出现率降低或潜伏期延长，常规神经传导均正常。F 波与病情有一定的相关性，如 AIDP 无力较轻微者，F 波往往正常。当一些 AIDP 早期传导速度和远端潜伏期正常时，仅仅表现为 F 波的异常。对于郎飞结或结旁抗体（NF155、NF186、CNTN1、CNTN2、CASPR1）阳性的 CIDP 患者，F 波明显延长，与抗体阴性的 CIDP 有明显差异。

2. 颈椎、腰椎神经根病变的辅助诊断 临床体征和 F 波异常之间有时不平行，F 波异常可提示近端存在病变，但 F 波正常，并不代表可以排除近端病变。这是由于 F 波可通过多个神经根上传，并且仅为部分前角细胞兴奋后传出的结果。第一，只能在某些神经或神经根支配的肌肉监测到 F 波。上肢在正中神经（拇短展肌）和尺神经（小指展肌）可以记录到 F 波，他们是由 C_8 和 T_1 神经根支配的，椎间盘突出或椎管狭窄很少影响到这两个神经根，而是常常压迫 C_5、C_6 和 C_7 神经根。C_5、C_6 和 C_7 神经根病变的患者在远端正中神经和尺神经并不能记录到异常的 F 波。因此，F 波仅对评估上肢 $C_8 \sim T_1$ 神经根病、下肢的 $L_5 \sim S_1$ 神经根病（$L_5 \sim S_1$ 支配腓神经和胫神经）可能有用。第二，如果神经根神经病主要影响感觉神经纤维（起初的症状经常是疼痛和放射样感觉异常），F 波因只检测运动神经，所以也正常。第三，如果只是小节段的神经脱髓鞘，因为 F 波包括运动神经全长，因此不会影响 F 波的潜伏期。最后，只有支配肌肉的所有或大多数神经纤维受累，才会导致 F 波完全消失或最小潜伏期延长。但是，这是很罕见的情况，除非神经根神经病或神经丛神经病非常严重。此外，所有肌肉均由 2~3 个脊髓节段支配，未受累的神经纤维仍然正常传导，所以 F 波传导可以正常。症状侧和非症状侧的对比是非常重要的。

远端神经传导正常而 F 波延长，可见于近端周围神经、神经丛神经病或神经根神经病，但不能用 F 波来鉴别这几种情况。

第二节 H 反射

一、检查技术

另一类迟发性反应为 H 反射（图 21-2）。正常成人安静状态下只能在比目鱼肌和前臂屈肌引出，而其他肌肉不能引出。这一反应与 F 波有两点不同：第一，H 反射是神经冲动沿感觉神经而不是沿运动神经向近端传导，沿感觉神经传导的冲动在脊髓内通过突触联系刺激前角运动细胞；第二，H 反射在刺激强度较小时波幅最大，并且波幅随刺激强度的增加而减小。H 反射可提供近端传导的信息，可用来诊断一些神经根病变。

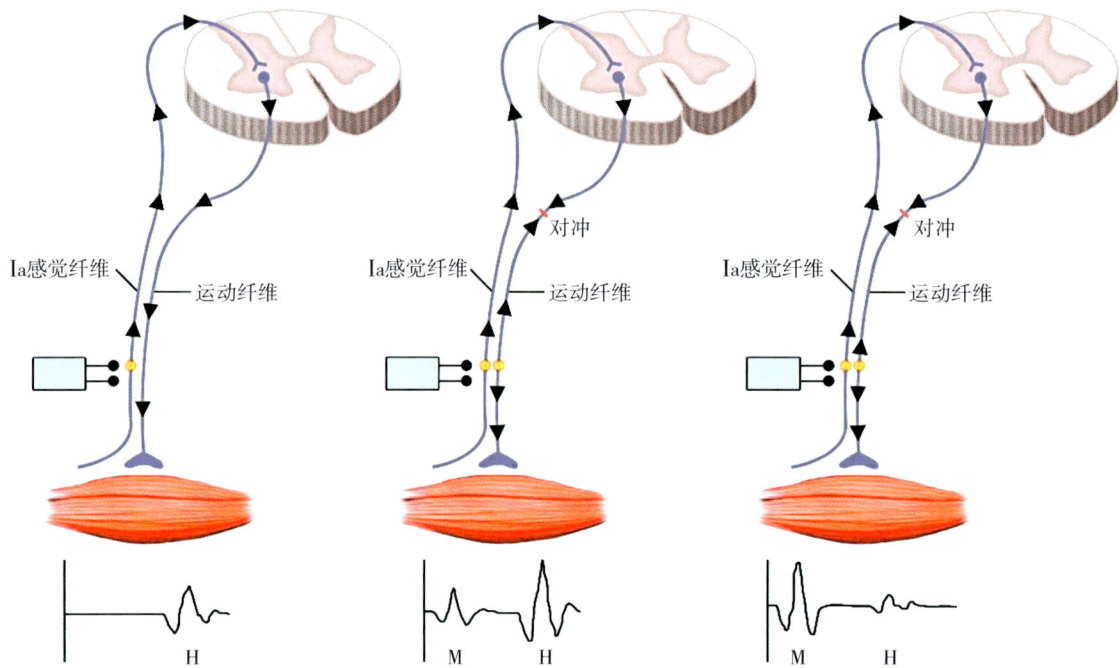

图 21-2　H 反射起源示意

H 反射环路传入由 Ia 感觉纤维形成，传出由运动轴突形成，在脊髓中有一个神经间的突触。在较低刺激强度下（左），Ia 感觉纤维被选择性激活，产生 H 反射而没有直接的运动（M）电位。随着刺激的增加（中间），更多的 Ia 感觉纤维被激活，同时激活一些运动纤维产生了 M 波。逆向传导的运动电位减少了 H 反射在运动纤维的下传。在较高的刺激强度下（右），Ia 感觉纤维的选择性激活丢失。感觉和运动纤维都受到高水平的刺激，运动刺激导致 M 波越来越大。然而，由于逆向运动传导大大削减了近端 H 反射在运动神经的下传，所以 H 反射的波幅逐渐减小。

在 H 反射检查中，周围神经电刺激的阴极朝向近端，使用低强度、长时程的刺激，可以激活传入神经纤维。该传入冲动向脊髓方向传导，经过神经突触，激活运动神经元，然后该神经冲动再沿脊髓传出神经传至该神经所支配的肌肉。

在正常成年人中，H 反射最容易在比目鱼肌、桡侧腕屈肌记录到。在刺激强度固定的情况下，H 反射波幅、波形、潜伏期等是恒定的。对于怀疑有 S_1 神经根病变的患者，比目鱼肌的 H 反射对其诊断有重要作用。

在 H 反射的检查报告中，应记录 H 反应起始潜伏期、波幅及波形等，也应注明所刺激的神经、记录反应的肌肉、身高或肢体长度。双侧潜伏期对比经常能提供重要的诊断资料。

二、临床应用

1．S_1 神经根病变的诊断　一般常于腘窝刺激胫神经，在比目鱼肌记录，用于腰骶神经根病变的辅助诊断，例如椎间盘突出、糖尿病腰骶神经根神经病的诊断。

2．脱髓鞘性神经根神经病的诊断　脱髓鞘

性神经根神经病也表现为 H 反射异常，例如吉兰 - 巴雷综合征可以在早期发现 H 反射的异常，CIDP 也存在 H 反射的异常。

3．H 反射与跟腱反射　H 反射与 S_1 跟腱反射相关，如果跟腱反射存在，H 反射应该能引出；但如果跟腱反射消失，仍有一些患者能够引出 H 反射。导致跟腱反射减弱的病变可以延长 H 反射。因此，在多发性周围神经病、近端胫神经病变、坐骨神经病、腰骶丛神经病和 S_1 神经根的病变均可以导致 H 反射的延长。

第三节　瞬目反射

一、检查技术

三叉神经和面神经及其中枢部分的功能可用瞬目反射（blink reflex）检查。这一检查在眶上神经刺激，在双侧眼轮匝肌记录（图 21-3）。正常情况下，可观察到早发同侧（R1）反应，然

后出现双侧晚发反应（R2）。累及三叉神经眼支的病变可造成 R1 反应以及同侧和对侧的 R2 反应延迟或消失。面神经病变可造成 R1 反应和同侧 R2 反应延迟或消失，而对侧 R2 反应正常。

影响反射弧中枢连接的病变亦可引起异常反应。据多个研究报告，在没有脑干症状的多发性硬化患者中 50% 有 R1 反应的延迟，听神经瘤患者经常有 R1 反应延迟。

瞬目反射是一种保护性神经反射，由反射引起面神经的神经元兴奋从而导致眼轮匝肌收缩的一个过程，在临床上可以通过直接观察角膜反射的变化，判断瞬目反射的情况。通过电生理学的方法，可以把电刺激三叉神经后引起的瞬目反射记录下来，对其进行精确的定量分析

瞬目反射检查时要求患者仰卧在床上，轻微闭目，一般采用表面电极记录诱发肌电反应，记录电极放在双侧的眼轮匝肌的眶上或眶下部，参考电极放在鼻外侧，前额部接地线，利用表面电

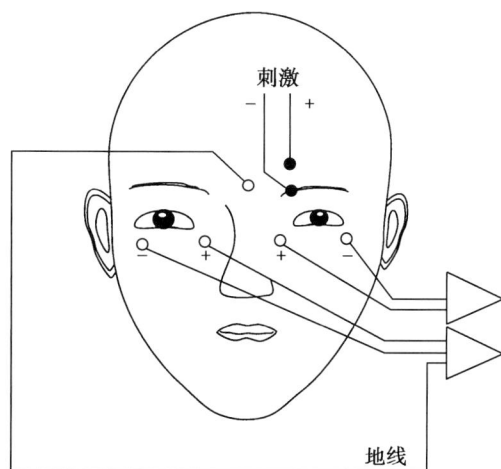

图 21-3　瞬目反射电极放置位置

极刺激一侧的眶上或眶下神经，刺激电极的阴极放置在眶上孔的位置，两侧肌电同步记录，刺激强度以引出稳定的 R1 为准。

电刺激眶上神经可以引出瞬目反射，该反射有两个先后出现的反射成分，早成分称为 R1，晚期的成分称为 R2，瞬目反射的典型波形如图 21-4 所示。R1 反应成分仅能在受刺激的同侧记录到，它是一个通过脑桥的反射。单侧的刺激可以在两侧记录到 R2，该反射的通路相对较复杂，被认为是通过脑桥和延髓外侧的一个反射，其确切的通路目前尚有争论。刺激眶下神经或上颌神经也同样可以在同侧记录到 R1，在双侧记录到 R2 反应，但不如刺激眶上神经引出的反应恒定。在瞬目反射的两个成分当中，R1 更为恒定，因而更适合用来评价三叉神经或面神经的传导情况。

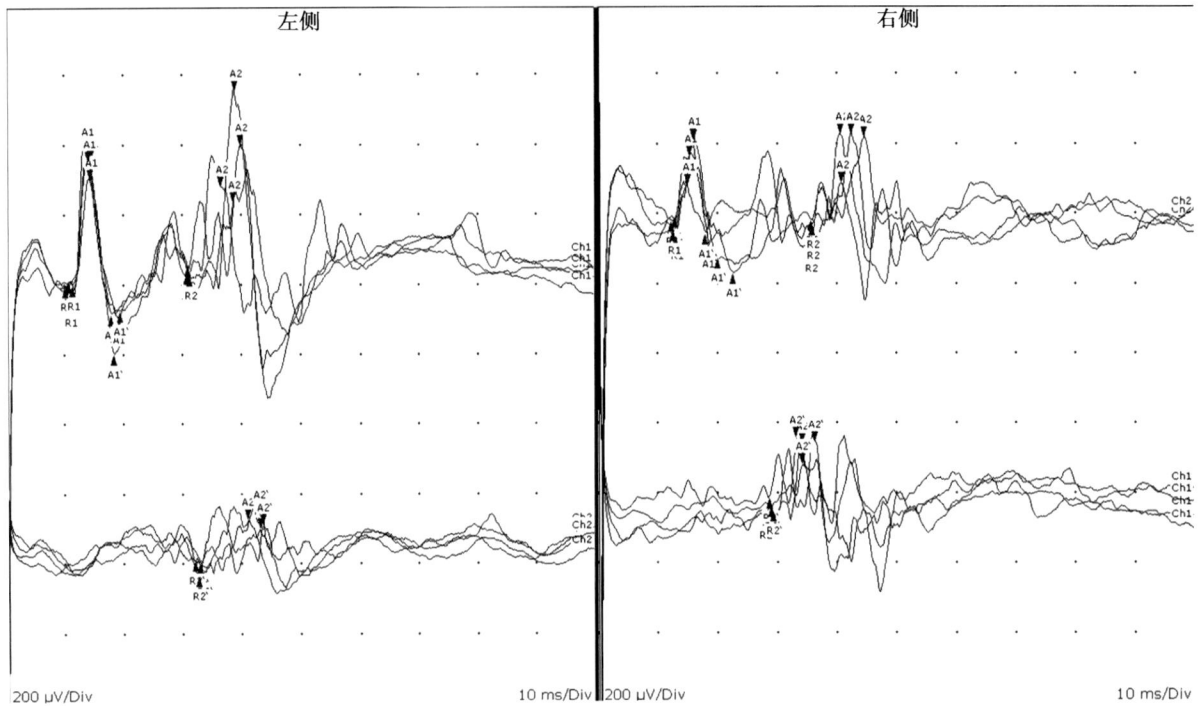

图 21-4　典型瞬目反射
瞬目反射包括早发反应 R1 和晚发反应 R2，刺激三叉神经可以在刺激侧记录到 R1，在双侧记录到 R2，刺激对侧为 R2'。

R1 和 R2 反射的潜伏期以从刺激到 R1 和 R2 波的起始点为准，一般重复刺激记录 5 ~ 8 次以上，以潜伏期最短的一次为准。健康成人中 R1 的平均潜伏期为 10.45ms ± 0.84ms，同侧记录到的 R2 潜伏期为 30.5ms ± 3.4ms，对侧记录到的 R2 潜伏期为 30.5ms ± 4.4ms。

二、瞬目反射传导通路

面神经的运动支自面神经核发出后绕过展神经核，自脑桥腹侧的桥延沟出脑干，然后进入内耳道，自茎乳孔出颅，向前穿过腮腺到达面部，支配面部的表情肌。三叉神经支配面部的皮肤及咀嚼肌，三叉神经的感觉支包括额支、上颌支和下颌支，其感觉神经的细胞体位于半月神经节，负责触觉的神经细胞的中枢端从脑桥外侧进入脑桥，上升至感觉主核，而负责痛、温觉的纤维在进入脑桥后则下降至三叉神经脊束核。瞬目反射的第一个反应 R1 是由三叉神经感觉主核与同侧面神经运动核构成的二级突触的反射弧来传导的，而第二个反应 R2 则是由多突触连接经三叉神经脊束核传导至双侧面神经核而引起的（图 21-5）。

当反射弧的传入或传出通路在不同部位受损后，则可以表现出不同形式的 R1 和 R2 异常。当三叉神经受损后，刺激病变侧三叉神经，同侧的 R1 延长或消失，两侧的 R2 潜伏期延长或消失。而当面神经受损后，刺激病变侧会引起同侧的 R1、R2 延长或消失，对侧记录的 R2' 潜伏期正常；刺激对侧时，病变侧的 R2 同样可以延长或消失，但健侧的 R1、R2 潜伏期正常。不同部位受损后 R1 和 R2 异常的改变见图 21-6。

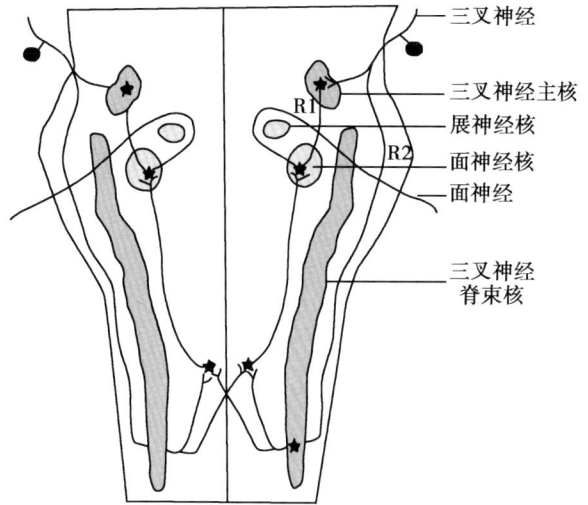

图 21-5　瞬目反射及解剖

传入神经是三叉神经第一支，传出神经是面神经运动支。R1 是由三叉神经感觉主核和同侧面神经运动核直接单突触反射来完成，R2 是由三叉神经脊束核和双侧面神经运动核之间的多突触反射来完成。

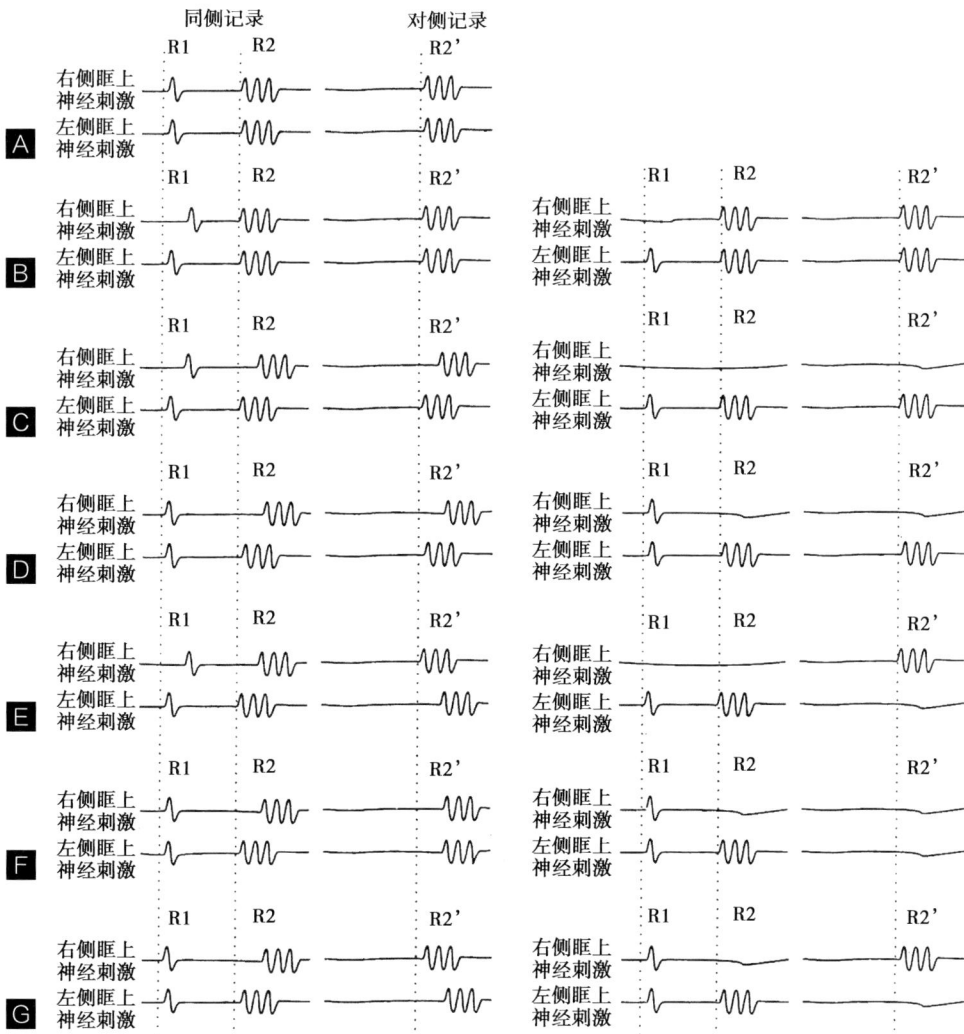

图 21-6　瞬目反射的异常情况

A. 正常瞬目反射；B. 右侧三叉神经感觉主核和 / 或至同侧面神经的纤维不全和完全损害；C. 右侧三叉神经不全和完全损害；D. 右侧三叉神经入脑干后至三叉神经脊束核不全和完全损害；E. 右侧面神经不全和完全损害；F. 右侧三叉神经脊束核不全和完全损害；G. 右侧三叉神经脊束核至面神经核的联系纤维不全和完全损害。

21

三、临床应用

1. 多发性硬化的诊断 66% 的曾有过复发缓解的多发性硬化患者会出现 R1 的延长，56% 的有多发病灶但无复发缓解病史的患者会出现异常，29% 的可疑多发性硬化患者也会表现出瞬目反射的异常。

脑干听觉诱发电位（BAEP）与瞬目反射对多发性硬化的诊断具有重要价值，在没有脑干体征的多发性硬化患者中，有 64% 和 60% 的患者分别表现出 BAEP 的异常和 R1 的异常，其中 52% 的患者可同时表现出 BAEP 和 R1 的异常，在确诊为多发性硬化和疑似多发性硬化的患者中，BAEP 的异常率可以分别达 60% 和 52%，

R1 的异常率分别为 41% 和 18%。

各研究报道的异常率不同可能与研究对象的差异及记录方式的不同有关，R1 的异常率随着病程的延长而增加，这可能与脑干内脱髓鞘病变的扩展或播散有关。

2. 其他疾病 对于面神经炎的患者，如果早期出现波幅的明显下降则提示预后不佳。眼睑痉挛或面肌痉挛的患者，可以出现瞬目反射潜伏期的缩短与波幅的增高。部分帕金森病患者也可以出现瞬目反射波幅的增高。三叉神经病：见于结缔组织病或一些中毒性周围神经病。刺激患侧，R1 和 R2 波潜伏期延长或消失，刺激健侧 R1 和 R2 均正常。

第四节　其他反射

一、静息抑制反射

主动收缩某一肌肉时支配该肌肉的神经受到刺激，肌肉电活动和肌肉再收缩之间有短暂的停顿，这一停顿在神经受到刺激后持续 100ms，称作静息期（silent period）。微调刺激强度和收缩用力程度可在这一静息期中间出现一个短暂的电活动爆发。这一爆发的原因不明，可能产生于包括脑在内的一个比较大的环路。

二、C 反射

C 反应为迟发性反应，在刺激外周神经后 50ms 左右，在其支配的肌肉出现的肌电活动，又被称作长环路反射（long loop reflex）和 M2/M3 反应（M2/M3 response）。该反应在手部肌肉收缩时很容易引出。一些肌阵挛性癫痫患者在静息时可出现这一长环路反应。这一反应是大脑皮质或脑干对刺激的兴奋性增高所致。

三、轴突反射

轴突反射（也称 A 波）不是一种真正的反射，而是另一种迟发性电位，通常在记录 F 波时经常被识别出来。轴突反射通常发生在 F 波和直接运动（M 波）反应之间。轴突反射被认为是一种小的运动电位，在连续刺激下表现出一致的潜伏期和波形，可完全叠加在一起。这与 F 波有所不同，F 波在连续刺激下的潜伏期和波形上会有轻微的变化。轴突反射在神经再生和修复过程中较为典型，有助于了解神经损伤后的恢复情况。

参考文献

[1] PRESTON D C, SHAPIRO B E. Electromyography and neuromuscular disorders clinical-electrophysiologic correlations [M]. New York: Elsevier saunders, 2013.

[2] 崔丽英. 简明肌电图学手册［M］. 北京: 科学出版社, 2006.

[3] STALBERG E, VAN DIJK H, FALCK B, et al. Standards for quantification of EMG and neurography [J]. Clin Neurophysiol, 2019, 130(9): 1688-1729.

[4] JERATH N, KIMURA J. F wave, A wave, H reflex, and blink reflex [J]. Handb Clin Neurol, 2019, 160: 225-239.

22

第二十二章

李晓宇 王 黎

术中神经电生理监测

手术是一种有风险的治疗手段，对神经系统可能造成损害。手术过程中，大多数患者处于麻醉状态，不能告知各种痛苦体验，所以这种损害难以被术者及时发现。中枢和周围神经系统在手术中均可能受到损伤，原因包括机械性损伤或缺血反应，常常产生疼痛、功能障碍和外形损毁。在术中实施电生理监测可以实现以下目的：① 及时发现手术操作引起的神经损伤及其原因，以便立即采取干预措施；② 解剖上辨别特定的神经结构，确保重要的神经组织不受损伤；③ 术中鉴别失去正常功能的神经结构，帮助术者采取更积极的手术策略，比如肿瘤和癫痫灶切除；④ 帮助分析导致神经损伤的手术操作，改进手术技术和技巧；⑤ 预测术后神经功能恢复情况；⑥ 监测术中系统性的变化（如药物、缺氧和低血压等）对神经功能的影响等。在手术中可以用电、机械性或感觉性刺激诱发相应反应来检查神经系统的功能。

术中用以监测中枢和周围神经系统功能的常用方法包括肌电图、复合肌肉动作电位、复合神经动作电位、听觉诱发电位、视觉诱发电位、体感诱发电位和运动诱发电位。

22

第一节　手术中监测技术

一、肌电图监测

在手术中监测肌电活动时，应在手术开始前将电极置于被试的肌肉表面，每块肌肉放置 2 个电极，电极通过导线与术中监测设备连接监测肌电活动。肌肉电位可以根据形态、活动模式和放电频率等特点分成多种类型。表 22-1 列出了手术中肌电图监测出现的肌肉电位的主要类型。其中最重要的电活动是神经强直性放电（neurotic discharge）。神经强直性放电指运动单位电位的高频爆发，可因手术中对支配该肌肉的神经的机械性刺激而诱发。神经强直性放电可提醒手术医师注意周围神经组织在某个部位受到刺激，避免持续刺激对神经组织造成不可逆的损害。另外，在手术中记录到的电位并不都是肌肉动作电位，也可能是伪迹。电极移动或外界电源造成的电位是最常见的伪迹。手术室中的设备和荧光灯都可能产生伪迹。在使用电刀、双极等电手术设备时可能出现电干扰，因此不能在进行相关操作时进行肌电活动监测。

表 22-1　术中记录到的肌电活动类型

电活动	频率	模式	形态
神经强直性放电	50 ~ 200Hz	短暂爆发或成串出现	单一或成组出现运动单位电位
运动单位电位	10 ~ 15Hz	一定规律性和持续性	正常运动单位电位
纤颤电位	1 ~ 5Hz	规律性和持续性	微小的单肌纤维动作电位
运动伪迹	间断性	没有规律	三角形

神经肌肉阻滞药物可以影响肌电图记录。理想的情况是，在诱导麻醉时只采用短效神经肌肉阻滞药物，神经肌肉传导尽快恢复正常，这样在手术中可能出现危急情况时，不影响检测观察。如果不使用神经肌肉阻滞药物，可能造成手术中的不自主运动增加，影响手术进行。此时使用足量镇静剂和吸入性麻醉药物有助于减少术中不自主运动，有时可加用其他药物，如芬太尼和咪达唑仑来减少背景性肌肉收缩和相关的运动单位电位。也可以微量泵泵入短效的非去极化神经肌肉传导阻滞药物，通过调整药物剂量，可以使颅面部肌肉和肢体肌肉的基线 CMAP 降低 75%，但是仍然可记录到神经强直性放电。

二、复合肌肉动作电位和复合神经动作电位监测

从肌肉或神经记录到的复合动作电位代表直接刺激神经诱发的多个肌纤维或神经轴索的动作电位在时间和空间上的总和。通常采用电刺激，但是偶尔也采用更加接近自然的刺激方法（如从听神经记录神经动作电位时，可采用咔嗒声或爆发音刺激鼓膜）。刺激电极和记录电极可分别或同时放在手术野内的神经上。复合肌肉动作电位和复合神经动作电位监测技术有助于定位和识别神经、沿神经全长定位病灶以及估计手术过程中受损神经的数目。

三、听觉诱发电位监测

在手术中可应用脑干听觉诱发电位（brainstem auditory evoked potential，BAEP）、耳蜗电图（electrocochleography）和直接从听神经记录神经动作电位来监测听神经的功能。这些技术的刺激方法相似，可用耳机或耳塞给予刺激。通常采用时程为 100~200μs 的方波作为常规刺激。刺激声音的极性交替改变（疏密波）亦可减少刺激

伪迹。但是在采用耳蜗电图观察耳蜗的膜电位时不能使用这种刺激方法，因为刺激极性改变可引起耳蜗电位极性的改变。刺激强度通常在 100~110dB。

BAEP 记录时，同侧耳给予声音刺激，对侧耳施以低于 40dB 的白噪声，可以防止声音刺激经过骨导传递至对侧耳。刺激频率多在 10~30Hz。记录电极放置在 Cz，参考电极放在同侧的耳垂。通常需要 500~1 000 次刺激才能分辨出 BAEP 的 7 个主波。每一次记录需要 1~2min 才能完成。BAEP 的 Ⅰ 波起源于听神经管内耳蜗神经的最外侧部分；Ⅱ 波起源于脑干附近听神经的近端（内侧）部分或附近的耳蜗神经核；Ⅲ 波神经发生源位于上橄榄核；Ⅳ 波神经发生源位于外侧丘系；Ⅴ 波神经发生源位于下丘；Ⅵ 波和 Ⅶ 波神经发生源分别位于外侧膝状体和听辐射。BAEP 简单易行，并且对患者没有损害，可在整个手术过程中监测听觉功能，在颅后窝手术时可以监测听觉系统的完整节段，从耳蜗一直到下丘。BAEP 在发现听觉通路的损害方面比耳蜗电图更敏感，手术结束时如果 BAEP 的 Ⅴ 波波形正常，大多数情况下均提示听觉功能正常。BAEP 的局限性在于波幅低，听神经瘤患者在术前基线检查中很难获得波形固定的电位；在监测过程中检查所需时间相对比较长，使之很难快速提示手术医师注意有潜在的损伤；并且与其他听觉诱发电位（AEP）相比，其特异性比较差。

耳蜗电图检查需要通过鼓膜将单极针电极插入到覆盖中耳鼓岬的软组织中作为记录电极。参考电极置于耳郭或乳突表面的皮肤，在耳蜗膜性结构和听神经的外侧段可记录到近场电位。刺激和记录的强度与 BAEP 相似，主要的不同是耳蜗电图只需要 20~50 次刺激，因此可为手术医师快速提供耳蜗和听神经功能状态的信息。耳蜗电图由两个主波构成：① 耳蜗微音器

电位（cochlear microphonics potential），起源于耳蜗膜性结构和螺旋神经节；②N1电位，相当于BAEP的Ⅰ波。在听力仍然存在但不能引出BAEP波形的听神经瘤患者中，大多数患者在给予刺激后几秒钟均可获得高波幅、重复性好的耳蜗微音器电位和N1电位，使手术医师能够迅速得到听神经功能的反馈。N1电位的存在高度提示术后很大程度听力可保留。耳蜗电图最主要的局限性是必须经过侵入性方法才能放置电极，花费时间比较长并且需要一定的经验。而且，耳蜗电图比其他AEP的灵敏度差。手术中保留N1电位的患者在术后亦可能出现听力丧失，这通常发生在听神经的近端受到损伤时，这部分神经不参与N1电位的产生。

听神经动作电位是直接从听神经记录的反应，由在外耳道给予的听觉刺激诱发。其代表了听神经内所有神经纤维动作电位在时间和空间上的总和。记录电极由柔软的银质细导线构成，用脱脂棉包裹成小球，只保留2mm的裸露尖端。在暴露桥小脑角后，在直视条件下直接将电极置于听神经。在切口处皮下组织插入一个小电极作为参考电极。对同侧耳施以滴答声刺激，几乎不需经过平均即可记录到波形稳定的电位。听神经动作电位是最敏感的监测方法。这一技术可以对从耳蜗到脑干的听神经通路进行功能状况的实时监测。由于听神经瘤使患者的颅后窝空间减小，因此直接从听神经记录神经动作电位的方法只限于听神经瘤比较小、准备行微血管减压手术或者准备行三叉神经、面神经或前庭蜗神经切断术的患者。电极移动或电极短暂被脑脊液覆盖均可使反应的波幅发生变化。这一技术需要手术医师的密切配合和参与才能取得成功。

能够改变AEP的刺激包括听神经或脑干的牵拉、压迫、缺血和切断。轻微牵拉小脑可使Ⅴ波潜伏期增加，而耳蜗电图没有明显改变。中度

牵拉或挫伤神经可造成Ⅴ波、N1电位和神经动作电位的潜伏期和波幅出现变化，具有可重复性。目前波幅异常改变的标准仍然存在争议。通常认为潜伏期增加1.0ms以上或波幅减低超过50%就应该引起手术医师注意。手术医师必须结合当时具体的手术情况以决定下一步的手术方法。听神经严重的挫伤或切断可造成Ⅴ波和神经动作电位的消失；耳蜗供血得以保持并且听神经外侧端没有损伤，N1电位即可保持正常；将听神经从耳蜗撕脱或阻断迷路动脉（内听动脉）的供血可导致听力和所有AEP迅速不可逆地丧失。寻找AEP的变化与手术事件的联系有助于分析听力丧失的原因。

四、体感诱发电位监测

体感诱发电位（SEP）是在混合神经或周围的皮神经刺激后于中枢和周围神经系统记录的电位。电位反映出深感觉系统在刺激时的电活动，这些电活动起源于周围神经中直径较大的快速传导的有髓传入性纤维。在中枢神经系统内，SEP代表在后索与内侧丘系、丘脑腹后外侧核和对侧大脑半球额顶叶皮质之间通路的电活动，脊髓侧索中的脊髓小脑束也参与SEP的形成。SEP检查采用数字化平均设备，电极置于周围神经、脊柱和头皮，记录到的电位电压在1~50μV，经过平均叠加后可以记录到明显的SEP波形，用于手术中监测感觉神经传导的完整性。在上肢的正中神经和尺神经，下肢的胫神经用表面电极给予电刺激，在颈髓和大脑皮质的体表进行记录。脊柱手术中可直接将无菌的电极放在手术野内脊髓上或脊髓附近。

手术中SEP波幅和潜伏期的变化由生理性波动（如麻醉和血压改变）、记录部位噪声过多以及神经结构受损所致。鉴别时需要注意在有潜在受损危险部位的远端和近端进行多处记录，观

察患者生理参数的波动和麻醉深度。

低氧血症、吸入性麻醉药物和其他中枢神经系统镇静剂等情况有一些变化。

五、视觉诱发电位监测

视觉诱发电位（VEP）可在视神经或视交叉附近的动脉瘤或其他肿瘤的手术时获得比较好的监测效果。但是在手术中可靠地记录 VEP 是很难的，一定程度上是由于采用的刺激并不足够强烈。可用置于护目镜内表面的一圈发光二极管或通过触目镜的光导纤维经过闭合的眼睑给予闪光刺激，应该注意避免损伤患者的角膜。闪光刺激引出的 VEP 比模式翻转刺激引出的 VEP 更加多变，定量更加困难。通常刺激频率是 1 ~ 2Hz。采用 Oz-Cz 组合单导联记录、设定 5Hz 的低频滤波和100Hz 的高频滤波，采用 500ms 的扫描，并且平均 200 ~ 300 次叠加就可以得到 VEP 波形。推荐联合使用视网膜电位进行监测，可用于协助判断 VEP 消失的原因，其记录电极位置为两眼外眦旁开 2cm。

正常的 VEP 由三个主波构成（负 - 正 - 负三相波），平均潜伏期分别为 75ms、100ms 和 145ms。由于 VEP 是中等潜伏期到长潜伏期诱发电位，因此其波幅和潜伏期随着温度、血压、

六、运动诱发电位监测

在手术中可用多种方法监测运动系统的功能。肌电图和 CMAP 可监测周围神经的轴索，运动诱发电位（MEP）可测量运动轴索或肌肉对中枢神经系统刺激的反应，与 SEP 不同的是从肢体肌肉记录时不需要经过平均叠加即可获得可靠的 MEP。通常使用电刺激或磁刺激刺激同侧脊髓或对侧额叶皮质。针对大脑皮质的电刺激和磁刺激均可使皮质脊髓束和其他运动通路产生下行性动作电位，在脊髓前角出现时间和空间上的整合。在清醒的患者中，脊髓颈段和腰段的大多数下运动神经元均可被下行性冲动激动，在肢体肌肉产生波形稳定的 CMAP。经颅磁刺激 MEP 价格昂贵，对手术部位、器械及麻醉条件等方面的要求相对较高，应用于术中监测有一定困难。相比之下，经颅电刺激 MEP 具有定位准确，价格低廉，安全、方便、可靠、实用等优点，近年来已被广泛应用于术中运动功能的监测。

第二节　手术监测技术的应用

一、脑神经监测

运动性脑神经在许多神经外科颅底手术中有发生损伤的风险，使用恰当的术中神经电生理监测可以降低功能受损的风险。监测设备需要能够同时记录自发性肌电图、CMAP 和诱发电位。这需要多个导程（4 ~ 8 个）以不同的扫描速度、增益和滤波设定分别进行。记录由多种刺激诱发或自发性的电位，必要时可以进行平均叠加。用以监测不同脑神经的多种方法可见表 22-2。

表 22-2　脑神经的手术中监测

脑神经	肌电图	CMAP	神经动作电位	诱发电位
视神经				VEP+
动眼神经、滑车神经、展神经	+	+		
三叉神经	+	+		TSEP?
面神经	+	+		
前庭蜗神经			+	AEP+
舌咽神经、迷走神经、副神经、舌下神经	+	+		

注：+示应用价值肯定；?示应用价值仍然有争论；CMAP，复合肌肉动作电位；VEP，视觉诱发电位；TSEP，三叉神经诱发电位；AEP，听觉诱发电位。

二、颅中窝手术

在眶部、眶上脊、海绵窦或颞骨岩部的手术，如脑膜瘤、淋巴瘤、肉瘤、垂体腺瘤以及诸如颈动脉和眼动脉的动脉瘤等，可能造成眼相关脑神经的损伤，尤其是一些肿瘤可破坏正常的解剖结构，使手术中很难定位动眼神经、滑车神经和展神经。手术当中可采用肌电图和 CMAP 监测。在患者麻醉后将电极插入眼部的肌肉中，置于同侧眼外肌监测动眼神经，置于外直肌监测展神经，置于上斜肌监测滑车神经。如果神经科医师不熟悉将针电极插入眼外肌的技术，可请眼科医师帮助。将导线连接到放大器后即可持续监测自发性肌电活动，机械性牵拉可引出神经强直性放电。并且，在手术野中可用手持式刺激器直接刺激组织结构，观察肌电变化，以区分神经组织和肿瘤组织。

三、颅后窝手术

展神经和面神经的颅内段在多种颅后窝手术中常常有受损的危险。最常见的是听神经瘤手术和微血管减压术（microvascular decompression surgery，MVD）。在颈静脉孔、舌下神经孔、斜坡和枕骨大孔的手术时应该监测后组脑神经。

（一）听神经瘤手术时的面神经和三叉神经监测

在听神经瘤手术中脑神经受损比较常见，尤其是直径超过 2cm 的肿瘤，听力丧失是最常见的首发症状。总的来说，在直径为 2～4cm 的肿瘤，25% 的患者有面部感觉异常，10% 有面部肌肉无力；肿瘤直径超过 4cm 时，56% 的患者有面部感觉异常，31% 有面部肌肉无力，更多的患者出现面神经受损的电生理证据，通常并不伴有临床症状或体征。并且肿瘤的大小是术后功能障碍的最佳预测指标。在手术中使用手持刺激器进行面神经的颅内电刺激，记录面肌的神经电位是识别面神经位置的重要手段，从而在不损伤面神经的情况下切除肿瘤。

随着手术技术的改进，临床上越来越强调听神经瘤切除术面神经功能的保留。这个预后主要与肿瘤的大小和部位有关，其次才与手术方式有关。肿瘤较大（直径超过 4cm）的患者，术后几乎 100% 出现完全性面神经麻痹；中等大小的肿瘤患者中有 85% 在术后面神经仍然正常，但在术后的短暂时间内，95% 的患者有一定程度的面部肌肉无力，50% 出现一过性完全麻痹；而肿瘤较小（直径<2cm）的患者术后 70% 出现短暂的面部肌肉无力，20% 出现一过性完全麻

痹，最后均恢复正常。如果面神经在解剖结构上正常，大多数患者最终可获得功能恢复。三叉神经在手术中受损比较少，只有很少数患者在术后感觉到角膜或面部的感觉丧失。

研究表明肌电图和 CMAP 监测可提高听神经瘤术中面神经功能的保留率。记录电极置于面神经和三叉神经支配的肌肉，术中对这两条神经的不良刺激均可使这些肌肉出现神经强直性放电。这一反应有助于手术医师定位神经走行并防止损伤神经。另外，在肌肉用电极记录手术医师直接刺激面神经诱发的 CMAP，手术医师根据这些反应的波幅可估计手术各个阶段中损伤的面神经数量。

（二）听神经瘤手术时的听神经监测

BAEP、耳蜗电图和神经动作电位监测的应用可提高比较小的听神经瘤患者术后听力保留的比例。对于已经失去听力的患者没有必要监测，但是如果能够可靠地引出 AEP，就应该尝试监测，对患者来说听力下降也比听力完全丧失好。BAEP 是颅后窝手术中听神经功能监测的最佳方法，其具有在整个手术过程中监测整个听觉通路的优点，并且并不需要将电极放在手术野中。将头顶部的电极作为参考电极，将外耳道电极作为记录电极监测在术前仍然有听力的患者，这一方法可以容易地获得 I 波和 V 波。硬脑膜切开并且放置小脑牵拉器后即可同时进行持续性肌电图和 BAEP 监测。如果 V 波的波幅开始下降，最可能的原因是手术早期过度牵拉了神经，这时可以通过让手术医师减少牵拉程度来改善。在 BAEP 的波幅很小难以引出时可考虑用听神经动作电位监测，只要手术野足以允许将电极放置在听神经近脑干的部位，就可以随时记录神经动作电位（NAP）。NAP 是一个比较大的近场电位，因此仅需要很少的平均次数即可获得比较好的波形。NAP 的局限性是只能在肿瘤较小的患者采用，

并且只能在脑干附近充分暴露听神经时才能很好地监测，并且电极很容易移位或被脑脊液覆盖，而造成 NAP 的波幅发生变化。图 22-1 为一例听神经瘤手术监测实例。

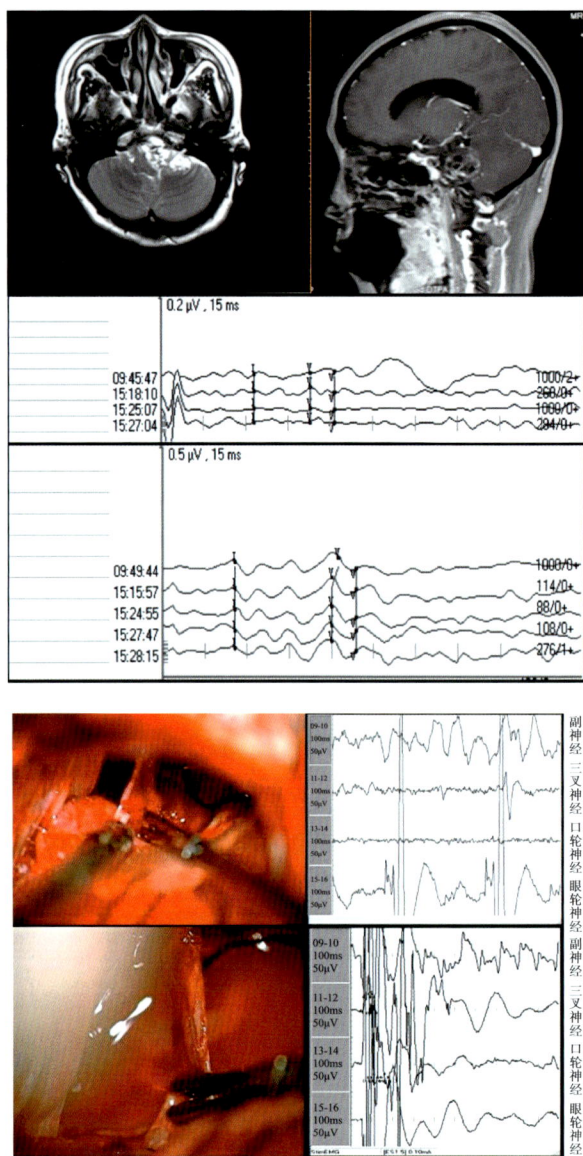

图 22-1　听神经瘤手术监测实例

患者 56 岁，女性，4 年前出现左耳耳鸣及听力下降，后出现饮水呛咳，近 1 个月出现左侧面部麻木，查体左面部感觉减退，粗测左耳听力下降。患者术中全程行电生理监测保护面神经，因术前听力下降所以未引出左侧听觉诱发电位，根据自由肌电和刺激肌电反应大概定位面神经走行后，在切除肿瘤的过程中尽量保护面神经，切除肿瘤后面神经脑干端刺激 0.1mA 引出满意波形，术后患者面神经功能完好。

（三）其他颅后窝肿瘤手术

桥小脑角肿瘤（如脑膜瘤、上皮性肿瘤和转移瘤）与前述的听神经瘤相似，颈静脉孔区域（如血管球瘤）、枕骨大孔区域（如脑膜瘤）或斜坡区域（如脊索瘤）手术可使后组脑神经受损。手术医师在术前应该考虑到哪些神经可能受损，并与电生理医生沟通决定采用何种监测方法。通常，可将肌电图监测与 NAP 和 SEP 监测方法结合应用。将电极插入胸锁乳突肌或斜方肌可以监测副神经功能，将电极插入环甲肌或声带肌肉可以监测迷走神经和舌咽神经（这种方法需要由耳鼻喉科医师在直接喉镜下完成），将电极以颏下入路置于舌肌可以监测舌下神经。监测时应该观察所有后组脑神经是否有神经强直性放电，可在手术中采用直接刺激来检查每一对神经。

（四）微血管减压术

微血管减压术（MVD）是治疗三叉神经痛和面肌痉挛的常用方法。在这些手术中，面神经受损的可能性比较小，有 10% ~ 15% 的患者有听力丧失的危险。在手术中采用 AEP 和面神经监测，面神经受到机械性刺激时，可观察到神经强直性放电。与听神经瘤的情况相似，在手术中将硬脑膜打开后由于神经受冷可以使 BAEP 的 V 波潜伏期出现非特异性改变。在 MVD 中听神经受损的最主要机制是在小脑牵开过程中神经受到牵拉。研究表明 AEP 监测可减少 MVD 术后听力丧失的出现率。

在面肌痉挛患者术中还有其他监测方法帮助手术医师判断面神经减压是否充分。在手术中对面神经的某一分支施以逆向性刺激，可在其他分支所支配的面部肌肉记录到异常肌电反应。在时程为 7 ~ 10ms 的刺激后可出现 100 ~ 200μV 的 CMAP，这一反应称作外侧传布反应、侧方扩散反应，或异常肌反应（abnormal muscle response，AMR），这是由脑干外血管压迫附近的面神经轴

索导致的异常放电或脑干内面神经核过度兴奋所致。记录时可用表面电极或较小的皮内电极刺激，通过对下颌神经或面神经的颞支、下颌支施以电刺激（时程为 0.1ms，电流为 5 ~ 50mA）诱发这一反应。在全麻下，每次刺激后均可引出外侧传布反应，但是每次刺激的反应具有一些变化，尤其是患者的面肌痉挛比较轻微并且在术前为间断发作时。当病变血管已经从受累神经移除，外侧传布反应即可完全消失，但是如果这些血管再次与神经接触，外侧传布反应又迅速出现，因此应该在手术全过程中监测这一反应。术前面肌痉挛比较轻微或间断性发作的患者在硬脑膜切开后或脑脊液引流出后外侧传布反应即可消失。这可能是由于面神经表面的血管压力或方向在术后发生改变所致。在手术结束时外侧传布反应消失可比较肯定地提示手术微血管减压充分。

有时在难治性舌咽神经痛的患者需要切断舌咽神经和迷走神经的感觉支。在这一手术过程中，手术医师很难明确舌咽神经和迷走神经感觉支的神经根以及迷走神经运动神经根起始的部位。监测时可将导线电极插入环甲肌和 / 或声带肌肉来监测，这两者均由迷走神经支配，手术中采用较小的电刺激器刺激肿瘤组织观察肌电图变化，手术医师能够识别迷走神经并避免切断。

四、颅外手术

面神经和舌咽神经的颅外部分在多种头颈部手术中也有受损的风险，手术中可监测面神经。将导线电极插入额肌、眼轮匝肌、口轮匝肌和颈肌可监测面神经的每一条主要分支。持续监测肌电活动可以寻找神经强直性电位，采用间断性直接电刺激可有助于识别面神经的分支。另外，在复杂的颈部手术中应该监测喉上神经和喉返神经，如复发性甲状腺癌。文献中也有在颈动脉内膜切除术中监测这些神经的报告。记录时可将

电极插入环甲肌和声带肌，持续监测肌电活动，直接电刺激方法与前述的其他脑神经监测方法相似。

五、周围神经监测

（一）周围神经修补术

在探查和修补臂丛或周围神经外伤以及手术减压治疗嵌压综合征时，可用肌电图、NAP、CMAP 和 SEP 进行监测。将导线电极插入该神经支配的肌肉，被监测的神经受到机械性刺激时，能记录到神经强直性放电。还可以直接刺激暴露的神经并记录 NAP 和 CMAP，同时进行神经传导速度（NCV）的检查。另外，通过以较小的间隔刺激神经可以寻找局限性神经传导减慢或神经传导阻滞的部位。刺激神经根或神经分支后，在脑或脊髓记录 SEP 有助于在出现创伤性臂丛损害时确定是否有神经根撕脱。这些在手术中进行的监测是术前 NCV 和肌电图检查的有力补充，它们可提供有关周围神经受累的数目、部位、严重性和病变类型的信息。手术医师应用这些信息可确定神经病变的病因并且指导选择适当的手术方式，如对一些合适的嵌压性病变进行神经减压术、神经松解术和神经移植术等。

（二）周围神经肿瘤

周围神经系统的肿瘤很少见，转移性或原发性神经鞘瘤可侵犯周围神经，肿瘤细胞可浸润到正常的和失去功能的神经束之间。手术目的是尽可能切除肿瘤并保留穿过受累部位的正常轴索。机械性刺激可使支配的远端肌肉产生神经强直性放电，以提示术者注意手术操作。在切开和切除肿瘤时，可用专门设计的小型刺激电极选择性地对较小的神经束给予电刺激，以识别正常的轴索，这样可以指导切除受累的神经束，并且尽可能保存正常的神经束。

六、脊柱脊髓手术

（一）颈椎手术

脊髓和颈部神经根在颈椎融合术、减压性椎板切除术、脊髓肿瘤切除术和活检术以及脊髓空洞症减压术时均有受损的可能。采用上肢和下肢的 SEP 检查可监测脊髓功能，在上肢刺激尺神经和正中神经，在下肢刺激胫神经，通过头皮表面电极记录皮质电位。在大多数病例中，手术中发生的脊髓压迫性、挫伤性或缺血性损伤可由 SEP 波幅和潜伏期的改变来提示。手术医师可通过改变手术方式来逆转或防止 SEP 进一步改变。如果 SEP 改变不能被逆转，就有可能在术后发现新出现的神经功能障碍。一般来说，SEP 的改变与脊髓内的感觉和运动功能有很好的相关性。但有时脊髓内运动通路受损并不造成 SEP 的改变。可以通过同时监测脊髓中的上运动神经元和下运动神经元的运动诱发电位（MEP）来解决这一问题。脊髓颈段的前角细胞和神经根可用肌电图监测，放置于上肢肌肉内的导线电极可在手术中神经根或前角细胞受到机械性刺激时记录到神经强直性放电，提示手术医师这些结构存在医源性损伤的可能。

（二）胸椎和腰椎的手术

在脊柱侧弯手术、脊髓肿瘤或血管畸形切除术、脊髓创伤修补术和胸腰段动脉瘤修补术中应该监测脊髓胸段的功能。通常采用 SEP 和 MEP 的方法进行监测。SEP 记录时在胫神经予以刺激，在脊柱颈段和大脑皮质记录电位。MEP 记录时在大脑皮质和脊髓颈段给予电刺激，在下肢肌肉记录 CMAP。当脊柱侧弯的手术治疗中出现 SEP 和 MEP 异常时，改变脊柱侧弯的程度可使 SEP 和 MEP 恢复正常。在创伤、动静脉畸形或脊髓肿瘤切除手术当中发现 SEP 或 MEP 变化时及时暂停操作或改变手术方式可逆转这些改变。胸腰段动脉瘤修补术中早期就有 MEP 消失可准确提示术后将出现截瘫。

在脊髓腰段的手术中亦可出现相似的受累，而且在脊髓或马尾内的下运动神经元也有受损的危险，可用肌电图和 CMAP 监测。监测时将导线电极插入腰骶神经根支配的肌肉（包括括约肌）来记录肌电图变化。通过直接刺激观察是否出现神经强直性放电来识别和定位这些神经并防止损伤。在手术植入固定螺丝或其他骨科固定物时，可采用直接电刺激来识别神经根并防止损伤。脊髓栓系松解术是腰骶段手术中比较依赖于

电生理监测的一种手术方式，因为手术中需要将终丝切断来松解紧张的神经根，终丝本身无功能，之所以应用电生理监测是因为终丝往往会和神经根伴行，如果没有将伴行的神经根分离而随终丝切断的话，会造成患者术后的肌力下降，大小便功能障碍的严重后果，因此在切断终丝前，应用电生理监测将运动神经根辨别出来，尽可能地和终丝分开之后，再将终丝切断，才是比较安全的操作。图 22-2 为一例腰骶段占位手术电生理监测实例。

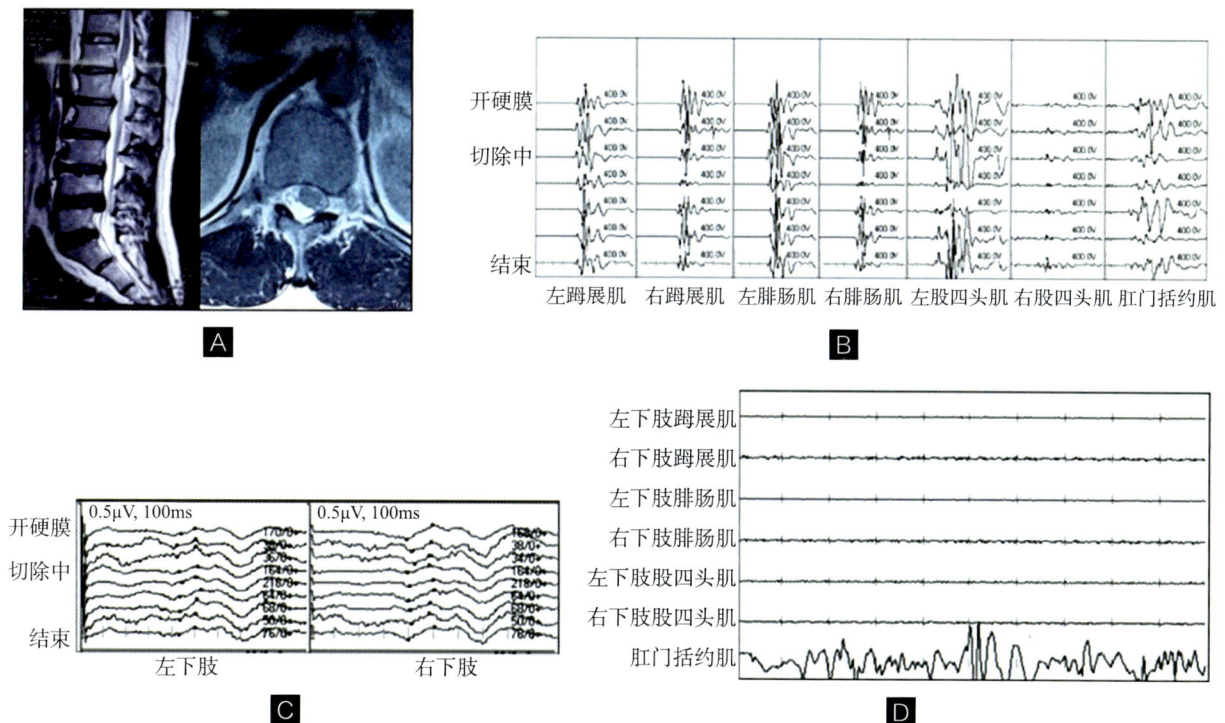

左蹬展肌　右蹬展肌　左腓肠肌　右腓肠肌　左股四头肌　右股四头肌　肛门括约肌

0.5μV, 100ms　　0.5μV, 100ms

开硬膜
切除中
结束

左下肢　　　　右下肢

左下肢蹬展肌
右下肢蹬展肌
左下肢腓肠肌
右下肢腓肠肌
左下肢股四头肌
右下肢股四头肌
肛门括约肌

图 22-2　腰骶段占位手术电生理监测实例

患者 44 岁，男性，主诉为 1 个月前开始咳嗽或者久坐时左下肢疼痛。A. 根据影像学结果诊断为 $T_{12} \sim L_1$ 的髓内肿瘤，合并椎间盘突出；B. 术中电生理监测显示的双下肢蹬展肌、腓肠肌以及股四头肌和肛门括约肌的 MEP 一过性降低，波幅降低超过 80%，术者减少对脊髓的牵拉，并给予激素冲击治疗后，MEP 恢复；C. 术中电生理监测显示的双侧下肢 SEP；D. 术中自由肌电监测。患者术后无新发功能障碍。

七、脑部手术

（一）立体定向丘脑切开术或苍白球切开术

目前采用立体定向手术损毁部分丘脑和苍白

球作为帕金森病和其他运动障碍疾病药物疗效不佳时的辅助治疗。采用准微电极或微电极记录丘脑和苍白球内的神经电活动，以立体定位方法来确定丘脑和苍白球的外缘。这些信息有助于确定手术操作范围，既可达到疗效又尽可能减少副作用。

（二）感觉运动皮质（中央沟）的定位

采用 SEP 可将感觉皮质的躯体定位做成地形图，并且可在手术中定位中央沟以及定位大脑皮质上准备手术损毁的部位。定位中央沟的原理在于从中央后回和中央前回记录的电位极性相反。按照从头皮电极记录 SEP 的方法来刺激对侧正中神经，手术中在皮质表面放置条状电极（包含多个电极点），每个电极均单独接入放大器。直接从感觉皮质记录的电位波幅较大，可通过直接观察电位或平均化一些反应而获得。在记录的图形当中，发生波形翻转的两个电极之间就是中央沟所在的位置，负相波来自中央后回，正相波来自中央前回。这些信息可补充从影像学以及手术时用表面电极和深部电极记录的脑电图中所获信息的不足。手术中有时用这些信息有助于确定应该切除的部分，尽可能避免损伤功能区。

（三）语言功能区监测

语言功能区的分布存在明显的个体差异，不能仅凭术前的影像学资料或手术解剖标志来进行功能区边界的定位，而皮质直接电刺激有助于定位语言区。皮质电刺激术已成为癫痫术前评估定位功能区的金标准。其实施需要由外科医师、麻醉师、电生理医师/技师、护士等多人组成长期协作的团队完成，并要求与患者有良好的沟通以便更好地完成术中测试。行皮质电刺激语言功能定位时，采用多重语言任务，分别选择包括自发性语言（连续计数或背诵）、命名、听理解、复述四类语言任务，覆盖主要语言功能，绘制语言功能区皮质分布图。在切除手术中，采用喉罩全麻术中唤醒，在连续监测语言功能的情况下进行切除。术中唤醒皮质电刺激监测语言功能区的方法存在一定的不足：操作烦琐，需要用不同的电流强度刺激术野多个区域，从而确定功能区，耗时较长；需要医生具备丰富经验以及患者的配合，对于配合差的患者不能实施；常常引起刺激后放电或导致癫痫发作。应尽量避免高强度、长时间的电刺激，刺激强度宜从 1mA 开始，以 1~2mA 幅度递增，皮层电极最大刺激强度为 15mA，深部电极通常控制在 10mA 以下，每点刺激持续时间不超过 4s。

神经电生理监测目前已经非常广泛地应用在神经外科、骨科和血管外科等手术中，并且随着手术技术的发展，新的技术也越来越多地被应用。在实际操作中，应根据手术部位、手术方式不同，明确所要保护的神经功能，提前制定电生理监测方案，可考虑多种监测方法联合应用。电生理监测技术是需要团队合作的一项技术，手术医生、监测医生或者技师、麻醉医生之间的配合至关重要，甚至在某种程度上决定了监测结果。

参考文献

[1] ACIOLY M A, LIEBSCH M, DE AGUIAR P H, et al. Facial nerve monitoring during cerebellopontine angle and skull base tumor surgery: A systematic review from description to current success on function prediction [J]. World Neurosurg, 2013, 80(6): e271-300.

[2] BRENNAN N P, PECK K K, HOLODNY A. Language mapping using fMRI and direct cortical stimulation for brain tumor surgery: The good, the bad, and the questionable [J]. Top Magn Reson Imaging, 2016, 25(1): 1-10.

[3] COSETTI M K, XU M, RIVERA A, et al. Intraoperative transcranial motor-evoked potential monitoring of the facial nerve during cerebellopontine angle tumor resection [J]. J Neurol Surg B Skull Base, 2012, 73(5): 308-315.

[4] DEINER S. Highlights of anesthetic considerations for intraoperative neuromonitoring [J]. Semin Cardiothorac Vasc Anesth, 2010, 14(1): 51-53.

[5] DELETIS V, FERNÁNDEZ-CONEJERO I. Intraoperative monitoring and mapping of the functional integrity of the brainstem [J]. J Clin Neurol, 2016, 12(3): 262-273.

[6] ENGLER G L, SPIELHOLZ N J, BERNHARD W N, et al. Somatosensory evoked potentials during Harrington instrumentation for scoliosis [J]. J Bone Joint Surg Am, 1978, 60(4): 528-532.

[7] HANSON C, LOLIS A M, BERIC A. SEP montage variability comparison during intraoperative neurophysiologic monitoring [J]. Front Neurol, 2016, 7: 105.

[8] LAU D, DALLE ORE C L, REID P, et al. Utility of neuromonitoring during lumbar pedicle subtraction osteotomy for adult spinal deformity [J]. J Neurosurg Spine, 2019, 31(3): 397-407.

[9] LIU S W, JIANG W, ZHANG H Q, et al. Intraoperative neuromonitoring for removal of large vestibular schwannoma: Facial nerve outcome and predictive factors [J]. Clin Neurol Neurosurg, 2015, 133: 83-89.

[10] MACDONALD D B. Overview on criteria for MEP monitoring [J]. J Clin Neurophysiol, 2017, 34(1): 4-11.

[11] MACDONALD D B, SKINNER S, SHILS J, et al. Intraoperative motor evoked potential monitoring-A position statement by the American Society of Neurophysiological Monitoring [J]. Clin Neurophysiol, 2013, 124(12): 2291-2316.

[12] MEYER K L, DEMPSEY R J, ROY M W, et al. Somatosensory evoked potentials as a measure of experimental cerebral ischemia [J]. J Neurosurg, 1985, 62(2): 269-275.

[13] NUWER M R, SCHRADER L M. Spinal cord monitoring [J]. Handb Clin Neurol, 2019, 160: 329-344.

[14] OH T, NAGASAWA D T, FONG B M, et al. Intraoperative neuromonitoring techniques in the surgical management of acoustic neuromas [J]. Neurosurg Focus, 2012, 33(3): E6.

[15] PRELL J, STRAUSS C, RACHINGER J, et al. The intermedius nerve as a confounding variable for monitoring of the free-running electromyogram [J]. Clin Neurophysiol, 2015, 126(9): 1833-1839.

[16] ROMSTÖCK J, STRAUSS C, FAHLBUSCH R. Continuous electromyography monitoring of motor cranial nerves during cerebellopontine angle surgery [J]. J Neurosurg, 2000, 93(4): 586-593.

[17] SALA F, BRICOLO A, FACCIOLI F, et al. Surgery for intramedullary spinal cord tumors: The role of intraoperative（neurophysiological）monitoring [J]. Eur Spine J, 2007, 16(Suppl 2): S130-S139.

[18] SALA F, PALANDRI G, BASSO E, et al. Motor evoked potential monitoring improves outcome after surgery for intramedullary spinal cord tumors: A historical control study [J]. Neurosurgery, 2006, 58(6): 1129-1143.

[19] SUGHRUE M E, YANG I, RUTKOWSKI M J, et al. Preservation of facial nerve function after resection of vestibular schwannoma [J]. Br J Neurosurg, 2010, 24(6): 666-671.

[20] VAN DER WAL E C, KLIMEK M, RIJS K, et al. Intraoperative neuromonitoring in patients with intradural extramedullary spinal cord tumor: A single-center case series [J]. World Neurosurg, 2021, 147: e516-e523.

[21] 周琪琪. 神经监测技术在临床手术中的应用［M］. 北京：中国社会出版社，2005.

第二十三章

脑微电极记录技术

庄 平　李勇杰

23

第一节 微电极记录技术概述

微电极记录（microelectrode recording，MER）是用于记录中枢神经系统神经元放电活动和诱发电位的技术，已成为功能立体定向手术靶点定位不可缺少的工具之一。Albe-Fessard 于 20 世纪 60 年代首先推出 MER，用于中枢神经系统生理功能的定位。她和她的同事采用低阻抗电极记录人类丘脑与本体感觉和震颤相关的场电位及细胞放电活动；Jasper 和 Bertrand 等随后采用高阻抗的 MER 记录单细胞电活动定位丘脑用于立体定向手术治疗帕金森病和运动障碍病。目前 MER 不仅用于丘脑定位，而且用于基底节核团丘脑底核，内侧苍白球等手术靶点的定位。MER 的应用不仅极大地提高了手术靶点定位的精确性，同时为采集与神经疾患相关的人类脑深部核团的电生理数据提供机会，为揭示这些疾患的病理生理基础及开发新的治疗技术提供了依据。早期研究人员关注的技术焦点主要集中在不同阻抗的电极应用，如采用电极尖直径在 50μm、阻抗在 100kΩ 记录单细胞，或采用电极尖端直径约数百微米的不锈钢双极电极记录多细胞的电活动，但由于这类长尖端电极记录细胞动作电位的信噪比太小，电活动不易甄别已不常用；而另一些研究者则采用阻抗 1MΩ 的单极钨丝电极进行细胞外记录。由于高阻抗微电极对噪声极其敏感，适用于单细胞电活动的记录，有足够的长度，优点是适于人类皮质下深部核团电活动的记录，但缺点是刺激电流易穿透损坏电极的绝缘部分，干扰电信号。然而，虽然单极低阻抗电极的缺点是不易区分单细胞活动，但多数医疗中心仍喜爱这类电极用于术中功能定位。目前在立体定向手术中最常用的是钨（tungsten）电极和铂 - 铱

（platinum-iridium）电极进行 MER 记录。最近大量人类和灵长类动物的丘脑、内侧苍白球和丘脑底核的研究报道提示 MER 在立体定向手术靶点的精确定位和病理生理基础研究和推进新技术的开发起到重要作用。

MER 之所以能够用于中枢神经系统生理功能定位主要依据以下几个原则：① 灰质和白质细胞外记录的动作电位的波形明显不同，能够鉴别灰质和白质的边界区域；② 基底节的核团有不同的自发放电模式，相对易于鉴别；③ 运动区域和非运动区域能够通过神经元对运动刺激放电频率和模式的变化来识别；④ 在运动区域中的定位能够通过微刺激核团描记患者与运动相关细胞活动的感受野并通过比较核团中已知的躯体分布特定区域明确该细胞的位置；⑤ 微刺激通过微电极的电流诱发运动或感觉异常感觉确定运动和感觉传导通路的准确位置；⑥ 微电极的高分辨率可以在微米级鉴别不同解剖结构的边界。

一、微电极记录和刺激技术

MER 和微电极刺激（microstimulation）技术主要应用于立体定向手术靶点的精确定位。常用的微电极是市场可以购买的钨和铂 - 铱微电极，其电极尖端直径为 15～40μm，电极阻抗在 0.5～2MΩ。当推进器沿着套管针道将电极推进脑内，确定电极的完整性和电活动的稳定性后，连续的记录便可以开始，沿针道向前推进的微电极可以同时给予微刺激，刺激电流在 40～50μA，间隔 0.5mm 给予 1 次刺激，<100μA 的刺激通常不会损害微电极。

在立体定向手术靶点定位过程中，MER 通常在靶点上方 10mm 开始进行，随着微电极被推进到不同的位置，音频放大器可以监听到不同生物信号放电的声音，同时也可以通过示波器或电脑屏幕观察到动作电位波形的变化，如果动作电位的波形持续稳定，则提示源于同一类神经元，该鉴别方法也是最基本的单细胞分析（a single units analysis）。在记录神经元的同时也可以通过微电极的刺激功能给予神经元刺激，如对侧肢体在小于 40μA 的电流刺激下出现异常感觉、运动或自主运动反应时，便可以鉴别神经元的类型。一旦确定要记录的神经元，可将刺激功能转换到记录功能进行记录。

二、微电极记录设备

MER 系统一般包括放大器、数模转换器、扬声器、刺激器、推进器、显示器、记录软件和相应配置的计算机。最早期常用的记录和刺激系统是美国 FHC 微电极记录系统。该系统是由不同的模块组成，包括带有外置扬声器和微型探头的隔离微电极放大器（isolated microelectrode amplifier with external speaker and minature probe），隔离的 4 通道微型放大器（isolated 4-channels microelectrode amplifier）、脉冲数字刺激器（pulsar digital stimulators）、经颅磁刺激控制器（TMS controller）和 Xcell3+ 微电极放大器（Xcell3+ microelectrode amplifier）。该系列产品的最大的优点是可以根据不同需求组合模块，除了具有电信号的各种放大功能外，还可以同时进行单、多通道的电信号记录、连接微电极推进器，还具有刺激控制系统、扬声器和检测电极阻抗的功能。

三、单神经元放电活动与多神经元放电活动

揭示大脑的不同神经环路的细胞放电活动及

其与行为、认知、神经疾患之间的关系是神经科学家、生理学家和临床医生关注的核心。早期学者付出巨大的努力致力于开发各种技术采集大脑不同区域的神经元放电活动，这些技术包括从单个神经元的局部峰放电（spike）和 / 或其局部场电位（LFP）到更全面的测量，如脑电图（EEG）的记录。然而，每种测量方法都有它的局限性，由于不同技术测量的不同信号不能代表大脑信号加工的全过程，很难鉴别出特定的神经事件。故了解不同记录方式所采集的电生理信号的特性，对于理解大脑特定功能区神经网络的关联至关重要。本部分主要介绍应用微电极记录技术（细胞外记录）采集单神经元（单细胞）放电活动和多神经元（多细胞）放电活动及其场电位的不同。

（一）单细胞活动

通常放在大脑中的细胞外电极（微电极）记录的是平均细胞外场电位（the mean extracellular field potential，mEFP），该电活动是由电极尖端附近细胞群中不同神经元加工过程的活动总和组成。然而，如果将电极尖端直径在 3~10μm，阻抗 >6MΩ 的微电极放置在神经元的胞体或轴突，便能够采集到单个神经元的尖峰放电活动，称为"单细胞活动（single unit activity，SUA）"。这类动作电位是神经元将信息从一个神经元迅速传递到另一个神经元的主要传递方式，通常又被称为大脑的"计算货币"（currency of computation）。早期研究人员付出巨大的努力探讨 SUA 放电活动与各种感觉和行为加工过程之间的关系。例如，在猕猴中颞中部（MT）发现 SUA 放电频率的变化与动物执行空间任务时的精确反应紧密相关。Logothetis 等在系列的动物研究中也发现单神经元的编码与学习、感知和记忆等认知作业相关。

我们在单细胞记录技术中获得很多知识，该

技术在有意识的动物行为学实验中是可选择的方法之一。然而，该技术的主要缺点是采样时费时费力，特别是神经元的峰放电的波幅对电极的放置位置极其敏感，故在 SUA 记录时很难保证长时间稳定的记录。另外，SUA 记录的数据也可能由于动物的活动受到干扰而丢失。此外，Henze 等发现 SUA 的细胞外记录会受到某些细胞易于记录到放电活动而受影响。这些偏倚的出现很可能基于不同神经元神经生物信号的特性：较大直径的神经元（20~30μm）的动作电位产生较大的膜电流易于记录到而较小神经元的膜电流小容易遗漏。Aika 等人研究也发现 SUA 记录时出现的偏倚可能来自不同类型神经元形态学和解剖及数量的差异。也有研究也表明稀疏分布的神经元也很容易被细胞外记录遗漏，那些能够采集到的细胞放电活动很可能只代表那些大细胞的峰放电活动，如大脑皮质的锥体神经元和小脑皮质的浦肯野神经元。

（二）多细胞活动

如果用多细胞活动（multiple-units activity，MUA）记录替代 SUA 记录，可以将较低阻抗的电极放置在距峰放电较大的神经元稍远位置，便可以记录到由类似突触电位（树突事件）和电极附近数以百计的神经元动作电位总和为主导的 mEFP。这两种不同的加工信号可以通过数字滤波技术分离，如应用高通滤波器（>400Hz）对 mEFP 滤波，可以分离出几个相邻神经元的脉冲活动或多细胞活动的峰放电。与 SUA 记录相比，虽然 MUA 代表了较大的神经元放电空间的整合，但 MUA 记录对电极放置位置的灵敏度较低，故很难分离出 SUA。生理 - 组织学实验结果表明，MUA 的电活动的总量是记录位点特异的，因此可能是细胞大小特异的。研究同时发现从一个脑区到另一个脑区所记录的放电活动有很大差异，但对某些特定区域，例如，新皮质所记

录到的细胞放电较海马体相对恒定。Grover 和 Buchwald 等研究在细胞放电振幅较高的 MUA 区域可以系统的观察到分布均匀的同类大细胞群。从理论上来讲，大脑结构可以定义为具有输入、局部加工和输出信息能力的实体。自从应用 MER 技术以来，神经输出的信号（SUA/MUA）就被用来研究行为和认知的神经基础。研究者关注动作电位的作用是有充分的理由的：首先，动作电位沿着轴突以每毫秒一到几十毫米的速度传导（传导速度取决于轴突纤维的直径），从而将事件发生的信息精确时间传递到分布在大脑中的多个相关靶细胞；其次，动作电位是与远距离神经元交流的唯一方式，例如，研究发现外侧膝状体（LGN）与初级视觉皮质（V1 区）之间的大部分神经生物信息的传递是通过这两个结构的神经元的动作电位完成。

然而，虽然对神经元活动的输出测量可以完全描述皮质下结构的功能，但对皮质本身的功能却不一定能够描述得很清晰。其主要原因是研究发现局部皮质连接显示反复强烈的兴奋性和抑制性电活动，输出可能只反映了兴奋 - 抑制平衡的变化以及输入之前信息的整合。Ackermann 等研究者发现大脑能量储备的很大部分是用来支持神经元突触的输入，而不是神经元峰放电的输出。Schwartz 等发现神经元的细胞体和轴突末端是不同的结构，在微电极刺激时只有涉及下丘脑视上核和室旁核（垂体后线体）细胞突触前末端显示葡萄糖代谢增加。这些发现表明皮质输出的测量（SUA/MUA）并不代表所有类型的神经活动的加工过程。因此，为了更好地将神经加工过程作为一个整体来表达，将不同的记录方法结合起来，相互补充是非常有必要的。

四、神经元放电活动与场电位的关系

局部场电位（local field potential，LFP）是

由来自神经组织的多个相邻细胞的电流总合所产生的生物信号。它主要表现为慢波活动,反映在某特定皮质区域的输入及其局部皮质加工过程,包括兴奋性和抑制性中间神经元的电活动。通常记录到的 LFP 比记录到的神经元放电活动的范围要大。所指的神经元放电活动通常是指多细胞放电活动(MUA)。

如果假设 LFPs 集成来自比 MUA 更大区域的信号。MUA 很可能代表了电极暴露尖端周围约 $140 \sim 300\mu m$ 半径范围内所有神经元的细胞外动作电位的加权和,部分原因是由于叠加原则,是由于许多细胞同步放电产生的重叠尖峰,原则上可以通过求和得到增强,从而能够在更大的范围检测到。而 LFP 的记录到的空间尺度比 MUA 大,据估计 LFP 记录其距离电极尖端的位置为 $0.25 \sim 3mm$。

这种相对跨度较大的空间范围的记录可以部分通过 LFP 频率来解释。Logothetis 等研究和比较了 4×4 电极阵列在猕猴初级视皮质(V1)中记录的 LFP 和 MUA 的空间范围,并计算了电极间的相干性作为功能函数测量电极间的距离。他们应用相干性最大值的 1/2 检验发现 $2 \sim 8Hz$ 频谱的 LFP 电极间距约为 2.9mm,在 $8 \sim 15Hz$ 的频谱为 2.4mm,在 $20 \sim 60Hz$ 频谱范围为 1.9mm,而在 MUA 的范围为 1.5mm。同时,Juergens 和 Kreiman 等在猕猴 V1/V2 区和岛叶及颞叶(IT)的研究中也有类似的报道。

长期以来,科研工作者认为空间总合与 LFP 频率呈负相关是由于细胞外介质具有强大的低通滤波作用,并认为很可能是由于皮质组织特定地衰减了较高的频率。然而,在实验室进行的颅内检测表明,组织的阻抗实际上是频率独立和等向性的,故认为皮质就像一个欧姆电阻器。因此,这些研究结果提示,LFP 和 MUA 的空间整合的不同有可能是由这些电信号发生器功率的大小不同所致,是由神经元活动的本身而决定的,而不仅仅是因为大脑具有过滤功能。

功能神经外科手术为术中电生理技术直接采集脑深部核团的电信号和揭示人类脑功能提供了机会。里程碑式的进步使功能性疾病患者不但可以在手术过程中采集单神经元,多神经元的放电活动或 LFP,同时也可以直接应用脑深部电刺激(deep brain stimulation,DBS)电极的触点进行记录 LFP。这些电生理技术不仅可以通过运动、认知等作业探讨人类中枢神经系统与运动、认知的关系,同时也可以揭示各种神经疾患的病理生理基础。

第二节　脑深部核团神经细胞电活动的解读和应用

在立体定向手术中应用微电极记录技术进行靶点定位为术中电生理研究提供了可能。一些探讨运动障碍疾病的病理生理研究发现,与基底节 - 丘脑 - 皮质环路相关的不同疾病有不同的神经元放电模式,图 23-1 展示本文笔者应用光栅序列分析显示不同疾病有着不同神经元放电模式。

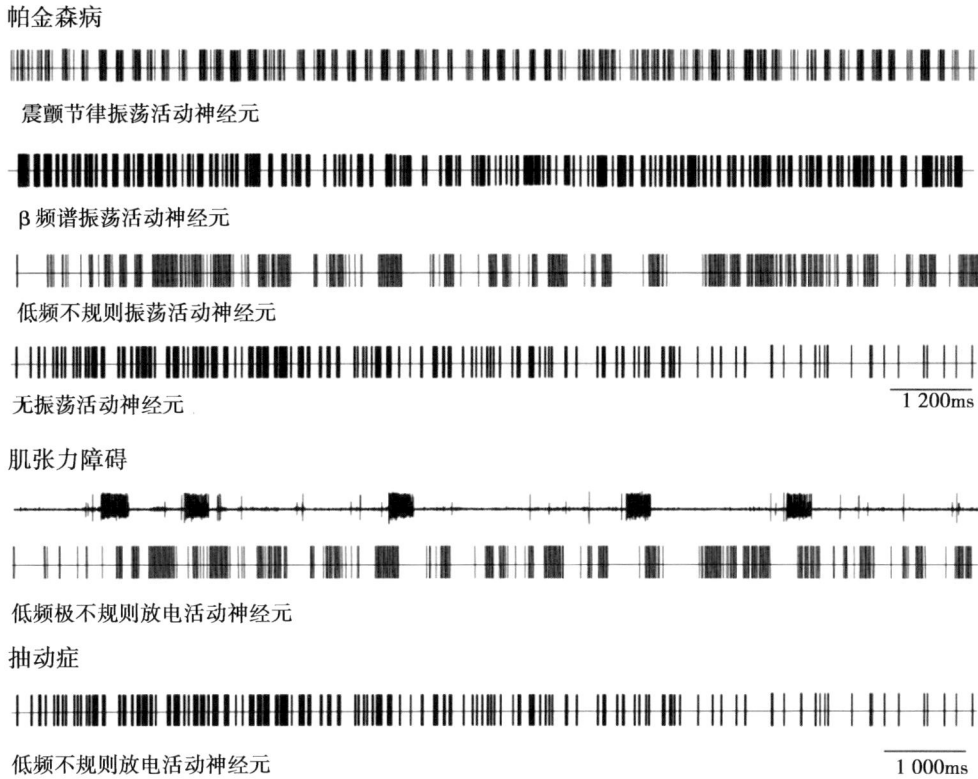

帕金森病

震颤节律振荡活动神经元

β频谱振荡活动神经元

低频不规则振荡活动神经元

无振荡活动神经元 1 200ms

肌张力障碍

低频极不规则放电活动神经元

抽动症

低频不规则放电活动神经元 1 000ms

图 23-1　不同的运动障碍疾病在基底节有不同细胞放电活动

一、运动丘脑与自主运动神经元

当电极进一步推进朝向丘脑的头侧，进入丘脑腹嘴前核（Voa）和丘脑腹嘴后核（Vop），遇到可能分别来自小脑、内苍白球（globus pallidus internus，GPi）输入终端接受区的神经元。特别是在 Vop，细胞对特定的对侧肢体运动的反应为放电模式的改变。Lenz 和他的同事发现该部位神经元在对侧肢体某些自主运动开始之前 200ms 出现放电活动的增加或降低。Raeva 等不仅在 Voa 和 Vop 而且在基底节和丘脑网状核的自主运动神经元进行了大量的研究，他们发现这些部位的自主运动细胞与对侧肢体（有时是同侧）运动反应相关，表现为各种放电模式的变化，如放电减少、短的抑制之后出现放电活动的增加或降低、同步或去同步化放电模式或更复杂的形式。笔者在手术中也采集到与自主运动相关的丘脑放电活动（图 23-2），该图显示该神经元放电活动

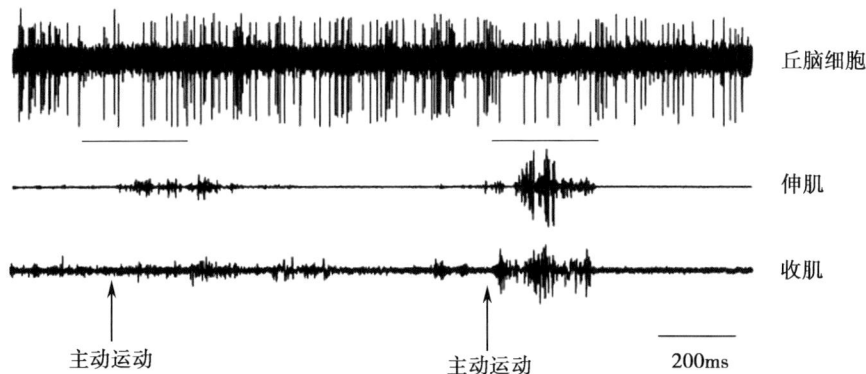

丘脑细胞

伸肌

收肌

主动运动　　　　主动运动　　200ms

图 23-2　运动丘脑与自主运动相关神经元的特点

　　在帕金森病患者的丘脑记录到的与自主运动相关的放电活动，标注的横线提示神经元放电活动的减少与肌电活动（握拳运动）相关。

的减少（去同步化）与运动相关。

二、运动丘脑与震颤相关的细胞放电活动

帕金森病（Parkinson's disease，PD）是以肌僵直、运动迟缓、静止性震颤为主要特征的神经退行性疾病。在 PD 患者中，由于多巴胺的缺失，导致基底节-丘脑环路细胞电活动的异常，出现异常的簇状放电活动，这些细胞的簇状放电活动与肢体震颤节律一致，称为"震颤细胞（tremor cell）"。应用 MER 进行靶点定位时可以发现 PD 患者震颤时丘脑腹中间核（Vim）存在大量的与震颤相关的细胞活动。

由于这些震颤细胞的放电活动往往出现在与其相关的对侧肢体震颤的 200ms 之前，常常被认为具有"震颤起搏器"的作用。Lenz 和他的同事发现无论震颤细胞的放电模式是否与存在或不存在的运动知觉的输入相关，它仍然紧密地与外周肌电震颤活动相关。图 23-3 为典型的与震颤相关的丘脑细胞放电活动，其细胞的簇状放电与肌电震颤节律一致，同时可见这些"震颤细胞"在肢体震颤之前出现。

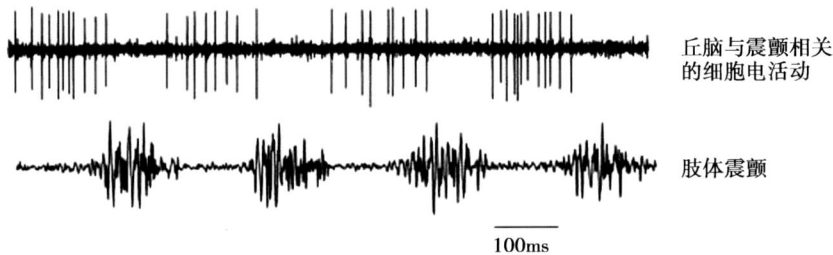

丘脑与震颤相关
的细胞电活动

肢体震颤

100ms

图 23-3　运动丘脑与震颤相关的细胞放电活动

与震颤相关的细胞放电活动与 PD 肢体震颤相关的观点已得到广泛的认可，提示这些"震颤细胞"参与震颤的发生发展，但 PD 震颤的发生究竟是中枢机制参与还是由外周的反馈机制异常所致，仍有很多争议和假说。目前有关研究认为基底节-丘脑-皮质环路和小脑-丘脑-皮质环路共同参与了震颤的发生发展，但震颤的发生机制仍不清楚需要进一步研究和探讨。

三、运动丘脑与肌张力障碍相关的细胞放电活动

毁损或深部电极刺激丘脑腹外侧核团（Vop/Vim），可以缓解肌张力障碍患者的不自主运动。

一些研究者在对肌张力障碍患者行丘脑毁损术功能定位时探讨了细胞放电活动与肌电活动的关系，并通过应用节段功率谱和相关性分析进一步探索了二者的放电活动的特点，发现丘脑细胞放电活动的频率与不自主运动的肌电活动频率一致，且有显著的相关性。已知，运动丘脑接受来自基底节内苍白球的投射，提示皮质-基底节-丘脑环路的活动异常参与了肌张力障碍的发生和发展。笔者的术中电生理研究也发现了与肌张力障碍相关的丘脑细胞放电活动，图 23-4 为与肌张力障碍（书写痉挛）相关的丘脑细胞放电活动，当患者上肢活动时丘脑细胞放电活动的增加与肌电活动的增强相关。

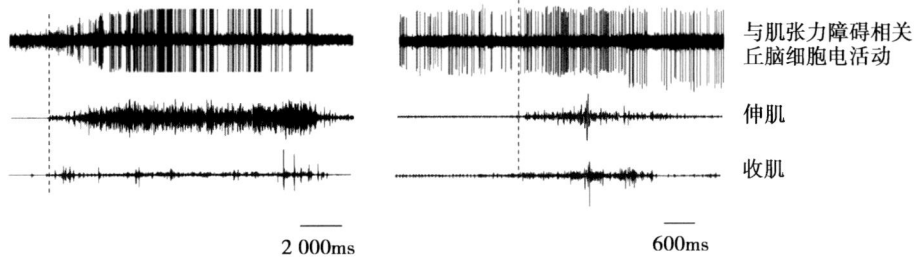

图23-4 丘脑与肌张力障碍相关的细胞放电活动特点
丘脑细胞的放电频率的增加与肌电活动的增强相关。

四、内侧苍白球与PD运动症状相关的细胞放电活动

早期研究也报道了基底节的内侧苍白球（globus pallidus internus，GPi）存在与震颤节律相同的细胞放电活动（"震颤细胞"）。Umbach和Ehrhard等发现对侧肢体震颤时的簇状放电较GPi细胞放电活动延迟约20ms。Jasper和Bertrand在GPi也发现了震颤细胞，但没有发现其与肢体震颤的相关性。笔者对伴有震颤的PD患者行GPi手术时记录到了"震颤细胞"，并发现节律性的神经元放电活动与肢体震颤有高度的相关性（图23-5）。

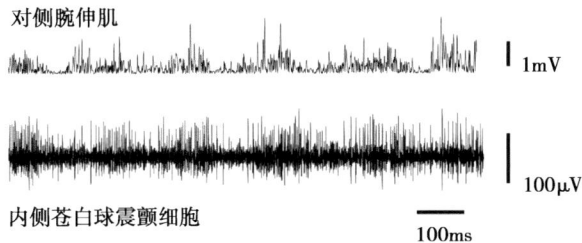

图23-5 GPi"震颤细胞"与肢体对侧腕伸肌放电节律一致
上方为矫正后的肢体伸肌肌电数据，可见肌电震颤频率为6Hz；下方为GPi与震颤相关的细胞放电活动，为6Hz的簇状放电。

图23-6显示的是GPi紧张性放电活动和边界细胞的放电活动。单细胞分析发现，内侧苍白

球外侧部（GPie）紧张性放电频率在25～124Hz，平均为64Hz±44.98Hz。内侧苍白球内侧部（GPii）细胞的放电频率在47～190Hz，平均为89Hz±44.98Hz，明显高于GPie细胞（$P<0.05$）。边界细胞的放电频率为33Hz±3.8Hz。这些紧张性放电活动与PD的僵直迟缓相关。

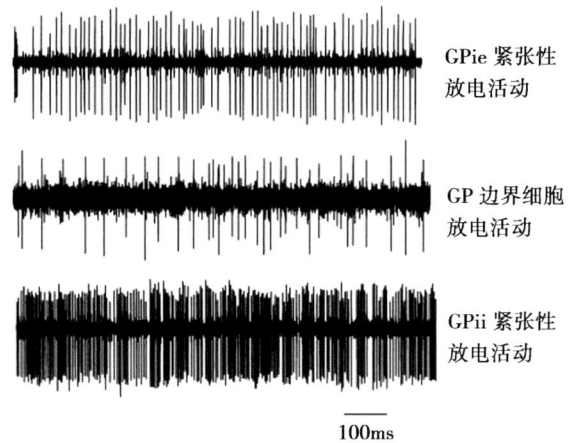

图23-6 GPie和GPii紧张性放电活动及其边界细胞放电活动特点

五、丘脑底核细胞放电活动与PD患者运动症状相关

应用宏电极和微电极记录技术对PD猴模型和PD患者的研究表明PD患者丘脑底核（subthalamic nuclear，STN）神经元不仅放电频率增加、出现异常的簇状放电和振荡活动，同时还发现有震颤节律（4～6Hz）的振荡活动神

329

经元，这些神经元多与肢体震颤相关；而β节律（8～35Hz）的振荡活动神经元推测可能与僵直迟缓相关。最近的研究发现STN的β振荡活动减弱的程度与PD患者口服左旋多巴后临床症状的改善和DBS术后的帕金森病统一评分（UPDRS）呈正相关；STN的β振荡活动的分布范围与PD僵直迟缓的严重程度相关。在23例PD患者的研究中发现STN存在与震颤相关的振荡活动神经元，同时还发现β振荡活动神经元（8～30Hz），图23-7展示了震颤相关的振荡活动神经元与肢体震颤的相关性。

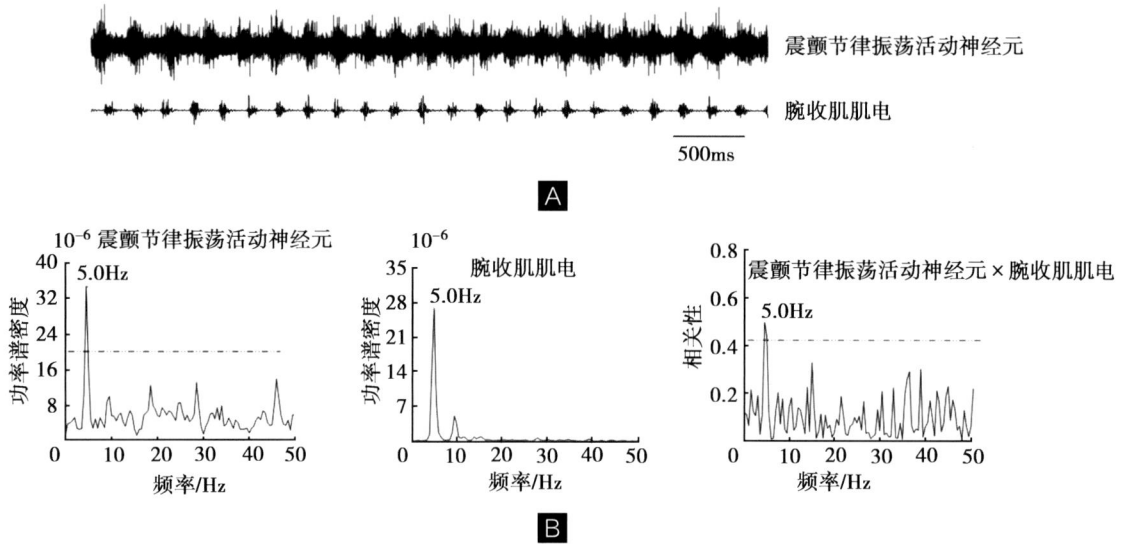

图 23-7　STN震颤节律振荡活动神经元与PD患者肢体震颤相关

A. 上图为STN震颤节律振荡活动神经元放电活动，下图为桡侧腕收肌（ECR）肌电活动；B. STN神经元（左图）和桡侧腕收肌（中图）的功率谱分析，二者的峰值均为5.0Hz；右图展示神经元和肌电的相关性分析，峰值同样在5.0Hz，相关系数为0.51，表明二者高度相关（$P<0.05$）。

冯焕焕博士等针对僵直迟缓型和混合型两组PD患者进行了比较研究，在僵直迟缓型患者中甄别出130个神经元，在混合型患者中甄别出102个神经元。进一步分析发现僵直迟缓型PD患者β节律振荡活动神经元所占比例显著高于混合型（43.8% vs. 19.6%，$P<0.05$）；而震颤节律振荡活动神经元所占比例显著低于混合型（0.8% vs. 26.5%，$P<0.05$）。在僵直迟缓型PD中，12%的β节律振荡活动神经元（8～30Hz）与肢体肌电相关（图23-8）。笔者发现这些振荡活动神经元（96%）主要位于STN的背旁侧，该区域接收来自皮质的感觉运动投射，为DBS有效触点的选择提供依据。β节律振荡活动神经元与肢体肌电直接相关，提示β节律振荡活动神经元直接参与PD僵直迟缓的病理生理。

六、STN 细胞放电活动与 PD 患者在"关期"出现的不自主运动相关

PD患者长期服用左旋多巴往往会诱发各种类型的异动症（L-dopa induced dyskinesia，LID）。依据左旋多巴血药浓度，LID可分为"关期"肌张力障碍、双相性异动和剂峰异动3型，LID的出现会严重影响患者的生活质量，加速病程的进展。李晓宇博士等研究者利用手术治疗PD的优势，探讨了STN振荡活动神经元与PD患者在"关期"出现不自主运动的关系，9例伴有LID

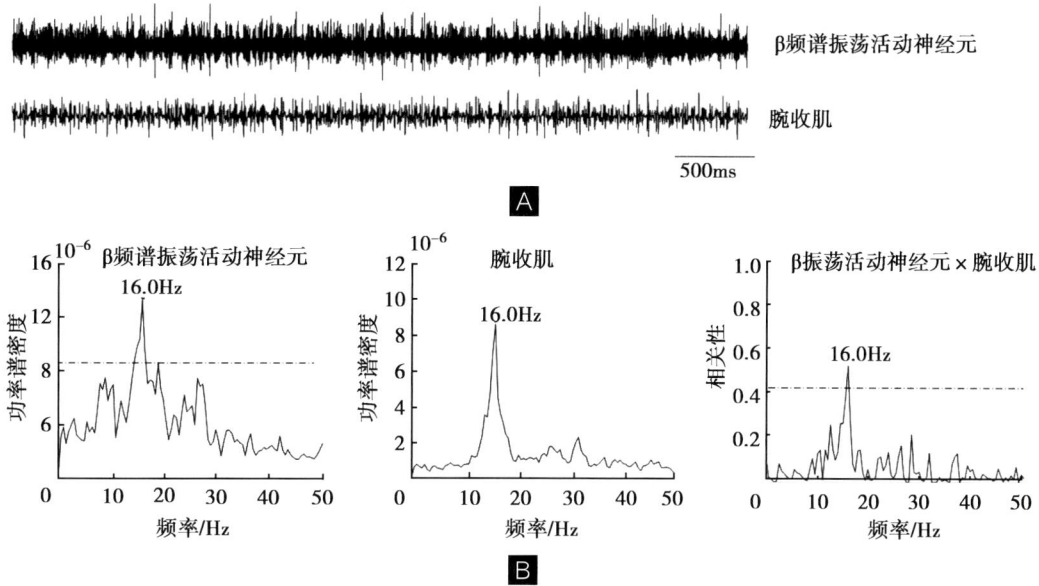

图 23-8　STN 的 β 频谱振荡活动神经元与僵直迟缓型 PD 患者肢体肌电相关

A. 上图为 STN 的 β 节律振荡活动神经元放电活动，下图为桡侧腕收肌（ECR）肌电活动；B. 显示 STN 神经元（左图）和桡侧腕收肌（中图）的功率谱分析，二者的峰值均为 17Hz；右图展示神经元和肌电的相关性分析，峰值同样在 17Hz，相关系数为 0.47，表明二者高度相关（$P < 0.05$）。

的患者为研究组，9 例无 LID 的患者为对照组。研究发现 STN 低频［（1.2 ± 0.5）Hz］振荡活动神经元参与 PD 患者 LID 的发生。另外研究进一步证实早期发病、病程时长和多巴胺的用量是导致 LID 出现的重要风险因素。图 23-9 展示了 STN 低频振荡活动神经元与 PD 患者在"关期"出现的不自主运动放电特点。

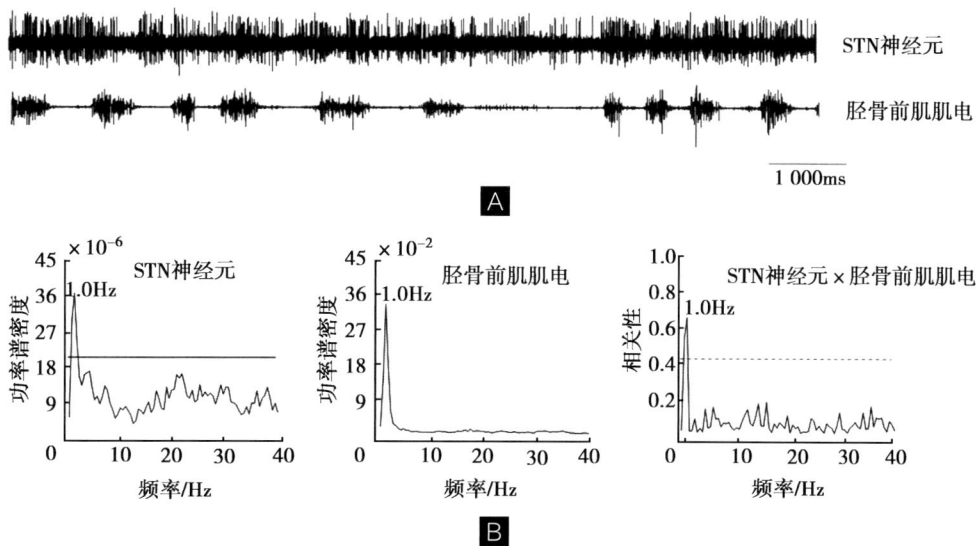

图 23-9　STN 低频振荡活动神经元与 PD 患者在"关期"出现不自主运动相关

A. STN 振荡活动神经元和胫骨前肌（TA）肌电活动特点（患者出现不自主运动时）；B. 功率谱分析显示：STN 低频振荡活动神经元的峰值在 1Hz（左图），TA 肌电的峰值也在 1Hz（中图），二者在 1Hz 显示高度相关，相关系数为 0.77（右图）。该数据提示 STN 参与 PD 患者长期服用左旋多巴导致的不自主运动的发生发展。

上述研究结果表明，MER 技术不但为靶点精确定位提供重要信息，同时还发现不同类型 PD 患者基底节 - 丘脑结构细胞放电频率和模式的改变与不同的症状相关，为手术和临床治疗提供重要的依据。

参考文献

[1] ALBE-FESSARD D, GUIOT G, HARDY J. Electrophysiological localization and identification of subcortical structures in man by recording spontaneous and evoked activities [J]. Electroencephalogr Clin Neurophysiol, 1963, 15: 1052-1061.

[2] JASPER H H, BERTRAND G. Thalamic units involved in somatic sensation and voluntary and involuntary movements in man [M]// PURPURA D P, YAHR M D. The Thalamus. New York: Columbia University Press, 1966: 365-390.

[3] LOZANO A M, HUTCHISON W D, KALIA S K. What have we learned about movement disorders from functional neurosurgery? [J]. Annu. Rev. Neurosci. 2017, 40: 453-477.

[4] ROWLAND L H, DOUGHERTY P M, LENZ F A. Microelectrode recording in functional neurosurgery [M] // GILDENBERG P L, TASKER R R. Textbook of stereotactic and functional neurosurgey. New York: McGraw-Hill, 1998: 935-939.

[5] VITEK J L, DELONG M R, STARR P A, et al. Intraoperative Neurophysiology in DBS for Dystonia [J]. Movement Disorders, 2011, 26 (S1): 35-40.

[6] TASKER R R, LENZ F, YAMASHIRO K, et al. Microelectrode techniques in localization of stereotactic targets [J]. Neurol Res, 1987, 9(2): 105-112.

[7] 李勇杰. 功能神经外科学［M］. 北京：人民卫生出版社，2018：168-196.

[8] HELMICH R C, HALLETT M, DEUSCHL G, et al. Cerebral causes and consequences of parkinsonian resting tremor: A tale of two circuits? [J]. Brain, 2012, 135(pt11): 3206-3226.

[9] RODRIGO Q Q, STEFANO P. Principles of neural coding [M]. New York: CRC press, 2013: 3-14.

[10] 李勇杰，庄平，赵国光，等. 内苍白球震颤细胞的电活动与帕金森震颤［J］. 中华神经外科杂志，2002，18（1）：18-21.

[11] 李勇杰，庄平，张宇清，等. 帕金森病患者丘脑腹外侧核的微电极定位技术［J］. 中华神经外科杂志，2004，20（4）：20-24.

[12] 李勇杰，庄平，石长青，等. 帕金森病患者丘脑底核底的微电极定位技术［J］. 中华神经外科杂志，2005，21（1）：25-29.

[13] FENG H H, ZHUANG P, HALLETT M, et al. Characteristics of subthalamic oscillatory activity in parkinsonian akinetic-rigid type and mixed type [J]. International Journal of Neuroscience, 2016, 126(9): 819-828.

[14] GUO S, ZHUANG P, HALLETT M, et al. Subthalamic deep brain stimulation for Parkinson's disease: Correlation between locations of oscillatory activity and optimal site of stimulation [J]. Parkinsonism Related Disorders, 2013, 19(1): 109-114.

[15] LI X, ZHUANG P, HALLETT M, et al. Subthalamic oscillatory activity in Parkinsonian patients with off-period dystonia [J]. Acta Neurol Scand, 2016, 134(5): 327-338.

第二十四章 重症脑损伤脑功能监测与评估

张艳 陈卫碧

24

第一节　意识障碍

一、概述

（一）临床意义

意识障碍（disorder of consciousness，DoC）是人对自身和外界环境的感知发生障碍的一种状态。各种重症脑损伤（如严重的脑卒中、脑炎、缺氧性脑病、脑外伤等）均会造成 DoC，DoC 早期（发生 DoC 2 周内）患者存在觉醒能力，最终可能获得良好预后，但因为可能同时存在的语言理解障碍而不能理解任务指令，存在语言表达障碍而不能言语，存在记忆障碍而不能完成任务，加之觉醒能力具有波动性，给准确分析 DoC 患者的脑功能带来困难。早期 DoC 患者如果意识未能恢复，进入慢性期或发展为长期 DoC（发生 DoC 2～4 周后），通常会成为最低意识状态（minimally conscious state，MCS）或植物状态（vegetative state，VS），其中 VS 又称无反应觉醒综合征（unresponsive wakefulness syndrome，UWS）。MCS 虽然较 VS 意识水平略好些，但通常亦被认为预后不良。意识的迹象很容易因为患者的感觉和运动障碍、气管切开、觉醒水平的波动或易疲劳等因素而被掩盖。研究显示约 30%～40% 被诊断为 VS 的患者实际存在意识，错误的诊断可能导致不恰当的病情评估和不恰当的治疗（如忽视患者对疼痛的感知），甚至选择停止生命支持。随着急救医学与复苏技术的发展，愈来愈多急性重症脑损伤的患者得以生存，存活的 VS 和 MCS 患者会给家庭和社会带来巨大的经济负担。因此，准确分析 DoC 患者的脑功能，从而准确评估病情和预测预后成为具有挑战性和重要意义的工作，亦是近年神经领域的研究热点。

传统观点认为 DoC 是大脑皮质、丘脑或脑干上行网状激活系统受损所致，但近些年的研究发现除了上述解剖基础外，意识的产生还与以下因素有关：以前额和扣带回为重要信息联络枢纽的远皮质部位的信息交换、额叶与顶叶皮质之间的功能连接、皮质 - 丘脑之间的连接等，即意识与大脑皮质的脑区之间、皮质与皮质下结构之间的广泛联系相关。由此提示，DoC 的原因不限于某一特定解剖结构的损伤，还与全脑网络连接功能的破坏相关。脑网络连接功能的研究主要应用神经电生理技术和神经影像，神经电生理评估为本章重点介绍的内容，主要包括脑电图（electroencephalogram，EEG）和诱发电位，其优势为：① 比临床观察更敏感、特异；② 安全、无创易于操作和分析；③ 可在床旁进行，不干扰治疗和护理。除此以外，重症脑损伤脑功能评估通常还包括临床、神经生化标志物等评估方法。

（二）临床评估

临床上应用最广泛的是格拉斯哥昏迷评分（Glasgow coma scale，GCS），通过对睁眼反应、语言反应和运动反应 3 项进行检查，并用计量的方法加以评分，然后将得分相加得出结果（表 24-1）。睁眼反应主要通过观察、呼唤及给予疼痛刺激进行检查；语言反应的检测是通过呼唤患者的名字，请患者回答简单的问题来进行评分；运动反应的检测是通过吩咐患者执行简单命令（如伸舌、睁眼、抬高肢体或握手等），或给予疼痛刺激来观察患者每一肢体的运动。GCS 总分 15 分，最低 3 分，按得分多少，评定其 DoC

24

表 24-1　格拉斯哥昏迷评分（GCS）

运动反应		语言反应		睁眼反应	
6 分	按吩咐动作	5 分	正常交流	4 分	自发睁眼
5 分	对疼痛刺激定位反应	4 分	言语错乱	3 分	语言刺激睁眼
4 分	对疼痛刺激屈曲反应	3 分	只能说出不恰当单词	2 分	疼痛刺激睁眼
3 分	异常屈曲（去皮质状态）	2 分	只能发音	1 分	无睁眼
2 分	异常伸展（去大脑状态）	1 分	无发音		
1 分	无反应				

程度。13~15 分为轻度 DoC；9~12 分为中度 DoC；3~8 分为重度 DoC。GCS 分数越低提示脑损伤越重，预后越差。

由于 GCS 语言反应用于评估失语、有人工气道的患者时受到限制，亦可以采用全面无反应性量表（full outline of unresponsiveness，FOUR）进行评分（表 24-2）。FOUR 评分在 GCS 基础上进行改进，取消语言反应项，将脑干反射和呼吸模式整合入评分中以评估昏迷患者脑损伤程度。

脑干反射在重症脑损伤患者脑功能评估中具有非常重要的临床意义，不仅有助于定位诊断，而且对临床预后的判断具有重要意义，脑干反射迟钝或消失提示相关反射途径中的解剖结构受损。常用脑干反射包括：瞳孔对光反射、角膜反射、头眼反射、前庭眼反射和咳嗽反射等。

24

表 24-2　全面无反应性量表（FOUR）

眼部反应		运动反应		脑干反射		呼吸状态	
4 分	睁眼并能遵嘱追踪或眨眼	4 分	能够完成握拳、竖拇指或伸两指手势	4 分	瞳孔和角膜反射存在	4 分	无气管插管，正常呼吸模式
3 分	自动睁眼但不能追踪	3 分	对疼痛刺激有定位反应	3 分	一侧瞳孔散大固定	3 分	无气管插管，潮式呼吸
2 分	呼唤睁眼	2 分	疼痛时有屈曲反应	2 分	瞳孔或角膜反射消失	2 分	无气管插管，不规则呼吸
1 分	疼痛刺激睁眼	1 分	疼痛时有伸直反应	1 分	瞳孔和角膜反射均消失	1 分	气管插管，呼吸次数高于呼吸机设定次数
0 分	疼痛刺激无睁眼	0 分	对疼痛无反应或全面肌阵挛癫痫持续状态	0 分	瞳孔、角膜和咳嗽反射均消失	0 分	气管插管，呼吸为呼吸机设定次数或呼吸暂停

（三）EEG 评估

EEG 是大脑中大量的神经元群兴奋性和抑制性突触后电位活动在头皮的总体反映。作为研究脑科学的手段，EEG 通过记录脑神经元群的自发电活动，从时间和空间序列反映脑网络活动，借以分析大脑的高级功能。由于其对脑组织缺血、缺氧以及异常同步放电敏感，可早期评估患者脑功能的改变及预后，所以是目前神经重症患者常用的电生理监测及评价工具之一。

1. EEG 模式 EEG 模式是对脑电频率、波幅、位相、节律等特点的描述和归类。重症脑损伤静息态 EEG 主要模式如下。

α 优势模式（图 24-1）：α 波（8~13Hz）占所有波形成分的 70% 以上，以颞 - 顶 - 枕部为著，调幅基本良好。虽然 α 优势模式中的 α 波成分有所减少，但仍占优势，此模式提示脑损伤范围较小或程度较轻，大脑皮质与皮质下结构基本完整，属于预后良好的 EEG 模式。

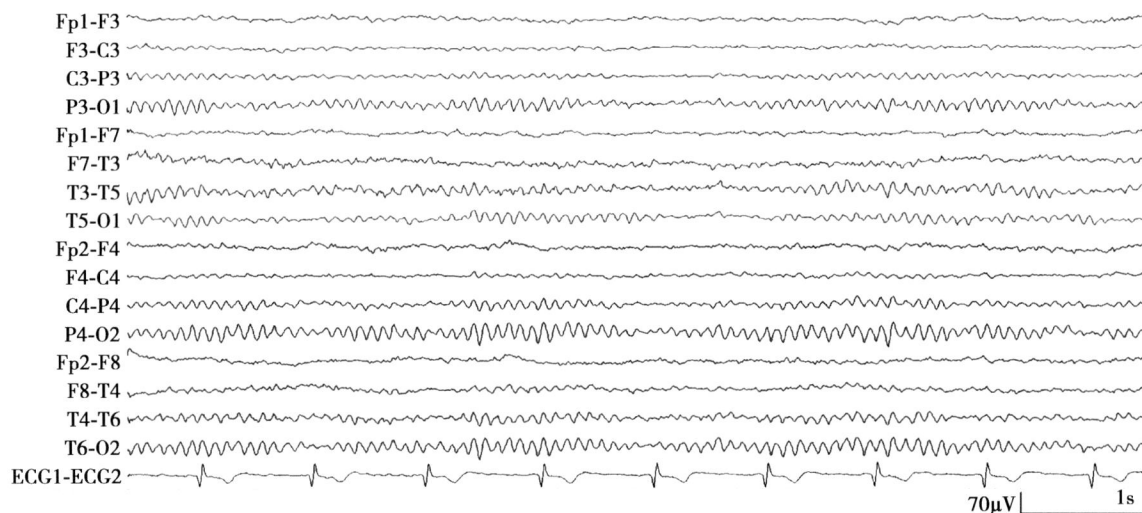

图 24-1 α 优势模式

慢波增多模式（图 24-2）：θ 波（频率 4~<8Hz）和 δ 波（频率 0.1~<4Hz）为慢波。当 EEG 的慢波成分超过 50% 时，称为慢波增多模式，此模式提示脑损伤严重，但仍有可逆性，需要动态观察，属于预后不确定的 EEG 模式。

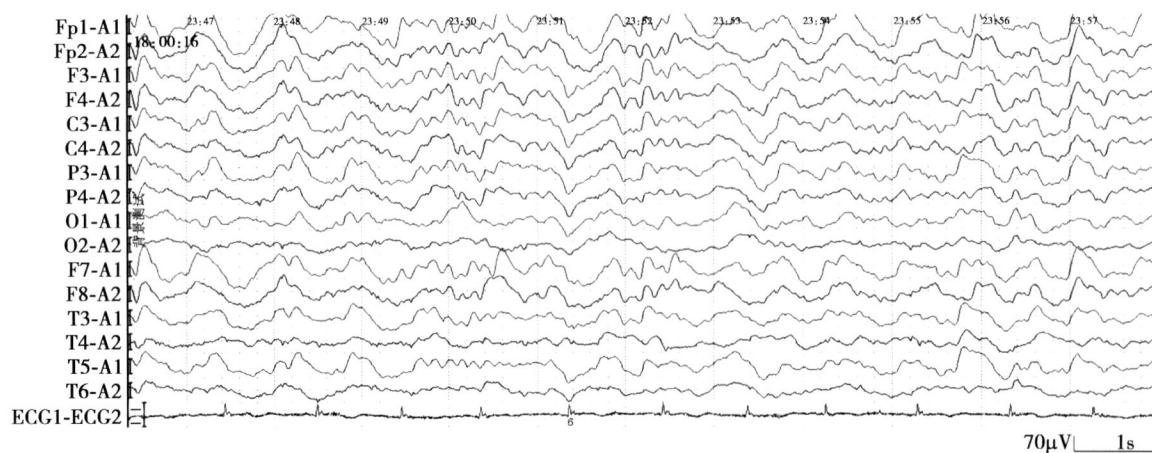

图 24-2 慢波增多模式

RAWOD 模式（图 24-3）：即无 δ 波的区域性减弱（regional attenuation without delta，RAWOD）模式，是大脑半球大面积脑梗死的特殊 EEG 模式。其类似慢波增多模式，但不同的是缺血区域所有波形弱化、抑制，特别是缺乏 δ 波，因而又被称为特殊慢波增多模式。RAWOD 模式意味脑血流量严重不足、脑损伤严重，属于恶性 EEG 模式。

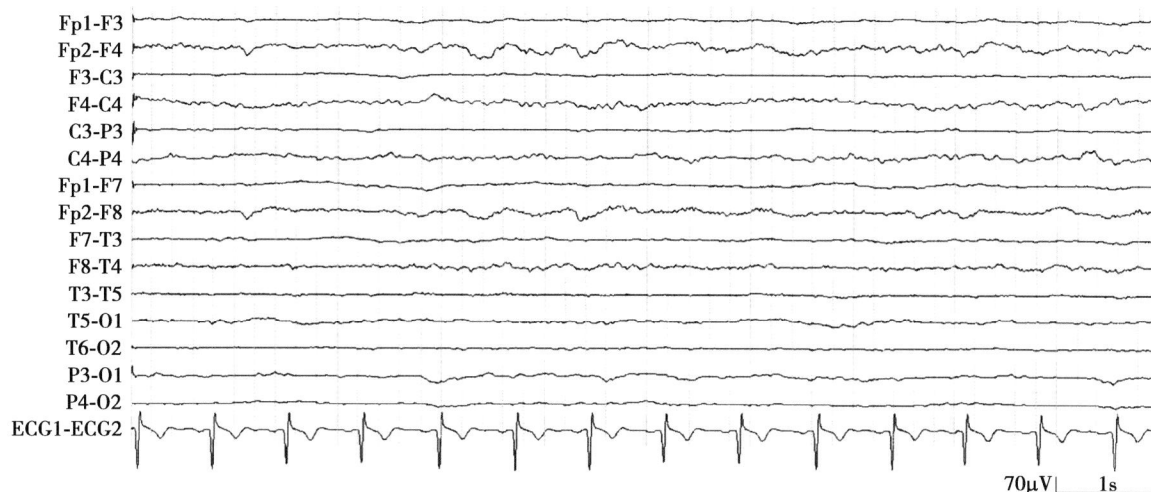

图 24-3　RAWOD 模式

α 昏迷模式（图 24-4）：虽然以 α 节律为主，但与 α 优势模式不同，其 α 节律频率更慢（8～9Hz），调幅不良。当丘脑背侧核和板内核受损、高位脑干网状结构抑制或低位脑干网状结构兴奋时，出现 α 昏迷模式，提示丘脑、高位脑干损伤严重，属于恶性 EEG 模式。

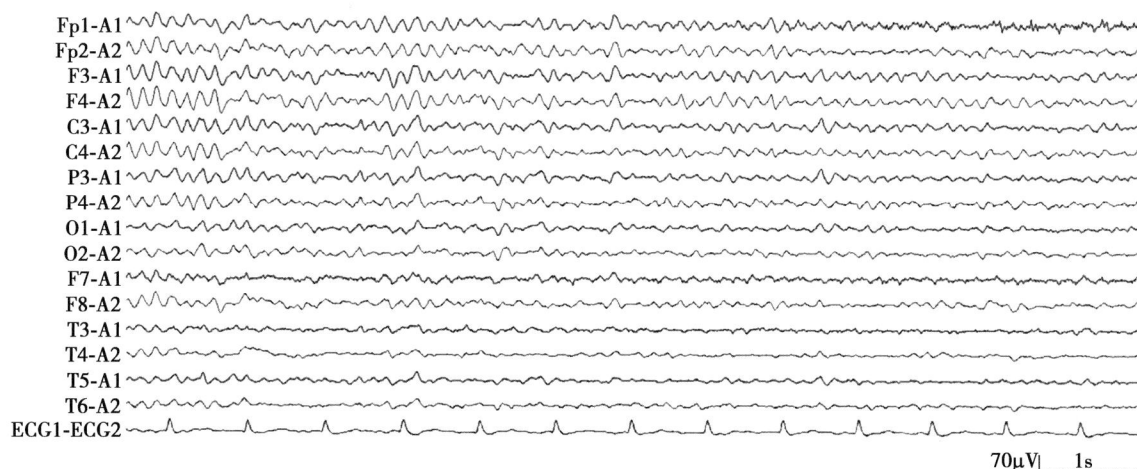

图 24-4　α 昏迷模式

癫痫样活动模式：分为广泛性癫痫样活动（图 24-5）和局灶性癫痫样活动（图 24-6）。大脑神经元过度放电使神经细胞受损，如未能及早控制，可导致永久性损伤，属于恶性 EEG 模式。

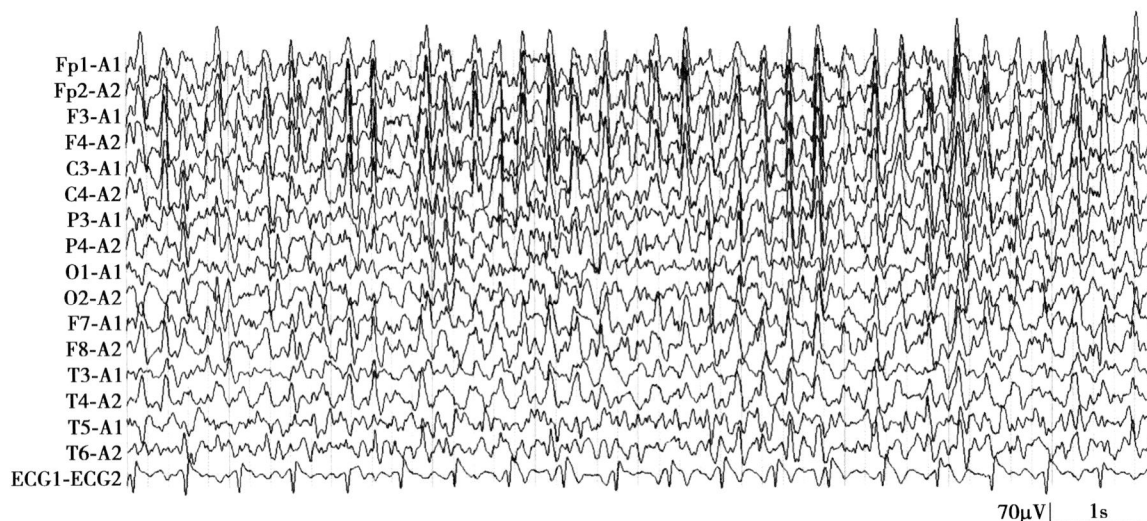

图 24-5 广泛性癫痫样活动

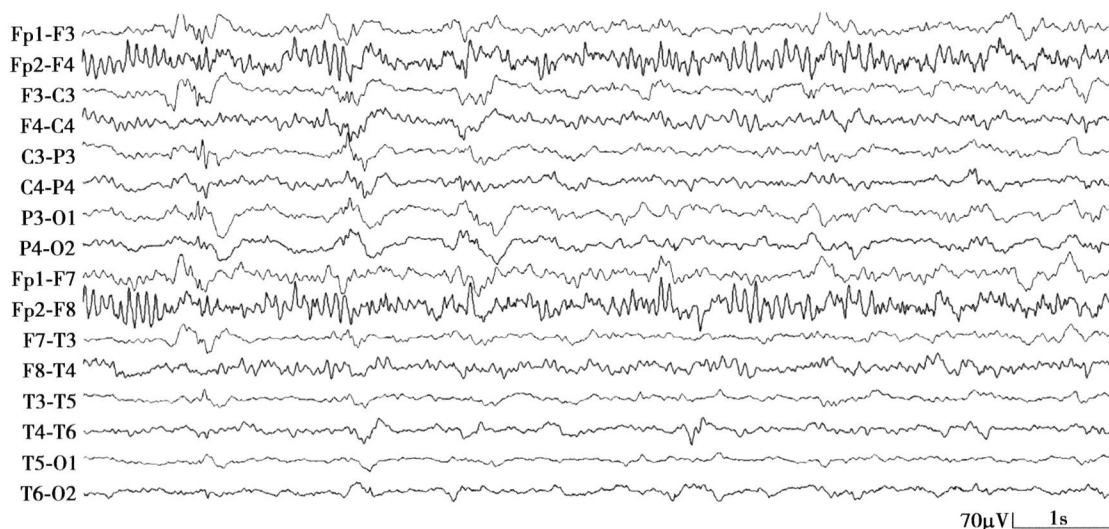

图 24-6 局灶性癫痫样活动

周期性放电（periodic discharges，PDs）模式（图 24-7）：表现为≤3 个相位（穿过基线<2 次）或持续≤0.5s（无论相位多少）、波形相对一致的棘波、尖波、棘慢或尖慢复合波，按规则时间间隔反复出现，包括广泛性、偏侧、双侧独立、单侧独立和多灶性 PDs，属于恶性 EEG 模式。

爆发-抑制（burst-suppression，BS）模式（图 24-8）：爆发波形与低波幅电活动交替反复出现。爆发定义为：高波幅 δ 波或更快的波形持续时间>0.5s，且至少 4 个相位（至少穿过基线

≥3 次），分癫痫样爆发和非癫痫样爆发。低波幅电活动定义为：近乎平坦的波幅（<10μV）。此模式提示大脑半球受损广泛，仅有少量细胞放电，属于高度恶性 EEG 模式，大剂量麻醉镇静药物输注后也可出现。

全面抑制模式（图 24-9）：脑电全面抑制，波幅<10μV。此时大脑皮质细胞生物电活动极其微弱，属于高度恶性 EEG 模式，大剂量麻醉镇静药物输注后也可出现。

电静息模式（图 24-10）：脑电波幅≤2μV，

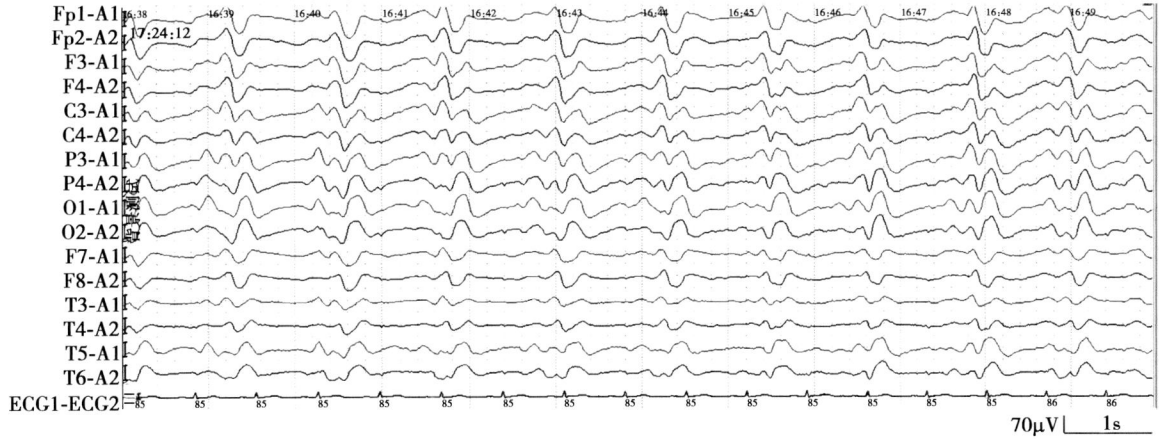

图 24-7　周期性放电

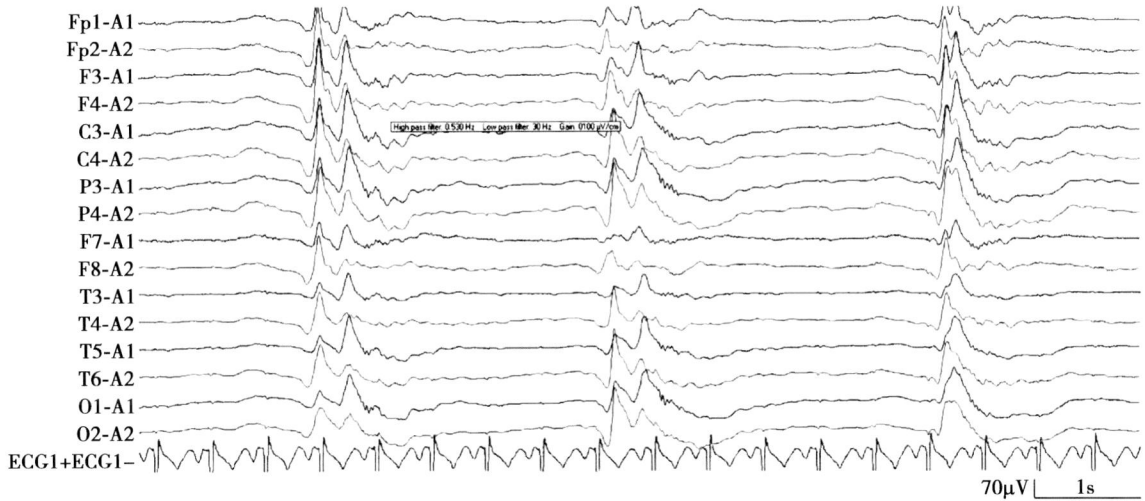

图 24-8　爆发 - 抑制模式

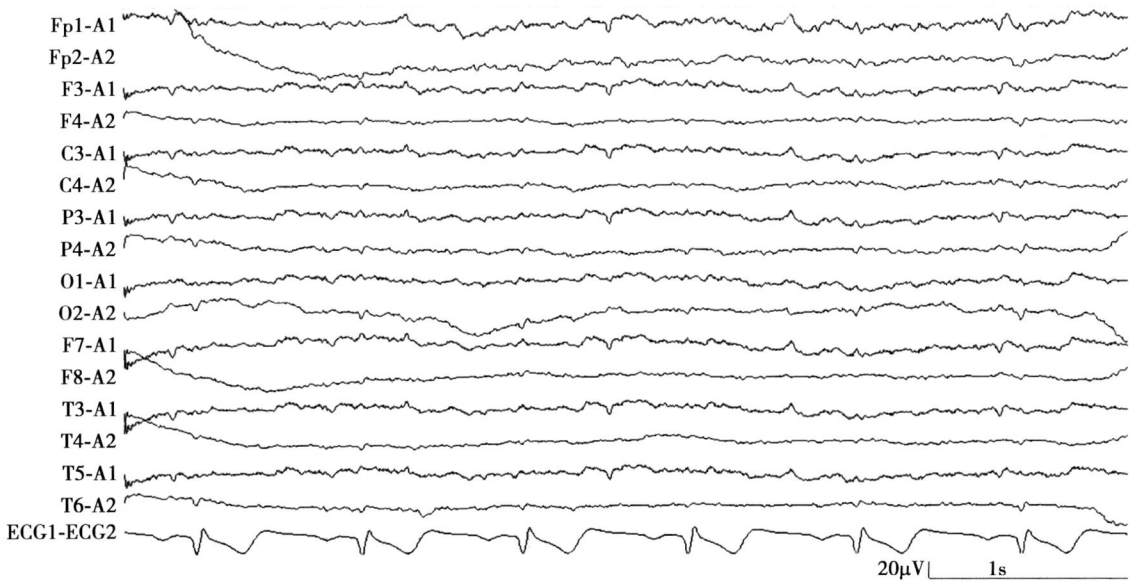

图 24-9　全面抑制模式

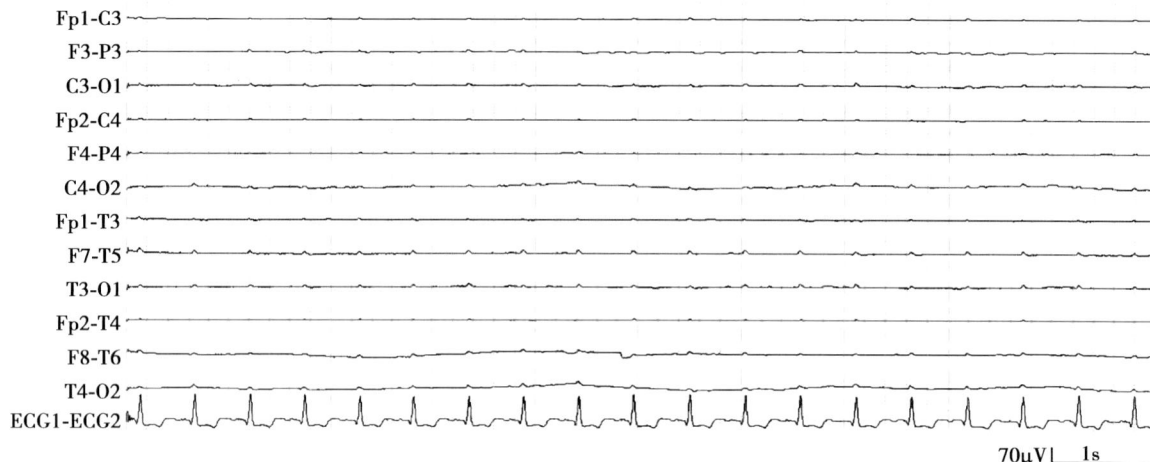

图 24-10　电静息模式

即大脑皮质细胞生物电活动停止，是脑死亡 EEG 模式，大剂量麻醉镇静药物输注后也可出现。

2. EEG 反应性　除了常规的静息态 EEG，EEG 反应性检查尤为重要，即给予疼痛、声音、光源、冷热等外界刺激后，如果 EEG 的频率或波幅出现任何改变，定义为 EEG 有反应性；反

之，则为无反应性（图 24-11）。EEG 反应性有赖于皮质 - 丘脑环路和丘脑 - 脑干环路结构的完整性，外界刺激引起的 EEG 反应与患者的预后相关。据报道昏迷早期（48h 内）对刺激的反应性与意识恢复和生存有关。一旦 EEG 反应性消失，提示脑损伤广泛、环路破坏，预后不良。

疼痛

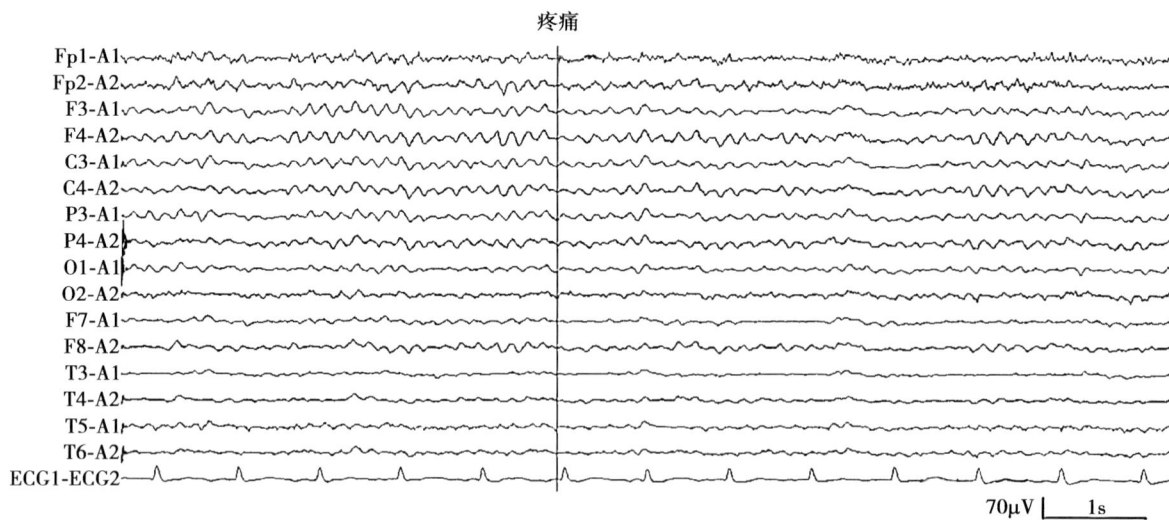

图 24-11　脑电图无反应性

3. EEG 半定量分级　EEG 模式分析属于定性分析，在此基础上将 EEG 模式所反映的脑损伤严重程度进行由轻到重的排序，可建立脑损

伤分级标准，即半定量分析。国际上较为常用的 EEG 分级标准是 Synek 分级标准（1988 年）（表 24-3）和 Young 分级标准（1997 年）（表 24-4），

这两个标准多用于心肺复苏后和颅脑外伤后的昏迷评估。2009年宿英英教授提出的改良Young评估标准（表24-5），可用于大面积脑梗死后患者的昏迷评估。三种分级标准均为级别越高，脑损伤越重，预后越差。

表24-3　Synek 分级标准（1988年）

级别	描述
Ⅰ级	规律性α活动，伴少量θ波，有反应性
Ⅱ级	θ活动占优势
A	有反应性
B	无反应性
Ⅲ级	δ波/纺锤波
A	δ活动占优势，高幅，节律性，有反应性
B	纺锤波昏迷
C	δ活动占优势，低幅，弥漫，不规则，无反应性
D	δ活动占优势，中幅，通常无反应性
Ⅳ级	爆发-抑制、α昏迷、θ昏迷或低电压的δ波
A	爆发-抑制，有或无癫痫样活动（阵发或普遍多棘波或尖波）
B	α昏迷，包括有反应性、无反应性
C	θ昏迷
D	低电压（<20μV 的δ波）
Ⅴ级	等电位（<2μV）

表24-4　Young 分级标准（1997年）

级别	描述
Ⅰ级	δ波/θ波>50%（非θ昏迷）
A	有反应性
B	无反应性
Ⅱ级	三相波昏迷
Ⅲ级	爆发-抑制
A	有癫痫样活动
B	无癫痫样活动
Ⅳ级	α昏迷/θ昏迷/纺锤波昏迷（无反应性）
Ⅴ级	癫痫样活动（非爆发-抑制模式）

续表

级别	描述
A	广泛性
B	局灶性或多灶性
Ⅵ级	全面抑制
A	>10μV，<20μV
B	<10μV

表 24-5　改良 Young 分级标准（2013 年）

级别	描述
Ⅰ级	α 优势（有反应性）
Ⅱ级	慢波增多（有反应性）
Ⅲ级	α 优势（无反应性）
Ⅳ级	慢波增多（无反应性）
Ⅴ级	RAWOD 模式
Ⅵ级	爆发 - 抑制（有或无癫痫样活动）
Ⅶ级	α 昏迷 / θ 昏迷
Ⅷ级	癫痫样活动（非爆发 - 抑制模式）
Ⅸ级	全面抑制

4. EEG 定量分析　常规 EEG 虽然操作简单，但对评估者要求较高，模式判读耗时较长，且可能存在评估者之间的主观偏倚。除此之外，这种分析方法无法客观提取脑电活动所含的丰富信息。随着生物电分析技术的发展，以原始脑电为基础，通过各自的算法转换成量化指标，EEG 逐渐实现量化，可避免常规 EEG 判读存在的上述问题。应用于 DoC 的 EEG 定量分析方法大致包括：脑对称指数（brain symmetry index，BSI）、功率谱（绝对功率值、相对功率值及相对功率比）、脑电双频指数（bispectral index，BIS）、熵指数、脑网络（相干性、互信息、相位锁指数、格兰杰因果关系等）等。定量分析使采集的大量

EEG 信息判读更加直观、简单、准确。

BSI 是双侧大脑半球功率差绝对值的平均值，范围为 0 ~ 1，即从非常对称到极不对称，对发现大脑半球不对称的局灶性病变有重要意义。

在功率谱分析（图 24-12）中，δ 频段、θ 频段和 α 频段被认为是区分不同意识状态的关键频段。与正常人相比，DoC 患者的 α 频段能量更低，δ 和 θ 频段能量显著增高；脑电高频段（α、β 频段）与低频段（δ、θ 频段）的能量比率与患者的临床评分呈显著正相关。

BIS 是通过使用快速傅里叶转换和双频谱分析的方法对 EEG 的功率及频率进行分析，将所

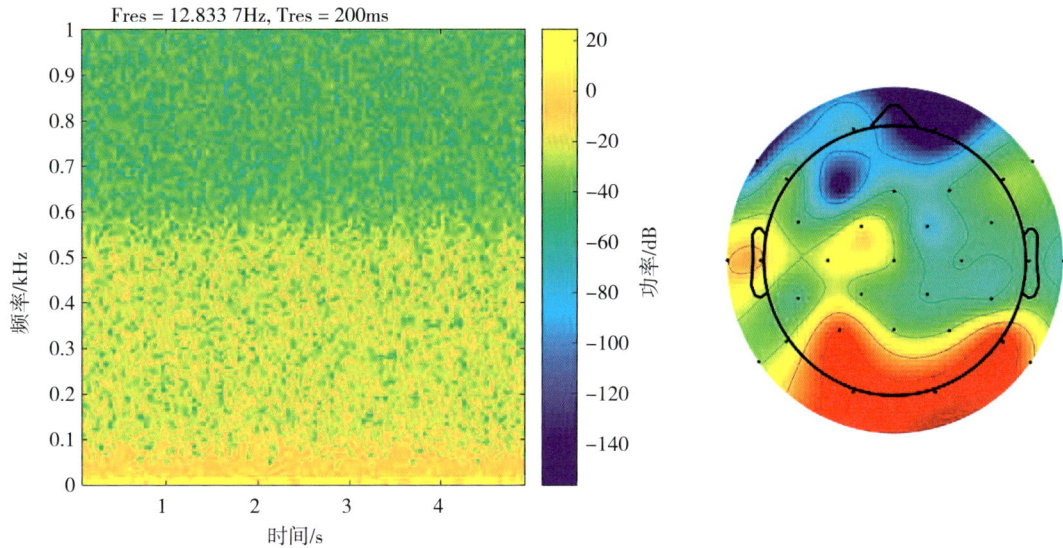

图 24-12　EEG 功率谱分析和功率谱地形图

有信息综合成一个 0 ～ 100 的定量数值，反映镇静深度及脑电活动（图 24-13）。一般成年人的 BIS 值为 85 ～ 100，表示处于清醒状态，65 ～ 84 表示处于镇静状态，40 ～ 64 表示处于麻醉状态；<40 就可能出现爆发 - 抑制的情况，脑死亡患者 BIS 值极低，甚至为 0。不同意识水平的 BIS 值存在差异，低 BIS 值与颅脑损伤患者的不良预后相关。

此外，越来越多的观点认为 EEG 是一高

维的非线性混沌系统，评估其复杂度常用熵指数，比如近似熵、排列熵、Lempel-Ziv 复杂度、Kolmogorov-Chaitin 复杂度等，均可用于研究 EEG 特征与意识水平的关系。总体来说，DoC 的非线性指标要比正常人低，VS 患者的非线性指标要比 MCS 患者低。

EEG 的脑连接性已用于 DoC 的研究，其中脑电相干性应用最早。相干性研究发现额叶脑区、额叶与左颞叶及顶枕叶的相干性能够显著区分 MCS 患者与认知障碍患者。除此之外，还有很多功能连接方法用于 DoC 的研究，比如多参数格兰杰因果关系等，为 DoC 的评估和诊断提供了新思路。

5. 影响因素与注意事项　EEG 是微弱的生物电，需要经过数百万倍的放大才能在头皮上记录到。因此，微小的干扰都会影响 EEG 图形质量及其评估价值。床旁 EEG 描记和最终 EEG 判读均需要排除多种干扰因素，如药物、生理学、病理生理学、仪器设备（气垫床、排痰仪、呼吸机、监护仪等）、电极、环境和电磁干扰因素等（表 24-6）。

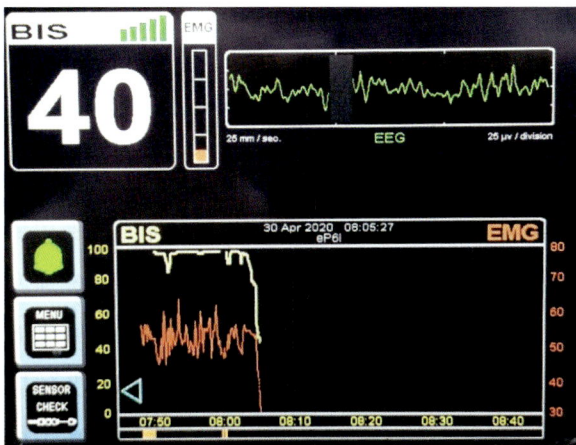

图 24-13　脑电双频指数（麻醉术中监测）

表 24-6　EEG 影响因素

分类	影响因素
药物	麻醉药物、镇静药物、抗癫痫发作药物、抗精神症状药物等
低温	核心体温<34℃
低血压	平均动脉压<50mmHg
描记伪差	生理学伪差（心电、肌电、眼动、瞬目、呼吸和出汗等）、仪器设备和电极伪差、环境和电磁伪差（如 50Hz 交流电干扰、静电干扰等）等

（四）诱发电位评估

诱发电位是指神经系统在感受体内外各种特异性刺激时所产生的生物电活动，可以满足 DoC 患者脑功能监测的基本条件和需求。临床常用躯体感觉诱发电位（somatosensory evoked potential，SEP）、脑干听觉诱发电位（brainstem auditory evoked potential，BAEP）和事件相关电位（event related potential，ERP）进行脑功能评估。

动态监测诱发电位对重症脑功能损伤患者的预后预测有重要价值。如果诱发电位由异常趋于正常提示预后良好，如果由正常变为异常或异常程度逐渐加重甚至波形消失提示预后不良。即使诱发电位各项指标均尚在正常范围内，动态监测出现主波潜伏期进行性延长亦提示预后不良。

1. 躯体感觉诱发电位（SEP） 按检出成分的峰潜伏期长短分为短潜伏期 SEP（short-latency SEP，SLSEP）、中潜伏期 SEP（middle-latency SEP，MLSEP）和长潜伏期 SEP。SLSEP 为皮质下起源，几乎不受睡眠和全身麻醉药物的影响，临床监测中应用最为广泛；MLSEP 和长潜伏期 SEP 起源于大脑皮质，容易受意识状态的影响。

上肢 SLSEP 为刺激上肢正中神经记录到的潜伏期<25ms 的电反应，其检测对重症脑功能损伤有很高的评估和预测价值，并且临床操作方便，故常被选用。SLSEP 的各波起源：① 锁骨上电位（或 Erb 点电位）：通常记录为 N9，是臂丛的复合动作电位，源于臂丛远端；② 颈部电位：通常记录为 N13，N13 主要为下段颈髓后角突触后电位与远场电位 P13 的代数和；③ 脑干电位：通常记录为 P14 和 N18，P14 起源于延髓内侧丘系的起始段，N18 起源于脑干的内侧丘系；④ 头部近场电位：通常记录为 N20，是一级躯体感觉皮质的原发反应电位。SEP 出现某波峰潜伏期延长和（或）波幅降低，提示该波起源部位功能异常。双侧 N20 消失提示大脑皮层功能广泛受损，对预后不良（死亡、植物状态／无反应觉醒状态）具有极高预测价值，尤其在缺血缺氧性脑病预后预测中，特异性高达 97%～100%。

MLSEP 主要包括 N20 以后出现的 N35、P45 和 N60，多数研究者认为其起源于顶叶皮质的次级躯体感觉区。通常 SEP 皮质反应波消失的顺序依次为：N60、N35、N20。N20 消失侧的 N60 一般均消失；而 N60 消失侧的 N20 可部分存在。即使 SLSEP 各波存在，反映相关躯体感觉神经传导通路功能基本正常，但此时 MLSEP 可异常或消失，提示大脑皮质之间或皮质与皮质下联络功能障碍。因此，与仅反映神经生理传导通路功能的 SLSEP 相比，MLSEP 能更敏感地发现脑损伤后大脑皮质和皮质下神经联系网络功能的异常。鉴于 SLSEP 的 N20 消失预测不良预后具有高特异度，特别是 N9、N13 等波存在（反映感觉刺激和记录的有效性）而 N20 消失时；

MLSEP 的 N60 消失具有高灵敏度，尤其是 N20 存在而 N60 消失时，MLSEP 与 SLSEP 联合应用可明显提高预测的准确性。

2. 脑干听觉诱发电位（BAEP） BAEP 指听觉感受器在接受一定强度的声音刺激时，听觉传导通路发生的一系列电活动，这些电活动可以用电子计算机技术将其叠加、放大，并记录下来。通常在短声刺激的最初 10ms 内，从头皮上记录到七个连续正波，按各波出现顺序，以罗马数字来命名，BAEP（图 24-14）这七个波在听觉传导通路中有其特定的发生源。Ⅰ波起源于与耳蜗紧密相连的听神经；Ⅱ波起源于（延髓脑桥交界）与耳蜗核紧密相连的听神经和耳蜗核；Ⅲ波起源于（脑桥下部）上橄榄核；Ⅳ波起源于（脑桥上部）外侧丘系和其核团；Ⅴ波起源于（中脑）下丘；Ⅵ波起源于（丘脑）内侧膝状体；Ⅶ波起源于（丘脑-皮质）听辐射区。其中Ⅰ、Ⅲ、Ⅴ波为主波，正常情况下均可引出。部分研究者认为 BAEP 各波均来源于刺激同侧，

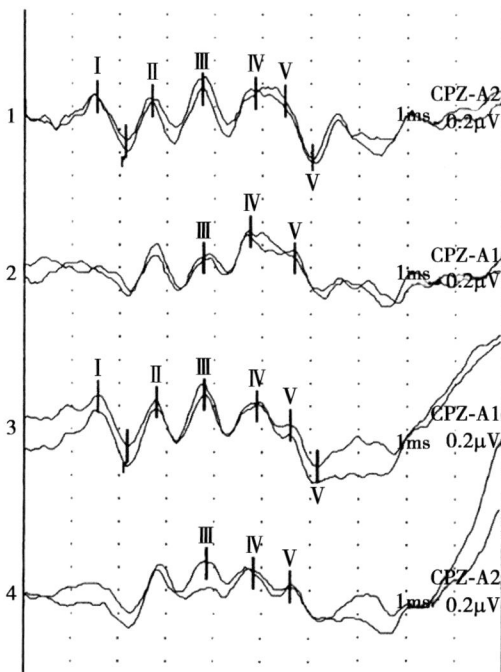

图 24-14　正常成人 BAEP

部分研究者认为前四个波来源于刺激的同侧，Ⅴ波来源于刺激的对侧，另一部分研究者认为Ⅲ波亦可来源于刺激的对侧。Ⅳ波有时与Ⅴ波形成融合波，属于正常变异。

大脑半球病变严重时，即使无脑干原发病变，也会因脑水肿而使脑干受压、移位，BAEP 的Ⅴ波起源部位（中脑）最先受损，故Ⅴ波最早异常。如果半球病变继续加重，则 BAEP 按Ⅲ至Ⅰ波的先后顺序出现异常。

缺血缺氧和外伤性脑损伤均可能导致耳蜗或听神经受损。耳蜗对缺氧比较敏感，听神经也可能被缺血机制破坏或暂时失去功能。颅脑外伤患者的听神经可能会因迷路骨折而受损，导致 BAEP 缺失。因此，BAEP 评估脑干功能需要至少存在Ⅰ波，以避免被损伤之前已存在或伴随损伤发生的听觉功能障碍所误导。

3. 事件相关电位（ERP） ERP 反映了认知过程中大脑的神经电生理变化，其中失匹配负波（mismatch negativity，MMN）、N100（或称N1）和 P300（或称 P3）可以用于 DoC 患者的脑功能评估。

MMN 是将声音偏差刺激诱发的 ERP 减去标准刺激诱发的 ERP 所得到的差异波，是在刺激后 100~250ms 出现的负向偏转。虽然听觉 ERP 通常需要受试者配合，但在记录 MMN 时只要其存在，即使受试者的注意力不在听觉上，甚至处于昏迷状态也可以记录到，所以 MMN 反映了一种听觉早期差异自动检测机制的激活。若 DoC 患者记录到 MMN，则意识恢复的可能性较大。

当被试接收听觉刺激后约 100ms 时记录到的第一个负向波即命名为 N100，任何听觉刺激均可诱发，无须患者主动注意。初级听觉皮质的激活程度和前额叶背外侧皮质的活动性皆与 N100 存在一定相关性。在 DoC 患者中如能记

录到 N100，则说明患者的初级听觉皮质部分功能保留。N100 的消失与 DoC 患者不良预后相关，N100 的存在提示患者预后良好，其对预测 DoC 患者苏醒预后的灵敏度较高，但其特异度较 MMN 低。

P300 是偏差刺激后 300ms 左右出现的正波，波幅较高（5～12μV），其产生涉及皮质区的一系列激活，与高级认知功能有关。DoC 患者的 P300 存在提示脑功能部分保留，预后可能较好。

非侵入性脑刺激（non-invasive brain stimulation，NIBS）包括经颅磁刺激（transcranial magnetic stimulation，TMS）和直流／交流电刺激（transcranial direct/alternating current stimulation，tDCS/tACS）与脑电图同步采集，显示出了在意识评测中的作用。能够产生特定的诱发电位及刺激相关的脑网络连接的改变，尽管这些与意识的产生并不一定相关，但频谱功率、一致性、熵谱、非线性分析和功能连接性有助于明确意识水平和预测预后。

4. 影响因素与注意事项 ① 操作时最好选用专用接地线，必要时使用稳压器，以避免交流电干扰。如果仍不能排除干扰，则在诱发电位记录期间暂时停止使用其他医疗仪器设备，如电动气垫床、冰毯等。② SLSEP 检测时，保持被检测肢体皮肤温度正常（低温可使潜伏期延长）。电极安放部位外伤或水肿、锁骨下静脉置管、正中神经病变、颈髓病变以及周围环境电磁场干扰

等均可影响结果判定，此时 SLSEP 结果仅供参考。③ 听力障碍会影响听觉诱发电位的检测结果，包括 BAEP、听觉刺激诱发的 ERP。

（五）多导睡眠图

许多研究支持睡眠评估在区分 MCS 和 VS 中的作用。睡眠纺锤波（图 24-15）出现于浅睡眠期，持续 0.5～2s，频率一般为 10～14Hz，为梭形纺锤样的波形，多见于顶部、中央或额区。丘脑是产生睡眠节律的中枢，睡眠纺锤波的出现提示患者丘脑损伤较小或未损伤，仍存在一定的睡眠周期。研究显示，存在睡眠纺锤波的睡眠周期或出现含有睡眠纺锤波的 K 复合波（图 24-16）的昏迷患者预后较好。一般来说，MCS 患者的睡眠结构较 VS 患者保留更多，存在生理性快速眼动睡眠（rapid eye movement，REM）和非快速眼动睡眠（non-rapid eye movement，NREM）的分布，提示大脑部分功能存在。VS 患者在睡眠不同阶段通常缺乏关键的 EEG 改变，有些 VS 患者入睡后立即出现慢波活动，在睡眠期持续或逐渐增加；有些 VS 患者没有睡眠周期的变化。睡眠-觉醒周期的恶化提示脑干功能障碍和患者预后差。"规律的"睡眠结构被证明是 DoC 患者临床预后良好的预测因素。亦有研究发现大脑的整体连接性、睡眠结构和疼痛感知之间存在相关性，这与广泛的皮质和皮质下网络活动有关。

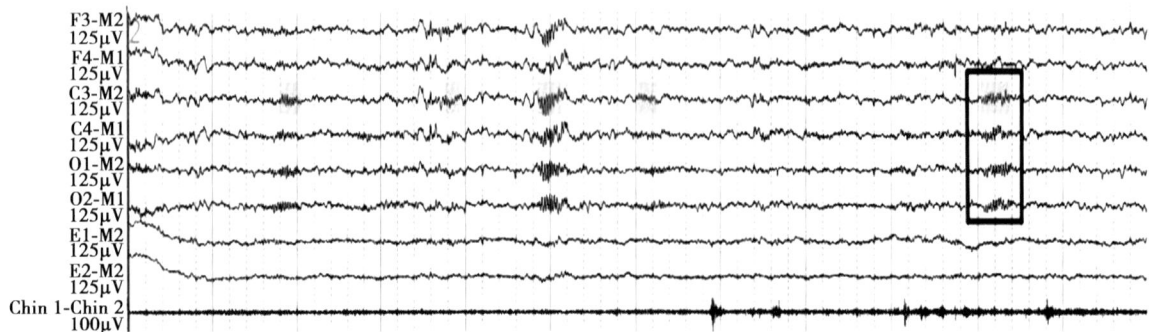

图 24-15　正常人的睡眠纺锤波

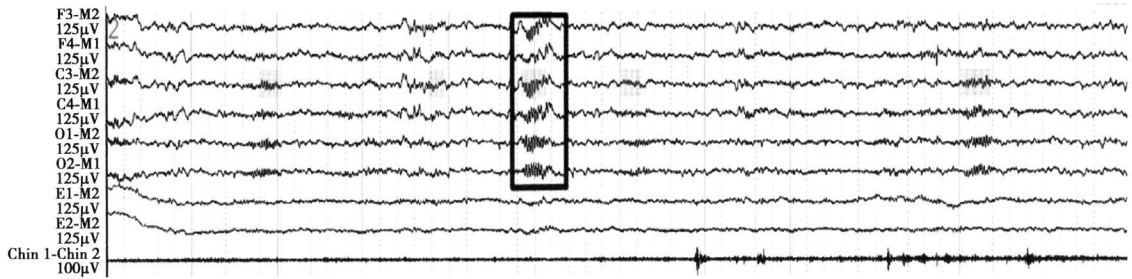

图 24-16　正常人的睡眠 K 复合波

（六）神经生化标志物

生理状态下神经生化标志物在血中含量极低，但重症脑损伤后早期可迅速由受损的神经元和神经胶质细胞释放入脑脊液和血液。因其具有短时间内蓄积并达峰值，以及半衰期较长的生物学特性，可作为 DoC 患者预后的早期预测指标。常用于重症脑损伤预后评估的神经生化标志物包括血清神经元特异性烯醇化酶（neuron-specific enolase，NSE）和 S100B 蛋白。NSE 与各种原因所致神经元损伤相关。S100B 主要存在于胶质细胞和施万细胞中，与神经胶质细胞损伤相关。NSE 和 S100B 蛋白在严重脑损伤后升高，升高程度与脑损伤的严重程度相关。

（七）神经影像学

神经影像学评估可以为脑部形态结构性病变提供直接证据，有助于直观地评估脑损伤严重程度和预测预后。常用于评估重症脑损伤的神经影像技术为头颅 CT 和磁共振成像（magnetic resonance imaging，MRI），评估脑网络连接功能主要采用功能磁共振成像（functional magnetic resonance imaging，fMRI）。由于仪器设备与技术难度的要求较高，绝大多数单位不能实现床旁常规检查，对于急性期重症脑损伤患者存在转运和检查过程中的医疗风险，很大程度限制了其在急性期 DoC 中的应用，目前应用 fMRI 进行 DoC 研究大多选择慢性 DoC 患者作为研究对象。随着医学科技进步，床旁 CT 机、核磁兼容呼吸机的使用，使更多重症患者神经影像学检查成为可能。

二、心肺复苏后昏迷

在心肺复苏（cardiopulmonary resuscitation，CPR）过程中由于缺血缺氧会导致缺血缺氧性脑病，即使自主循环恢复，大部分（60%～70%）患者 24h 后仍然处于昏迷状态，脑损伤严重程度和预后需要准确地判断与评估，才能有助于决策是否继续治疗和如何治疗。神经电生理技术是评估 CPR 后昏迷患者脑损伤程度的重要方法，其中一些技术较为成熟，临床上应用较为广泛。

（一）临床评估

CPR 后昏迷患者的 GCS 和其运动评分部分能准确预测预后。CPR 后意识不清持续 >48h、GCS<6 分与脑功能预后不良有关。CPR 后 72h 脑干反射消失是预后不良的重要预测指标，其中瞳孔对光反射消失预示死亡或 VS，其假阳性率为 0。CPR 后当天肌阵挛癫痫持续状态（status epilepticus，SE）预示预后不良，其假阳性率为 0（95%CI：0～31.2%），特异性高，但敏感性差，为 44.5%（95%CI：21.5%～69.2%）。

（二）EEG 评估

CPR 后昏迷患者 EEG 的评估主要基于 EEG 模式分析，临床较常用的评估方法是 EEG 模式的 Synek 分级，即根据患者预后情况，将 EEG 模式分为良性、不确定性、恶性三种类型，其中恶性 EEG 模式主要包括全面抑制（波幅 <20μV）、爆发 - 抑制（癫痫样或非癫痫样）、α 昏迷 /θ 昏迷及癫痫样放电（持续性或周期性），出现恶性 EEG 模式预示患者预后不良。有研究显示 CPR 后 SE，包括 EEG 显示的非惊厥性 SE 可以预测患者的院内死亡，若癫痫能够被及早发现并终止，很多患者最终预后良好。EEG 无反应性亦预示预后不良。

量化 EEG（quantitative EEG, qEEG）在 CPR 后昏迷评估中的应用逐渐增多，BIS 相关研究显示 CPR 后昏迷的患者无论何时出现 BIS 值为 0 的情况，即使给予低温治疗，其不良预后（死亡、持续植物状态或严重功能残疾）的发生率亦为 100%。

（三）诱发电位评估

多项研究证实 SLSEP 的双侧 N20 消失是预测 CPR 后昏迷患者预后不良的可靠指标，提示脑损伤非常严重，预测预后不良的特异度和阳性预测值均为 100%。CPR 后昏迷患者低温治疗过程中或复温后的 SLSEP 双侧 N20 消失同样预示预后不良，其评估与预测作用并不受低温治疗的影响。但 SLSEP 预测 CPR 后昏迷患者良好预后的准确性相对低，系统性分析显示双侧 N20 均存在的患者中有 >40% 的患者意识不能恢复。研究证实 MLSEP、MMN 可以提高诱发电位预测 CPR 后患者良好预后的准确性。N60 异常（消失或潜伏期 >130ms）与 N20 异常组合可增加预测不良预后的灵敏度。有研究证实 MLSEP 的双侧 N60、MMN 存在预测 CPR 后昏迷患者意识转清的特异度可高达 100%（图 24-17～图 24-19）。

（四）其他评估

神经生化标志物研究显示，以 NSE 或 S100B 的血清浓度来预测不良预后时，其阈值随评估时间及对预后不良的定义的不同而变化。预测 CPR 后缺氧缺血性脑病预后不良，NSE 在 24h、48h、72h 的阈值分别为 47.6μg/L，65.0μg/L

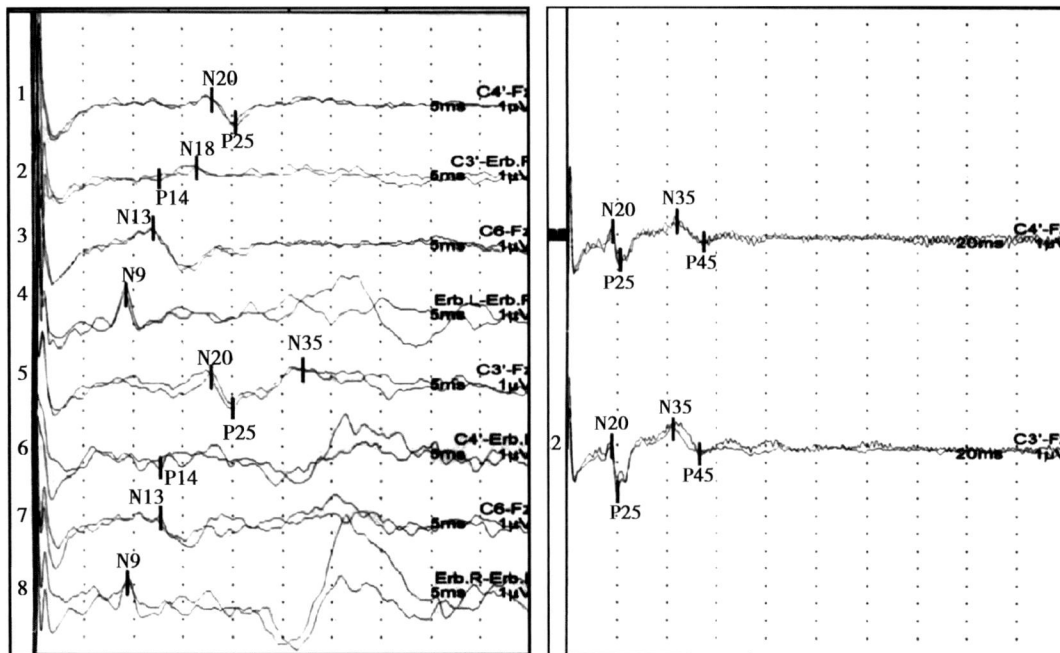

图 24-17 预后不良患者发病期间诱发电位评估

女性，25 岁，呼吸、心搏骤停，心肺复苏后昏迷。发病第 7 天，中昏迷，GCS 7 分；左图 SLSEP 示双侧 N20 存在；右图 MLSEP 示双侧 N60 消失。发病 3 个月时预后不良［格拉斯哥预后评分（GOS）=2］。

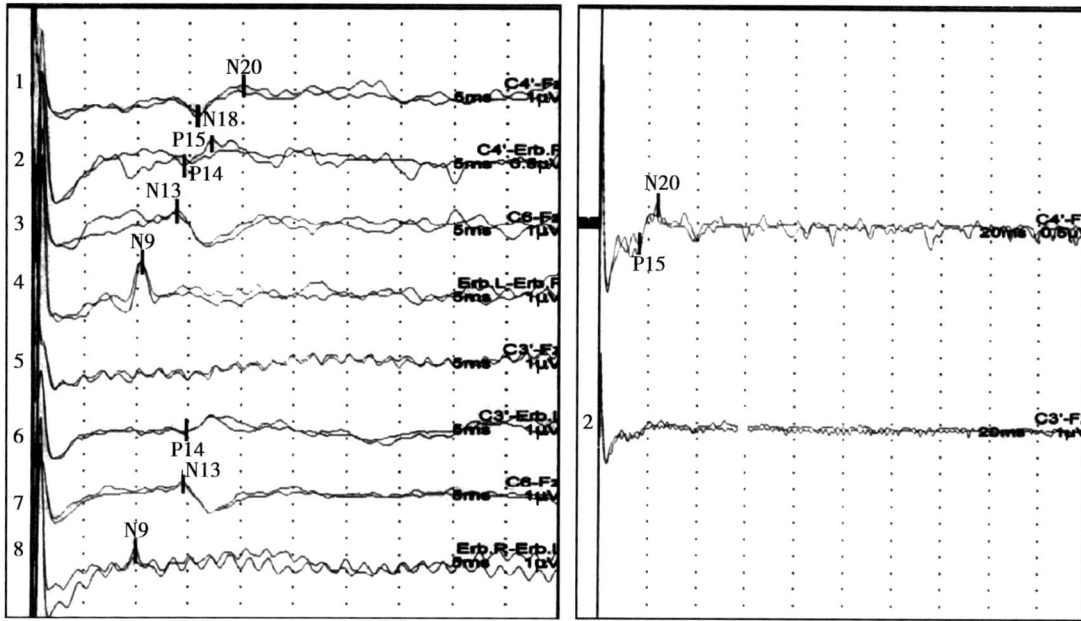

图 24-18　死亡患者发病期间诱发电位评估

男性，69 岁，呼吸、心搏骤停，心肺复苏后昏迷。发病第 3 天，中昏迷，GCS 5 分；左图 SLSEP 示一侧 N20 消失；右图 MLSEP 示双侧 N60 消失。发病 2 周时死亡（GOS=1）。

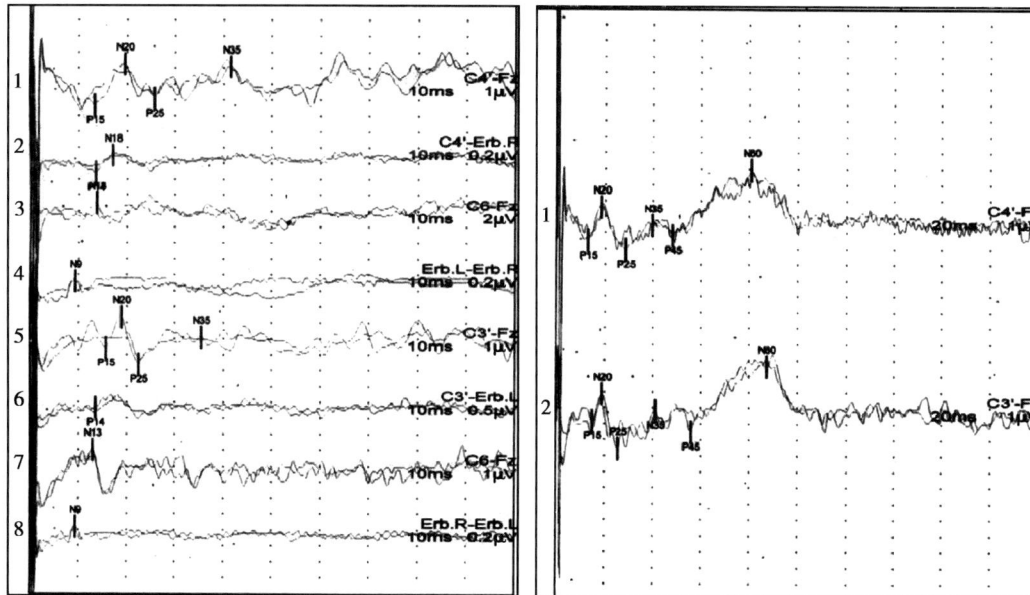

图 24-19　预后良好患者发病期间诱发电位评估

女性，29 岁，呼吸、心搏骤停，心肺复苏后昏迷。发病第 3 天，中昏迷，GCS 5 分；左图 SLSEP 示双侧 N20 存在；右图 MLSEP 示双侧 N60 存在。发病 3 个月时预后良好（GOS=4）。

和 80.0μg/L，S-100B 在 24h、72h 的阈值分别为 0.2μg/L、0.7μg/L。

头颅 CT 和 MRI 是 CPR 后昏迷患者常用的神经影像检查，相关研究的评估时间从 CPR 后 1 天至 10 余天不等，尚无确定最佳评估时间段的对照研究，另外神经影像学检查对环境及设备的要求较高，而 CPR 后昏迷患者的自身条件很难允许进行影像学检查，可能影响评估时机。急性期（CPR 后 72h 内）头颅 CT 显示弥漫性脑水肿、基底节层面灰白质密度比降低（＜1.22）时，患者预后可能不良（死亡或植物状态）。急性期（CPR 后 2 ~ 5 天）头颅 MRI 显示全脑弥漫性、对称性、多灶性缺血病灶，或＞10% 脑容积的表观弥散系数（ADC）值降低 $[＜650 \times 10^{-6}(\text{mm}^2/\text{s})]$ 可作为预测患者预后不良的指标。

三、重症脑卒中后昏迷

（一）临床评估

卒中后昏迷早期评估虽然并不像 CPR 后昏迷评估研究那么普遍和深入，尚无阶段性荟萃分析或系统回顾分析结果，但已经形成研究趋势。在脑卒中后昏迷早期，临床神经系统检查是获得信息最快、最简便易行的评估方法。脑卒中后如果患者很快昏迷、脑干反射消失，则预示预后不良。分级量化评估量表也可用于脑卒中后昏迷评估，目前常用的是美国国立卫生研究院卒中量表（national institutes of health stroke scale, NIHSS）。针对大面积大脑中动脉梗死患者进行的多中心病例对照研究发现发病 6h 内 NIHSS 评分较高（左侧大脑半球梗死 NIHSS 评分＞20 分，右侧＞15 分）与不良预后相关。NIHSS 评分虽然是国内外广泛用于评价脑卒中患者神经功能缺损程度的评分，但在 DoC 患者不能配合视野、肢体运动、共济运动、感觉、语言等检查时，其评估价值受到影响。在脑卒中后昏迷患者难以配合神经系统查体时，临床常用简单易行的 GCS 进行评估，发现对发病 8h 内的急性后循环缺血性卒中患者，GCS 的预后预测价值优于 NIHSS。FOUR 量表亦适合 DoC 卒中患者的预后评估，甚至好于 GCS。

（二）EEG 评估

卒中后昏迷早期可用 EEG 进行脑损伤严重程度评估和预后预测。一项对 177 例大脑半球大面积脑梗死后昏迷患者进行的 EEG 评估研究发现：发病 7 天内可能出现的 EEG 模式包括有反应性的 α 优势、无反应性的 α 优势、有反应性的慢波增多、无反应性的慢波增多、RAWOD、爆发 - 抑制、α 昏迷 / θ 昏迷、非爆发 - 抑制癫痫样活动及全面抑制。其中 α 优势、慢波增多及 RAWOD 更为常见（出现率均＞20%），而爆发 - 抑制、α 昏迷 /θ 昏迷、非爆发 - 抑制癫痫样活动及全面抑制出现率均偏低（＜10%），这些 EEG 模式中除有反应性的 α 优势外，其他模式均与不良预后相关，但独立预测预后的准确性尚不理想。EEG 半量化分级分析有助于提高预后预测的准确性。

EEG 在卒中后继发性癫痫的监测和诊断中极具优势，研究表明 EEG 监测到的非惊厥性 SE 与患者病死率增高相关，周期性癫痫样放电可以独立预测不良预后，包括单侧周期性放电、广泛周期性放电、双侧非同步周期性放电。研究发现缺血性卒中急性期 BSI 与 NIHSS 评分之间存在很好的相关性，且 BSI 大小与脑电分级对预后的判断能力一致。

（三）诱发电位评估

卒中后 DoC 早期，局灶性脑损伤、广泛脑水肿或占位效应均可导致病灶侧和病灶对侧电位波形异常。重症幕上脑卒中患者预后研究显示：卒中发病一周内 SLSEP 的病灶侧 N20 缺失、双侧 N20 与 P25 波幅比异常、BAEP 的 V 波分化不良或消失与不良预后相关。双侧 MLSEP 的 N60 存在的患者均预后良好；双侧 N60 消失预测不良预后和死亡的灵敏度分别为 97.2% 和 100%，高于 SLSEP；其预测预后不良的特异度为 100%，与双侧 SLSEP 的 N20 消失一致；但预测死亡的特异度为 89.8%，不如双侧 N20 消失（98%）。SLSEP 的 N20 消失预测预后不良具

24

有高特异度，MLSEP 的 N60 消失具有高灵敏度，尤其是 N20 存在而 N60 消失时，因此 MLSEP 与 SLSEP 联合应用可明显提高预测的准确性。

（四）其他评估

监测前循环脑梗死患者血清 NSE、S100B 浓度的研究显示：患者发病 24h S100B 浓度达高峰，72h NSE 浓度达高峰，脑梗死急性期的血清高 NSE、S100B 浓度可预测其不良预后。对脑出血的研究亦发现发病后血清 NSE 浓度可预测患者预后，而血清 S100B 的预测价值尚不能确定。

CT 和 MRI 平扫在重症脑梗死的判定中可提供直接证据。梗死范围超过一侧大脑中动脉供血区的 2/3 便可判定为大脑半球大面积脑梗死；体积越大，发展成为恶性脑梗死的可能性越大，预后越差，病死率高达 80%。MRI 的弥散加权成像（diffusion weighted imaging，DWI）可用于脑梗死早期评估，发病 14h 内 DWI 高亮区体积 >145cm³ 时，发展为恶性脑梗死的可能性极高，其预测灵敏度和特异度分别达到 100% 和 94%。CT 平扫对出血性卒中的诊断有很高的灵敏度和特异度，脑出血部位、出血量和出血是否破入脑室等均与预后密切相关。基底节或脑叶血肿 >30ml，丘脑或小脑血肿 >15ml 或脑干血肿 >5ml 为大容积脑出血，预示预后不良。

四、重症脑外伤后昏迷

（一）临床评估

GCS 评分因其评估简便、可以用数字量化评估意识水平，被广泛应用于重症脑外伤后 DoC 患者的病情评估与预后预测，GCS 分数愈低预后愈差。瞳孔对光反射可敏感地反映脑损伤后的脑干功能，是 GCS 的重要补充，如果与 GCS 评分联合使用，可提高评估的准确性。针对重度颅脑外伤患者进行预后评估，发现 GCS 总分 <5 分

或 GCS 运动评分 <3 分与患者预后不良密切相关，比值比（odds ratio，OR）为 2.52（95% CI：1.74 ~ 7.48），瞳孔单侧对光反射消失的不良预后 OR 为 2.70（95% CI：2.07 ~ 3.53），双侧对光反射消失的 OR 为 4.77（95% CI：3.46 ~ 6.57）或更高。

（二）EEG 评估

EEG 的 Synek 分级适用于颅脑外伤后昏迷患者的预后评估。EEG 反应性存在提示患者有恢复意识的可能，特异度为 88.9%，但 EEG 反应性消失却不能准确预测不良预后。近些年，qEEG 也逐渐应用于颅脑外伤后昏迷患者的评估，有研究表明 BIS 监测中的最大值（BIS$_{max}$）若在 62.5 以上，则患者恢复意识的可能性极大。连续 EEG 监测研究发现很多脑外伤患者存在临床上无抽搐表现的癫痫或 SE，并且与患者预后相关，SE 患者预后不良。

（三）诱发电位评估

SLSEP 双侧 N20 消失，对脑外伤后 2 个月到 3 年的不良预后预测的阳性预测值达 98.7%，但是如果患者有局灶性病变（例如硬膜下或硬膜外积液）或近期进行过部分颅骨切除减压术，预测准确性将会显著降低。正常 SLSEP 对预测外伤后昏迷患者的良好预后有较高价值，90% 以上双侧 N20 正常的患者意识转为清醒。对严重脑外伤后昏迷患者（GCS<8）行包括 MMN、SLSEP、BAEP、视觉诱发电位等在内的多模式诱发电位研究，结果显示 MMN 的存在预测昏迷患者意识转清的灵敏度为 89.7%、特异度为 100%，而且 MMN 波形变化早于 GCS 降低，MMN 潜伏期与预后最相关。

（四）其他评估

血清 S100B、NSE 和胶质纤维酸性蛋白（glial fibrillary acidic protein，GFAP）被用于脑外伤患者的研究中，结果显示上述血清神经生化标志物水

24

平增高，不仅能反应脑外伤病情严重，还可预测患者不良预后。

研究已证实脑外伤后头颅 CT 上的下列表现与预后不良相关：中线移位、基底节受压、脑梗死、蛛网膜下腔出血、脑室内出血、弥漫性损伤。但是 CT 并不能准确识别微小脑白质病灶，这些病灶常常在弥漫性轴索损伤的患者中出现。而 MRI 的 DWI 能更敏感地识别弥漫性轴索损伤，从而提高预测的准确度。有研究还表明扩散张量成像（diffusion tensor image，DTI）能更敏感地识别创伤性脑白质病变，从而预测长期神经功能状态。早期应用磁共振波谱（magnetic resonance spectroscopy，MRS）分析，可以辨别在传统 MRI 上看似正常的一些异常情况，如轴突损伤（N- 乙酰天冬氨酸 / 肌酸比值下降）和髓鞘更新加速（胆碱 / 肌酸比值增加），而这些因素与长期预后不良相关。

五、代谢性脑病所致意识障碍

肝性脑病临床症状主要为精神行为异常或 DoC，有研究发现肝性脑病分期与 EEG 改变相关，前驱期显示 α 节律变慢，可见 α 节律波幅降低，散在 θ 波；发展至昏迷前期、昏睡期，α 节律消失，θ 波、δ 波成为主体活动且具有广泛性，呈阵发性或局限性不对称性高波幅慢波；昏迷期 EEG 以弥漫性慢波为主，出现周期性三相波。EEG 异常程度可反映患者脑功能受损程度。新近研究发现微波段熵、连续小波分析、量化频谱和动态 EEG 指数、临界视觉闪烁频率等定量分析 EEG 可提高肝性脑病的诊断率。

低血糖脑病患者脑损伤严重时会出现类似 CPR 后昏迷的 EEG、SEP 表现，例如 SLSEP 双侧 N20 消失。不同之处在于低血糖脑病脑功能损伤常具有可逆性，随着低血糖被纠正，患者病情好转、意识恢复，消失的 N20 可再次出现。

第二节　脑死亡

一、概述

（一）临床意义

"循环和呼吸的不可逆性停止"是以往对死亡的经典定义。然而，随着现代医学、科技和伦理的发展，传统的死亡标准日益受到挑战。1959 年，法国学者莫拉雷和古隆于第 23 届国际神经学会上首次提出"昏迷过度"的概念，提示凡是被诊断为"昏迷过度"者，苏醒的可能性几乎为零。1968 年 8 月 5 日，美国哈佛大学医学院脑死亡定义审查特别委员会在《美国医学会杂志》上刊登"不可逆昏迷"定义及其标准，这是脑死亡发展历史上的里程碑式事件。其后，世界各国相继出台相应的脑死亡标准，例如 1971 年美国明尼苏达标准、1972 年瑞典标准、1974 年日本标准、1976 年英国皇家学会标准等。由于缺乏统一的脑死亡判定医学标准，美国神经病学学会先后于 1995 年和 2010 年，分别出台和完善了《成人脑死亡判定指南》。由于儿童的特殊性，美国儿科学会先后于 1987 年和 2011 年，分别制定和更新了《儿童脑死亡判定指南》。

20 世纪 70 年代，我国也开始了脑死亡判定的理论研讨与临床实践。2003年,《中华医学杂志》等主要医学杂志刊登了卫生部脑死亡判定标准起草小组制订的《脑死亡判定标准(成人)(征求意见稿)》和《脑死亡判定技术规范(成人)(征求意见稿)》。2012年3月,首都医科大学宣武医院被批准为国家脑损伤质控评价中心(以下简称为"质控中心")。质控中心于2013—2014年,推出中、英文版本的中国成人、儿童《脑死亡判定标准与技术规范(质控版)》,作为医学行业标准。从此,中国结束了脑死亡判定标准阙如的历史。2018—2019年,质控中心再次修订并完善了中、英文第2版中国成人、儿童《脑死亡判定标准与技术规范》。

(二)脑死亡判定先决条件

脑死亡是包括脑干在内的全脑功能不可逆转的丧失。明确昏迷原因是判定脑死亡的先决条件,即脑死亡判定前必须明确神经病学诊断,该诊断能够解释不可逆的意识丧失、脑干反射消失和自主呼吸消失。昏迷原因分为原发性脑损伤和继发性脑损伤。原发性脑损伤引起的昏迷原因包括颅脑外伤、脑出血和脑梗死等;继发性脑损伤引起的昏迷原因主要为心搏骤停、麻醉意外、溺水和窒息等所致的缺氧缺血性脑病。

除了明确昏迷原因,还须排除以下各种原因引起的可逆性昏迷:①急性中毒,如一氧化碳中毒、乙醇中毒;②镇静催眠药、抗精神病药、全身麻醉药和肌肉松弛药过量、作用消除时间延长和中毒等;③休克;④低温(膀胱、直肠、肺动脉内温度≤32℃);⑤严重电解质及酸碱平衡紊乱;⑥严重代谢及内分泌功能障碍,如肝性脑病、肾性脑病、低血糖或高血糖脑病等。

二、中国脑死亡判定标准

1.脑死亡临床判定标准

(1)深昏迷状态。

(2)五项脑干反射(瞳孔对光反射、角膜反射、头眼反射、前庭眼反射、咳嗽反射)均消失。

(3)无自主呼吸,依赖呼吸机维持通气,自主呼吸激发试验证实无自主呼吸。

上述三项临床判定标准必须全部符合。

2.确认试验标准

(1)EEG长时程(≥30min)显示电静息状态(波幅≤2μV)。

(2)正中神经SLSEP显示双侧N9和/或N13存在,P14、N18和N20消失。

(3)经颅多普勒超声(transcranial Doppler,TCD)显示颅内双侧前循环和后循环血流呈振荡波、尖小收缩波或血流信号消失。如果TCD检查受限,可参考CT血管成像(computed tomography angiography,CTA)或数字减影血管造影(digital subtraction angiography,DSA)检查结果。

以上三项确认试验至少2项符合脑死亡判定标准。

3.判定流程　脑死亡判定过程可分为以下三个步骤:第1步进行脑死亡临床判定,符合判定标准(深昏迷、脑干反射消失、无自主呼吸)的进行下一步;第2步进行脑死亡确认试验,至少2项符合脑死亡判定标准的进行下一步;第3步进行脑死亡自主呼吸激发试验,验证无自主呼吸。在满足脑死亡判定先决条件的前提下,三项临床判定和至少两项确认试验完整且均符合脑死亡判定标准,可首次明确判定为脑死亡。如果临床判定缺项或有疑问,再增加一项确认试验项目(共3项),并在首次判定6h后再次判定(至少完成一次自主呼吸激发试验并证实无自主呼吸),复判结果符合脑死亡判定标准,即可确认为脑死亡。

三、脑电图评估

1.脑死亡判定要求的EEG参数设置与记录技术　电极头皮间阻抗>100Ω且<5 000Ω,

两侧对应电极的阻抗应基本匹配。高频滤波30～75Hz，低频滤波0.5Hz。灵敏度2μV/mm。陷波滤波50Hz。

2．结果判定 EEG长时程（≥30min）显示为电静息状态（波幅≤2μV），符合EEG脑死亡判定标准。

3．注意事项

（1）EEG描记过程应避免各种伪差，包括生理学（心电、肌电、眼动、瞬目、呼吸和出汗等）、仪器设备和电极伪差、环境和电磁伪差（如50Hz交流电干扰、静电干扰等）。

（2）EEG描记必须符合上述参数设置要求。

（3）镇静麻醉药物、低温（核心体温<34℃）、低血压（平均动脉压<50mmHg）、CPR后<12h、代谢异常、电极安放部位外伤或水肿均可影响EEG判定，EEG结果仅供参考。

四、诱发电位评估

由于正中神经SLSEP可同时反映大脑皮质与脑干的功能，脑死亡判定时常会选择其作为确认试验之一。

1．脑死亡判定要求的SLSEP参数设置与记录技术

（1）电极安放位置：参考EEG国际10-20脑电极安置系统，安放盘状电极或一次性针电极。C'3和C'4：分别位于国际10-20脑电极安置系统的C3和C4后2cm，刺激对侧时C'3或C'4称C'c。Fz和FPz：Fz位于国际10-20脑电极安置系统的额正中点，FPz位于国际10-20脑电极安置系统的额极中点。Cv6：位于第六颈椎棘突。CLi和CLc：分别位于同侧或对侧锁骨中点上方1cm，同侧称CLi，对侧称CLc。刺激电极安放在腕横纹中点上方2cm（正中神经走行部位）。

（2）电极导联组合（记录电极-参考电极）通道：至少4通道，第一通道为CLi-CLc（N9）。

第二通道为Cv6-Fz，Cv6-FPz或Cv6-CLc（N13）。第三通道为C'c-CLc（P14、N18）。第四通道为C'c-Fz或C'c-FPz（N20）。

（3）电极阻抗：记录、参考电极阻抗≤5 000Ω。

（4）地线放置位置及其阻抗：刺激点上方5cm，阻抗≤7 000Ω。

（5）分析时间：50ms，必要时100ms。

（6）带通：10～2 000Hz。

（7）平均次数：500～1 000次。

2．结果判定 双侧N9和/或N13存在，双侧P14、N18和N20消失时，符合SLSEP脑死亡判定标准（图24-20）。

3．注意事项

（1）保持被检测肢体皮肤温度正常（低温可使诱发电位潜伏期延长）。

（2）电极安放部位外伤、水肿，正中神经病变，颈髓病变，周围环境电磁场干扰等均可影响结果判定，SLSEP结果仅供参考。

五、脑血流评估

1．脑死亡判定要求的TCD参数设置与记录技术 输出功率设置适宜。取样容积设置为10～15mm。增益调整至频谱显示清晰。速度标尺调整至频谱大小适当并完整显示。基线调整至上下频谱完整显示。信噪比调整至频谱清晰，噪声减少。屏幕扫描速度调整至6～8s/屏。多普勒频率滤波设定为低滤波状态（≤50Hz）。

2．结果判定

（1）判定血管：前循环以双侧大脑中动脉（MCA）为主要判定血管，双侧颈内动脉终末段或颈内动脉虹吸段为备选判定血管；后循环以基底动脉（BA）为主要判定血管，双侧椎动脉颅内段为备选判定血管。

（2）判定血流频谱：①振荡波。在一个心

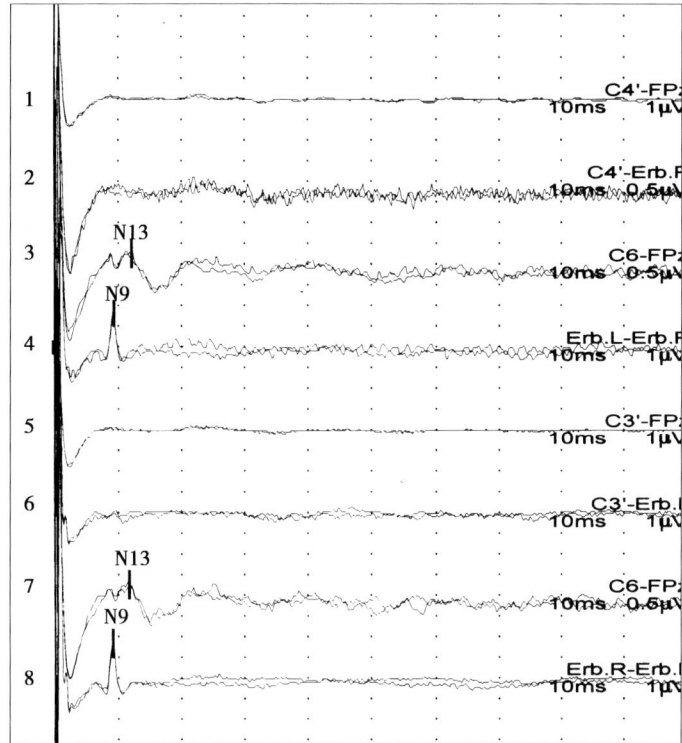

图 24-20 SLSEP 符合脑死亡判定标准

动周期内出现收缩期正向和舒张期反向血流信号，脑死亡血流指数（direction of flowing index，DFI）<0.8，DFI 的计算公式为：DFI=1-R/F，其中 R 为反向血流速度，F 为正向血流速度。②收缩早期尖小收缩波。收缩早期单向性正向血流信号，持续时间<200ms，流速<50cm/s。③血流信号消失。

（3）判定次数：间隔 30min，检测 2 次。两次检测颅内前循环和后循环均为上述任一血流频谱，符合 TCD 脑死亡判定标准。

3.注意事项

（1）外周动脉收缩压<90mmHg 时，应提高血压后再行检测。

（2）双侧颞窗透声不良时，可选择眼窗检测同侧颈内动脉虹吸部和对侧 MCA。一侧颞窗穿透不良时，可选择对侧颞窗检测双侧 MCA 或颈内动脉终末段。

（3）首次检测不到血流信号时，必须排除因声窗穿透性不佳或操作技术不熟练造成的假象；首次 TCD 检测不到血流信号时，TCD 结果仅供参考。

（4）颅骨密闭性受损，如脑室引流、部分颅骨切除减压术可能影响结果判定，TCD 结果仅供参考。

参考文献

[1] BILLERI L, FILONI S, RUSSO E F, et al. Toward improving diagnostic strategies in chronic disorders of consciousness: An overview on the (re-) emergent role of neurophysiology [J]. Brain Sci, 2020, 10(1): 42.

[2] STEVENS R D, SUTTER R. Prognosis in severe brain injury [J]. Crit Care Med, 2013, 41(4): 1104-1123.

[3] NEY J P, VAN DER GOES D N, NUWER M R, et al. Continuous and routine EEG in intensive care: Utilization and outcomes, United States 2005-2009 [J]. Neurology, 2013, 81(23): 2002-2008.

[4] HIRSCH L J, LAROCHE S M, GASPARD N, et al. American Clinical Neurophysiology Society's standardized critical care EEG terminology: 2012 version [J]. J Clin Neurophysiol, 2013, 30(1): 1-27.

[5] SYNEK V M. EEG abnormality grades and subdivisions of prognostic importance in traumatic and anoxic coma in adults [J]. Clin Electroencephalogr, 1988, 19(3): 160-166.

[6] YOUNG G B, MCLACHLAN R S, KREEFT J H, et al. An electroencephalographic classification for coma [J]. Can J Neurol Sci, 1997, 24(4): 320-325.

[7] SU Y Y, WANG M, CHEN W B, et al. Early prediction of poor outcome in severe hemispheric stroke by EEG patterns and gradings [J]. Neurol Res, 2013, 35(5): 512-516.

[8] LEE Y C, PHAN T G, JOLLEY D J, et al. Accuracy of clinical signs, SEP, and EEG in predicting outcome of hypoxic coma: A meta-analysis [J]. Neurology, 2010, 74(7): 572-580.

[9] LEARY M, FRIED D A, GAIESKI D F, et al. Neurologic prognostication and bispectral index monitoring after resuscitation from cardiac arrest [J]. Resuscitation, 2010, 81(9): 1133-1137.

[10] GEOCADIN R G, CALLAWAY C W, FINK E L, et al. Standards for studies of neurological prognostication in comatose survivors of cardiac arrest: A scientific statement from the American Heart Association [J]. Circulation, 2019, 140(9): e517-e542.

[11] SU Y Y, XIAO S Y, HAUPT W F, et al. Parameters and grading of evoked potentials: Prediction of unfavorable outcome in patients with severe stroke [J]. J Clin Neurophysiol, 2010, 27(1): 25-29.

[12] ZHANG Y, SU Y Y, YE H, et al. Predicting comatose patients with acute stroke outcome using middle-latency somatosensory evoked potentials [J]. Clin Neurophysiol, 2011, 122(8): 1645-1649.

[13] BAGNATO S, BOCCAGNI C, PRESTANDREA C, et al. Prognostic value of standard EEG in traumatic and non-traumatic disorders of consciousness following coma [J]. Clin Neurophysiol, 2010, 121(3): 274-280.

[14] WIJDICKS E F, VARELAS P N, GRONSETH G S, et al. Evidence-based guideline update: Determining brain death in adults: report of the Quality Standards Subcommittee of the American Academy of Neurology [J]. Neurology, 2011, 76(3): 307.

[15] 国家卫生健康委员会脑损伤质控评价中心，中华医学会神经病学分会神经重症协作组，中国医师协会神经内科医师分会神经重症专业委员会. 中国成人脑死亡判定标准与操作规范（第二版）[J]. 中华医学杂志，2019，99（17）：1288-1292.

24

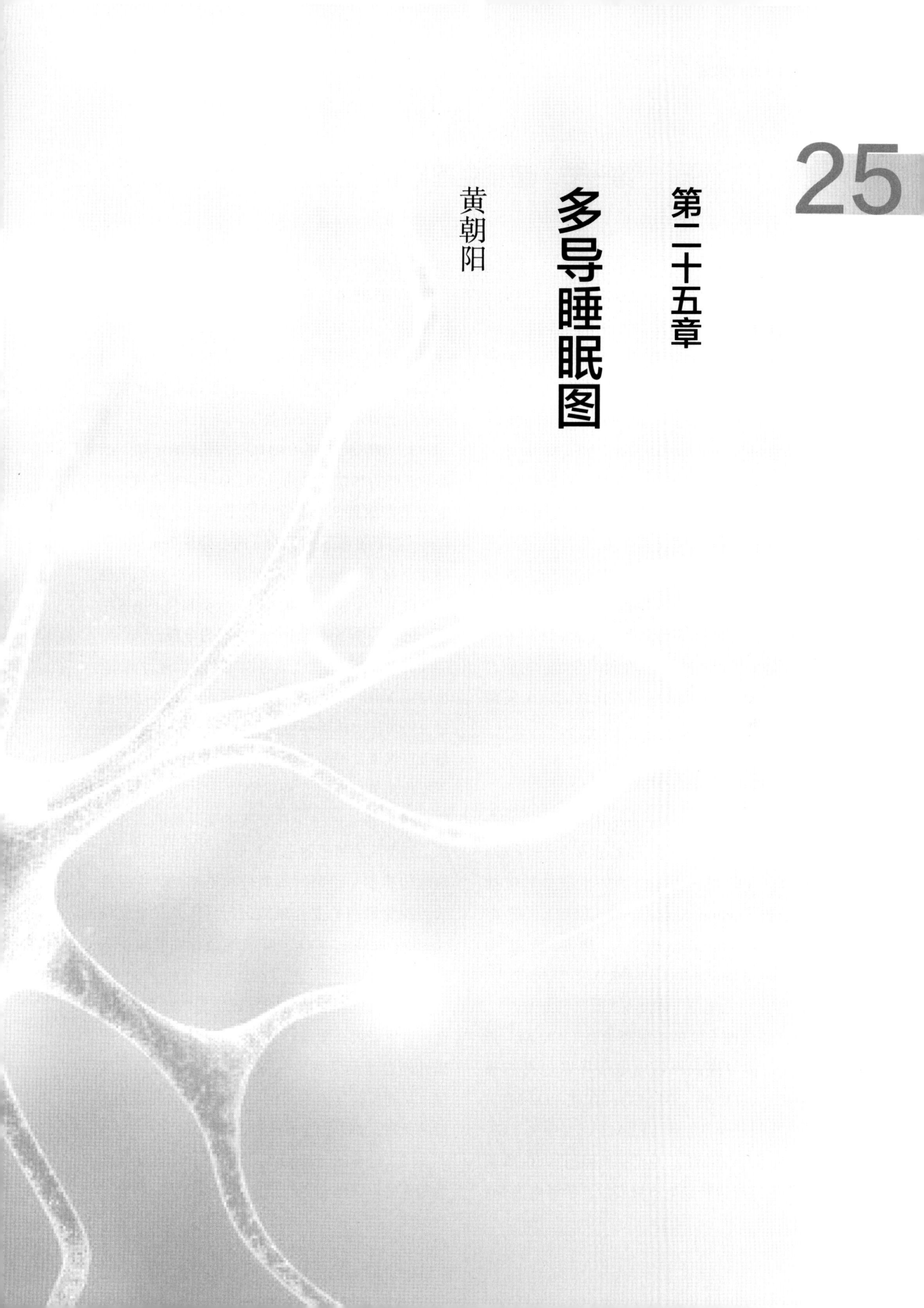

25

第二十五章

多导睡眠图

黄朝阳

第一节　睡眠生理与睡眠监测

一、睡眠生理

人的一生当中，睡眠大约占 1/3 的时间，睡眠是生存所必需的生理需求，有着重要的生理作用。人类的睡眠分为快速眼动睡眠（rapid eye movement sleep，REM sleep）和非快速眼动睡眠（non-rapid eye movement sleep，NREM sleep），非快速快眼动睡眠又分为 1 期、2 期和 3 期。3 期睡眠，又被称为慢波睡眠期或深睡期。NREM 睡眠与体力恢复和生长发育有关。而 REM 睡眠参与人们的学习、记忆、精力恢复以及情绪调节。正常成年人一晚上的睡眠中 NREM—REM 睡眠周期性出现，每晚大约 4~6 个周期，每个周期约 90min。在睡眠开始后的前三个周期，NREM 睡眠占优势，而在后三个周期中，REM 睡眠占优势。

二、多导睡眠图概述

多导睡眠图（polysomnography，PSG）是客观评估睡眠和睡眠障碍的重要检查手段。标准的多导睡眠图需要监测的生理参数包括脑电图（electroencephalogram，EEG）、眼电图（electrooculograms，EOG）、颏肌肌电图（electromyography，EMG）、呼吸气流、呼吸努力、血氧饱和度、心电图、体位和下肢肌电图等。

1. 脑电图　美国睡眠医学会（AASM）指南推荐的多导睡眠图脑电电极导联包括右额（F4-M1）、右中央（C4-M1）、右枕（O2-M1），备份电极导联包括左额（F3-M2）、左中央（C3-M2）、左枕（O1-M2）。应严格按照国际 10-20 脑电电极安置系统进行脑电电极安放，参考电极 M1

和 M2 分别为左侧和右侧乳突。

2. 眼电图　眼电图（EOG）用来记录眼球活动。AASM 指南推荐 EOG 的两个导联为 LOC-M2（左侧眼动电极放置在左眼外眦向外向下 1cm 处）和 LOC-M1（右侧眼动电极放置在右眼外眦向外向上 1cm 处）。

3. 颏肌肌电图（EMG）　用来测定颏下肌群的肌张力和肌肉活动。AASM 指南推荐颏肌肌电记录需放置 3 个电极：① 下颌骨中线下缘上 1cm；② 下颌骨下缘下 2cm 向右旁开 2cm；③ 下颌骨下缘下 2cm 向左旁开 2cm。标准颏肌肌电导联由一个下颌骨上电极和一个下颌骨下电极组成，另外一个下颌骨下电极为备份电极。

4. 呼吸气流　气流可以用呼吸流速计测量，也可以采用经鼻腔压力传感器和热敏传感器测量。经鼻压力传感器可检测经鼻气流，是识别轻微吸气气流受限最准确的方法。经鼻压力传感器不能检测到口呼吸，通常附加一个热敏传感器。热敏传感器通过感应热交换的变化检测口部气流。经鼻压力传感器是诊断低通气所必需的，而热敏传感器是诊断呼吸暂停所必需的。在颈部放置探测鼾声的麦克风或进行呼气末二氧化碳（carbon dioxide，CO_2）监测均是识别气流受限的辅助方法。

（1）呼吸流速计：可精确测量气流的变化，这种装置安放在覆盖口鼻的面罩内，通过一个金属性的过滤网来测定气流经过时的线性阻力变化，从而反映气流的变化。由于其检查界面为密封的面罩，难以用于临床诊断研究。

（2）经鼻压力传感器：通过一个与压力换能器相连的小管插到鼻孔里监测经鼻压力，得到一个通用的气流监测值。需要注意的是，当患者经口呼吸而不通过鼻腔呼吸时是无法检测的。

（3）热敏传感器：常用的有两种，即热敏感应器和热耦合感应器，是通过探测气流流经传感器时引起的传感器温度改变来监测气流的。

（4）呼气末二氧化碳（CO_2）浓度：由于呼出气体的 CO_2 浓度较大气浓度高很多，因此，只需测量口鼻前部的 CO_2 浓度即可。呼出气体的 CO_2 浓度常用红外分析仪来监测。

5．呼吸努力　食管内压测定法测量胸腔内压的波动，这是评估呼吸努力的金标准，但由于放置食管测压计具有侵入性，所以并不常规使用。呼吸感应体积描记法是 AASM 推荐的非侵入性方法。

（1）食管内压测定：用于监测与呼吸相关的食管内压力变化，可以反映呼吸努力。食管内压力可以通过放入一个气囊或一个充满气体的小导管来测得。食管内压测定适用于准确鉴别中枢性睡眠呼吸暂停和低通气事件及诊断上气道阻力综合征。但临床上多数患者难以耐受，限制了其临床使用。

（2）呼吸感应体积描记仪：通过环绕于胸廓和腹部的带子来进行测量，呼吸运动可使腹带内线圈的感应系数发生变化，从而将压力转化为电压信号被记录下来。

6．血氧饱和度（SaO_2）　采用脉搏测氧法，采用分光光电技术监测 SaO_2，探头包括一个双波长发送器和一个接收器，通常放置在指端。值得注意的是，SaO_2 降低的最低点通常出现在呼吸暂停（或低通气）事件终止后 6～8s，这种延迟现象是由于血液循环所需的时间以及仪器读取数据所需的时间延迟造成的。

7．心电图　心电图用以检测睡眠期间的心律变化。AASM 推荐使用改良Ⅱ导联和放置躯干的电极描记。

8．体位　体位采用三维加速仪检测，放置于前正中线胸骨近剑突处，可指示左侧位、右侧位、仰卧位、俯卧位和直立等体位。

9．下肢肌电图　在双侧胫前肌中段的肌腹处各安置 2 个电极，2 个电极之间的距离为 2～4cm。下肢肌电图用于监测腿部运动。

临床上，根据实际需要，还可以增加其他监测内容，比如增加 EEG 导联以鉴别是否有癫痫样放电或癫痫发作，增加肌电电极以明确是否有肢体或躯干的肌电活动，增加阴茎感应电极以测定睡眠期阴茎的勃起功能等。

PSG 根据其记录的 EEG 特点、眼球运动特点和颏肌 EMG 特点，分为清醒、1 期睡眠（N1）、2 期睡眠（N2）、3 期睡眠（N3）和快速眼动睡眠（REM）五种不同状态，同时给出总睡眠时间、睡眠效率、睡眠起始时间、睡眠潜伏期、REM 睡眠潜伏期、各期睡眠的比例、睡眠中觉醒次数、入睡后清醒时间、微觉醒指数等反应睡眠质量的参数，睡眠呼吸暂停低通气指数、最低 SaO_2 等反应睡眠呼吸情况的参数，以及周期性肢体运动指数等反应肢体运动的参数。

三、多次小睡睡眠潜伏时间试验

多次小睡睡眠潜伏时间试验（multiple sleep latency test，MSLT）是评定白日过度嗜睡严重程度的重要客观指标。MSLT 检查通常是在整夜 PSG 监测结束后 1～3h 进行。MSLT 通常只须监测 EEG、EOG、颏下肌电和心电。整个试验包括 5 次小睡，每次持续 20min，每次间隔 2h。一般是 8 点、10 点、12 点、14 点和 16 点共五次。保持检查室黑暗、安静的环境，嘱患者放松并开始睡眠。技师应随时查看 PSG 记录，如发现患者在 20min 内入睡，应至少在入睡后再记录 15min 才能结束。

MSLT 的观察指标包括平均睡眠潜伏期和

睡眠起始REM睡眠（sleep onset REM period，SOREMP）。SOREMP定义为入睡后15min内出现的REM期睡眠。正常成人的平均睡眠潜伏期为10～20min。平均睡眠潜伏期时间<8min提示存在病理性思睡。发作性睡病患者可出现2次以上（包括2次）的SOREMP。

MSLT检查前应填写一周的睡眠日记，评估睡眠时间。在检查前2周停用中枢神经系统兴奋剂、兴奋类药物及REM睡眠抑制剂。MSLT检查前一夜应常规进行标准PSG监测，监测睡眠时间和影响睡眠的因素。对可疑发作性睡病进行确诊时，要求前夜总睡眠时间不少于6h，除外其他影响睡眠质量的因素。

第二节　多导睡眠图技术的临床应用

多导睡眠图（polysomnography，PSG）技术是睡眠相关呼吸障碍、发作性睡病等多种睡眠障碍疾病的重要辅助检查。PSG监测常见的临床适应证包括：① 失眠；② 发作性睡病的诊断性评估；③ 睡眠相关运动障碍的诊断性评估；④ NREM睡眠期异态睡眠的诊断性评估；⑤ REM睡眠期行为障碍的诊断性评估；⑥ 睡眠呼吸事件的诊断性评估、正压通气（PAP）压力调定以及睡眠呼吸暂停患者的手术前评估和术后疗效的评估；⑦ 睡眠相关行为异常的诊断性评估等。

一、失眠

失眠虽然不是PSG监测的常见临床适应证，但是，如果当临床上通过问诊睡眠病史、评估睡眠卫生和对患者睡眠日记进行检查后，还不能确定患者是否存在失眠，或者怀疑是由其他因素导致的失眠时，可考虑进行PSG监测。另外，如果临床上给予治疗后，失眠治疗效果不好时，可考虑进行PSG监测，查找是否存在导致失眠的其他因素。

典型失眠患者的PSG表现为：① 睡眠潜伏期延长，超过30min；② 入睡后觉醒时间超过30min，睡眠效率减低；③ 睡眠总时间的减少，少于6h；④ 睡眠结构的紊乱：N1期睡眠比例增加，慢波睡眠比例减少。

二、发作性睡病

发作性睡病主要临床表现包括，难以控制的日间思睡、发作性猝倒、睡瘫、睡眠相关幻觉以及夜间睡眠紊乱。整夜多导睡眠监测和多次小睡睡眠潜伏时间试验（multiple sleep latency test，MSLT）是诊断发作性睡病的重要客观实验室检查。MSLT结果是诊断发作性睡病的重要依据。在经过充足的睡眠（至少6h）后，发作性睡病患者白天MSLT的平均睡眠潜伏期缩短，可见2次或2次以上的异常睡眠起始REM睡眠（即入睡后15min内出现的REM睡眠）（图25-1）。但需要注意的是，虽然该试验诊断发作性睡病的灵敏度及特异度较高，但仍存在一定的假阳性和假阴性。

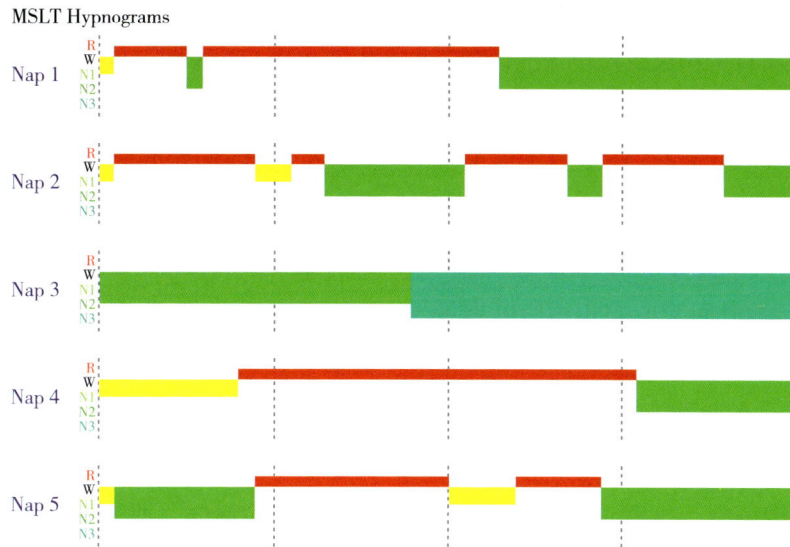

图 25-1　一例发作性睡病患者的多次小睡睡眠潜伏时间试验（MSLT）的睡眠结构图
可见该患者在 5 次小睡（Nap1～Nap5）中出现了 4 次睡眠起始 REM 睡眠，平均睡眠潜伏期明显缩短。

三、睡眠相关运动障碍

睡眠相关运动障碍是指入睡、觉醒或睡眠中出现的简单、无目的、刻板的运动，导致睡眠紊乱，并影响日间功能的一组疾病。包括周期性肢体运动障碍（periodic limb movement disorder，PLMD）、睡眠相关腿痉挛、睡眠相关磨牙症、睡眠相关节律性运动障碍以及入睡期脊髓固有肌阵挛等。

1. PLMD　是发生于睡眠中的周期性重复出现的高度刻板的肢体运动事件。在 AASM 的睡眠及相关事件判读标准中，腿动事件最短持续时间为 0.5s，最长持续时间为 10s（图 25-2）。单次腿动事件要求其 EMG 波幅较静息 EMG 增

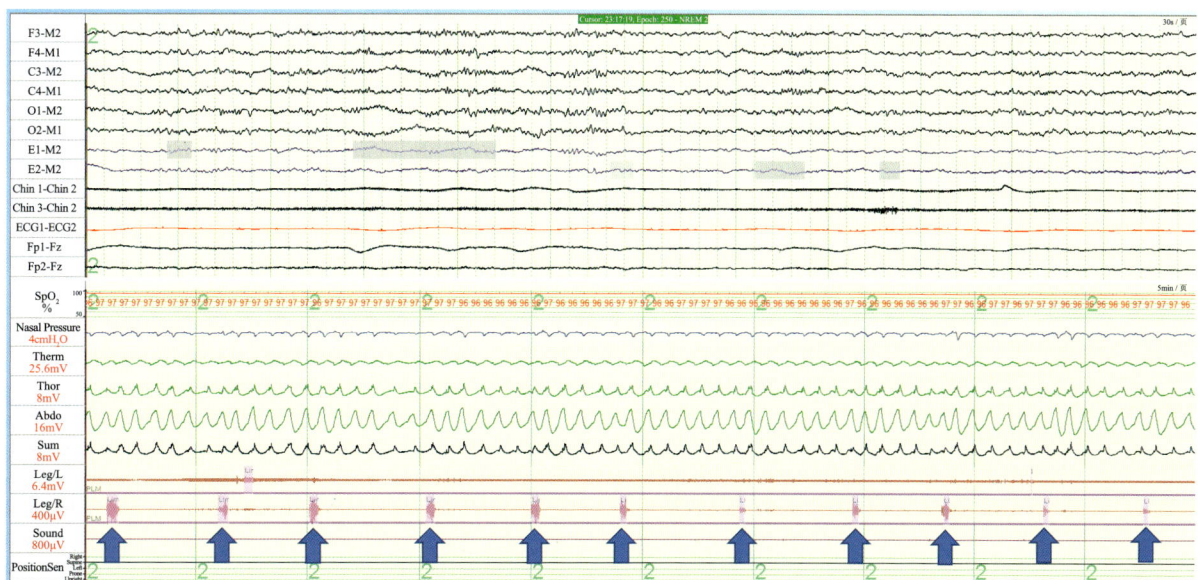

图 25-2　周期性肢体运动障碍图例
可见连续 11 次周期性腿动事件（蓝色箭头所示）。

加≥8μV，该事件的起始点定义为EMG波幅高于基线8μV处，该事件的结束点定位为波幅高于基线不足2μV处，且整个事件要求持续≥0.5s。周期性腿动的判读规则为：① 定义一次周期性腿动事件系列，至少需要连续4次腿动事件；② 每次腿动之间的时间间隔，即一次腿动起始至下一次腿动起始之间的时间为5~90s；③ 分别发生于两条腿上的2次腿动事件的时间间隔（一侧腿动的起始至下一侧腿动的起始之间的时间）<5s，定义为一次腿动事件。

2．睡眠相关腿痉挛 也称为夜间腿痉挛，特征性的临床表现为夜间睡眠中下肢远端肌肉的不自主收缩，导致肌肉发紧或疼痛，并可导致睡眠障碍。典型的PSG表现为睡眠中突发腓肠肌肌电活动爆发，可持续数秒钟至数分钟。

3．睡眠相关磨牙症 主要表现为夜间重复性颌面肌肉活动，以咬合或研磨牙齿和／或下颌骨的支撑或推动动作为特征。睡眠相关磨牙症的PSG特点是节律性咀嚼肌活动，频率约1Hz，通常伴有睡眠微觉醒，通常持续3~15s。磨牙症也可表现为咀嚼肌的持续等张收缩，一次可持续数分钟。大多数事件发生于N1期和N2期，REM期罕见。可增加表面肌电电极，放置在咬肌和颞肌上，以增加检测的灵敏度。音频视频录像，有助于区分磨牙症与其他口腔和头部运动。

4．睡眠相关节律性运动障碍 以睡眠期反复有节律的头部或躯体撞击、摇摆、翻滚为特征。整个事件的持续时间也是不同的，通常少于15min。典型的症状发生于睡眠起始前后，持续到浅睡期，有的患者症状发生在早晨将醒时，也可出现于清醒状态的安静活动时，例如听音乐或坐旅行车辆。PSG视频录像可见睡眠期反复有节律的头部或躯体撞击、摇摆、翻滚动作，节律性运动频率在0.5~2Hz。常发生在N1和N2睡眠期，46%发生于入睡或NREM睡眠期间，

30%NREM和REM睡眠均有发生，而24%只发生于REM睡眠期。仅发生于REM期的睡眠节律性运动常见于成人。

5．入睡期脊髓固有肌阵挛 又称睡眠起始脊髓固有肌阵挛，其特征是入睡过程中反复出现的、主要累及腹部、躯干和颈部的肌阵挛，肌阵挛沿脊髓固有束向头侧和尾侧扩散。肌阵挛抽动频繁常导致患者入睡困难，从而导致失眠。PSG检查可见以躯干为主的肌阵挛主要出现于清醒与睡眠转换的过程中，偶尔出现于晨起觉醒时或睡眠过程中觉醒时。肌电电极记录显示，肌阵挛从脊髓某一节段所支配的肌肉开始出现，逐渐向头侧和尾侧扩散至其他脊髓节段所支配的肌肉。单次肌电活动持续时间多为100~300ms。

四、睡眠行为障碍

睡眠行为障碍，又称为异态睡眠，主要包括NREM期睡眠行为障碍和REM期睡眠行为障碍。NREM期睡眠行为障碍包括夜惊（sleep terror）、睡行症（sleep walking）和意识模糊性觉醒（confusional arousals）；REM期睡眠行为障碍主要指快速眼动睡眠行为障碍（rapid-eye-movement sleep behavior disorder，RBD）。

1．夜惊 也称"睡惊"，通常发生于4~12岁儿童。是指儿童从睡眠中突然醒来，常常伴有烦躁、恐惧、面部潮红、出汗和心动过速，患儿可能尖叫、哭闹、蹬踏，甚至跳下床。醒后不能回忆。患儿可偶尔发作一次，频繁者可能一周出现2~3次夜惊，每次通常持续10~20min。多出现于夜间睡眠的前1/3阶段。PSG检查可见异常行为发作发生于慢波睡眠期，发作过程中仍为慢波睡眠EEG，混有较多α和β活动，可见大量肌电伪差。发作后可继续进入慢波睡眠。

2．睡行症 也称"梦游症"，发病高峰期为8~12岁。表现为儿童睡眠中出现异常行为，例

如坐起，四处爬行，游走，或类似找东西样行为。不伴有恐惧、大汗等症状。轻微发作可能被家长忽视。部分患者因无意识地做出危险行为而伤害到自己。醒后不能回忆。部分患者可同时出现睡惊症及睡行症，患儿可偶尔发作一次，频繁者可能每晚都会出现，每次通常持续数分钟或十几分钟不等。PSG 检查可见异常行为发作发生于慢波睡眠期，发作过程中 EEG 表现与夜惊类似，发作时仍为慢波睡眠 EEG，混有少量 α 和 β 活动，可见少量肌电伪差。发作后可继续进入慢波睡眠。

3. 意识模糊性觉醒　常见于幼儿，其发生频率通常在 5 岁以后降低。通常在入睡后 2 ~ 3h 内发生，也可发生于夜间或早晨试图从睡眠中觉醒时。通常表现为从床上坐起、呜咽、哭泣或呻吟，可伴模糊言语，痛苦表情，安抚无效。通常不伴有出汗、面部潮红或刻板运动行为。持续一般为 5 ~ 30min。醒后不能回忆。PSG 检查可见异常行为发作发生于慢波睡眠期，发作过程中 EEG 表现与夜惊类似，发作时仍为慢波睡眠 EEG，混有较多 α 和 β 活动，可见较多肌电伪差。发作后可继续进入慢波睡眠。

4. 快速眼动睡眠行为障碍　是一种发生于 REM 睡眠期的睡眠行为障碍，表现为在 REM 睡眠期出现肌肉失弛缓，并出现梦境相关的复杂行为。常见于老年人群，与神经系统退行性疾病有关。PSG 表现为持续或间歇性 REM 睡眠期肌张力增高以及梦境演绎行为。在 AASM 睡眠及相关事件判读标准中，RBD 相关判读标准是：

（1）REM 期持续肌电活动增高：每帧（30s）中，＞50% 的时间有下颏肌电幅度增高，且比 NREM 睡眠期的最小肌电幅度高（图 25-3）。

（2）REM 期阵发肌电活动增高：将每帧（30s）分为 10 个连续的 3s 区段，至少 5 个区段（＞50%）有爆发性肌电活动，时间为 0.1 ~ 5s，幅度＞4 倍背景肌电活动（图 25-4）。

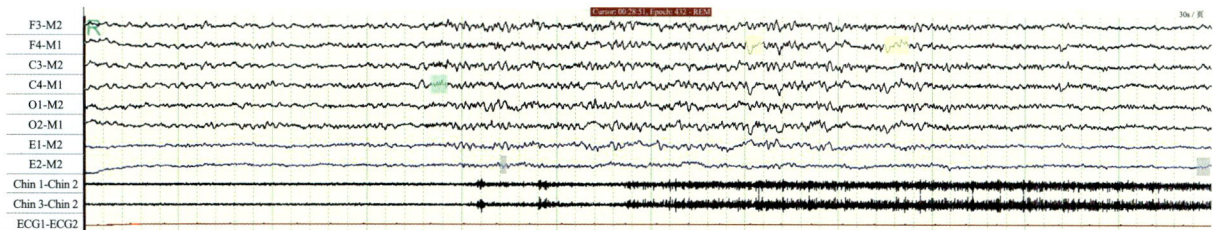

图 25-3　RBD 患者 REM 期下颏肌电持续性活动增高

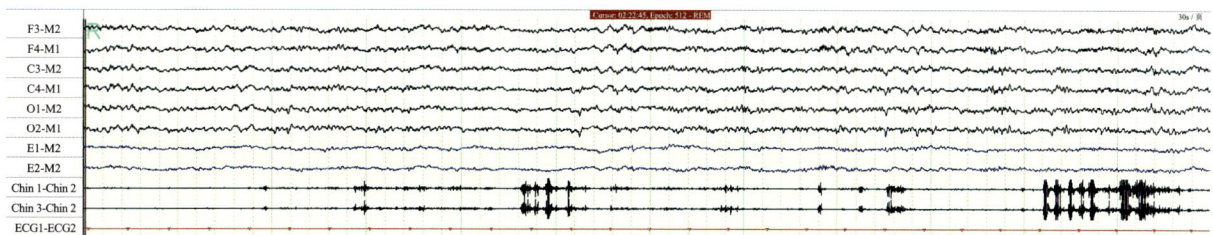

图 25-4　RBD 患者 REM 期下颏肌电阵发性肌电活动增高

五、睡眠呼吸障碍

阻塞型睡眠呼吸暂停低通气综合征（obstructive sleep apnea hypopnea syndrome，OSAHS）是最常见的睡眠呼吸障碍，是由上气道阻塞造成反复出现低通气和呼吸暂停，从而导致间歇性低氧血症和睡眠障碍的疾病。OSAHS 可导致高血压、冠心病、脑血管病、认知功能障碍等。

在 PSG 中，睡眠中呼吸的监测主要包括呼吸气流、胸腹呼吸努力、动脉 SaO_2 等三项参数，同时结合鼾声和体位参数进行判读。根据美国睡眠医学会（AASM）判读标准，睡眠呼吸暂停低通气事件分为睡眠呼吸暂停事件和睡眠低通气事件。

1. 睡眠呼吸暂停事件　判读规则为：① 热敏传感器监测到的气流曲线峰值较基线下降 ≥90%；② 呼吸暂停事件的持续时间 ≥10s；③ 如果一次事件满足睡眠呼吸低通气事件，同时，事件中的一部分又满足睡眠呼吸暂停事件，则该事件判读为睡眠呼吸暂停事件。

睡眠呼吸暂停事件分为三型：① 阻塞型睡眠呼吸暂停事件：事件符合呼吸暂停标准，口、鼻气流停止，但同时存在持续或增强的胸腹呼吸努力，则判读为阻塞型呼吸暂停（图 25-5）；② 中枢型睡眠呼吸暂停事件：事件符合呼吸暂停标准，口、鼻气流停止，同时，胸腹呼吸努力消失，则判读为中枢型呼吸暂停（图 25-6）；③ 混合型睡眠呼吸暂停事件：事件符合呼吸暂停标准，口、鼻气流停止，在事件起始部分没有呼吸努力，而在事件后半部分呼吸努力恢复，则判读为混合型呼吸暂停（图 25-7）。

2. 睡眠呼吸低通气事件　判读规则如下：① 呼吸气流降低超过基础气流强度的 30%；② 持续时间 ≥10s；③ 伴有 ≥3% 的 SaO_2 下降，或伴有微觉醒（图 25-8）。

中枢性睡眠呼吸暂停（central sleep apnea, CSA）分为原发性（即特发性 CSA）或继发性。引起继发性 CSA 的原因包括陈-施呼吸、脑干病变、药物或化学物质或者高海拔周期性呼吸等。

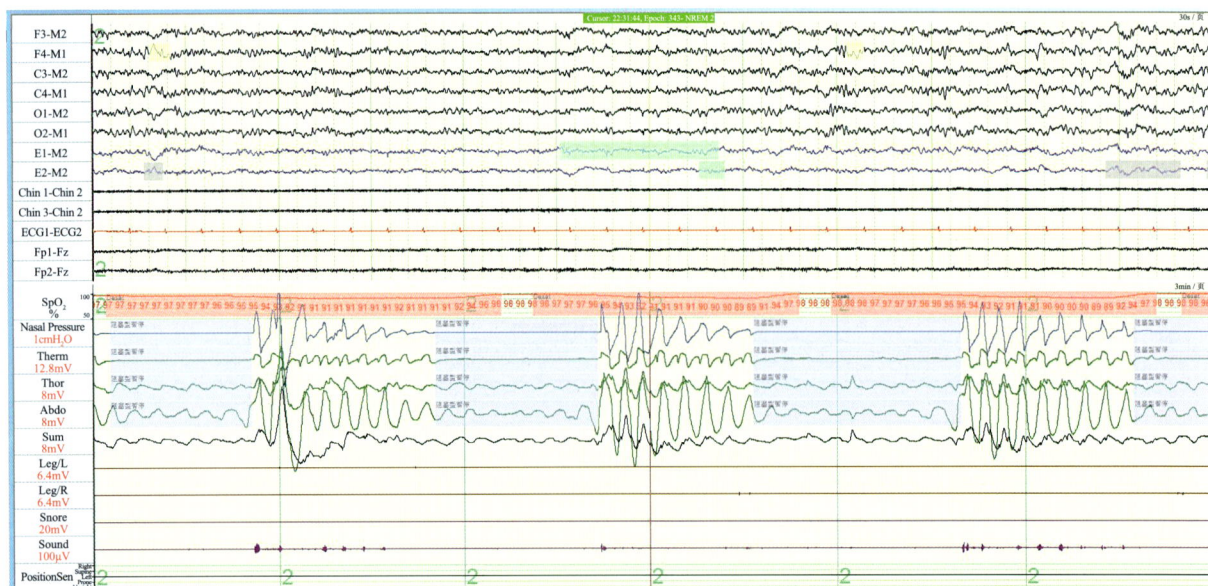

图 25-5　阻塞型睡眠呼吸暂停
可见患者有三次阻塞型睡眠呼吸暂停事件。

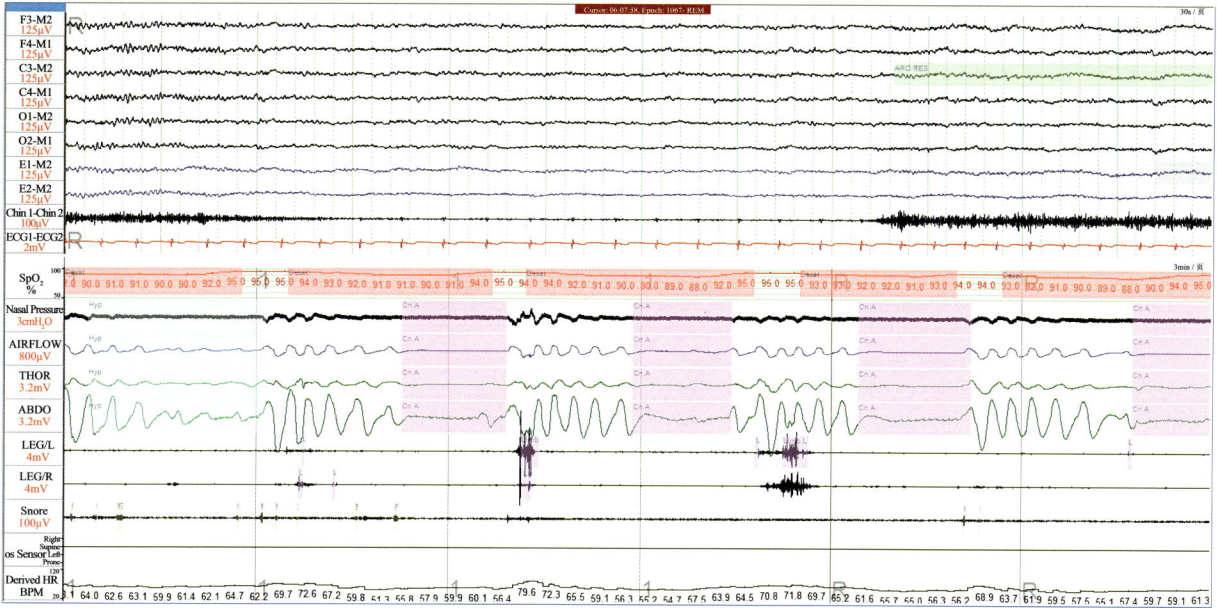

图 25-6　中枢型睡眠呼吸暂停
可见四次中枢型睡眠呼吸暂停事件。

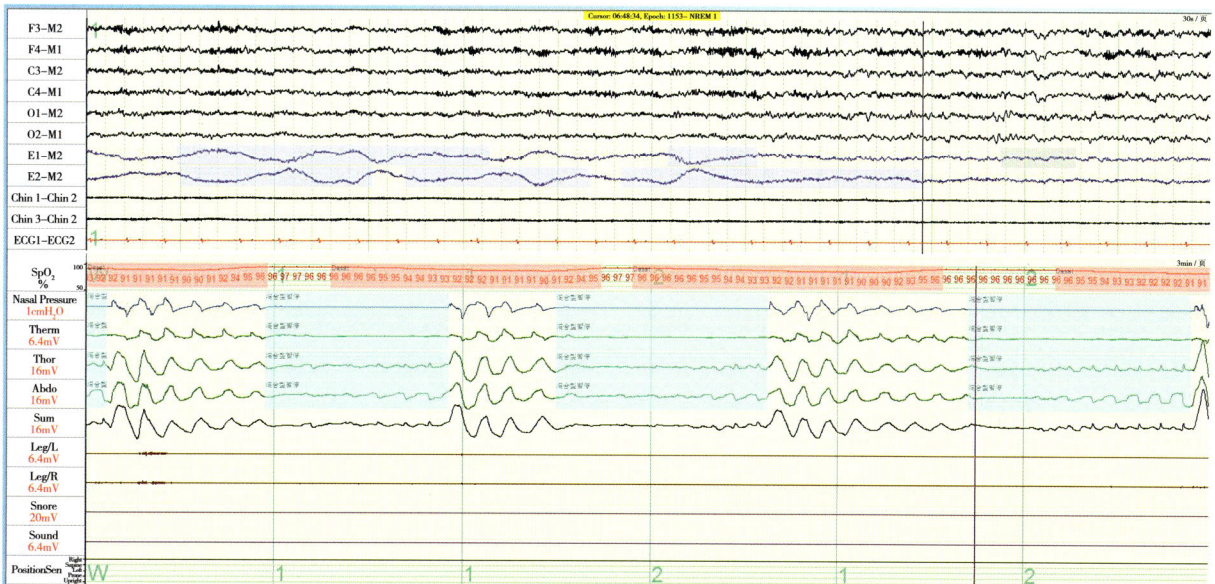

图 25-7　混合型睡眠呼吸暂停
可见三次混合型睡眠呼吸暂停事件。

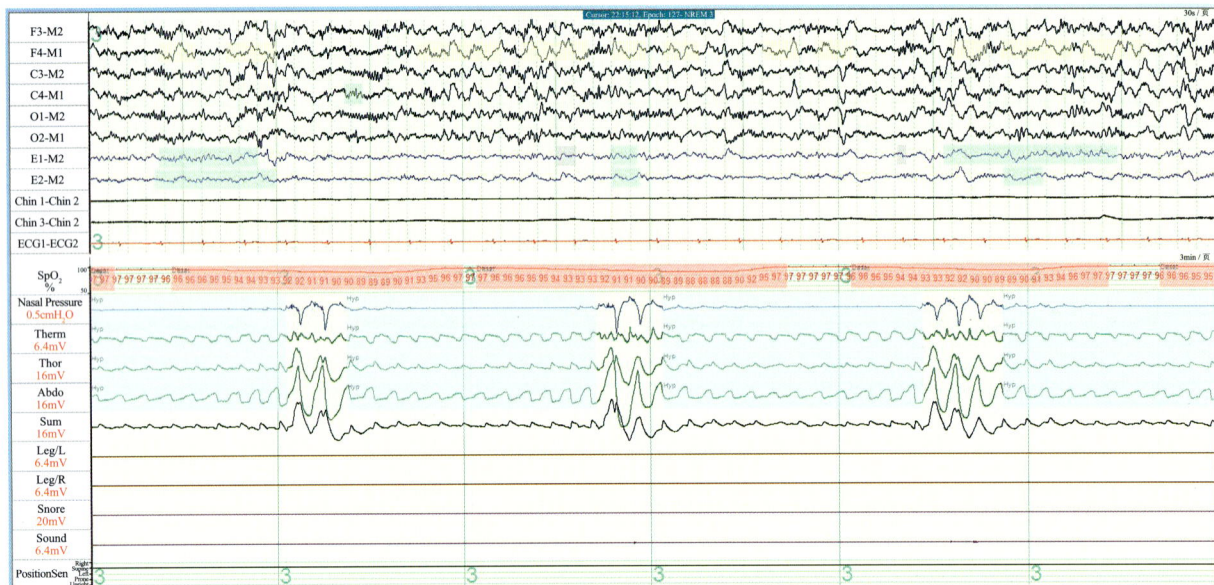

图 25-8　睡眠呼吸低通气事件
可见四次睡眠呼吸低通气事件。

六、睡眠 - 觉醒节律障碍

睡眠 - 觉醒节律障碍（circadian rhythm sleep-wake disorders，CRSWD）是由于内源性睡眠 - 觉醒节律和 / 或外源性昼夜节律失调引起的一类睡眠疾病，常见类型包括睡眠 - 觉醒时相前移综合征、睡眠 - 觉醒时相延迟综合征、不规律睡眠 - 觉醒节律障碍、非 24h 睡眠 - 觉醒节律障碍等。

临床上，睡眠 - 觉醒节律障碍的患者一般不需要 PSG 检查，除非怀疑存在其他原因，或者与其他疾病相鉴别。睡眠日志和体动记录仪对于怀疑昼夜节律性睡眠 - 觉醒障碍时更有价值。

附：睡眠体动图

睡眠体动图（actigraphy）是通过体动记录仪对睡眠 - 觉醒状态进行监测的一种技术。睡眠体动图可作为评价健康成人和某些睡眠障碍的辅助方法，可用于评估失眠、周期性腿动、睡眠呼吸暂停综合征和睡眠 - 觉醒节律障碍等多种睡眠障碍。

体动记录仪的主要组成部件包括传感器、存储器及数据分析系统。体动记录仪主要由三轴加速仪构成，可佩戴在腰部、上臂、手腕、脚踝等部位，通常佩戴在手腕处。根据体动记录仪记录到的数据，软件能够分析得出能量消耗及睡眠相关参数，如睡眠潜伏期、睡眠起始时间、入睡后觉醒时间、觉醒次数、睡眠效率以及睡眠周期等。

参考文献

[1] American Academy of Sleep Medicine. International classification of sleep disorders [M]. 3rd ed. Darien, IL: American Academy of Sleep Medicine, 2014.

[2] TROESTER M M, QUAN S F, BERRY R B, et al. The AASM Manual for the Scoring of Sleep and Associated Events: Rules, Terminology and Technical Specifications. Version 3 [M]. Darien, IL: American Academy of Sleep Medicine; 2023.

[3] 赵忠新. 睡眠医学［M］. 北京：人民卫生出版社，2016.

25

26

第二十六章

眼震电图和眼震视图

樊春秋

第一节　眼震图学概述

一、眼震电图和眼震视图原理和检测方法

眼震图包括眼震电图（electronystagmography，ENG）和眼震视图（videonystagmography，VNG），距今有大约 100 年的历史，是常用临床检查技术。

1922 年 Schott 用线性电流计发现眼球运动时眼眶周围存在电位变化，Meyers 推测这种电位变化可能与眼外肌的动作电位有关，并于 1929 年首次提出 ENG 的概念。1936 年 Mowrer 等人证实眼球运动与角膜和视网膜电位空间变化存在相关性。1955 年 Henriksson 设计了第一台测定眼震慢相速度的眼震电图仪，ENG 检查开始应用于临床。20 世纪 70 年代，随着计算机技术的广泛应用，ENG 检查应用计算机分析处理眼动信号，走向数模控制的时代，这是眼震图发展史上的第一次革命。

20 世纪 80 年代，人们用红外摄像技术直接捕捉眼球运动信息，并结合计算机技术对信息进行分析处理，ENG 技术升级为 VNG，Clarke AH 和 Sherer H 等人为此做出了重要贡献。20 世纪 90 年代，VNG 代替 ENG 在发达国家被广泛应用，这是眼震图发展史上第二次革命。

（一）眼震电图的原理和检测方法

眼震电图（ENG）根据眼球运动引起角膜 - 视网膜电位（corneo-retinal potential，CRP）变化的原理进行工作。从生物电角度，眼球是一个带电的偶极子，角膜带正电荷，视网膜带负电荷，角膜与视网膜之间的电位差，被称为 CRP，当眼球位于正中位时，CRP 大约为 1mV。如果将两个记录电极分别放置在内眦和外眦的皮肤上，两个记录电极之间的电位差会随着眼球的运动而发生变化。例如，当眼球位于正中位时，两记录电极的电位相等，不存在电位差；当眼球向外眦方向运动时，由于外眦部位的电极靠近角膜而显正电位，而内眦部位的电极靠近视网膜而显负电位；当眼球由外眦转向内眦时，内眦部位的电极从远离角膜变成靠近角膜，电位相应从负变正；而外眦部位电极从远离视网膜到靠近视网膜，电位由正变成负，这样眼球运动形成了两个记录电极之间的电位差（注意此电位差不是 CRP），ENG 描记仪通过放大和记录装置，将此电位变化描绘成特定的图形，就是 ENG。

ENG 电极安装方法如下：标准电极的位置和数目如图 26-1 所示。电极 1 和 2 置于双外眦连线的水平线上，眶外缘的外侧，电极 3 置于同一水平线上的鼻梁处。电极 4 在右眼眉毛之上，电极 5 在右眼眶下缘之下，电极 4 和 5 均位于通过右睑裂中央点的垂直线上。参考电极 G 置于额中部。双颞（颞 - 颞）或颞 - 鼻双导联电极用于描记水平性眼动，上下电极用于描记垂直性眼

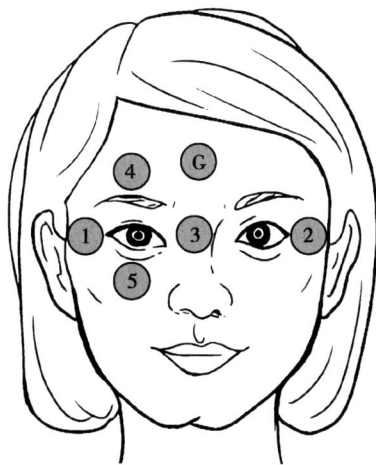

图 26-1　眼震电图电极的放置位置

动。眼震多是双眼协同运动，因此，临床上通常采用双眼水平导联和单眼垂直导联，来记录水平和垂直眼动，ENG 不能记录旋转眼震。

ENG 的参数包括：潜伏期，即从刺激开始到眼震出现的时间（连续出现三个以上眼震波才定义为眼震出现）；眼震持续时间，即从眼震出现到眼震消失持续的时间；眼震频率，即每秒钟内眼震次数，眼震波总数与眼震持续时间之比；眼震波幅，分快相波幅和慢相波幅。

ENG 测量方法：波幅用度数表示，先通过定标确定眼球运动幅度与描笔移动距离的比例关系，再计算度数。如眼动定标为（1°）/1mm，测得的波幅毫米数就是它的度数，如测出值为 10mm 即 10°。若眼动定标不是整数，而是分数值，如（10°）/12mm，波幅测量值为 16mm，此时波幅应为［16mm×（10°）］/12mm≈13.3°。其中眼震慢相速度为眼震慢相曲线的斜率，即慢相速度（°/s）= 眼震慢相波幅 / 慢相时间。

（二）眼震视图的原理和检测方法

眼震视图（VNG）的原理不同于 ENG，VNG 并不利用生物电信号分析眼动，而是通过红外摄像和计算机分析技术结合来分析眼动。VNG 检查需要在暗室进行，在此种光线条件下，普通摄像技术不能用来记录眼球运动轨迹，而红外摄像技术在摄像头内安装红外发射装置，发射红外线到眼球，又将眼球反射回来的红外线接收，通过此种方法可以摄录眼动信息。红外摄像装置通过影像采集卡将模拟眼动影像信号转换成数字信号输入到计算机，经过计算机分析处理，显示出眼球运动的信息。红外摄像技术只能检查受试者睁眼时的瞳孔运动轨迹，不能检查闭目时的眼动轨迹，这也是 VNG 的一个局限性。

VNG 设备包括眼动记录系统、前庭刺激装置、视觉刺激装置和其他辅助设备。眼动记录系统指内置红外摄像头的视频眼罩或视频眼镜；前庭刺激器指冷热灌注器，目前常用的有水灌注器和气灌注器两种；视觉刺激器可以是条形光靶也可以是全视野刺激，通常放置在受试者正前方 1.2m 处，与受试者视线平行。

VNG 目前已逐步取代 ENG，在临床中广为应用，与 ENG 相比，VNG 有如下优点：信噪比较高，图像质量高；分辨率高，能测得幅度最小为 0.5° 的眼震，而 ENG 的最小分辨率为 2°~3°；能记录多种类型眼震，包括水平眼震和垂直眼震，并视频录像旋转眼震；不需要反复定标。但 VNG 也存在如下缺点：不能检查闭目状态下的眼动信号；测量范围较小，无法准确测量终末性眼震（VNG 测量范围水平方向 ±30°，垂直方向 ±20°；ENG 测量范围水平方向 ±30°，垂直方向 ±45°）；采样频率低，VNG 采样频率 60~175Hz，ENG 采样频率 240Hz；患者舒适度稍差。

二、眼震图检查前准备

1．检查室要求

（1）眼震图室内面积最小 2.5m×3.5m。

（2）仪器配备：① ENG 或 VNG 设备；② 检查床；③ 检查椅；④ 其他：如光源和水槽等。

2．受试者准备

（1）48h 之内不服用任何中枢抑制或兴奋性药物，包括中成药，对视网膜色素有作用的药物，不饮用酒性饮料（如不能或不配合停药，需在报告单上注明服用药物）。

（2）眼部无眼妆，不能画眼睫毛和眼线。

（3）检查前 2h 之内空腹。

（4）着装舒适，便于卧位和体位变化检查。

（5）检查时间较长，请耐心配合。

3．眼震图检查禁忌证

（1）颅内压增高。

（2）视觉障碍。

（3）12 岁以下儿童。

（4）严重中枢神经系统疾病卧床不起。

（5）眩晕发作急性期不能配合睁眼和坐位，可延缓检查。

（6）癫痫患者慎查。

（7）严重颈椎和腰椎疾病慎查。

（8）本检查会诱发不同程度眩晕，高血压、心脑血管病和惊恐发作等患者慎查。

4．检查前工作人员准备

（1）耳镜检查：观察有无耵聍栓塞，鼓膜穿孔（冷热水灌注禁忌）和外耳道畸形等。

（2）眼动检查：分为原位、左右注视（30°）和上下注视（25°），观察眼动范围。

（3）安装电极（ENG）和佩戴眼镜或眼罩（VNG）。

（4）定标：ENG通过CRP定标，VNG通过瞳孔中央位置定标。

（5）视频校准：VNG需进行视频校准。

第二节　眼震图测试项目和方法

一、眼动检查

眼动检查是指视觉-眼动系统的功能检测，即通过视觉信号诱发的视觉-眼动反应来检测眼球运动功能状态，常见的视觉-眼动反应包括扫视、跟踪和视动眼震，眼动检查的理论基础、检查方法和判读结果如下。

（一）扫视试验

1．理论基础　扫视属于快速眼球运动，生理情况下，眼球通过快速运动捕捉快速跳动的靶点信号，并将其稳定在视网膜中央凹上。脑干水平扫视启动中枢位于脑桥旁正中网状结构（pontine paramedian reticular formation，PPRF），脑干垂直和旋转扫视启动中枢位于内侧纵束喙侧间质核（the rostral interstitial nucleus of the medial longitudinal fasciculus，riMLF）。PPRF和riMLF发出神经冲动作用于眼球运动神经核团，产生扫视性眼动。一侧PPRF病变可引起同侧水平性慢扫视，双侧riMLF病变可以引起垂直性慢扫视。

2．检查方法　受试者头直立端坐位，双眼平视，注视水平方向快速跳动的靶点，靶点跳动的频率为0.2～1.0Hz，在每个位置保持时间不小于1s，幅度在左右各20°范围内，记录眼动波轨迹。

3．结果判读　应用下列定量参数评价检查结果。

（1）潜伏期：视标出现至受试者产生眼动之间的时间，正常值≤250ms。根据年龄不同最大不超过300ms。

（2）峰速度：是扫视由一个位置转向另外一个位置时的最大眼动速度，扫视幅度为10°时，正常峰速度≥200（°）/s；扫视幅度为20°时，正常峰速度≥350（°）/s；扫视幅度为30°时，正常峰速度≥430（°）/s。

（3）准确度：扫视眼动初始段幅度与视标幅度之比，正常值范围为70%～120%。

图26-2与图26-3分别为正常与异常扫视实验结果。

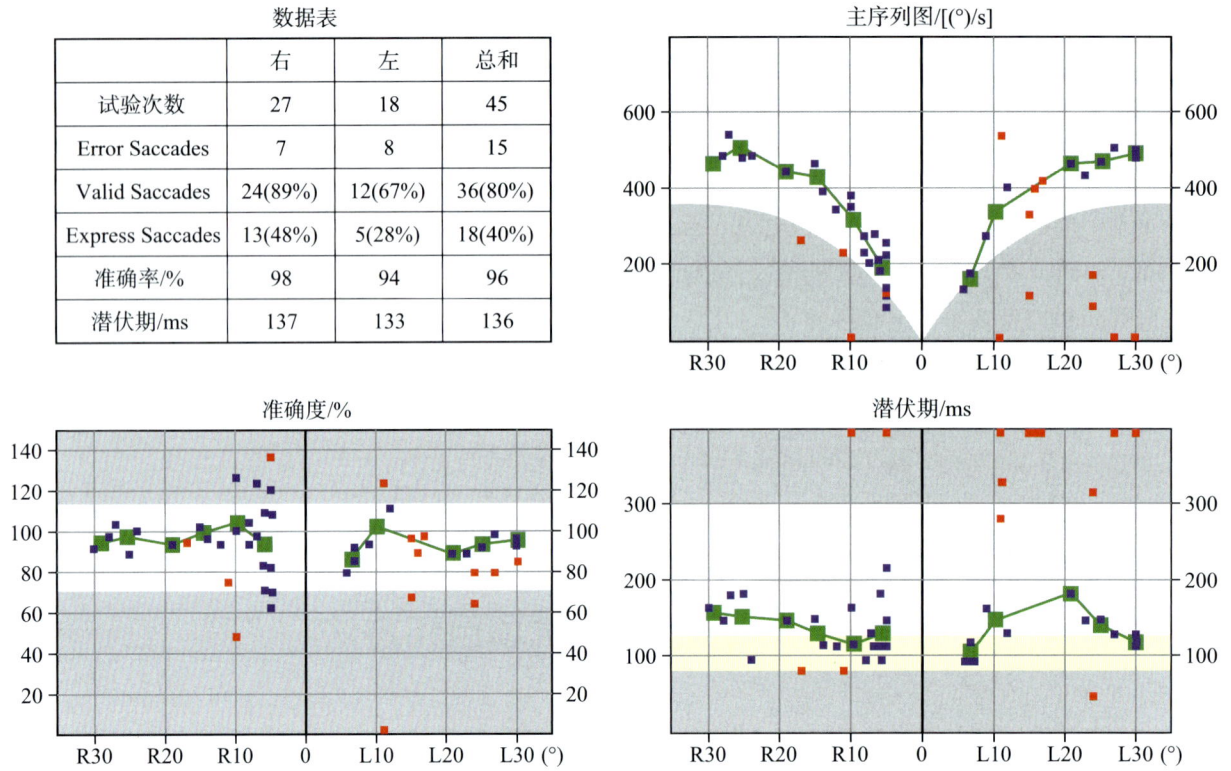

图 26-2　正常扫视试验
双侧水平扫视潜伏期、峰速度和准确度均在正常范围内。

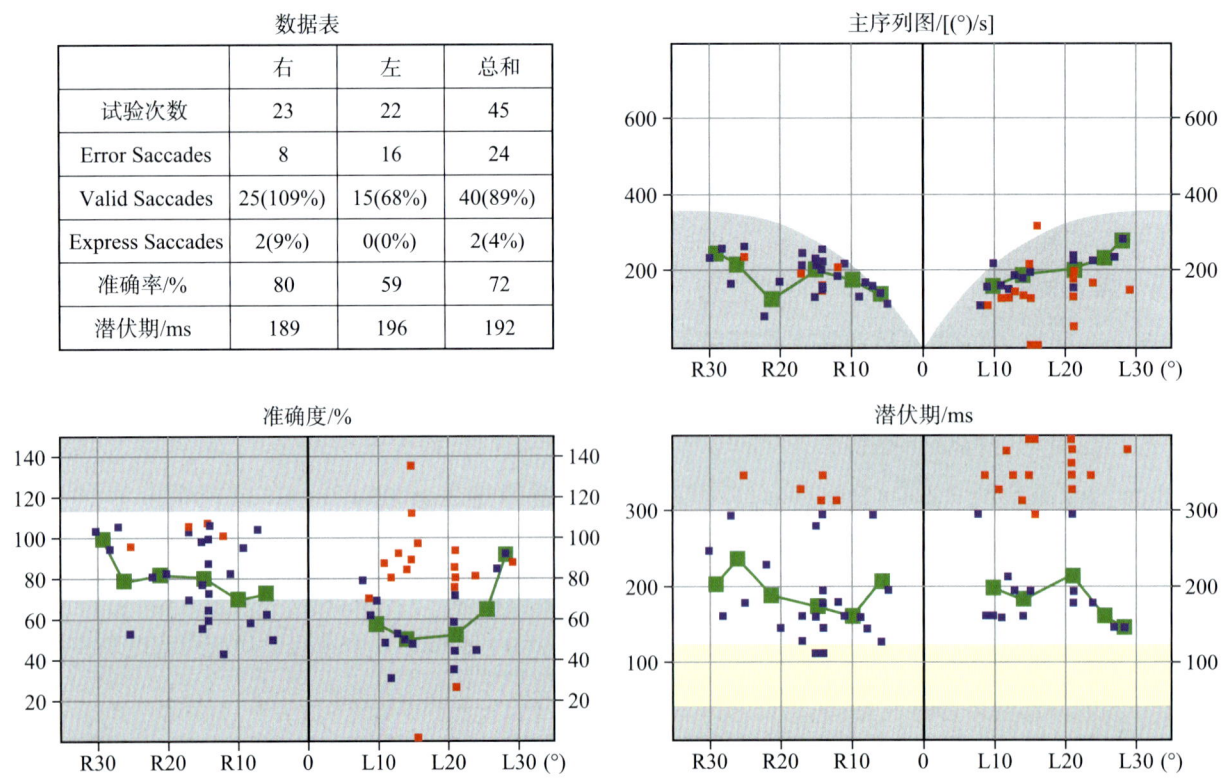

图 26-3　异常扫视试验
双侧水平扫视潜伏期正常，左右扫视峰速度均下降，左侧扫视欠冲。

（二）平稳跟踪试验

1．理论基础　跟踪属于慢速眼球运动，通过缓慢跟踪一个移动的视靶，使视靶始终稳定在视网膜中央凹上。视跟踪通路为多突触传导，通路较为复杂。皮质眼动中枢分为前组和后组，前组包括额叶眼动（frontal eye field，FE）和辅助眼动区（supplemental eye field，SEF）等，后组包括中颞叶区（middle temporal area，MT）和颞上内侧区（medial superior temporal area，MST）等。前组启动视跟踪眼球运动，后组维持视跟踪眼球运动。视跟踪启动通路由 FEF-SEF 投射传出纤维至脑桥被盖核（nucleus reticularis tegmentipontis，NRTP），NRTP 的轴突在脑桥双侧上行，包括交叉和不交叉纤维，经小脑中脚进入背蚓部小脑皮质，后者投射到顶状核，顶状核发出纤维至动眼神经核。视跟踪维持通路由 MT-MST 投射传出纤维至背外侧脑桥核（dorsolateral pontine nucleus，DLPN），DLPN 的轴突在脑桥交叉到对侧经小脑中脚进入绒球旁叶小脑皮质，绒球旁叶再投射到前庭核和舌下前核，最后由前庭神经核发出纤维至对侧眼球运动神经核团。视跟踪启动和维持通路上的结构损害，如小脑绒球旁叶病变，可引起视跟踪异常。

2．检查方法　受试者头直立端坐位，双眼平视前方，注视并跟踪水平方向呈正弦波摆动的视标点，频率 0.1~0.5Hz，峰速度 40（°）/s，可采用固定正弦波模式或伪随机（频率和幅度）正弦波模式，同时记录眼动轨迹。

3．结果判读　分析跟踪眼动曲线，正常跟踪曲线为与靶点运动轨迹基本一致的平滑正弦曲线，可有个别叠加在跟踪曲线上的扫视波，如果出现多个甚至连续出现扫视波则称为扫视样跟踪，是跟踪通路异常的表现。可分为以下四型：①Ⅰ型，为正常型，表现为光滑正弦曲线；②Ⅱ型，为正常型，表现为光滑正弦曲线上叠加个别扫视波；③Ⅲ型，为异常型，表现为不光滑曲线，多个扫视波叠加于跟踪曲线之上；④Ⅳ型，为异常型，表现为紊乱曲线，甚至看不出正弦波形。图 26-4 与图 26-5 分别显示正常平稳追踪与异常平稳追踪的波形图及增益。

（三）视动试验

1．理论基础　视动试验是用于检测视动眼震（optokinetic nystagmus，OKN）的基本方法。当人体在环境中运动时，物体在视网膜投射的影像发生移动，为了维持清晰视力，产生 OKN。OKN 是一种生理性眼动反应。OKN 包括慢相和快相，OKN 慢相是指慢速眼球运动，眼球运动方向与视觉刺激信号移动方向一致，眼球向中心位置移动；OKN 快相是指快速眼球运动，眼球运动方向与视觉刺激信号移动方向相反，眼球向离心位置运动，OKN 快相速度特点类似于扫视。视动试验检测 OKN 的慢相角速度（SPV）、增益和双侧对称性。

2．检查方法　采用暗室视动笼光条全视野投影，诱发方法选取下列模式之一。

（1）正弦摆动模式：光条以 0.05Hz 频率和 60（°）/s 的峰速度按正弦模式运转 5 个周期，观察并连续记录眼震。

（2）恒角速度方向交替模式：光条运动方向左右交替进行，采用光条左向 20（°）/s→右向 20（°）/s→右向 40（°）/s→左向 40（°）/s→左向 60（°）/s→右向 60（°）/s→右向 80（°）/s→左向 80（°）/s 进行，每种速度持续 20s，观察并连续记录眼震。

3．结果判读　①正常：眼震方向与图像移动方向相反，增益≥70%，SPV 双向对称（图 26-6）；②异常：眼震方向与图像移动方向相同，增益<70%，SPV 双向不对称（图 26-7）。

26

26

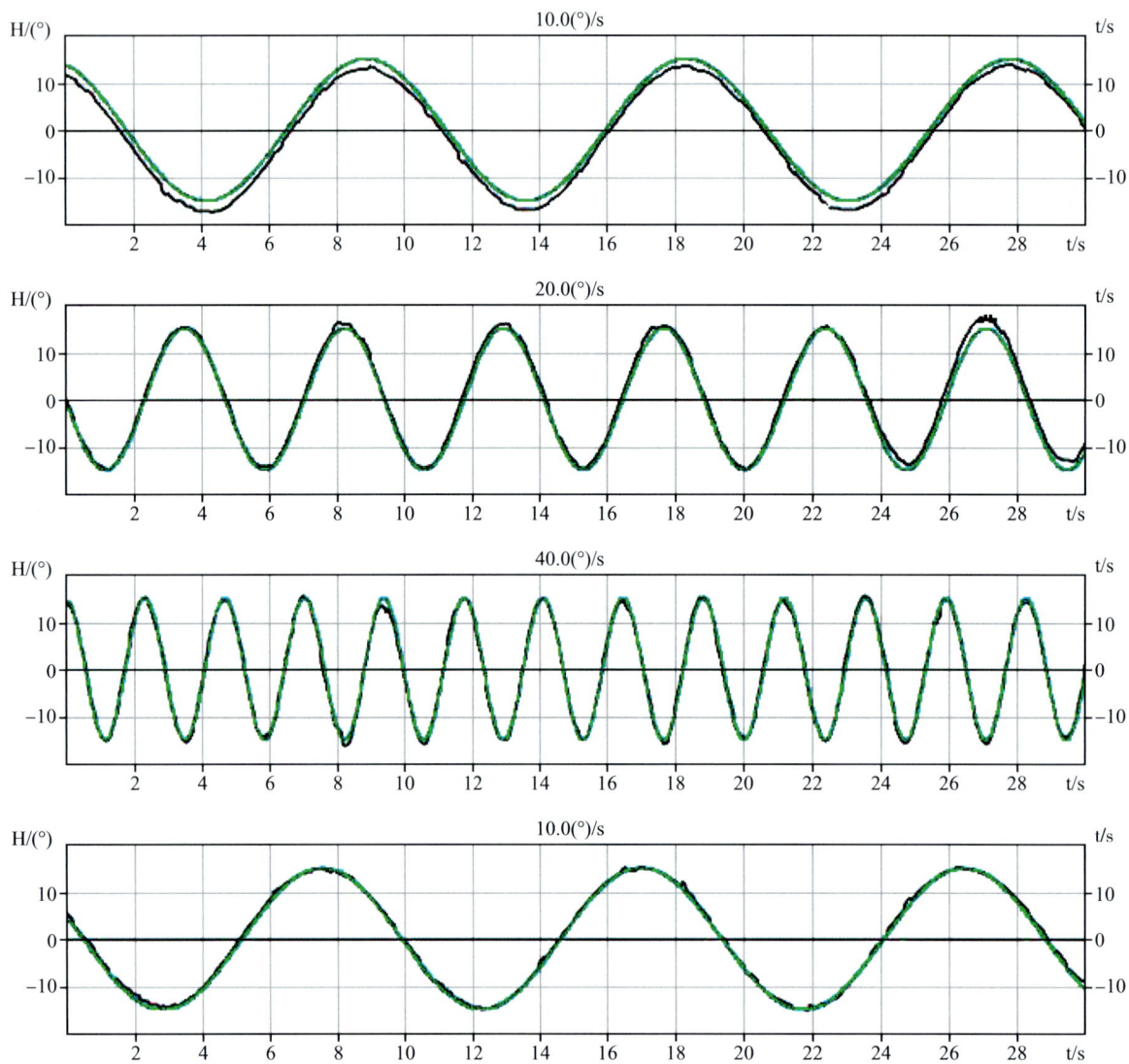

值				
	速度1	速度2	速度3	速度4
速度/[(°)/s]	10.0	20.0	40.0	10.0
频率/Hz	0.11	0.21	0.42	0.11
右向增益/%	103	100	102	96
左向增益/%	98	95	96	96
优势偏向	2	3	3	0

图 26-4　正常平稳追踪
双侧水平跟踪波形和增益均在正常范围内。

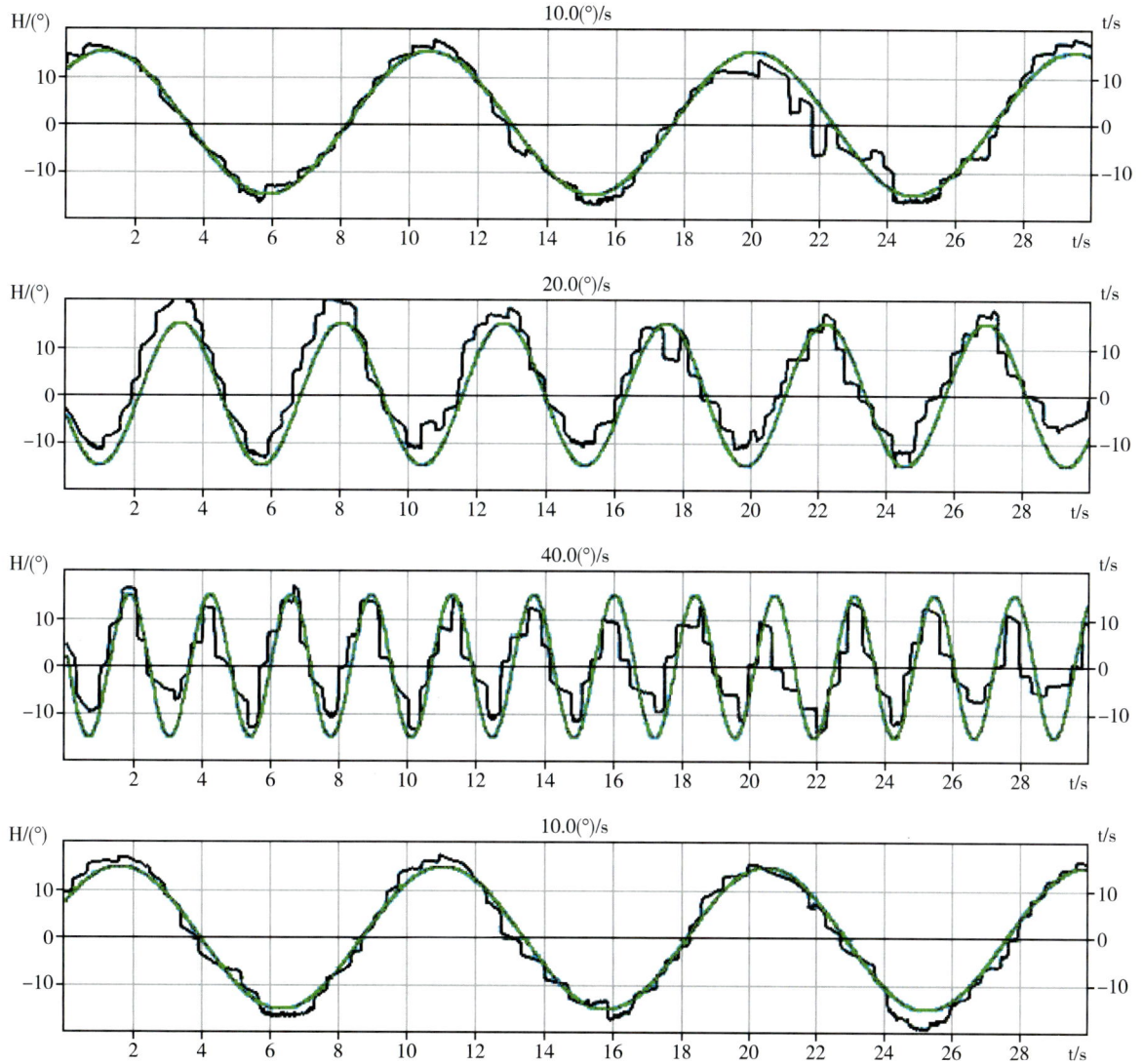

值				
	速度1	速度2	速度3	速度4
速度/[(°)/s]	10.0	20.0	40.0	10.0
频率/Hz	0.11	0.21	0.42	0.11
右向增益/%	131	102	56	127
左向增益/%	76	77	39	95
优势偏向	27	14	17	15

图 26-5 异常平稳追踪
双侧水平跟踪Ⅲ型曲线，速度 3 双侧增益降低。

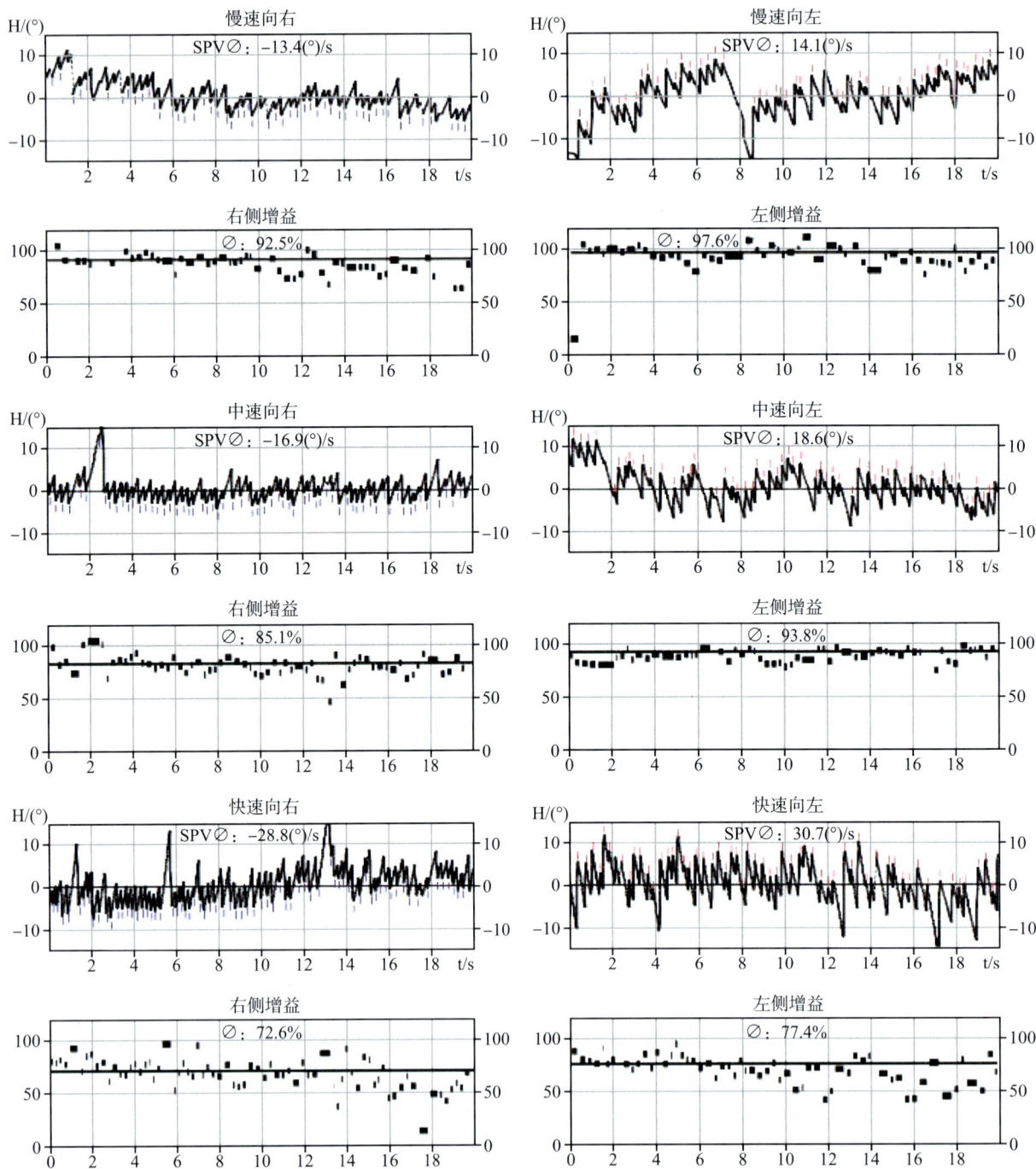

图 26-6　正常水平视动试验

眼震方向与视靶移动方向相反；双侧 SPV 对称；双侧增益在正常范围内。

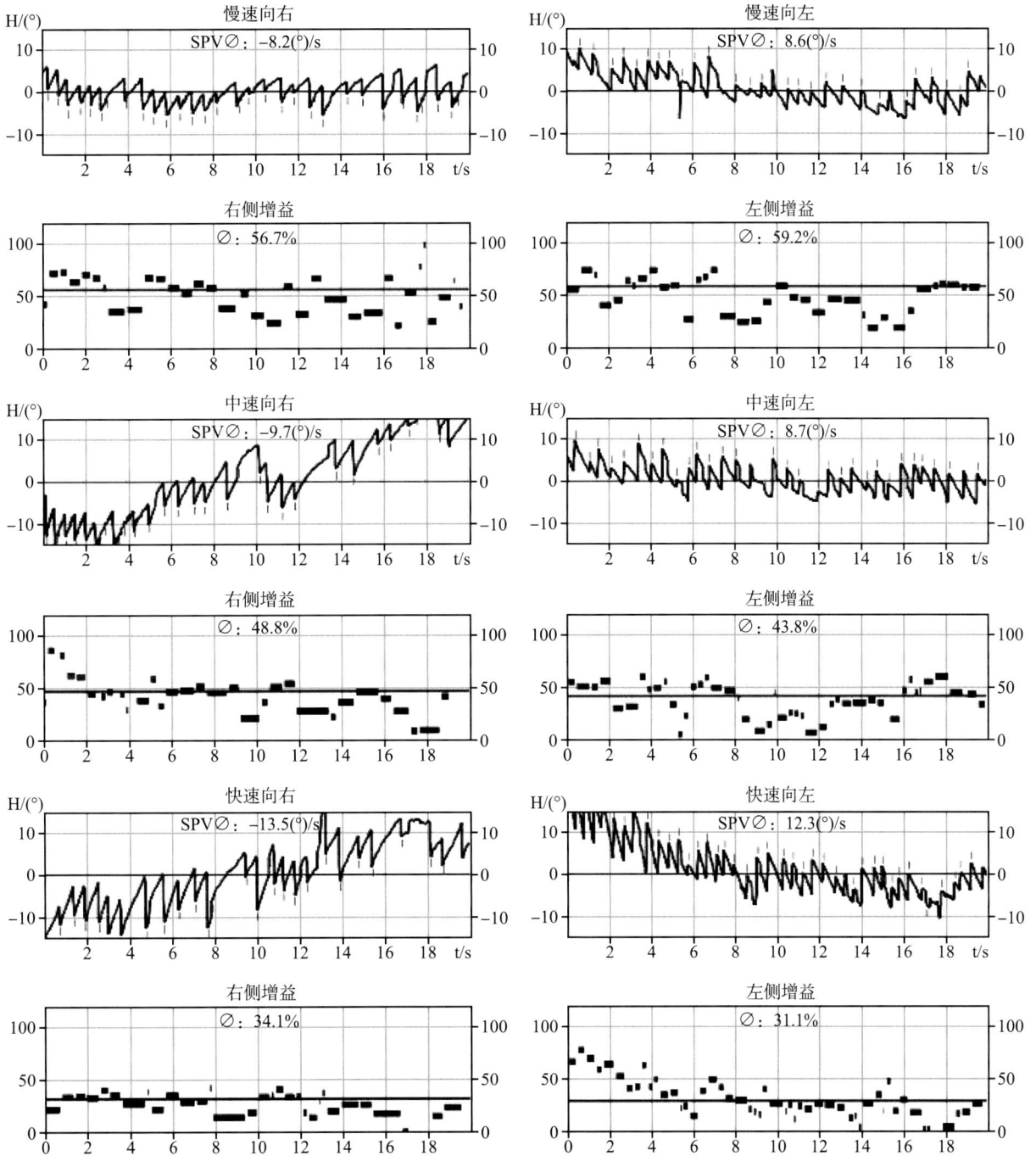

图 26-7　异常水平视动试验

眼震方向与视靶移动方向相反；双侧 SPV 对称；双侧增益降低。

（四）凝视试验

1．理论基础 眼球稳定在离心位置需要眼外肌持续收缩来克服黏滞力和惯性回缩力，动眼神经元的放电由神经整合中枢（neural integrator，NI）调节。在正常人群的协同眼动中，动眼神经元携带两种神经信号，即速度信号和位置信号，这两种信号对于眼球稳定在离心位置是十分必要的，位置编码的眼动信号由速度编码的信号获得，速度信号通过数学积分的方式生成位置信号，神经整合中枢就起到这个积分器的作用，神经整合中枢受损，眼球不能保持在离心位置上，向中心位置偏移，中枢快速纠正，产生凝视性眼震。

2．检查方法 受试者视线依次注视四个偏心位置的视标，向左右注视角度为30°，向上下注视角度为25°，每个位置记录至少20s，有眼震出现时观察记录60s，同时记录眼震持续时间和慢相速度。此外，在某个偏心位置不能保持凝视和凝视方向的变化也须注明。

3．结果判读 连续出现3~5个慢相速度>5（°）/s的眼震波为异常（阳性）。

二、自发性眼震

1．理论基础 自发性眼震是指头处于静止直立位，眼位于中央固视位置出现的眼震。前庭周围性病变和前庭中枢性病变均可导致自发性眼震。前庭周围性病变引起双侧前庭张力不平衡导致自发性眼震。此时眼震方向一致，具有头坐标系眼震特点，符合亚历山大定律，固视抑制阳性，慢相为常速型。前庭中枢性病变引起前庭神经核及其投射通路损害或功能障碍，导致各种类型中枢性眼震，包括单一方向的水平性中枢前庭性眼震、凝视性眼震，周期交替性眼震、下跳性眼震、上跳性眼震、旋转性眼震和其他少见类型的眼震如婴儿眼震、获得性摆动性眼震、眼上腭

肌震颤、眼咀嚼肌收缩节律、跷跷板眼震、癫痫性眼震和跟踪障碍性眼震。

2．检查方法 受试者头直立端坐位进行自发眼震试验，无视靶，受试者注视前方，在正常光线下睁眼平视、闭眼和暗室睁眼平视两种情况下分别记录眼动20~30s（用VNG时闭眼检查省略）。

三、变位试验（动态位置试验）

1．理论基础 变位试验（动态位置试验）是检查良性阵发性位置性眩晕（benign paroxysmal positional vertigo，BPPV）的检查方法。BPPV是临床常见的一类眩晕疾病，主要表现为与位置相关的反复发作的短暂眩晕，发作时间多<1min。BPPV的发生与耳石脱落有关：椭圆囊囊斑上脱落的耳石（碳酸钙结晶）进入半规管，随着头位变化，耳石颗粒可随内淋巴产生向壶腹或者离壶腹运动，引发加速度导致半规管壶腹嵴嵴顶偏斜，引起前庭感受器兴奋性或抑制性放电，导致患者发生眩晕和眼震。动态位置试验通过不同的位置诱发来检测各种半规管内是否存在耳石碎片。

2．检查方法 首先进行双侧水平和后半规管检查，若怀疑前半规管问题，需追加前半规管检查如深悬头位等。

（1）双侧后半规管检查：双侧分别进行Dix-Hallpike试验或Side-lying试验。① Dix-Hallpike试验：患者坐位，检查者双手托住患者头部右转（或左转）45°，3s内迅速平卧，且保持头悬垂30°，记录至少30s，保持头部角度不变情况下恢复坐位；② Side-lying试验：患者坐位，检查者双手托住患者头部右转（或左转）45°，迅速往对侧侧躺，至头部贴到床面，记录至少30s，保持头部角度不变情况下恢复坐位。

（2）双侧水平半规管检查（Supine-Roll test，

翻滚试验）：患者仰卧位，头部上抬30°，快速右转、回到中间、快速左转，每个位置保持并记录眼震1min。

（3）双侧前半规管检查（深悬头位）：检查者站立于受试者后方，估算受试者坐位，确保躺下后头部在检查床以外，让受试者坐下。双手护住受试者头部快速躺下，头部低于床平面尽量接近90°（头尽量与水平面垂直）。观察眼震情况至少30s，将患者头迅速抬起至正常坐位。观察患者眼震至少30s，双手护住受试者肩部预防摔倒。

3．结果判读　观察患者在特殊头位时有无诱发眼震。正常：任何体位均无眼震；异常：特定体位诱发BPPV特异性眼震。

四、静态位置试验

1．理论基础　静态位置试验是记录不同头位时患者眼球运动的异常。在不同位置，头部相对于重力方向发生改变，可以引起双侧前庭张力发生变化，因此应用静态位置试验记录诱发的眼震变化，可以协助明确眼震是属于前庭周围性眼震还是前庭中枢性眼震。正常人在静态位置时可出现眼震，所以静态位置试验诱发的眼震并不都有临床意义。区分前庭周围性眼震和前庭中枢性眼震的一个重要方法是固视抑制试验。方向固定的水平性眼震，如固视抑制阳性，考虑正常人群或前庭周围性病变；如固视抑制阴性，考虑前庭中枢性病变。方向变化的水平性眼震（背地性和向地性），固视抑制阳性，考虑为轻嵴帽和水平半规管BPPV。

2．检查方法　检查四个体位，即正中位、仰卧头倾、右侧、左侧；每个体位应分别记录至少20s；若观察到眼震，须一直记录至眼震消失，若眼震持续>1min，记录1min即可。一旦观测到眼震，需打开固视抑制灯观察眼震是否有固视抑制现象。体位顺序：① 中位，即坐立，头中位；② 仰卧头倾位，由坐位缓慢变为仰卧位（头上抬30°）；③ 右侧，即保持仰卧位，头缓慢右转使右耳向下；④ 左侧，即保持仰卧位，头缓慢回到中位，再缓慢左转使左耳向下；⑤ 如果在左侧或右侧位时出现眼震，应嘱患者同向转动躯干。

3．结果判读　正常：任何静态位置均无眼震；异常：诱发出位置性眼震，且SPV>6(°)/s。

五、冷热试验

1．理论基础　应用冷（30℃）热（44℃）水或气在外耳道内灌注，水温或者气温通过鼓膜传导至内耳，使内淋巴液热胀冷缩产生流体力学变化，引起水平半规管（外半规管）壶腹嵴嵴顶产生向壶腹或者离壶腹偏移，导致水平半规管前庭感受器兴奋或者抑制性放电，通过前庭眼反射通路，最后作用于眼外肌引起眼震。温度试验检测前庭频率低于0.025Hz，属于超低频，远低于前庭外周感受器的最佳频率作用范围。

2．检查方法　检查在暗室进行，受试者仰卧位，头抬高（前倾）30°，此体位水平半规管呈垂直位。按照右热水（气）、左热水（气）、右冷水（气）、左冷水（气）顺序依次向外耳道注入水（气）。注入前20s开始检测眼球运动轨迹，眼震出现后60s进行固视检测，打开固视灯让受试者注视10s，眼震消失停止记录，总时程2~3min。

3．结果判读

（1）半规管轻瘫（canal paresis，CP）或单侧减弱指数（unilateral weakness，UW）：指分别刺激两侧迷路引起的两侧眼震慢相速度之差与之和的百分比。计算公式如下：

$$CP(\%)=[(RW+RC)-(LW+LC)]/[(RW+RC)+(LW+LC)] \times 100\%$$

式中，RW：右耳热刺激（44℃）产生的眼震慢相速度均值；RC：右耳冷刺激（30℃）产生的眼震慢相速度均值；LW：左耳热刺激（44℃）产生的眼震慢相速度均值；LC：左耳冷刺激（30℃）产生的眼震慢相速度均值。

眼震慢相速度取各温度刺激时最强反应期的眼震慢相速度均值（下同），一般取灌水后60～90s期间10s的平均慢相速度或最大5个眼震波的平均慢相速度。

CP≤25%：正常；CP>25%：异常，双侧前庭不对称导致 CP 值异常。

（2）优势偏向（directional preponderance，DP）：左向眼震和右向眼震慢相速度的差与它们和的百分比。DP≤30% 正常，DP>30% 提示前庭张力的优势偏向。

（3）固视抑制指数：指固视后慢相速度（一般取 10s）与无固视时眼震慢相速度之比，≤70% 为正常。固视抑制失败通常见于前庭中枢病变，如小脑绒球病变。

（4）最大慢相速度之和：双温试验中四个（左热左冷和右热右冷）眼震慢相速度均值之和，20～<280（°）/s 为正常。

第三节　眼震图临床应用

一、眼震定义及特点

眼震是一种不自主、快速、规律性、振荡性眼球运动，眼震慢相是必要主导成分。急跳性眼震包括快相和慢相。摆动性眼震没有快相，只有慢相。病理性眼震通常来源于前庭周围器官、脑干和小脑的受累，视觉传导通路病变或幕上病变也可以引起。眼震和扫视侵扰均可以导致固视障碍，但眼震与扫视侵扰不同，后者包括方波跳动、视扑动和视阵挛，是由于扫视路径结构或功能异常引起的快速眼动障碍。

二、眼震常用参数和属性

1. 眼震轨迹　眼球从开始位置到结束位置的运行路径被称作轨迹，描述眼震轨迹，先要了解参照系、坐标系、轴和旋转平面的概念。

（1）参照系：在研究不同物体相互空间位置变化时，通常设定一个物体为参照体，以它为中心建立一定的空间关系称为参照系。选择合适的参照系不仅可以简化物体运动的机械模式，而且便于探索运动规律。有时对于同一物体在不同条件下的运动分析，可以选用不同的参照系。

（2）坐标系：研究物体运动位置的改变和研究目标位置的改变，需要首先将目标（常常抽象为点）定位。通常，人们将确定一点位置的有次序的一组数，称为这个点的坐标，而将用来确定坐标与点之间对应关系的参考系，称为坐标系。坐标系是形与数结合的基础。利用坐标系讨论问题的方法就是坐标法。在参照系选定后，一般选择参照体作为坐标系的原点建立坐标系，将被研究对象置于坐标系中讨论其相对位置的变化。前庭眼动研究中常用的坐标系有半规管坐标系、头坐标系、眼坐标系和身体坐标系等。

（3）旋转轴：旋转动作作用于图像（或分子）时，图像中任一点与旋转轴（线）间的垂直距离要求始终保持恒定。眼球运动存在三个旋转轴：①垂直轴（z 轴，yaw 轴），即垂直于水平面的轴；②前后轴（x 轴，roll 轴），即垂直于冠状面的轴；③左右轴（y 轴，pitch 轴），即垂直于矢状面的轴。

（4）眼球运动平面：① pitch（俯仰）平面，即围绕 pitch（y）轴旋转的平面，也就是矢状面；② yaw（偏航）平面，即围绕 yaw（z）轴旋转的平面，也就是水平面；③ roll（翻滚）平面，即围绕 roll 轴（x）轴旋转的平面，也就是冠状面。

2．眼震方向　将眼震快相的方向定义为眼震方向，以被检者的角度进行描述，旋转眼震通过耳朝向描述，例如眼球上极向右耳旋转。

3．速度　通常指的是慢相速度，以每秒的度数 [（°）/s] 来表示。

4．波形　眼震的振荡形式。

5．频率　测量每秒跳动次数，多用于低频眼震（＜3Hz）。

6．波幅　振动的幅度。

7．强度　测量振幅和频率。

8．时程　持续性，间隙性，或随时间改变。

9．协同性　双眼在眼震过程中的同步性和协调性。

10．凝视位置　在眼参照系或头参照系或地面参照系描述轨迹。

11．会聚 - 分离　一些特殊的眼震类型包含会聚和分离两种成分，而在某些情况下，如眼球进行会聚（向鼻侧移动）或分离（向耳侧移动）眼动时，眼震强度和方向可能会发生变化。

12．固视　观察患者在注视静止目标时眼震的表现。

13．诱发方法　包括位置、声音、瓦尔萨尔瓦动作（Valsalva maneuver）、摇头、振动、过度换气。

14．首次出现的年龄　依据首次出现的年龄可分为先天的或获得性的。

三、常见耳源性眼震和中枢性眼震的产生机制和临床特点

（一）常见耳源性眼震

半规管坐标系眼震和头坐标系眼震都属于耳源性眼震。

1．半规管坐标系眼震　特定的半规管旋转平面和半规管轴，构成半规管坐标系。半规管病变引起的眼震具有半规管坐标系眼震的特点，良性发作性位置性眩晕（benign paroxysmal positional vertigo，BPPV）所表现的眼震即符合半规管坐标系眼震特点。后半规管管石症患者做患侧 Dix-Hallpike 试验时，由于耳石重力作用，患侧后半规管内淋巴液产生离壶腹运动，产生兴奋性刺激，通过前庭眼动通路，兴奋同侧上斜肌和对侧下直肌，产生快相向上并旋向患耳的眼震。水平半规管管石症（后臂）患者做翻滚试验时，当头转向患侧时，由于耳石重力作用，水平半规管内淋巴液向壶腹运动，产生兴奋性刺激，通过前庭眼动通路，兴奋对侧外直肌和同侧内直肌，产生水平向地性眼震。前半规管管石症通过直悬头变位试验检查，阳性表现为下向捎带旋转的眼震。

2．头坐标系眼震　一侧迷路及其传入纤维病变，例如前庭神经元炎，可引起双侧前庭张力不平衡，张力高的一侧前庭神经核发出纤维投射到对侧展神经核，后者通过内侧纵束联络同侧动眼神经核，引起双眼向对侧的慢相偏移和中枢向同侧的快相复位，眼震方向朝向前庭张力高的一侧。头坐标系眼震特点：双眼协同性以水平为主捎带旋转成分的眼震；依病变性质可出现抑制型（一侧降低或丧失）与兴奋型（一侧增高）；改变注视方向时眼震方向不变；大多遵循亚历山大定律；固视抑制阳性；健侧卧位（健耳朝下）眼

震减弱，患侧卧位（患耳朝下）眼震增强；前庭诱发试验可导致眼震增强；慢相速度波形一般呈常速型；病变恢复过程中眼震方向可反转，出现恢复性眼震；通常不伴扫视跟踪异常。

（二）常见中枢性眼震

1. 中枢源性单一方向性前庭眼震 一侧小脑损害后，小脑对同侧前庭神经核的抑制降低，前庭神经核去抑制后功能亢进，导致双侧前庭张力不平衡。小脑病变的同侧前庭神经核张力相对增高，兴奋对侧展神经核和同侧动眼神经核（内直肌核），导致眼球向对侧慢相偏移（眼震慢相），向同侧快相纠正（眼震快相）。此类眼震临床特点：眼震方向通常朝向患侧；前庭眼反射（vestibulo-ocular reflex，VOR）正常或增高；固视对眼震影响不大甚或增高；VOR抑制或VOR取消异常；摇头试验或位置试验均可引起眼震方向倒转；可伴有其他中枢性损害体征，如视跟踪异常、眼偏斜、病理性凝视诱发性眼震（GEN）等。

2. 凝视诱发性眼震 眼球向离心位置运动诱发的眼震称为凝视诱发性眼震（gaze-evoked nystagmus，GEN），GEN是临床上最常见的眼震类型，是神经整合中枢（neural integrator，NI）受损引起的眼震。在正常人群的协同眼动中，动眼神经元携带的神经信号，包括两种成分：速度信号和位置信号，速度编码的神经信号通过积分的方式生成位置信号，以保证眼球稳定在离心位置上，NI就起到这个积分器的作用，NI位于脑干和小脑。脑干NI包括前庭内侧核、舌下前核和Cajal间质核（INC）；小脑NI包括绒球-绒球旁叶和舌-小结叶。当NI受损时，其作为积分器的作用减弱，速度编码信号不能有效转换为位置编码信号，眼球不能稳定在离心固视位置上，弹性回缩力导致眼球向中心位置偏移（眼震慢相），中枢启动向离心位置的纠正性扫视（眼震快相），如此往复过程形成的眼震称为

GEN。GEN的临床特点：眼震方向随着眼位变化发生改变，即方向可变性眼震；GEN在眼球向侧方移动和上视时出现，很少在下视时出现，眼震快相朝向离心眼位方向；如果持续向离心方向注视，GEN会减弱，并可能出现方向逆转，产生向心性眼震（centripetal nystagmus）；如果眼球返回到中心位置，会出现短暂的与离心位置眼震方向相反的眼震，即反跳性眼震（rebound nystagmus）。反跳性眼震本质上也是一种向心性眼震，不同的是发生在眼球回到原位时。

3. Brun's眼震 Brun's眼震的产生也与NI受损有关，当病灶同时累及NI和前庭外周或前庭中枢时，产生Brun's眼震。因NI受累，向患侧注视时出现低频率大振幅的病理性GEN；因前庭（外周或中枢）受累，同侧前庭张力减低，健侧前庭张力相对增高，向健侧注视时出现高频率小振幅的前庭源性眼震。Brun's眼震常见于桥小脑病变，例如肿瘤和血管病。Brun's眼震的临床特点：方向可变性眼震；向患侧注视时表现为低频率大振幅GEN，向健侧注视时表现为高频率小振幅的前庭周围源性眼震，方向朝向健侧。

4. 下向眼震 下向眼震（downbeat nystagmus，DBN）是由中枢前庭环路病变引起的眼震，表现为正中原位快相向下的眼震。DBN、上向眼震（upbeat nystagmus，UBN）和旋转眼震（torsional nystagmus，TN）均涉及垂直眼动通路损害，可能的机制如下：①垂直VOR通路解剖的非对称性，垂直VOR通路中上视和下视通路不同，PC-VOR（后半规管-前庭眼反射）兴奋性通路，通过内侧纵束（MLF）介导下向眼动；AC-VOR（前半规管-前庭眼反射）兴奋性通路，通过腹侧被盖束（VTT）、MLF和结合臂介导上向眼动，病变累及部位不同，产生的眼震不同，如PC-VOR通路受损，但AC-VOR通路保

26

留，那么产生上向慢相眼动，快相向下的眼震。
② 小脑绒球对 PC-VOR 和 AC-VOR 中枢通路作
用的不对称性。小脑浦肯野细胞投射的纤维投射
到 AC-VOR 中枢性通路，但不投射到 PC-VOR
中枢性通路，如果小脑损害，小脑对 AC-VOR
中枢性通路的抑制作用减弱，产生上向慢相眼
动和快相向下的眼震。③ NI 受损可引起 DBN。
④ 耳石器传入不平衡可能是引起垂直眼震的原
因。⑤ 垂直平稳跟踪不对称性可能是引起垂直
眼震的原因。

DBN 的临床特点：向下方和侧方注视时眼
震增强，由于常并发水平 GEN，故侧方注视时
可能表现为斜向眼震；慢相波形可为线型、速度
递增型和速度递减型；一般不被固视抑制；头位
变化，剧烈摇头或过度换气可使眼震增强或者
转变为 UBN；双眼会聚运动可使其加强或者减
弱，或者使其转变为 UBN；可伴前庭小脑受累
的其他体征；大多遵循亚历山大定律：向下固视
时 SPV 增大，在向上固视时 SPV 减小；伴核间
性眼肌麻痹（internuclear ophthalmoplegia，INO）
时可呈非协同性，即双眼眼震垂直成分和旋转成
分不同。

5. 上向眼震　据文献报道，引起上向眼震
（upbeat nystagmus，UBN）的病变较为广泛，多
累及脑干（累及小脑病变的报道较少），包括延
髓旁中线结构、脑桥和中脑，所以 UBN 不如
DBN 容易定位。VTT 受累是引发 UBN 的主要
原因，AC-VOR 中枢通路中，VTT 是重要的传
导通路，经过脑桥上部和中脑，累及 VTT 的病
变可引起 UBN。UBN 的临床特点：原位时出现，
上视时增强；慢相波形可呈线性、速度递增和速
度递减型；眼震不被固视抑制，尤其在远视靶固
视时；双眼会聚运动可使其加强或减弱，或者使
其转变为 DBN；大多遵循亚历山大定律：向上
注视时 SPV 增大；如累及垂直 VOR 通路可产生

垂直前庭反应异常；如累及垂直跟踪通路可产生
垂直平稳跟踪异常；在 UBN 上叠加方波跳动可
引起一种特殊类型的 UBN——Bow-tie 眼震，即
眼震慢相成直线而快相在方波间交替呈斜线向上
跳动。

6. 旋转性眼震　旋转性眼震（torsional
nystagmus，TN）的临床特点：在原位出现，具
有双眼协同性；慢相波形可呈线性、速度递增和
速度递减型；眼震不被固视抑制，尤其在远视靶
固视时；头位改变时或剧烈摇头时 TN 加剧；双
眼会聚运动可使眼震减弱；常伴随眼倾斜反应
（ocular tilt reaction，OTR）；常伴随单侧 INO；
垂直平稳视跟踪损害可诱发 TN。小脑中脚和小
脑顶端的双侧 riMLF 间质核和 Cajal 间质核损害
可出现 TN。

7. 周期交替性眼震　速度储存机制障碍
是后天性周期交替性眼震（periodic alternating
nystagmus，PAN）的原因之一。速度储存中枢
包括前庭内侧核、前庭上核、舌下前核、前庭联
合，以及小脑小结叶 - 舌叶。PAN 为水平眼震，
在原位观察每隔 90～120s 方向发生改变；可能
伴有周期交替性头动。

8. 跷跷板眼震　跷跷板眼震（seesaw
nystagmus）表现为双眼的跷跷板样眼球运动特
点，即前半个周期一只眼向上内旋，另一眼向下
外旋。后半个周期双眼垂直 - 旋转成分反转：向
上内旋转变为向下外旋，向下外旋转变为向上
内旋。交替往复就形成了跷跷板眼震。跷跷板
眼震常见两种类型，急跳型和摆动型。急跳型
跷跷板眼震又称为半跷跷板眼震（hemi-seesaw
nystagmus），具有快慢相，可见于中脑 INC 核
（interstitial nucleus of Cajal）损害；摆动型跷跷板
眼震没有明显的眼震快慢相，多见于视觉通路障
碍或先天性疾患，比如鞍区肿瘤。正常状态下，
头部在 Roll 平面旋转（耳到肩）时，会启动前庭

反应和视觉校准机制，来达到优化注视的作用，也就是当头部在 Roll 平面旋转时，低位眼内旋向上，高位眼外旋向下，来维持靶点稳定作用。

前庭反应不平衡产生半跷跷板眼震：这里的前庭反应主要通过从前庭神经核到 INC 核的耳石重力传导通路来完成，INC 核损害可以导致双侧前庭反应不平衡引起半跷跷板眼震，因为 INC 核损害可以产生对侧 OTR，即同侧眼内旋向上，对侧眼外旋向下，各种形式的 OTR 类似于半跷跷板眼震的慢相，半跷跷板眼震还可见于延髓病灶，比如颅底畸形或作为眼软腭震颤综合征的一部分。

视觉错误校准引起的摆动型跷跷板眼震：正常情况下，当头部在 Roll 平面旋转时，运动 - 视觉信息传入到小脑，整合后产生相应的前庭反应。如果视觉信息传入错误，例如鞍区视交叉病变，使视觉校准作用出现异常，导致摆动型跷跷板眼震。

跷跷板眼震的临床特点：前半个周期一只眼向上内旋，另一眼向下外旋。后半个周期双眼垂直 - 旋转成分反转，向上内旋转变为向下外旋，向下外旋转变为向上内旋。波形可为摆动型（跷跷板眼震）和急跳型（半跷跷板眼震），半跷跷板眼震的慢相存在于一半周期中；半跷跷板眼震可伴有 OTR 和其他耳石重力传导通路不平衡的体征；摆动型跷跷板眼震可见于视交叉病变、视力丧失和双颞叶偏盲。

四、前庭外周性病变的眼震图特点

1. 眼动检查 ① 扫视试验：扫视潜伏期、峰速度和准确度均在正常范围内；② 平稳跟踪试验：Ⅰ 型或 Ⅱ 型曲线；③ 视动试验：眼震方向与图像移动方向相反，增益均≥75%，SPV 双向对称；可见双侧 SPV 不对称，前庭外周损伤侧 SPV 增高；④ 凝视试验：凝视性眼震阴性。

2. 自发性眼震 可见水平或伴旋转自发性眼震，符合耳源性眼震的特点。

3. 变位试验（动态位置试验） 特定体位可诱发 BPPV 特异性眼震

4. 静态位置试验 可见方向固定的水平性眼震，固视抑制阳性。

5. 冷热试验 ① CP>25%；② DP>30%；③ 固视抑制指数≤70%；④ 最大慢相速度之和 <24（°）/s。

五、前庭中枢性病变的眼震图特点

1. 眼动检查 ① 扫视试验：扫视潜伏期延长，扫视峰速度下降，扫视准确度下降（欠冲），扫视准确度增大（过冲）；② 平稳跟踪试验：Ⅲ 型或 Ⅳ 型曲线；③ 视动试验：眼震方向与图像移动方向相同，增益<75%，SPV 双向不对称；④ 凝视试验：凝视性眼震阳性。

2. 自发性眼震 可见上向眼震、下向眼震、旋转眼震、周期交替性眼震、跷跷板眼震、Brun's 眼震等中枢性眼震类型。

3. 变位试验（动态位置试验） 可诱发各种类型眼震，但不符合刺激半规管坐标系的眼震特点。

4. 静态位置试验 方向固定的水平性眼震，固视抑制阴性；垂直性眼震，固视抑制阴性；单一头位变化的水平性眼震，固视抑制阴性。

5. 冷热试验 ① CP<25%；② DP<30%；③ 固视抑制指数>70%；④ 最大慢相速度之和 >280（°）/s。

参考文献

[1] 田军茹. 眩晕诊治［M］. 北京：人民卫生出版社，2015：77-80.

[2] 田军茹. 眩晕诊治问与答［M］. 北京：人民卫生出版社，2017：66-70.

[3] LEIGH J R, ZEE D S. The Neurology of Eye Movements [M]. New York: Oxford University Press, 2006.

[4] 田军茹. 认识眼震性质是识别眩晕疾病的重要方式［J］. 中国耳鼻咽喉头颈外科杂志，2018，24（6）：497-504.

[5] GANANÇA M M, CAOVILLA H H, GANANÇA F F. Electronystagmography versus videonystagmography [J]. Braz J Otorhinolaryngol, 2010, 76(3): 399-403.

[6] EGGERS S D Z. Approach to the examination and classification of nystagmus [J]. J Neurol Phys Ther, 2019, 43(Suppl 2): S20-S26.

[7] 贾宏博，吴子明，刘博，等. 前庭功能检查专家共识（一）［J］. 中华耳科学杂志，2019，17（1）：117-123.

[8] WADDINGTON J, HARRIS C M. Human optokinetic nystagmus: A stochastic analysis [J]. J Vis, 2012, 12(12): 5.

[9] SUZUKI Y, BÜTTNER-ENNEVER J A, STRAUMANN D, et al. Deficits in torsional and vertical rapid eye movements and shift of Listing's plane after uni-and bilateral lesions of the rostral interstitial nucleus of the medial longitudinal fasciculus [J]. Exp Brain Res, 1995, 106(2): 215-232.

[10] EGGERS S D Z, BISDORFF A, VON BREVERN M, et al. Classification of vestibular signs and examination techniques: Nystagmus and nystagmus-like movements [J]. J Vestib Res, 2019, 29(2/3): 57-87.

27

第二十七章

平衡与步态检查

樊春秋

第一节　平衡和步态检查的基本原理

平衡是指在不同环境下，将身体重心（body's center of gravity，COG）稳定在支持面上的能力，是人体维持姿势稳定，完成各种动作变化、行走及跑、跳等复杂运动的基本保证。平衡包括静态平衡、动态平衡和反应性平衡。平衡能力的获得需要感觉传入、中枢整合和运动传出三部分来完成。感觉传入主要依赖于维持身体平衡作用的三个感觉系统：躯体感觉、视觉和前庭觉；中枢整合包括大脑和小脑对于感觉传入信息的加工整合过程；运动传出包括骨骼和肌肉产生协调的动作。本文将重点介绍动态姿势控制检测中的感觉组织测试和运动控制测试，以及静态姿势控制检测中的稳定极限测验。

一、计算机辅助动态姿势描记术

计算机辅助动态姿势描记术（computerized dynamic posturography，CDP）可通过计算机辅助系统，定量评估人体平衡需要的感觉传入、中枢整合和运动传出能力，确定平衡障碍出现的原因，进一步制定针对性的康复策略，以获得患者日常生活能力的最大改善。CDP 包括感觉平衡控制的动态姿势描记术和运动平衡控制的动态姿势描记术，前者常用的为感觉组织测试（sensory organization test，SOT），后者常用的为运动控制测试（motor control test，MCT）。

（一）感觉组织测试（SOT）的基本原理和参数解读

平衡三联，包括保持身体平衡作用的三个感觉系统：本体感觉、视觉和前庭觉。本体感觉系统包括关节位置觉和触压觉等，接收到的感觉信号在脊髓后索中通过薄束和楔束上传（意识性本体感觉），同时也在前索和侧索中通过脊髓小脑束上传（非意识性本体感觉），到达大脑和小脑综合处理信息，明确身体的重心位置，制定平衡策略。当身体的支持面发生变化，如支持面面积、硬度和稳定性等发生变化时，本体感觉系统将感觉信号传递到中枢，来调整平衡策略。视觉通过视网膜感受到信号，通过视神经和视束将信息传导到视皮质，视皮质将信息向前传递到额顶叶（背侧流）和颞叶（腹侧流），中枢整合处理，提供头部相对于环境的位置变化及定位信息，视觉信息影响站立时身体的稳定性，当本体感觉被干扰或破坏时，视觉系统即发挥重要作用。前庭觉外周感觉器包括半规管系统和耳石器，半规管感觉头部角加速度，耳石器感受直线加速度和重力加速度的变化，信息通过前庭神经传递到脑干前庭神经核、小脑和大脑半球，产生协调平衡的作用。

维持平衡的三个感觉系统在不同环境下发挥作用的程度不同。例如当支持面不固定（站在海绵垫上）时，视觉在维持平衡中发挥更重要的作用；在固定的支持面上和稳定的视觉环境下，本体感觉和视觉在维持平衡中发挥作用最大，前庭觉作用最小；当支持面不固定和视觉环境不稳定时，前庭觉在维持平衡中发挥更重要的作用。

SOT 通过屏蔽平衡三联中的一项或两项来评估视觉、本体感觉和前庭觉维持身体平衡的能力和损伤程度。

1. SOT 检查方法

支持面固定，睁眼，输入正确视觉信息，本体感觉和视觉起主要作用。

支持面固定，闭目，本体感觉起主要作用。

支持面固定，睁眼，给予干扰视觉信号，本体感觉起主要作用。

支持面不固定（海绵垫），睁眼，输入正确视觉信息，视觉起主要作用。

支持面不固定，闭目，前庭觉起主要作用。

支持面不固定，睁眼，给予干扰视觉信号，前庭觉起主要作用。

2．SOT 的参数

（1）平衡分数：是受检者前后方向的摇摆幅度的峰值与理论上前后方向的稳定极限的比值，分数接近 100% 提示最小的摇摆。平衡分数是测试 6 种 SOT 状态，每种情况重复 3 次，平衡分数为每个条件的平均分数。

（2）感觉分析：感觉分析包括以下四个指标：

1）本体感觉（somatosensory，SOM）比率：SOM 比率 = 闭目站在固定平面上的分数 / 睁眼站在固定平面上的分数，SOM 比率降低提示本体感觉受损。

2）视觉（visual，VIS）比率：VIS 比率 = 睁眼站在摇摆平面上的分数 / 平均基线状态下的分数，VIS 比率降低提示视觉受损。

3）前庭（vestibular，VEST）比率：VEST 比率 = 闭目站在摇摆平面上的分数 / 平均基线状态下的分数，VEST 比率降低提示前庭觉受损。

4）视觉优势（vision preference，PREF）比率：PREF 比率 = 有摇摆参照视觉状态下的平衡分数总和 / 同等条件下闭目获得的平衡分数的总和，PREF 比率降低提示患者在移动或冲突的视觉环境下有不稳感。

（3）策略分析：将患者前后摇摆幅度相关的踝关节和髋关节运动策略进行量化分析。

（4）重心分布：是每个状态测试时，患者重心位置相对于支持面中心位置变化的量化。

（二）运动控制测试（MCT）的基本原理和参数解读

人体对于运动的控制主要包括三部分内容：中枢神经系统整合、姿势控制预备活动和骨骼肌协同运动。中枢神经系统将接收到的感觉信号，经过加工整理，将信号分析整合，并通过骨骼肌系统传出。姿势控制中的预备性活动是指许多不稳定的随意运动开始之前，在身体的其他部位已经出现肌肉的收缩活动和体重转移。骨骼肌协同运动是指各个肌群一起工作，产生协调的运动能力。骨骼肌协同运动模式通常包括如下三个方式：① 踝关节协同运动，即身体重心（COG）以踝关节为轴进行前后或左右移动，站立时左右或前后晃动应用踝关节协同运动来完成；② 髋关节协同运动，即 COG 通过髋关节屈伸变换位置和保持平衡，例如人站在狭小支持面上大幅度的动作依靠髋关节协同运动来完成；③ 跨步动作模式，即 COG 通过向作用力方向快速跨步来变换位置，为 COG 重新确立支持面。

MCT 主要评定自发运动系统在身体受到未预料的外界干扰时快速恢复平衡的能力，由踏板在前后方向上做出各种幅度的有序运动而引出身体的自发姿态控制反应。完整的 MCT 包括 3 次测试，每次测试包括 3 种幅度不同支持面平移运动（向前和向后），每次试验的间隔是随机的。

MCT 主要参数如下：① 体重分布对称性，指每个 MCT 测试过程中，身体重量落在双下肢的百分比。0 分是指 100% 的重量落在左下肢，200 分是指 100% 的重量落在右下肢，100 分是指双下肢承受均等的重量。② 潜伏期，指支持面开始平移到双脚出现反向作用力的时间，为毫秒级的时间延迟；③ 幅度值，为幅度分级的量化。量化双下肢动作的力量，并根据每个患者的身高和体重进行校正。

二、稳定极限（LOS）试验的基本原理和参数解读

稳定极限（limit of stability，LOS）指正常人站立时身体倾斜的最大角度，是判断平衡功能的重要指标之一。正常人前后方向的最大摆动角度约为12.5°，左右方向为16°（LOS周长围成一个椭圆形）。LOS试验用于评价人体自主控制重心在稳定极限范围内的能力，定量一个人在有意识的情况下可以移动身体重心的最大距离，即在不失去平衡、不移动、没有任何辅助物品的情况下，按照给出的方向倾斜身体的能力。

LOS试验方法：患者面前的显示屏上有9个光标，其中1个居中，8个以45°间隔围绕中心光标排列。患者先将自己的重心光标放置在中心光标上，然后按照指令，快速准确地将中心光标移动到周边光标上，并停留5s。

常用参数：① 反应时间，指发出指令到开始移动重心的时间，单位是秒；② 移动速度，指重心移动的平均速度，单位是（°）/s；③ 漂移终点，指患者从开始移动到外周光标所达到的距离；④ 最大漂移，是测试中获得的最大距离；⑤ 方向控制：量化患者向预设光标直线运动路径。

第二节　平衡和步态检查的临床应用

一、平衡感觉损害所致平衡障碍的评估

本体感觉比率降低提示本体感觉受损，见于脊髓亚急性联合变性，脊髓压迫症导致的脊髓后索损伤，也见于周围神经病。视觉比率降低提示视觉通路受损，见于前视觉通路和后视觉通路病变，如病变发生在后视觉通路的中枢神经系统，病变范围较为广泛。前庭比率降低提示前庭觉受损，见于双侧前庭病、前庭神经炎、梅尼埃病和突发性聋等前庭周围性病变，前庭中枢性病变除累及前庭感觉系统，也累及前庭运动系统，如前庭小脑。视觉优势比率降低提示患者在移动或冲突的视觉环境下有不稳感，见于前庭功能减退，也见于非结构性头晕患者。踝依赖策略见于双侧前庭功能丧失的患者。髋依赖策略见于双下肢肌肉力量减弱的患者。

二、运动协调损害所致平衡障碍的评估

运动协调损害所致平衡障碍评估方法，包括双侧潜伏期，双侧下肢力量对比和下肢力量使用方法等方面。

1. 双侧潜伏期延长　见于外周神经、脊髓和脑干通路，以及相关皮质通路的损伤。

2. 力量不对称　见于单侧下肢肌力减弱，或者偏好一侧下肢支撑的患者。

3. 力量过度　可能与小脑功能障碍、不恰当的适应性反应和焦虑状态有关。

三、指导平衡康复治疗

根据感觉组织测试和运动控制测试，评估患者的感觉和/或运动平衡功能障碍，个体化制定患者的康复治疗方案，评估与治疗相互结合。平

衡觉刺激：在前庭觉、视觉和本体感觉平衡三联中，给予一种或者两种平衡觉刺激，进行康复功能训练。运动控制能力训练：前庭脊髓反射康复，通过步态训练、重心变换等方式进行运动控制能力训练，强化前庭脊髓反射能力。平衡觉刺激和运动控制能力复合康复训练：例如在给予前庭眼反射（VOR）康复训练时，同时给予晃动刺激前庭脊髓反射（VSR）康复训练。

参考文献

[1] YARNITSKY D. Quantitative sensory testing [J]. Muscle Nerve, 1997, 20(2): 198-204.

[2] GRUENER G, DYCK P J. Quantitative sensory testing: Methodology, applications, and future directions [J]. J Clin Neurophysiol, 1994, 11(6): 568-583.

[3] WERNER M U, PETERSEN M A, BISCHOFF J M. Test-retest studies in quantitative sensory testing: A critical review [J]. Acta Anaesthesiol Scand, 2013, 57(8): 957-963.

[4] VAN DUIJNHOVEN H J, HEEREN A, PETERS M A, et al. Effects of exercise therapy on balance capacity in chronic stroke: Systematic review and meta-analysis [J]. Stroke, 2016, 47(10): 2603-2610.

[5] SELVES C, STOQUART G, LEJEUNE T. Gait rehabilitation after stroke: Review of the evidence of predictors, clinical outcomes and timing for interventions [J]. Acta Neurol Belg, 2020, 120(4): 783-790.

[6] STOODLEY C J, SCHMAHMANN J D. Evidence for topographic organization in the cerebellum of motor control versus cognitive and affective processing [J]. Cortex, 2010, 46(7): 831-844.

27

第二十八章

自主神经功能检查

丁 岩

28

自主神经功能检查是临床神经生理功能评价的重要组成部分。适用于有晕厥、直立性低血压（orthostatic hypotension，OH）、体位性心动过速综合征（postural tachycardia syndrome，POTS）、体温调节功能障碍、周围神经病变、广泛性自主神经功能衰竭或神经退行性疾病的患者。

与其他的生理检查不同，临床自主神经功能检查是通过记录靶器官对特定的生理或药理刺激的反应，间接地评估交感或副交感神经通路的完整性。这种反应可能会受到多种因素的影响，包括患者的准备情况、年龄、检查情况以及使用过可能影响肾上腺素能或胆碱能的药物，因此，虽然这些检查实施起来相对容易，但其结果必须仔细分析，要考虑到所有这些潜在的混杂因素。

自主神经分布广泛，通常是针对神经分布的末端器官进行分类研究。对于神经病学家来说，临床自主神经功能检查侧重于心血管副交感的胆碱能神经功能、心血管交感肾上腺素能神经功能和交感胆碱能泌汗功能的评估。还有许多其他器官系统的自主神经功能检查，如泌尿学的尿动力学测试、胃肠病学的胃排空测试和眼科的瞳孔检查等。虽然这些也是评价自主神经功能的重要检查，但他们超出了本章的范围。

对于进行心血管副交感胆碱能神经功能、心血管交感肾上腺素能神经功能和交感胆碱能泌汗功能检查的患者，在检查前至少 4h 应禁食、禁烟；至少 12h 不能摄入咖啡因和酒精；至少 48h 不能摄入抗胆碱能、拟交感神经或阻滞交感神经药物、利尿剂或氟氢可的松；并且应避免在检查当天使用止痛剂，包括阿片类药物。

第一节　泌汗功能检查

完整的泌汗功能对体温调节很重要，人体是通过中枢温度调节通路和周围交感神经控制汗腺分泌来调节体温。人体的体温调节中枢位于下丘脑，它通过周围交感神经分布到汗腺，并通过轴索末端释放乙酰胆碱，与外分泌汗腺上的 M3 毒蕈碱受体结合，从而促进汗液的产生。

临床上通过检查泌汗功能的完整性，来定位泌汗功能异常的部位。临床常用的泌汗功能检查方法包括体温调节泌汗试验、定量泌汗运动神经轴突反射试验和交感皮肤反应等，下文将逐一介绍。

一、体温调节泌汗试验

1. 生理学原理　体温调节泌汗试验（thermoregulatory sweat test，TST）评估的是从中枢到外周整个泌汗通路的完整性。通过将患者的核心体温至少提高 1.0℃ 或达到 38℃（以较高者为准）以上时，评估患者的泌汗反应。

2. 检查方法　检查前准备好指示剂粉末，例如茜素红粉末状指示剂，其特点是在干燥时呈淡橙色，如果遇到汗水时则呈现紫色。检查时患者仅穿内衣，将指示剂粉末均匀的涂抹于患者身体前表面的大部分部位。患者平躺在一个封闭的加热环境中，环境温度设置为 43~46℃，相对湿度为 35%~40%，持续 40~60min，总测试时间不应超过 70min，观察患者的泌汗反应。指示剂粉末在遇到汗液时变色，从而评估泌汗反应的情况。无汗范围的比例是主要的定量参数，总的排汗量可通过试验前后体重下降的差值来估计。还应动态监测患者口腔的温度，可以获得核心体温随时间变化的斜率，用于估算患者的散热能力。

3．临床意义　正常的泌汗功能应该是身体左右两侧对称；上肢泌汗通常比下肢少。异常的泌汗反应可能表现为多种模式。远端无汗累及手指、膝盖以下的小腿、脚，是典型的长度依赖性周围神经病的表现。皮肤节段性无汗，可见于糖尿病和其他神经根病、某些免疫介导性神经节病、神经退行性疾病早期和慢性特发性节段性无汗症。局限于孤立的皮肤或神经分布范围的局灶性无汗症，见于糖尿病或其他单神经病变。全身无汗症是指全身 80% 以上的体表广泛无汗，可见于多系统萎缩（multiple system atrophy，MSA）、引起广泛自主神经功能衰竭的周围神经疾病，以及抗胆碱能药物作用的表现。

TST 检查需要专门的空间，专门的加热设备，还需要提供适当的淋浴设施为患者检查后使用。在许多自主神经功能检查中心，TST 检查不是一种常规检查。在检测过程中需要密切观察患者的状态，以避免体温过高；严重无汗症的患者其体温过高的风险会明显增加。

二、定量泌汗运动神经轴突反射试验

1．生理学原理　定量泌汗运动神经轴突反射试验（quantitative sudomotor axon reflex test，QSART）是一种基于泌汗轴索反射来评价交感胆碱能神经功能的方法，可由胆碱能药物引起。当胆碱能药物与汗腺上的 M3 毒蕈碱受体结合时，可引起直接的泌汗反应。与此同时，胆碱能药物与泌汗轴索终末的烟碱受体结合，产生轴索电位。在泌汗轴索反射的通路，动作电位最初沿节后交感泌汗轴索反向传导，直到到达一个分支

点。在到达分支点之后，电位沿着其他轴索分支以顺向方式扩散和传导到邻近的皮肤区域，就使直接刺激区域以外的皮肤汗腺产生了汗液，该反应称作间接轴索反射。

2．检查方法　该项检查需要有专门的检查设备，将 10% 乙酰胆碱溶液置于紧贴皮肤的多分隔装置的外腔中进行电离，用湿度计测量多分隔装置内腔的泌汗量，记录泌汗反应 10~15min，可同时记录前臂前部、近端腿部、远端腿部和足部四个部位的泌汗量。影响检查反应的因素包括乙酰胆碱刺激的泌汗纤维数量、汗腺中乙酰胆碱与毒蕈碱受体连接的有效性、反应性汗腺数量和每个汗腺的泌汗量。女性对该检查的反应较小，并且反应程度随着年龄的增长而降低。

3．临床意义　异常泌汗的模式包括所有部位或个别部位的泌汗反应减少或消失。例如，远端腿部和足部泌汗功能受损，而上肢的排汗反应正常或增强，这提示长度依赖性的周围神经病变。

为了定位泌汗功能障碍区域是由节前神经元还是节后神经元损伤引起的，需要结合 TST 和 QSART 检查来分析，节前神经功能损伤显示 TST 的异常模式，而 QSART 反应正常；在节后神经病变时，两项检查均显示异常，见表 28-1。

三、交感皮肤反应

交感皮肤反应（sympathetic skin response，SSR）是在皮肤深层产生的，通过交感神经介导的汗腺活化反应，表现为电刺激正中神经或胫神经后，手掌和脚底皮肤记录到的皮肤电阻的变化。尽管使用标准的肌电图设备很容易进行 SSR 检查，但其临床意义及评价泌汗功能的实用性仍值得商榷。SSR 是一种多突触反射，需要初级疼痛传入神经、脊髓、脑干和突触后泌汗轴

28

表 28-1 泌汗功能检查在定位病变部位中的应用

病变部位	检查名称		疾病
	TST	QSART	
	（反映下丘脑到汗腺的功能）	（反映节后神经纤维到汗腺的功能）	
节前神经纤维病变	异常	正常	下丘脑病变 脑干病变 脊髓损伤 神经根病 多系统萎缩
节后神经纤维病变	异常	异常	神经节病变（如单纯性自主神经功能衰竭） 周围神经病变

突的完整性；因此，这些部位的任何结构损伤都可能会影响检查结果。而且 SSR 记录的是与情绪有关的汗腺的活动，不能代表体温调节的泌汗功能，因此 SSR 异常的标准尚存在争议。

第二节　心血管自主神经功能检查

最常用的评估心血管功能的临床检查是：① 心率对深呼吸的反应，这一反应主要取决于迷走神经对窦房结的调控功能（心迷走神经功能）；② 血压和心率对 Valsalva 动作（Valsalva maneuver，VM）的反应，它反映了静脉回流与心输出量短暂减少触发的心脏迷走神经功能和交感神经压力反射，是对反应能力的全面评估；③ 血压和心率对主动站立或直立倾斜（head-up tilt，HUT）试验引起的直立位应激反应。在上述的三项检查中，使用心电图（ECG）连续监测心率反应，使用无创性光电脉搏波技术连续记录血压反应，同时用袖带手动记录血压。

一、心血管自主神经的生理学

呼吸通过迷走神经对窦房结存在有效的调控

作用，吸气抑制心迷走神经输出（心动过速），呼气激活心迷走神经输出（心动过缓），这构成了生理性窦性心律变化。颈动脉窦和主动脉弓等压力感受器反射通过激活心脏迷走神经，抑制交感神经血管收缩和减少心输出量，对血压进行控制。由于胸膜腔内压升高（在 VM 期间）或腹部和下肢血液淤积（在站立或 HUT 期间）引起的静脉回流减少，使得压力感受器压力减弱，导致心脏迷走神经功能减弱（心动过速）和交感神经兴奋。迷走神经反应非常迅速（在 1～2s 内），而交感血管收缩反应相对延迟（5～10s）。

二、心率对深呼吸的反应

1. 生理学原理　延髓呼吸相关的神经元和肺机械感受器的传入神经对疑核的心脏迷走神

28

元有短暂性的调控作用：吸气时向心脏输出的迷走神经兴奋减少；呼气时向心脏输出的迷走神经兴奋增加。这是呼吸性窦性心律变化的基础。

2．检查方法　仰卧位，指导患者遵循呼吸循环模式进行 8 次呼吸（每次吸气 5s，呼气 5s），同时用心电图持续监测心率。正常情况下，吸气后心率增加，呼气后心率减少。结果分析指标包括心率波动范围、心脏周期（R-R 间期）范围以及吸气时最短 R-R 间隔与呼气时最长 R-R 间隔的比率（E∶I 比率）。影响心率对深呼吸反应的因素主要是年龄，正常受试者的呼吸性窦性心律变异的程度随年龄的增长呈线性递减。

3．临床意义　在与心迷走神经功能衰竭相关的自主神经疾病患者中，心率对深呼吸的反应降低。严重的心动过速或心力衰竭也会减弱这种反应。

三、Valsalva 动作检查

1．生理学原理　Valsalva 动作（VM）是一项反映心血管反应的综合性检查，它是利用持续性吹气动作，并保持预定的吹气压力，导致胸内和腹内压力的突然和短暂增加而引起的（反射性）心血管反应。

动脉内或无创性（光电脉搏波）记录的每搏血压反应，为 VM 期间的血流动力学变化提供了重要的信息。VM 引起静脉回流和心输出量的变化，反映在血压的变化中；心输出量和血压的这些变化触发压力感受器和心肺感受器的活性变化。根据血压曲线，VM 被细分为四期：Ⅰ期是血压迅速升高，是胸膜腔内压升高导致的主动脉和大血管的机械压迫造成的，持续 3~4s，伴有反射性心动过缓。Ⅱ期包括两部分：早期阶段（ⅡE）和晚期阶段（ⅡL）。ⅡE 期由于静脉回流和心输出量减少而导致血压迅速下降；这使压力感受器和心肺感受器压力减弱，使得心脏迷走神

经兴奋性减弱（心动过速）。ⅡL 期由于反射性交感神经兴奋，导致血管收缩引起血压恢复和心动加速引起的心率进一步增加。Ⅲ期发生在 VM 终止时，是Ⅰ期的镜像，反映了机械因素。在Ⅳ期，当胸腹压力释放时，静脉回流和心输出量恢复；再加上持续的血管收缩，导致血压高于基线水平，从而引发反射性心动过缓（图 28-1A）。

2．检查方法　患者通常在仰卧位进行检查，并要求患者通过吹气嘴用力吹气持续 15s，并保持吹气压力为 40mmHg。VM 检查提供了心血管自主神经控制的几个指标。但是，一些技术变量会影响结果，包括吹气的紧张程度和持续时间、患者位置和呼吸阶段。VM 需要患者的配合，增殖性视网膜病变患者应避免进行 VM 检查。

3．临床意义　Valsalva 比值（Valsalva ratio，VR）是评价心脏迷走神经功能的指标，其定义为Ⅱ期最短的 R-R 间期/Ⅳ期最长的 R-R 间期（或）在 Valsalva 检查期间最高的心率/最低的心率，VR 主要取决于但不完全取决于心脏迷走神经功能。心率反应的幅度受刺激幅度（血压变化）的影响，因此，心率对深呼吸的反应比 VR 作为心脏迷走神经功能的指标更可靠。

每搏血压曲线为交感肾上腺素能神经功能的指标：VM 期间的血压曲线提供了有关交感血管收缩和心脏交感神经功能的重要信息。ⅡL 期血压的恢复主要是通过 α1 受体完成的交感神经介导的反射性血管收缩所致；Ⅳ期血压过冲（overshoot）反映了每搏输出量的增加（由 β1 受体介导）和持续性血管收缩的联合作用。结合 HUT 期间的血压结果，ⅡE、ⅡL 和Ⅳ期的血压曲线可在直立性低血压（orthostatic hypotension，OH）发生前检测出不同程度的肾上腺素能神经血管收缩功能衰竭。随着交感神经血管舒缩功能和心脏交感神经功能衰竭的进展，首先出现ⅡL 期（血压部分恢复）反应的丧失，然后在 OH 发

28

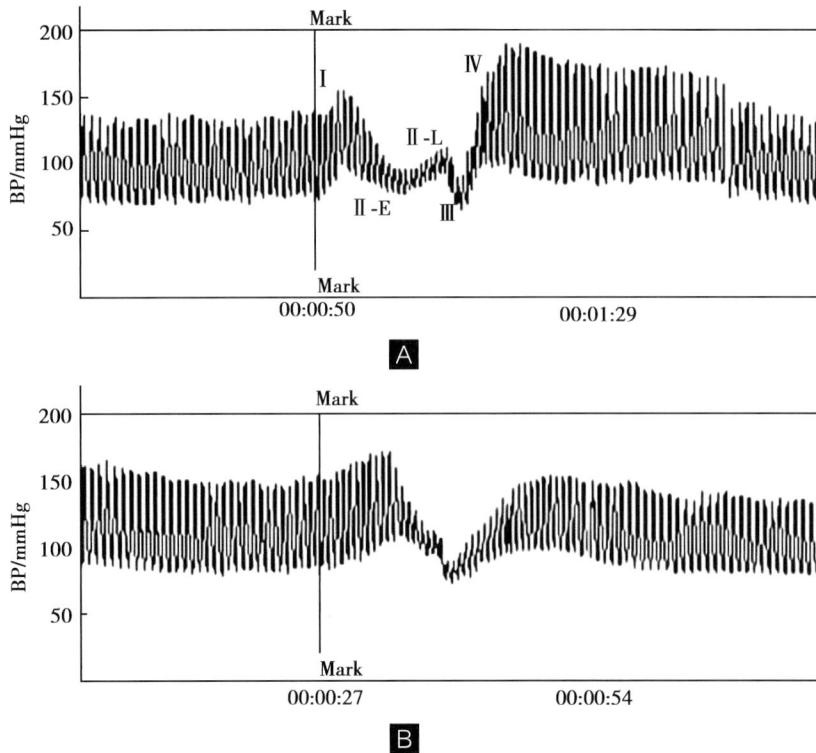

图 28-1　VM 检查时 BP 曲线的变化

　　A. 根据 BP 曲线，正常的 VM 被细分为四期：Ⅰ期是血压迅速升高；Ⅱ包括两部分：早期阶段（Ⅱₑ）和晚期阶段（Ⅱₗ）；Ⅲ期发生在 VM 终止时；Ⅳ期血压高于基线水平。B. 随着心血管交感神经功能衰竭的进展，首先出现Ⅱₗ期反应的丧失，然后出现Ⅳ期反应的丧失。

生前出现Ⅳ期（血压过冲）反应的丧失。研究发现，血压恢复时间（VM 终止至恢复基线的时间）与肾上腺素能神经损害的严重程度直接相关，并与Ⅱₗ期和Ⅳ期血压反应相关；在缺乏Ⅱₗ期反应的情况下，血压恢复时间的延长与肾上腺素能神经衰竭的严重程度相平行（图 28-1B）。

四、直立倾斜试验

1. 生理学原理　直立姿势时，大约有500ml 的血液从胸腔迅速汇集到下腹部、臀部和腿部。在最初的 10min 内，血管内血浆也会向组织间隙转移。静脉回流减少导致心输出量和脉压的降低，从而使压力感受器压力减弱并触发反射性交感神经激活和心迷走神经兴奋性降低，导致血管收缩和心动过速。

2. 检查方法　直立倾斜试验（head-up tilt

test，HUTT）是一种模拟无腿部肌肉主动收缩的较长时间被动站立的方法，其目的是再现站立时下肢血液淤积现象。患者平躺在倾斜台上，心电图监测心率，光电脉搏波记录仪和人工连续监测血压。基线测量是在平卧位 30min 后进行，然后根据要解决的临床问题，在不同的时间段内，迅速地将倾斜床倾斜至 60° ~ 80°。对于自主神经功能衰竭和 OH 的患者，HUTT 检查的时间通常为 5min，因为患者通常在 3min 内出现 OH。对于怀疑有体位性心动过速综合征（postural orthostatic tachycardia syndrome，POTS）的患者，HUTT 检查时间应延长到 10min，因为有些患者可能会出现延迟性低血压。对于疑似反射性（神经介导）晕厥的患者，HUTT 检查持续时间通常为 20 ~ 45min，然后给予激发剂，通常是静脉注射异丙肾上腺素（增加心脏收缩力并引起血管舒张）或硝酸甘油（血管扩张剂加强血压下降的刺激）。

3. 临床意义　在正常情况下，直立姿势的净效应是直立后心率增加 10～20 次 /min，收缩压变化不明显，舒张压增加约 5mmHg。最初血压下降幅度不大（平均血压减低<10mmHg），1min 内恢复。直立倾斜（HUT）期间有三种主要的异常反应模式。

第一种是典型的神经源性 OH，其特征是在站立或 HUT 后 3min 内收缩压下降≥20mmHg 和 / 或舒张压下降≥10mmHg（图 28-2）。神经源性 OH 是典型的自主神经功能衰竭，主要是交感神经介导的反射性血管收缩受损的结果。在这些患者中，心率反应通常减弱，但如果心脏交感神经支配得到保留，心率反应可能完整，甚至可以增加。

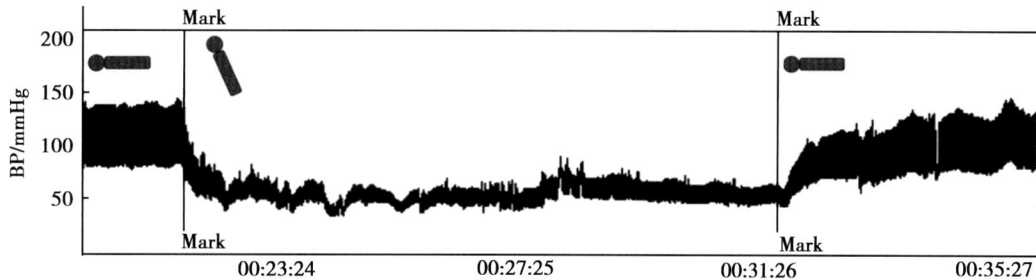

图 28-2　直立倾斜试验阳性
患者从平卧位变为直立倾斜 70° 时，血压明显降低，恢复平卧位后，血压逐渐恢复。

第二种模式是过度的症状性直立性心动过速，提示 POTS。POTS 的定义是在不伴有 OH 的情况下，站立后或在 HUT 后 10min 之内心率增加≥30 次 /min 和 / 或心率≥120 次 /min，并且应有相应的临床症状。该标准适用于 19 岁以上的患者；对于年轻患者，每分钟心率增加 40 次被认为是临界点。POTS 是多因素导致的，可能由肾上腺素能血管收缩功能选择性受损导致

静脉淤积（神经性 POTS）、高肾上腺素能状态（高肾上腺素能 POTS）以及低血容量、去适应等各种组合所致。

第三种模式是反射性（神经介导）晕厥，在这种晕厥中，最初稳定（或轻微增加）的血压和心率突然下降，其机制尚不明确，可能是由于心室或其他因素触发的心输出量和外周阻力突然下降所致。

28

第三节　自主神经功能检查的临床应用

一、单纯性自主神经功能衰竭

单纯性自主神经功能衰竭（pure automatic failure，PAF）是一种以神经源性直立性低血压

（neurogenic orthostatic hypotension，nOH）为主要临床表现的罕见的自主神经系统退行性疾病。

PAF 患者典型的临床特征是广泛性自主神经功能衰竭，最重要的是 OH，其他自主神经功能

障碍也可表现为泌尿生殖系统、消化系统和体温调节功能障碍等，但不伴有其他神经异常，特别是不伴有帕金森样症状、重度认知障碍、小脑共济失调或震颤等症状。自主神经功能检查提示存在广泛自主神经功能衰竭；QSART 通常表现为弥漫性和严重的泌汗功能减少，HR 对深呼吸的反应和 VR 通常减少，表明心脏迷走神经功能受损；通常情况下，OH 在 HUT 期间立即出现，没有代偿性心动过速。

由于帕金森病（Parkinson's disease，PD）、路易体痴呆（dementia with Lewy bodies，DLB）、多系统萎缩（MSA）患者早期可能会出现与 PAF 极其相似的自主神经症状，从自主神经功能检查得出的结果仍不能将 PAF 的自主神经衰竭与其他原因区分开来，因此动态观察、定期随访非常重要。目前认为如果一个患者存在至少 5 年的自主神经障碍的症状，而没有其他神经系统的异常表现，才可诊断为 PAF。

二、多系统萎缩

MSA 是一种散发的、成人发病的神经退行性疾病，伴有自主神经功能衰竭、小脑共济失调、帕金森综合征和锥体束损害。MSA 的中位生存期约为 8 年，预后较 PAF 和 PD 差。

MSA 患者广泛自主神经功能衰竭是其突出的表现之一，包括 OH、神经性膀胱功能障碍（尿急、尿失禁和膀胱排空不全）、男性患者常伴有勃起功能障碍、消化系统症状（恶心、腹痛和腹胀、便秘和便失禁）以及泌汗功能障碍。OH 通常发生在疾病早期，比大多数 PD 病例更为严重。泌尿生殖系统症状的患病率明显高于 PD。大多数 MSA 患者会出现泌汗功能的异常。MSA 患者的无汗症主要是由节前神经纤维病变的中枢机制引起的，与 PAF 和 PD 患者节后神经纤维病变的周围机制造成的无汗症是不同的。因此在 TST 中，体温调节性泌汗（身体无汗百分比）受损的严重程度可能有助于区分 MSA 和 PD 患者（表 28-1）。

PAF、PD、MSA 都会伴有自主神经衰竭症状，有时候的确难以区分。要结合各自的临床特点，结合辅助检查进行鉴别，有些患者可能还要经过长期的动态观察才能明确诊断。

三、糖尿病性自主神经功能异常

糖尿病性自主神经病变是造成自主神经病变的最常见的原因。糖尿病自主神经病变会增加糖尿病患者的死亡、血管病、围手术期并发症和低血糖的风险。

糖尿病患者的心脏自主神经症状缺乏特异性表现，最常见的症状包括头晕、心悸、疲劳、虚弱、运动不耐受、站立不耐受甚至是意识丧失等。这些症状应引起临床医生的注意。

糖尿病以一种依赖于长度的方式影响自主神经。迷走神经是人体最长的副交感自主神经，因此往往最先出现症状。迷走神经负责近 3/4 的副交感神经活动，因此自主神经功能检查中心率对深呼吸的反应和 VR 最先出现异常，表现为减少。随着糖尿病神经病变的进展，心脏交感神经逐渐受累，使得心率固定。如果糖尿病患者出现 OH，合并心率异常，则提示为严重的心血管自主神经病。

糖尿病患者泌汗异常表现为手套和袜套样的热调节性泌汗减少，这种泌汗可扩展到四肢近端和前腹，符合糖尿病神经病变的长度依赖性。糖尿病自主神经病变也可伴随多汗症。

28

参考文献

[1]　ILLIGENS B M W, GIBBONS C H. Autonomic testing, methods and techniques [J]. Handb Clin Neurol, 2019, 160: 419-433.

[2]　KABIR M A, CHELIMSKY T C. Pure autonomic failure [J]. Handb Clin Neurol, 2019, 161: 413-422.

[3]　FAROOQ S, CHELIMSKY T C. Clinical neurophysiology of multiple system atrophy [J]. Handb Clin Neurol, 2019, 161: 423-428.

[4]　SINGER W, MAUERMANN M L, BENARROCH E E. Evaluation of autonomic disorders//BENARROCH E E. Autonomic neurology [M]. New York: Oxford University Press, 2014, 49-72.

[5]　BENARROCH E E, SINGER W. Neurodegenerative autonomic disorders [M]//BENARROCH E E. Autonomic neurology. New York: Oxford University Press, 2014, 187-204.

[6]　MAUERMANN M L, TRACY J A, SINGER W. Autonomic neuropathies [M]//BENARROCH E E. Autonomic neurology. New York: Oxford University Press, 2014, 205-216.

28

第二十九章

神经刺激治疗概论

宋鹏辉　刘春燕　杨冬菊

29

第一节　神经刺激治疗基础

随着社会的进步和科学的快速发展，人们对自我健康的要求越来越高，脑功能疾病的诊断和治疗也就越来越重要。脑功能疾病主要表现出神经系统功能紊乱，往往没有明确病灶，在神经刺激治疗出现之前，脑功能疾病只能依靠长期药物治疗，效果欠佳，副作用较大，疾病给患者带来极大的痛苦。

一、神经刺激治疗原理

神经刺激治疗主要是通过特殊的物理因子（电、磁、光、声等）对中枢神经系统的神经元或神经网络的信号传递起到兴奋、抑制或调节的作用，从而恢复神经功能平衡、减轻症状，达到改善患者生活质量或提高机体功能的目的。神经刺激治疗影响神经兴奋性变化的机制多种多样，主要有以下几点。

1. 膜电位的变化　细胞对阈上刺激的反应是使膜电位发生短暂的去极化，达到阈电位后打开钠离子通道，导致正反馈让钠离子迅速流入细胞内，产生动作电位的上升相，随后钾离子外流，产生动作电位复极化的缓慢下降。

2. 突触可塑性的影响　突触连接的增强或减弱、可塑性诱导和维持的分子机制主要与神经递质及受体有关，神经刺激治疗对突触可塑性的调节具有明显的频率依赖性，一般高频刺激可诱导长时程增强（long-term potentiation，LTP），而低频刺激诱导长时程抑制（long-term depression，LTD）。

3. 神经振荡调制　神经元具有的兴奋性、抑制性、传导与突触延搁与神经元群体同步化活动有关，可能通过两种方式产生同步振荡，一是集群神经元的活动受一个"中央"神经元的指导，二是通过互相的兴奋与抑制功能形成振荡节律。部分脑功能疾病伴发脑节律振荡的改变，通过监测脑节律主频段能量幅值变化，根据能量幅度峰值和所设阈值监测生物节律，得到不同相位值，给予神经相位耦合刺激，进行精准的相位补偿。

4. 神经网络重构　神经网络连接是目前神经科学研究的重点，而脑网络异常连接已经被认为是脑功能疾病发病的因素之一，而脑网络核心节点的功能障碍又是导致网络失连接的重要原因。因此通过神经影像学发现网络异常的核心节点，并针对其进行神经刺激治疗，促使核心节点的功能恢复，促进神经网络连接的恢复，实现脑功能恢复。

二、神经刺激能量形式

1. 经颅电刺激　经颅电刺激（transcranial electrical stimulation，TES）是一种无损伤的神经刺激治疗方法，其主要原理是通过微弱的电流作用于大脑皮质来调节突触可塑性及神经元兴奋性从而达到治疗脑疾病的目的，电流从阳极流入，从阴极流出，阳极的电刺激通过促进细胞去极化产生皮质兴奋作用，而阴极的电刺激通过促进细胞超极化产生皮质抑制作用。

2. 经颅磁刺激　经颅磁刺激（transcranial magnetic stimulaion，TMS）是根据法拉第电磁感应定律，通过流经线圈的高强度电流产生一个磁场，并将该磁场穿过颅骨，在脑组织中诱发电流，从而引起神经元去极化，并产生诱发电位，从而影响脑内代谢和神经活动。TMS被誉为"21

29

世纪四大脑科学技术"之一，既可以作为神经功能检测的工具，又可作为神经康复治疗的手段。

3．经颅近红外光刺激　经颅近红外光刺激（transcranial near infrared stimulation，tNIRS）是运用波长为 630~1 064nm 的近红外光来刺激生物应答的一种新型无创神经调控技术，又称光生

物调节。近红外光穿透性较强，能够穿透头皮及颅骨进入大脑，较容易通过脑组织，与其他刺激方式不同，光刺激可能是通过调节细胞内能量代谢的形式改变皮质兴奋性，达到改善脑功能的目的（图 29-1）。

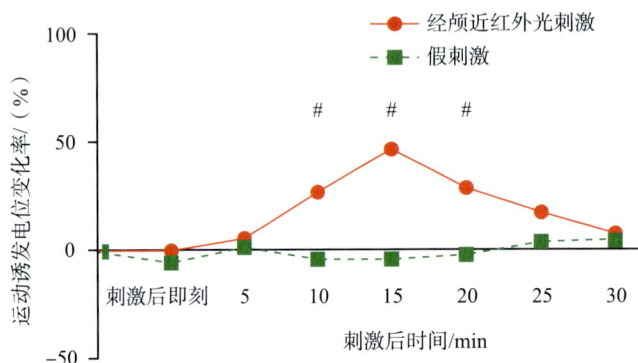

图 29-1　经颅近红外光刺激生理功能验证

经颅近红外光刺激左侧运动区 4min，刺激后即刻开始每 5min 测量一次运动诱发电位（MEP）波幅，计算刺激前后 MEP 变化率，结果显示经颅近红外光真刺激后 MEP 变化率明显增高，说明近红外光可以激活皮质功能。

4．经颅超声刺激　经颅超声刺激是利用机械压力波穿透包括颅骨在内的生物组织作用于脑组织神经，并且其能量可以集中到特定脑区，对大脑的电活动和代谢活动造成影响的一种调控手段。经颅超声刺激是结合了无创性、深度穿透和空间焦点的神经调节方式，短脉冲的低强度可刺激或抑制神经元和其他可兴奋的细胞。

表 29-1 列举了不同神经刺激治疗方式生物

物理参数的不同。

5．复合刺激　随着对神经刺激治疗效率的要求越来越高，多模态复合刺激已经逐渐开始临床前的应用研究。电 - 磁同步刺激及光 - 电联合刺激都已经在正常人中被验证可产生协同作用（图 29-2）。经颅磁 - 声刺激也因其兼顾刺激聚集性与刺激深度而备受期待。复合刺激将会是未来神经刺激技术的一大发展方向。

表 29-1　不同神经刺激治疗对比

比较内容	电刺激	磁刺激	光刺激	超声刺激
能量传输方式	电流	磁场	近红外光	机械波
生物物理原理	改变膜电位	改变膜电位	改变细胞代谢	改变离子通道
刺激源	电压或电流源	交变磁场	发光源	低强度超声
是否疼痛	有	无	无	无
穿透深度	2cm	2cm	2~3cm	10~15cm

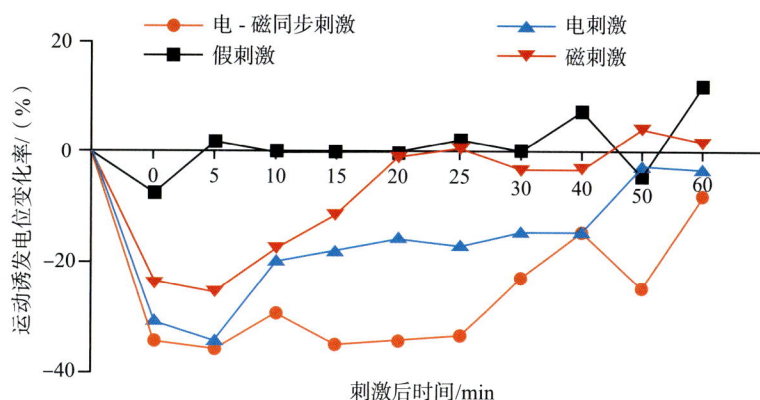

图 29-2　电 - 磁同步刺激显示有协调效应

　　四种刺激模式分别刺激左侧运动区 4min，刺激后即刻开始每 5min 测量一次 MEP 波幅，计算刺激前后 MEP 变化率，结果显示电 - 磁同步刺激 MEP 变化率明显高于单模态刺激，说明电 - 磁同步刺激可以协同激活皮质功能。

三、能量传递模式

　　1．无接触刺激　经颅超声刺激通过调制信号源脉冲信号设置参数，经过功率放大器将信号放大，通过超声换能器发出。因此，只需要将超声换能器对准刺激部位，通过调整参数，便可调节刺激能量的大小，实现无接触刺激。

　　2．体表固定刺激　经颅磁、电、光刺激因其能量相对较小，刺激治疗时需紧贴头皮刺激靶点，最大限度增加透过率，减少能量的衰减。

　　3．植入装置刺激　植入式神经刺激主要是指经微创手术将电刺激器和电极埋至皮下或脑深部核团内，其优点是刺激靶点精准。最常见的植入式刺激装置有迷走神经刺激器和脑深部刺激器。新型硬膜外微电极阵列也已经开始临床前研究，它可以实现同步刺激和信号采集，通过高信噪比和信息量密集的神经信号获取，实时解析患者做不同认知任务时大脑的神经信号特征，此方案不改变颅内压，不伤及神经细胞，并可提高神经信号的稳定性。

四、能量调控

　　1．单脉冲刺激　单脉冲刺激每次输出一个脉冲，这种刺激模式一般需要手动控制操作，主要用于运动诱发电位、神经传导时间等电生理检查。

　　2．连续脉冲刺激　连续脉冲刺激为目前临床较为常用的能量调控模式，可以长时间，如数分钟至数小时来调节大脑皮质的兴奋性，磁刺激可以分为高频（>5Hz）和低频（<1Hz）等类型，一般高频刺激可产生兴奋效应，低频刺激可产生抑制效应；经颅超声刺激也可根据超声频率分为低强度和高强度超声刺激。

　　3．振荡刺激　脑电可以记录大脑中存在的多种节律性同步振荡活动，因此可以利用这一特性，在异常的相位点放置神经刺激设备触发信号，进行相位耦合刺激，并对刺激后的数据继续进行反馈计算，保持对后续节律的锁相。

五、刺激靶点选择

　　1．非固定靶点　对于某些有明确病灶且靠近皮质的脑功能疾病，如局灶性癫痫等，可以将神经刺激治疗的靶点选定为致痫灶，达到精准治疗的目的。经颅超声刺激主要刺激深部核团，目前的研究也都是选择非固定靶点进行。

　　2．固定靶点　对于大多数脑功能疾病来说，没有明确的病灶，就需要根据多种神经影像及电

29

生理检查结果，明确功能异常的脑区，给予刺激治疗，如美国 FDA 批准磁刺激左侧前额叶背外侧治疗抑郁症，笔者的研究证实低频磁刺激右侧顶叶可以改善失眠患者的症状。目前植入式刺激治疗多为刺激固定靶点，如脑深部电刺激（DBS）靶向丘脑底核、苍白球治疗帕金森病，刺激丘脑前核治疗癫痫等。

3. 多靶点 针对某些脑功能疾病会同时出现多个脑区功能受损的情况，单靶点已经很难满足临床治疗需求，随之而来的是多靶点同步治疗，可以同时刺激也可以一定的时间间隔相继刺激，从而实现高效的神经刺激治疗。

第二节　神经刺激治疗共性技术

神经刺激技术在过去 30 年的应用极大地促进了皮质兴奋性、感觉 - 运动相互作用、脑功能网络等领域的研究发展，同时推动了神经生物学、认知神经科学、神经病学和精神病学的全面进步。本节将着重介绍该领域现在已经被广泛采用或未来可能被广泛采用的一些共性技术。

一、疾病诊断与评估

神经刺激技术不仅起到治疗疾病的作用，还可以对某些疾病进行辅助诊断。如肌萎缩侧索硬化患者行运动诱发电位（MEP）检查示波幅明显降低或不出现；对于以脱髓鞘病变为主的吉兰 - 巴雷综合征，磁刺激可以帮助诊断和发现运动纤维病变，并且可以从急性期开始追溯观察，有助于深入研究其病理生理和临床演变过程。一些研究也倡导应用磁刺激诊断腰骶神经根病。在临床上，肌电图中的重复神经电刺激是辅助诊断神经肌肉接头功能的重要手段，对于鉴别重症肌无力和 Lambert-Eaton 综合征也有重要的意义。目前神经刺激技术与电生理信号结合也逐渐应用于临床，如 TMS-EEG 可以很好地评价刺激后脑信号的动态变化，TMS-fNIRS 也可以快速评估脑区在接受刺激后的代谢变化。

二、脑与神经功能评价

目前磁刺激、电刺激等已经运用于临床神经功能评估。MEP 检查通过刺激运动皮质，在对侧靶肌记录肌肉运动复合电位，以评估运动神经从皮质到肌肉的传递、传导通路的整体同步性和完整性。磁刺激可以一过性地影响脑功能从而推测受到干扰的部位或神经环路与其行为及认知功能之间的关系，因此磁刺激也可用于脑外科手术前的功能区定位。同时磁刺激可以用于确定皮质脊髓束传导通路的功能状态，常见的评价参数包括中枢运动传导时间、运动神经根传导时间等。躯体感觉诱发电位（SEP）检查通过刺激肢体末端粗大感觉纤维，在躯体感觉上行通路不同部位记录电位，以评估周围神经、脊髓后束和有关神经核、脑干、丘脑、丘脑放射及皮质感觉区的功能。一项双脉冲 SEP 研究抑郁症患者中枢神经系统兴奋性变化的课题发现，抑郁症患者组 N13 成分的双脉冲 SEP 恢复曲线较健康对照呈现明显去抑制，P25 成分的双脉冲 SEP 恢复曲线较健康对照组呈明显抑制，可以看出 SEP 在抑郁、焦虑、失眠等无明确病灶的脑功能疾病中可以很好地评价其神经功能变化。

29

三、靶点定位与导航

随着神经影像学的快速发展，PET-MRI、脑磁图及影像后处理融合技术等在临床的应用，可以发现更多与脑功能疾病相关的结构与功能的变化。如皮质发育不良或灰质异位等引起的局灶性癫痫，通过 MRI 及 PET 可以很好地显示病灶，脑磁图通过特殊算法，也可准确定位脑内异常放电的偶极子位置，从而指导临床的治疗。在获取靶向目标的定位后需要进行精准导航，无创刺激主要应用红外导航系统确定对应的头皮刺激点，首先获取已经有颅内定位的影像数据（磁共振、脑磁、PET 均可）并做好标记，利用 Brainsight 软件三维重建个体化头模，通过红外光学感应进行配准，找到头皮对应的刺激靶点（图 29-3）。针对颅内有创刺激靶点需要立体定向仪，目前常用的有 Leksell 和 CRW 系列，他们都是将影像数据中直角坐标系（三维空间的任意一点都可以通过 X、Y 和 Z 轴的坐标确定其具体位置）和极坐标系统（又称球坐标系统，即坐标内任意一点可以用径向距离、天顶角、方位角确定）相结合的混合系统，通过工作站输入坐标，即可在术中定位刺激靶点。

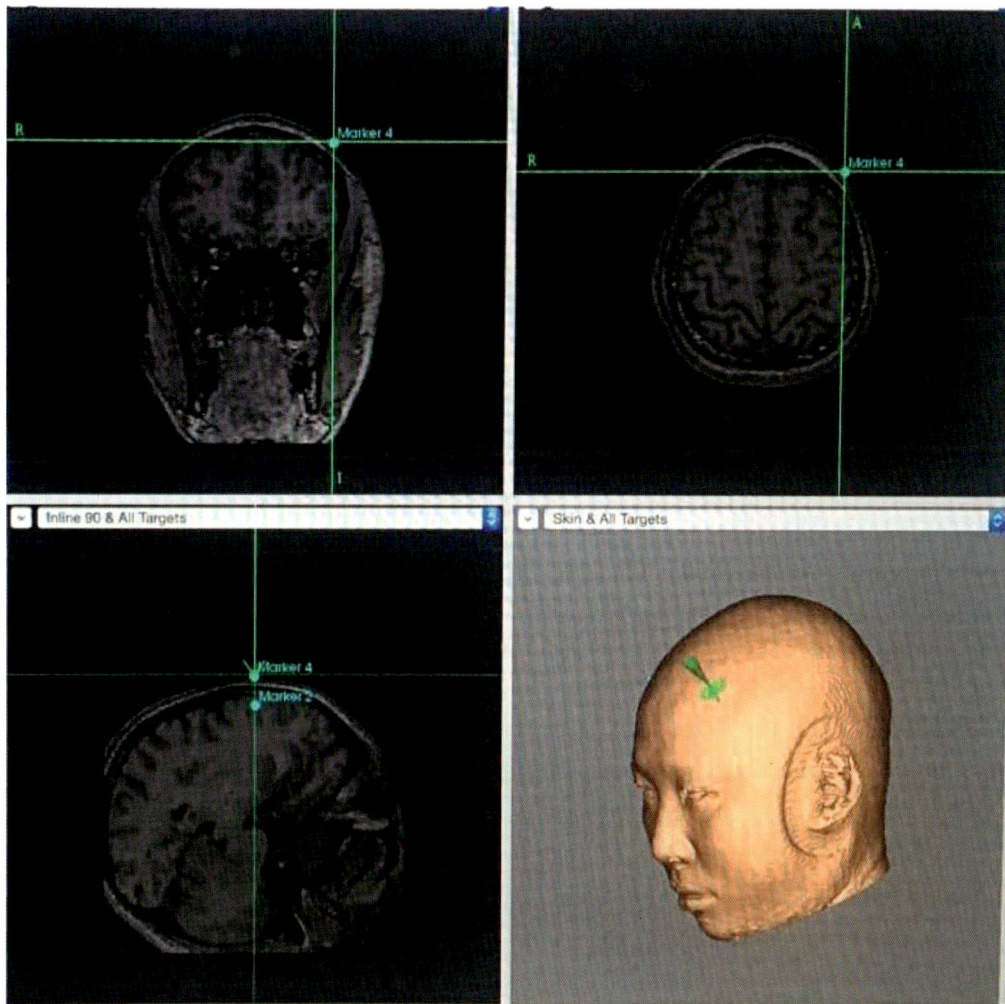

图 29-3　神经导航定位示意
MRI 数据建立个体化头模，定位颅内待刺激靶点，通过红外导航精确定位头皮对应的刺激部位。

29

四、装置穿戴与植入

神经刺激治疗装置的研发经历了几十年的发展，装置体积已经越来越小，临床使用更为方便，而像经颅电刺激、光刺激等刺激探头较小的装置已经成功研发居家可穿戴设备，通过设定好的参数与靶点，在家就可安全、高效地完成刺激治疗。脑 - 机接口技术已经逐渐被人们熟知，通过脑 - 机接口完成脑信号指导的康复训练、可穿戴机械外骨骼的精细操控以及脑功能疾病的信号读取与反馈调节。为了提高刺激的精准度，植入式神经刺激装置也在临床展开应用。其中，利用微创手术植入皮质电刺激或迷走神经刺激器，实现了对癫痫等疾病的精准刺激；植入式交感或副交感神经刺激器，开创了针对焦虑、抑郁等疾病新的治疗方式；另外，植入式舌下神经刺激也将要开展临床前研究，预计可以明显改善睡眠呼吸暂停综合征患者的睡眠质量。随着一系列临床研究的开展，微创植入刺激装置也将会被更多的患者所接受。

五、信号实时反馈

神经刺激治疗对脑信号的影响往往都是短暂的，刺激治疗结束后再采集脑信号就会失去很多真实的信息，如何快速准确地评价神经刺激治疗效果是目前面临的一大难题。目前最新的神经刺激产品为了解决这一问题，将信号采集装置体积压缩，从而使刺激探头和脑信号量化采集模块（如脑电信号、脑血氧信号等）精细地结合在一起，通过有线（数据线）或无线（蓝牙）传输的方式，该类装置可以实时探测脑信号的变化，芯片快速运算确定最佳刺激时机。

六、刺激参数自适应

个体化精准治疗是未来神经刺激治疗的重点

方向，目前的神经刺激治疗方法多为开环刺激，简单说就是只负责按规定模式发出刺激，不考虑神经系统能够接收多少，所以刺激效果就会大打折扣。如果刺激装置不仅发出刺激，同时还可以接收神经系统的反馈信息，则被称为闭环刺激。目前的刺激技术已经可以在完成闭环刺激的基础上，根据反馈而来的信号做出调整，从而达到自适应刺激。实现刺激参数自适应同样需要多个电子和信息处理模块相互配合，包括采集模块、分析模块、刺激模块以及对外通信模块等，缺一不可。

七、神经振荡相位同步刺激

神经振荡是中枢神经系统中存在的一种节律性、重复性的神经元活动。神经组织可以通过多种方式产生振荡，这种振荡主要是靠单个神经元或者神经元之间的相互作用引发。脑节律的同步振荡被认为是脑功能区域整合或绑定的表现，可能是大脑的信息处理、信息传输和信息协调的重要标志。神经网络的同步振荡是一种自组织的有高度选择性的活动，具有特定频率的节律性刺激能同步大脑内相应频率的神经振荡，使神经活动与外界刺激发生相位锁定，称之为神经振荡 - 外界节律同步化。应用脑电实时监测脑节律，对采集到的信号进行频谱分析，监测脑节律主频段能量幅值变化，根据能量幅度峰值和所设阈值监测生物节律，从而对该节律自适应的窄带滤波器进行波形处理，得到不同相位值，通过参数设定，实现精准的相位补偿，也可以实时触发相位耦合刺激。

神经振荡相位同步刺激主要是直接作用于神经活动的电磁信号，包括 TMS 及经颅直流电刺激（transcranial direct current stimulation，tDCS）等。并非所有频率的刺激都能同步化神经振荡并影响认知活动，引发神经振荡同步化的刺激频率受制于内生神经振荡的频率，也取决于涉及的脑区及认知功能。通过在大脑不同区域施加不同频段的 TMS 或慢振荡的 tDCS 刺激，使大脑局部神经振荡与之同步，可改变知觉、注意相关的行为学结果，有助于记忆的编码和巩固。这些发现揭示了特定频段神经节律和特定认知功能间的因果关系，也预示了使用电/磁刺激直接干预神经节律在改善认知功能方面的潜在价值。除此之外，有证据表明某些精神疾病或认知障碍会伴随神经振荡及与外界节律同步化能力的受损，提示后者可能可以作为筛查前者的工具。得益于其非侵入、易操作以及能有效调控神经活动的特性，神经振荡相位同步刺激成为研究神经振荡与知觉和认知功能关系的有力手段，也为脑功能疾病的干预提供了新的思路和方法。

八、人工智能指导神经刺激治疗

随着神经刺激技术被越来越多的患者所接受，随之而来的要求便是针对个体的治疗及更为方便的居家治疗，这就需要有更先进的技术来提供支持和指导。人工智能（artificial intelligence, AI）是一门新的技术科学，主要研究和开发模拟、延伸和扩展人类智能的理论、方法、技术和应用系统，通过深度的设计使计算机具有类脑的功能，像大脑一样深度学习、记忆，甚至理解、分析。随着大数据和 AI 在医疗领域的快速渗透，神经调控已走向精准化治疗之路。机器学习是人工智能的核心，其通过计算机运用各种算法从大量历史数据中学习特征和规律，从而对新输入的样本作出智能识别或预测。

脑-机接口的基本原理在于接收大脑信号并对信号做出分析，据此将信号转换为命令发送至执行端的输出设备，未来通过植入芯片来调节患者的记忆和执行功能已经成为可能。Neuroaim 光学导航系统的出现，可以将复杂的脑部功能分区和神经电位活动变化可视化和精准化，高效解决脑疾病中的多种复杂问题。AI 技术在神经刺激领域的应用已经逐渐展开，通过大数据分析学习某类疾病的共性特征，然后又根据每位患者的实际情况，由 AI 进行全程处理，得出针对该患者的最优刺激方案。AI 引导下的电/磁刺激可以自动跟随定位治疗，实现对脑的精准调控，并可以实现参数的远程云端调节，大大提高了治疗效果和效率。

人工智能技术在神经调控领域的应用已取得了很大的突破。随着计算机技术、AI、机器学习等技术的不断发展与日益成熟，"AI+调控"将成为未来神经调控发展的一个重要趋势，为医生提供更精准、更有效的决策方案。

参考文献

[1] 张建国，孟凡刚. 神经调控技术与应用［M］. 北京：人民卫生出版社，2016.

[2] 窦祖林，廖家华，宋为群. 经颅磁刺激技术基础与临床应用［M］. 北京：人民卫生出版社，2012.

[3] 周晓青，刘世坤，张鑫山，等. 经颅磁声刺激中超声刺激的作用与影响［J］. 医疗卫生装备，2018，39（5）：17-21.

[4] 张雪，袁佩君，王莹，等. 知觉相关的神经振荡-外界节律同步化现象［J］. 生物化学与生物物理进展，2016，43（4）：308-315.

[5] 黄欢，赵钢. 人工智能在医疗及神经病学领域的应用［J］. 华西医学，2018，33（6）：639-643.

[6] SONG P, HAN T, LIN H, et al. Transcranial near-infrared stimulation may increase cortical excitability recorded in humans [J]. Brain Res Bull, 2020, 155: 155-158.

[7] HAN T, XU Z, LIU C, et al. Simultaneously applying cathodal tDCS with low frequency rTMS at the motor cortex boosts inhibitory aftereffects [J]. J Neurosci Meth, 2019, 324: 108308.

[8] YANG D, WANG Q, XU C, et al. Transcranial direct current stimulation reduces seizure frequency in patients with refractory focal epilepsy, A randomized, double-blind, sham-controlled, and three-arm parallel multicenter study [J]. Brain Stimul, 2020, 3(1): 109-116.

[9] WANG X, TIAN F, REDDY D D, et al. Up-regulation of cerebral cytochrome-c-oxidase and hemodynamics by transcranial infrared laser stimulation: A broadband near-infrared spectroscopy study [J]. J Cereb Blood Flow Metab, 2017, 37(12): 3789-3802.

[10] YE J, TANG S, MENG L, et al. Ultrasonic control of neural activity through activation of the mechanosensitive channel MscL [J]. Nano Lett, 2018, 18(7): 4148-4155.

[11] HUANG Z, LI Y, BIANCHI M T, et al. Repetitive transcranial magnetic stimulation of the right parietal cortex for comorbid generalized anxiety disorder and insomnia: A randomized, double-blind, sham-controlled pilot study [J]. Brain Stimul, 2018, 11(5): 1103-1109.

[12] SONG P, LIN H, LI S, et al. Repetitive transcranial magnetic stimulation（rTMS）modulates time-varying electroencephalography (EEG) network in primary insomnia patients: A TMS-EEG study [J]. Sleep Med, 2019, 56: 157-163.

29

第三十章

神经电刺激治疗技术

杨冬菊

30

第一节　神经电刺激概述

神经电刺激指应用电能量刺激神经系统不同部位的技术。应用电治疗神经系统疾病可追溯至古罗马时期，Scribonius Largus 医生描述了将电鳐（可以发射电的鱼）放置在头皮上缓解头疼的经验；随着人类对电能量的认识和控制逐渐成熟，应用电治疗神经系统疾病的技术得到了发展。

神经电刺激按照刺激装置的放置方式分为有创刺激（invasive stimulation）和无创刺激（noninvasive stimulation）；按照刺激启动模式分为开环刺激（open-loop stimulation）和闭环刺激（closed-loop stimulation）；按照输出电流 / 电压类型分为持续刺激（constant current stimulation）和脉冲刺激（pulse current stimulation）。

有创神经刺激即植入式刺激技术主要包括迷走神经刺激（vagus nerve stimulation，VNS），脑深部电刺激（deep brain stimulation，DBS），反应性神经电刺激（responsive neurostimulation，RNS）和脊髓电刺激（spinal cord stimulation，SCS）。无创神经刺激技术主要包括经颅直流电刺激（transcranial direct current stimulation，tDCS），经颅交流电刺激（transcranial alternating current stimulation，tACS）和电休克治疗（electroconvulsive therapy，ECT）。此外，经皮耳迷走神经刺激技术（transcutaneous auricular vagus nerve stimulation，taVNS）和经皮脊髓电刺激（transcutaneous spinal cord stimulation，tSCS）是基于植入式刺激技术延伸出的特殊无创刺激技术。以上技术中大部分使用的是开环刺激，即按照预设模式进行持续刺激，缺乏反馈系统。仅反馈式神经电刺激使用的是闭环系统，当装置检测到机体处于特定状态时才给予刺激，RNS 是现有成熟的闭环刺激代表。

第二节　植入式神经刺激技术

植入式神经刺激技术指应用外科方法将内置的脉冲发生器（internal pulse generator，IPG）埋置在人体内，通过特定导线对脑靶区进行电刺激的技术。

一、迷走神经刺激治疗装置植入及临床应用

迷走神经刺激（vagus nerve stimulation，VNS）于 1997 年通过美国食品药品监督管理局（Food and Drug Administration，FDA）批准用于难治性癫痫治疗，国产迷走神经刺激器于 2016 年通过我国国家药品监督管理局（NMPA）批准进入临床使用，在众多刺激装置中，VNS 装置是第一个被批准用于癫痫治疗的植入式装置。由于其技术难度低，操作简便易行，治疗风险也相对较小，且对于部分难治性癫痫、难治性抑郁有效，所以在全世界 70 多个国家广泛使用，全球已经有超过 12.5 万名患者接受了 VNS 装置植入治疗。

VNS 装置包括脉冲发生器、植入电极、体外程控仪、造隧工具和磁铁。脉冲发生器和植入电极通过手术方式永久埋置体内，植入电极螺旋形缠绕在迷走神经干上，脉冲发生器安置在胸肌外侧胸壁皮下，二者通过导线相连。由于右侧迷走神经司窦房结功能，与心房关系密切，而左侧迷走神经司房室结功能，主要与心室功能有关，且心房迷走神经支配区比心室更密集，故临床常选左侧迷走神经刺激，以减少对心脏节律的影响。

VNS 治疗癫痫的机制尚无定论，目前主要学说认为与迷走神经投射区域的神经内分泌有关。迷走神经为混合神经，包含躯体和内脏上下行纤维，上行纤维终止于延髓背侧的迷走神经复合体：孤束核、三叉神经脊束核、延髓中部网状结构、最后区、迷走神经背核和疑核，其中最主要投射区域为孤束核，孤束核继之投射至蓝斑、中缝背核，可增加具有抗癫痫作用的去甲肾上腺素等递质的分泌。另外，孤束核还广泛投射至海马边缘系统、丘脑等脑区，通过环路作用影响癫痫发作阈值。

VNS 参数需个体化设置，目前推荐的起始参数为电流强度 0.25mA，频率 30Hz，脉宽 500μs，刺激时间 30s，间歇时间 5min。刺激强度从 0.25mA 逐渐增加至 1.0～1.5mA，但最佳电流强度因个体而异。重要的是，VNS 疗效随使用时间延长而增强，提示了 VNS 的抗癫痫机制可能与中枢神经系统慢性可塑性改变相关。当前临床大多使用开环刺激，少部分产品可实现闭环刺激，现有的闭环产品以心律为反馈指标，当检测到癫痫伴发的心动过速时方予以刺激。

2013 年美国神经病学学会发布的有关 VNS 治疗癫痫的指南，回顾了 1999—2013 年的临床研究，发现约 55%（95%CI：50%～59%）的儿童患者接受 VNS 可减少局灶性或全面性癫痫发作 50% 以上；约 55%（95%CI：46%，64%）

Lennox-Gastaut 综合征（LGS）患者可减少癫痫发作 50% 以上，且随着治疗时间延长，其获益人群可增加，VNS 治疗可改善成人癫痫患者的情绪症状。除癫痫发作频率减低外，VNS 还可缩短发作时间和降低发作强度。

1997 年 FDA 批准 VNS 用于 12 岁以上青少年和成人难治性癫痫局灶性发作的辅助治疗，然而在欧盟地区，VNS 被指定为没有年龄限制的局灶性或全面性癫痫发作的辅助治疗，我国有关 VNS 治疗癫痫的专家共识并未对接受治疗患者的年龄进行限制，通常认为 VNS 可应用于 4 岁以上患者。目前认为适合 VNS 治疗的患者应符合以下标准：① 药物难治性癫痫；② 癫痫灶不明确、多灶或与重要功能区重叠；③ 手术治疗失败。除癫痫外，VNS 用于抑郁障碍、心力衰竭、肥胖等其他疾病的治疗目前正在探索中。

VNS 并发症包括：手术并发症，约 1%～2% 患者可发生脉冲器植入部位皮下积液，抽吸和抗生素可有效治疗，1% 患者可能出现声带麻痹、声音嘶哑，与喉返神经受刺激有关，大多数患者几周内好转。与刺激相关不良反应，如咳嗽、呼吸困难、局部疼痛等，随着时间延长，不良反应发生频率可逐渐减低，调整刺激参数也可改善此类反应。此外，VNS 可能对睡眠呼吸暂停有不利影响，调整刺激参数为重要应对策略。

附：经皮耳迷走神经刺激技术

植入式 VNS 需有创埋置，需要更换电池且有一定的不良反应。2000 年加拿大学者受到中医学针灸疗法的启发提出了经皮耳迷走神经刺激技术（transcutaneous auricular vagus nerve stimulation，taVNS），该方法为无创调控技术。具有安全、低价的独特优势。

迷走神经耳支是迷走神经在体表的唯一分支，分布于耳郭外侧面耳甲腔、耳甲艇，是面神经、

30

舌咽神经和迷走神经的混合神经，包含一般躯体感觉和一般内脏感觉纤维成分。动物研究发现，将标记物注射在猫迷走神经耳支中枢端，可在迷走神经上神经节、同侧孤束核和对侧初级三叉神经感觉核团发现标记物。刺激迷走神经耳支分布区皮肤，可激活迷走神经耳支，从而产生与刺激颈部迷走神经干类似的副交感神经兴奋效应，可向上传入孤束核，投射至蓝斑，产生抗癫痫作用。

taVNS 临床研究数量尚少，尚未形成治疗指南和专家共识。其装置包括刺激器、耳夹电极和连接线。经验证的治疗参数为：电流强度 4mA，频率 10Hz，脉宽 200μs，刺激时间 20min，每日刺激 3 次，电流强度可每 2 周逐渐增加，至患者可耐受或疗效稳定的强度。动物研究发现，taVNS 急性抗癫痫效应与植入 VNS 的急性抗癫痫效应无显著差异，临床研究发现 3 个月 taVNS 治疗显著减少癫痫发作 31.3%，6 个月治疗后，癫痫发作减少 64.4%，有效率在不同报道中不尽相同，波动于 29.7%～47.4%。此外，t-aVNS 在治疗失眠、抑郁方面的价值正在探索中。

二、脑深部电刺激治疗装置植入及临床应用

脑深部电刺激（DBS）是将电极埋置在脑深部进行刺激的治疗技术，常用于帕金森病、震颤、癫痫的治疗。

DBS 装置的刺激电极埋置在丘脑不同核团，埋置精度要求高，现均使用立体定向技术将电极埋置入特定核团，应用微电极采集单神经元动作电位，结合其发放频率及与运动、感觉功能的关系确定靶点，并应用术中微刺激，验证其调控效应后埋置刺激电极。脉冲发生器埋置在胸壁皮下，与刺激电极之间以导线相连。

已探索过的 DBS 治疗癫痫的靶点包括：尾状核、中央中核、丘脑底核（STN）、海马、杏仁核和丘脑前核（ANT），其中对 ANT-DBS 的探索最为丰富。ANT-DBS 治疗癫痫的机制尚不完全清晰，Fisher 等研究发现，ANT-DBS 对颞叶癫痫疗效较好，对额、顶叶或弥漫性起源病例疗效欠佳；遇涛等研究发现 ANT-DBS 可引起同侧海马背景活动去同步化，癫痫样放电、高频活动减少及海马与其他脑区的连接减弱，因此 ANT-DBS 治疗癫痫可能与癫痫网络受基底节 - 皮质环路调控有关。

Fisher 等实施的 SANTE 试验为迄今为止最大宗的 ANT-DBS 研究，该研究发现 ANT 高频刺激 3 个月可使癫痫发作减少 40.4%；刺激 2 年可使癫痫发作减少 56%，且 54% 患者癫痫发作减少达 50% 以上；刺激 5 年可使癫痫发作减少达 69%，68% 患者癫痫发作减少达 50% 以上，16% 患者癫痫无发作达 6 个月以上，且患者生活质量评分显著提升。研究所使用的刺激参数为：电压强度 5V，频率 145Hz，脉宽 90μs，刺激时间 1min，间歇时间 5min。通常认为高频刺激（如 100～130Hz）抑制发作，而低频刺激（如 10～30Hz）可能增加发作风险。由于当前研究数量不足，学界暂未形成 DBS 治疗癫痫的指南和专家共识，现认为适合治疗的患者应符合：① 药物难治性癫痫；② 双侧颞叶癫痫；③ 一侧前颞叶切除术后考虑对侧颞区起始的癫痫。

DBS 治疗帕金森病及其他运动障碍疾病的原理与基底核 - 丘脑 - 皮质运动环路有关。在帕金森病患者中，黑质多巴胺能神经元凋亡，进而导致纹状体 -GPi- 丘脑腹外侧核组成的直接通路和纹状体 - 外苍白球（GPe）-STN-GPi- 丘脑腹外侧核组成的间接通路功能异常，Gpi、STN 和 Vim 过度兴奋，应用植入电极进行高频（180Hz）刺激，可达到抑制核团过度活动的作用。Vim 刺激对震颤症状的疗效较好，适用于原发性震颤和以震颤为主的帕金森病。Gpi 刺激适

用于原发性帕金森病、异动症、"开、关"现象、原发性肌张力障碍和抽动症等。STN 刺激适用于原发性帕金森病、异动症、"开、关"现象和原发性肌张力障碍。

DBS 并发症包括手术相关并发症和靶点相关特异并发症，手术并发症包括出血和感染，靶点相关并发症主要是指在刺激参数较大时，靶点周边内囊等组织的功能受影响，导致对侧肢体抽搐、感觉异常或发音异常等，但总体而言 DBS 相对安全。

三、反应性神经电刺激装置植入及临床应用

反应性神经电刺激（RNS）是指可实时记录、监测脑电信号，在线解析，并可在特定时刻/状态时给予刺激的治疗技术，目前用于癫痫的治疗。

2013 年美国 FDA 批准 RNS 用于 1~2 个癫痫起源灶的成人患者的辅助治疗。埋置器件包括置于颅骨的脉冲发生器、1~2 根置于癫痫起源区的深部电极或条状电极，外部组件包括医生用程控仪和患者用程控仪，医生用程控仪可设置脑电采集参数、调节刺激触发参数、查看电极阻抗和回顾监测的脑电信号及刺激时状态等。患者脑内的脉冲发生器可存储 12min 脑电数据，可将存储信号传输至患者用程控仪，并通过网络传输至安全监控系统。

RNS 治疗癫痫理念最初源于在皮质功能区定位时，电刺激可中止后放电的现象，后期研究认为 RNS 除了能够中止癫痫样放电活动以外，还能够改变相关神经网络的可塑性，甚至通过抑制皮质同步化达到抑制癫痫的作用。因此，RNS 主要用于检测癫痫发作，现有的癫痫放电活动检测算法包括基于实时脑电波形的时长、面积或能量变化的计算方法。

PIVOTAL 研究发现，RNS 治疗 3 个月后癫痫发作减少 37.9%，29% 的患者癫痫发作减少达 50% 以上，治疗 1 年后癫痫发作减少达 44%，治疗 2 年后癫痫发作减少达 53%，治疗 3~6 年后癫痫发作减少达 60%~66%，治疗 9 年后癫痫发作减少可达 75%，且长期治疗后，28% 的患者可达到 6 个月无发作，18% 患者可达 1 年无发作；不同起源区（颞叶内侧癫痫、新皮质癫痫）癫痫疗效相似，且患者生活质量和情绪也有所改善。

现有的 RNS 参数设置范围较为宽泛，电流强度 0.5~12mA，频率 1~333Hz，脉宽 40~1 000μs，刺激时间 10~5 000ms，具体参数因患者而异。最常用的刺激参数为：电流强度 1.5~3mA，频率 100~200Hz，脉宽 160μs，刺激时间 100~200ms。在以上参数下，大部分患者每日可被检测到 600~2 000 次放电和刺激，单日总刺激时长不超过 6min，电池寿命平均 8.4 年。

RNS 的主要并发症包括颅内出血（4.6%）、感染（11%）及电极相关损害（2.6%），总体而言安全性较高。

四、脊髓电刺激技术及临床应用

脊髓电刺激（SCS）技术是将刺激器植入椎管内，以电流刺激脊髓从而减轻或缓解症状的治疗技术，目前应用最成熟的领域是治疗顽固性疼痛。

1967 年 SCS 首次应用于慢性顽固性疼痛治疗并获得成功，1989 年美国 FDA 批准其用于躯干、肢体神经损伤后疼痛。SCS 装置的刺激电极埋置于椎管内硬膜外，有经皮穿刺电极和外科植入电极，穿刺电极操作简单但较易移位，外科电极植入需要将椎板切开再植入，操作复杂但不易移位。脉冲发生器埋置于前腹壁、髂后上棘或锁骨下方皮下，与电极之间通过导线相连。早期植

入测试电极后进行短期试验，若效果良好则更换为长期刺激电极。

SCS 机制有许多理论，闸门理论认为：脊髓背角存在减弱或增强外周向中枢系统的神经冲动流的闸门，触觉通过有髓鞘的 Aβ 纤维传导、痛觉通过无髓鞘的细 C 纤维传导，粗纤维被激活的阈值低于细纤维，因此会被优先激活，脊髓接收粗纤维的信息会抑制对细纤维的信息接收。脊髓丘脑通路阻断学说认为 SCS 降低了脊髓丘脑束与细纤维关联的神经元活动。

SCS 主要应用于神经源性疼痛，包括腰椎手术失败综合征（failed back surgery syndrome，FBSS）、带状疱疹后神经痛、复杂区域性疼痛综合征（complex regional pain syndrome，CRPS）、幻肢痛和周围神经损伤后疼痛，另外还可用于缺血性疼痛，包括周围血管性疾病导致的肢体缺血疼痛和心绞痛。一项纳入 454 例病例的研究显示，SCS 治疗 1 年内，11.5% 的患者疼痛完全缓解，71.1% 的患者疼痛部分缓解（疼痛评分减低 30% 以上），1.3% 的患者疼痛加重，57.9% 的患者减少了镇痛药的使用，11.5% 的患者停止使用镇痛药物。不同疼痛类型之间比较发现疗效最好的患者为 CRPS，其次为带状疱疹后神经痛和缺血性疼痛。《周围神经病理性疼痛诊疗中国专家

共识》推荐 SCS 应用于规范药物治疗无效或不能耐受药物副作用的 FBSS、CRPS、粘连性蛛网膜炎、周围神经病理性疼痛、残肢痛及不能即刻手术的心绞痛等。

现有的 SCS 治疗参数：电压 2 ~ 8V，频率 50 ~ 100Hz，脉宽 0.1 ~ 0.4ms。新近有研究采用了 10 000Hz 高频刺激、burst 刺激和背根神经节刺激等新治疗模式，具体疗效有待验证。

SCS 并发症较少，包括手术相关并发症（脊髓损伤、脑脊液漏、感染等）和机械相关并发症（电极移位、断裂等），出现率约 10%。

附：经皮脊髓电刺激

经皮脊髓电刺激（tSCS）指无需有创埋置刺激器而无创地将刺激电极放置于皮肤以发射电流实现脊髓电刺激的方法。阳极经皮直流电刺激胸 11 节段脊髓增加健康受试者 H 反射，相同位置的阴极直流电刺激则减低健康受试者 H 反射；阳极经皮直流电刺激胸 11 节段脊髓可减低疼痛评分。不宁腿综合征发病机制与脊髓兴奋性过度增高有关，应用经皮脊髓直流电刺激胸 11 节段可降低脊髓兴奋性，减低配对 H 反射的 H2/H1 比值，并缓解症状。tSCS 治疗疾病的研究正处于起步阶段，尚有待于研究数量的增加以形成结论。

第三节 无创神经刺激技术

无创神经刺激技术指应用刺激装置将刺激电极与人体相连，对神经系统进行无创性电刺激的技术，尽管无创刺激作用脑区相较于植入式刺激技术更广泛，具有一定劣势，但是其设备价格低、技术易推广、无创伤性且疗效确切，近年来发展迅猛。

一、经皮神经电刺激技术

经皮神经电刺激（transcutaneous electrical nerve stimulation，TENS）指应用电刺激皮肤以缓解疼痛症状的技术。

装置主要包括神经刺激发生器、自粘式电极和导线。主要机制包括闸门控制理论和神经内分泌理论。闸门控制理论认为，脊髓背角胶状质区的胶质细胞（substantia gelatinosa cells，SG）对脊髓背角的第二级神经元（T 细胞）具有类似闸门的调控功能。这些胶质细胞通过调节闸门的开启与关闭，决定了疼痛信号是否能够传递至更高级的中枢神经系统。TENS 主要通过选择性激活阈值低的非伤害性传入纤维（Aβ 纤维；传导触觉），而不激活伤害性传入纤维（Aδ 和 C 纤维；传导痛觉和温度觉），由此增加 SG 细胞的抑制功能，相当于关闭闸门，抑制疼痛信息上传，从而产生镇痛作用。还有理论认为 TENS 激活导水管周围灰质 - 延髓腹内侧核 - 脊髓的疼痛下行抑制通路，并释放内源性阿片肽。

作用参数包括电极位置、电刺激频率（1～200Hz）、强度（1～60mA）和脉宽（50～200μs）。刺激频率包括：高频刺激（常指 50Hz 以上）、低频刺激（10Hz 以下）或 burst 刺激。刺激强度由受试者的感觉或运动反应决定。传统经皮电神经刺激（TENS）的刺激强度，是依据受试者的感觉反应确定的，其测试方法是逐渐增加刺激强度，直至受试者首次感受到痒感（对于高频刺激）或轻微的敲打感（对于低频刺激），但并不引起肌肉收缩，此强度即确定为传统 TENS 的刺激强度。针刺样经皮电刺激（TENS）的刺激强度，是依据受试者运动反应确定的，其测试方法是在运动阈值的基础上，逐渐提高刺激强度，直到受试者达到能够忍受的最高强度，此强度即确定为针刺样 TENS 的刺激强度。传统 TENS 通常指的是低强度、高频的刺激，而针刺样 TENS 则指的是高强度、低频率的刺激。

早期的研究对 TENS 的疗效评价并不一致，认为其无治疗疼痛的效果，后期的研究发现，TENS 可减少患者的疼痛评分，与对照组相比具有显著区别，缓解疼痛的作用大致为对照组的 3 倍。美国疼痛协会推荐 TENS 可作为疼痛的辅助性治疗。其临床应用包括术后镇痛、慢性腰背痛和分娩痛等。Bjordal 等人进行的 meta 分析发现手术后使用 TENS 的患者其镇痛药物的消耗显著低于对照组。在具体应用过程中，TENS 刺激强度、频率、模式在不同疾病中均有所不同，总体原则是需要将作用电极放置在目标部位的同一侧同一皮节内。

TENS 副作用非常少，主要为电极过敏，目前使用的自粘式电极过敏发生率极低，若选择完好的皮肤作为刺激部位，刺激强度控制良好，则其副作用微乎其微。

二、经颅直流电刺激技术

经颅直流电刺激（transcranial direct current stimulation，tDCS）是在无创电刺激中应用得相对较成熟的技术，该技术通过与头皮相连的电极片加载恒定电流，可改变神经系统功能从而达到治疗疾病的效果。

tDCS 装置较简单，主要包括电极和神经刺激器，电流从阳极流出，阴极流入，电极下方多使用生理盐水浸泡的海绵或导电膏增加导电性。Nitsche 等发现阳极电刺激可增加运动皮质兴奋性，而阴极电刺激则降低皮质兴奋性，此效应与细胞膜静息电位变化有关。停止电流后，tDCS 引起的效应可持续一段时间，这些发现为 tDCS 的临床应用提供了重要基础。常用的治疗参数包括电流强度（1～2mA）、持续时间（10～30min）、总疗程（1～14 个疗程），以及电极片大小（20～35cm^2）。传统 tDCS 应用一个阴极和一个阳极电极，高分辨 tDCS（high-definition tDCS，HD tDCS）应用多个阴极或多个阳极，可增加调控靶脑区精度。图 30-1 为经颅电刺激电极位置及脑内电场分布示意图。

30

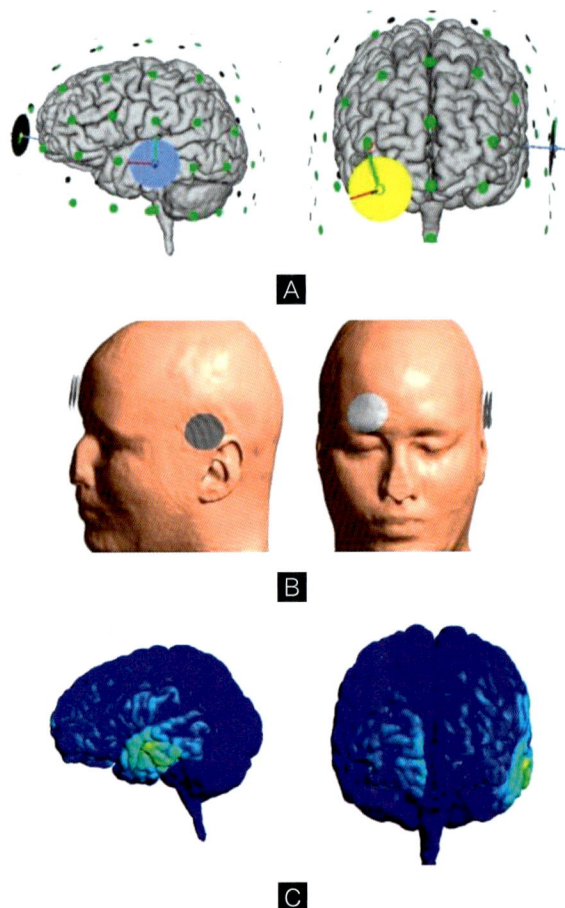

图 30-1　经颅电刺激电极位置及脑内电场分布示意
A. 经颅电刺激电极片与脑电图 10-10 系统位置关系；B. 电极在头皮上示意；C. 脑内电场分布示意。

tDCS 在神经精神疾病中的应用较广泛，癫痫的主要发病机制为皮质兴奋性过高，因此，应用阴极 tDCS 降低皮质兴奋性为主要治疗依据。多中心的随机对照研究发现 2 周的靶向致痫区的阴极 tDCS 可显著减低难治性癫痫发作频率，癫痫发作减少率约 50%。另外，阳极 tDCS 靶向受损侧或阴极 tDCS 靶向健侧治疗可改善卒中后运动障碍。阳极 tDCS 可显著改善帕金森病患者的帕金森病统一评分（UPDRS）。阳极 tDCS 调控 M1 区或背外侧前额叶可治疗疼痛。阳极 tDCS 作用于左侧背外侧前额叶可治疗抑郁。

tDCS 治疗的副作用非常少，安全性非常高。Poreisz 等总结了 567 个疗程 tDCS 治疗，发现治疗中最容易出现的是电极接触皮肤的轻度刺痛感（75.5%）、轻度发痒感（30.4%）、中度疲劳感（35.3%），治疗后最常出现的是头疼（11.8%）、恶心（2.9%）和失眠（0.98%）。

三、经颅交流电刺激技术

经颅交流电刺激（transcranial alternating current stimulation，tACS）是采用无创的方式向脑内输入交流电的调控技术，该技术受到内源性神经振荡与特定认知过程或疾病有关的启发。

tACS 装置类似于 tDCS，通过与头皮相连的 2 个或更多电极，向脑内输入特定振荡的交流信号，选用的频率多为与特定认知过程或疾病相关的特征频段，这些电流能引起膜电位周期性振荡，将内源性神经活动的频率或者相位同步为目标频率。重要的参数包括：输入电流的频率、相位、强度，刺激的持续时间，电极位置、大小和疗程数量。常用的电流强度多较微弱（0.4～4mA），作用效应与电流强度相关，4mA 以下较安全。

输入频率为最重要参数，针对健康受试者初级运动皮质 tACS 的研究发现，初级运动皮质的兴奋性变化与刺激频率有关。有研究采用不同频率（5Hz、10Hz、20Hz 和 40Hz）的 90s 短刺激发现仅 20Hz 的刺激能增加皮质兴奋性。另有研究发现，θ 和 β 频段的刺激能增加运动皮质兴奋性，但 α 频段刺激不能。此外，研究还发现 140Hz、250Hz 的 tACS 也可增加运动皮质兴奋性。总体而言，大部分研究选择的是头皮脑电频段进行调控，由于当前该方向正在迅速发展中，尚未形成一致性结论。

相对而言 tACS 在疾病治疗中的应用尚处于早期研究阶段。疼痛与神经振荡关系密切，双侧初级感觉运动皮质 α 频段的 tACS 刺激可增强靶区域 α 振荡，并减少患者的疼痛评分。α 频段经

30

眶 tACS 可改善视神经损伤患者的视敏度，增加视野范围。运动网络 β 振荡与运动规划和调控有关，20Hz 的 tACS 可改善帕金森病患者的运动功能，但 10Hz 的 tACS 未发现有此作用。老年人群工作记忆下降与额颞叶长程脑连接下降有关，应用 HD tACS 可增加老年人群额颞叶长程脑连接，改善其工作记忆。

tACS 的副作用与 tDCS 相似，包括电极下发痒、头疼，轻微且不持续，可自行缓解。

四、电休克治疗技术

电休克治疗（electroconvulsive therapy，ECT）又称电抽搐治疗，使用镇静药物待患者失去意识后进行的电休克称为改良电休克治疗（modified ECT，MECT），MECT 具有并发症更少、患者接受度更高的优势。

MECT 需要在麻醉医师、精神科医师在场的情况下实施。治疗时须准备各项设备，包括 MECT 仪、麻醉机、供氧系统、心电监护系统、除颤仪、喉镜和抢救车等。在使用丙泊酚等药物诱导意识丧失后，给予肌松药物，然后行电休克治疗诱发出癫痫发作，辅助机械通气直至患者恢复自主呼吸。MECT 治疗需要依据个体化癫痫阈值来设置治疗参数，第一次治疗时按照剂量滴定法确定发作阈值，在其后治疗中，双侧 MECT 使用阈值约 1.5~2.5 倍强度的电刺激，单侧 MECT 使用阈值约 2.5~6 倍强度的电刺激。

ECT 机制暂未明确，ECT 可诱发全脑癫痫样放电和抽搐发作，可能引发复杂的效应。有研究报道 ECT 后下丘脑 - 垂体 - 肾上腺素轴"正常化"，神经内分泌机制在其疗效中发挥作用。还有研究观察到多次 ECT 后癫痫阈值提高、癫痫发作时程缩短，γ- 氨基丁酸（gamma-aminobutyric acid，GABA）介导的抗惊厥机制可能在治疗精神障碍中发挥了关键作用。

ECT 疗效优于药物治疗，可降低住院率、缩短住院时间、减少抑郁情绪并改善生活质量。MECT 治疗抑郁的应答率为 60%~80%，症状缓解率为 50%~60%；治疗精神分裂症的应答率约为 60%~85%，症状缓解率为 20%~40%。

《改良电休克治疗专家共识（2019 版）》推荐的 MECT 紧急适应证包括：严重自杀、自伤企图及自责、木僵、精神病性症状或在特定疾病如妊娠时发生的严重抑郁障碍。一般适应证包括：抑郁障碍伴强烈自伤、自杀企图及行为、精神分裂症药物无效、癫痫精神病性症状、躁狂发作极度不配合治疗、其他药物无效的精神障碍和顽固性疼痛。MECT 无绝对禁忌证，相对禁忌证包括：颅内压升高疾病如颅内占位和颅内动脉瘤等，该类疾病可导致颅内压在治疗中骤升，严重心血管疾病如原发性高血压和严重心律失常，以及严重肾脏疾病如嗜铬细胞瘤等状况。MECT 的疗程尚无统一标准，疗程推荐：抑郁发作治疗 6~8 次，躁狂发作治疗 8~10 次，精神分裂症治疗 8~12 次，需依据病情和耐受程度适当调整；治疗频率多每日 1 次，对于需要紧急起效的患者，可在前 3 日连用，后期隔日使用；对于严重谵妄或认知损害的患者，可减低治疗频率至每周 1~2 次；通常 1 个月后重复治疗，也可依据病情决定重复治疗间隔。

常见并发症包括：头痛、恶心呕吐、可逆性记忆减退，均能自行缓解，记忆减退多在治疗后 2 周~6 个月内恢复。与麻醉过程有关的心血管等并发症的处理与临床常规操作相同。有研究综合回顾了 32 个国家，76 万余次 ECT 治疗后发现，死亡率仅 2.1/10 万。因此，ECT 被认为是安全的治疗技术。

30

参考文献

[1] BRUNONI A R, NITSCHE M A, BOLOGNINI N, et al. Clinical research with transcranial direct current stimulation (tDCS): Challenges and future directions [J]. Brain Stimul, 2012, 5(3): 175-195.

[2] OGBONNAYA S, KALIAPERUMAL C. Vagal nerve stimulator: Evolving trends [J]. J Nat Sci Biol Med, 2013, 4(1): 8-13.

[3] WHELESS J W, GIENAPP A J, RYVLIN P. Vagus nerve stimulation (VNS) therapy update [J]. Epilepsy Behav, 2018, 88S: 2-10.

[4] MARKERT M S, FISHER R S. Neuromodulation-science and practice in epilepsy: Vagus nerve stimulation, thalamic deep brain stimulation, and responsive neurostimulation [J]. Expert Rev Neurother, 2019, 19(1): 17-29.

[5] MORRIS G L, GLOSS D, BUCHHALTER J, et al. Evidence-based guideline update: Vagus nerve stimulation for the treatment of epilepsy: Report of the Guideline Development Subcommittee of the American Academy of Neurology [J]. Neurology, 2013, 81(16): 1453-1459.

[6] VENTUREYRA E C. Transcutaneous vagus nerve stimulation for partial onset seizure therapy: A new concept [J]. Childs Nerv Syst, 2000, 16(2): 101-102.

[7] FISHER R, SALANOVA V, WITT T, et al. Electrical stimulation of the anterior nucleus of thalamus for treatment of refractory epilepsy [J]. Epilepsia, 2010, 51(5): 899-908.

[8] SKARPAAS T L, JAROSIEWICZ B, MORRELL M J. Brain-responsive neurostimulation for epilepsy (RNS® System) [J]. Epilepsy Res, 2019, 153: 68-70.

[9] DEER T R, MEKHAIL N, PROVENZANO D, et al. The appropriate use of neurostimulation of the spinal cord and peripheral nervous system for the treatment of chronic pain and ischemic diseases: The Neuromodulation Appropriateness Consensus Committee [J]. Neuromodulation, 2014, 17(6): 515-550.

[10] HEIDE A C, WINKLER T, HELMS H J, et al. Effects of transcutaneous spinal direct current stimulation in idiopathic restless legs patients [J]. Brain Stimul, 2014, 7(5): 636-642.

[11] YANG D, WANG Q, XU C, et al. Transcranial direct current stimulation reduces seizure frequency in patients with refractory focal epilepsy: A randomized, double-blind, sham-controlled, and three-arm parallel multicenter study [J]. Brain Stimul, 2020, 13(1): 109-116.

[12] KRAUSE V, WACH C, SUDMEYER M, et al. Cortico-muscular coupling and motor performance are modulated by 20Hz transcranial alternating current stimulation (tACS) in Parkinson's disease [J]. Front Hum Neurosci, 2013, 7: 928.

[13] WEINER R D, RETI I M. Key updates in the clinical application of electroconvulsive therapy [J]. Int Rev Psychiatry, 2017, 29(2): 54-62.

[14] BJORDAL J M, JOHNSON M I, LJUNGGREEN A E. Transcutaneous electrical nerve stimulation（TENS）can reduce postoperative analgesic consumption. A meta-analysis with assessment of optimal treatment parameters for postoperative pain [J]. Eur J Pain, 2003，7(2): 181-188.

[15] 李勇杰. 功能神经外科学［M］. 北京：人民卫生出版社，2018.

[16] RYVLIN P, RHEIMS S, HIRSCH L J, et al. Neuromodulation in epilepsy: State-of-the-art approved therapies [J]. The Lancet Neurology, 2021, 20(12): 1038-1047.

30

第三十一章

经颅磁刺激治疗技术

宋鹏辉

31

第一节　经颅磁刺激概述

经颅磁刺激（transcranial magnetic stimulation，TMS）是 Baker 等学者于 1985 年首先创立并应用于人体的一种无创、安全的神经调控技术。TMS 的基本原理是应用法拉第电磁感应定律，给予贴近头皮的感应线圈快速变化的电流，线圈即可产生一个高强度磁脉冲信号，该信号可无衰减地透过颅骨到达皮质，继而调控皮质兴奋性（图 31-1）。

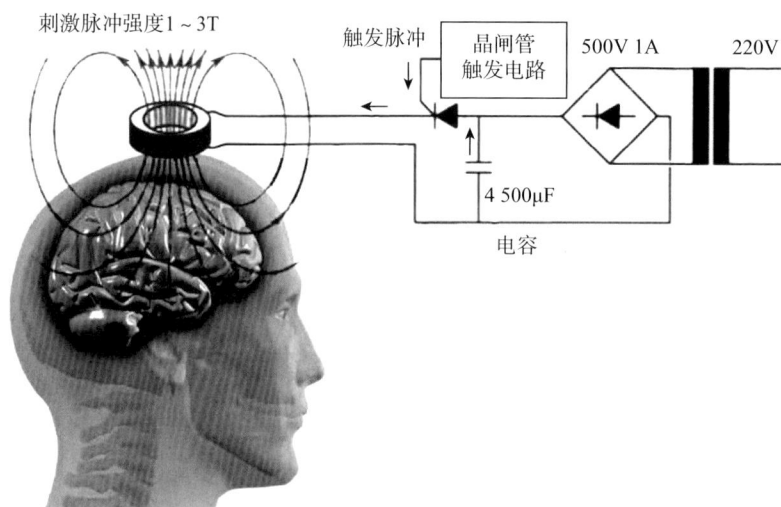

图 31-1　经颅磁刺激原理示意

按刺激模式的不同，TMS 可分为单脉冲 TMS（single-pulse TMS，sTMS）、双脉冲 TMS（double-pulse TMS，dTMS）以及重复 TMS（repetitive TMS，rTMS）。前两者主要用于科学研究及临床疗效评价，而 rTMS 则被作为一种无创神经调控手段，以固定的频率给予重复刺激，以此有效调控皮质兴奋性达到临床治疗目的。常规 TMS 线圈可扰动线圈下 2~3cm 区域的皮质神经元。近年来随着技术的不断进步，出现了多种新型线圈（如 H 线圈），可以一定程度上实现深部刺激。

sTMS 可引起神经元膜电位的去极化进而产生动作电位。单次刺激对皮质兴奋性的影响可以用 TMS 相关的运动皮质检测指标或者非运动皮质的相关任务的行为学和电生理指标进行评价。固定频率的 rTMS 达到一定的刺激强度和时程，则可以引起皮质兴奋性在一段时间内持续增强或抑制。

作为一种新发展起来的非侵入性的治疗方法，rTMS 因为无创、无痛、安全的优点，目前已越来越多地用于评估、调节和干预大脑局部的功能。rTMS 可以使皮质的兴奋性发生长期的变化。多项研究表明，不同频率的刺激可以使神经细胞的兴奋性发生不同的变化：低频 rTMS（≤1Hz）有抑制局部神经元活动的作用，可使局部皮质兴奋性降低，并导致局部脑血流和代谢的降低；高频 rTMS（≥5Hz）有易化局部神经元活动的作用，可使局部皮质兴奋性增加，并增

31

加局部脑灌注及脑血流、代谢。TMS 可以无创地在皮质产生可传导性电流，从而对刺激位点或有突触联系的远处皮质的兴奋性产生抑制或易化，进而调控皮质所参与神经网络的连接及兴奋性，最终通过改善皮质可塑性而调节脑功能，从而被用于治疗各种神经精神疾病。

第二节　重复经颅磁刺激技术

重复经颅磁刺激（rTMS）在过去的 30 年已经被反复证明可以改变皮质兴奋性。rTMS 的调控效能取决于多个刺激参数，包括刺激靶点定位的准确性、刺激线圈种类、线圈方向、刺激频率、强度、刺激间隔以及总的刺激脉冲数等。公认的评价 rTMS 对皮质兴奋性影响的指标为 sTMS- 运动诱发电位（MEP）。Sommer 等对单相和双相的 rTMS 对 sTMS-MEP 的作用进行了研究，发现单相刺激作用的持续时间较双相刺激更长，这提示 rTMS 的生理效应除与刺激频率有关外，还与刺激脉冲方式有关。Kazuhisa 等研究了刺激前基线状态的 sTMS-MEP 波幅和潜伏期与 rTMS 效应的关系，证实刺激前基线状态的 sTMS-MEP 波幅越高，潜伏期越长，则 rTMS 的作用越显著。反之，基线状态的 sTMS-MEP 波幅越小，潜伏期越短，则 rTMS 的作用越不明显。

国际临床神经电生理联盟欧洲专家团在 2014 年发布了 rTMS 用于脑功能疾病治疗的专家指南，并于 2020 年进行了更新。该专家组回顾性地分析了过去数十年 rTMS 在多种脑功能疾病中的应用研究，包括疼痛、运动障碍疾病、卒中、认知障碍、意识障碍、焦虑、抑郁、强迫症以及精神分裂症等。根据研究的入组患者人数，是否设计随机双盲对照等研究因素对不同的研究进行了分级分类并做出了相应级别的临床推荐。

其中高频 rTMS 对侧初级运动区治疗疼痛、应用 8 字线圈高频刺激左侧背外侧前额叶治疗抑郁以及低频刺激健侧初级运动区促进卒中后亚急性期手运动功能的恢复等治疗已经得到了 A 级推荐。

一、高频重复经颅磁刺激技术及其应用

高频率 rTMS（≥5Hz），对神经元活动有易化作用，可导致刺激部位神经兴奋。目前高频 rTMS 临床应用的频率参数一般为 5 ~ 25Hz，每串刺激的时程常为 0.1 ~ 1s，最长可达 30s。目前临床上高频 rTMS 主要用于抑郁障碍、阿尔茨海默病、孤独症等疾病的治疗。

1. 抑郁障碍　抑郁障碍可由各种原因引起，以显著而持久的心境低落为主要临床特征，高频 rTMS 已经被证明是一种比电休克疗法创伤更小，更加安全有效的方法。

（1）靶点选择：通常认为大脑左侧前额叶背外侧皮质（dorsolateral prefrontal cortex，DLPFC）参与正性情绪的产生和调节，右侧 DLPFC 参与负性情绪的产生和调节。抑郁障碍患者左侧 DLPFC 功能异常减弱，右侧 DLPFC 功能异常增强。已有证据表明抑郁障碍与右利手患者的左前额叶皮质功能障碍有关，功能影像学研究显示，抑郁障碍患者左前额叶皮质局部血流灌注降低，且与病变程度相关，且患者左额叶皮质糖代谢水

平与汉密尔顿抑郁量表评分呈负相关。因此，理论上通过高频刺激激活抑郁障碍患者DLPFC功能，可以改善患者的情绪障碍。

（2）参数设置：刺激频率通常为10～20Hz，每串刺激时间为2s，间隔28s，共刺激40串；刺激靶点：左侧DLPFC；刺激强度：90%的静息运动阈值；刺激疗程：每天1次，共2周。

2. 阿尔茨海默病 阿尔茨海默病（Alzheimer's disease，AD）是以记忆障碍为主要特征的最常见的神经变性疾病，也是最常见的痴呆类型。基于AD突触可塑性和皮质功能重组的理论，高频rTMS近年来被推荐用来治疗AD认知功能障碍，促进脑功能的恢复。

（1）靶点选择：研究表明，角回作为顶下小叶的重要组成部分，其向前与前额叶相连，向后与海马密切相连，参与记忆及执行控制等认知功能的调节与控制，且有证据表明，γ节律（30～80Hz）振荡在感知信息绑定、情景记忆的编码和提取以及认知加工过程中发挥重要作用。光遗传学最新的研究表明40Hz的γ光照节律能够显著地降低AD模型鼠海马中的β淀粉样蛋白（Aβ）及其斑块，因此频率为40Hz的γ节律的神经调控对AD的认知功能的改善具有关键作用。

（2）参数设置：刺激频率40Hz，每串刺激时间2s，间隔58s，左右各刺激15串，刺激靶点为双侧角回；刺激强度：机器最大输出的40%；刺激疗程：每天1次，共4周。

3. 孤独症 孤独症主要是神经系统失调导致的发育障碍，表现为社交能力下降及沟通技能损害等症状。一般认为孤独症是由基因控制，再由环境因素触发，也有人认为孤独症是脑功能性疾病，因此，提高大脑兴奋性可能是治疗孤独症的新的方法。

（1）靶点选择：孤独症的病理生理学假说是镜像神经元系统（mirror neuron system，MNS）

功能障碍。镜像神经元是视觉运动细胞，不仅在个体执行特定动作时放电，而且在观察到类似动作时也会放电。MNS使个体能够解释他人的运动行为，并促进社会认知的发展，如情绪和移情。此外，MNS促进运动协调，并参与记忆、言语和行动计划。MNS主要由额下回、顶下小叶和颞上沟构成。最近的研究表明，MNS的功能障碍可能会导致与孤独症谱系障碍相关的社会和认知障碍。研究还表明，顶叶皮质的任何损伤都会影响对观察到的动作的模仿或理解。因此，顶下小叶可能是治疗孤独症的神经生物学靶点。

（2）参数设置：刺激频率通常为20Hz，每串刺激时间5s，间隔10min，共刺激5串；刺激靶点：左侧顶叶（10-20脑电图P3位置）；刺激强度：机器最大输出的50%；刺激疗程：每天1次，共3周。

4. 高频重复经颅磁刺激治疗副作用 少数患者可出现由于头皮肌肉反复受刺激收缩所致的局部皮肤不适或者疼痛，通常可自行缓解，少数患者接受高频刺激后可能会出现一过性失眠，主要为兴奋、入睡时间延长，罕见癫痫及重度头痛等严重并发症。

二、低频重复经颅磁刺激技术及其应用

低频（≤1Hz）rTMS同样具有无创、安全、有效等神经调控技术的优点，同时研究表明，低频rTMS具有选择性增强GABA神经元而发挥抑制皮质兴奋性的作用，使得低频rTMS在临床治疗焦虑障碍、癫痫、失眠等皮质兴奋性异常增高的疾病中具有明显的效果。

1. 焦虑障碍 焦虑障碍主要是以焦虑情绪体验为主要特征的神经精神疾病，主要表现为过度担心、紧张、恐惧等症状，药物治疗效果差且副作用较多，目前越来越多的焦虑患者选择接受

无创、安全的低频 rTMS 治疗以达到缓解、治愈焦虑障碍的目的。

（1）靶点选择：目前主要认为额叶及顶叶是情绪控制的核心脑区，自上而下的注意控制及自下而上的注意调节均是额顶情绪控制的核心内容，顶叶背侧的区域，包括顶上小叶和顶内沟，参与自上而下的注意定向，而腹侧区域，包括颞顶交界处，参与自下而上的注意定向，同时，功能磁共振结果也显示焦虑障碍患者顶叶皮质明显激活。因此，顶叶皮质的过度激活可能参与了焦虑障碍情绪调节的病理生理过程，也作为焦虑障碍神经调控治疗的潜在治疗靶点。

（2）参数设置：刺激频率为 1Hz，连续刺激 1 500 个脉冲；刺激靶点：右侧顶叶（10-20 脑电图 P4 位置）；刺激强度：90% 运动静息阈值；刺激疗程：每天 1 次，共 2 周。

2．癫痫　癫痫是一组由多种病因引起的、脑部神经元高度同步化异常放电所致，以发作性、重复性、短暂性及刻板性为特征的综合征。癫痫发作主要是由于部分脑区兴奋性增高或失去正常的皮质间抑制，约 70% 的癫痫患者可通过服药控制发作，30% 的患者服用多种抗癫痫药物均不能取得较好的效果，因此，可以采用具有抑制性作用的低频 rTMS 治疗，降低皮质兴奋性，抑制神经元同步化异常放电，从而达到治疗癫痫的目的。

（1）靶点选择：主要通过临床发作症状、神经影像学及脑电图进行刺激靶点的定位，神经影像学如脑磁图、磁共振发现的异常放电源或病灶，可以精准定位刺激靶点，如缺乏神经影像学证据，则可以依靠脑电图显示异常放电的导联对应的皮质位置，大致定位刺激靶点，给予试验性治疗。

（2）参数设置：刺激频率为 0.5Hz，每串 500 个脉冲，间隔 10min，共 3 串；刺激靶点：根据发作特征、神经影像或脑电图、脑磁图定位；刺激强度：90% 静息运动阈值；刺激疗程：每天 1 次，共 2 周。

3．失眠　失眠是一种常见的睡眠障碍，是觉醒水平增高所致，通常是在个体易感因素的作用下，生理和心理的高度警觉与外部刺激或应激源的影响综合作用所致。目前失眠常用的治疗方法是药物治疗及认知行为治疗，药物治疗易形成依赖性，且有较多的副作用；认知行为治疗价格贵，耗时长，难以在临床推广应用，因此，无创 TMS 的应用正在尝试阶段，有研究表明，低频 rTMS 治疗可以有效治疗睡眠障碍。

（1）靶点选择：大部分的失眠患者在神经影像学及脑电图检查中均无异常表现，因此，有学者认为，失眠可能是一种脑功能异常疾病，目前研究大多认为是由于自下而上信息传输过多，导致大脑皮质兴奋性增高，从而出现失眠或者加重失眠的症状，而顶下小叶是额顶之间信息传递的核心脑区，功能磁共振结果显示失眠患者顶下小叶激活明显，躯体感觉诱发电位结果显示，失眠患者右侧顶叶兴奋性增高，因此，右侧顶叶可以作为失眠 rTMS 调控治疗的备选靶点。

（2）参数设置：刺激频率为 1Hz，连续刺激 1 500 个脉冲；刺激靶点：右侧顶叶（10-20 脑电图 P4 位置）；刺激强度：90% 静息运动阈值；刺激疗程：每天 1 次，共 2 周。

4．低频重复经颅磁刺激治疗副作用　低频 rTMS 刺激相比高频刺激更安全，部分患者可能会因为抑制性刺激方案，而出现困倦等表现，可自行缓解，极少出现头痛、癫痫发作等严重副作用。

三、θ短阵快速脉冲刺激技术及其应用

为了进一步增强 rTMS 的调控效能，众多学者近年来开始探索新的刺激方案。许多研究都证

31

实了采用 θ 短阵快速脉冲刺激模式（theta-burst stimulation，TBS）可以产生长时程增强或长时程减弱效应，显著提高调控效能。TBS 模式包含 3 个高频（50Hz）爆发刺激的脉冲组，脉冲组的刺激间隔为 200ms（5Hz）。一系列的研究均提示，与常规刺激模式相比，TBS 模式刺激可以在更短的刺激时间内，以更低的刺激强度对皮质产生效能更强、持续时间更长的调控作用。通常来说，常用的 TBS 模式分为两类，即持续性 TBS 刺激（continuous TBS，cTBS）和间歇性 TBS 刺激（intermittent TBS，iTBS）。这两类刺激会产生相反的刺激作用。cTBS 为不包含刺激间隔的持续 TBS 刺激模式。研究表明，持续 20s 包含 300 个刺激脉冲的 cTBS 和持续 40s 包含 600 个刺激脉冲的 cTBS 均可显著降低皮质兴奋性，其中 20s 的刺激作用会持续 20min 以上，40s 的刺激作用则可持续 1h。iTBS 为包含刺激间隔的刺激模式，研究表明，每 10s 内以 TBS 模式刺激 2s（包含 30 个脉冲），共持续 192s，合计 600 脉冲的 iTBS 会引起皮质兴奋性显著增强，其作用时间可持续 15min 以上。其他学者对类似刺激模式进行了运动皮质兴奋性研究，得出的结论是基本一致的。

研究表明，TBS 对人类皮质兴奋性的调控作用与其对 γ- 氨基丁酸（GABA）的影响有关。作用于初级运动皮质（M1）的 cTBS 会引起 GABA 的增加，同时谷氨酸及谷氨酰胺的水平则无显著变化。海马中间神经元与锥体细胞之间的 GABA 能抑制环路的活性受 N- 甲基 -D- 天冬氨酸（NMDA）受体激活的影响，cTBS 的抑制效应及 iTBS 的兴奋效应均可以被 NMDA 受体拮抗剂美金刚所阻断，这也进一步证实了 TBS 的效应与其调节长时程增强 / 长时程减弱类似的突触可塑性有关。cTBS 的抑制效应及 iTBS 的兴奋效应同样与多巴胺受体的活性有关。多

巴胺受体的激活可抑制 NMDA 受体的活性以及 GABA 相关的抑制作用。因此，TBS 对突触可塑性的影响可能存在极为复杂的机制。

TBS 对人脑皮质兴奋性的研究首先聚焦的是运动皮质的兴奋性，这主要是因为运动皮质兴奋性的评价相对于非运动皮质有相对更加直观的评测指标，如运动诱发电位（MEP）、短间隔皮质内抑制（short-interval intracortical inhibition，SICI）及皮质内易化（intracortical facilitation，ICF）等。比较一致的结论是 cTBS 引起 MEP 波幅的下降，而 iTBS 则引起 MEP 波幅的增加。TBS 刺激对 SICI 及 ICF 影响的研究得出的结论并不一致。

除初级运动皮质外，研究者同样对其他脑区进行了相关研究。运动前区的 cTBS 可引起初级运动区兴奋性下降，初级感觉皮质的 cTBS 则引起了初级运动区皮质兴奋性的增强。

针对不同脑区进行 TBS 的临床研究近年来逐渐增多，包括视觉障碍、耳鸣、疼痛、抑郁障碍等多种脑功能疾病。特别是在抑郁障碍领域，多项研究提示，TBS 的临床有效性和安全性与传统的 TMS 治疗方案相比并不逊色，且刺激时间更短。但在其他疾病的治疗中因为相关的研究仍较少，不同研究存在较大的异质性。因此，不管是刺激的靶点、刺激的频率及时程选择、刺激的强度等尚未形成统一标准。然而，TBS 作为一种有前途的治疗方案，其改善局部脑区的兴奋性及相关脑网络连接的作用是明确的。

附：电磁联合刺激技术简介及临床应用

近 30 年来，rTMS 在多种脑功能疾病治疗中取得了重大进展，但必须承认的是仍面临着诸多挑战。除不同疾病的刺激靶点、刺激频率等刺激参数的不确定性以外，调控效能不足是另一个

重要挑战。已经有研究证实，刺激效能与刺激强度和时程并非呈线性关系。因此，单纯增加刺激强度或延长刺激时间并不能相应地增强其调控效能。不同神经调控技术的联合应用近年来成为学者们研究的热点。

在脑功能疾病的神经调控治疗中，除 rTMS 外，另一项得到广泛应用的是经颅直流电刺激（transcranial direct current stimulation，tDCS）。tDCS 是近年来技术革新后重新被重视的一项无创神经调控技术。相关研究表明，tDCS 调控后出现一个显著的、时间依赖的、与电极极性相关的皮质扰动作用。通常来说，阴极 tDCS 引起皮质兴奋性下降，阳极 tDCS 则引起皮质兴奋性增高。在同一个靶点同步联合应用 rTMS 和 tDCS 技术进行神经调控尚无相关报道。究其原因，主要是在复杂变化的磁场环境下稳定安全地进行直流电输出存在一定技术难度。首都医科大学宣武医院王玉平教授团队与北京大学合作，研发了电磁同步刺激装置，采用新型电极片，解决了电磁联合刺激过程中直流电稳定输出以及电极片发热的问题（图 31-2）。

王玉平等首先纳入健康受试者，所有受试者先后接受假刺激、tDCS、rTMS 及电磁联合刺激，四种刺激顺序随机。刺激前及刺激后即刻、5min、10min、15min、20min、25min 及 30min 分别检测 sTMS-MEP 波幅以动态评价电磁联合刺激的生理效应。研究证实了在同一靶点同步联合应用 1mA 阴极 tDCS 与 1Hz rTMS 对运动皮质兴奋性产生了相较于单独电刺激或磁刺激更强的抑制作用。电磁联合刺激的协同效应可能是 rTMS 对固有神经环路施加的一个快速变化的高强度调控与 tDCS 对自发神经元活动的持续缓慢调控的总和。通过这两种不同途径，最终共同引起锥体神经元钙离子流的改变，实现对皮质兴奋性的协同调控。以上结果提示这一新的神经调控

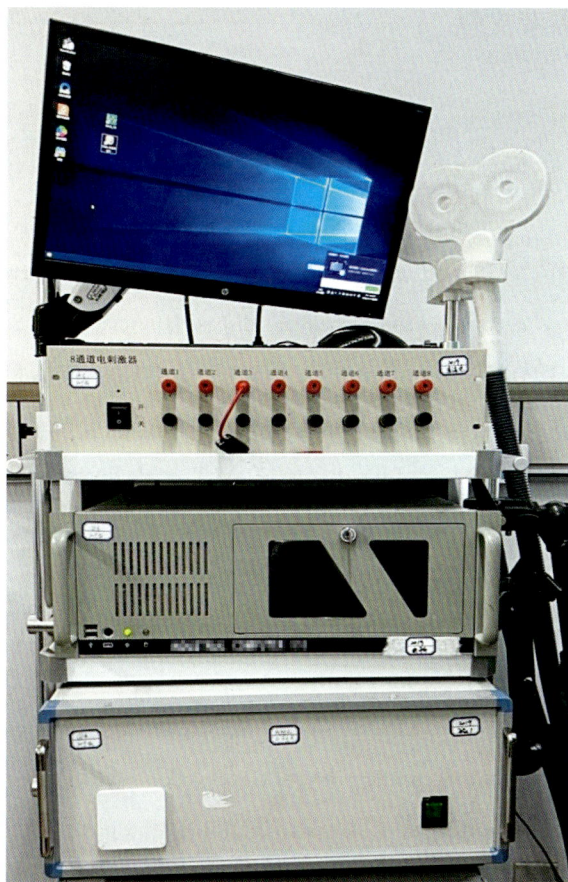

图 31-2　电磁同步一体机

策略——即电磁联合刺激具有协同效应，为脑功能疾病的联合神经调控奠定了基础。

在生理效应验证后，王玉平等纳入意识障碍患者进行了基于个体脑网络分析的同步电磁联合刺激唤醒治疗。治疗为期 2 周，连续 14 天给予双侧顶下小叶同靶点同步 1.5mA 阳极 tDCS 和 5Hz rTMS，每侧的刺激持续均为 20min。研究证实该治疗策略在 2 周治疗结束后显著改善了患者的意识状态，且在治疗 1 个月后这种改善仍存在。近期阿尔茨海默病相关研究报道表明，双侧角回作为靶点，电磁联合同步刺激较单纯电刺激或单纯磁刺激有更好的治疗效果。优化相关参数，纳入更多的脑功能疾病患者进行临床研究，实现该技术临床转化，为脑功能疾病神经调控治疗开拓新局面，可能具有重要意义。

31

参考文献

[1] 窦祖林，廖家华，宋为群. 经颅磁刺激技术基础与临床应用［M］. 北京：人民卫生出版社，2012.

[2] PERERA T, GEORGE M S, GRAMMER G, et al. The Clinical TMS society consensus review and treatment recommendations for TMS therapy for major depressive disorder [J]. Brain Stimul, 2016, 9(3): 336-346.

[3] NARDONE R, TEZZON F, HÖLLER Y, et al. Transcranial magnetic stimulation (TMS)/repetitive TMS in mild cognitive impairment and Alzheimer's disease [J]. Acta Neurol Scand, 2014, 129(6): 351-366.

[4] OBERMAN L M, ENTICOTT P G, CASANOVA M F, et al. Transcranial magnetic stimulation in autism spectrum disorder: Challenges, promise, and roadmap for future research [J]. Autism Res, 2016, 9(2): 184-203.

[5] HUANG Z, LI Y, BIANCHI M T, et al. Repetitive transcranial magnetic stimulation of the right parietal cortex for comorbid generalized anxiety disorder and insomnia: A randomized, double-blind, sham-controlled pilot study [J]. Brain Stimul, 2018, 11(5): 1103-1109.

[6] SUN W, MAO W, MENG X, et al. Low-frequency repetitive transcranial magnetic stimulation for the treatment of refractory partial epilepsy: A controlled clinical study [J]. Epilepsia, 2012, 53(10): 1782-1789.

[7] SONG P, LIN H, LI S, et al. Repetitive transcranial magnetic stimulation (rTMS) modulates time-varying electroencephalography (EEG) network in primary insomnia patients: A TMS-EEG study [J]. Sleep Med, 2019, 56: 157-163.

[8] BARKER A T. An introduction to the basic principles of magnetic nerve stimulation [J]. Journal of clinical neurophysiology, 1991, 8(1): 26-37.

[9] CHEN R, SEITZ R J. Changing cortical excitability with low-frequency magnetic stimulation [J]. Neurology, 2001, 57(3): 379-380.

[10] SOMMER M, LANG N, TERGAU F, et al. Neuronal tissue polarization induced by repetitive transcranial magnetic stimulation? [J]. Neuroreport, 2002, 13(6): 809-811.

[11] NOJIMA K, IRAMINA K. Relationship between rTMS effects and MEP features before rTMS [J]. Neuroscience letters, 2018, 664: 110-115.

[12] LEFAUCHEUR J P, ALEMAN A, BAEKEN C, et al. Evidence-based guidelines on the therapeutic use of repetitive transcranial magnetic stimulation (rTMS): An update (2014—2018) [J]. Clinical neurophysiology, 2020, 131(2): 474-528.

[13] LEFAUCHEUR J P, ANDRE-OBADIA N, ANTAL A, et al. Evidence-based guidelines on the therapeutic use of repetitive transcranial magnetic stimulation (rTMS) [J]. Clinical neurophysiology, 2014, 125(11): 2150-2206.

[14] CHUNG S W, HOY K E, FITZGERALD P B. Theta-burst stimulation: A new form of TMS treatment for depression? [J]. Depression & Anxiety, 2015, 32(3): 182-192.

[15] SCHWIPPEL T, SCHROEDER P A, FALLGATTER A J, et al. Clinical review: The therapeutic use of theta-burst stimulation in mental disorders and tinnitus [J]. Prog Neuropsychopharmacol Biol Psychiatry, 2019, 92: 285-300.

[16] XUE J G, MASUOKA T, GONG X D, et al. NMDA receptor activation enhances inhibitory GABAergic transmission onto hippocampal pyramidal neurons via presynaptic and postsynaptic mechanisms [J]. J Neurophysiol, 2011, 105(6): 2897-2906.

31

[17] HUANG Y Z, CHEN R S, ROTHWELL J C, et al. The after-effect of human theta burst stimulation is NMDA receptor dependent [J]. Clin Neurophysiol, 2001, 18(5): 1028-1032.

[18] MIJOVIC P, KOVIC V, DE VOS M, et al. Towards continuous and real-time attention monitoring at work: Reaction time versus brain response [J]. Ergonomics, 2017, 60(2): 241-254.

[19] KELLER A S, PAYNE L, SEKULER R. Characterizing the roles of alpha and theta oscillations in multisensory attention [J]. Neuropsychologia, 2017, 99: 48-63.

[20] ACCORNERO N, LI VOTI P, LA RICCIA M, et al. Visual evoked potentials modulation during direct current cortical polarization [J]. Experimental brain research, 2007, 178(2): 261-266.

[21] HAN T, XU Z, LIU C, et al. Simultaneously applying cathodal tDCS with low frequency rTMS at the motor cortex boosts inhibitory aftereffects [J]. J Neurosci Methods, 2019, 324: 108308.

[22] LIN Y, LIU T, HUANG Q, et al. Electroencephalography and functional Magnetic Resonance Imaging-guided simultaneous transcranial Direct Current Stimulation and repetitive Transcranial Magnetic Stimulation in a patient with minimally conscious state [J]. Front Neurosci, 2019, 13: 746.

[23] HU Y, JIA Y, SUN Y, et al. Efficacy and safety of simultaneous rTMS-tDCS stimulation over bilateral angular gyrus on neuropsychiatric symptoms in patients with moderate Alzheimer's disease: A prospective, randomized, sham-controlled pilot study [J]. Brain Stimul, 2022, 15(6): 1530-1537.

31

第三十二章 生物反馈训练

侯月

第一节 生物反馈技术原理

生物反馈（biofeedback）技术是利用电子仪器准确监测不易被个体（受试者）觉察到的神经 - 肌肉和自主神经系统正常或异常活动状态，即个体（受试者）生理和心理过程相关的生物学信息（如脑电、肌电、皮电、皮温、心率变异性、血压、呼吸等），并把这些信息加以处理和放大，及时转换成视觉、听觉或其他感官信号反馈给受试者；受试者通过相应训练，学会在一定范围内有意识地调控自身心理生理活动，以达到调整机体功能或治疗某些疾病为目的的自我调节技术。生物反馈技术于 20 世纪 60 年代末首先在美国提出并应用于临床。

从本质上说，生物反馈是一种学习过程。利用生物反馈技术控制某一生理活动的过程是一个学习强化的过程。受训者必须了解生物反馈的原理，仪器的使用方法以及视觉形式或听觉形式反馈信号的意义，坚持练习，探索学习成功的经验、失败的原因。在使用生物反馈技术的过程中，受训者是训练的主体，自己对训练的快慢、效果负责；训练师起指导、帮助、强化受训者动机的作用。受训者通过有意识地改变心理状态（注意或放松），通过训练师的鼓励、强化，使生理变化朝着既定的目标方向改进；反馈仪器能显示改进的进程，反馈信号本身也是一种强化物，肯定和加强受训者的正确反应。生物反馈仪显示信息的功能，不仅起到了帮助人们"自我认识"的作用，还由于它建立了器官活动与大脑皮质之间的联系，进而提供了一个对内脏器官进行随意调节的工具。

需要注意的是，我们通常称为生物反馈训练（biofeedback training）而不是生物反馈治疗，因治疗指的是患者接受某项治疗措施，患者的恢复更多地依赖于治疗措施，而在恢复过程中，会要求患者有一定程度的配合，但多是按时服药、定期复诊等，强调的是患者的依从性。训练强调了受训者的主动参与，例如学习骑马、滑冰或完成某项工作。学习是相互的，其过程是在工具和信息（或设备和知识）的指导下训练，从而获得和提高某项技能。大多数的生物反馈正是朝着同样的目的进行，尽管"改变"多是内在的且只能被生物反馈仪器监测到，但状态的改变会在反复训练中体现。

一、生物反馈原理

一般认为，生物反馈是在控制论和学习理论基础上发展起来的，或者说是这两种理论在生物反馈训练中的应用。

1. 控制论 是研究有机体、机器或组织机构内部通信系统和控制系统的一门学科。从控制论角度来看，有机体的通信和控制系统，跟机器的通信和控制系统类同。要使人的器官或机器的装置做出合意的反应，有机体或机器必须得到关于行动结果的信息，以指导未来的行动。在人类，大脑和神经系统起着信息加工的作用，加工的信息被用来决定未来的行动过程；人体各种功能的调节都是在自动控制下进行的。自动控制的一个关键因素是要获得受控部分的感受调节器官工作状态的信息，控制部分将这个信息与原来发出的信息加以比较，以便使下一个指令更精确。机器的自动控制（如恒温控制）、机体的稳态维持、生物反馈工作原理，其共同点是都要信息的反馈。

32

2.学习理论与生物反馈 研究学习与记忆的心理学家把条件反射的建立称为学习,并把学习分为两类:一类叫经典条件反射。用巴甫洛夫的方法,使条件刺激(如铃声)与无条件刺激(如食物)多次结合在一起呈现给动物,之后条件刺激单独出现,也能引起原来由无条件刺激引起的反应,巴甫洛夫证明血压的改变、内脏平滑肌的运动都可以形成这种条件反射。只是这种学习是被动的,动物不能主动改变内脏反应而求得食物的奖赏。另一类学习是主动的学习,称为操作性条件反射(或工具式学习)。在斯金纳的老鼠实验中,老鼠从这种动作获得奖赏,以后逐渐学会操作工具(械杆)取得食物。这个实验扩大到其他动物和人,发展形成了一种学习理论,即强化学习理论。该理论认为语言、知识的习得都由于强化,不良行为的习惯化、某些疾病的发生也由于强化。因此,消除不良行为与疾病也可经强化而实现。但是斯金纳认为这种主动的学习方式不能用来控制我们的内脏活动。

米勒等的"箭毒鼠"实验证明,操作性条件反射也可用于对内脏活动的学习。"箭毒鼠"得到脑内"快乐中枢"电刺激的强化,可以学会"随意"改变心率、血压、肠管收缩频率。动物可以操作自己的内脏活动以得到奖赏,这是很典型的操作性条件反射,它的形成过程和方法与斯金纳的一样,即强化,使动物了解行为的结果,以及行为的改变须走"小步子"。唯一不同的是强化的对象,斯金纳的实验中受强化的是骨骼肌的操作行为,米勒的实验中受强化的是内脏的反应活动。

3.生物反馈的基本原理 与操作性条件反射的原理一样,学会用生物反馈技术控制内脏活动的要点也是:①了解行为结果(反馈仪显示主观努力后的生理状态改变);②对正确反应的强化(训练师对正确方法和进步的肯定)以及走"小步子"(训练师根据受训者的学习情况调整阈值,一步一步提高指标)。

需要注意的是,生物反馈不只是被动的测量,更是受试者的主动参与。生物反馈的目的是使受试者能够更加主动地参与到控制自身生理心理的过程中,因此,也是应用心理生理学的一个分支。

二、训练参数

训练参数包括脑电、肌电、皮温、皮电、心率变异性、呼吸、脉搏。生物反馈训练需要同时具备两方面条件:①经过训练能够熟练掌握生物反馈技术的训练师;②相应的设备及空间条件,其中,设备包括传感器、编码器/放大器、电脑终端、生物反馈操作系统。传感器包括:脑电传感器、肌电传感器、皮电传感器、皮温传感器、心电传感器、血容-脉搏传感器、呼吸传感器。生物反馈过程原理示意图及生物反馈训练示意图分别如图 32-1、图 32-2 所示。

三、训练指标

1.脑电 脑电反馈根据国际脑电 10-20 分类法,对不同的受训者选取不同的部位进行,脑电参数包括 θ 波、α 波、感觉运动节律(sensory motor rhythm,SMR)、β 波等。θ 波与人的睡眠和创造性思维有关,通过对患者 θ 波的增强训练,提高 θ 波在患者脑电总功率中所占比例,可以治疗失眠和睡眠障碍、神经衰弱等。α 波与人的深层思考有关,当人在深思问题时,躯体处在一种高度放松状态,所以在焦虑治疗当中,可以给患者做增强 α 波的训练,增加 α 波在脑电总功率中所占比例,从而改善焦虑症状,α 波在头部的顶区和枕区最明显。SMR 是 12 ~ 15Hz 的一段脑电波,与人体的自控和调节能力有关,对于多动症儿童做 SMR 增强训练,可以改善多动症

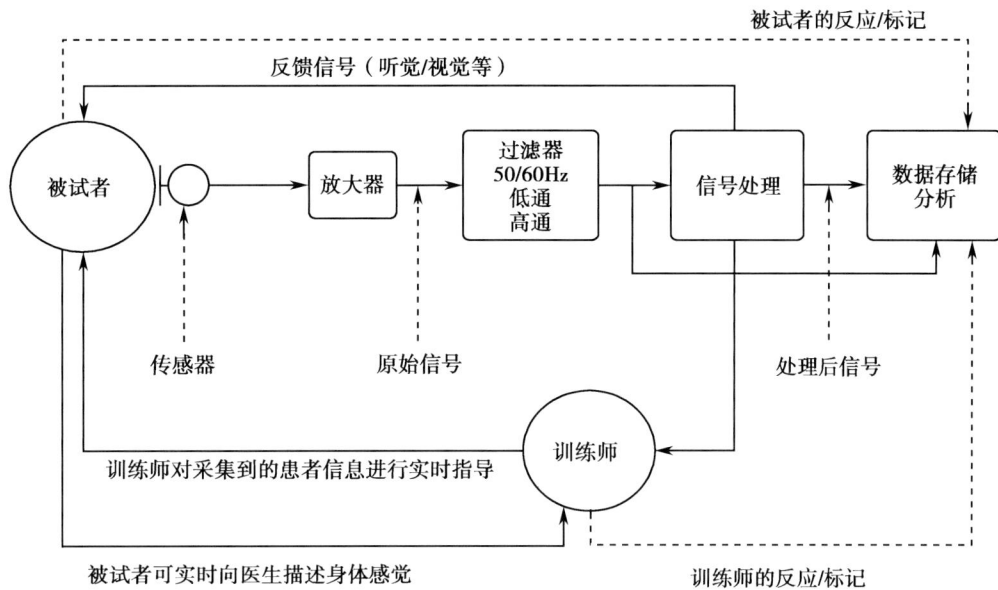

图 32-1 生物反馈过程原理示意

通过传感器获得被试者的各项生理信号，经放大器转换为屏幕上可识别的信号，训练师根据获取的信号设定训练阈值，并在每次训练完成后存储数据。

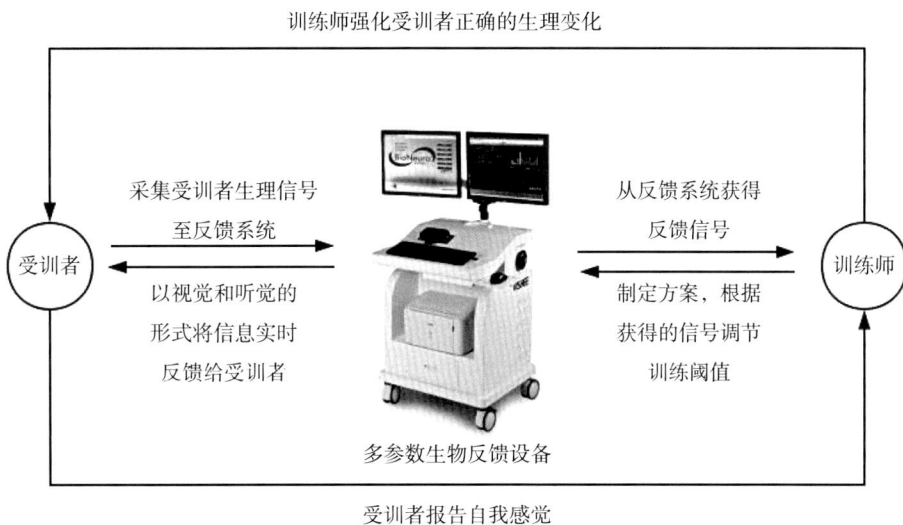

图 32-2 生物反馈训练示意

图中为实际的生物反馈仪器，双屏分别面向受训者及训练师，受训者界面是训练过程中的图像或视频音频信息，训练师界面是受训者训练过程中各项生理参数同步的变化情况。

状。β波与人的注意和焦虑有关，当一个人脑电活动以β波为主时，人体处于警觉状态，对个体进行β波的增强训练，可以提高个体的警觉水平，改善注意力缺陷问题。

2.肌电 肌电生物反馈是目前最普遍的一种生物反馈技术。一般而言，肌肉紧张程度与情绪的程度呈正相关，而前额部的骨骼肌最有代表性。该训练可用于治疗各种紧张、失眠、焦虑状态以及某些心身疾病，也可用于某些瘫痪患者的康复治疗。具体训练部位可以根据需要训练的肌群确定，对于焦虑、紧张、失眠一般进行抑制肌电的放松训练，而对于瘫痪患者的康复治疗需要进行肌电的增强训练。

3．皮温 外周血管的收缩和舒张决定了皮肤温度的改变。以热敏变阻式温度计记录指尖（示指或中指腹侧）皮肤温度变化，并转换成声、光、数字信号反馈给患者进行训练，以使患者学会控制外周血管的舒张程度。该训练用以治疗某些神经血管功能障碍，如偏头痛、雷诺病等，皮温也可以视为与松弛有关的指标，用来进行松弛训练。

4．皮肤电反应 当人的交感神经兴奋时，汗腺分泌增强，导电水平升高。因此，皮肤电反应与情绪激动有密切关系。记录皮肤电反应信号，主要测量皮肤表面电阻的变化，并将其转换成视听信号，供患者进行情绪控制训练。该训练主要用于治疗焦虑症、恐怖症、高血压、哮喘、多汗症。在放松训练中使用皮电，主要是让患者做抑制皮电的训练。传感器一般置于受试者利手示指和小指的指腹。

5．血容量搏动和心电 心率和血压反馈是主要用于原发性高血压患者的生物反馈疗法，也用于其他血管症状，如心律失常等。近年来，生物反馈用于高血压病的研究越来越多，被记录和反馈的生物信号各有不同，反馈装置、训练程度和指导方法等也各不一样。主要有收缩压、舒张压或脉搏波速度。血容量搏动传感器可以使用指环或胶带固定于手指的皮肤上，可以调整固定的强度直到出现最大的信号，也可以将它放在耳垂上使用。心电负极置于胸骨右缘锁骨中线第一肋间，地极置于胸骨左缘锁骨中线第一肋间，正极置于剑突下偏右，如果胸部不能安放电极，可以把阴极（负极）放在右前臂脉搏处，阳极（正极）放在左前臂脉搏处，地极放在阳极后一寸处。

6．呼吸 呼吸传感器主要被用于在放松训练中与肌电相结合，作为一种辅助手段，要求受训者做深慢平稳的呼吸，反馈要求降低呼吸频率，增强呼吸幅度。呼吸传感器使用胸带或腹带，反馈软件没有标准的单位来测量呼吸，对于原始信号，软件能够计算呼吸的频率和幅度，如果使用两个传感器，可以计算胸部和腹部波幅的差异。

四、生物反馈训练注意事项

在生物反馈训练前，必须由临床心理医生或已掌握本技术的医生，对受训者的神经系统、疾病性质、病残情况及可能恢复的程度作全面的评估。训练环境要安静，室内温度保持在 $20\sim26℃$，让患者处于一个舒适体位，排除一切生理和心理的紧张情绪。患者须主动积极参与，根据自己的意念、感觉和想象，主动进行训练，通过仪器的反馈信号学会自我控制的能力。告知患者开始时不要着急，不要抱持与仪器竞争或抗衡的心理状态，逐步对照反馈信号，体验自己的意念和身体感觉，通过不断地扩大这些效果，达到预期的目的。在生物反馈室接受训练后，应坚持家庭自我训练以巩固效果，每日2次，早、晚各1次。一般每 $10\sim40$ 次为1个疗程，必要时可适当增加。治疗师应耐心并与患者建立友好的医患关系。每次训练结束时，应与患者讨论过程中的体验及疗效，给予鼓励并帮助患者建立信心，这对提高效果有积极的作用。

第二节　神经反馈技术

一、定义

神经反馈（neurofeedback）也称为脑电生物反馈（EEG biofeedback），其基于两项基本原则：能够反映精神/心理状态的脑电活动并且这些活动能够被训练。神经反馈包括应用头皮脑电采集信息并通过电脑屏幕呈现出反馈的信息。受试者可以通过改变自身的精神/心理状态并通过电脑呈现的监测结果而尝试调整自己的脑电波类型直到达到预期目的，这个过程中，受试者学会了"自我调节"。

总体来讲，数字化脑电信号可以转化并通过电脑呈现图像，学习改变电脑的成像反映了脑电的自我调节，脑电自我调节需要受试者自身精神/心理状态的调节，而精神/心理状态决定了不同的脑电类型。

二、神经反馈原理

人的神经系统根据其效应功能可以分为两种，一种是随意的或躯体性神经系统，控制骨骼肌的运动；另一种是不随意的或自主神经系统，调节心脏、血管、胃、内分泌腺等内脏器官的活动。对于传统上认为不能随意控制的内脏器官，由于生物反馈仪器能将这些器官活动的信号加以放大，并转化为眼睛和耳朵能感知的视觉和听觉信号，人就可能觉察这些内脏器官的功能状态与矫正过程中的变化情况。又由于人体器官的活动都受到心理社会因素的影响，所以反馈仪所显示的信息，不仅反映了生理状况，也反映了心理状态。

如上所述，生物反馈是基于控制论与学习理论发展出来的，神经反馈与学习理论的两种基本的学习范式，即操作性条件反射（工具性条件反射）和经典条件反射（巴普洛夫条件反射）。其中，操作性条件反射的基础是效果律（law of effect）。该定律 1911 年被 Edward Thorndike 首先提出，效果律是指如果一个动作跟随以情境中的一个满意的变化，那么，在类似的情境中这个动作重复的可能性将增加。在刺激与反应之间形成可改变的联结，给以满意的后果，联结就增强，奖励是影响学习的主要因素。奖励就是感到愉快的或可能进行强化的物品、刺激或后果。桑代克注意到，为了保证学习的发生，除了猫必须处于饥饿状态外，食物是必须的。特定脑电波的出现就是神经反馈训练中我们对其训练中的行为给予奖励的目标。行为获得奖励使得接下来再次出现相似行为的概率大大增加，直到达到某一状态，完成塑造。而这个塑造过程，即为操作性条件反射。当我们通过脑电图的实时监测及评估，对行为的变化进行奖励时，其过程称为脑电生物反馈训练或神经反馈训练。早在 20 世纪 70 年代，神经反馈就被证实可以产生明确且持久的生理变化。

就像其他的生物反馈一样，神经反馈训练通过监测设备为个体提供其所处生理状态的实时信息，不同之处在于神经反馈训练关注的是中枢神经系统和大脑，包括行为、认知以及大脑活动的各个方面。

需要注意的是，学习理论并不能完全解释神经反馈是如何使短暂的变化发生并且最终成为长久的改变的，即神经反馈的机制尚未完全清楚。

32

三、不同频段脑电波意义

进行神经反馈训练需要首先了解不同频率脑电波的特点及对应状态，如表 32-1 所示。需要注意的是，我们一般不推荐训练低于 10Hz 和高于 20Hz 的脑电波频段，推荐训练的脑电频段为 11 ~ 20Hz，即高 α 波、SMR 及 β 波。

表 32-1　不同频率脑电波的特点及对应状态

名称	频率 /Hz	状态
δ 波	0.3 ~ 4	运动或眨眼伪差、脑损伤、学习障碍、婴儿期的优势频率
低 θ 波	4 ~ 5	困倦、昏昏欲睡
高 θ 波	6 ~ <8	内在注意，对记忆再现很重要，一旦进入这种状态，可以产生非常有创造性的奇思妙想，但会很快忘记，除非有意识地去实现和加工。不能专注于外在的学习，诸如阅读或听力。少年期儿童的优势频率
低 α 波	8 ~ 11	内在注意，可出现在某些冥想状态。完全进入这种状态可能体验到解离感，但很少出现。成人闭目情况下的优势频率
高 α 波	11 ~ 13	可与非常警觉的广泛意识状态相关，这可以是高水平运动员蓄势待发前的状态。高智商人群常常以高波幅 α 波为主
SMR	13 ~ 15	感觉运动节律（只能在中央区监测到）与运动减少和感觉敏感性减低相关，此时处于警觉并且专注的精神状态。其出现与沉静、放松相关，也可与不自主运动减少有关
β 波	16 ~ 20	与主动解决问题的认知活动相关。在学习尚未掌握的技能时需要更多的 β 波
	19 ~ 23	可能与情感紧张如焦虑相关
	24 ~ 36	可与负面的反复思考有关
	38 ~ 42	与注意相关的认知活动，增加该频段脑电波出现率可以帮助改善学习障碍。也认为代表着一种整合节律。在纠正/保持平衡时也可以出现
	44 ~ 58	反映了脑电中混有肌电活动
	50	通常为电干扰

第三节　神经反馈技术的临床应用

一、生物反馈的应用领域

生物反馈已经被应用于不同领域诸多方面，包括医疗系统、教育系统、体育系统、军事领域、特殊职业。在医疗系统，其范围从临床诊断到自我探索和成长，最常见的应用有：为科学研究和受训者的临床过程提供诊断、评定和客观数据的储存；证明心身关系，尤其是每一个想法都具有相应的躯体反应，反之亦然；通过改变一个人的信念，使这个人能够更加积极地参与自我治愈的过程；掌握心理生理自控能力和训练；增强治疗师的觉知。大多数情况下，生物反馈被应用于评估并优化受训者心身健康水平及提高自我觉知能力。

二、生物反馈的临床适应证

生物反馈技术已经被充分证实能够很好地治疗多种疾病，应用心理生理学和生物反馈协会（AAPB）和国际神经生物反馈研究协会（ISNR）建立了一个联合工作小组，专门研究生物反馈实践的有效性标准，并对生物反馈的有效性按照证据水平由高到低分为五级：5 级为明确有效且特异；4 级为有效；3 级为可能有效；2 级为或许有效；1 级为无实践基础。2008 年该工作组对该标准进行了补充，表 32-2 列出了生物反馈训练目前已被应用的临床疾病及对应的有效性分级。

表 32-2　生物反馈训练针对不同临床疾病的有效性分级

有效性分级	临床疾病
5 级	女性尿失禁
4 级	焦虑障碍
	注意缺陷多动障碍
	慢性疼痛
	成人便秘
	癫痫
	成人头痛
	高血压
	晕动病
	雷诺病
	颞下颌关节紊乱
3 级	酒精 / 物质滥用
	关节炎
	糖尿病
	大便失禁
	儿童头痛
	失眠
	创伤性脑损伤
	男性尿失禁
	外阴前庭炎
2 级	哮喘
	孤独症
	贝尔氏麻痹
	脑性瘫痪
	慢性阻塞性肺疾病

续表

有效性分级	临床疾病
2级	冠状动脉疾病
	囊性纤维化
	抑郁障碍
	勃起功能障碍
	纤维肌痛 / 慢性疲劳综合征
	手部肌张力障碍
	肠易激综合征
	创伤后应激障碍
	重复性劳损
	呼吸衰竭：机械通气
	脑卒中
	耳鸣
	儿童尿失禁
1级	进食障碍
	免疫功能障碍
	脊髓损伤
	晕厥

参考文献

[1] THOMPSON M, THOMPSON L. The neurofeedback book [M]. Colorado USA: Association for Applied Psychophysiology and Biofeedback, 2003.

[2] YUCHA C, GILBERT C H. Evidence-based practice in biofeedback and neurofeedback [M]. Colorado USA: Association for Applied Psychophysiology and Biofeedback, 2004.

[3] HAMMOND D C. What is neurofeedback: An update [J]. Journal of Neurotherapy, 2011, 15(4): 305-336.

[4] HAMMOND D C, KIRK L. First, do no harm: Adverse effects and the need for practice standards in neurofeedback [J]. Journal of Neurotherapy, 2008, 12(1): 79-88.

[5] YUCHA C, MONTGOMERY D. Evidence-based practice in biofeedback and neurofeedback [M]. Colorado USA: Association for Applied Psychophysiology and Biofeedback, 2008.

[6] MELO D L M, CARVALHO L B C, PRADO L B F, et al. Biofeedback therapies for chronic insomnia: A systematic review [J]. Appl Psychophysiol Biofeedback, 2019, 44(4): 259-269.

32

69